Kunstharzpreßstoffe
und andere Kunststoffe

Eigenschaften, Verarbeitung
und Anwendung

Von

Walter Mehdorn
Oberingenieur in Berlin-Siemensstadt

Dritte erweiterte Auflage

Mit 276 Abbildungen
und einer Tafel

Springer-Verlag Berlin Heidelberg GmbH 1949

ISBN 978-3-662-12206-8   ISBN 978-3-662-12205-1 (eBook)
DOI 10.1007/978-3-662-12205-1

Alle Rechte, insbesondere das der Übersetzung
in fremde Sprachen, vorbehalten.

Copyright 1949 by Springer-Verlag Berlin Heidelberg
Ursprünglich erschienen bei Springer-Verlag OHG. Berlin / Göttingen / Heidelberg. 1949
Additional material to this book can be downloaded from http://extras.springer.com

Industriedruck AG. Essen

Vorwort zur dritten Auflage.

Das Buch wendet sich in erster Linie an den Techniker auf der Verbraucherseite, in dessen Kopf ein Preß- oder Spritzteil Gestalt gewinnt. Es will ihm so viel an Aufklärung über die Werkstoffe, die richtige Gestaltung des Stückes, die Arbeitsverfahren, die Anwendungsmöglichkeiten aber auch -grenzen jeder einzelnen Werkstoffsorte geben, daß er Kunststoffe mit Erfolg benutzen kann.

Elektrotechnik, Apparatebau und die Feinwerkstechnik, für die das Buch in erster Linie geschrieben wurde, stellen hohe Anforderungen an die Gestaltbeständigkeit des Stückes in einem weiten Temperaturbereich. Der Schwerpunkt des Buches liegt daher bei den warmfesten Kunstharzpreßstoffen. Dennoch sind dem genannten Verbraucherkreis auch die thermisch empfindlicheren warmplastischen Kunststoffe (Thermoplaste) oft unentbehrlich, vor allem dank dem höchst wirtschaftlichen Spritzgußverfahren, nach dem sie verarbeitet werden. Diese Kunststoffe bilden den zweiten Abschnitt des Buches.

Die Techniken des Pressens, des Preßspritzens und des Spritzgusses nehmen naturgemäß den größten Raum des Buches ein. Andere Verfahren, wie z. B. das Strangpressen, Ziehen und Blasen, wurden, wenn auch mehr am Rande, mit behandelt, da auch sie zuweilen in den genannten Gebieten angewendet werden müssen. Das Buch ist so schließlich eine mechanische Technologie der Kunststoff-Verarbeitung geworden.

Infolge ihrer großen technischen Bedeutung werden auch die Schichtpreßstoffe — Hartpapier und -gewebe und das Lagenholz — behandelt. Neu aufgenommen wurde das „Niederdruck-Preßverfahren" für Großteile aus geschichteten Kunststoffen, das vorerst nur in den USA angewendet wird.

Die Kunststoffgebiete der Fasern, Folien, Leime und Kitte, der „nicht gestaltfesten" Gegenstände, ebenso wie das des Kautschuks liegen außerhalb des Rahmens dieses Buches. Über die Chemie der Kunststoffe unterrichten andere Bücher, siehe das Literaturverzeichnis am Schluß des Buches.

In diesem Buche sagt der Preßtechniker dem Verbraucher, was technisch zu leisten möglich ist; macht andrerseits dieser dem Preßwerk schon bei der Bestellung klar, welche Aufgaben das Stück erfüllen soll, so wird das Ergebnis für beide Teile befriedigend ausfallen.

Möge das Buch dazu beitragen, „Reibungsverluste" zu vermindern und die Zusammenarbeit zu fördern! Fehlschläge kosten immer Geld, besonders aber hier, wo kostspielige Preßformen erforderlich sind.

Dankend erwähne ich die freundliche Unterstützung der Herren Dr. Ing. E. Escales, Dipl.-Ing. Gastrow, Prof. Dr. Nitsche, Obering. Rapp und Dr. R. Röhm. Zu besonderem Dank bin ich Herrn Dr. Hans Müller für die gründliche Überprüfung der chemischen Fragen des Buches verpflichtet.

Berlin, im Sommer 1949.

Walter Mehdorn.

Inhaltsverzeichnis.

                                                                       Seite

Ein Blick auf die jüngsten Fortschritte 1

Einleitung. Begriffe: Kunststoffe, Polymerisate, Polykondensate 9

Erster Abschnitt.

Die Kunstharzpreßstoffe und andere Erzeugnisse auf der Basis härtbarer Kunstharze.

A. Formpreßstoffe 15

  1. Allgemeines 15

  2. Bestandteile und Herstellung 15

    a) Der grundsätzliche Aufbau 15

    b) Die Kunstharze 17

    c) Die Harzträger (sog. Füllstoffe) 23

    d) Andere Bestandteile außer Harz und Harzträger 27

    e) Die Anfärbung 28

    f) Die Herstellung der Preßmassen 28

  3. Die Typisierung und Normung der Preßstoffe 30

    a) Die Typeneinteilung der Preßstoffe nach VDE 0320 30

    b) Die amtliche Überwachung der Preßstofftypen 30

    c) DIN 7704 — 7708, Normblätter 35

  4. Die Wahl der geeigneten Sorte 35

    a) Die Hauptgruppen der Preßstoffe 35

    b) Die besondere Eignung der einzelnen Preßstoffe 40

  5. Physikalische, chemische und andere Eigenschaften und ihr Einfluß auf die Werkstoffauswahl 52

    a) Einige allgemeine physikalische Eigenschaften 53

    b) Die mechanische Festigkeit 60

    c) Die mechanische Festigkeit bei Feuchtbeanspruchung 75

    d) Die mechanische Festigkeit bei hohen und tiefen Temperaturen . . 76

    e) Die Werkstoffbeständigkeit bei höheren Temperaturen 82

    f) Die elektrischen Eigenschaften 89

    g) Beständigkeit gegen chemische Angriffsmittel 100

    h) Licht, Wetter und andere Beanspruchungen 103

  6. Die Preßtechnik und die Preßformen 106

    a) Das Pressen 106

    b) Das Niederdruckpressen geschichtet geformter Teile 132

    c) Die Preßformen 136

Seite

    d) Das Preßspritzen oder Spritzpressen 154

        Spritztechnisches, S. 154. — Die Vorrichtungen, Formen und Pressen für das Preßspritzen, S. 159.

    e) Verzug und Richten 165

    f) Das Strangpressen 166

  7. Die Pressen und die hydraulische Anlage 167

    a) Allgemeines 167

    b) Die hydraulische Anlage 169

    c) Die hydraulischen Pressen 172

    d) Hand- und motorgetriebene mechanische Pressen 174

    e) Preß-Automaten 178

  8. Masse und Gestalt (Konstruktions-Richtlinien) 179

    a) Allgemeines 180

    b) Herstellgenauigkeit 181

    c) Massverkleinerung durch hohe Gebrauchstemperatur . . . 184

    d) Preßgerechte Gestaltung 185

    e) Die Gewinde 195

    f) Metallteile einpressen oder einbauen 197

  9. Das schöne Äußere, Oberflächenbehandlung 203

 10. Anwendungsbeispiele der verschiedenen Preßstofftypen 210

 11. Preßstofflager 218

 12. Preßstoffzahnräder 229

 13. Wirtschaftliches 232

B. Schichtpreßstoffe (organische und anorganische) 237

  1. Hartpapier und Hartgewebe (organische) auf Kresolharz-Basis 237

  2. Anorganische Schichtpreßstoffe auf Phenol- bzw. Kresolharzbasis . . . 247

  3. Hartpapier auf Harnstoffharz-Basis („Resopal") 248

  4. Schichtpreßstoffe auf Melaminharz-Basis 249

  5. Hartpapier auf Anilinharz-Basis 249

  6. Schichtpreßstoffe auf Silikon-Basis 249

  7. Verbund-Schichtpreßstoffe 249

  8. Lagenholz 251

C. Gußharze 255

  1. Edelkunstharze (Phenolbasis) 255

  2. Carbamidharze 258

  3. Polymerisat-Gießharz 258

D. Anilinharze 258

E. Eiweiß-Kunststoffe 260

  1. Kasein-Kunststoffe (Kunsthorn, z. B. „Galalith") 260

  2. Bluteiweiß-Kunststoffe 261

Seite

Zweiter Abschnitt.
Warmplastische Kunststoffe.

A. Allgemeines 262

B. Zellulose-Kunststoffe 266

  1. Hydratzellulose Vulkanfiber 267

  2. Die Zelluloseester 269

    a) Zellulosenitrat (Nitrozellulose) 269

      α) Zellhorn oder Celloid (Zelluloid) 269

      β) „Trolit F" 270

    b) Zelluloseazetat (Azetylzellulose) 270

      α) Azetatzellhorn oder Azetylcelloid („Cellon", „Ecarit") 270

      β) Typ 400 der Typisierung („Trolit W", „Ecaron") 271

    c) Zellulose-Mischester 273

  3. Zelluloseäther 274

    a) Benzylzellulose („B.-Z.-Zellulose", „Trolit B.Z.") 274

    b) Äthylzellulose („A.-T.-Zellulose") 274

C. Polymerisate 275

  1. Vinylpolymerisate 275

    a) Polystyrol („Trolitul", „Styroflex" u. a.) 275

    b) Polyvinylkarbazol („Trolitul Lu", „Luvikan") 280

    c) Polyäthylen („Lupolen H", „Polythene" u. a.) 281

    d) Polyvinylchlorid („Hartigelit PCU", „Vinidur" u. a.) 282

    e) Mischpolymerisat MP (auf der Basis des Polyvinylchlorids) . . 289

    f) Weichigelite aus PCU und MP 290

    g) „Igelit PCU"-Pasten 293

  2. Acrylpolymerisate 293

D. Lineare Polykondensate (Die Polyamide) 296

E. Silikone 301

F. Diverse Schichtpreßstoffe 303

G. Die Warmverarbeitung 303

  1. Das elastisch-plastische Verhalten der Hochpolymeren 303

    a) Kaltfluß; Rückfederung; Molekularstruktur 303

    b) Parallelorientierung; das Recken 306

  2. Grundsätzliches zur Warmverformung von PCU-Halbfabrikaten . . . 308

    a) Erweichungs-, Fließ- und Zersetzungstemperatur 308

    b) Die mögliche Verformung bei verschiedenen Temperaturen 311

  3. Verformungsbedingungen anderer Halbfabrikate 313

  4. Erwärmung und Durchwärmung 315

  5. Das Ziehen und Blasen 315

Seite

6. Das Preßspritzen und das Pressen 317
   a) Das Kühl-Preßspritzen 320
   b) Das Pressen mit kühler Form 321
   c) Das Heiß-Kühl-Pressen 323
   d) Das Vorwärmen beim Preßspritzen und Pressen 324
7. Das Spritzen (Der Spritzguß) 325
8. Das Schweißen 347

Literaturverzeichnis 350
Sachverzeichnis 351

Ein Blick auf die jüngsten Fortschritte.

Bis zum Jahre 1939 lagen Deutschland und die USA in der Entwicklung neuer Kunststoffe und Arbeitsverfahren für die Verarbeitung derselben auf gleicher Höhe. Sie waren führend im internationalen Wettbewerb. Seitdem ist die Entwicklung auf diesem Gebiete in den USA weitergegangen, ja noch verstärkt betrieben worden. In Deutschland dagegen blieb sie zurück. Der Gegnerschaft einer ganzen Welt konnten seine Kräfte militärisch und wirtschaftlich nicht gewachsen sein. Vieles, was auf dem Kunststoffgebiet an Neuem aufkeimte oder im Werden war, mußte auf spätere Zeiten vertagt werden.

Unsere militärische Niederlage brachte es dann mit sich, daß die naturgemäß auf das sorgfältigste behüteten und selbst in Deutschland nur einigen bekannten Forschungsarbeiten und Verfahren der deutschen chemischen Großindustrie seit 1946 in allen Einzelheiten in den technisch-wissenschaftlichen Zeitschriften der Siegermächte veröffentlicht werden. Der Vorsprung der USA auf dem Kunststoffgebiet seit etwa 1941 ist mit diesem kaum richtig abschätzbaren Gewinn noch größer geworden. Seit 1939 nimmt die Kunststoffindustrie der USA einen noch steileren Aufstieg als bisher; die Erzeugung des Jahres 1948 an Kunststoffen beträgt rund das Dreifache der von 1939, und sie wäre noch größer, beständen nicht einige Rohstoffengpässe.

Manche der neueren Verfahren haben die Amerikaner zusammen mit ihren Verbündeten entwickelt, in manchen Fällen, z. B. im Flugzeugbau, wurde von den Engländern ein großes Stück eigener Arbeit geleistet. Die nachstehende kurze Übersicht bringt die wichtigsten Fortschritte der letzten Jahre. Überwiegend liegen sie auf der Seite der angelsächsischen Nationen.

I. Warmfeste Kunststoffe aus härtbaren Massen.

Harze und Preßmassen. Eine völlig neuartige Kunststoffgruppe sind die S i l i k o n e , die in den USA entwickelt wurden. Sie weisen zwei besonders wertvolle Eigenschaften auf, sie sind stark wasserabweisend und besitzen die hohe Dauerwärmebeständigkeit von etwa 170°. Der sehr hohe Preis beschränkt noch die Anwendung, die zur Zeit vor allem auf dem Gebiet der Überzüge und der Imprägnierung liegt, z. B. der von thermisch hoch beanspruchten Spulenwicklungen von Motoren und anderen elektrischen Geräten. Die Entwicklung von härtbaren Preßmassen scheint im Anfang begriffen zu sein.

Die Skala der härtbaren Harze ist noch um ein anderes wertvolles Glied durch die Chemiker der USA bereichert worden, die sog.

Polyesterharze. Ein Harz der Alkydharzgruppe davon ist die Grundlage der 1948 auf den Markt gekommenen härtbaren „Alkyd-Heißpreßmischung Plaskon", eine Masse mit mineralischem Harzträger. Die Verarbeitungseigenschaften ähneln denen der Phenolharzmassen, jedoch ist der Preßdruck niedriger und das Harz härtet rascher. Andere Polyesterharze werden vorerst überwiegend und in erheblichem Maße als Binder für Schichtstoffe und für die Herstellung großer geschichtet geformter Gegenstände nach dem neuen Niederdruckverfahren (s. S. 132) verwendet. Bei einigen Typen ist hier ein jedesmaliges Trocknen der Lagen nach dem Schichten unnötig, und der Preßdruck liegt bei nur 1 bis 5 kg/cm², so daß behelfsmäßige leicht gebaute Formen genügen.

Eine Polyester-Gruppe, die Allylharze, ergibt glasklar farblose Erzeugnisse mit guten optischen Eigenschaften. Sie werden vor allem als Binder für Schichtstoffe eingesetzt, dann auch als Gießharze empfohlen. Nach Zusatz eines Katalysators härtet das monomere in Wärme zum polymeren, warmfesten Harz.

Auf dem Gebiet der Phenol-Formaldehydharze sind seit Jahren keine besonderen Fortschritte zu verzeichnen. Für die Verwendung als Binder für Schichtstoffe, vornehmlich für das Niederdruckverfahren, wurden in den USA mehrere Sonderausführungen geschaffen.

Noch ganz im Frühzustand stehen die amerikanischen durch Akrylnitril-Kautschuk („Perbunan") modifizierten Phenolharze. Man erwartet eine Verminderung der den gehärteten Harzen bisher nun einmal eigenen Sprödigkeit. Klebemittel und Kitte daraus sind bereits im Handel.

Der Umfang der Skala der härtbaren Kunstharze bzw. der warmfesten Preßmassen wurde in Deutschland durch die schon etwa 1935 entwickelte Dicyandiamidmassen („Didi-Massen"), s. S. 49, erweitert. Die Produktion ist seit 1946 stark vergrößert worden. Die Massen werden jetzt allgemein angewendet. Eigenschaftswerte und Verarbeitungseigenschaften ähneln denen der Phenolholzmehlmassen Typ 31.

1944 kam in Deutschland die „Lignidur"-Masse auf. Das sind mit normalem Phenolharz getränkte Furnierschnitzel. Die Eigenschaftswerte ähneln denen der Typen 54 und 74.

Die Melaminharze und -massen sind schon vor dem Kriege außer in Deutschland auch in anderen Ländern hergestellt worden. Bei uns war die Anwendung eine ziemlich begrenzte und unsere Melaminmasse „Ultrapas" enthielt nicht nur Melamin-, sondern auch Carbamidharz. In den Vereinigten Staaten werden Melaminharz-Erzeugnisse weit mehr und in steigendem Maße angewendet. Die Hauptanwendungen sind Schichtstoffe, vor allem mit Glasgewebebahnen, daneben auch mit Papierbahnen. Gegenüber den Carbamidharz-Erzeugnissen besitzen die aus Melamin vor allem höhere Wasser- und Kochfestigkeit und höhere Dauerwärmebeständigkeit.

Die Eignung von G l a s g e w e b e b a h n e n feinster Faserdicke als Harzträger für die Herstellung besonders fester Schichtstoffe wurde bereits vor dem Kriege in Deutschland und den USA erkannt. Die Spinnverfahren wurden ständig weiter entwickelt. Als Binder kamen in erster Linie Silikone, Melaminharz, Polyester- und Phenolharz in Betracht. Wird vorsichtig geschichtet, so daß die Fasern nicht zerbrechen, lassen sich überaus feste geschichtete Formteile ähnlich den Typen 57 und 77 herstellen.

Die Anwendungsmöglichkeiten d e s T y p 31 sind offenbar ausgeschöpft. In den Vereinigten Staaten beginnt er sogar insofern an Feld zu verlieren, als ihm, eine Folge der Einführung schwerer Spritzgußautomaten für warmplastische Stoffe, große Teile des öfteren verlorengehen, wie z. B. Gehäuse für Rundfunkempfangsgeräte. Bei ungefähr gleichem Preis der Form ergibt das Spritzgußverfahren ungefähr die doppelte Leistung bei weniger Nacharbeitskosten. Typ 31-Gehäuse wurden in den USA öfter farbig lackiert. Dem Geschmack der Käufer kommt aber die reiche und klare Farbenskala der Thermoplaste weit mehr entgegen.

Schichtpreßstoffe. Deutschland besaß schon immer eine große Leichtmetallindustrie. Dennoch zog man auch Hartpapier, Hartgewebe und Lagenholz als Leichtbaustoffe für die Luftfahrt in Betracht, eingesetzt wurden sie aber nur wenig. Anders in den USA. Das Fehlen einer leistungsfähigen Leichtmetallindustrie zwang von vornherein zu größten Anstrengungen hinsichtlich des Einsatzes von Schichtstoffen. In noch größerem Maße als bei uns wurden alle möglichen Harzträger auf ihre Eignung hin untersucht, schließlich aber doch meistens das vergütete Lagenholz benutzt. Eine ganze Reihe oft neuartiger Bindeharze wurde entwickelt und angewendet. Viel Arbeit wurde, auch in England, auf die Entwicklung von Verbund-Schichtstoffen aufgewendet. Dünne, hochfeste Außenschichten nehmen die Biegespannungen auf, ein ziemlich dicker, aber sehr leichter Kern gibt der Platte die Steifigkeit. Im Extrem dient dabei als Außenhaut Metall, für dessen Verbindung mit dem Kern besondere Kitte geschaffen wurden und als Kern das leichteste aller Hölzer, das Balsaholz. In logischer Weiterentwicklung des leichten Kernes gelangte man zu aus Holzleisten gebildeten Hohlraumplatten und zu solchen aus Hartpapier, wie beim Honigwabenkern. Alle kamen auch in Anwendung.

Als wertvolle Ergebnisse der Kriegsanstrengungen der USA erwiesen sich auf dem Gebiet der Schichtstoffe solche aus Silikonharz mit Glasgewebebahnen, aus Melaminharz mit Glasgewebebahnen und aus Melaminharz mit Papierbahnen, die sämtlich sehr wasserfest und elektrisch hochwertig sind. Alle wurden auf Betreiben der USA-NAVY geschaffen.

Daß man das bekannte warmfeste Phenolharz-Hartpapier nach Erwärmung noch beschränkt t i e f z i e h e n kann, ist bei uns bekannt gewesen. Jetzt wurden aber von einer amerikanischen Firma besondere Hartpapiersorten entwickelt und propagiert, die sich ziemlich weitgehend tiefziehen lassen, siehe S. 241.

Arbeitsverfahren. Das „L o w - P r e s s u r e   M o l d i n g", ein in den Vereinigten Staaten im Kriege für Heereszwecke entwickeltes Niederdruck-Preßverfahren ist wohl der größte Fortschritt der letzten Jahrzehnte auf dem Gebiet der Verarbeitung. Es ermöglicht die Herstellung sehr großer unregelmäßig gestalteter Teile aus Schichtstoffen, ohne eine Presse und in leichtgebauten billigen Behelfsformen, dank dem niedrigen Preßdruck von etwa ein bis acht kg/cm². Meist wird an Stelle einer zweiteiligen Form nur e i n e Formhälfte verwendet, als Gegenhälfte dient ein anschmiegsamer Gummisack, s. S. 133.

Ob man also einmal Karosserieteile für Personenwagen in Stahlformen und in Pressen erzeugen wird, wie die auf S. 216 gezeigten, dürfte nunmehr fraglich geworden sein. Die Stromlinien-Karosserie des „Stoud Forty-Six", eine Haube aus einem Stück, wurde nach diesem Verfahren gefertigt, und zwar aus Glasgewebebahnen. Für eine großtechnische Massenfertigung gilt das Verfahren in diesem Falle als noch nicht reif.

Die Möbeltischlereien dürften sich des neuen Verfahrens sehr bald bedienen. „In einem Stück gepreßte" Tische und Schränke, bisher der Traum des Preßtechnikers, sind nun eine wirtschaftliche Möglichkeit geworden. Vielleicht verlieren dann zugleich unsere Stühle ihre jetzige Steifbeinigkeit und mangelhafte Beinfestigkeit.

In den USA zeigen viele Preßwerke für härtbare Massen seit Kriegsende ein verändertes Aussehen, denn fast neben jeder Presse steht jetzt ein H o c h f r e q u e n z g e r ä t (s. S. 117) für die Massevorwärmung. Diese ideale Heizweise verkürzt die Herstellzeit beträchtlich und verbessert die Güte des Stückes. Mit einem 3 kW-Gerät von 37 . 50 cm Grundfläche werden z. B. 1000 g des Typ 31 in kaum 60 Sekunden auf annähernd Preßtemperatur gebracht. Ebendort wird auch für ein neues Verfahren geworben, die Tabletten-Vorwärmung im mit Sattdampf erfüllten Wärmeschrank, siehe S. 118. Inwieweit dies ein Fortschritt ist, muß abgewartet werden.

Seit Ende der dreißiger Jahre entstanden in mehreren Staaten Preßautomaten, neuerdings in den USA der ausgezeichnete R o c k f o r d - H a l b a u t o m a t. Er arbeitet nach dem Preß-Spritz-Verfahren. Er preßt eine Pille, beheizt sie hochfrequent und verspritzt sie, s. S. 163.

Später als bei uns, dafür jetzt sehr rasch, bürgert sich in den USA das P r e ß - S p r i t z e n ein, wobei gerade hierfür die Hochfrequenz-Erwärmung als vorteilhaft angesehen wird. Die Shaw Insulator-Co. ist Besitzerin mehrerer Patente auf eine Spritzpresse, die von Lizenznehmern gebaut wird. Bei ihr entfällt der Schließkolben für die Form, denn die unter dem Preßstempeldruck stehende Masse preßt die obere Formhälfte gegen die untere, s. S. 160. Dieses Prinzip der Selbstzuhaltung ist in Deutschland lange bekannt, aber wenig in Gebrauch, und besondere Pressen dürften hier dafür kaum gebaut worden sein.

Völlig neuartig ist das ebenfalls in USA entstandene Spritzverfahren des „Yet Molding" (Strahlspritzen), dessen Brauchbarkeit anscheinend noch nicht auf breiter Basis bewiesen wurde. Die Masse hat in der Düse etwa 200 bis 500° je nach Werkstoffsorte, aber nur während der wenigen Sekunden des Einspritzens. Der patentierte Sonder-Heizzylinder des Verfahrens kann auf jeder normalen Thermoplast-Spritzgußmaschine verwendet werden (s. S. 165).

Der 1937 veröffentlichte „Tridyne-Prozeß" (s. S. 163), ist ein zweistufiges Preß-Spritzverfahren. Die Preßspritzform enthält 2 Massekammern und 2 Spritzstempel, die aufeinanderfolgend arbeiten.

Preßformen. Der erste Relief-Fräs-Automat für Gesenke war die amerikanische Maschine nach Keller. Ihr sind bei uns eine ganze Reihe ebenfalls elektrisch gesteuerter Maschinen gefolgt, die sich einbürgern. In Amerika sind die Umsätze größer und die Formen vielfacher als bei uns. Daher ist man dort dauernd auf der Suche nach noch billigeren Verfahren für die Herstellung der Formeinsätze. Zur Zeit wirbt die „Sintered Metal Co." für die Anwendung des Sinterns. Eisenpulver wird mit etwa 10 t je cm² auf ein gehärtetes Stahlpositiv gepreßt und die Pressung alsdann zum festen Körper gesintert. Bis jetzt aber ist das Kaltprägen noch immer der übliche Weg. Auf diesem Gebiete sind uns die Amerikaner stets überlegen gewesen; sie prägen mehr als wir und prägen verwickeltere und größere Fassons. Die neueste zur Zeit größte Prägepresse hat 8000 t Druckkraft, s. S. 144.

Die Anwendung der Hartverchromung ist dort wie hier üblich geworden.

Gegossene Beryllium-Bronzeformen, ferner mit der Schoopschen Spritzpistole erzeugte oder auch auf galvanischem Wege erzeugte haben sich bei uns und anderwärts wenig oder nicht einführen können.

II. Die warmplastischen Kunststoffe.

Es ist der Beachtung wert, daß im Bereich der geformten Gegenstände, Strangpreßerzeugnisse eingerechnet, die warmplastischen Kunststoffe, verglichen mit den warmfesten, in den USA weit stärker angewendet werden als bei uns. Dies liegt zuerst daran, daß Kunststoffe dort viel mehr als bei uns für alle möglichen Dinge des täglichen Lebens verwendet werden. Fast immer wird hier Wert auf schöne Farben gelegt. Die farbarmen Phenolmassen versagen hierbei. Harnstoff- und Melaminmassen genügen zwar durchaus, sind aber teuer. Der Hauptgrund ist aber der, daß spanlos geformte Gegenstände aus warmplastischen Massen zumindest die gespritzten billiger herstellbar sind als solche aus den wärmebeständigen Massen. Auch für Gegenstände der reinen Technik werden die warmplastischen Stoffe relativ öfter als bei uns benutzt, z. B. für Abdeckhauben für elektrische und andere Geräte selbst für Rundfunkempfänger-Gehäuse, also Teile, die oft auch zusätzlich thermisch beansprucht werden. Die warmplastischen Kunststoffe der USA haben keineswegs eine höhere Wärmefestigkeit als die unsrigen. Man konstruiert eben entsprechend und sorgt für bessere Belüftung.

Weiter ist bemerkenswert, daß die Skala der verwendeten Kunststoffe in den USA länger ist als bei uns. Ein Kunststoff, der teurer ist als ein anderer, braucht deshalb nicht besser zu sein, aber zuweilen ist der bessere auch teurer. Er findet in einem reichen Lande leichter die ihm gemäße Anwendung als anderswo. Solche Fälle sind die Äthylzellulose, das Zellulose-Azetat-Butyrat, das Polyäthylen und die Melaminmassen. In Amerika sind sie gebräuchlich, wenngleich auch nicht eben häufig, bei uns aber wäre zuweilen schon die Erzeugung unwirtschaftlich, weil die Mengen zu klein wären.

Warmplastische Massen. Die P o l y a m i d e z. B. „Igamid‟ und „Nylon‟ haben in wenigen Jahren bei uns und anderwärts Eingang gefunden nicht nur für Seile, Fasern und Gewebe, sondern auch für gestaltfeste gespritzte Gegenstände. Hier wird die außerordentliche Zähigkeit geschätzt

Voh großer Bedeutung ist auch das in England entstandene P o l y ä t h y l e n , s. S. 281. Die deutsche Polyäthylen-Erzeugung kam infolge des Krieges über das Anfangsstadium nicht hinaus; in England und in den USA wird es bereits öfter eingesetzt. Die seltene Vereinigung mehrerer guter Eigenschaften — Wichte nur 0,92, gute mechanische Festigkeit bei hoher Dehnung, elektrische Eigenschaften von der Güte des Polystyrols — werden ihm den ihm gebührenden Platz verschaffen. Noch ganz neu ist das ähnliche amerikanische P o l y t e t r a f l u o r ä t h y l e n , „Teflon‟ genannt.

Die S i l i k o n e , von denen es warmfeste und warmplastische gibt, sind sogar dem Amerikaner zu teuer, so daß sie selbst dort trotz ihrer guten bereits erwähnten Eigenschaften nur erst wenig angewendet werden.

Von den Zellulose-Kunststoffen finden in Amerika zwei Mischester Anwendung, die bisher in Deutschland nicht erzeugt werden. Das A c e t o p r o p i o n a t „Forticel‟ beginnt sich erst zögernd als Spritzgußmasse einzuführen. Das Z e l l u l o s e a c e t o b u t y r a t dagegen wird in ziemlichem Umfang sowohl zu stranggepreßten Profilen als auch zu Spritzgußteilen verarbeitet.

W a r m p l a s t i s c h e S c h i c h t s t o f f e. Wie schon unter I ausgeführt, ist in den USA Anfang der vierziger Jahre sehr viel Arbeit auf die Entwicklung von Schichtstoffen angewendet worden. Es wurden

auch warmplastische Harze als Binder eingesetzt. Überwiegend handelt
es sich um den Auftrag von Zellulose-Azetat, Zelluloseazetat-Butyrat,
von Äthylzellulose sowie von Polyamiden auf Gewebe von Baumwolle
oder Glasfasern. Erzeugt werden z. B. Förderbänder an Stelle von
solchen mittels Weichgummi und Schichtstoffe für die nachträgliche
Warmverformung durch Tiefziehen zu Koffern, Handtaschen, Lampenschirmen und anderen Teilen.

Arbeitsverfahren. In Deutschland wurde gezeigt, daß
das hier längst bekannte Schlagpreßverfahren auch sehr
gut für das Verpressen von Polyvinylchlorid, sei es Hart- oder Weichigelit, übertragen werden kann.

Spritzgußmaschinen für Stückgewichte von etwa 200 g
werden seit Jahren in Deutschland gebaut; das Bedürfnis nach diesen
großen Maschinen ist aber noch gering. In den Vereinigten Staaten
dagegen sind Maschinen bis zu einem Stückgewicht von 450 g zu
Hunderten in Gebrauch; von einigen Firmen werden Maschinen bis
1100 g und von einer sogar eine Type für 2200 g gebaut. Das in den
USA entstandene „Yet Molding-Spritzgußverfahren"
arbeitet mit einem neuartigen Sonder-Heizzylinder nebst Düse, der
auf jeder gewöhnlichen Spritzgußmaschine eingebaut werden kann,
s. S. 165. Die Masse soll in der Düse die enorm hohe Temperatur von
200 bis 600° C haben. Die Erwärmung von Kunststoffen im Kurzwellen-
Wechselfeld, die Hochfrequenz-Erwärmung, wurde bereits unter I
besprochen. Sie wird jetzt auch bei Spritzgußmaschinen angewendet.

Bei dem 225 g Rockford-Preßspritz-Halbauto-
maten fällt nacheinander hubweise eine oberhalb des Spritzkolbens
gepreßte Tablette in das Hochfrequenzabteil und von dort vor den
Spritzkolben, der sie in die Form spritzt (s. S. 163). Diese Maschine
ist nach Angabe des Herstellers nur für härtbare Massen gedacht,
dürfte aber wohl auch bald für warmplastische Verwendung finden.

Für das Schweißen von Kunststoff-Folien oder Platten wird neben
den bisher üblichen Heizweisen jetzt auch die Hochfrequenz-Erwärmung
verwendet.

In den USA wurde ein Automat zum Blasen von
Flaschen aus Polystyrol und anderen Kunststoffen gebaut. Die
Maschine wird mit einem becherförmigen Rohling beschickt, der auf
einem gewöhnlichen Spritzgußautomaten erzeugt wird. Der Rohling
fällt zwischen die geöffneten Hälften der Blasform, die Form schließt
sich, und der Rohling wird alsdann zur Flasche geblasen.

Einige bemerkenswerte neuere Anwendungen.
Amerikanische Rundfunkempfänger-Gehäuse, meist
kleiner als die unsrigen, bestehen oft aus Thermoplasten. Beispiele:
1. Ein Gehäuse aus Zellulosezetat, Auftraggröße 250 000 Stück, wird
in 88 Sekunden gespritzt. 2. Empfängergehäuse aus Polystyrol, 700 g

schwer. 3. Rundfunkempfänger mit oben eingebautem Plattenspieler unter einem Klappdeckel aus Polystyrol.

Schallplatten werden u. a. neuerdings aus einem Mischpolymerisat aus Polyvinylchlorid und Vinylazetat, meist ohne Füllstoffzusatz, erzeugt. Nach langer Forschungsarbeit erreichte man bei hoher Klanggüte weniger Nadelgeräusch und längere Lebensdauer als bei Schellackplatten. Bei einem der Fabrikate wird eine Aluminiumplatte eingebettet, um den Preis zu senken. (Mod. Plastics, July 1947, S. 197; Kunststoffe, Bd. 37 [947] S. 236.) Hier scheint dem Schellack nach so manchen vergeblichen Anläufen ein ernsthafter Wettbewerber entstanden zu sein.

Farbige Fliesen (Kacheln) für Wände und Fußböden aus Polystyrol sind in den USA ein Millionenartikel geworden. Größe etwa 25×25 cm, Spritzguß. (Mod. Plastics, Sept. 48.)

Große Autoscheinwerfer-Linsen aus Polystyrol, optisch klar und gestalttreu, werden in Vierfachform auf dem Spritzgußautomaten erzeugt.

Optische Linsen werden überhaupt in den USA und England zunehmend häufiger üblich, nicht nur für billigste, sondern auch schon für optisch anspruchsvollere Geräte. Da die Brechungsindices Trolitul / Plexiglas verschieden sind (1,49 und 1,59), werden beide auch gemeinsam zu kombinierten Linsen verwendet. Auch die schon in Deutschland lange bekannten „Haftgläser" (direkt am Augapfel haftend) werden in den USA aus Plexiglas gespritzt. Gerade hier ist das weniger zerbrechliche organische Glas sehr zweckmäßig.

Förderbänder größter Abmessungen werden aus mit dem amerikanischen Polyamid „Nylon" belegten Gewebe gefertigt. Sie sollen fester sein als solche aus Weichgummi.

Kämme. Hartgummi und Kunsthorn erfahren schon längst zunehmend stärkeren Wettbewerb durch Polystyrol; neuerdings kommen das Plexiglas und das infolge seiner großen Zähigkeit besonders geeignete Polyamid dazu.

Kochfeste Wäscheknöpfe, bisher aus weißer Vulkanfiber oder Melaminmasse erzeugt, werden neuerdings auch aus den kochfesten Stoffen „Trolitul EH" und „Igamid" gespritzt.

Schuhwerk. Die P-Sohle aus Weichigelit hat sich seit 1941 bei uns als brauchbar erwiesen. Seit Kriegsende werden auch Straßenhalbschuhe gänzlich aus Weichigelit z. T. nach dem Tauchverfahren hergestellt. Die Bindung zwischen Sohle und Oberleder ist gut. Die Schuhe haben sich bewährt.

Eß- und Trinkgeschirr. Obgleich die härtbaren Melaminmassen dafür sehr gut brauchbar sind, werden in den USA seit etwa 1945 auch das Polystyrol und das Polyäthylen herangezogen, obwohl sie erheblich weicher sind. Man hält das erstere der rauhen Behandlung in Gaststätten nicht für gewachsen, wohl aber das letztere, das ziemlich biegsame Körper ergibt.

Einleitung.

Begriffe : Kunststoffe — Polykondensate — Polymerisate.

Das Gebiet der o r g a n i s c h e n K u n s t s t o f f e läßt sich
zwanglos in fünf Hauptgruppen gliedern, nämlich in

1. Kunststoffe, zusammengesetzt aus Naturstoffen,
2. Kunststoffe auf der Basis von natürlichem Eiweiß,
3. Kunststoffe auf der Basis von Zelluloseabkömmlingen,
4. Kunststoffe auf der Basis von Polymerisationsprodukten,
5. Kunststoffe auf der Basis von Polykondensationsprodukten.

Wie man sieht, wird hier und auch sonst allgemein der Begriff
„Organische Kunststoffe" weit gefaßt. Schon eine bloße Vermischung
von Naturstoffen, freilich planmäßig vorgenommen, ergibt einen „Kunststoff". Zwischen einem solchen und einem synthetischen Polymerisat
sind alle möglichen Abstufungen des Umfanges des menschlichen Ein-
griffs in die Natur vertreten.

Die erste Gruppe ist die älteste. Die Hauptbestandteile sind N a -
t u r h a r z e o d e r B i t u m i n a. Ihre technische und wirtschaftliche Bedeutung nimmt stetig ab und ist schon jetzt nicht mehr groß.
Diese Werkstoffe sind Gemenge von verschiedenen Naturstoffen, wie
z. B. Gesteinsmehl und Asbest mit Naturharz, Schellack oder Teerpech
als Bindemittel. Ihre Festigkeit ist gering. Sie werden fast nur noch in
der Elektrotechnik („Isolierpreßstoffe") und auch hier noch wenig angewendet. Bemerkenswert ist aber, daß Massen mit Naturschellack
immer noch der fast ausschließlich verwendete Werkstoff für Schallplatten sind.

Bei den Gruppen 2 und 3 dagegen werden Naturstoffe chemisch zu
Kunststoffen umgewandelt. Man spricht daher auch von „abgewandelten
Naturstoffen". Bei der Gruppe 2 wird das aus der Magermilch gewonnene
Kasein mittels Formaldehyd chemisch verändert und gehärtet. Man
erhält so das K u n s t h o r n. Bei der Gruppe 3, den Zelluloseabkömmlingen, wird das Naturprodukt Baumwolle oder Holzzellstoff
durch verschiedene chemische Mittel zu neuartigen Werkstoffen umgewandelt, z. B. zu sogenanntem Zellulosehydrat (Vulkanfiber), Zellulosenitrat (Zelluloid), zur Azetyl- und zur Benzylzellulose. (Soweit die
Z e l l u l o s e a b k ö m m l i n g e nicht zu Preßstoffen, sondern zu
Kunstseide und Zellwolle, zu Folien für Filme, Verpackungszwecke und
elektrische Isolierungen, zu Kunstdärmen, Lacken, Kitten u. a. m.
verarbeitet werden, sind sie hier nicht zu behandeln.)

Polykondensate

linear verknüpft		räumlich vernetzt	
warmplastisch	vulkanisierbar	warmplastisch	härtbar
z. B. Polyamide	z. B. „Thiokol"	z. B. Anilin-Form-aldehydharz	z. B. Phenol-Form-aldehydharze, Harnstoff-Formaldehyd-harze u. a. m.

Polymerisate

linear verknüpft		räumlich vernetzt	
warmplastisch	vulkanisierbar	warmplastisch	härtbar
z. B. Polyvinyl-Verbindungen	z. B. synthetischer Kautschuk	z. B. mit Di-vinylbenzol vernetztes Polystyrol (Styraloy) „Q—200", USA	z. B. einige Arten „Poly-ester-Harze" der USA

Abb. 1. Hochmolekulare Kunststoffe.

Hochmolekulare Kunststoffe.

Die Kunststoffe der Gruppen 4 und 5 werden auf synthetischem Wege gewonnen. Ausgangsmaterialien für die Synthese sind niedermolekulare Stoffe, die auf zwei verschiedenen Wegen, auf dem Wege der Polymerisation und auf dem Wege der Polykondensation in hochmolekulare Kunststoffe umgewandelt werden. Auf beiden Wegen können, je nach der Art der gewählten niedermolekularen Ausgangsstoffe, hochmolekulare Kunststoffe von entweder linearem, fadenförmigem oder von dreidimensionalem, vernetztem Molekülaufbau gewonnen werden. Die gewonnenen Kunststoffe können durch Wärme wieder erweichbar, also „warmplastisch" sein, oder sie können durch Wärmeeinwirkung, gegebenenfalls nach Zusatz von Hilfsstoffen, entweder vulkanisierbar oder härtbar sein. Das folgende Bild 1 gibt diese Möglichkeiten unter Anführung von Beispielen wieder.

Die härtbaren Kunstharze bzw. die Massen auf dieser Grundlage werden bei der Warm-Weiterverarbeitung durch Härtung in die „w a r m f e s t e n" Kunstharz-Preßstoffe verwandelt, sie bilden den Abschnitt I dieses Buches. Der Abschnitt II umfaßt die „w a r m p l a s t i s c h e n" (thermoplastischen) Kunststoffe.

Wegen der überragenden Bedeutung, die den synthetisch gewonnenen Kunststoffen zukommt, soll auf die beiden Begriffe „Polymerisation" und „Polykondensation" ausführlicher eingegangen werden.

Polymerisate.

Unter P o l y m e r i s a t i o n versteht man die Verkettung vieler Einzelmoleküle einer niedermolekularen ungesättigten Verbindung zu einem nunmehr gesättigten Groß- oder M a k r o m o l e k ü l. Im Gegensatz zur Polykondensation werden Nebenprodukte bei der Polymerisation nicht abgespalten. Das Makromolekül ist daher chemisch von völlig gleicher Zusammensetzung wie die Kleinmoleküle, aus denen es entstand. Wohl aber hat es bzw. das Polymerisat ganz andere physikalische Eigenschaften, nämlich anderen Aggregatzustand, Zähigkeit, Härte u. a. m. Ungesättigte, niedermolekulare, im technischen Ausmaß zu hochmolekularen Kunststoffen polymerisierbare Verbindungen sind beispielsweise Äthylen, Isobutylen und Vinylchlorid, die unter normalen Bedingungen gasförmig sind, und Styrol, eine dem Benzol ähnliche leichtbewegliche Flüssigkeit. Die Polymerisation kann nur unter bestimmten, genau einzuhaltenden Bedingungen vor sich gehen. Die wichtigsten Faktoren sind sehr weit getriebene Reinheit des „monomeren" Ausgangsmaterials, Temperatur, Druck und vor allem bestimmte, in kleinen Mengen zugesetzte „Polymerisations-Katalysatoren", die den Einsatz der Polymerisation bewirken und auch ihren Ablauf regeln. Sie wird bis zu einem gewünschten „Polymerisationsgrad", einem bestimmten Durchschnittsmolekulargewicht geführt.

Neben dem Verfahren der Polymerisation des flüssigen oder durch Druck verflüssigten Ausgangsmaterials, der sogenannten „Blockpolymerisation", spielt die Polymerisation des in Wasser emulgierten Ausgangsmaterials, die „Emulsionspolymerisation", eine wichtige Rolle. Sie hat den Vorzug, daß sich die im Verlauf der Polymerisation auftretende, häufig beträchtliche Wärmemenge leichter als bei der Blockpolymerisation abfangen und dadurch die vorgeschriebene Polymerisations-Temperatur genauer einhalten läßt, und daß das Endprodukt in Form eines leicht weiterverarbeitbaren, in Wasser suspendierten Pulvers anfällt.

Tabelle 1. Änderung einiger physikalischer Eigenschaften von Polystyrol mit dem Polymerisationsgrad (nach E. Sauter).

Polymerisationsgrad Molekulargewicht	bis rd. 200 bis rd. 20 000	rd. 200 bis 1000 rd. 20 000 bis 100 000	über rd. 1000 über rd. 100 000
Aussehen nach Ausfällen aus Lösung	pulvrig	etwas faserig	langfaserig
Bruchfestigkeit der Masse-dichte	spröde, glasig-brüchig	weniger brüchig, fester	zäh, elastisch, sehr reißfest
Zähflüssigkeit (Viskosität) einer verdünnten Lösung (z. B. Gehalt von 2%)	niederviskos	mittelviskos	hochviskos
Verhalten beim Lösen . .	quillt nicht	quillt schon merklich	quillt stark auf
Folien-Bildungsvermögen	keines	noch nicht ausgeprägt	sehr gut
Technische Eignung . .	für Lackzwecke	für thermoplast. Zwecke (Spritzguß)	für Folien, Bänder, Fäden, Röhren

Aus den gasförmigen oder flüssigen monomeren Ausgangsmaterialien entstehen so feste „polymere" Stoffe von horn- oder kautschukartiger Beschaffenheit. Je höher das erzielte Molekulargewicht bzw. der Polymerisationsgrad (die Zahl der zum Makromolekül vereinigten kleinen Ausgangsmoleküle) ist, um so ausgeprägter wird das Vermögen zur Film- und Fadenbildung und um so höher werden im allgemeinen Bruchfestigkeit und -dehnung. Für das Styrol, das ein Molekulargewicht von etwa 100 hat, zeigt die Tabelle 1 die Änderung einiger physikalischer Eigenschaften in Abhängigkeit vom Polymerisationsgrad bzw. vom Molekulargewicht (nach E. Sauter).

Durch Änderungen der Polymerisationsbedingungen lassen sich also das Molekulargewicht und damit die physikalischen Eigenschaften eines Kunststoffes in weiten Grenzen ändern. Weitere Variationsmöglichkeiten ergeben sich durch die „Mischpolymerisation", bei der ungesättigte Einzelmoleküle von verschiedenem Aufbau einer gemeinsamen Polymerisation unterworfen und in die Makromoleküle eingebaut werden. Über die Anordnung und Reihenfolge der Einzelmoleküle im Makromolekül des Mischpolymerisates lassen sich keine Aussagen machen, nur über den prozentualen Anteil der einzelnen Komponenten können Angaben gemacht werden. So ist z. B. Buna S ein Mischpolymerisat, dessen Makromoleküle zu 70 % aus Butadien und zu 30 % aus Styrol bestehen, und mit Igelit MP (Typ K) wird ein Mischpolymerisat mit 84 % Vinylchlorid und 16 % Akrylsäuremethylester bezeichnet.

Für einige Polymerisate ergibt sich schließlich noch die Möglichkeit, durch Zusatz von „Weichmachern", d. h. von niedrigmolekularen, hochsiedenden Ölen geeigneter chemischer Zusammensetzung die physikalischen Eigenschaften weitgehend abzuändern. Man kann so insbesondere das hornartige Polyvinylchlorid je nach Art und Menge der zugesetzten Weichmacher in leder- oder gummiartige Kunststoffe abwandeln.

Polykondensate, linear verknüpft.

Unter Kondensation versteht man in der Chemie der niedermolekularen Stoffe die Vereinigung zweier verschiedener Moleküle zu einem neuen größeren Molekül unter gleichzeitiger Abspaltung einfacher Nebenprodukte, meist Wasser. Sind die beiden miteinander reagierenden Molekülarten so gebaut, daß sie beide nicht nur an einer, sondern an zwei Stellen miteinander reagieren können, dann besteht die Möglichkeit, daß die Kondensation sich (theoretisch ad infinitum) wiederholt und daß sich beide Molekülarten, einander abwechselnd, zu einem linearen Makromolekül zusammenschließen. Der einfache Kondensationsvorgang wird so zur Polykondensation. Auf diesem Wege aus Diaminen und Dicarbonsäuren unter Wasserabspaltung gewonnene Kunststoffe werden beispielsweise in USA unter der Bezeichnung „Superpolyamide" und in Faserform unter der Bezeichnung „Nylonseide" in den Handel gebracht. Entsprechende deutsche Produkte haben die Bezeichnung „Igamide" bzw. „Perlonseide". Ein weiteres Beispiel sind die aus organischen Dichlorverbindungen und Natriumtetrasulfid unter Natriumchloridabspaltung gewonnenen Polykondensate, die unter der Bezeichnung „Thiokol" bekanntgeworden sind, aber nicht in den Rahmen dieses Buches fallen. Sie haben kautschukartige Eigenschaften und teilen mit dem Kautschuk auch die Eigentümlichkeit, daß sie sich vulkanisieren lassen. Ein Erhitzen unter Zusatz von Zinkoxyd führt zu diesem Ziel, während Kautschuk bekanntlich einen Zusatz von Schwefel erhalten muß, wenn er durch eine Wärmebehandlung vulkanisiert werden soll.

Polykondensate, räumlich vernetzt.

Ist bei der Polykondensation wenigstens eine der beiden Molekülarten so gebaut, daß sie an d r e i Stellen mit der anderen Molekülart reagieren kann, so können sich von der Hauptkette Nebenketten abzweigen, die, mit einer anderen Kette sich durch Kondensation verbindend, schließlich die Kettenmoleküle zu einem d r e i d i m e n s i o n a l e n M a k r o m o l e k ü l vernetzen. Beispiele für derartige Polykondensationen sind die Kondensation von Anilin mit Formaldehyd und von Phenol mit Formaldehyd. Die technisch besonders wichtige Polykondensation von Phenol mit Formaldehyd führt über zunächst zähflüssige, allmählich fest werdende, aber noch schmelzbare harzartige Kondensationsprodukte schließlich zu einem in allen üblichen Lösungsmitteln unlöslichen und unschmelzbaren Produkt. Bei der technischen Herstellung der Harze unterbricht man die Kondensation an einem Punkte, an dem die Harzmoleküle noch wenig vernetzt und noch

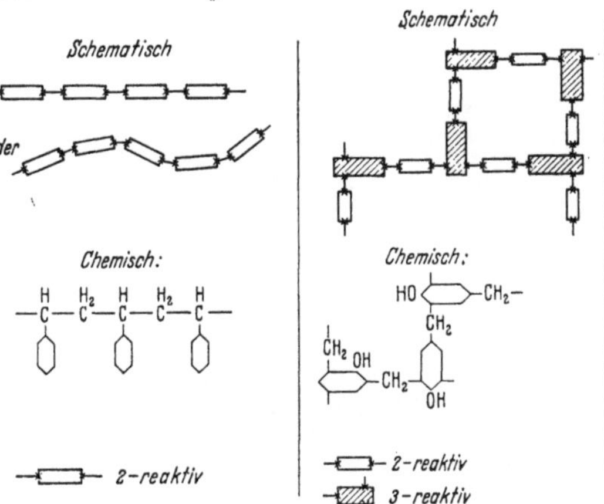

Abb. 2. Zwei Verkettungsweisen von Kleinmolekülen zum Makromolekül:
A bei 2 freien Valenzen linear (hier als Beispiel Polystyrol)
B bei 2 und mehr freien Valenzen räumliche Großmoleküle (als Beispiel Phenol-Formaldehydharz).

schmelzbar sind. Man vermischt sie in diesem Zustand mit Faserstoffen zu Preßmassen, verformt diese Preßmassen unter Hitze und

Druck zu der gewünschten Gestalt und führt dabei gleichzeitig die
Vernetzung des Harzes zu Ende. Mit der Formgebung ist also die
chemische Umwandlung in ein dreidimensionales, unschmelzbares Riesenmolekül verknüpft, aus dem härtbaren Harz wurde ein gehärtetes.

Schließlich zeigt die Abb. 2 zur Veranschaulichung des zuvor Gesagten links die Vernetzung der Einzelmoleküle zum Makromolekül
bei einem Polymerisat (linear) und rechts bei einem dreidimensionalen
Polykondensat.

Die große Querschlagtafel 1 (am Schluß des Buches) zeigt eine
Übersicht der organischen Kunststoffe. Die im Buch behandelten
Werkstoffe sind mit einem Stern bezeichnet.

Die Kunstharz=Preßstoffe und andere Erzeug= nisse auf der Basis härtbarer Kunstharze.

A. Formpreßstoffe (Kunstharzpreßstoffe).

1. Allgemeines.

Die Kunstharz-Preßstoffe, das sind während der Formgebung gehärtete, warmfest gewordene Preßmassen, nehmen noch immer technisch und wirtschaftlich die führende Stellung im ganzen Kunststoffgebiet ein. Sie haben bei allen Temperaturen eine wesentlich höhere Härte und Gestaltbeständigkeit als die wieder erweichbaren Kunststoffe, die Thermoplaste. Ganz anders als bei diesen ist der Abfall der mechanischen Festigkeit bis zu Temperaturen von etwa 80° noch ziemlich gering. Die Anforderungen, die der Maschinen- und Apparatebau in erster Linie an Kunststoffe stellen muß, werden von den gehärteten am besten erfüllt, von den chemischen abgesehen.

Verglichen mit der umfassenden Anwendung der Phenolharz - Erzeugnisse spielen für technische Zwecke die Erzeugnisse aus Harnstoffharz eine verhältnismäßig kleine Rolle. Noch weniger als diese werden die Phthalsäure-Glyzerin-Kunststoffe und die Melaminharz-Preßstoffe angewendet. Außer diesen gibt es zwar noch einige andere härtbare Kunstharze, wie das Phenol-Furfurol-Harz, das Phenol-Akrolein-Harz u. a. Sie sind jedoch von geringer Bedeutung und sollen hier nur genannt werden. Die gehärteten Eiweißstoffe (Kunsthorn) werden auf Seite 260 nur kurz besprochen. Im Apparate- und Maschinenbau finden sie fast gar keine Verwendung.

2. Bestandteile und Herstellung.

a) Der grundsätzliche Aufbau.

Die Vorläufer der Kunstharzpreßstoffe, die alten wieder erweichbaren „Isolierpreßstoffe" enthalten natürlichen Asphalt, Teerpech oder Naturharze als Bindemittel für pflanzliche oder mineralische Fasern und körnige, mineralische Füllstoffe. Als Faser wird vor allem Asbest, als körniger Füllstoff Kaolin, Schiefermehl, Schwerspat und sonstiges Gesteinsmehl verwendet. Diese guten Isolierstoffe sind billig, aber wenig fest.

Die neuzeitlichen Kunstharz-Preßstoffe bestehen im wesentlichen aus dem härtbaren synthetischen Harz und dem Harzt r ä g e r (Abb. 3). Dieser ist in der Regel ein Faserstoff. Man vermengt und verknetet beide Bestandteile unter Druck zu einer plastischen Masse und sorgt für eine möglichst gleichmäßige Verteilung von Harz und Harzträger. Dabei wird der Harzträger, wenn es sich um organische Fasern wie Baumwolle und Holzmehl handelt, von dem warmen Harz innig durchtränkt und umhüllt. Sind anorganische Fasern wie Asbest oder Glaswolle der Harzträger, so findet nur eine Umhüllung der Fasern statt.

Von der einzigen Ausnahme, dem „Preßharz", das n u r Harz und keinen Trägerstoff enthält, abgesehen, handelt es sich also bei den Kunstharz-Preßstoffen im wesentlichen immer um einen Z w e i s t o f f - V e r b a n d. Dessen physikalische und chemische Eigenschaften werden in hohem Maße vom Harz bestimmt. Das Harz schützt den Harzträger weitgehend, wenn auch nicht vollkommen, gegen Feuchtigkeitseinwirkungen und bis zu einem gewissen Grade auch gegen Schädigungen durch Wärmebeanspruchung. Es verleiht dem Preßstoff gute elektrische Eigenschaften und gute chemische Beständigkeit. Beides gilt um so mehr, je gründlicher die Faser mit dem Harz imprägniert wird. Das bedeutet, daß der Preßstoff z. B. zur Erzielung guter elektrischer Eigenschaften reichlich Harz enthalten muß. Andrerseits ist der Harzträger das mechanische Rückgrat im Preßstoff. Das gehärtete Kunstharz allein ist nämlich ziemlich spröde; erst die Einverleibung von Faserstoff erhöht die Schlag- und die Kerbschlagzähigkeit. Ein harzarmer, faserstoffreicher Preßstoff ist im allgemeinen mechanisch fester als ein harzreicher. Jede Bevorzugung des einen Bestandteiles verbessert also bestimmte Eigenschaften, mindert aber wieder andere. Zur Erfüllung bestimmter Sonderforderungen wird aber auch des öfteren ein nichtfasriger k ö r n i g e r p u l v r i g e r Stoff, wie Eisenpulver oder Graphit, als Harzträger verwendet. Gemahlenes Gestein, Schiefermehl, Talkum, Schwerspat u. a. sollen Asbest ersetzen.

Das sogenannte „P r e ß h a r z" ist Phenol- oder auch Kresolharz a l'l e i n. Es wurde geschaffen, um dem Bedürfnis nach einem glasklaren und feuchtigkeitsunempfindlichen Werkstoff zu genügen. Preßharz ist erheblich spröder als Preßstoffe, die Fasern enthalten. Es wird nur für Sonderzwecke angewendet.

Außer Harz und Harzträger gehören aber noch andere Bestandteile zu einer Kunstharz-Preßmasse, siehe Abb. 3, über die erst nachfolgend berichtet wird. Sie stellt den Aufbau eines Phenoplastes dar; rechts ist die mengenmäßige Zusammensetzung des Typ 31 angegeben mit einem Harzgehalt von 45%.

Die Kunstharz-Preßmassen werden unter hohem Druck in der heißen Form verformt. Außer diesen üblichen Warmpreßmassen gibt es noch einige Kaltpreßmassen, reine Isolierstoffe, die später noch erwähnt werden

Man ist übereingekommen, zwischen P r e ß m a s s e und P r e ß -
s t o f f zu unterscheiden. Den losen Ausgangsstoff für die Herstellung

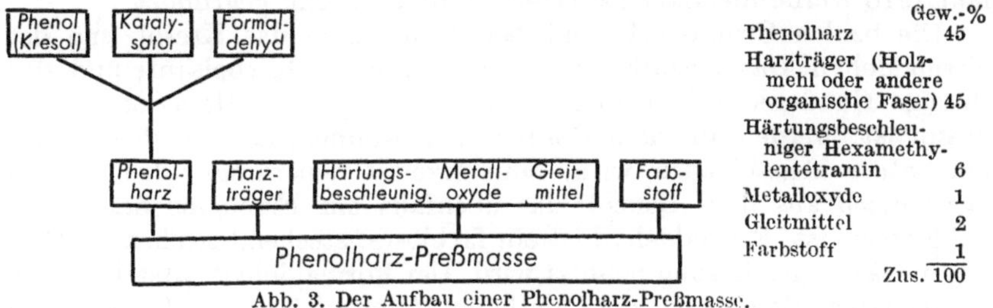

Abb. 3. Der Aufbau einer Phenolharz-Preßmasse.

	Gew.-%
Phenolharz	45
Harzträger (Holz- mehl oder andere organische Faser)	45
Härtungsbeschleu- niger Hexamethy- lentetramin	6
Metalloxyde	1
Gleitmittel	2
Farbstoff	1
Zus.	100

des Stückes nennt man P r e ß m a s s e ; n a c h der Formgebung —
des jetzt gehärteten Stückes — mittels Wärme, bei der sich die Werkstoffeigenschaften erheblich ändern, spricht man vom Preß s t o f f.

b) Die Kunstharze (und Kontaktmittel).

Jeder kennt Naturharze. Sie kommen in allen möglichen Härte-
stufen vor. Verletzt man den Stamm einer Fichte, so entquillt ihm
Fichtenharz als ein dünnflüssiger „Balsam", Er dickt allmählich zu
einem weichen Harz ein, das mit der Zeit immer härter wird. Ein anderes
tropisches und subtropisches Baumharz, der Kopal, wird in verschiedenen Härten gefunden, teils halbhart als ein noch ziemlich frisches
Harz, teils mehr oder weniger hart als „fossiles" Harz. Bernstein, wie
das Fichtenharz ein Harz der Nadelholzbäume, ist ein sehr altes fossiles
Harz, das in geologischen Zeiträumen sehr hart wurde.

Den Naturharzen ähneln sowohl äußerlich als auch hinsichtlich
Löslichkeit und Verhalten in der Wärme viele Kunstharze. Die härtbaren Kunstharze besitzen aber wertvolle technische Eigenschaften,
welche die natürlichen Harze nicht haben. Sie lassen sich härten. In
gehärtetem Zustand sind sie mechanisch und chemisch fester als alle
Naturharze. Ihre Eigenschaften können für Sonderzwecke weitgehend
gewandelt werden. Ein Naturharz fällt je nach Herkunft und Alter verschieden aus, ein Umstand, der die Erzeugung eines bestimmten Werkstoffes von stets gleichbleibenden Eigenschaften und Verarbeitungs-
bedingungen erschwert. Dagegen vermag die sorgfältig überwachte technische Großerzeugung Kunstharze zu liefern, die laufend bestimmten
Anforderungen genügen.

Es gibt vier technisch besonders wichtige Gruppen härtbarer Kunstharze: Phenol-Formaldehyd-Harze, Harnstoff-Formaldehyd-Harze (Karbamidharze), Melamin-Formaldehyd-Harze und die Phthalsäure-Glyze-
rin-Harze („Glyptal"). Alle vier sind Polykondensationsharze, s. S. 12.

Phenol-Formaldehyd-Kunstharze. Weiterbauend auf bedeutenden
jahrzehntelangen Vorarbeiten anderer Forscher schuf L e o H. B a e k e -

l a n d das härtbare Phenolharz. Im Jahre 1907 bekam er in den USA,
1908 in Deutschland die grundlegenden Patente auf seine Arbeiten. Im
Mai 1910 wurde die Bakelite-Gesellschaft in Berlin gegründet.

Die beiden Grundstoffe sind das Phenol oder das Kresol und der
Formaldehyd. Das kristallisierte reine Phenol, die Karbolsäure und das
flüssige Handelskresol, das ein Gemisch von Ortho-, Meta- und Para-
kresol ist, werden aus dem Rohphenol gewonnen, das aus dem Stein-
kohlenteer abgeschieden wird. Man erzeugt neuerdings Phenol auch
synthetisch aus dem Benzol, das ebenfalls ein Erzeugnis des Steinkohlenteers ist. Formaldehyd ist ein farbloses, stechend riechendes Gas,
das in wässeriger Lösung benutzt wird. Der Formaldehyd entsteht durch
katalytische Oxydation von Methanol (Methylalkohol). Er wird in
etwa 30- bis 40%iger wässeriger Lösung angewendet. Methanol wird
heute synthetisch aus Wassergas gewonnen. Wasser und Kohle sind
also letzten Endes die Ausgangsstoffe für die Herstellung beider Komponenten. Nach einem älteren Verfahren scheidet man das Methanol
aus den Produkten der Holzverkohlung ab.

An Stelle von Phenol (und in zweiter Linie Kresol) oder auch zusammen mit Phenol können auch verwandte Verbindungen mit Formaldehyd kondensiert werden. Solche sind Xylenol und Resorcin.

An Stelle des Formaldehyds wird hier und da, vor allem in den
USA, das Furfurol verwendet, ein Aldehyd, gewonnen aus Pentosanen,
Bestandteile der Hüllen der Mais- und Haferkörner.

Die Harzbereitung. Sie geschieht in einem geschlossenen
Kessel mit Rührwerk und Heizmantel, unter sorgfältiger Steuerung der
Temperaturen und Zeiten. Phenol und Formaldehyd werden gemeinsam
in einem gewissen Mengenverhältnis bis zum Sieden erhitzt. Da aber
diese beiden allein nur sehr träge aufeinander reagieren würden, wird
zur Beschleunigung ein Katalysator (Kontaktmittel) beigegeben. Nach
einiger Zeit scheidet sich Harz am Boden des Kessels als ölige Schicht
ab, die allmählich zäher wird. Zu gegebener Zeit schaltet man die Heizung ab, verdampft die überstehende wässerige Mutterlauge im Vakuum und läßt schließlich das klare gelbliche, noch eben flüssige Harz ab.

Je nach dem Mengenverhältnis von Phenol und Formaldehyd und
je nach der Wasserstoffionen-Konzentration kann man zwei ganz verschiedene Arten von Phenolharz bilden. Läßt man die R e a k t i o n
in einem alkalischen Medium verlaufen, wie z. B. bei der Anwendung
von Ammoniak oder auch von Soda als Katalysator oder von metallischem Natrium oder von Kalziumoxyd, so entsteht bei einem Verhältnis von rd. 1 Mol Phenol zu 1 Mol Formaldehyd ein „Phenol-R e s o l“.
Es ist noch schmelzbar und in Spiritus und in einigen anderen Lösemitteln löslich. Kondensiert man es weiter, so geht das Resol über
einen nicht scharf begrenzten Zwischenzustand „Resitol“, auch
Zustand B genannt, in dem es nicht mehr löslich, aber in Hitze noch

verformbar ist, in den Endzustand „R e s i t“, Zustand C genannt, über. Es ist jetzt glashart, unlöslich und unschmelzbar geworden. Der ganze Vorgang ist eine fortschreitende Polykondensation. Verwendet man statt des reinen Phenols das billigere aber durchaus hochwertige flüssige Handelskresol, so spricht man von einem „Kresol-Resol“, das im Grunde ganz ähnliche Beschaffenheit hat.

In den Endzustand C wird das Harz natürlich immer erst bei der Weiterverarbeitung gebracht, mag es sich nun um das Harz in einer Preßmasse oder für ein Hartpapier oder für Schleifscheiben handeln.

In den Handel kommen die Harze entweder im niedrig kondensierten noch flüssigen Zustand A oder in der höheren Kondensationsstufe als festes B oder auch in Form einer Harz l ö s u n g in Spiritus, für bestimmte Zwecke auch in Azeton. Für elektrische Zwecke wird vorzugsweise Harzlösung benutzt. Der Anteil an W a s s e r , der in jedem niedrig kondensierten Harz noch enthalten ist, würde die Isolation verschlechtern, der Spiritus einer Harz l ö s u n g aus höher kondensiertem Harz ist dagegen leichter, gegebenenfalls durch Wärme, zu entfernen. Lösungen haben andererseits wieder den Nachteil, schlechter als „flüssiges Harz“ in Fasern und Gewebe eindringen zu können, zu imprägnieren.

Eine andere Harzart, e i n N o v o l a k , entsteht, wenn die R e a k t i o n im sauren Medium verläuft, wie z. B. bei der Salzsäure als Kontaktmittel. Hierbei wird 1,2 Mol Phenol auf 1 Mol Formaldehyd verwendet. Ein Novolak ist aber im Gegensatz zum Resol in der Wärme allein nicht weiter härtbar. Dennoch enthalten gerade die neuzeitlichen schnellhärtenden Kunstharz-Preßmassen fast alle Novolak als Harz. Ihnen hat man nun Hexamethylentetramin, oft kurz „Hexa“ genannt, zugesetzt. Hexa zerfällt bei höherer Temperatur und zwar beim Pressen in der Form teilweise in Ammoniak, das zum Teil als Gas entweicht, zum Teil im Preßstück einige Zeit eingeschlossen bleibt, und in Formaldehyd; dadurch setzt eine sehr schnelle Härtung des Novolaks ein, die zum Resit führt. Auch das Novolak-Resit ist unlöslich und unschmelzbar. Auf diese Weise tritt also das Formaldehyd zweimal in Reaktion. Die Härtegeschwindigkeit dieser Preßmassen, der sog. „S c h n e l l p r e ß m a s s e n“, ist 2- bis 3mal so groß wie die der „Langsamhärter“, die mit Resolharz hergestellt sind. Sie wurden 1927 von der Bakelite-Gesellschaft m. b. H. in Erkner geschaffen und brachten gegenüber dem bisherigen Zustand einen großen Fortschritt in bezug auf Mengenleistung, mechanische Festigkeit und Wärmebeständigkeit.

Während Kunstharz von der Art des Phenol-Novolaks mit Zusatz von Hexamethylentetramin auf die Verwendung für Preßstoffe beschränkt ist (Novolak ohne Hexa dient zur Herstellung von Lacken), wird das langsam härtende Phenol-Resol-Harz, vor allem das Kresol-Resol-Harz für solche Fälle verwendet, wo eine langsame Härtung technisch erwünscht ist, z. B. bei Hartpapieren. Ein K r e s o l - Resol wird zuweilen wegen des höheren elektrischen Isolationswiderstandes oder oft auch wegen seines niedrigeren Preises benutzt.

Im Gebiet der härtbaren Preßstoffe wird das langsam härtende Kresol-Resol fast nur noch für den Typ 30, dem er den hohen Isolationswiderstand verleiht, und für die Herstellung der Kaltpreßstoffe Typ 212 und 213 benutzt. (Typeneinteilung s. S. 32.)

Resolharz dient weiterhin zum Imprägnieren von Bahnen aus Papier und Gewebe und von Holzfurnieren, zur Herstellung von Hartpapier, Hartgewebe und Schichtholz. Es wird zum Tränken von asbestisolierten Drähten und zur Imprägnierung von Holz verwendet. Es wird weiterhin zu Kitten, Lacken und vielen anderen Zwecken verarbeitet. In fast allen diesen Anwendungsfällen wird das Harz durch Erhitzen n a c h seiner Verarbeitung in den Endzustand C überführt. Es ist aber auch möglich, Resolharz mit chemischen Mitteln, z. B. durch Zugabe von Salzsäure k a l t zu härten, z. B. die rasch härtenden Kitte. Für die Herstellung der „Gußharze‘‘ (s. S. 255) wird ebenfalls ein Phenol-Resol benutzt, das man zu Blöcken und beliebigen Halbfertigerzeugnissen gießt.

Da die Eigenfarbe des gehärteten Phenol- und Kresolharzes etwa goldgelb bis braun ist, lassen sich weiße oder hellfarbige Preßstoffe nicht herstellen. Diese Harze dunkeln am Licht auch mit der Zeit nach. Dadurch verändert sich zugleich die Farbe der aus ihnen hergestellten farbigen, vor allem der helleren oder gar blauen Preßstoffe.

Kautschukmodifiziertes Phenolharz. Die hohe Härte der ausgehärteten Phenol- bzw. Kresolharze ist oft ein Nachteil. In den USA sind jetzt Phenolharze entwickelt worden, die mit Perbunan modifiziert worden sind, um die Sprödigkeit zu verringern[1].

Harnstoff-Formaldehyd-Harze (Karbamidharze). Die eine Komponente ist wie beim Phenolharz wieder Formaldehyd, die andere Harnstoff oder Harnstoff mit Thioharnstoff. Harnstoff ist eine stickstoffhaltige Verbindung, Thioharnstoff eine Schwefel-Stickstoff-Verbindung. Harnstoff wird aus Ammoniak und Kohlendioxyd erzeugt, Thioharnstoff entsteht aus Cyanamid und Schwefelwasserstoff.

Als Katalysator wird bei der Harzbildung eine Base verwendet. Das gewonnene Harz ist farblos. Als Harzträger dienen bei der Herstellung einer Preßmasse in der Regel gebleichte weiße Holzzellusefasern. Da das Harnstoffharz bei der Härtung der Preßmasse seine Farblosigkeit nicht verliert, kann man also rein weißen Preßstoff und durch Farbzusätze Preßstoffe („Pollopas‘‘) in allen möglichen Farben herstellen. Im Gegensatz zum Phenolharz behält das Harnstoffharz unter Licht und in

---

[1] Es handelt sich vorerst nur um Kitte und Kleber („Pliobond‘‘, „Hycar OR-25‘‘).

Wärme seine Farbe recht gut. Die Harnstoffharz-Preßstoffe haben bei geringen Wanddicken eine schöne Transparenz. Seit dem Jahre 1937 sind auch Harnstoffharz-Preßmassen im Handel, bei denen Holzmehl

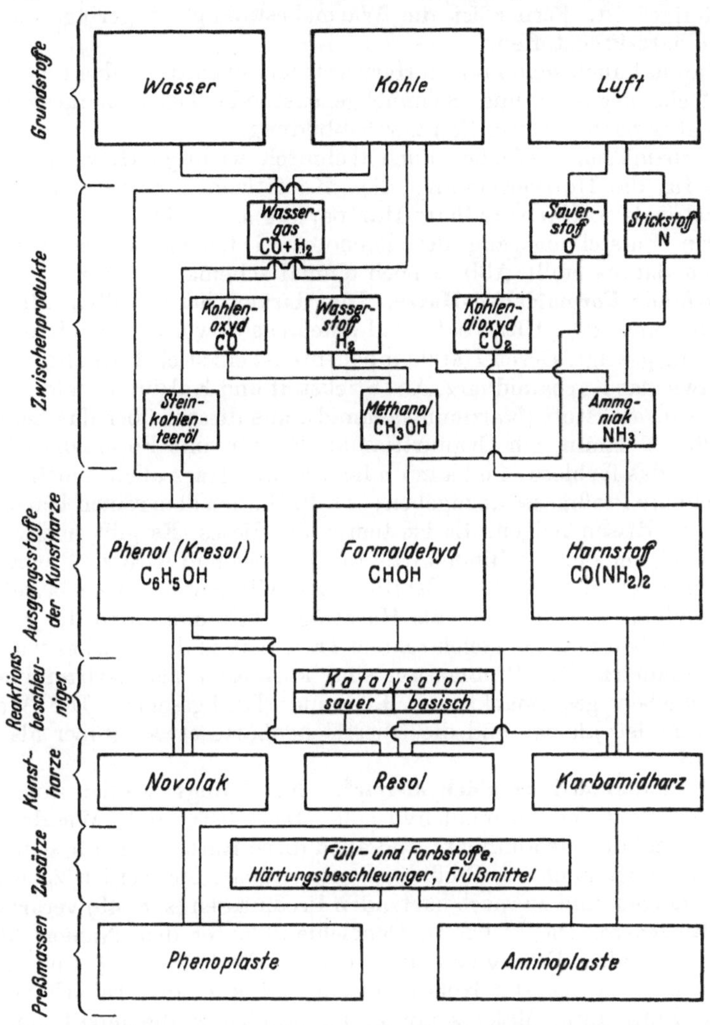

Abb. 4. Entstehungsgang des Phenol- und des Karbamidharzes und der Massen.
(Aus „Römmler-Handbuch".)
Phenoplaste = Massen auf der Basis von Phenolharz, Aminoplaste = solche mit Harnstoffharz erzeugt.

als Harzträger verwendet wird. Die Preßteile sind jedoch nicht so schön transparent und die Farben nicht so klar wie bei den mit Zellulose hergestellten Stoffen.

Gegenüber Phenolharz-Preßstoff hat Harnstoffharz-Preßstoff andererseits auch Nachteile. Preßstücke aus diesen werden etwa doppelt so teuer, da der Werkstoffpreis höher und die Verarbeitung etwas schwieriger ist. Ferner ist die Wärmebeständigkeit geringer als bei Phenolharz-Preßstoffen.

Man hat auch schon reines Harnstoffharz ebenso wie das Phenolharz in Blöcke gegossen und Schmuckgegenstände daraus hergestellt. Es neigt aber nach längerer Zeit zur Rißbildung.

Karbamidharze ergeben auch technisch wichtige Heiß- und Kaltleime für die Holzverleimung, die „Kauritleime", ferner auch Lacke („Plastopale"). Karbamidharz-Hartpapiere s. S. 244.

Den Entstehungsgang der Phenol- und Carbamidharze bzw. der Massen daraus stellt Abb. 4 noch einmal schematisch dar.

Melamin-Formaldehyd-Harze. Die daraus hergestellten Melaminharz-Preßmassen. „Ultrapas[1]" und „Melopas[2]" wurden im Jahre 1939 erstmalig gezeigt. Deren Harzkomponente ist ein stickstoffhaltiges Harz, gleichwie das Karbamidharz. Aus Stickstoff und Kalziumkarbid gewinnt man Kalkstickstoff (Kalziumcyanamid), aus diesem über das Dicyanamid das Melamin, ein Cyanurtriamid. Es gibt mit Formaldehyd kondensiert das farblose M e l a m i n h a r z. Das Harz allein scheint keine brauchbare Preßmasse abzugeben; es soll, ähnlich dem reinen Karbamidharz, zu Rissen neigen. Es ist teurer als dieses. Es gibt hochwertige Leime, eignet sich als Bindemittel für Firnisse und wird zu Preßmassen und in USA zu Schichtpreßstoffen aus Glasgewebe verarbeitet. Bei Verwendung von Zellulose als Harzträger bekommt man die gleichen hellen Farben und die gleich schöne Transparenz des Stückes wie beim Karbamidharz. Die Preßmassen sind kochfester als Karbamidmassen und ergeben geschmackfreies Eß- und Trinkgeschirr. Die Wasseraufnahme ist kleiner und die Oberflächenhärte etwas größer als beim Typ 131.

Dicyandiamid-Formaldehydharze[3]. Neuerdings werden auch aus Dicyandiamid und Formaldehyd helle Harze hergestellt. Wie das Karbamid- und das Melaminharz sind auch diese Harze nicht für sich allein als Guß- oder auch als Preßharze verwendbar. Sie werden zu wasserfesten Leimen und zu rasch härtenden Preßmassen (s. S. 49) verarbeitet.

Alkydharze. Die bisher in Deutschland unter dem Namen Alkydharze laufenden Erzeugnisse (für Lacke, Firnisse u. a.) sind in der Hauptsache Mischester-Kondensationsprodukte aus Dikarbonsäuren (z. B. Phtalsäure, Maleinsäure u. a., gegebenenfalls modifiziert mit gesättigten und ungesättigten Monokarbonsäuren, z. B. Fett- und

---

[1] Vertrieb: Venditor Verkaufsges. m. b. H., Troisdorf, Bez. Köln.
[2] Hersteller: Gesellschaft für Chemische Industrie in Basel (Schweiz).
[3] Hersteller: Stickstoffwerke Piesteritz, in Piesteritz Sachs. Anh.

Harnsäuren), verestert durch zwei- und mehrwertige Alkohole, wie Glykol und Glycerin u. a. Die Eigenschaften dieser modifizierten Alkydharze hängen von der Art der verwendeten Fett- und Harzsäure ab. Es sind sowohl warmplastische als auch härtbare Harze möglich.

Unter dem Allgemeinnamen P o l y e s t e r h a r z e wurden neuerdings in den USA härtbare Alkydharze entwickelt, die als Bindeharz für Schichtpreßstoffe Verwendung finden, und ferner solche, die sehr rasch härtende Preßmassen mit Verarbeitungseigenschaften ähnlich denen der Phenolharz-Schnellpreßmassen ergeben[1]. Alkydharze sind auch, wie schon oben angedeutet, die härtbaren.

Glyptal-Kunstharze. Durch Kondensation von Glyzerin mit Phthalsäureanhydrid entsteht das härtbare Glyptalharz. Es erfordert für die Härtung aber Temperaturen von über 200 Grad, also erheblich höhere als bei den Phenolharzen und hat diesen gegenüber vor allem den Nachteil, daß es sehr träge härtet. Er wird infolgedessen nicht zu Preßstoffen verarbeitet, trotz seiner höheren Wärmebeständigkeit. Da es sehr gut klebt und weniger temperaturempfindlich als die Phenolharze ist, wird es als Bindemittel für Glimmer bei der Mikanit-Herstellung verwendet, ferner für Asbest- und für Schmirgelstoffe. Glycerin-Phtalsäureharz spielt in der Lackindustrie als Grundkörper für Lacke (Alkyd-Harze) eine bedeutende Rolle, vor allem dank seiner hohen Haftfähigkeit, Elastizität und Dauerhaftigkeit.

Allylharze[2] sind unter Verwendung von Allylalkohol hergestellte ungesättigte Polyesterharze der USA („Kriston", „Allymer CR 39"), die u. U. noch mit Styrol modifiziert sind. Es sind in Wärme h ä r t b a r e Polymerisate. Das Monomere oder ein Vorpolymerisat wird nach Zusatz eines Katalysators zu einem glasklar-farblosen Harz polymerisiert. Die physikalischen Eigenschaften sind nach vielen Richtungen hin gute; besonders wird die hohe Härte und gute optische Eignung hervorgehoben. Anwendung bisher: Binder für Schichtstoffe, Gießharz.

S i l i k o n e. Siehe S. 301.

c) Die Harzträger (sog. „Füllstoffe").

Einer der ältesten und auch heute noch meistverwendeten Harzträger, den schon Baekeland sehr früh anwandte, ist das H o l z m e h l. Es wird durch Feinmahlen von reinem Holzmehl, meist Fichte, seltener Buche, in bestimmten Körnungsgraden mit nicht zu hohem Feuchtigkeitsgehalt (höchstens 7%) hergestellt. Ausländisches Holzmehl wird kaum noch benutzt, mit Ausnahme von weißem Birkenholzmehl, das für hellere Preßstoffe von Vorteil ist.

---

[1] B i g e l o w in Modern Plastics, Okt. 1948, S. 857.

[2] E s c a l e s , H u l t z s c h , R ö m e r : die K. St.-Ind. in den USA. K. St. Bd. 37 (1947), S. 117—140.

Ebenso alt ist der Gebrauch der anorganischen **Asbestfaser**. Asbest, ein Mineral, ist ein wertvoller und schwer zu ersetzender Harzträger. Es ist ein Magnesiumsilikat. Es kommt in der Natur in dünnen langnadligen Kristallen in geschlossenen Blöcken vor. Um die einzelnen Fasern zu erhalten, werden die Blöcke vorsichtig zerkleinert und aufgelockert. Die Asbestfasern sind mechanisch nicht so fest wie organische Fasern. Preßstoffe mit Asbest als Harzträger sind deshalb meistens auch nicht so fest wie solche mit Pflanzenfasern. Dennoch ist die Asbestfaser ein wertvoller Harzträger, nämlich für Preßstoffe, die stärkeren Temperatur- und Feuchtbeanspruchungen ausgesetzt sind. Die Asbestfaser nimmt im Gegensatz zu organischen Fasern kein Wasser auf und ist unbrennbar.

Synthetischer Asbest fand anscheinend bisher keine Anwendung für Preßstoffe, obgleich er mancherorts versuchsweise eingesetzt wurde.

Schlackenwolle (aus Hochofenschlacke gewonnen), wurde an Stelle von Asbest für die Typen 12, 212 und 213 versucht. Ersetzte man den Asbest nur etwa zur Hälfte, so konnten die Typen-Mindestwerte gehalten werden. Der Verschleiß der Preßformflächen ist unerträglich hoch, desgleichen der von Quarz und quarzhaltigen Gesteinsmehlen.

Glaswolle wurde verschiedentlich auf ihre Eignung als Asbestersatz geprüft. Wenn nur einige μ dick, ist sie ein sehr brauchbarer Harzträger. Man erreicht bis jetzt mit ihr im allgemeinen die Typenwerte des Typ 12. Im Verein mit Asbest wird sie bereits an manchen Stellen mit gutem Erfolg für die Herstellung des Types 918 angewendet.

Werden Glasfasern, nur einige μ dick, in Gestalt von Glasgewebebahnen verwendet und bleibt die Lagenstruktur im Stück einigermaßen erhalten wie bei geschichteten **Platten** (Schichtpreßstoffe S. 248), so erhält man Körper mit sehr hoher Schlagzähigkeit. Der Preis von derart feinfädigen Glasgewebebahnen ist z. Z. noch etwa zehnmal so hoch als der einer Gewebebahn aus Baumwolle. Die verschleißende Wirkung von Glas auf die Form ist gering. Derartige Glas-Schichtstoffe finden in den USA bereits beträchtliche Anwendung. (Hohe statische und dynamische Festigkeit.)

Gesteinsmehle (Schiefermehl, Schwerspat u. a.) sind mit die ältesten Bestandteile in Preßmassen, z. B. den alten Schellackmassen, ferner im Typ 212, 213 und 214 als Anteil neben Asbest und in letzter Zeit wieder im Typ 11. Diese pulvrigen Mehle ergeben alle nicht die mechanische Festigkeit wie die Asbestfaser.

Preßstoffe mit feinfaserigen Stoffen wie Holzmehl und Asbestfaser als Harzträger sind für höhere mechanische Beanspruchungen nicht immer fest genug. Mit **Baumwollgewebefetzen** hergestellte Preßmassen ergeben festere Teile (Typen 71, 74). Asbestschnurstücke mit Kunstharz getränkt, führten zu einer ganz bedeutenden Steigerung der Schlag- und vor allem der Kerbzähigkeit gegenüber Asbestfaser-Preßstoffen (Typ 16).

Noch höhere Festigkeiten werden mit ganzen B a h n e n von Papier oder Baumwollgeweben als Harzträger erzielt (Typ 57, 77). Preßstücke aus solchen Bahnen stellt man in der Weise her, daß man den Preßstückabmessungen entsprechend geschnittene Stücke aus Papier- oder Gewebebahnen übereinanderschichtet und in der Form zusammenpreßt. Gordon[1] fand bei Versuchen über Flugzeugbaustoffe, daß L e i n e n b a h n e n noch höhere Festigkeit ergeben als solche aus Baumwollgeweben. Glasgewebe, geschichtet, gibt hochschlagfeste Teile; das Gewebe ist aber sehr teuer. Für ähnliche Zwecke, als Schichtstoff, haben H o l z f u r n i e r e , mit Kunstharz verleimt, große Bedeutung gewonnen. Siehe S. 251.

Für gewöhnliche Formteile versuchte man weiterhin, ganze H o l z - k l ö t z e , von etwa $3 \times 3 \times 3$ (cm^3), mit Harz getränkt, zu verpressen. Die so erhaltenen Preßteile sind naturgemäß ganz inhomogen gewesen. Verwendet man aber dünne Holzquerschnitte, nämlich Furnierschnitzel, so erhält man Preßmassen mit guten Verarbeitungseigenschaften. Diese Massen sollen die mechanischen Festigkeitswerte der Typen 54 und 74 haben. („Lignidur"). Siehe auch S. 44.

Als ein wertvoller Harzträger erwies sich neben der Baumwollfaser der H o l z z e l l s t o f f (die Typen 51, 54, 57). Er kann in verschiedener Gestalt angewendet werden, und zwar in Form von Watte, aus Pappe gequetschten Stückchen, von aus Papier hergestellter dünner fadenähnlicher Kordel oder von Schnitzeln aus dickem Papier. Mit Harz getränkte Zellstoffpappe läßt sich nach dem Schichtverfahren, wie oben beschrieben, verarbeiten und ergibt sehr feste Preßteile.

Als w e i t e r e H a r z t r ä g e r für Sonderpreßstoffe seien genannt: Feinstes Eisenpulver für Magnete, Graphit für Lagerschalen und halbleitende Preßteile, feinzerteilte Aluminium- oder Messingfolien für Preßstoffe zur Herstellung von dekorativen Schauteilen und schließlich Schamottemehl oder reines Quarzmehl für Preßstoffe mit geringen dielektrischen Verlusten. Die Abb. 5 zeigt schließlich einige Preßmassen.

Die verschleißende Wirkung von Preßmassen. Manche Massen greifen die Politur oder gar die Abmessungen der Form stark an, andere weniger. Massen ein und desselben Typs verschiedener Erzeuger verhalten sich bei sonst gleichen mechanischen und elektrischen Werten sehr verschieden. Mit dem vom Verfasser entwickelten Prüfverfahren[2] läßt sich die Verschleißgröße einer Masse zuverlässig in einem einfachen Prüfgerät in einer Kurzprüfung von nur etwa 2 Stunden messen, an Hand

---

[1] B r u y n e : Kunststoffe im Flugzeugbau. British Plastics Bd. 10 (1939), H. 2, S. 515.

[2] M e h d o r n , W.: Verschleißprüfer zur Messg. d. Verschleißes von Metallen durch plastische Massen. — Kunststoffe Bd. 34 (1944), S. 133/136.

von 1 bis 2 kg Masse. Festgestellt wird der Gewichtsverlust in mg, den 1 l Masse von einem Bandstahl-Prüfling von $10 \times 9 \times 0,4$ mm abreibt.

Die Tabelle 2 bringt einen Auszug aus der Prüfung vieler Massen, darunter auch mehrerer Erzeugnisse des gleichen Typs. Nicht ent-

Abb. 5. Preßmassen regelloser Struktur. (½ natürliche Größe.) Die Harzträger siehe oben.

halten sind Prüfungen, die mit Hilfe besonders hergestellter Testmassen den Einfluß der Bestandteile (Harz — Harzträger — Härtungsbeschleuniger — Verunreinigungen) ermittelten. Es ergab sich, daß Harze oder Polymerisate stets äußerst rein und verschleißarm sind. Organische Harzträger verschleißen wenig, falls nicht verunreinigt, anorganische stärker, sehr stark Schlackenwolle und noch mehr Quarzmehl (siehe Masse K 22). Groß ist der Einfluß schon kleinster Mengen von Flugsand im Holzmehl. Die Tabelle zeigt u. a., daß das Phenolharz (K 27) und Polymerisat-S p r i t z g u ß m a s s e n die Form fast nicht angreifen. In bezug Verschleiß genügt beim Spritzguß jeder gehärtete Stahl.

Die Verschleißfestigkeit der Stähle und anderer Metalle ist ebenfalls mittels eines Prüfkörpers von $9\varnothing \times 10$ mm aus dem zu prüfenden Metall leicht meßbar, wobei eine Standard-Prüfmasse benutzt wird. Die Tabelle 32a auf S. 141 bringt einige Meßergebnisse.

d) Andere Bestandteile außer Harz und Harzträger.

Sowohl die langsam härtenden Resol- als auch die schnell härtenden Novolak-Preßmassen enthalten kleine Mengen von basischen Metall-

Tabelle 2. Ergebnisse der Verschleißprüfung verschiedener Preß- und Spritzgußmassen mit dem Verschleißprüfer. Nach Mehdorn (Auszug).

Ver- suchs- Nr.	Typ		Untersuchter Kunststoff	Her- steller	Harzart Harzgeh in Gew. %	Asche- gehalt in Gew.- %	Ver- schleiß in mg/ltr
	alte Bezeichnung	neue					
K 1	S	31	schwarz	A	Ph* 50	1.6	0.6
K 2	S	31	schwarz	D	Ph 50	0.6	0.5
K 3	S	31	schwarz (,,tropenfest")	C	Ph 50	5.9	1.1
K 4	S	31	schwarz	B	Ph 50	3.1	1.2
K 5	S	31	braun	A	Ph 50	2.9	1.05
K 6	S	31	braun	B	Ph 50	8.5	3.7
K 7	S	31	schwarz (,,tropenfest")	B	Ph 50	7.5	2.0
K 8	S	31	schwarz	D	Ph 40	0.45	0.25
K 9	S	31	schwarz	G	Ph 40	1.6	1.2
K 10	S	31	braun	D	Ph 40	2.5	0.9
K 11	S	31	braun	G	Ph 40	6.0	5.1
K 12	S*	31.5	braun	C	Kr** 50	5.5	2.1
K 13	S*	31.5	braun	C	Kr 50	4.6	3.2
K 14	O	30	schwarz	A	Kr 50	2.8	1.3
K 15	O	30	braun	A	Kr 50	9.6	4.6
K 16	T2	74	naturfarbig	C		3.9	1.5
K 17	T2	74	naturfarbig	G	——	4.4	0.9
K 18	Z1	51	naturfarbig	E	··	0.75	0,2
K 19	Z2	54	naturfarbig	B	-	1.7	2.6
K 20	12	12	schwarz	B	··	55.8	5.9
K 21	12	12	schwarz	G	—·	56.7	3.2
K 22	11	11.5	,,tgδ-Masse", braun	D	—·	61.5	118.3
K 23	M	16	braun	G	—··	49.3	9.0
K 24	K	131	elfenbein		—··	4.9	0.12
K 25	K	131	elfenbein		—·	12.6	0.20
K 26	A	400	schwarz, Spritzgußmasse		—	0.6	0.15
K 27	—	—	Preßharz, naturfarbig	B	Ph 100	0.08	0.07
K 28	—	—	,,Trolitul"-Spritzgußmasse		—	0.0	0.04
K 29	—	—	,,Mipolam"-Preßmasse		—	1.3	0.05
K 30	—	—	Hartgummi, 1. Sorte		—	0.30	0.06
K 31	—	—	Hartgummi, 2. Sorte		–	0.70	0.15

* Phenolharz ** Kresolharz

o x y d e n , z. B. Magnesiumoxyd. Sie sollen das Anlaufen der Preßformflächen verhindern, für eine bessere Durchhärtung sorgen und
Blasenbildung im Stück vermeiden helfen. Außerdem ist ihnen gewöhnlich Stearinsäure oder ein Salz derselben als Fließ- oder G l e i t m i t t e l
beigemengt.

e) Die Anfärbung.

Die natürliche, die Eigenfarbe von Phenol-(Kresol-)Massen mit den
Harzträgern Holzmehl, Zellstoff und Gewebe ist ein helles Braun. Diese
„ungefärbte" Ausführung ist bei den Zellstoff- und Textiltypen die
übliche. Sie ist auch die technisch vernünfige. Denn eine Färbung
durch Schwarz oder dunkles Braun deckt Mängel im Stück zu. Ungefärbte Massen aber lassen eine etwaige, beim Verpressen entstandene
Entmischung, also Harznester, erkennen, ebenso wie die Lage der
Gewebefetzen beim Typ 74 oder der Einzellagen beim Typ 77. Stärkere
Ungleichheiten im Farbton weisen auf ungleiche Wärmezufuhr, also
ungleiche Härtung hin. Ein Nichtanfärben der Masse sorgt also für eine
Qualitätsverbesserung der Fertigung des Stückes; schon der Presser
sieht, wie er gearbeitet hat. Stücke, an die hohe Festigkeitsanforderungen
gestellt werden, aus den Typen 16, 57, 77, 54 und 74 sollte man stets
nur in „ungefärbt" fertigen. Sonst aber wird gern schwarzer Preßstoff
verwendet. Er hat neben der allgemein guten Wirkung der schwarzen
Farbe den Vorzug, daß schwarz im Farbton sehr gleichmäßig ausfällt
und sehr lichtbeständig ist. Sehr beliebt ist auch der braune Farbton.
Außer schwarz und braun werden noch verschiedene andere kräftige
Farben als Standardfarben erzeugt. Überwiegend werden synthetische
Farben benutzt, seltener mineralische Körperfarben, z. B. Siena,
Ocker u. a. Letztere sind bei weitem nicht so farbkräftig, es bedarf
daher sehr viel größerer Mengen. Dadurch werden die Massen un-
nötigerweise beschwert, also für das Preßwerk weniger ergiebig. Dazu
kommt, daß Massen mit Erdfarben die Form stark verschleißen. Schwarz-
färbung wird im allgemeinen mit synthetischen Farbstoffen erzeugt. Fär-
ben durch Zusatz von Ruß ist möglich; die Höhe der Zusätze muß aber
in bestimmten Grenzen gehalten werden, damit die Werte für den elektrischen Isolationswiderstand nicht leiden. Für elektrisch besonders
hochwertige Teile sollte man ungefärbte Massen vorziehen.

f) Die Herstellung der Preßmassen.

Die Herstellung einer Holzmehl-Preßmasse soll kurz beschrieben
werden. Alle Bestandteile (s. Abb. 3) werden innig miteinander vermengt, und zwar entweder auf einem geheizten Mischwalzwerk mit zwei
waagerechten Walzen (Abb. 6), deren Abstand verstellbar ist oder kalt
in einem Kneter (Abb. 7) und neuerdings auch auf andere Weise. Bei
dem gebräuchlicheren erstgenannten Verfahren bringt man das vor-

kondensierte Harz vom Zustand A in Stücken auf die etwa 60 bis 100° heißen Walzen, wo es zu einem teigigen Brei schmilzt, dem man die vorher auf einem Vormischer schon gut vermengten übrigen Bestandteile beigibt. Die beiden Walzen habe verschiedene Drehzahl und kneten dadurch das ganze Gemenge gut durch, wobei alle Stoffe vom weichen Harz kräftig benetzt und durchtränkt werden. Diese Mischung wird als ein weiches „Fell" von den Walzen abgestreift, nach dem Erkalten in einem Brecher zu Stücken gebrochen und in der Mühle zu einem Grieß von etwa $^1/_{10}$ bis 3 mm Korngröße gemahlen. In diesem Zustande gelangt die Preßmasse in das Preßwerk.

Abb. 6. Mischwalzwerk zur Herstellung von Kunstharz-Preßmassen. Zwei hintereinander-liegende Walzen verschiedener Drehzahl.

Das Harz, das im Zustand A auf die heißen Walzen kam, kondensiert hier in den Zustand B hinein, wird rasch härter und strenger fließend und damit auch die Mischung. Je nach dem Fließgrad, den die Masse schließlich haben soll, muß die Mischarbeit in etwa 3—5 Minuten zu Ende gebracht worden sein.

Wenn man die Preßmasse im Kneter herstellt und zwar kalt, wird feucht gemischt, d. h. das Harz wird in Spiritus gelöst. Im Knetprozeß werden dann Bestandteile in die Lösung hineingearbeitet. Daran schließt sich eine Trocknung im Vakuumtrockner an, um das Lösemittel möglichst weitgehend zu entfernen. Dies ist vor allem für hochwertige elektrische Isolierstoffe notwendig. Schließlich

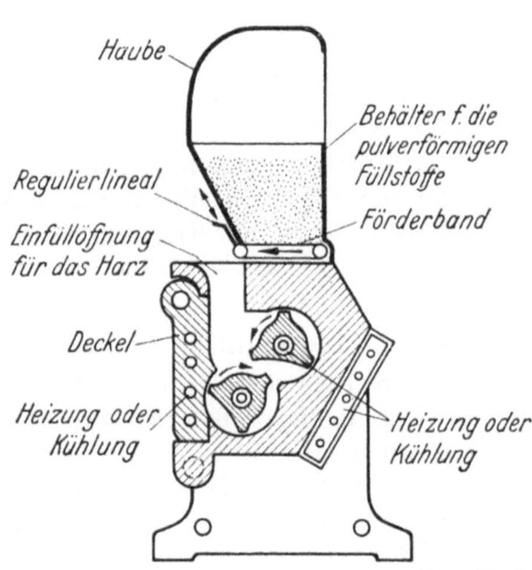

Abb. 7. Kneter zur Herstellung von Kunstharz-Preßmassen. Die Masse wird mittels der beiden übereinanderliegenden sternartig profilierten „Walzen" kräftig durchgeknetet. Hersteller: Werner & Pfleiderer, Stuttgart-Cannstatt. Schaufel 500 mm ∅, Länge 800 mm.

wird die erkaltete Mischung wie oben beschrieben zerkleinert.

Die Herstellung der kalt zu verarbeitenden „Kaltpreßmassen" wird auf S. 39 geschildert.

3. Die Typisierung und Normung der Preßstoffe.
a) Die „Typeneinteilung" der Preßstoffe.

Die wichtigsten der in einer Preß- oder Spritzform zu verarbeitenden Preßstoffe sind als W e r k s t o f f t y p e n in den nachfolgenden „R e g e l n   f ü r   F o r m p r e ß s t o f f e V D E 0320/XII 42" festgelegt. Sie traten im Februar 1943 in Kraft. Die Grundlage der Einordnung in die „T y p e n e i n t e i l u n g", s. Tab. 3, ist deren Verhalten in mechanischer, thermischer und elektrischer Hinsicht, neben ihrer Zusammensetzung, wie dies auch bei der vorhergehenden „Typisierung der gummifreien nichtkeramischen Isolierpreßstoffe" der Fall war, an Stelle deren diese Neuregelung tritt.

Die bisherigen Bezeichnungen der Typen sind durch neue ersetzt worden. Zur Überleitung setzte Verfasser neben die neuen noch die alten Benennungen.

Früher wurden diejenigen Typen, welche den „Sonderanforderungen für die Schwachstromtechnik" genügten, durch einen Stern gekennzeichnet, jetzt wird statt dessen die Ziffernstelle 5 angehängt. Die Spalten 13 bis 14 der neuen Typeneinteilung bringen diese Sonderanforderungen.

Anstatt „Wärmefestigkeit nach M a r t e n s" bzw. nach „V i c a t" wird jetzt „Formbeständigkeit", anstatt Schlagbiegefestigkeit jetzt Schlagzähigkeit und an Stelle von Kerbzähigkeit jetzt Kerbschlagzähigkeit gesagt. Neu ist der Typ 41 mit nur 20—25% Harzgehalt, Farbe naturfarben (gelb bis hellbraun).

Außer der Typeneinteilung, Tab. 3, wird hier, an diese anschließend, aus VDE 0320 nur ein Teil von dessen Erläuterungen gebracht. Vor allem legt das VDE-Blatt auch die Prüfung und Bewertung der Prüfkörper fest.

b) Die amtliche Überwachung der Preßstofftypen.

Im Jahre 1924 schloß die „Technische Vereinigung von Fabrikanten gummifreier Isolierpreßstoffe" mit dem Materialprüfungsamt Berlin-Dahlem einen Überwachungsvertrag ab. Danach wird die Einhaltung der vorgeschriebenen Mindesteigenschaften der Typen bei allen der Technischen Vereinigung angeschlossenen Firmen vom Materialprüfungsamt überwacht. Hierzu prüft es laufend Proben (Prüfstäbe und Preßmasse) der Preßwerke und es nimmt auch unangemeldet Stichproben in den Preßwerken selbst vor. Das Amt ist ferner berechtig , die Prüfergebnisse der Preßwerke, die in deren Betrieb ermittelt wurden, einzusehen. Zur Prüfung (Prüfverfahren s. S. 60 bis 89) der Typeigenschaften dient ein Normstab von $10 \times 15 \times 120$ (mm). Die dem

Überwachungsvertrag unterworfenen Preßwerke haben das Recht, ihren Erzeugnissen das Überwachungszeichen DIN 7702 (Abb. 8) einzupressen. Dieses Zeichen trägt eine den Erzeuger bezeichnende Kennzahl, die vom Materialprüfungsamt erteilt wird, und die Typangabe des Werkstoffes. Später wurde ein ähnlicher Vertrag zwischen der „Technischen Vereinigung der Hersteller typisierter Preßmassen und Preßstoffe E. V." und dem Amt abgeschlossen. Danach werden schon die später den Preß-

Abb. 8. Überwachungszeichen nach DIN 7702 für typisierte Preßmassen und Preßstoffe. Das eigentliche Zeichen, ohne Buchstaben und Ziffern, stellt stilisiert die Buchstaben MPAD (Materialprüfungsamt Berlin-Dahlem) dar. Das Preßteil wurde in diesem Fall vom Hersteller Nr. 34 aus Typ 12 hergestellt.

werken anzuliefernden Preß m a s s e n auf die Typanforderungen hin überwacht. Mit den in diesen Überwachungsverträgen übernommenen Verpflichtungen gibt die Preßstoffindustrie dem Verbraucher weitgehende Gewähr hinsichtlich der Gleichmäßigkeit der Werkstoffe.

Diese Typisierung hat die Entwicklung der Preßstoffanwendung außerordentlich gefördert und ist Bestandteil von Verbrauchervorschriften geworden. Das VDE-Vorschriftenbuch schreibt z. B. unter „Vorschriften für die Konstruktion und Prüfung von Installationsmaterial" vor: „Nichtkeramische gummifreie Isolierpreßteile müssen nach VDE 0610, § 12, soweit technisch ausführbar, das vom Materialprüfungsamt erteilte Überwachungszeichen tragen, das gleichzeitig Herkunft und Typ erkennen läßt." Das VDE-Zeichen für ein mittels Preßstoff hergestelltes elektrisches Gerät wird also nur erteilt, wenn das Isolierstoffteil das Überwachungszeichen DIN 7702 trägt.

Die Mindestwerte in der Typeneinteilung sind sehr vorsichtig angesetzt, wobei man auf die Streuung der mechanischen Werte Rücksicht genommen hat. Die wirklichen Mittelwerte am Prüfstab liegen wesentlich höher. Die laufend an Normalstäben ermittelten mechanischen Typwerte streuen schon um mindestens $\pm$ 15%. Die mechanischen Eigenschaften sind aber auch gestaltabhängig. Die Biegefestigkeit und die Schlagzähigkeit am P r e ß t e i l kann niedriger oder höher sein als der entsprechende Typwert. Die Wärmefestigkeit und Glutsicherheit sind dagegen überwiegend werkstoff- und nicht gestaltabhängig.

Die Preßwerke sind übereingekommen, bei der Werbung nur die festgelegten Mindestwerte, nicht aber Durchschnitts- oder gar Spitzenwerte anzuwenden. „Jede Durchbrechung dieser Übereinkunft widerspricht dem Sinn der Typisierung, zeugt von einer Überschätzung der Bedeutung von Eigenschaftszahlen, führt zur gegenseitigen Überbietung der Hersteller durch die Angabe von Spitzenwerten, bringt dadurch Unruhe auf den Markt, Unstetigkeit und Ungleichmäßigkeiten in die Werkstofflieferungen und schädigt somit nicht nur den Hersteller und

Tabelle 3. Formpreßstoffe, Typen und

1		2	3	4	5
Typ			Mechanische Eigenschaften		
Neue Bezeichnung	Bisherige Bezeichnung	Zusammensetzung	Biegefestigkeit $a_b B$ mind. kg/cm	Schlagzähigkeit a_n mind. cmkg/cm²	Kerbschlagzähigkeit a_k mind. cmkg/cm²
11	11		500	3,5	1,0
11.5	11*	Phenolharz mit anorganischem Füllstoff	500	3,5	2,0
12	12		700	15,0	15,0
16	M				
30	0		600	5,0	1,5
30.5	0*	Phenolharz mit Holzmehl als Füllstoff			
31	S		700	6,0	1,5
31.5	S*				
41*)	—	Phenolharz mit Holzmehl oder feinen Holzspänen als Füllstoff	550	5,0	3,0
51	Z 1	Phenolharz mit Zellstoff als Füllstoff	600	5,0	3,5
54	Z 2		800	8,0	5,5
57¹)	Z 3		1200	15,0	10,0
71	T 1	Phenolharz mit Textilfaser als Füllstoff	600	6,0	6,0
74	T 2		600	12,0	12,0
77²)	T 3		800	25,0	18,0
131	K	Harnstoffharz mit organischem Füllstoff	600	5,0	1,2
131.5	K*				
916	6	Naturharz, natürl. oder künstl. Bitumen mit anorganischem Füllstoff	350	3,5	3,5
917	7		250	1,5	1,5
918	8	Natürl. oder künstl. Bitumen mit anorganischem Füllstoff	180	1,2	1,2
400	A	Azetylzellulose mit oder ohne Füllstoff	300	15,0	10,0
400.5	A*				
212	2	Kunstharz mit Asbest und anderem organischen Füllstoff	350	2,0	1,5
213	3		200	1,7	1,2
914	4	Natürl. oder künstl. Bitumen mit Asbest und anderem anorganischem Füllstoff	150	1,2	1,0
Y	Y	Bleiborat mit Glimmer	1000	5,0	5,0
X	X	Zement oder Wasserglas mit Asbest und anderen anorganischem Füllstoff	150	1,5	1,5

¹) Die Typen 77 (T 3) und 57 (Z 3) sind Schichtpreßstoffe (s. § 3).
²) Bei 400° C geringe Volumenvergrößerung.

ihre Eigenschaften (nach VDE 0320 XII 42[3]).

6	7	8	9	10	11	12	13	14	15	16
Thermische Eigenschaften							**Elektrische Eigenschaften**			**Verarbeitungsart**	**Neue Bezeichnung**
Formbeständigkeit nach *Martens* bis mind. °C	Zulässige Höchsttemperatur — bei dauernder Wärmebeanspruchung °C	bei kurzzeitiger Wärmebeanspruchung und Berücksichtigung der Biegefestigkeit —10% °C	Schlagzähigkeit —10% °C	Nachschwindung 0,6 % °C	Glutfestigkeit mind. Gütegrad	Oberflächen-Widerstand mind. Vergleichszahl	Spez. Widerstand mind. Ω cm	Dielektr. Verlustfaktor tg δ (bei 20° C und 800 Hz) höchstens		
150	150	215	215	200	4	8	—	—	Warmpressung	11
						10	10^{11}	0,1		11.5
						8	—	—		12
						7	—	—		16
100	100	135	130	130	2	8	—	—		30
						10	10^{11}	0,1		30.5
125					3	8	—	—		31
						10	10^{11}	0,1		31.5
90	—	—	—	—	—	—	—	—		41
125	100	135	115	130	3	7	—	—		51
										54
										57
125	100	100	125	165	2	7	—	—		71
										74
										77
100	65	90	90	80	3	10	10^{11}	0,1		131
										131.5
65	80	80	100	100	2	8	—	—		916
					1					917
50				80	3	10	—	—		918
40	30	60	30	45	1	8	—	—		400
						10	10^{11}	0,1		400.5
150	180	180	215	200	4	8	—	—	Kalt-Pr.	212
										213
	150					7	—	—		914
400	300	300	300	[2])	5	10	—	—	W.-P.	Y
250	150	300	250	300	5	—	—	—	K.-Pr.	X

[3]) evtl. auch noch 0320a/III. 43.

*) **Nicht mehr typisiert, seit Jan. 1949.**

„Erläuterungen“, auszugsweise, zu Tabelle 3.

Diese Regeln gelten für Formpreßstoffe (bisher als nichtkeramische, gummifreie Isolierpreßstoffe bezeichnet) nach der Begriffserklärung des § 3.

Die Angaben der Tab. 3 und die Bestimmungen der §§ 6 bis 18 gelten für besonders gepreßte Prüfkörper (Normstäbe und Platten), die Bestimmungen der §§ 19 bis 24 für beliebige Preßteile oder für Proben daraus.

Formpreßstoffe sind in Formen (Preßwerkzeugen) hergestellte Preßstoffe mit regellos verteiltem, nicht durchgehend geschichtetem Füllstoff.

Begriffserklärung für Schichtpreßstoffe siehe § 3 von VDE 0318/XII. 42 „Regeln für Hartpapier und Hartgewebe (Schichtpreßstoffe)“.

Unter Preßstoffen versteht man Stoffe, die aus Preßmassen durch Pressen oder Spritzen (auch Spritzpressen, Strangpressen, Spritzgießen) hergestellt worden sind und eine gleichzeitige oder nachträgliche Wärmebehandlung erfahren haben.

Preßmassen sind plastische Massen aus organischen, harzartigen Stoffen, gegebenenfalls mit Zusatz von Füllstoffen, die sich pressen oder spritzen lassen. (Auf Spritzmaschinen verarbeitbare Massen werden auch Spritzgußmassen genannt.) Massen mit Natur- und Kunstkautschuk sowie mit Eiweißstoffen werden nicht als Preßmassen bezeichnet.

Plastische Massen sind Stoffe, die unter Einwirkung mechanischer Kräfte innerhalb eines bestimmten Temperaturbereiches durch spanlose Formung bleibend geformt werden. Metalle werden nicht als plastische Massen bezeichnet.

Die Typen 57 (bisher Z 3) und 77 (bisher T 3) sind Schichtpreßstoffe (siehe VDE 0318) und vorläufig hier noch mit aufgeführt. Die Typzeichen 57 und 77 kennzeichnen mithin Formstücke aus Hartpapier bzw. Hartgewebe, die in allseitig geschlossenen Formen unter weitgehender Erhaltung des Faserverbandes und der Sichtung hergestellt sind. Eine Prüfung ausschließlich am gesondert gepreßten Normstab ist bei diesen Schichtpreßstoffen für die Beurteilung der Fertigteile unzureichend.

Zulässige Höchsttemperaturen.

a) Zulässige Höchsttemperatur bei andauernder Wärmebeanspruchung.

Die zulässige Höchsttemperatur bei dauernder Wärmebeanspruchung kennzeichnet die Temperatur, die der Stoff dauernd annehmen kann, ohne nach Abkühlung auf Raumtemperatur ($20 \pm 5°$ C) seine mechanischen Eigenschaften nennenswert (etwa 10%) verschlechtert zu haben (s. Tab. 3, senkrechte Spalte 7).

b) Zulässige Höchsttemperaturen bei kurzzeitiger Wärmebeanspruchung.

Bei kurzzeitig auftretenden Wärmebeanspruchungen sind höhere Temperaturen als bei dauernder Wärmebeanspruchung zulässig. Berücksichtigt man Biege-, Kerbschlagfähigkeit und Schrumpfung und verlangt man, daß bei einer für den Stoff zulässigen Höchsttemperatur nach 200 h Wärmebeanspruchung die Biege- und Kerbschlagfähigkeit höchstens 10% gegenüber den Anfangswerten absinken dürfen, die Schrumpfung höchstens 0,6 % betragen darf, so kommt man zu den in Tab. 3, senkrechte Spalten 8 bis 10, angegebenen zulässigen Höchsttemperaturen.

den Handel, sondern auch den Anwender.“ (Nitsche.)

Nach der Veröffentlichung des Materialprüfungsamtes vom 18. 2. 1941 unterstellten sich rund 330 Preßwerke der Überwachung, ferner die Preßmassewerke:

Chemische Werke Albert, Amöneburg (Wiesbaden-Biebrich);
Bakelite-Gesellschaft m. b. H., Erkner bei Berlin;
Dynamit AG. vorm. Nobel & Co., Troisdorf, Bez. Köln;
Internat. Galalith-Gesellschaft AG., Hamburg-Harburg 1;

New-York Hamburger Gummiwaren Comp., Hamburg 33;
Aug. Nowack AG., Bautzen;
Dr. F. Raschig G. m. b. H., Chemische Fabrik, Ludwigshafen am Rhein;
H. Römmler A. G., Spremberg N.-L.

Diese Werkstoffe sind ursprünglich vor allem einmal als I s o l i e r -
s t o f f e geschaffen worden. Sie wurden von der Preßstoff-Industrie
in enger Zusammenarbeit mit der Elektro-Industrie — oft in Personal-
union — entwickelt. Im Laufe der Jahre wurden auch die mechanischen
Anforderungen stärker berücksichtigt, viele Isolierstoffe wurden auch
brauchbare B a u s t o f f e , einige wurden sogar in erster Linie für die
mechanische Verwendung geschaffen. Eine gleiche Entwicklung vollzog
sich auf dem Gebiet der Schichtstoffe und der Preßhölzer.

Danach wurden auf Wunsch des ehemaligen VDI und in Zusammenarbeit mit ihm die nachstehend aufgeführten DIN-Blätter aufgestellt, eine Zusammenstellung der als, Baustoffe geeigneten Form-
und Schicht-Preßstoffe und von Preßholz.

c) DIN 7704, 7705, 7706, 7707, 7708 über Preßstoffe.

(7704 bis 7706 = teilweiser Ersatz für alte DIN 7701).

DIN 7704 A l l g e m e i n e s (Begriffsbildung; s. die fast gleichen
„Erläuterungen‟ zu Tabelle 3).

DIN 7705 F o r m p r e ß s t o f f e . Siehe daraus die Tabelle 4.

DIN 7706 S c h i c h t p r e ß s t o f f e , Hartpapier und Hartgewebe. S. die Tabelle 3 auf S. 32. Dieses Normenblatt enthält leider
auch die geschichteten Typen 57 und 77, die in diesem Buche unter
F o r m preßstoffe behandelt worden sind.

DIN E 7707 S c h i c h t p r e ß s t o f f e , Kunstharz-Preßholz.

DIN 7708 T y p e n t a f e l. Diese gleicht im wesentlichen der
Typeneinteilung nach VDE 0320. die in Tabelle 3 gezeigt wurde.

4. Die Wahl der geeigneten Sorte. (Vgl. auch Kap. 5.)

a) Die Hauptgruppen der Preßstoffe.

Die nachstehende Gegenüberstellung g e g e n s ä t z l i c h e r Stoffe
oder W e r k s t o f f - G r u p p e n soll mit ihrer Gegensätzlichkeit be-
lehren, soll die sachgemäße Anwendung der verschiedenen typisierten
Preßstoffsorten und der nichttypisierten Sonderwerkstoffe erleichtern
und den Verbraucher mit den üblichen Bezeichnungen und Begriffen
vertraut machen. Angaben über die Eigenschaften und Anwendbarkeit
der einzelnen Werkstoffe folgen anschließend. Vereinzelte Wieder-
holungen hier wie dort sind dabei nicht zu vermeiden. Typisierungs-
und Normungsbegriffe siehe dortselbst.

Anorganische Preßstoffe — organische Preßstoffe. Die Typen Y
und X (Tab. 3) sind rein a n o r g a n i s c h e Werkstoffe. Sie sind
damit völlig verschieden von den übrigen. Beide sind hochwärme-

Formpreßstoffe (Kunstharzpreßstoffe).

Tabelle 4. DIN 7705

1	2	3	4	5	6	7	8
	Preßstoffart	Preßstoff-Bezeichnung		Mechanische Eigen			
Harzart	Füllstoffart und -struktur	bisher	neu	Biegefestigkeit σ_{bB} kg/cm² mind.	Schlagzähigkeit a_n cmkg/cm² mind.	Kerbschlagzähigkeit a_k cmkg/cm² mind.	Druckfestigkeit σ_{dB} kg/cm² mind.
Phenolharz-Preßstoffe	mit anorganischem Füllstoff: körniger Füllstoff, z. B. Gesteinsmehl	Typ 11	**Typ 11**	500	3,5	1,0	1200
	fasriger Füllstoff, z. B. Asbestfasern	Typ 12	**Typ 12**	500	3,5	2,0	1200
	Gespinste, z. B. Asbestschnur	Typ M	**Typ 16**	700	15,0	15,0	1200
	mit organischem Füllstoff						
	Holzmehl	Typ S	**Typ 31**	700	6,0	1,5	2000
	feine Holzspäne	—	**Typ 41**	550	5,0	3,0	
	kurzfasriger Zellstoff (Flocken, z. B. Papierflocken)	Typ Z 1	**Typ 51**	600	5,0	3,5	1400
	Zellstoffschnitzel (z. B. Papierschnitzel)	Typ Z 2	**Typ 54**	800	8,0	5,5	1000
	kurze Textilfasern	Typ T 1	**Typ 71**	600	6,0	6,0	1400
	schnitzeltes Textilgewebe	Typ T 2	**Typ 74**	600	12,0	12,0	1400
Harnstoffharz-Preßstoffe	mit organischem Füllstoff: Zellstoff oder Holzmehl	Typ K	**Typ 131**	600	5,0	1,2	1800

beständig und unbrennbar. Alle übrigen Typen dagegen enhalten in erheblichem Maße o r g a n i s c h e Bestandteile, zum mindesten in Form von Harz oder Bitumen oder auch noch als Harzträger. Sie sind also alle mehr oder weniger brennbar oder schmelzen in der Flamme weg.

Anorganische Harzträger — organische Harzträger. Ein Preßstoff mit a n o r g a n i s c h e m Harzträger hat folgende Vorzüge vor einem

Formpreßstoffe als Baustoffe[1].

9	10	11	12	13	14	15	16	17	18	19	20
schaften			Thermische Eigenschaften							Roh-Wichte	Preßstoff-Bezeichnung
					zulässige Höchsttemperatur				Lineare Wärmedehnzahl je °C zwischen 0° u. 50°		
					bei kurzzeitiger Wärmebeanspruchung und Berücksichtigung						
Zugfestigkeit σ_{zB} kg/cm² mind.	Härte kg/cm² mind.	Elastizitätsmodul E Richtwerte kg/cm²	Formbeständigkeit nach *Martens* mind. °C	bei dauernder Wärmebeanspruchung °C	von 10% Abnahme der Biegefestigkeit °C	von 10% Abnahme der Schlagzähigkeit °C	v. 0,6% Nachschwindung °C	Glutfestigkeit mind. Gütegrad	$\alpha_t \cdot 10^6$	kg/dm³ γ	neu
150	1800	60 000 bis 150 000									Typ 11
250	1500	90 000 bis 150 000	150	150	215	215	200	4	15 bis 30	1,8	Typ 12
250	1500	90 000 bis 160 000									Typ 16
250	1300	55 000 bis 80 000	125	100	135	130	130	3	30 bis 50	1,4	Typ 31
			90							1,4	Typ 41
250	1300	40 000 bis 80 000	125	100	135	115	130	3	10 bis 30	1,4	Typ 51
250	1300	60 000 bis 100 000							15 bis 30		Typ 54
250	1300	50 000 bis 90 000	125	100	100	125	165	2	15 bis 30	1,4	Typ 71
250	1300	70 000 bi s 100 000									Typ 74
250	1500	50 000 bis 100 000	100	65	90	90	80	3	40 bis 50	1,5	T. 131

Bemerkungen aus DIN 7705 zur Tabelle 4:

[1] Die zulässige Höchsttemperatur bei dauernder Wärmebeanspruchung kennzeichnet die Temperatur, die der Stoff dauernd annehmen kann, ohne nach Abkühlung auf Raumtemperatur 20 ± 5°) seine mechanischen Eigenschaften nennenswert (etwa 10 %) verschlechtert zu haben.

Bei kurzzeitig auftretenden Wärmebeanspruchungen sind höhere Temperaturen als bei dauernder Wärmebeanspruchung zulässig. Berücksichtigt man Biegefestigkeit, Schlagbiegefestigkeit und Schrumpfung und verlangt man, daß bei einer für den Stoff zulässigen Höchsttemperatur nach 200 Stunden Wärmebeanspruchung die Biege- und Schlagbiegefestigkeit höchstens 10 % gegenüber den Anfangswerten absinken dürfen, die Schrumpfung höchstens 0,6 % betragen darf, so kommt man zu den in Spalten 13 bis 16 angegebenen zulässigen Höchsttemperaturen.

solchen mit organischem Harzträger: Geringere Wasseraufnahme, höhere Stückgenauigkeit, geringere Erweichung bei höheren Temperaturen (höhere „Formbeständigkeit nach Martens"), geringere Brennbarkeit (höhere „Glutsicherheit"), bessere Gestaltbeständigkeit bei dauernder Wärmebeanspruchung; im allgemeinen auch etwas bessere Beständigkeit gegen chemischen Angriff infolge geringerer Wasseraufnahme.

Dennoch sind gerade die Preßstoffe mit organischen Harzträgern die meistverwendeten Preßstoffe, weil sie andere wichtige Vorzüge haben: Geringere Wichte, niedrigeren Stückpreis, fast ausnahmslos höhere Schlagzähigkeit und höhere Oberflächengüte. (Eine Ausnahme in bezug auf die Festigkeitseigenschaften bildet unter den Preßstoffen mit anorganischem Harzträger der sehr feste Typ 16 mit Asbestschnur als Harzträger.)

Naturharz-Preßstoffe — Kunstharz-Preßstoffe. Die Kunstharz-Preßstoffe Typ 11, 12, 16, 30, 31, 71, 74, 77, 51, 54, 57, 131, 212 und 213 sind dank dem härtbaren Kunstharz weit wärmebeständiger als die alten Preßstoffe Typ 916, 917 und 918 mit Naturharz und Bitumen (mit Ausnahme des Typ 914). Das beim Pressen gehärtete Kunstharz erweicht bei einer nachträglichen Erwärmung des Stückes nicht wieder, im Gegensatz zu den in Wärme leicht erweichenden Naturharzen oder Bitumina. Die mechanische Festigkeit ist bei allen Kunstharz-Preßstoffen bedeutend größer als bei den Naturharz-Preßstoffen. Naturharz-Preßstoffe kommen deshalb als Baustoffe überhaupt nicht in Betracht, sie werden nur als Isolierstoff in der Elektrotechnik verwendet, aber auch hier zunehmend von den warmfesten Kunstharz-Preßstoffen verdrängt.

Phenolharz-Preßstoffe — Harnstoffharz-Preßstoffe. Die mittels Phenol- oder Kresolharz hergestellten Phenolharz-Preßstoffe (oft auch Phenoplaste genannt) sind billiger, mechanisch fester und thermisch beständiger als die Harnstoffharz-Preßstoffe (oft auch Aminoplaste genannt), die im allgemeinen nur dort Anwendung finden, wo helle zarte Farben benötigt werden.

Langsamhärtende — schnellhärtende Kunstharz-Preßmassen. Mit dem langsamhärtenden Kresol - Resol - Harz stellt man den Typ 30 und auch die Typen 212 und 213 her. Das ohne Harzträger hergestellte „Preßharz" ist bei manchen Firmen ein Kresol-Resol-Harz, bei anderen dagegen ein Phenol-Resol-Harz. Sonst aber sind fast alle Phenolharz-Preßmassen sog. Schnellhärter, aufgebaut mit dem schnellhärtenden Phenol-Novolak-Harz. Die Härtegeschwindigkeit dieses Preßstoffes Typ 31 ist ungefähr $2\frac{1}{2}$mal so groß wie die des veralteten Typ 30.

Preßteile aus Typ 31 sind im allgemeinen mechanisch fester und wärmebeständiger und haben höhere Glutsicherheit als die „Langsamhärter", gleichen Harzträger vorausgesetzt. Das liegt daran, daß das

Kresol-Resol-Harz dieser „Langsamhärter" bei der Formung schwerer in den Zustand völliger Aushärtung (Zustand C oder Resit) überzuführen ist als der schnellhärtende Phenol-Novolak. Diese schnellhärtenden Preßmassen sind übrigens leichter in stets gleichbleibender Beschaffenheit herzustellen, als die langsamhärtenden Kresol-Resol-Massen.

Warmpreßmassen — Kaltpreßmassen. In der Regel werden die Preßmassen in der heißen Form verpreßt (W a r m p r e ß m a s s e n). Die Kunstharz-Preßstoffe verlassen die Form dabei gehärtet. Die Typisierung enthält aber auch Kaltpreßmassen (die Typen 212, 213 und 914), die in der kalten Form verpreßt und nachträglich im Ofen gehärtet werden. Aus K a l t p r e ß m a s s e n werden nur Isolierteile für die Elektrotechnik hergestellt. Sie haben zwar manche recht guten elektrischen Eigenschaften, sind aber weitaus weniger fest, maßhaltig und verzugfrei als Warmpreßteile; sie haben außerdem eine matte, nicht glatte und wenig ansehnliche Oberfläche.

Kaltpreßteile waren bis vor wenigen Jahren meist bedeutend billiger als Warmpreßteile; mit zunehmendem Fortschritt der Warmpreßtechnik aber wurden Teile aus Typ 11 und 12 fast ebenso billig wie solche aus Typ 212 und 213. Sie haben nicht deren schon genannte Nachteile, sind ebenso wärmebeständig und glutfest und sind mechanisch viel fester.

Das Preßverfahren soll hier kurz beschrieben werden, da später nur noch auf die Warmpreßstoffe eingegangen wird. Der Werkstoff der einander sehr ähnlichen Typen 212 und 213 gleicht in der Zusammensetzung fast völlig den Warmpreßmassen Typ 11 und 12. Dagegen ist die Herstellungsweise der Kaltpreßmasse eine andere als die der Warmpreßmassen. Man benutzt ein niedrig kondensiertes dünnflüssiges Harz oder ein schon weiter kondensiertes halbhartes Harz, das man durch Lösen in Spiritus wieder in den flüssigen Zustand versetzt. Mit ihm werden alle Bestandteile kalt verknetet. Man erhält dabei schließlich ein feuchtes, backendes und grobkörniges Pulver. Dieses wird mit hohem Druck zum Preßstück geformt. Nach dem Ausstoßen bleibt das Stück frei liegen, damit das Lösemittel verdampfen kann; das Stück trocknet so allmählich von außen nach innen ab und wird dabei außen schon etwas hart. Nach 3 bis 5 Tagen werden die Teile in einem Härteofen bei etwa 190° rund 15 Stunden lang gehärtet, wobei das Harz in den Endzustand C übergeführt wird.

Der Kaltpreßstoff Typ 914 wird in gleicher Weise hergestellt und „gehärtet" wie die Typen 212 und 213. Er enthält aber Teerpech, das im Ofen bei etwa 240° seine niedrig siedenden Anteile abgibt, wodurch die Erweichungsgrenze des Werkstückes erhöht wird.

Preßstoffe regelloser Struktur — geschichtete Typen 77 und 57. Die Struktur der Preßmassen kann regellos sein, wie in Bild 5 dargestellt, und zwar von feinster Vermahlung bis zum derben Fetzen ansteigend. Das Stück kann aber auch aus L a g e n geschichtet sein, das sind die Typen 77 und 57, wie auf Seite 44 beschrieben. Die Herstellung solcher Teile höchster mechanischer Festigkeit wird auf Seite 129 gezeigt.

Über die geschichteten Kunstharz-Halbfabrikate Hartpapier, Hartgewebe und Schichtholz, die sog. „Schichtpreßstoffe" u. a. m., siehe Seite 237.

b) Die besondere Eignung der einzelnen Preßstoffe.

Die Phenolharz-Preßstoffe mit anorganischem Harzträger.
Da Wasseraufnahme gering, Isolierstoffe besonders für schwere Feuchtbeanspruchung, Isolationswiderstand sinkt wenig ab. Auch Baustoffe
für Feuchtbeanspruchung, da auch die Festigkeit wenig abnimmt und
die Maß- und auch die Gestaltveränderung (Verzug) sehr klein ist. Herstellgenauigkeit größer als bei den Preßstoffen mit organischem Harzträger, da die Schwindung kleiner ist. Isolier- und Baustoffe für Wärmebeanspruchung, weil geringe Erweichung bei höheren Temperaturen
(höhere Formbeständigkeit nach Martens). Hohe Glutfestigkeit, also
geringe Brennbarkeit. Bei dauernder starker Warmbeanspruchung hohe
Werkstoffbeständigkeit d. h. hochliegende Grenze der beginnenden
Werkstoffzersetzung und hohe Maß konstanz (thermisch beanspruchte Einbauteile von Schaltgeräten; Lampenfassungen, besonders
wenn die Leuchte gekapselt ist).

Bei gleichzeitiger Warm- und Feuchtbeanspruchung treten die gezeigten Vorzüge besonders stark in Erscheinung, hier kommen nur
diese drei Typen in Frage. Gute Allgemeinbeständigkeit gegen chemischen Angriff, teils dank kleiner Wasseraufnahme. Gut säurefest, falls,
was möglich ist, mit säurefestem Asbest hergestellt. Viel höhere Wärmeleitfähigkeit als die Typen mit organischem Harzträger. Geringere
Wärmedehnzahl, daher besser als diese für die an sich immer schwierige
Einbettung verhältnismäßig großer Metallteile geeignet. Etwas funken-
fester als Typ 31, daher dort angebracht, wo mäßiges Schaltfeuer
auftritt, z. B. bei Schaltwalzen kleiner Drehschalter und Kippschalter-
teilen. Alle drei Typen sind spezifisch etwa 35% schwerer als die Typen
mit organischem Harzträger.

Typ 11 hat als Harzträger körnige pulvrige Bestandteile (Gesteinsmehl) und ist daher wenig fest! Kerbzähigkeit sehr niedrig, daher spröde.
Vorsicht bei auf Schlag beanspruchten Teilen mit Querschnittsübergän-
gen! Übliche Farbe schwarz und braun.

Typ 12 „alkalifest". Sonderausführung. Bessere (aber begrenzte)
Beständigkeit gegen Alkalien als bei normalen Typ 11-Massen.

Typ 12 ist dank dem faserigen Harzträger Asbest schlagfester als
Typ 11. Übliche Farbe schwarz und braun.

Typ 11.5. Nur Isolierstoff! Ist Typ 11, aber derart aufgebaut, daß
er den elektrischen „Stern"-Anforderungen der Typisierung genügt
(siehe Zahlentafel 3, Spalte 13 und 14). Er enthält quarzhaltige mineralische Harzträger wie Schamotte- oder reines Quarzmehl. Die Maßhaltigkeit ist schon bei kleineren Stückzahlen sehr beschränkt, da die
Masse auf die Preßformfläche außerordentlich verschleißend wirkt, s. S.28,
Verschleißprüfungen. Der Verschleiß der Form ist um so größer je kleiner
der Verlustwinkel ist. Verwendung für Isolierteile im Wechselfeld, wo

geringste dielektrische Verluste notwendig sind. Farbe dunkelbraun, schwarz ist elektrisch schlechter, für diese Masse also fehl am Platze.

Typ 16 hat als Harzträger robes Asbestgespinst, z. B. Asbestschnur (siehe Bild 6). Höchste Festigkeit bei dynamischer Beanspruchung unter allen nichtgeschichteten Kunstharz-Preßstoffen! (Ist dann ein großer Vorteil, wenn die bei den sehr festen geschichteten Typen 57 und 77 durch das Schichten eintretende erhebliche Preisverteuerung des Stückes nicht tragbar ist!) Das Oberflächenaussehen ist schlechter als bei den Typen 11, 12 und vor allem 31, das grobe Gefüge des Harzträgers erzeugt ein Oberflächenrelief. Infolge der groben Struktur ist das Entfernen des Preßgrates schwieriger, daher teurer und nicht so sauber auszuführen wie bei den übrigen Typen, 57 und 77 ausgenommen. Dies stört bei kleinen, wenig bei großen Teilen. Kleinere Preßstoffgewinde unzweckmäßig, s. S. 195. Über den Wert und Unwert der Farbe s. S. 27.

Sehr dünne und zugleich hohe Wände sind schwierig zu pressen, da das Fließvermögen geringer als bei den Typen 11 und 12 ist. Wanddicken unter etwa 1,5 mm fließen schon schlecht aus, kurze Wände ausgenommen. Übliche Farbe braun.

Die Phenolharz-Preßstoffe mit organischem Harzträger. Preßstoffe mit organischem Harzträger nehmen mehr Feuchtigkeit auf als solche mit anorganischen Harzträgern. Nachteile gegenüber diesen Typen siehe unter Typ 11, 12 und 16.

Typ 31 (siehe Abb. 5). Holzmehl-Preßstoff mit schnellhärtendem Harz, der in der Regel, für etwa $^9/_{10}$ aller Anwendungsfälle, verwendete Preßstoff. Isolierstoff für Stark- wie Schwachstromtechnik; Baustoff. Typ 31 ist mit Harzgehalten zwischen 35 bis 60% erhältlich, die alle den Anforderungen des Typ 31 genügen, so daß die Preßstoffindustrie die billigen Sorten mit niedrigen Harzgehalten sehr viel verwendet:

Harzgehalt 35 oder 40%: wenig Harz, deshalb billig, „vielgebräuchlich".
Harzgehalt 45 oder 50%: hochwertige Massen.
Harzgehalt rd. 55%: „harzreiche" Preßmasse, selten verwendet.

Der Werkstoffpreis steigt bei Typ 31 mit wachsendem Harzgehalt (vgl. Tab. 36, S. 234). Bei hohem Harzgehalt geringere Feuchtigkeitsaufnahme, damit bessere Maßhaltigkeit, geringeres Absinken der Festigkeit bei Feuchtigkeit, bessere Erhaltung der Hochglanzoberfläche (weil Quellung geringer), geringeres Absinken des Isolationswiderstandes und oft bessere chemische Beständigkeit. Bei weniger als 40% Harzgehalt kann bei Feuchtbeanspruchung unter Umständen schon sehr starkes Quellen des Stückes eintreten. Typ 31 mit 55% Harz wird nur selten verwendet (z. B. für Entwicklerdosen, Vasen, ferner große Schauteile mit besonders guter Oberfläche). Farben schwarz, braun, naturfarben und andere, auch gemasert.

Typ 31 ammoniakfrei. Sonderausführung. Kein Ammoniakgeruch; kein Anlaufen blanker Bunt- oder Leichtmetalle und kein Vergilben der Skalen in gekapselten Instrumenten.

Typ 31 phenolfrei Sonderausführung. Kein Phenol- (Karbolsäure-) Geruch.

Typ 31 tropenfest. Sonderausführung. Minimum an Korrosion von Metallteilen in gekapselten Gehäusen im feuchtwarmen Klima.

Typ 31 säurefest. Sonderausführung. Ziemlich gute Allgemeinfestigkeit gegen Säuren.

Typ 41. Er wurde im Kriegsjahr 1943 geschaffen. Vorgeschrieben sind Harzgehalt 20—25% und Wasseraufnahme höchstens 8 mg/cm² in 4 Tagen; er ist ein s c h l e c h t e r Isolierstoff, als Baustoff aber beschränkt brauchbar. Nur naturfarben (gelb bis hellbraun). Untersuchungen[1] ergaben: Das Fließvermögen ist kleiner als das der Typen 31 und 51. Die mechanische Festigkeit ähnelt der des Typ 31, die Schlagzähigkeit ist fast die gleiche, d i e K e r b z ä h i g k e i t d r e i m a l s o h o c h. Die Formbeständigkeit n. M. ist niedriger als bei den Typen 31 und 51. Die Wasseraufnahme ist rd. zweimal so groß als beim Typ 51 und rd. dreimal so groß als beim Typ 31 mit 40 % Harzgehalt[1][2].

Typ 31.5. Nur Isolierstoff für die Schwachstromtechnik. Wenn Typ 31 mit normalem oder hohem Harzgehalt mit besonders geeignetem Harz und auf besondere Weise hergestellt wird, vermag er den zusätzlichen elektrischen Sonder-Anforderungen der Typisierung zu genügen, siehe Spalten 13 und 14 der Zahlentafel 3. Die Härtegeschwindigkeit des Harzes ist etwas kleiner als die des Typ 31. Isolationswiderstand kleiner als bei Typ 30, aber größer als bei 31. Übliche Farbe braun, schwarz ist elektrisch schlechter!

Typ 30. Holzmehl-Preßstoff wie Typ 31, aber mit Kresol- (oder Phenol-) R e s o l - Harz, also L a n g s a m h ä r t e r. Nur Isolierstoff für die Schwachstromtechnik; wird selten und nur dann verwendet, wenn der Isolationswiderstand von Typ 31.5 nicht mehr ausreicht. Meistens kommt man aber mit Typ 31.5 aus, durch den der Typ 30 z u n e h m e n d v e r d r ä n g t wird, weil das Stück viel billiger wird. Stückleistung der Form nur etwa $^1/_3$ gegenüber Typ 31. Verarbeitung umständlich, da Form nach dem Härten des Stückes gekühlt werden muß. Übliche Farbe braun, schwarz ist elektrisch schlechter. Preßharz, siehe dort, hat noch höheren Isolationswiderstand als Typ 30.

Die Zellstoff-Typen. Die im Jahre 1937 geschaffenen „Z-Typen“ enthalten als Harzträger Holzzellstoff, und zwar bei Typ 51 in Form von Papiergarn, Flocken oder Watte, bei Typ 54 in Form von Schnitzeln aus Papier oder Pappe und bei Typ 57 in Gestalt von Bahnen aus Papier oder Pappe. (S. auch Abb. 5). Übliche Farbe u n g e f ä r b t, also hell- bis dunkelbraun. Über den Nachteil einer Anfärbung s. S. 27.

---

[1] Siehe auch N i t s c h e: Eigenschaften holzreicher Phenolharz-Formpreßstoffe. — Kunststoffe, Bd. 33 (1943), S. 97—102.

[2] Jan. 1949 aus der Typierung gestrichen

Die Typen 51 und 54. Mechanisch feste Bau- und Isolierstoffe. Nicht immer genügt Typ 31 in der mechanischen Festigkeit, vor allem bei dynamischen Beanspruchungen. Dies ist besonders bei solchen Teilen der Fall, die schroff wechselnde Querschnitte haben. Hier sind die Typen 51 und 54 (oder gar 71 und 74) mit ihrer besseren Kerbzähigkeit am Platze. Der Werkstoffpreis je Raumeinheit ist rd. 50%, der Stückpreis rd. 60% höher als bei Typ 31 (vgl. Tab. 36 auf Seite 234). Da dies sowohl für Typ 51 wie für Typ 54 zutrifft, wird der erstere weniger Anwendung finden, da er nicht so fest wie Typ 54 ist, abgesehen jedoch von sehr kleinen dünnwandigen Teilen. Die Oberflächengüte beider ist etwas geringer als bei Typ 31. Das Fließvermögen ist durchaus gut, aber kleiner als des Typ 31; dünne, sehr hohe Wände sind deshalb schwer preßbar. Preßstoffgewinde sind zum Unterschied von den T-Typen gut preß- und schneidbar. Über den geschichteten Typ 57 s. den übernächsten Abschnitt.

Die Textil-Typen. Diese „T-Typen" heißen nach den als Harzträger verwendeten T e x t i l i e n ; **Typ 71** enthält als Harzträger Fäden oder kleinzerfasertes Gewebe, 74 Gewebeschnitzel (vgl. die Abb. 5) und Typ 77 ganze Gewebebahnen. Fäden und Gewebe bestehen aus Baumwolle oder Mischgewebe (Baumwolle und Zellwolle). In bezug auf Feuchtigkeitsaufnahme verhalten sich alle T-Typen, obwohl sie das gleiche Harz haben wie Typ 31, ungünstiger als dieser (Dochtwirkung der langen Fäden). Übliche Farbe u n g e f ä r b t, also hell- bis dunkelbraun. Über den Vorteil einer Nichtanfärbung s. S. 27.

Der Preßstoff Typ 77 ist bei dynamischer Beanspruchung der festeste Kunstharz-Preßstoff, sowohl bei Stücken mit glattem wie wechselndem Querschnitt. Als Vorteil könnte außerdem angesehen werden, daß bei den Typen 74 und 77 bei etwa eingetretenem Riß dank der festen verfilzten Fäden das Stück noch recht gut zusammenhält („spitterfest"). Infolge der groben Gewebestruktur ist die Oberflächengüte der T-Typen geringer als bei Typ 31. Sie leidet bei Feuchtbeanspruchung auch mehr als bei diesen. Werkstoff- und Stückpreis sind höher als bei den Z-Typen (vgl. Zahlentafel 35 auf Seite 234). Die Entfernung des Preßgrates ist infolge der grobfädigen Struktur des Harzträgers schwieriger und teurer und ist nicht so sauber auszuführen wie bei Stücken aus Typ 31. Dies fällt nur bei kleinen Teilen ins Gewicht. Kleinere Gewinde sind schwierig herstellbar, s. S. 196. Stückpreis bei Typ 71 und Typ 74 etwa zweimal so hoch wie bei Typ 31. D s Fließvermögen ist gut, aber geringer als bei Typ 31 und ähnlich wie bei den Typen 51 und 54. Dünne hohe Wände, etwa unter 2 mm Dicke, sind schwer preßbar.

Der Aufbau der Harzträger, der h o h e V e r d i c h t u n g s g r a d und die innige Verfilzung sind für Typ 74 in Bild 9 sichtbar gemacht, und zwar durch Herauslösen des gehärteten Harzes mit Naphtholen[1].

---

[1] E s c h, W., u. R. N i t s c h e : Ein neues Prüfverfahren f. gehärt. Phenolharz-Preßstoffe zur Analyse u. Gefügeermittlung. — Kunstharze u. plast. Massen. Bd. 8 (1938) S. 249.

Furnierschnitzel-Preßstoffe. Koall und Schröter berichten über Preßmassen aus zerschnitzelten Furnieren[1]. Der Harzgehalt liegt normalerweise so wie beim Typ 41, bei nur 25 %. Die mechanischen Festigkeitswerte sollen denen des Typ 54 ähneln, die Verarbeitungseigenschaften gut sein. („Lignidur"-Preßmasse.)

Abb. 9. Links Probestababschnitt von 5×15 mm² Querschnitt aus Typ 74; rechts im Bild ein gleicher Abschnitt, aber die Gewebeschnitzel nach Herauslösen des Harzes mit β-Naphtholen wieder völlig freigelegt. Beachte den hohen Verdichtungsgrad!

Die geschichteten Formpreßstoffe. Die Herstellungsweise des Stückes wird auf Seite 129 geschildert. Die Fertigung verwickelter Formteile aus geschichteten Papierbahnen bei Typ 57 oder Gewebebahnen bei Typ 77 ist zeitraubend, nicht leicht und setzt recht erhebliche Erfahrungen voraus. Der Arbeit an der Presse geht eine oft umfangreiche Vorbereitungsarbeit der Bahn zu Abschnitten aus ihr voraus. Außerdem ist der verwendete Werkstoff ziemlich teuer. Aus all diesen Gründen ist der Stückpreis mehrfach höher als beim Typ 31. Die Stückleistung der Form ist infolge der besonderen Herstellweise des Stückes nur ein Bruchteil der von Typ 31.

Typ 57, harzgetränkte Papierbahnen oder Zellstoffpappe, von etwa 1 bis 2 mm Dicke. Flache 57-Formteile lassen sich mit Pappe verhältnismäßig leicht und billiger als aus Papierlagen herstellen. Eine oder mehrere Lagen der Pappe werden in die Form eingelegt. Sie lassen sich unter Druck und Wärme recht gut formen, ohne bei Stücken einfacher Gestalt zu zerreißen. Die dynamische Festigkeit ist höher als bei Ausführung mit

---

[1] Koall, W., und H. Schröter: Holzfurnierschnitzel-Preßmasse. — Kunststoffe, Bd. 34 (1944), S. 98—100.

Papierbahnen. Würde man aus Pappe aber eine tiefgezogene Haube oder verwickelte Teile pressen, so bliebe die Pappenbahn nicht mehr als Ganzes erhalten und würde hier und da zerreißen. Daher wird ein solches Stück aus zurechtgeschnittenen Stücken in der Form aufgebaut, so daß die Herstellweise wieder der mittels Papierbahnen, auf Seite 129 geschilderten gleicht; damit wird das Stück aber wieder teuer. Die Festigkeit ist bei solchen Stücken an verschiedenen Stellen verschieden. Das Dynstat-Gerät (s. S. 74) ermöglicht die Feststellung solcher Ungleichheiten. Im allgemeinen ergibt die Verwendung von P a p i e r bahnen (oder gar von Gewebebahnen) Stücke von beträchtlich höherer Festigkeit.

Die Schichtung erlaubt natürlich auch die Kombination von Lagen verschiedener Beschaffenheit. So preßt z. B. F o r d die Wagentür seines Kraftwagens so, daß er außer den üblichen Lagen mit normalem oder geringem Harzgehalt, hohe mechanische Festigkeit ergebend, Decklagen mit hohem Harzgehalt verwendet, die also höhere Wasserbeständigkeit und eine glatte, glänzende Oberfläche besitzen.

K ü c h[1] schichtete mehrere Harzträger durcheinander, und zwar „Natronzellstoffbahnen mit 32 % Harzgehalt zur Erzielung hoher Druck- und Schubfestigkeit und Furniereinlagen mit 9% Harz zur Aufnahme der Zugspannungen". Als Oberflächenschutz wurden Gewebelagen mit 33% Harz verwendet. Der Preßstoff besitzt gegenüber den vorher untersuchten Zellstoffbahnen-Preßstoffen eine höhere Zugfestigkeit und einen höheren Elastizitätsmodul und gegenüber Kunstharz-Preßholz höhere Druckfestigkeit und geringere Feuchtigkeitsempfindlichkeit.

Ferner können farbige oder gemusterte Decklagen angewendet werden, aber nur bei einfachen Gegenständen, z. B. Tabletts, wo kein Zerreißen oder stärkeres Verformen der Decklagen beim Pressen möglich ist.

Typ 77 (Gewebe) besitzt höhere dynamische, aber geringere statische Festigkeit als Typ 57. Der Typ 16 ähnelt beiden Typen dynamisch, ist aber nicht wie diese auch für sperrige dünnwandige Stücke geeignet.

A n w e n d u n g v o n 77 u n d 57: Formteile mancher Art und Größe, und zwar sowohl sperrige dünnwandige wie auch sehr dickwandige Stücke. Dynamisch äußerst hoch beanspruchte Teile für Maschinenbau und Elektrotechnik! Vor allem aus dem Gewebe **Typ 77** lassen sich dünnwandige Stücke von höchster Verbiegungsmöglichkeit herstellen, wie sie sonst nur manche der wärmeempfindlichen nichthärtbaren Kunststoffe wie „Igelit" „Igamid" oder der Typ 400 ergeben.

Infolge ihrer Schichtstruktur sind die Typen 77 und 57, falls letzterer aus Papierbahnen, für Isolierteile der Hochspannungstechnik sehr geeignet. Die Schichtung muß senkrecht zur Richtung der elektrischen

---

[1] K ü c h, W.: Einfluß der Preßbedingungen und des Aufbaues auf die Festigkeit geschichteter Preßstoffe. Z. VDI Bd. 83 (1939), S. 1309—16

Beanspruchung (Verlauf der Feldlinien) liegen. Die Durchschlagfestigkeit wird um so höher, je mehr beim Pressen darauf geachtet wird, daß die entstehenden Dämpfe des Harzlösemittels und des Kondensationswassers entweichen können.

Niederdruck-Formteile. Harzgetränkte dünne Bahnen wie Papier, Pappe, Gewebe, Glasfasergewebe u. a. m., in der Form geschichtet wie die Typen 57 und 77, können auch mit nur V e r l e i m u n g s d r ü k - k e n , etwa mit 3 bis 10 kg/cm², verformt werden, wenngleich nur zu Teilen von wenig bewegter Gestalt, im allgemeinen ohne plötzliche örtliche Erhebungen, s. S. 132, das l o w p r e s s u r e m o l d i n g. Das Verfahren wurde für Großflächenteile entwickelt, ist aber auch für kleine Auflagen kleiner Teile mit niedrig zu haltenden Formkosten zweckmäßig.

Preßharz (nicht typisiert). Es ist reines Harz ohne Harzträger, das im Gegensatz zu den Gußharzen in der Preßform geformt und ausgehärtet wird. Aussehen glasklar, Farben bernstein, grün, rot, ferner auch farbig marmoriert (für Galanteriegegenstände). Ist auch in milchig getrübten Farben herstellbar. Die Fabrikate der verschiedenen Preßwerke haben verschiedenes Härtevermögen; einige härten so langsam wie Typ 30 und müssen, um hart aus der Form zu kommen, gekühlt werden, haben aber hohen Isolationswiderstand (Kresolharz). Andere, aus Phenolharz, haben bessere preßtechnische Eigenschaften, aber geringeren Isolationswiderstand. Stücke von unregelmäßger Gestalt, vor allem mit schroff wechselnden Querschnitten, sind nur schwer herstellbar, und zwar um so mehr, je größer sie sind; oft treten nachträglich Risse auf. Preßharz ist dagegen zu einfacher gestalteten Teilen, vor allem von gleichmäßigem Querschnitt und dünnen, etwa 1 bis 3 mm dicken Wandungen gut verarbeitbar, wie Schalen, Teller und Tassen.

Preßharz hat die niedrigste Wichte unter den härtbaren Preßstoffen, nämlich ca. 1,26 g/cm³. Richtig gehärtete Teile ertragen lange Zeit 150°, ohne sich zu verändern, auch bei Naßbeanspruchung. Hohe Beständigkeit gegen heißen Tee und Kaffee, ohne einen Belag zu hinterlassen; kochfest, geruch- und geschmackfrei. Gute Beständigkeit gegen Chemikalien, s. S. 100 bis 102. Preßharz hat eine niedrige Kerbschlagzähigkeit. Teile mit schroffem Querschnittswechsel (z. B. Tassen mit massigem Griff bei dünnster Wand) brechen sehr leicht, Teile aber mit gleichmäßigem Querschnitt (Schalen) sind überraschend schlagfest.

Anwendung für elektrotechnische Teile, wenn der Isolationswiderstand selbst von Typ 30 nicht ausreicht, besonders für Feuchtbeanspruchung. Ferner für Galanteriegegenstände, wie Vasen, Schalen, Eß- und Trinkgeschirr. Für rotes Rücklicht bei Fahrzeugen. In den USA stellt man Gehäuse für Rundfunkempfänger in erheblichen Mengen aus farbigmarmoriertem Preßharz her. Ausgezeichneter Preßstoff für dauernde und e i n s e i t i g e Naßbeanspruchung, geeigneter als Typ

131. Auch hygienisch (Freiheit von Bei- bzw. Nachgeschmack) zuverlässiger als dieser. Die Teile vertragen langes Auskochen in siedendem Wasser. Daher wird Preßharz für medizinische Geräte, z. B. Bluttransfusionsgeräte benutzt, ferner für Melkapparate. Preßharz hat die gleich hohe Beständigkeit bei Dauerwärme-Beanspruchung wie die Typen 16, 11 und 12. (S. Tab. 3.)

Tabelle 5. Eigenschaftswerte von Preßharz (Sorte Kresolharz)
(Alles am Normstab 10 × 15 × 120 [mm] gemessen).

Wichte	g/cm³	1,24···1,27
Biegefestigkeit	kg/cm²	800···1100
Schlagzähigkeit	cmkg/cm²	7···11
Kerbschlagzähigkeit	cmkg/cm²	1,2···1,5
Formbeständigkeit nach Martens		125···130
Glutfestigkeit	Gütegrad	3
Wasseraufnahme nach 7 Tagen	mg	24
Elektrische Eigenschaften		s. Tabelle 21, S. 96

Typ 131 (Harnstffoharz-Preßstoffe „Pollopas", „Universal" u. a.). Der Preßstoff-Typ der hellen und zarten „Pastellfarben", der Haushalt- und Galanteriewaren. Die Farben sind ziemlich gut lichtbeständig; das Stück hat eine angenehme hornartige leichte Transparenz. Völlig geruch- und geschmackfrei, wenn richtig verarbeitet.

Für Feuchtverwendung, z. B. Haushaltgeschirr, geeignet, wenn Wandungen dünn und ohne schroffe Querschnittveränderungen ausgeführt sind, und die Verarbeitung sachgemäß geschah. Bei einseitiger längerer Feuchtbeanspruchung (z. B. bei Vasen) können u. U. Risse auftreten. Sehr dicke und unregelmäßige Querschnitte sind schwieriger als bei Phenolharz-Preßstoffen herstellbar, sie sind nicht werkstoffgerecht. Bei solchen Teilen können auch leicht beim Wechsel von hoher zu niedriger Luftfeuchtigkeit Risse im Stück auftreten. Bild 10 zeigt einen Kippschaltergriff von 6 mm Dicke, der nach längerer Feuchtbeanspruchung Risse bekam, Abb. 11 Becher, die infolge ungleichmäßiger Formbeheizung nach der Kochprobe von 30 Minuten rissen[1].

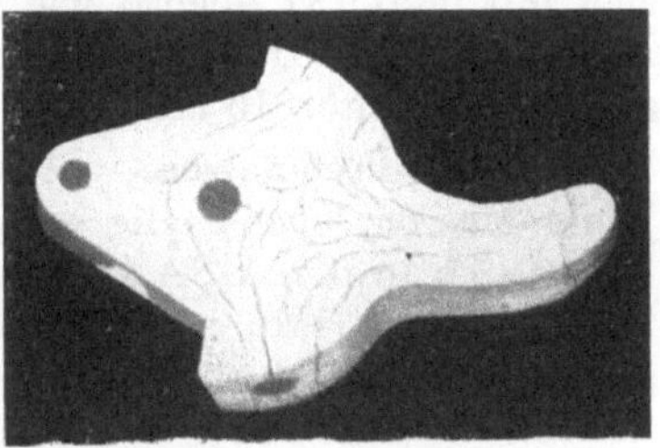

Abb. 10. Kippschaltergriff aus Typ 131, der nach starker Feuchtbeanspruchung Risse bekam.

Hochwertiger Isolierstoff, leidliche Kriechstromfestigkeit. Im allgemeinen aber treten alle diese Fehler nicht auf, wenn die Teile sorgfältig hergestellt wurden, d. h. mit richtig vorgewärmter Masse und bei der richtigen Temperatur.

---

[1] Nitsche u. Esch: Untersuchungen an Eß- u. Trinkgeschirren aus Kunstharz-Preßstoffen — Kunststoff-Technik. Bd. 10 (1940), S. 57—62, S. 91—93.

Hauptanwendungsgebiete: Geschirr und andere Haushaltgegenstände, kosmetische, sanitäre und Galanteriewaren. Technische Teile werden meist nur dann aus Typ 131 gefertigt, wenn helle Farben notwendig sind, z. B. helles Installationsmaterial und Fernsprechgeräteteile. Werkstoffpreis rd. 2mal, Stückpreis rd. 1¾mal so hoch wie bei Typ 31 (vgl. Tab. 36 a. S. 234).

Abb. 11. Ungleichmäßige Beheizung der Form erzeugte ungleiche Härtung — Aufreißen bei Naßbeanspruchung.

Der Typ 131 kann auch anstatt mit Zellulose mit Holzmehl als Harzträger geliefert werden. Der Preis ist niedriger, die Farben fallen aber nicht so klar, sondern gedeckter aus, die Transparenz ist kaum mehr vorhanden, die Wasseraufnahme ist meist größer.

Typ 131.5. Unter Umständen lassen sich mit Typ 131 ebenso wie mit Typ 31 und Typ 11 und 400 die zusätzlichen elektrischen Sonderanforderungen der Typisierung erfüllen, s. Tab. 3, Spalten 13 und 14.

Melamin-Preßmassen. („Melopas[1]", „Melmac", „Ultrapas[2]"). Diese Massen, ebenso die entsprechenden -Harze und -Schichtstoffe, haben sich in den USA in wenigen Jahren stark eingeführt. Aus dem fast farblosen Harz erzeugt man mit gebleichter Zellulose Massen von gleicher Wichte (1,5), von fast gleicher Transparenz und den gleichen Farben wie unser Typ 131, dem sie auch in den mechanischen und physikalischen Eigenschaften ähneln. In den USA hebt man als Vorzüge hervor: Kleine Wasseraufnahme, viel kleiner als beim Typ 131, auch in kochendem Wasser (kochfeste Wäscheknöpfe, Eß- und Trinkgeschirr); hohe Werkstoffbeständigkeit bei höheren Temperaturen, gleich den Phenolharzmassen, bessere als der Typ 131 (Verwendung des Harzes zu Brems- und Kupplungsbelägen); sehr hohe Lichtbogenfestigkeit, besser als Carbamidmassen, vielfach höher als Phenolharzmassen; verkohlt nicht im Lichtbogen. Gute elektrische Eigenschaften, hohe Durchschlagfestigkeit, gute Kriechstromfestigkeit. Bessere Beständigkeit gegen verdünnte Säuren und Alkalien und gegen Lösungsmittel als der Typ 131.

---

[1] Hersteller: Gesellschaft für chem. Industrie, Basel.
[2] Vertrieb: Venditor Verkaufsges. m. b. H., Troisdorf, Bez. Köln.

Die Melaminmassen sind etwas härter und spröder als die Carbamidmassen. Die Härte erweist sich als ein Vorzug bei den Schichtstoffen für Vertäfelungen und beim Geschirr, die Kratzfestigkeit ist höher.

Massen mit mineralischen Harzträgern: Wichte 1,7 bis 2,0; Verwendung für Hochspannungs-Zündverteiler für das Heer.

Der Preis der Massen ist höher als der der Carbamidmassen. Die Verarbeitungseigenschaften sind gut.

Die deutsche Melaminmasse „Ultrapas" ist eine Kreuzung mit Carbamidharz, mit Eigenschaften, die den aufgeführten gleich- oder nahekommen.

Tabelle 6. Eigenschaftswerte von Melamin-Preßstoff „Ultrapas"[1]

Wichte	g/cm²	1,5 bis 1,6
Biegefestigkeit	kg/cm²	900
Schlagzähigkeit	cmkg/cm²	8
Kerbschlagzähigkeit	cmkg/cm²	1,7
Druckfestigkeit	kg/cm²	2200
Zugfestigkeit	kg/cm²	500
Formbeständigkeit nach Martens	° C	135
Glutsicherheit	Gütegrad	3
Wasseraufnahme nach 7 Tagen	mg/100 cm²	250
Oberflächenwiderstand nach 24 Stdn. im Wasser	M Ω	10^3 bis 10^5
Dielektrizitätskonstante bei 800 H		6
Verlustwinkel bei 800 H		0,1
Verlustwinkel bei 10^6 H		0,08

[1] Werte laut Venditor.

„Didi"-Preßstoff. Aus Dicyandiamidharz mit Holzmehl oder mit Zellstoff wird die „Didi"-Preßmasse erzeugt, und zwar sowohl in schwarz als auch in dunklen und hellen lichtechten Farben. In den preßtechnischen Eigenschaften steht die Masse dem Phenoltyp 31 nahe, in den physikalischen und chemischen mehr den Carbamidmassen. Sie ist auf gewöhnlichen Tablettiermaschinen tablettierbar, fließt sehr gut und härtet so rasch wie der Typ 31. Sie hat hervorragende Kochfestigkeit und ist geruch- und geschmackfrei. Am treffendsten läßt sie sich charakterisieren als ein Aminoplast mit den preßtechnischen Eigenschaften der Phenoplaste. Die Eigenschaftswerte der noch neuen Masse liegen noch nicht völlig fest. Sie ist teurer als der Typ 131.

Die Typen 212 und 213 (kaltgepreßte warmfeste Phenolharz-Preßstoffe). Nur Isolierpreßstoffe für die Elektrotechnik; sie lassen sich aber technisch und wirtschaftlich durch die ganz ähnlich zusammengesetzten Typen 11, 12 und 16 ersetzen und sind als veraltet anzusehen. Sehr dicke Preßteile aus den Typen 212 und 213 würden zwar billiger als solche aus Typ 11 und 12 sein, anderseits sind für diese dank ihrer höheren Festigkeit geringere Querschnitte möglich, s. a. S. 39.

Typ 914 (Kaltpressung). Nur Isolierstoff für die Elektrotechnik. Enthält Teerpech oder natürliches Bitumen als Bindemittel. Wenig fest, schlechte Maßhaltigkeit, unansehnliche Oberfläche, da die Teile nach der Formung bei hoher Temperatur im Ofen freiliegend gehärtet werden. Veraltet wie die Typen 212 und 213. Siehe a. S. 39.

Die Typen 916, 917 und 918 (warmplastische Isolierstoffe). Die Typen 916 und 917 enthalten Kopal oder Bitumen als Bindemittel für Asbestfasern und andere mineralische Füllstoffe. Bei Typ 918 ist in der Regel Asphalt oder Teerpech das Bindemittel. Diese drei Typen haben weit niedrigere Formbeständigkeit in Wärme und vor allem geringere mechanische Festigkeit als die Kunstharz-Preßstoffe. Ihr Isolationswiderstand, insbesondere der von Typ 918, ist höher als bei den Kunstharz-Preßstoffen und sinkt bei Typ 918 auch bei starker und dauernder Feuchtbeanspruchung kaum ab! Einige Sorten desselben sind auch ausgezeichnet säurefest. Gute Oberfläche. Niedrige Stückpreise. Anwendung überwiegend als elektrische Isolierstoffe, als mechanisch beanspruchte Baustoffe nicht geeignet.

Typ 400 und andere Thermoplaste siehe Abschnitt II, S. 271.

Typ Y. Anorganischer Isolierstoff, ein Glas mit hohem Gehalt an feinzerteiltem Glimmer. Die flüssige Schmelze ist bei Rotglut zu einfachen Teilen formbar, u. U. sind auch Metallteile ein- und umpreßbar. Gegenüber organischen Werkstoffen hohe Formbeständigkeit nach Martens. Kleine dielektische Verluste, daher viel verwendeter Isolierstoff für das Kurzwellengebiet. Feuchtigkeitssicher wie jedes Glas; Isolierstoff für hohe Temperaturen. Lieferbar als: Platten $360 \times 460 \times 3$ bis 28 mm; Sechskantstäbe, Schlüsselweite 22 und 35 mm, 300 mm lang; einfache Formteile; beliebige Teile, die durch Zerspanen (mittels Hartmetall-Werkzeugen) hergestellt werden. Handelsname „M y c a l e x[1]".

Tabelle 7. E i g e n s c h a f t s w e r t e v o n M y c a l e x (lt. A. E. G.)

Wichte		3,4
Biegefestigkeit	kg/cm²	1000
Schlagzähigkeit	cmkg/cm²	5
Zugfestigkeit	kg/cm²	600···700
Formbeständigkeit nach M a r t e n s	°C	rd. 450
Glutsicherheit	Gütegrad	5
Lichtbogensicherheit	Stufe	3
Oberflächenwiderstand	V.Z.	10···11
Durchschlagsfestigkeit	kV/mm	15
tg δ		rd. 0,018
ε		8

Typ X (anorganischer Preßstoff). Typ X besteht aus Asbest und anderen mineralischen Füllstoffen, die mit Zement oder Wasserglas gebunden und gehärtet sind. Unbrennbar, l i c h t b o g e n f e s t. Stark

---

[1] Hersteller: Allgemeine Elektrizitäts-Gesellschaft, Fabriken Henningsdorf-Berlin.

hygroskopisch, daher kein Isolierstoff. Einfache Formteile möglich, unter Umständen auch mit Metalleinbettungen. Anwendung als funkensicherer Werkstoff für Lichtbogenabschirmung.

Verbund-Preßteile bzw. Preßstoffe (nicht typisiert). Zuweilen werden an verschiedene Stellen eines Stückes so verschiedenartige Anforderungen gestellt, daß sie ein Werkstoff allein nicht erfüllen kann. Die Preßtechnik gibt die Möglichkeit, zwei oder mehrere Preßstoffarten vereint in einem Preßstück anzuwenden. Zwei Phenolharz-Preßmassen oder -bahnen verschweißen immer gut miteinander, da sie gleiches Harz enthalten, Harnstoffharz- mit Phenolharz-Preßmassen verschweißen schon weniger gut, aber meist noch ausreichend fest. Bei der Verwendung des Stückes ist aber Rücksicht auf die unter Umständen verschiedenen Stoffeigenschaften, vor allem auf die verschiedene Feuchtigkeitsaufnahme, zu nehmen, falls sehr hohe Beanspruchungen auftreten sollten.

Beispiele für Verbund-Preßteile: Geschichteter mit ungeschichtetem Preßstoff. Für das Stück nach Abb. 12 genügt im allgemeinen Typ 31. Am zylindrischen Ansatz mit gegebener sehr schwacher Wand müssen jedoch Befestigungsschrauben dicht am Rande sitzen. Außerdem sind dies noch Senkkopfschrauben, die beim Anziehen eine Sprengwirkung ausüben. Deshalb wird hier das Ende des zylindrischen Ansatzes aus Gewebebahnen gefertigt, deren Lagen die auftretenden Kräfte aufzunehmen vermögen.

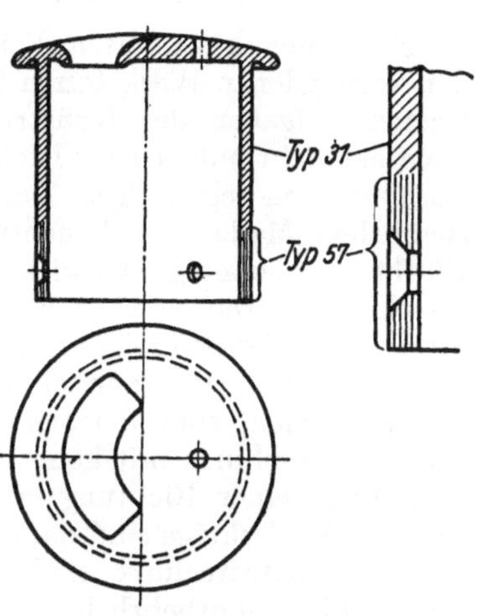

Abb. 12. Verbundausführung eines Preßteiles aus Typ 31 und Typ 57. An stark beanspruchter Stelle Typ 57.

Hartpapier oder -Gewebe (handelsübliches, auf Kresol-Resolharzbasis) verschweißt sehr gut mit Preßstoffen gleicher Basis, z. B. den Typen 30, 31, 31.5 und den Zellstoff- und Textiltypen. Ebensogut dürfte die Verbindung zwischen „Resopal"-Hartpapier und dem harzgleichen Typ 131 sein. Abb. 13 zeigt einen Spulenkörper mit nur 1 mm Flanschendicke. Das Hartpapier ergibt sehr feste Flansche, dazu ist es nietbar, daher dessen Wahl für diesen Anwendungsfall.

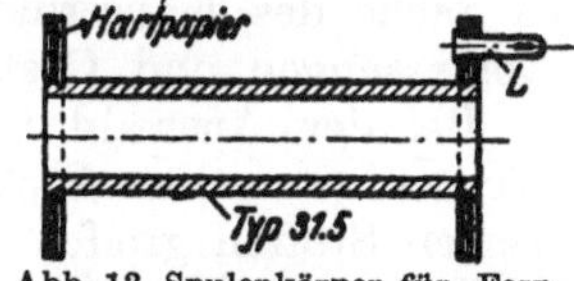

Abb. 13. Spulenkörper für Fernmeldetechnik. Preßstoff Typ 31.5 verbunden mit dünnen Hartpapierflanschen, die ein Einnieten der Lotösen L erlauben (Gebrauchsmuster).

Bei Formteilen aus den geschichteten Preßstoffen Typ 77 und Typ 57 können mechanisch weniger stark beanspruchte Augen, Nocken und andere Einzelheiten aus Typ 71, Typ 74 oder Typ 31 gefertigt werden, um den Stückpreis möglichst niedrig zu halten.

Phenolharz-mitHarnstoffharz-Preßstoff. Hierbei lassen sich hohe Festigkeit mit hellen zarten Farben in einem Preßteil vereinen. Die Schaufläche von Gehäusen z. B. nach Abb. 12 soll elfenbeinartig sein, während der Rohransatz sehr stoßfest sein muß; hier wird Typ 131 mit Typ 77 vereinigt. Beide verschweißen gut miteinander.

Der Typ X läßt sich ebenfalls zuverlässig mit den Phenolpreßstoffen verbinden. Anwendungsfall: Ein elektrotechnischer Teil soll mechanisch. fest sein (Typ 31), aber an einer Fläche lichtbogensicher.

Preßteile, die aus zwei typisierten Werkstoffen bestehen, müssen auch zwei Typenzeichen tragen, möglichst je im betreffenden Werkstoff.

5. Physikalische, chemische und andere Eigenschaften und ihr Einfluß auf die Werkstoffauswahl[1].

Für einen bestimmten Verwendungszweck den geeignetsten unter den vorhandenen Werkstoffen herauszufinden, ist sicher eine der wichtigsten Aufgaben des Konstrukteurs. Diese Wahl ist schon bei den Metallen nicht immer ganz leicht, bei den organischen Werkstoffen wird sie aber noch schwieriger. Deren physikalische Eigenschaften sind in ziemlichen Maße von Feuchtigkeit und Wärme und noch anderen Einflüssen abhängig. Oft wirken im Betrieb eines Apparates oder einer Maschine mehrere solcher Einflüsse gleichzeitig ein. Man muß daher sowohl die Werkstoffeigenschaften als auch deren erwähnte Abhängigkeiten kennen. Erst dann ist es auch bei schwierigsten Betriebsverhältnissen möglich, zum Beispiel in nassen Räumen oder in den Tropen oder bei Maschinen mit hoher Übertemperatur, entweder eine Höchstleistung in einer Richtung oder eine allgemeine Bestleistung herauszuholen. Fehlschläge sind dann fast immer von vornherein vermeidbar.

Der Elektrotechnik sind die Preßstoffe als Isolierstoffe schlechthin unentbehrlich. Mit den guten Eigenschaften müssen die Mängel mit in Kauf genommen werden. Wenn der Werkstoff an sich in einem gegebenen Falle nicht genügend herzugeben vermag, ist es Sache des Konstrukteurs, das Ziel dennoch durch entsprechende Abmessungen und Gestaltung des Stückes zu erreichen.

Bei der Auswahl von Baustoffen hat es der Verbraucher leichter; wenn hier Preßstoff nicht ausreicht, kann er z. B. zu metallischen Stoffen greifen. Die vorher erwähnte Abhängigkeit des Preßstoffes von mancherlei physikalischen Einflüssen fällt übrigens bei seiner Verwendung als Baustoff weniger ins Gewicht als bei der Verwendung als Isolierstoff.

---

[1] Nitsche und Pfesdorf: Prüfung und Bewertung elektrot. Isolierstoffe. Berlin: Springer 1940. Alle Prüfverfahren behandelnd.

Der Einfluß der Feuchtigkeit auf die Kunstharz-Preßstoffe ist beachtlich. Ein Preßteil aus dem am meisten verwendeten Typ 31, Harzgehalt 50%, nimmt nach vier Tagen Liegen unter Wasser 1,0 bis 1,5 mg Wasser je cm² Oberfläche auf. Der Werkstoff verliert dabei etwas an Festigkeit, wird aber nicht angegriffen, und es wird nichts von seinen Bestandteilen harausgelöst, selbst wenn er Jahre hindurch im Wasser liegt. Das Stück verliert zwar infolge leichter Quellung etwas von seinem Oberflächenglanz, der Werkstoff aber bleibt erhalten.

Die Folgen einer langen Einwirkung von Feuchtigkeit sind dagegen bei vielen metallischen Baustoffen weit größer. Man denke an die langsam, aber sicher wirkende Zerstörung durch Korrosion bei Stahl und anderen Metallen, selbst dann, wenn sie durch Überzüge geschützt sind. Liegen zudem zwei Metalle verschiedenen Potentials aneinander, so wird die Korrosion besonders stark.

Im folgenden (s. S. 82 bis 86) werden die Temperaturgrenzen gezeigt, bis zu denen man die Kunstharz-Preßstoffe dauernd beanspruchen darf. Der Temperaturbereich ist zwar beschränkt, aber für zahllose Anwendungsfälle ausreichend.

In den Zahlentafeln mit den Eigenschaften der Kunstharz-Preßstoffe sind zum Vergleich neben einigen nichthärtbaren Kunststoffen auch andere Werkstoffe aufgeführt, die der Konstrukteur bei der Werkstoffauswahl gegebenenfalls mit in Betracht zieht.

a) Einige allgemeine physikalische Eigenschaften.

Die Wichte. Die geringe Wichte (Tabelle 8) gibt den Kunstharz-Preßstoffen als Werkstoff im Leichtbau besondere Bedeutung. Der am meisten verwendete Typ 31 ist mit einer Wichte von 1,38 g/cm³ nur halb so schwer wie Aluminium und $^1/_6$ so schwer wie Gußeisen und noch leichter als die Magnesiumlegierungen mit einer Wichte von 1,8 g/cm³. (Besonders leichte Kunststoffe: „Igamid" A und B = 1,13, „Trolitul" = 1,06, „Polyäthylen = 0,92, siehe Abschnitt II.)

Die lineare Wärmedehnzahl. Die lineare Wärmedehnzahl (Tabelle 8) ist bei den Kunstharz-Preßstoffen zum Teil größer als bei den Metallen. Wird Preßstoff mit Metall verbunden, können durch die verschiedene Wärmeausdehnung Spannungen, Verbiegungen oder Brüche auftreten (vgl. auch S. 197). Die verschiedene Wärmeausdehnung macht sich auch beim Einpressen von Metallteilen in den Preßstoff nachteilig bemerkbar. Stets lassen sich relativ kleine Metallteile ohne Schwierigkeit einpressen, selten jedoch größere Metallteile, die den Abmessungen des Preßstückes nahekommen (vgl. auch Abb. 159). Dann ergeben sich hohe innere Spannungen, die entweder sofort nach dem Pressen oder später, vor allem bei Temperatur- oder Feuchtigkeitsänderungen, zum Reißen des Preßstückes führen. An diesem Umstand scheiterten viele Versuche, Preßteile durch Metalleinlagen mechanisch zu verstärken.

Tabelle 8. Allgemeine physikalische Eigenschaften.

Werkstoff	Harzgehalt Gew.-%	Wichte g/cm³	Wärme-Dehnzahl bei ≈ 50° $\alpha_t \cdot 10^6$	Wärme-Leitfähigkeit kcal / m h °C	Spez. Wärme zwischen 10 bis 50° kcal/kg
Phenolharz „Gußharz" („Edelkunstharz"), klar, ungefüllt . .	≈ 100	≈ 1,25	—	0,23 E	≈ 0,35
Phenolharz „Preßharz", klar, ungefüllt	≈ 100	1,27	—	0,21 G	0,36 G
Phenolharz-Preßstoff					
mineralhaltig, „Typ 11" schwarz	≈ 35	≈ 1,85	—	≈ 0,7 E	0,30
asbesthaltig, „Typ 12" schwarz	≈ 35	≈ 1,85	—	≈ 0,7 E	0,30
asbesthaltig, „Typ 16" braun	≈ 35	≈ 1,85	—	0,68 E	0,30
m. Holzmehl, „Typ 31" schwarz	40	1,40	—	0,33 G	0,36 G
m. Holzmehl, „Typ 31" schwarz	50	1,37	—	0,31 G	0,36 G
m. Gewebefetzen, „Typ 74" .	≈ 50	1,43	—	0,40 G	0,36 G
„Typ 74" .	50	1,41	—	0,33 E	—
m. Zellstoff, „Typ 54" . . .	≈ 50	1,40	—	0,37 G	0,37 G
Kresolharz + Zellstoffpapier, Schichtstoff Hartpapier .	≈ 38	≈ 1,36	—	0,23 E	0,35
Kresolharz + Baumw.-Gewebe, Schichtstoff Hartgewebe	≈ 60	≈ 1,33	—	0,24 E	0,35
Harnstoffharz-Preßstoff mit Zellulose, „Typ 131"	≈ 60	1,50bis 1,60	—	0,31 E	—
Anilinharz „Iganil"	100	1,20bis 1,25	45 JG	0,23 G	0,33 G
Polyvinylcarbazol „Trolitul Lu 150" („Luvican")	100	1,19	—	0,13 G	0,30 G
Polyvinylbenzol Polystyrol, „Trolitul III"	100	1,05	102 M 80 S	0,13 E	0,32 D
Polyvinylchlorid ohne Weichmacher „IgelitPCU",„Vinidur"	100	1,39	80 M	0,13 G	0,28 G
Polymethakrylat „Plexiglas", Plexig.-Spritzm."	100	1,18	85—100 R	0,16 R	0,45
Polykondensat „Igamid A" . .	100	1,13	110 M	0,33 M	0,45
Azetylzelluse-Spritzgußmasse „Typ 400"	—	≈ 1,4	130 M	~ 0,2 M	—
Hartgummi,besteSorte,füllstofffrei	—	1,15	70	0,16	0,34
Glas, gewöhnl. techn.	—	≈ 2,5	8 bis 10	0,6 bis 0,8	0,18
Bleiborat + Glimmer „Mycalex" „Typ Y"	—	3,4	7,5	0,81 G	0,13 G
Hartporzellan (DIN 40685) . . .	—	2,4	3,5 bis 4,5	1,3 bis 1,4	0,19—0,21
Specksteinmasse „Steatit" (DIN 40685)	—	2,7	7 bis 9	1,95	0,19—0,22
Aluminiumguß „Deutsche Legg."	—	2,9	23,9	114	0,22
Gußeisen	—	7,1	11,0	26 bis 40	0,11
Stahl, etwa 0,5% C	—	7,8	11,3	45	0,11
Fichtenholz, lufttrocken	—	0,47	5,5	⊥0,1∥0,2	0,39*

*) E = Erk: Heft 1 „Kunst- und Preßstoffe" des VDI, 1937. S. 37/38. G = Vieweg u. Gottwald. — Kunststoffe Bd. 30 (1940) H. 5, S. 140, JG=Nach J. G. Farben-Industrie AG. M = Mienes u. Krause: Kunststoffe Bd. 30 (1940) H. 1, S. 2. S = Schupp — Wissensch. Veröffentl. Siemens-Werke, Bd. 19, H. 1. R=Nach Röhm u. Haas. * ∧D=M.P.A.Dahlem. Bei rd. 10% Feuchtigkeitsgeh.

Tabelle 9. Wasseraufnahme verschiedenartiger organischer
Werkstoffe bei Liegen unter Wasser.
(Im allgemeinen nach der Größe der Wasseraufnahme geordnet.)

Werkstoff	nach 24 h		nach 96 h		nach 30 Tagen		nach 90 Tagen	
	mg	Vol.-%	mg	Vol.-%	mg	Vol.-%	mg	Vol.-%
Typ 918 (Teerpech-Preßstoff) . .	0	0	0	0	0	0	0	0
Hartgummi, reinste Sorte, füll-stofffrei	—	—	—	—	12	0,07	—	—
Polystyrol („Trolitul")	0	0	5	0,02	20	0,11	22	0,12
Polyvinylkarbazol („Luvican", „Trolitul Lu")	—	—	5	0,02	—	—	—	—
Mischpolymerisat „Igelit MP" (Spritzstoff „Mipolam"; „Astralon")	5	0,03	11	0,06	38	0,21	—	—
Preßharz (in der Form ausgehär-Kresolharz)	8	0,04	14	0,08	43	0,24	—	—
Guttapercha	—	—	—	—	45	0,25	—	—
Weichgummi, hochelastische Sorte, füllstofffrei	—	—	—	—	80	0,45	—	—
Typ 12	15	0,08	40	0,22	160	0,88	—	—
Typ 16	30	0,17	90	0,50	380	2,1	—	—
Typ 131	22	0,12	60	0,33	240	1,33	—	—
Gußharze (Edelkunstharz) {	—	—	40 bis 150	0,22 bis 0,85	—	—	—	—
Polyakrylate („Plexiglas" und Spritzstoff „Plexigum") . . .	31	0,17	73	0,41	150	0,83	—	—
Zelluloid	35	0,20	75	0,42	340	1,9	370	2,10
Typ 31 mit 50% Phenolharz . .	25	0,14	65	0,36	250	1,39	—	—
Typ 31 mit 40% Kresolharz {	32 bis 52	0 18 bis 0,29	80 bis 130	0,44 bis 0,70	320 bis 520	1,7 bis 2,8	—	—
Typ 51 (fein zerteilter Zellstoff)	60	0,33	150	0,83	650	3,6	—	—
Typ 54 (grobe Stücke Zellstoff-pappe)	140	0,77	350	1,90	1200	6,6	—	—
Hartpapier KI.I.II.III (ermittelte Werte)	200	1,10	800	4,40	—	—	—	—
KI. I. II (zul. Höchstwerte n. VDE 0318)	—	—	~ 1500	—	—	—	—	—
KI. IV („Tropen-Qualität") .	60	0,33	160	0,88	670	3,7	—	—
KIl IV (zuläss. Höchstwerte n. VDE 0318)	—	—	~200	—	—	—	—	—
Anilinharz-Hartpapier („Iganil")	50	0,28	160	0,88	400	2,2	—	—
Typ 74	70	0,39	200	1,10	670	3,7	—	—
Hartgewebe Kl. G (ermittelte Werte)	110	0 60	240	1,33	800	4,4	—	—
Azetylzellulose (Typ 400, Spritz-stoff „Trolit W") {	80 bis 160	0,45 bis 0,90	200 bis 400	1,10 bis 2,20	700 bis 1400	3,9 bis 7,8	950 bis 2000	5,3 bis 10,7
Schichtholz „Lignofol"	—	—	1700	9	—	—	—	—
Kunsthorn „Galalith" °); sehr verschieden; Beispiel:	—	—	1800	10	—	—	—	—
Preßspan °); sehr verschieden; Beispiel:	—	—	4000	22	12 000	67	17 000	95
Eichenholz; sehr verschieden; Beispiel:	—	—	5400	30	—	—	—	—
Vulkanfiber °); sehr verschieden; Beispiel:	—	—	11 700	65	—	—	—	—

Festgestellt in der Materialprüfstelle des Gummiwerks der Siemens-Schuckert-Werke. Als
Prüfkörper diente der Normstab 15×10×120 (mm), in den mit °) bezeichneten Fällen eine
Platte von 30×5×120 (mm), deren Wasseraufnahme sinngemäß auf die eines Normstabes
umgerechnet und so eingesetzt wurde. Der Normstab hat 63 cm² Oberfläche. Oft wird die
Wasseraufnahme gemessen in mg an einer dünnen Platte von 100 cm² ermittelt.

Die Wärmeleitfähigkeit. Die Wärmeleitfähigkeit der Preßstoffe (Tabelle 8) ist gering. Das ist z. B. für Gebrauchsgegenstände, die in heißem Zustande mit der Hand berührt werden, wertvoll, z. B. bei Handgriffen von Heiz- und Kochgeräten und von Eßgeschirr. Z. B. kann man einen Aluminiumbecher mit heißem Inhalt nicht anfassen, wohl aber einen Preßstoffbecher. Die Kenntnis der Wärmeleitfähigkeit ist für viele Anwendungsfälle unentbehrlich, z. B. bei Preßstofflagern, bei elektrischen Geräten und bei Apparaten für chemische Zwecke, welche oft noch thermisch beansprucht werden.

Die spezifische Wärme. Zuweilen ist es erwünscht, den Wert für die spezifische Wärme zu kennen. Die bisher bekanntgewordenen Werte der Tabelle 8 dürften ein genügendes Bild für das Kunststoffgebiet liefern.

Die Feuchtigkeitsaufnahme. Alle organischen Stoffe, seien es natürliche oder synthetische, haben eine mehr oder weniger große Feuchtigkeitsaufnahme (Tabelle 9). Auch die am Anfang der Tabelle 9 genannten Werkstoffe, die oft für völlig wasserfest gehalten werden, selbst die für Seekabel verwendete Guttapercha, nehmen — allerdings erst nach längeren Feuchtbeanspruchungen — Wasser auf. Bemerkenswert ist ferner, daß der allgemein verwendete Typ 31 nicht mehr Wasser aufnimmt als Zelluloid, das einer der gebräuchlichsten

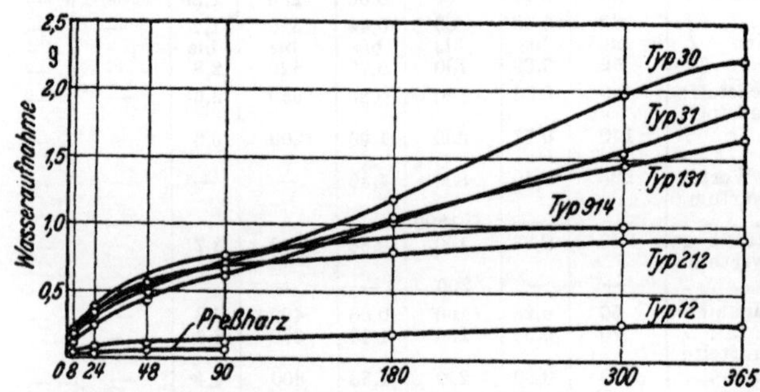

Abb. 14. Wasseraufnahme von Preßstoffen beim Liegen in Leitungswasser. Prüfling: Normstab $10 \times 15 \times 120$ [mm].

Werkstoffe für Naßverwendung ist. Abb. 14 zeigt die Wasseraufnahme verschiedener Preßstoffe im Verlauf eines Jahres. Bei den drei Typen 30, 31 und 131 ist der Endzustand der Wassersaugfähigkeit noch nicht erreicht. Später wurde die Prüfung bis zur Erreichung des S ä t t i g u n g s p u n k t e s ausgedehnt. Dabei zeigt sich, daß im Laufe von mehreren Jahren durch Liegen an Luft von 100 % relativer Feuchtigkeit Preßstoff ebensoviel Wasser aufnimmt wie durch Liegen unter Wasser (Abb. 15). Auch hier bewiesen die Asbest-Phenolharz-Preßstoffe ihre Überlegenheit gegenüber den mit organischen Harzträgern[1].

---

[1] Nach W. Z e b r o w s k i : Über das Verhalten gummifreier Isolierpreßstoffe bei Dauerbeanspruchung doch Feuchtigkeit. — ETZ Bd. 52 (1931), S. 1353/55 und Bd. 58 (1937), S. 469/71.

Aus Tabelle 9 und Abb. 14 ergibt sich, abgesehen von kleinen Schwankungen, für die Kunstharz-Preßstoffe folgendes: Reines, gut ausgehärtetes Kunstharz ist sehr wenig hygroskopisch. Dann folgen die Asbest-Phenolharz-Preßstoffe. Der kaltgepreßte Typ 212 nimmt mehr Wasser auf als der ebenso zusammengesetzte, aber warm gepreßte Typ 12, weil er etwas porös ist. Die Preßstoffe mit organischen Harz-

trägern nehmen naturgemäß am meisten Wasser auf. Typ 131 verhält sich bei dünnen Querschnitten günstig. Die dicken Stäbe dieses Versuches waren sehr gut gehärtet.

Noch andere Kunststoffe bezog eine amerikanische Prüfung[1] mit ein, die sich über 2 Jahre erstreckte, Abb. 16. Sie zeigt unter anderem die hohe

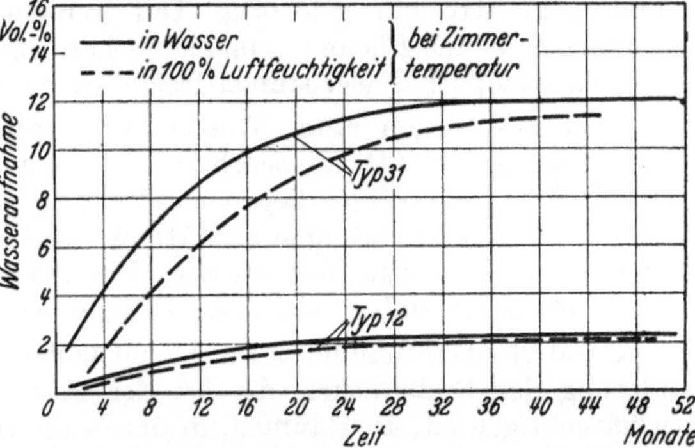

Abb. 15. Wasseraufnahme von Kunstharz-Preßstoffen beim Liegen in Leitungswasser (obere Kurve) und feuchter Luft (untere Kurve). Gemesen an Normstäben 10 × 15 × 120 [mm].

Wasseraufnahme des Phenol-G i e ß harzes, das, anders als das Phenol-Preßharz der Abb. 14, ein üblicherweise nie völlig gehärtetes Harz ist. Daß die Bitumenmasse sich schlechter als die sehr ähnlich aufgebaute Masse 914 der Abb. 14 verhält, liegt vielleicht an einer höheren Porosität der Prüfkörper.

Bei stärkerer Feuchtbeanspruchung sind, abgesehen von dem infolge seiner Schlagempfindlichkeit nicht immer anwendbaren Preßharz, die Phenolharz-Preßstoffe mit mineralischem Harzträger (Typen 11, 12 und 16) die gegebenen Werkstoffe. Sie werden hier noch viel zu wenig angewendet! Der Typ 31 verträgt vorübergehendes Liegen unter Wasser recht gut, z. B. sind photographische

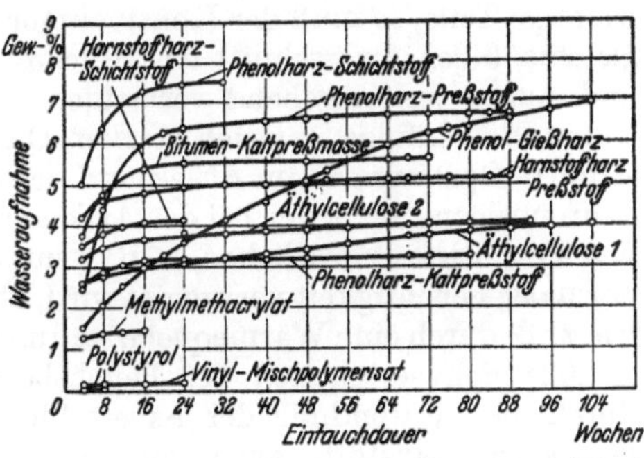

Abb. 16. Wasseraufnahme von Preßstoffen und Kunststoffen. (N. Nat. Bureau of Stdds.)

Entwicklerdosen aus Typ 31 seit Jahren mit Erfolg im Gebrauch. Voraussetzung ist aber eine völlige Aushärtung des Stückes und ein

<hr>

[1] K l i n e , M a r t i n u. C r o u s e : (Nat. Bureau of Standards). Referat in Kunststoff — Technik Bd. 11 (1941) S. 242.

Harzgehalt von nicht unter 50%. Die harzarme Sorte des Typ 31 ergibt, besonders bei schlechter Aushärtung, Teile, die im Wasser stark quellen. Vor der Verwendung des Typ 41 (Kriegs-Notprodukt) für Feuchtverwendung — und auch sonst — ist dringend zu warnen. Schlechter als der Typ 31 verhalten sich die Textil- und Zellstoff-Typen.

Bei den Schichtpreßstoffen Hartpapier und Hartgewebe ist beachtenswert, daß ein geformtes Teil weniger Wasser aufnimmt als ein Stück, das aus Platten zerspanend herausgearbeitet ist, wobei also die durchlaufenden Faserbahnen freigelegt wurden.

Dauerndes Liegen unter Wasser (vgl. Tabelle 9 und Abb. 14) ist die schwerste Feuchtbeanspruchung. Sie kommt in der Praxis aber nur selten vor. Häufiger liegen Preßteile im Freien oder in Räumen und sind allen Veränderungen der Atmosphäre unterworfen. Die relative Feuchtigkeit schwankt hier ständig. Ein Preßstück nimmt hier nicht nur Feuchtigkeit auf, es hat auch Gelegenheit, sie wieder abzugeben.

Feuchtigkeitsaufnahme bewirkt eine Quellung und damit eine Maßänderung des Preßstückes, die bei der Festlegung der Passungen zu berücksichtigen ist. In Räumen, in denen die relative Feuchtigkeit mit der Witterung von etwa 65 bis 85% schwankt und das Preßstück dementsprechend „atmet", sind diese Maßänderungen für fast alle Stückgrößen klein und fast immer ohne Einfluß auf die Passung. Anders ist es, wenn unregelmäßig gestaltete große Preßstücke von etwa 20 cm Länge und mehr dauernd in hoher Luftfeuchtigkeit oder unter Wasser liegen. Besonders feuchte Räume sind z. B. chemische Betriebe, Wäschereien und nasse Keller. Hohe Luftfeuchtigkeit im Freien herrscht in den Küstengegenden und in den Tropen. Handelt es sich hier um technisch wichtige Teile, so muß der Konstrukteur von vornherein einen möglichst gleichmäßigen Querschnitt des Stückes anstreben, also dickere Rippen und Augen weitestgehend vermeiden. Anderenfalls kann es leicht eintreten, daß infolge ungleich starker Quellung der verschiedenen Querschnitte Spannungen im Stück und damit Rißbildungen auftreten. Das kann übrigens nicht nur bei der Aufnahme, sondern auch bei der Abgabe von Feuchtigkeit geschehen, z. B. wenn ein Stück zwar in Räumen von normaler Feuchtigkeit verwendet wird, aber eine zusätzliche Erwärmung, wie z. B. durch eine Wärmequelle im Inneren von Apparaten, erfährt.

Alle Schwierigkeiten bei Feuchtbeanspruchung werden verringert durch die Verwendung der Asbest-Phenolharz-Preßstoffe. Sie sind die gegebenen Baustoffe auch dort, wo kleinste maßliche Veränderung, geringster Verzug und geringster Abfall der Festigkeit durch Feuchtigkeitsaufnahme gefordert wird.

Feuchtigkeitsaufnahme beeinflußt die Festigkeitswerte (s. S. 75) und den Isolationswiderstand (s. S. 92).

Im feuchten Tropenklima werden Kunststoffe, mehr sogar noch Metalle, hoch beansprucht. Die Temperaturen liegen zwischen 30

und 50°, die relative Luftfeuchtigkeit bei 90% und mehr, und dazu
kommt es beim periodischen Absinken der Temperatur zu einer Betauung.
Im V e r s u c h s - T r o p e n r a u m, in dem man künstlich ein Tropenklima der genannten Beschaffenheit aufrecht erhält, wird in einigen Betrieben die Dauerprüfung technisch wichtiger Geräte auf ihre Tropen-
eignung vorgenommen. Dabei haben sich die Kunstharz-Preßstoffe mit
mineralischen Harzträgern recht gut gehalten. Dagegen zeigte der Holz-
mehltyp 31 bei einigen Ausführungsformen Mängel, vor allem bei
solchen mit niedrigem Harzgehalt, etwa unter 50%. Bei Stücken mit
starken örtlichen Querschnittsanhäufungen traten in manchen Fällen
Rißbildungen am Querschnittsübergang auf. Die Oberfläche verliert
immer an Glanz, die Struktur des Werkstoffes wird sichtbar, die organische Faser quillt leicht an wie bei einer Kochprobe. Einige Fabrikate,
auch solche, die als „tropenfest" genannt worden waren, zeigten aber
außerdem stellenweise leichte Schimmelbildung oder geringfügige weiß-
liche Ausscheidungen, während andere Fabrikate davon wieder frei
blieben. Unter dichtschließenden Abdeckhauben sitzende Metallteile
korrodierten bei gewissen Masse-Fabrikaten, bei anderen nicht. Ver-
nickelte Eisenteile rosteten zuweilen, Zinkteile zeigten einen Ausschlag.
Umfassende Untersuchungen klärten diese Erscheinungen. Die Schimmelbildung trat bei den harzarmen Massen auf, besonders bei solchen mit
Buchenholzmehl. Dieses kann ohne weiteres durch das auch sonst übliche Fichtenholzmehl ersetzt werden. Die weißen Ausscheidungen erwiesen sich als Magnesiumsalze, eine Folge reichlichen Gehaltes an Mag-
nesiumverbindungen in der Preßmasse, der sich auch verringern läßt.
Heikler als diese nicht wesentlichen Erscheinungen ist die Korrosion
der Metallteile. Hier ergaben sich als Ursache nennenswerte Mengen an
Essigsäure — die sich bei Wärme und Feuchtigkeit aus dem Holzmehl
entwickelte — und von Ammoniak, das beim Verpressen vom Harz
abgegeben wird. Nach diesen Untersuchungen dürften sich Holzmehl-
Massen dann als „t r o p e n f e s t" erweisen, wenn sie wie folgt aufgebaut sind: 1. Harzgehalt 50% oder höher; 2. Kein Buchenholzmehl;
3. Gehalt an Magn.-Verbindungen, möglichst klein; 4. Kein freies
Ammoniak entwickelnd; 5. Essigsäure-Abspaltung max. 0,18 Gew.—%[1].

Für die Prüfung auf Tropenfestigkeit wurden vom „VDI-Fachausschuß für Kunst- und Preßstoffe" vorläufige Richtlinien und 7 Ergänzungsblätter[2], von der VDE-Arbeitsgruppe „Tropensicherheit" ein
Entwurf zu VDE 0475 „Leitsätze für die Nachbildung tropischer

---

[1] G e r l a n d, H.: Verhalten von Preßmassen auf Phenolharz-Holzmehl-
basis im feuchtheißen Tropenklima. — Siemens-Z. 23. Jahrg. Jan.—März 1943,
Heft 1.

[2] S t u s s i g, H.: Die Prüfung auf Tropenfestigkeit. Z. VDI Bd. 84 (1940)
Nr. 48, S. 927/8.

Beanspruchungen in Prüffeldern[1]" ausgearbeitet, wodurch vergleichbare Prüfergebnisse ermöglicht werden sollen[2].

b) Die mechanische Festigkeit[3].

Die besonders als B a u s t o f f e geeigneten Preßstoffe sind im Normblatt DIN 7705 (s. S. 36) aufgeführt, und zwar einige Formpreßstoffe und die Schichtpreßstoffe Hartpapier Klasse II und Hartgewebe Klasse F und Klasse G. Die Typen 11, 12 und 16 kommen vornehmlich für Feuchtverwendung und bei erhöhten Temperaturen in Frage. Der Typ 131 kommt nur dann in Betracht, wenn klare, helle Farben zwingend benötigt werden. Hier kann man neuerdings besser den Melamin-Preßstoff „Ultrapas" einsetzen, der weniger feuchtigkeitsempfindlich und fester ist.

In Tabelle 10 sind die Festigkeitseigenschaften der Kunstharz-Preßstoffe im Vergleich mit anderen Baustoffen, mit denen Preßstoff zuweilen in Wettbewerb steht, gezeigt.

Läßt man bei dem Vergleich der Kunstharz-Preßstoffe mit anderen Werkstoffen die Härte und die Druckfestigkeit außer Betracht — Preßstoff reicht hier in den meisten Fällen aus — und betrachtet vorerst nur die n i c h t g e s c h i c h t e t e n Preßstoffe mit gutem Fließvermögen in der Form und mäßigen Herstellpreisen, so zeigt sich, daß mit dem Typ 16, dem Typ 74 und ferner dem Typ 54 Baustoffe mit recht brauchbaren Festigkeitseigenschaften zur Verfügung stehen. Sie übertreffen Gußeisen in bezug auf Schlagzähigkeit, Kerbschlagzähigkeit und Dehnung. Die Zugfestigkeit ist bei Gußeisen allerdings beträchtlich höher. Keramische Stoffe sind weit stoßempfindlicher als Preßstoffe. Die Festigkeiten von Aluminiumguß sind von Preßstoffen im allgemeinen erreicht worden. Gute Hölzer haben höhere Zugfestigkeit und, wenn sie sorgfältig im Wuchs ausgewählt sind, auch höhere Biegefestigkeit und Schlagzähigkeit.

Noch näher an die metallischen Baustoffe rücken die g e s c h i c h t e t e n Preßstoffe, Typ 77 und Typ 57 und das unverdichtete Schichtholz, s. S. 251, und noch fester als diese ist das verdichtete Schichtholz, s. S. 254. Dem Gußeisen sind sie in bezug auf Biegefestigkeit zwar zum Teil unterlegen, übertreffen es aber mehrfach in bezug auf Schlagzähigkeit und Dehnung. Sie erreichen die Zugfestigkeit und die Schlagzähigkeit der Naturhölzer. Das Schichtholz „Lignofol" ist allgemein bedeutend fester als Naturhölzer.

Aus Untersuchungen über die Eignung geschichteter Kunstharz-Preßstoffe und natürlicher Hölzer für die Luftfahrt stammt die Tab. 11.

---

[1] ETZ Bd. 61 (1940) H. 47. S. 1055/56.

[2] Siehe auch Blatt VDI 2024: Kunst- und Preßstoffe für klimatische Beanspruchungen, April 1944.

[3] Näheres über die folg. mech. und therm. Prüfungen siehe VDE 0302, Vorschriftenbuch des VDE, ferner DIN 53 451/3.

Tabelle 10. Vergleich der Festigkeitseigenschaften von Form- und Schichtpreßstoffen mit anderen Baustoffen (bei rd. 20° C). *Schrägziffern: Mindestwerte* nach DIN 7705 Formpreßstoffe und DIN 7706 Schichtpreßstoffe. Alle übrigen Ziffern: Mittelwerte.

Werkstoff	Biege-festigkeit kg/cm²	Schlag-zähigkeit cmkg/cm²	Kerb-schlag-zähigkeit cmkg/cm²	Druck-festigkeit kg/cm²	Zug-festigkeit kg/cm²	Bruch-dehnung un %	Härte kg/cm²	Elastizitäts-modul kg/cm²
Typ 12	600 *500*	4 *3,5*	2,6 *2,0*	2000 *1200*	320 *250*	rd. 1	— 1500[1])	90 000 bis 150 000
Typ 16	750 *700*	20 *15*	26 *15*	2000 *1200*	— *250*	rd. 1	— 1500[1])	90 000 bis 160 000
Typ 31	750 *700*	7 *6*	2 *1,5*	2500 *2000*	300 *250*	rd. 1	— 1300[1])	55 000 bis 80 000
Typ 54	900 *800*	10 *8*	7-8 *5,5*	— *1000*	300 *250*	—	— 1300[1])	60 000 bis 100 000
Typ 57 (Werte ziemlich gestaltabhängig; Normstabwerte!)	1500 ⊥ *1200*	20 ⊥ *15*	19 ⊥ ∥ *10*	— ∥ *1600*	— ∥ *800*	—	— 1300[1])	80 000 bis 130 000
Typ 74	800 *600*	13 *12*	14 *12,0*	2200 *1400*	300 *250*	rd. 1	— 1300[1])	70 000 bis 100 000
Typ 77 (Werte ziemlich gestaltabhängig; Normstabwerte!)	⊥ 1250 ⊥ *800*	⊥ 33 ⊥ *25*	20 ⊥∥ *18,0*	— ∥ *1200*	— *500*	—	— 1300[1])	40 000 bis 90 000
Hartpapier Kl. II (unbearbeitet)	⊥ 1800 ⊥ *1500*	⊥ 25 ⊥ *25*	∥ 15⊥ 5	⊥ 2400 ⊥ *1500*	∥ 1500 ∥ *1200*	rd. 2	— 1300[1])	80 000 bis 110 000
Hartgewebe Kl. G (unbearbeitet)	⊥ 1250 ⊥ *1000*	⊥ 33 ⊥ *25*	∥ 20⊥ 15	⊥ 2400 ⊥ *2000*	∥ 750 ∥ *500*	rd. 3	— 1300[1])	60 000 bis 80 000
Schichtholz, verdichtetes („Lignofol") Wichte rd. 1,36 g/cm⁴	1800 bis 3000	50 bis 100	⁶)	750	1900	rd. 1,3	1500[1])	280 000
Schichtholz, unverdichtetes 15 Lagen/cm³ Wichte 0,7 g/cm³	1600	—	⁶)	880	1500	—	—	160 000
Eichenholz (Werte parallel zur Faser)	910	20 ³) bis 40	—	540	900	—	—	130 000
Aluminiumguß, Deutsche Legierung, Sandguß	—	—	—	—	1500	rd. 2	55²)	—
Gußeisen dünnwandig, für Apparate	2300	10 ³) bis 11	—	4000 bis 5000	1200	rd. 0,3	140 bis 160²)	800 000
Hartporzellan, gepreßt, unglasiert	400 ⁴) bis 700	1,8 ⁴) bis 2,2	—	2500 ⁵) bis 3500	250 bis 350	—	—	700 000 bis 800 000
Steatit (normale Ausführung, unglasiert)	1200 ⁴) bis 1400	⁴) 3 bis 5	—	8500 ⁵) bis 9500	450 bis 600	—	—	90 0000 bis 1 100 000

[1]) Härte n. VDE 0302. — [2]) Härte n. Brinell. — [3]) Am Normalstab $10 \times 15 \times 120$ mm festgest. — [4]) Am Stab 16 $\emptyset$ bei Stützw. 100 mm festgest. — [5]) Am Prüfkörper 16 $\emptyset$ festgestellt.

Zu beachten ist bei einem Vergleich mit DIN 7705, daß die meisten der hier eingesetzten Eigenschaftswerte Spitzenwerte sind, während die Angaben in DIN 7705 Mindestwerte sind. Im Leichtbau benutzt man

Tabelle 11.
Festigkeitswerte von geschichteten Preßstoffen und Hölzern (nach K. Riechers[1]).

Werkstoff	Wichte γ g/cm³	Zug-festig-keit σ_{zB} kg/cm²	Druck-festig-keit σ_{dB} kg/cm²	Biege-festig-keit σ_{bB} kg/cm³	Spez. Schlag-arbeit cmkg/cm²	Elastizi-täts-modul E kg/cm²	$\dfrac{\sigma_{zB}}{\gamma}$ —	$\dfrac{\sigma_{dB}}{\gamma}$ —	$\dfrac{\sigma_{bB}}{\gamma}$ —
Hartpapier . .	1,4	1700	1670	3000	54	125 000	12,1	12	21,4
Hartgewebe . .	1,35	700	1800	1430	46	66 000	5,2	13,3	10,6
Verdichtetes Schichtholz	1,36	2000	1600	2700	90	240 000	15	13	22
Unverdichtetes Schichtholz, 7 Lg./cm	0,71	1250	825	1503	—	160 000	18	11,6	21
Kiefernholz . .	0,5	1000	500	800	50 bis 100	110 000	20	10	14
Birkensperrholz	0,7	900	400	800	20 bis 50	100 000	11,5	5	10

das Verhältnis von Festigkeit je mm² zu Wichte als Kennzahl, siehe die drei letzten Quotienten dieser Zahlentafel. Die Kennziffer von Hartgewebe und Schichtholz liegen in der Nähe der Naturhölzer. Im zweiten Weltkriege sind, vor allem in USA und in England, in der Anwendung von Schichtpreßstoffen große Fortschritte gemacht worden: Unverdichtetes Schichtholz mit Kunstharzverleimung wurde in großem Umfange eingesetzt, für ebene Teile sowohl als auch für mäßig gewölbte, die nach neu entwickelten Methoden geformt wurden, s. S. 132. Ungeachtet des hohen Preises hochfester feinstfasriger Glasgewebebahnen wurden diese bei Schichtstoffen als Außenlagen im Verein mit einem Kern aus Holz verwendet, zuweilen Balsaholz von nur 0,25 Wichte, s. S. 250. Hohlraum-Schichtstoffe wurden geschaffen (s. S. 250), bei denen zwischen festen Außenlagen aus Glasgewebe oder Hartpapier ein Zellensystem aus Holzleisten oder Hartpapier sitzt. Die Leichtbaukennziffer konnte so bedeutend verbessert werden.

Obgleich die Kunstharz-Preßstoffe, vor allem die ungeschichteten, im Vergleich zu vielen metallischen Baustoffen im allgemeinen weniger fest sind, wobei ein Vergleich mit Stahl ganz außer Betracht bleiben muß, finden sie dennoch als Baustoff oft Verwendung. Sie haben vor den metallischen Baustoffen den Vorzug des geringen Gewichtes und der sehr wirtschaftlichen spanlosen Formung bei guter Hochglanzoberfläche. Außerdem sind sie sehr witterungs- und korrosionsbeständig und be-

---

[1] Riechers, K.: Über die Verwendung v. härtb. Kunststoffen im Flugzeugbau. — Kunstharze u. Plastische Massen Bd. 8 (1938) S. 243/8.

dürfen keines Oberflächenschutzes. Der Leichtbau schätzt ihre gute Dämpfung von Schwingungen.

Die geringere Festigkeit der meisten Preßstoffe muß den Gestalter veranlassen, der G e s t a l t u n g des Stückes besondere Beachtung zu schenken, denn die Gestalt eines Stückes beeinflußt maßgebend die Festigkeitseigenschaften des Werkstoffes. Beachtet man stets die geringe Dehnung und das elastische Verhalten der Preßstoffe bei ruhender und noch mehr bei Stoßbeanspruchung, gestaltet also w e r k s t o f f - g e r e c h t, so kann auch bei verhältnismäßig niedrigen Werkstofffestigkeiten doch eine hohe Festigkeit am Preßteil erreicht werden. Die gefährdeten Querschnitte müssen schon beim Entwurf festgestellt und durch entsprechende Gestaltung berücksichtigt werden.

Bei schroffen Querschnittänderungen, z. B. bei Nuten, Kerben und Durchbrüchen, treten Spannungsspitzen auf, die das mehrfache der normalen Spannungen im Stück betragen können. Bei gegebener Kerbtiefe beeinflußt die Gestalt der Kerbe, ob scharf oder rund, die Festigkeit bedeutend.

Durch werkstoffgerechtes Gestalten läßt sich oft der Übergang von einem billigen, weniger festen auf einen teuren hochfesten Preßstoff vermeiden und in vielen Fällen Preßstoff an Stelle eines metallischen Baustoffes verwenden, um die wirtschaftlichen Vorteile der spanlosen Formung von Preßstoff auszunutzen.

Außer den durch äußere Kräfte hervorgerufenen Spannungen treten im Preßteil noch Eigenspannungen auf, die dann gefährlich werden können, wenn dünne mit sehr dicken Querschnitten wechseln. Diese Eigenspannungen entstehen bei der an die Formung anschließenden Abkühlung durch verschieden starke Schwindung des Preßstoffes. Die Eigenspannungen können verstärkt werden durch das zuweilen angewendete „Richten" des Stückes nach dem Herausnehmen aus der Form, wie es vor allem bei größeren und verhältnismäßig dünnwandigen Stücken angewendet wird, um dem Stück während des Erkaltens die Sollgestalt aufzuzwingen (vgl. S. 165). Diese zusätzlichen Spannungen können weitgehend vermieden werden, wenn der Besteller seine Anforderungen an die Maßgenauigkeit und an den zulässigen Verzug des Preßteils nicht unnötig hoch stellt. Im übrigen gehen bei längerer nachträglicher Erwärmung diese Spannungen und damit allerdings auch die erzwungene Soll-Gestalt zum Teil wieder verloren.

S t a r k e örtliche Verdickungen, z. B. bei Rippen und Augen, an einem sonst dünnwandigen Stück können u. U. sehr gefährlich werden. Ist ein solches Stück im Gebrauch hoher Feuchtigkeit oder Erwärmung ausgesetzt, so wird in dem einen Falle Feuchtigkeit aufgenommen, im anderen Falle abgegeben. Die Geschwindigkeit der Feuchtigkeitszu- oder -abnahme ist im dicken Querschnitt kleiner als im dünnen. Hierdurch treten Spannungen im Stück auf, die zu Rissen führen können.

Die Festigkeit der Kunststoffe sinkt mit steigender Temperatur (s. S. 77), und zwar weniger bei den härtbaren als bei den nichthärtbaren Kunststoffen. Die nichthärtbaren Kunststoffe werden schon bei Temperaturen von 60 bis 80° ziemlich weich; dies ist der Hauptgrund, weshalb sie als Baustoff wenig Verwendung finden.

Auch die Aufnahme von Feuchtigkeit setzt die Festigkeit herab (s. S. 75), und zwar wenig bei den nichthärtbaren Kunststoffen mit geringer Wasseraufnahme, mehr dagegen bei den härtbaren Kunstharz-Preßstoffen, vor allem solchen mit organischen Harzträgern.

Die Schlagzähigkeit. Das älteste Prüfverfahren zur Beurteilung der spröden Werkstoffe, z. B. Porzellan, Gußeisen und Preßstoff, ist die Schlagbiegeprüfung mittels eines Pendelschlagwerkes. Abb. 17 zeigt die Prüfanordnung. Ein fallendes Pendel durchschlägt den Stab; nach dem Durchschlag schwingt es weiter und erreicht dabei eine mehr oder weniger große Steighöhe. Aus dem Unterschied von Steig- und Fallhöhe ergibt sich bei gegebenem Pendelgewicht die verbrauchte Schlagarbeit in cmkg; sie wird auf die Flächeneinheit des Querschnittes bezogen. Die Prüfung findet am glatten (ungekerbten) Normstab von $10 \times 15 \times 120$

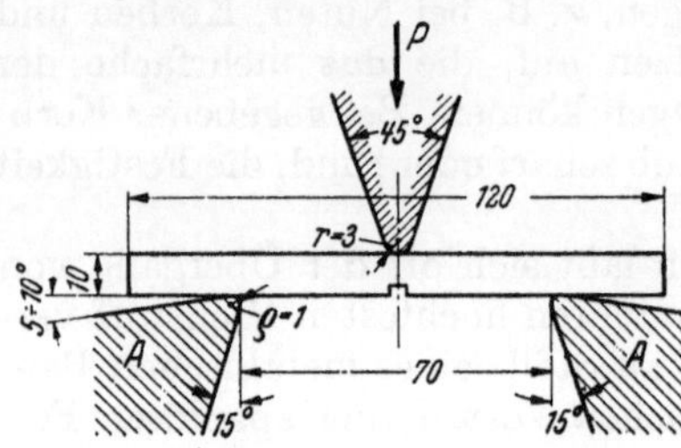

Abb. 17. Ermittlung der Schlagzähigkeit (am ungekerbten Stab anstatt des im Bild gezeigten gekerbten); Prüfanordnung

(mm) statt. Die Stützweite ist 70 mm. (Siehe DIN 53453, Der Schlagbiegeversuch.)

Die an diesem Prüfling je cm² errechnete Schlagarbeit ist nicht auf eine andere Querschnittgröße übertragbar; sie steigt mit wachsendem Querschnitt und hängt außerdem von seiner Form ab. Die Werte der Schlagzähigkeit von Preßstoffen, keramischen Stoffen und Metallen lassen sich also nur dann miteinander vergleichen, wenn Querschnitt und Form des Probestabes und auch die Stützweite gleich sind. Leider sind die Versuchsbedingungen meist verschieden, so daß die Werte dann nicht vergleichbar sind.

Die Kerbschlagzähigkeit. Die Ergebnisse der Prüfung auf Schlagzähigkeit am ungekerbten Probestab standen mit den praktischen Erfahrungen, die man mit der Schlagzähigkeit von Preßteilen unregelmäßiger Gestalt machte, nicht immer in Einklang. Preßharz z. B. zeigt am Probestab Werte für die Schlagzähigkeit, die mindestens ebenso hoch liegen wie die von Typ 31, und dennoch sind Preßteile aus Preßharz, wenn sie unregelmäßige Gestalt haben, viel weniger stoßfest als gleiche Stücke aus Typ 31. Ähnlich liegt es beim Vergleich des Typ 31 mit den Typen langfaseriger Struktur 71 und 51. Auch hier zeigen sich in der am Normstab ermittelten Schlagzähigkeit nur geringe Unterschiede, während Gegenstände unregelmäßiger Gestalt aus den Typen 71 oder 51 mit wechselnden Querschnitten bessere Stoßfestigkeit aufweisen als solche aus Typ 31. Die Arbeiten von Nitsche und Zebrowski klärten schließlich den Einfluß des Querschnittüberganges am Stück bei den verschiedenen Preßstoffen. Diese Versuche wurden an einem Probekörper nach Abb. 18, dem sogenannten Zapfenkörper, vorgenommen. An ihm ließ sich der Einfluß des plötzlichen Querschnitts-überganges bzw. einer Einkerbung beobachten. Der für Metalle bereits verwendete Begriff der Kerbschlag-zähigkeit wurde auf die Preßstoffe übernommen. So manche unangenehme Erfahrung der Praxis mit un-regelmäßig gestalteten Fertigteilen fand damit ihre Erklärung. Z. B. hat der für Geschirr verwendete Typ 131 nur eine Kerbschlagzähigkeit von 1,0 bis 1,5 kg/cm² bei einem verhältnismäßig hohen Wert für die Schlagzähigkeit. Teller und Becher aus Typ 131 mit gleichmäßigem Querschnitt erwiesen sich stets als recht stoßfest, dagegen waren z. B. Tassen mit einem

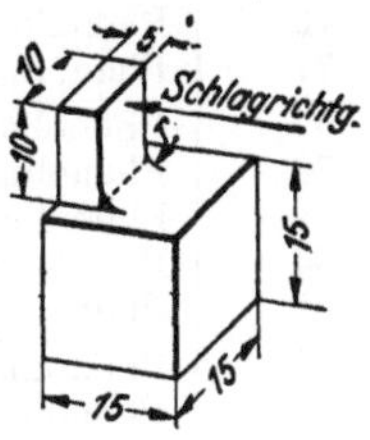

Abb. 18. Zapfenkörper nach Zebrowski zur Untersuchung. d. Kerb-einflusses bei Kunst-stoffen.

dicken, dazu noch plötzlich angesetzten Henkel an dieser Stelle sehr stoßempfindlich[1].

Der Einfluß einer Kerbe oder eines plötzlichen Querschnittüber-ganges ist groß bei Preßstoffen mit körnigem oder pulvrigem minerali-schem Harzträger (z. B. Typ 11), ferner auch bei solchen mit kurzen Fasern wie die Typen 131, 31 und 30. Dagegen ist er gering oder gleich Null bei allen Typen mit langen Fasern, langen Fäden, Fetzen, Schnitzeln und ganzen Bahnen als Harzträger, das sind die Typen 16, 71, 74, 77 und 51, 54 und 57.

Schließlich zeigte sich, daß Prüfungen am Normstab, der mit einer Kerbe nach Abb. 19 versehen wurde, fast die gleichen Werte für die Kerb-schlagzähigkeit ergeben, wie die Prüfungen am Zapfenkörper nach Abb. 18. Die Zahlentafel 12 bringt die Ergebnisse, die an diesem gekerbten Normstab ermittelt wurden. Es sind stets Mit-telwerte mehrerer Messungen, beim Typ 31 da-zu noch mehrerer Sorten.

Abb. 19. Gekerbter Normstab 10 × 15 × 120 [mm] zur Prü-fung der Kerbschlagzähigkeit.

Dieses Prüfverfahren für die Kerbschlagzähigkeit wurde dann in die Typisierung vom 27. 10. 1937 aufgenommen. Die Prüfung wird am Stab nach Abb. 17, im Pendelschlagwerk für die Bestimmung der Schlag-zähigkeit ausgeführt. Die Typisierung schreibt seitdem auch Mindest-werte für die Kerbschlagzähigkeit vor.

Selbstverständlich ist „kerbempfindlich" nicht nur ein gekerbter

---

[1] Nitsche, R., u. W. Zebrowski: Entwicklung neuer Prüfverfahren zur Beurteilung formfester Kunststoffe. — Kunstharze u. Plastische Massen Bd. 8 (1938) S. 33/7 u. 65/70.

Tabelle 12. Kerbverhalten von Preßstoffen und Kunststoffen,
ermittelt an Normstäben nach Abb. 19
(meist nach Nitsche und Zebrowski).

Typ	Zusammensetzung		Schlag-zähigkeit[1]	Kerb-schlag-zähigkeit[2]	KZ [3]
	Harzart	Harzträger	cmkg/cm²	cmkg/cm²	
16	Phenolharz	Asbestschnur	22,0	**26,7**	0,8
77	Phenolharz	Gewebebahnen	25,0	**19,0**	1,3
57	Phenolharz	Papierbahnen	20,0	**18,8**	1,1
74	Phenolharz	Gewebeschnitzel	13,1	**14,3**	0,9
71	Phenolharz	Gewebefaser	7,4	**7,0**	1,1
54	Phenolharz	Papierschnitzel	8,6	**7,1**	1,2
51	Phenolharz	Zellstoffflocken	5,6	**5,0**	1,1
41	Phenolharz	Holzmehl	6,8	**4,6**	1,5
12	Phenolharz	Asbest, faserig	4,2	**2,6**	1,6
30	Phenolharz	Holzmehl	6,5	**2,4**	2,7
31	Phenolharz	Holzmehl	6,9	**1,8**	3,8
11	Phenolharz	Gesteinsmehl, körnig	5,5	**1,7**	3,2
131	Harnstoffharz	Zellstoff, kurzfaserig	7,7	**1,5**	5,1
Preßharz	Phenol-(Kresol.)Harz	keine	6,8	**1,2**	5,7
400	Zellulosederivat	keine	15…40	**5 … 20**	3
—	„Trolitul III"	,,	15…30	**2 … 5**	6,4
—	„Trolitul EF"	,,	25…35	**2 … 4**	10
—	„Trolitul EH"	,,	10…20	**3 … 5**	3,8
—	„Luvikan M 150"	,,	—	**2**	—
—	„Hartigelit PCU"	,,	> 150	**5 …>10**	≈20
—	„Spritzg.-MasseMP"	,,	> 100	**5**	20
—	„Plexiglas" M 222	,,	20	**2,0**	10
—	Spritzg.-Masse M 272	,,	20…35	**2,3**	21

[1] Gemessen am ungekerbten Stab } Durchschnittswerte, bei ziemlichem
[2] Gemessen am gekerbten Stab } Streubereich.
[3] KZ = Kerbeinflußzahl (Verhältnis Schlagz. zu Kerbschlagz.)

Gegenstand, sondern auch jeder andere, der einen mehr oder minder
plötzlichen Querschnittsübergang aufweist.

Die Werte der Kerbschlagzähigkeit haben sicherlich eine größere
Bedeutung für die Beurteilung der Formpreßstoffe als die der Schlagzähigkeit, weil die spanlose For-
mung bei weitem mehr Preßteile
von unregelmäßigem als von glattem Querschnittverlauf erzeugt.
Die Biegefestigkeit. Die Abb.
20 zeigt die Prüfanordnung des
Biegefestigkeitsprüfgerätes. Der
Prüfstab (Normstab) wird auf
Biegung beansprucht, erfährt also

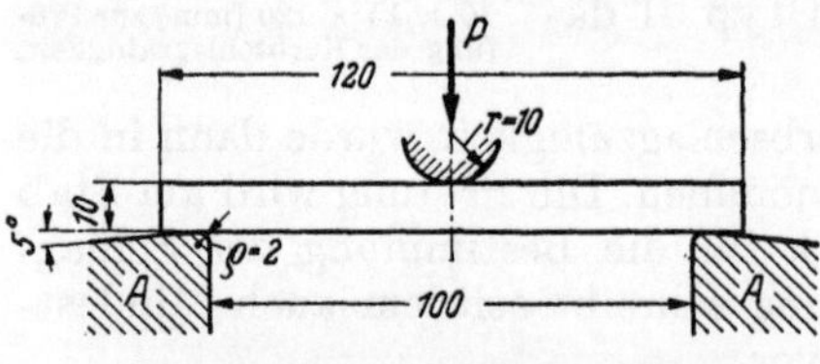

Abb. 20. Prüfung auf Biegefestigkeit,
Versuchsanordnung

Zug- und Druckspannungen. Der Stab bricht, wenn die Zerreiß-
spannung für Zug erreicht ist; die Druckspannungen haben dabei

ihren Bruchwert noch nicht erreicht. (Versuchsausführung siehe DIN 53 452.)

Anders als bei der Schlagzähigkeit ist hier die je cm² errechnete Biegefestigkeit fast unabhängig von der Querschnittgröße und der Gestalt des Prüfstabes, ebenso auch von der angewendeten Stützweite. Werte von andersartigen Baustoffen sind zwar gewöhnlich an Stäben anderer Abmessungen, anderen Querschnittes und anderer Stützweite ermittelt, sind aber mit denen von Kunstharzpreßstoffen dennoch vergleichbar.

Die elastische Durchbiegung von Stäben. Am Biegefestigkeitsprüfer kann man auch die D u r c h b i e g u n g des Stabes ablesen, die zu einer bestimmten Biegespannung gehört. Diese Werte sind aber, am üblichen Normstab von 10 mm Höhe gemessen, nur klein. Verfasser hat sie daher an Stäben von nur 5 mm Höhe festgestellt. Abb. 21 zeigt ein solches Biegespannungs-Durchbiegungs-Schaubild für eine Reihe ganz verschiedener Werkstoffe. Die Kurven enden im Bruchpunkt. Das Formänderungsvermögen der Preßstoffe ist weitaus höher als das von Grauguß und Porzellan. Sorgt also der Gestalter bei Teilen, die im Gebrauch Verformungen erfahren, für eine möglichst gleichmäßige Wanddicke, vermeidet er vor allem Kerben, so ist das elastische Verhalten des Preßstoffgegenstandes meist überraschend gut (siehe hierzu auch Seite 63).

Abb. 22 zeigt ein solches Biegespannungs-Durchbiegungs-Schaubild für verschiedene P r e ß - s t o f f e. Auffällig ist, daß gerade das sonst als spröde geltende Preßharz sich am meisten von allen härtbaren Preßstoffen durchbiegt. Dabei ist aber zu beachten, daß die Prüfung am glatten Stab und dazu statisch mit allmählich steigender Belastung vorgenommen wird.

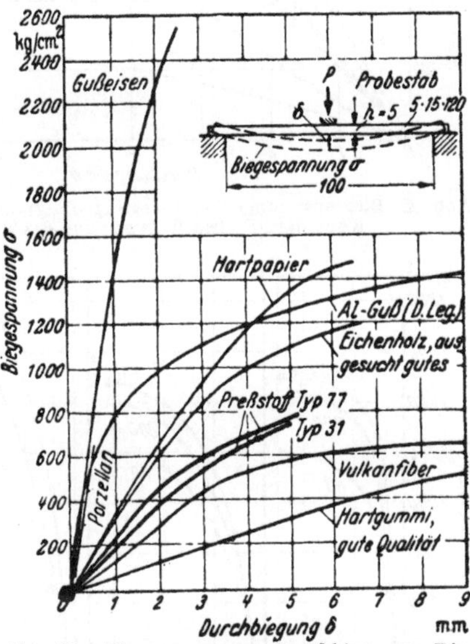

Abb. 21. Biegespannungs - Durchbiegungs - Diagramm von Kunststoffen im Vergleich zu anderen Werkstoffen.

Die Zugfestigkeit. Die Feststellung der Zugfestigkeit ist bei den Kunstharz-Preßstoffen infolge ihrer geringen Dehnung schwieriger als bei den Metallen. Biegebeanspruchungen sind beim Zugversuch sorgfältig zu vermeiden! In DIN 7705 (s. Tab. 4) sind Mindestwerte für die Zugfestigkeit einiger Typen festgesetzt (vgl. auch Tab. 10).

Die Druckfestigkeit. Die Druckfestigkeit liegt bei Preßstoffen so hoch, daß sie wohl stets den auftretenden Beanspruchungen genügt. DIN 7705 (s. S. 36) enthält Mindestwerte für die Druckfestigkeit von Form- und von Schichtpreßstoffen (vgl. auch Tab. 10).

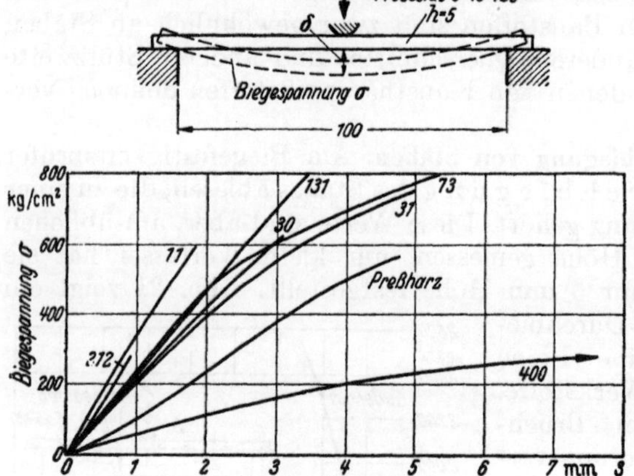

Abb. 22. Biegespannungs-Durchbiegungs-Diagramm verschiedener Kunstharz-Preßstoff-Typen und des Typ 400.

Der Elastizitätsmodul. Die Angaben über den Elastizitätsmodul weichen oft erheblich voneinander ab. Die Messung der Dehnung oder der Durchbiegung, aus welcher der Elastizitätsmodul zu errechnen ist, ist schwierig, da bei den Kunstharz-Preßstoffen nur sehr kleine Dehnungen oder Durchbiegungen auftreten. DIN 7705 (s. Tab. 4) enthält deshalb erst Richtwerte (vgl. auch Tab. 10).

Die Stauchung. Hierüber liegen nur wenige Messungen vor. Abb. 23 bringt Ergebnisse, die Küch fand[1]. Der Zellstoffbahnen - Preßstoff entspricht ungefähr dem Typ 57; der Gewebebahnen-stoff ähnelt dem Typ 77. (Die Prüflinge wurden mit drei verschiedenen Preßdrücken erzeugt.)

Die Dehnung. Die Kunstharz-Preßstoffe gehören zu den spröden Werkstoffen, die eine

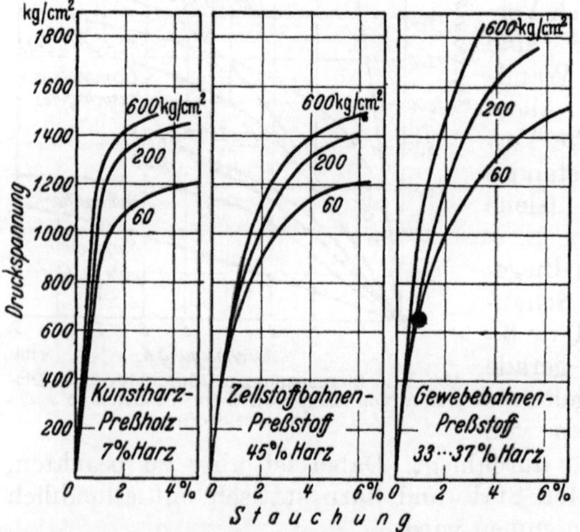

Abb. 23. Die Stauchung von Schichtstoffen bei Druckbelastung.

verhältnismäßig kleine elastische und keine oder nur eine kleine bleibende Dehnung haben. Immerhin ist die Dehnung, selbst bei den

---

[1] **Küch**, W.: Einfluß der Preßbedingungen u. des Aufbaues auf die Eigenschaften geschichteter Kunstharz-Preßstoffe. — Z. VDI Bd. 83 (1939) S. 1309/16.

nichtgeschichteten Preßstoffen, doch größer als allgemein angenommen wird. Die Tab. 10 enthält Werte für die Gesamtdehnung (Bruchdehnung), die im Siemenskonzern ermittelt wurden. Sie beträgt bei Typ 31 (Holzmehl als Harzträger) fast 1%, bei Hartpapier rd. 2%, bei Hartgewebe rd. 3%. Aus Versuchen von Kraemer stammen die Spannungs-Dehnungs-Schaubilder. Sie wurde jeweils für drei verschiedene Preßdrucke aufgenommen, 60, 200 und 600 kg/cm². Der übliche Preßdruck ist 200 kg/cm² und mehr. (Abb. 24[1].)

Die Dehngrenze. Als „technische Elastizitätsgrenze" werden Dehngrenzen benutzt. Bei Werkstoffen, die keine Fließgrenze — oder Streckgrenze beim Zugversuch — erkennen lassen, verwendet man als Streckgrenze häufig die 0,2%-Dehngrenze. Sie ist derjenige Belastungsfall, bei dem nach vorausgegangener Be- und Entlastung eine bleibende Dehnung von 0,2% zurückbleibt. Sie wurde an Hartpapierstäben, die aus der Platte herausgearbeitet wurden, ermittelt. Die Zugfestigkeit hierbei betrug 1690 kg/cm², die 0,2%-Dehngrenze lag bei 75 bis 80% der Bruchlast. (Die 0,02%-Grenze lag bei 35 bis 50%.) Für andere Kunstharz-Preßstoffe scheinen noch keine Untersuchungen vorzuliegen.

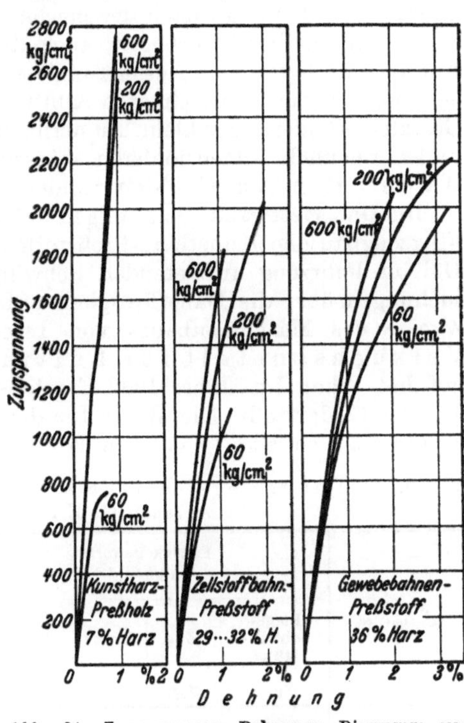

Abb. 24. Zugspannungs-Dehnungs-Diagramm von Schichtpreßstoffen.

„Kaltfluß". Ein Verhalten, das die Kunstharz-Preßstoffe zwar nur in sehr geringem Maße zeigen, sehr stark aber die nichthärtbaren Kunststoffe, wird auf S. 303 näher betrachtet; es ist die plastische Verformung unter dauerndem Druck schon bei gewöhnlicher oder nur mäßiger Temperatur, nämlich der sogenannte „Kaltfluß".

Bei den Kunstharz-Preßstoffen ist von einem Kaltfluß bei Zimmertemperatur von der Seite der Praxis, der Anwendung her, nichts

---

[1] K r a e m e r, O.: Kunstharzstoffe u. ihre Entwicklung zum Flugzeugbaustoff. — Z. f. Flugtechn. (ZFM) Bd. 24 (1933) S. 387/93 u. 420/6.

bekanntgeworden. Bei Messungen des Elastizitätsmoduls aber zeigte sich neben einer elastischen, also vorübergehenden Verformung, die für sich bei unter 1% liegt, auch noch eine, im Verhältnis zu dieser, äußerst kleine plastische, also bleibende Verformung. Bei Temperaturen aber von etwa 50 bis 60° traten auch schon in der Praxis Verformungen bei Stücken auf, die dauernd hoch auf Verbiegung belastet waren. Zweifellos gelingt es eben nicht, die „Aushärtung" a b s o l u t zu Ende zu bringen. Wie eine nähere Betrachtung zeigt, ist ein im Martens-Prüfgerät untersuchter Prüfstab nach der mechanisch-thermischen Belastung um einige mm bleibend verbogen, auch dann, wenn er vorher eine vielstündige hochgradige „Aushärtung" erfahren hatte. Im Vergleich zu den meisten warm erweichbaren Kunststoffen aber sind die eintretenden Gestaltsveränderungen klein. Immerhin wird man in technisch wichtigen Fällen reichlich dimensionieren müssen, wenn hohe Spannungen bei Wärme vorkommen, Gestaltsveränderungen aber unzulässig sind.

Die Dauerfestigkeit. Seit einigen Jahren wird im Kraftfahrzeug- und Flugzeugbau den Kunstharz-Preßstoffen stärkere Beachtung geschenkt. Die im Fahrzeug auftretenden Schwingungen zwangen dazu, Untersuchungen über die Dauerfestigkeit aufzunehmen, die auch für andere Zweige des Maschinenbaues von Interesse sind. Die D e u t s c h e V e r s u c h s a n s t a l t f ü r L u f t f a h r t (DVL) in Berlin-Adlershof hat schon im Jahre 1932 Ergebnisse veröffentlicht[1], welche die Tabelle 13 darstellt. Die Werte für die Dauerfestigkeit liegen also bei e t w a $^1/_3$ d e r s t a t i s c h e n W e r t e, wie die „Verhältniszahlen"

Tabelle 13. D a u e r b i e g e f e s t i g k e i t v e r s c h i e d e n e r K u n s t h a r z s t o f f e (nach O. K r a e m e r).

Art des Werkstoffs	Festigkeitswerte in kg/cm²				Verhältniszahlen		
	Biege-schwin-gung σ_{Wb}	Zug σ_{zB}	Druck σ_{dB}	Biegung σ_{bB}	Zug $\dfrac{\sigma_{Wb}}{\sigma_{zB}}$	Druck $\dfrac{\sigma_{Wb}}{\sigma_{dB}}$	Biegung $\dfrac{\sigma_{Wb}}{\sigma_{bB}}$
Preßharz[1]	80	267	953	460	0,29	0,08	0,17
Gußharz[1]	100	295	1000	510	0,34	0,10	0,195
Hartpapier[1]	500	1240	1600	3100	0,4	0,31	0,16
Hartgewebe[1]	270 225	760 600	2000 1740	1600 1430	0,355 0,375	0,135 0,13	0,17 0,15
Hartgewebe[2]	350	980	—	—	0,355	—	—

[1] Werte ermittelt durch Kreisbiegeversuche.
[2] Werte ermittelt durch Planbiegeversuche.

[1] K r a e m e r, O.: Kunstharzstoffe u. ihre Entwicklung zum Flugzeugbaustoff. — Z. f. Flugtechn. (ZFM) Bd. 24 (1933) S. 387/93 u. 420/6.

zeigen. (Preßharz und Gußharz sind keine „Baustoffe", bleiben außer Betracht.)

Ferner wurden seit dem Jahre 1934 an der M a t e r i a l p r ü - f u n g s a n s t a l t d e r T e c h n i s c h e n H o c h s c h u l e D a r m - s t a d t Dauerfestigkeitsuntersuchungen an Kunstharz-Preßstoffen durchgeführt. Die Ergebnisse folgen nachstehend im Auszug[1].

Untersucht wurden die Typen 31, 74, 77, 51 und 57 sowie Phenol-preßharz. Der Typ 31 war mit feinkörnigem Holzmehl, der Typ 74 mit geschnitzeltem Textilgewebe und der Typ 51 mit Zellstoffflocken hergestellt. Der Typ 77 bestand aus harzgetränkten Feingewebebahnen, wobei die Schußfäden in der Hauptbeanspruchungsrichtung lagen. Für den Typ 57 wurden verschiedene Ausgangswerkstoffe benutzt. Der Preßstoff 4591 war mit Baumwollpapierfasern, der Preßstoff 5590 mit Natronzellstoffasern und der Preßstoff 57/C mit Zellstoffbahnen her-gestellt. Die Prüfstäbe aus den drei zuletzt genannten Werkstoffen vom Typ 57 wurden aus mit Kunstharz getränkten Filzen oder Pappen her-gestellt, aus denen der Probestabumriß herausgestanzt wurde. Die einzelnen Lagen wurden in einer Preßform übereinandergeschichtet und in üblicher Weise verpreßt. Ähnlich wurden die Prüfstäbe des Typ 77 aus Gewebebahnen hergestellt.

Die Flachbiege- und Dauerverdrehversuche wurden auf verschie-denen, für die Kunststoffprüfungen besonders hergerichteten Dauer-prüfmaschinen mit gleichbleibendem Schwingwinkel· durchgeführt. Die Dauerzugversuche wurden auf einem an der Materialprüfungsanstalt Darmstadt entwickelten Fliehkraftpulser vorgenommen. Der etwa 8 mm dicke, immer a l l s e i t i g f o r m g e p r e ß t e Prüfstab (seine Ausführung entspricht etwa dem Zerreißstab nach DIN 7705) wurde doppelseitig zwischen Antrieb (Krafteinleitung) und Kraftmeßeinrich-tung (Dynamometer) der Prüfmaschine eingespannt. Ein wesentlicher Teil der Ergebnisse der sehr umfangreichen Untersuchungen ist in Tab. 14 zusammengestellt.

Die Stäbe, die sehr sorgfältig gepreßt, insbesondere gut ausgehärtet und vorsichtig entgratet waren, ergaben sehr gleichmäßige Festigkeits-werte. Nur beim Typ 74 traten infolge des ungleichmäßigen Aufbaues dieses Stoffes stets große Streuungen auf. Bei den Dauerzugversuchen machten sich Ungleichmäßigkeiten in den Herstellbedingungen und Aushärtungsfehler im Querschnitt weit stärker geltend als bei den Dauerbiegeversuchen. Die Beanspruchungsfrequenz (Schwingzahl) betrug 10 bis 50 Hz; sie zeigte innerhalb dieses Bereiches keinen wesent-lichen Einfluß auf die Höhe der ertragenen Wechselbiegefestigkeit. Für

---

[1] T h u m , A. u. H. R. J a c o b i : Die Dauerfestigkeit v. Kunstharzpreß-stoffen. — Maschinenschaden Bd. 15 (1938) S. 85/91 u. 101/105. Siehe ferner, gl. Verfasser, Mech. Festigkeit v. Phenolharz-Kunststoffen, VDI-Forschungsheft 396, Berlin 1939, VDI-Verl.

72 Formpreßstoffe (Kunstharzpreßstoffe).

Zug- und Verdrehbeanspruchung ist der Einfluß noch nicht erforscht.
Die Dauerversuche wurden zum Teil bis auf 100 Millionen Lastspiele
ausgedehnt, wobei noch Brüche nach dieser langen Zeit beobachtet
wurden. Bei Dauerbiege- und Dauerzugbeanspruchung wird die bei
20 Millionen, bei Dauerverdrehbeanspruchung die bei 50 Millionen
Lastspielen vom Versuchsstab noch eben ohne Bruch ertragene Wechsel-
spannung als Dauergrenze in Tab. 14 angegeben. Außer den Dauerfestigkeitswerten sind am unteren Ende der Tab. 14 zum Vergleich die

Tabelle 14. Dauerfestigkeitswerte von Kunstharz-

Probeform			Phenol-Preßharz	Typ 31	
	Harzgehalt	%	100	40	50
	Biegefestigkeit, mittlere	kg/cm²	1050	750	—
	Zugfestigkeit, mittlere	kg/cm²	600	410	—
	Verdrehfestigkeit, mittlere	kg/cm²	835	680	—
Glatter Flachstab	Dauerbiegefestigkeit σ_{Wb}	kg/cm²	335[1] 320[2]	450[1] 255[2]	230[2]
	Ursprungszugfestigkeit σ_{urz}	kg/cm²	—	—	—
	Dauerverdrehfestigkeit τ_D	kg/cm²	—	175[3] [5] [8]	—
Glatter Flachstab	Dauerbiegefestigkeit / Biegefestigkeit		0,32[1] 0,31[2]	0,60[1] 0,34[2]	—
	Ursprungszugfestigkeit / Zugfestigkeit		—	—	—
	Dauerverdrehfestigkeit / Verdrehfestigkeit		—	0 26[3]	—

[1] Zeitfestigkeit bei $0,01 \cdot 10^6$ Lastspielen.
[2] Dauerfestigkeit bei $20 \cdot 10^6$ Lastspielen.
[3] Dauerfestigkeit bei $50 \cdot 10^6$ Lastspielen.
[4] Preßhaut abgehobelt.
[5] Bezogen auf Breitseitenmitte.

Verhältniszahlen von Dauerfestigkeit zu der am Dauerbiegestab ermittelten s t a t i s c h e n Festigkeit angeführt.

Neben den an glatten Probestäben gefundenen Dauerfestigkeitswerten enthält die Tab. 14 auch noch Werte für die D a u e r h a l t b a r k e i t. Als Dauerhaltbarkeit wird die von Formelementen (Probestäbe mit Bohrungen, Kerben u. a.) beliebig lang ertragene Wechselbeanspruchung angegeben, die ebenso ermittelt wird wie die Dauerfestigkeit. Die Dauerfestigkeit ist im wesentlichen eine reine Werkstoff-

P r e ß s t o f f e n, d a z u n o c h s t a t i s c h e W e r t e (nach A. T h u m).

Typ 74	Typ 77	Typ 51	Typ 77			
			57/B (4591)	57/W (5590)		57/C
40	40	40	40	40	50	40
550 ± 100	1275	575	1150	1325	—	1500
400 + 25	700	—	770	900	—	1100
—	—	—	—	—	—	—
245 ± 45[2]	465[1] 305[2]	140[2]	570[1] 360[2]	570[1] 360[2]	280[2]	655[1] 380[2]
—	—	—	490[2]	525[2]	420[2]	555[2]
—	—	—	—	200[3,6,7] 120[3,6,8] 95[3,6,9]	—	—
rd. 0,43[2]	0,36[1] 0,24[2]	0,24[2]	0,50[1] 0,31[2]	0,43[1] 0,27[2]	—	0,44[1] 0,25[2]
—	—	—	0,64[2]	0,58[2]	—	0,51[5]
—	—	—	—	0,22[3,7] 0,22[3,8] 0,23[3,9]	—	—

[6] Bezogen auf Schmalseitenmitte.
[7] Probendicke 3,8 mm.
[8] Probendicke 8 mm.
[9] Probendicke 12 mm.

eigenschaft, die Dauerhaltbarkeit dagegen ist bedingt durch Werkstoff und Form (Gestaltfestigkeit).

Die Härte. In der Metalltechnik wird die Kugeldruckhärte aus dem n a c h Entlastung gemessenen Kalottendurchmesser errechnet (Brinellhärte). Bei Kunststoffen dagegen wird die Kugeldruckhärte (nach der Prüfvorschrift VDE 0302) u n t e r L a s t aus der Eindrucktiefe bestimmt. Die Werte beider Verfahren sind nicht miteinander vergleichbar. Die Tab. 10 zeigt Zahlen für die so gemessene Kugeldruckhärte. Die Kunstharz-Preßstoffe haben eine wohl für alle Anwendungsfälle ausreichende Härte.

Ein interessantes Härte-Prüfverfahren ist die Kugel-Rollprüfung von Frölich. Die Breite der Eindruckbahn, die bleibende Verformung nach Entlastung, wird ausgemessen. (Es wurden überwiegend nichthärtbare Kunststoffe geprüft[1].)

Die Verschleißfestigkeit. Die Griff- oder Abriebfestigkeit der Kunstharz-Preßstoffe ist gut, sie ist auch für starke Dauerbenutzung praktisch ausreichend. Z. B. werden seit Jahren in großem Umfange Türklinken und -griffe in Kugelknopfform, Handräder und Ballengriffe für Maschinen mit bestem Erfolg verwendet. Auch der bekannte Preßstoff-Telefongriff ist ein Beispiel eines viel benutzten Gegenstandes. Selbstverständlich verlieren Teile, die oft in die Hand genommen werden, im Lauf der Zeit ihren ursprünglichen Hochglanz (Abrieb durch Staub und Schmutz).

Über die Verwendung von Preßstoffen für Lagerschalen und Zahnräder s. S. 218 und 229.

Die Prüfung des beliebigen Preßstückes im „Dynstat". Das Dynstatgerät ist sowohl für statische wie für dynamische Prüfungen eingerichtet; es erlaubt die Feststellung der Biegefestigkeit und auch der Schlagzähigkeit am glatten und gekerbten Prüfkörper, und zwar gestattet es die Prüfung kleiner Plättchen bis zu 10×15 mm² Größe und bis zu 3 mm Dicke. Damit ist die Möglichkeit gegeben, Messungen an Proben vorzunehmen, die aus beliebigen Preßteilen und hier an beliebiger Stelle herausgeschnitten werden; infolgedessen kann geprüft werden, ob innerhalb ein und desselben Preßteiles Festigkeitsunterschiede bestehen[2].

Für die Biegefestigkeit gibt das Dynstatgerät annähernd die gleichen Werte wie der Biegefestigkeitsprüfer nach Abb. 20 mit dem Normstab; die für die Schlagbiegefestigkeit ermittelten Werte sind jedoch nicht vergleichbar mit den am Normstab und im Pendelschlagwerk nach Abb. 17 erhaltenen Werten.

---

[1] F r ö l i c h : Kugelrollprüfung zur Untersuchung von Kunststoffen. — Kunststoffe Bd. 30 (1940) S. 103/6.

[2] S c h o b, A. , R. N i t s c h e u. E. S a l e w s k i : Die Prüfung v. Fertigstücken auf Werkstoffeigenschaften. — Plastische Massen Bd. 5 (1935) S. 353/8 u. Bd. 6 (1936) S. 1/5.

c) Die mechanische Festigkeit bei Feuchtbeanspruchung.

Feuchtigkeitsaufnahme bewirkt bei den Kunstharz-Preßstoffen eine Quellung und ein Sinken der Festigkeit. Die Tab. 15 zeigt die Änderung der Festigkeit von Prüfstäben nach 300 Tagen Liegen u n t e r W a s s e r. Nach Abb. 15 haben diese Stäbe in dieser Zeit rd. zwei Drittel des Höchstwertes an Wasser aufgenommen. Die Festigkeit dagegen hat sich schon dem Tiefstwert genähert, siehe Z. T. 15. Beim Typ 31 beträgt die Abnahme der Biegefestigkeit 50%, die der Schlagzähigkeit 32%.

Tabelle 15. E i n f l u ß d e r F e u c h t i g k e i t s a u f n a h m e a u f B i e g e - und S c h l a g b i e g e f e s t i g k e i t
(ermittelt am Normstab 10 × 15 × 120 [mm]).

| | Werkstoff | | Biegefestigkeit in kg/cm^1 | | Schlagzähigkeit in cmkg/cm^1 | |
| | | | trocken | nach 300 Tagen unt. Wasser | trocken | nach 300 Tagen unt. Wasser |
Typ	Bestandteile	Herstellung				
12	Phenolharz und Asbestfasern	Warm-pressung	520	520	3,7	3,6
212	Phenolharz und Asbestfasern	Kalt-pressung	360	360	2,3	2,3
131	Harnstoffharz und Zellstoffasern	Warm-pressung	800	600	8,0	5,0
31[1]	Phenolharz und Holzmehl	Warm-pressung	800	400	8,0	5,5
30	Phenolharz und Holzmehl	Warm-pressung	600	300	4,5	3,5

[1] Mit 50% Harzgehalt; der Abfall bei kleinerem Harzgehalt ist größer.

Nur selten aber sind Preßstoff-Gegenstände einer Unterwasserbeanspruchung ausgesetzt, viel öfter sind sie im Freien und in Räumen allen Veränderungen der Atmosphäre unterworfen. Die relative Feuchtigkeit die — auch in feuchtwarmem Tropenklima — 90° kaum jemals übersteigt, bei einem Jahresmittel von rd. 75%, s c h w a n k t h i e r s t ä n d i g. Ein Preßstück nimmt hier nicht nur Feuchtigkeit auf, es hat auch Gelegenheit, sie wieder abzugeben. Ein stetiges Absinken der Festigkeitswerte wie beim Liegen in dauernd feuchter Luft oder unter Wasser tritt hier nicht ein.

D i e m e c h a n i s c h e F e s t i g k e i t b e i g l e i c h z e i t i g e r F e u c h t - u n d W a r m b e a n s p r u c h u n g. Diese Beanspruchungsart ist für alle Kunstharz-Preßstoffe mit organischen Faserstoffen sehr hart. Die Festigkeit sinkt in diesem Fall noch mehr als in Tab. 15 angegeben. Diese Beanspruchung liegt z. B. in Wäschereien, Badeanstalten, Spinnereien und zuweilen in chemischen Betrieben vor. Auf solche Betriebsverhältnisse muß der Konstrukteur des Gerätes

besondere Rücksicht nehmen. Abb. 25 zeigt als Beispiel eine Preßstoffdose, die in einer Wäscherei dauernd Wasserdampf von etwa 40° ausgesetzt ist. Hat, wie in diesem Fall, der Preßstoffdeckel einen schweren

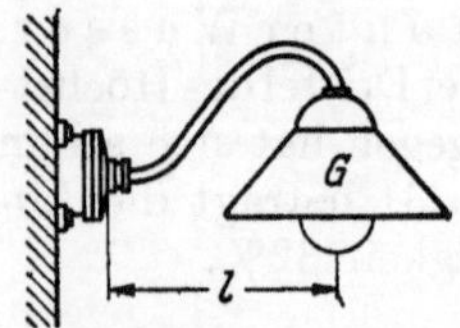

Lampenkörper zu tragen (wasserdichte Armatur),
so muß er genügend stark bemessen sein, um das
große Biegemoment ohne Verformung oder Bruch
auszuhalten. Leider veranlaßt der scharfe Wettbewerb, vor allem bei Installationsmaterial, den
Konstrukteur sehr leicht dazu, die Wandungen
von Preßstoffteilen zu dünn zu halten, um den
Stückpreis, der nennenswert vom Werkstoffpreis

Abb. 25. Schwere Leuchte, an Preßstoffdose befestigt.

beeinflußt wird, niedrig zu halten. Das kann unter solchen scharfen
Beanspruchungen zu einer Gefahr für das Preßstoffteil werden.

Busch hat 20 Preßstoffe des Typ 31, sowohl solche mit Phenol- als
auch Kresolharzen, mit einem Harzgehalt zwischen 40 bis 50%, von sechs
verschiedenen Masseherstellern herrührend, untersucht. Nach 120 Tagen
Liegen bei 42° C und 90 bis 95% rel. Luftfeuchtigkeit (Verhältnisse
feuchter Tropen) betrug im Mittel aller Sorten die Abnahme der Biegefestigkeit rd. 40%, die der Schlagzähigkeit rd. 30%[1].

Für starke Feuchtbeanspruchung und gleichzeitig hohe Wärmebeanspruchung sollte stets nur Typ 16 oder Typ 12 genommen werden.
Nur für leichtere Beanspruchung dürfte Typ 31 ausreichen; keinesfalls
aber sollte dann eine harzarme Preßmasse benutzt werden!

d) Die mechanische Festigkeit bei hohen und tiefen Temperaturen.

Die „Formbeständigkeit nach Martens". Der Erweichungsgrad der
Kunststoffe wird mit dem Formbeständigkeitsprüfer nach M a r t e n s
(Versuchsanordnung s. Abb. 26, Prüfverfahren VDE 0302) geprüft.

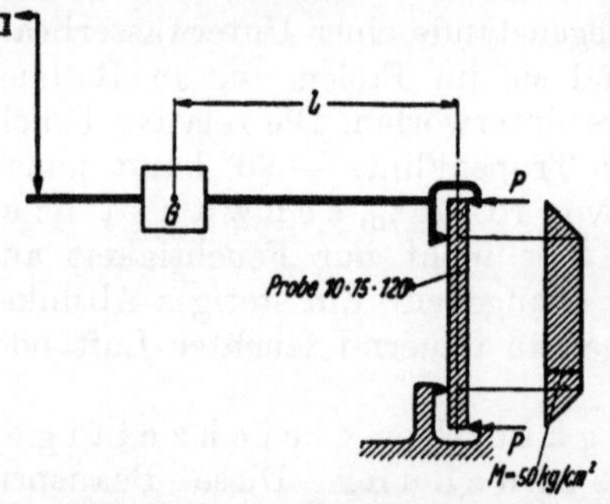

Diese wichtige Prüfung ist auch in
der Typisierung vorgesehen. Der
Prüfstab wird einer gleichmäßigen
Biegespannung von 50 kg/cm² in
einem elektrischen Ofen unterworfen, dessen Temperatur stetig
um 50° in der Stunde ansteigt. Als
„Formbeständigkeit nach Martens"
wird diejenige Temperatur bezeichnet, bei welcher der Zeiger eines am
Prüfstab befestigten Gewichtshebels

Abb. 26. Prüfung auf Formbeständigkeit nach
M a r t e n s. Prüfanordnung.

um 6 mm abgesunken ist. Der vorher gerade Stab ist, nachdem er

erkaltet ist, z. B. beim Typ 31 um etwa 5 mm gebogen. Die ange-

---

[1] B u s c h : Verhalten des Preßstoff Typ 31 in hoher Luftfeuchtigkeit. —
Kunststoffe Bd. 33 (1943) H. 11, S. 265.

wendete Biegespannung ist recht hoch, höher als in der Praxis im allgemeinen Preßstoffe belastet werden. Belastet man ein Preßstück mechanisch niedriger als bei dieser Prüfung, so darf es bei höherer Temperatur beansprucht werden.

Die „Vicat-Prüfung". Vergleichswerte für das Verhalten in Wärme, wie sie die Martens-Prüfung gibt, erhält man auch mittels der Vicat-Prüfung nach VDE 0302 (Versuchsanordnung siehe Abb. 27). Ein senkrecht stehender mit 5 kg belasteter Stab ruht mit seinem als Nadel von 1 mm² Querschnitt ausgebildeten Ende auf dem Prüfstück. Wie bei der Martens-Prüfung wird auch hier Prüfgerät und Prüfstab im elektrischen Ofen und mit der gleichen Temperatursteigerung erwärmt. Ermittelt wird als „Formbeständigkeit nach Vicat" diejenige Temperatur, bei der die belastete Nadel 1 mm tief in die Probe eingedrungen ist. Während aber die Martens-Prüfung auf Zug und Druck beansprucht, wird hier der Werkstoff vornehmlich auf sein Druckverhalten geprüft. Nach „Vicat" werden vor allem die thermoplastischen Kunststoffe und der Hartgummi geprüft.

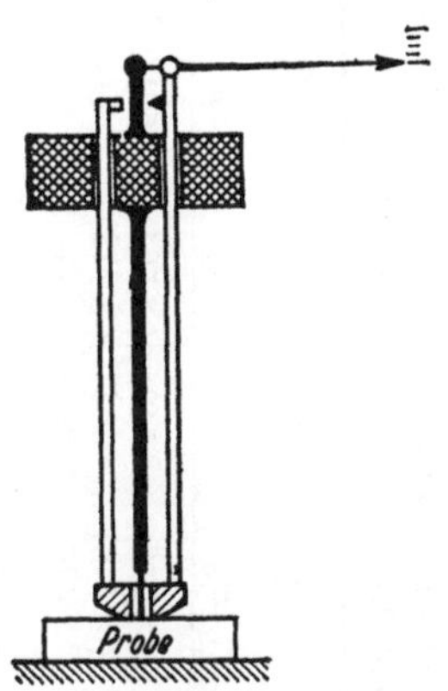

Abb. 27. Vicatnadel zur Prüfung von Kunststoffen auf Formbeständigkeit.

Während sich aus der „Formbeständigkeit nach Martens" oder „Vicat" nur angenähert beurteilen läßt, wie hoch mit der Beanspruchung in Wärme gegangen werden darf, bringen die nachfolgenden Tab. 16 und 17 direkt verwendbare **Festigkeitswerte für verschiedene Temperaturen,** die im Staatl. Materialprüfungsamt Berlin-Dahlem ermittelt wurden, und zwar für 10 Temperaturstufen[1]. Vor der Prüfung wurden die Probestäbe $10 \times 15 \times 120$ mm kurzzeitig solange in der Prüftemperatur gelagert, bis sie diese auch im Innern angenommen hatten. Aus den Ergebnissen wurde schließlich ein „Grad der Temperaturabhängigkeit" in Prozent der Festigkeit bei 20° errechnet, siehe die Tab. 18. Dieser Abhängigkeitsgrad ist ein m i t t l e r e r , für den entsprechenden ganzen B e r e i c h ; tatsächlich ist die Abhängigkeit bei jeder T e m p e r a t u r eine andere.

Dieses Zahlenmaterial ist für den Konstrukteur von hohem Wert. Die kleinere Temperaturabhängigkeit der gehärteten Preßstoffe gegenüber den nicht härtbaren ist klar ersichtlich. Unter den letzteren verhält sich das Polystyrol zwischen 50 bis 80° noch recht gut. Die Diagramme Abb. 27a bis 27j veranschaulichen die Ergebnisse der Tabellen Nr. 13 und 14 noch besser.

---

[1] N i t s c h e, R., u. E. S a l e w s k i : Einfluß d. Temperatur auf die Festigkeit von Kunststoffen. — Kunststoffe Bd. 29 (1939) S. 209/20 u. Bd. 31 (1941) S. 381/8.

Tabelle 16. Biegefestigkeit (kg/cm²) im Temperaturbereich von —70° bis + 200°.
Die Werte sind Mittel aus je 5, bei 20° aus je 10 Versuchen.

Kunststoff Bezeichnung	Biegefestigkeit bei der Temperatur von									
	— 70°	— 33°	0°	+ 20°	+ 50°	+ 80°	+ 110°	+ 140°	+ 170°	+ 200°
	σ_B	σ_B	σ_B	σ_B	σ_B	σ_B	σ_B	σ_B	σ_B	σ_B
Vulkanfiber, rot	1032	810	833	(> 776)	(> 749)	(> 564)	(> 521)	> 423	92	114
Azetylzellulose Typ 400	1100	> 720	(> 588)	(> 448)	(> 208)	(> 71)	—	—	—	—
Benzylzellulose	594	—	550	> 476	(> 284)	—	—	—	—	—
Preßharz (Phenolharz)	932	912	896	857	742	664	546	503	487	—
Typ 11 (Harzgehalt etwa 30%)	783	758	657	668	598	480	447	382	319	321
Typ 12 (Harzgehalt etwa 30%)	1022	894	783	797	732	591	541	526	514	512
Typ 16 (Harzgehalt etwa 30%)	1461	1135	1073	1113	1128	910	748	798	761	806
Typ 31	1001	1111	987	949	729	594	444	334	386	295
Typ 74	1073	871	872	904	886	726	586	576	594	—
Typ 131 (mit etwa 40% Zellstoff)	1094	1457	1150	974	607	473	324	—	—	—
Typ 77 mit Natron-Zellstoff	1840	1946	1807	1647	1338	1102	931	774	714	529
Typ 77 mit Sulfit-Zellstoff	1909	1580	1562	1399	1189	1517	897	680	594	606
Hartpapier Kl. II	2425	2685	2274	2078	1570	1255	995	720	912	678
Schichtholz „Lignofol"	1716	1888	1588	1654	1333	1084	1070	910	596	642
Hartgewebe Kl. G mit Baumwollgewebe	1320	1281	1208	1163	1072	932	779	621	667	576
desgleichen, mit Zellwollgewebe	1453	1380	—	1118	953	767	723	> 655	633	> 543
Hartgewebe Kl. F mit Mischgewebe 16/84	1584	1546	1454	1434	1289	1120	945	751	765	647
Polystyrol „Trolitul"	1028	980	915	865	668	>468	—	—	—	—
Polivinylchlorid „Mipolam PCU"	1234	—	1173	922	407	(>38)	—	—	—	—
Mischpolymerisat „Mipolam MP"	> 1870	> 1491	(> 1229)	(> 1080)	(> 705)	(>15)	—	—	—	—
Plexigum M 222	1500	1249	929	1096	810	528	(> 112)	—	—	—

Es bedeuten: (> . . .) kein Bruch. Durchbiegung größer als 15 mm, > . . . nur einige Stäbe gebrochen.

Tabelle 17. Schlagzähigkeit (cmkg/cm²) im Temperaturbereich — 70° bis + 200°.
Die Werte sind Mittel aus je 5, bei 20° aus je 10 Versuchen.

Kunststoff Bezeichnung	— 70° α_n	— 33° α_n	0° α_n	+ 20° α_n	+ 50° α_n	+ 80° α_n	+ 110° α_n	+ 140° α_n	+ 170° α_n	+ 200° α_n
Vulkanfiber, rot	19,8	(17,1)	44,8	50,9	100	>100	>100	>100	5,1	3,8
Azetylzellulose Typ 400	11,1	19,5	41,0	>100	>100	—	—	—	—	—
Benzylzellulose	12,8	(4,7)	18,5	20,1	>100	—	—	—	—	—
Preßharz (Phenolharz)	8,3	7,9	8,6	6,4	8,9	6,0	5,5	4,4	5,0	—
Typ II (Harzgehalt etwa 30%)	5,6	5,4	5,6	6,2	4,6	4,5	3,3	3,2	2,5	2,5
Typ 12 (Harzgehalt etwa 30%)	4,4	4,7	4,4	4,4	4,5	4,4	3,4	3,8	3,1	3,1
Typ 16 (Harzgehalt etwa 30%)	22,6	≧22,7	18,9	22,0	21,4	23,9	22,9	23,1	23,1	23,2
Typ 31	8,2	(8,9)	9,0	8,4	7,5	5,9	4,4	4,0	5,1	4,9
Typ 74	10,9	12,0	13,2	13,2	17,2	19,7	22,5	22,8	16,0	17,2
Typ 131 (mit etwa 40% Zellstoff)	7,1	(7,3)	9,5	6,9	7,0	4,1	4,9	4,5	—	—
Typ 57 mit Natron-Zellstoff	16,2	17,5	20,1	22,4	≧23,2	≧25	≧25	>25	≧23,4	≧22,7
Typ 57 mit Sulfit-Zellstoff	15,8	20,8	≧22,7	≧21,9	22,1	≧22,3	≧25	≧26	22,8	17,3
Hartpapier Kl. II	21,7	30,6	30,3	35,3	35,0	39,5	39,8	43,4	47,2	47,6
Schichtholz „Lignofol	60,2	47,9	46,1	48,7	48,2	50,9	49,8	45,2	26,8	12,2
Hartgewebe Kl. G mit Baumwoll Gewebe	21,8	28,2	28,9	29,7	30,3	35,8	35,5	38,3	31,0	25,9
desgleichen, mit Zellwollgewebe	31,8	43,9	44,5	47,4	49,5	53,0	46,1	48,0	37,9	28,0
Hartgewebe Kl. F mit Mischgewebe 16/84	22,4	22,0	25,9	26,7	33,5	28,7	31,6	36,0	31,2	24,3
Polystyrol „Trolitul"	13,0	12,9	16,5	15,7	11,8	13,3	—	—	—	—
Polyvinylchlorid „Mipolam PCU"	27,3	41,2	43,0	>100	>100	>100	—	—	—	—
Mischpolymerisat „Mipolam MP"	38,0	36,8	43,6	>100	>100	—	—	—	—	—
Plexigum M 222	19,9	21,9	22,3	19,8	20,0	≧25,2	>25	≧22,8	—	—

Es bedeuten: >... kein Bruch; ≧... Anbrüche, bzw. einige Stäbe nicht gebrochen.

Tabelle 18. Grad der Temperaturabhängigkeit der Biegefestigkeit und Schlagzähigkeit.

Kunststoff Bezeichnung	Durchschnittliche Temperaturabhängigkeit der Biegefestigkeit in % der Festigkeit bei Raumtemperatur für ein Temperaturintervall von 10° C		Durchschnittliche Temperaturabhängigkeit der Schlagzähigkeit beim Bruch in % der Schlagzähigkeit bei Raumtemperatur für ein Temperaturintervall von 10° C	
	im Bereich von		im Bereich von	
	— 70° bis + 20° %	+ 20° bis höchstens + 110° %	— 70° bis + 20° %	+ 20° bis höchstens + 110° %
Vulkanfiber, rot	(+ 3,7)	(— 3,7)	—7,8	(> + 30)
Azetylzellulose Typ 400	(+ 16)	(— 14)	—14,2	(> + 50)
Benzylzellulose	(+ 2,8)	(— 6,7)	—4,5	(> + 50)
Preßharz (Phenolharz)	+ 1,0	— 4,0	+ 1,1	— 2,6
Typ 11 (Harzgehalt etwa 30%) . . .	+ 1,9	— 3,7	— 1,1	— 4,6
Typ 12 (Harzgehalt etwa 30%	+ 3,1	— 3,6	0	— 1,2
Typ 16 (Harzgehalt etwa 30%) . . .	+ 3,5	— 3,6	+ 0,2	+ 0,6
Typ 31	+ 0,6	— 6,2	+ 0,5	— 5,2
Typ 74	+ 2,1	— 3,9	— 2,6	+ 7,2
Typ 131 (mit etwa 40% Zellstoff) . .	+ 1,4	— 7,4	+ 0,4	— 6,9
Typ 77 mit Natron-Zellstoff	+ 1,3	— 4,8	— 3,6	(+ 3,3)
Typ 77 mit Sulfit-Zellstoff	+ 4,0	— 4,0	(— 2,4)	(+ 2,4)
Hartpapier Kl. II	+ 1,9	— 5,8	— 3,6	+ 1,6
Schichtholz „Lignofol"	+ 0,4	— 4,0	+ 1,5	+ 0,7
Hartgewebe Kl. G mit Baumwollgewebe	+ 1,5	— 3,7	— 2,1	+ 3,1
Desgleichen, mit Zellwollgewebe . . .	+ 3,3	— 3,9	— 2,9	+ 1,5
Hartgewebe Kl. F mit Mischgewebe 16/84	+ 1,2	— 3,8	— 2,9	+ 2,7
Polystyrol „Trolitul"	+ 2,1	— 7,6	— 2,1	— 3,4
Polyvinychlorid „Mipolam PCU" . . .	+ 3,8	— 19	— 12,0	> + 50
Mischpolymerisat „Mipolam MP" . . .	(+ 8,1)	(— 17)	— 11,5	> + 50
Plexigum M 222	+ 4,1	— 8,6	+ 0,9	(+ 3,8)

Die eingeklammerten Werte sind unsicher.

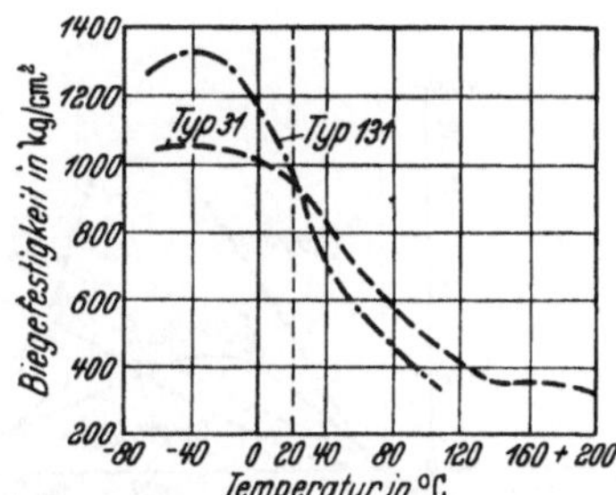

Abb. 27a. Einfluß der Temperatur auf die Biegefestigkeit: Formpreßstoffe mit org. Harzträger von körniger Struktur.

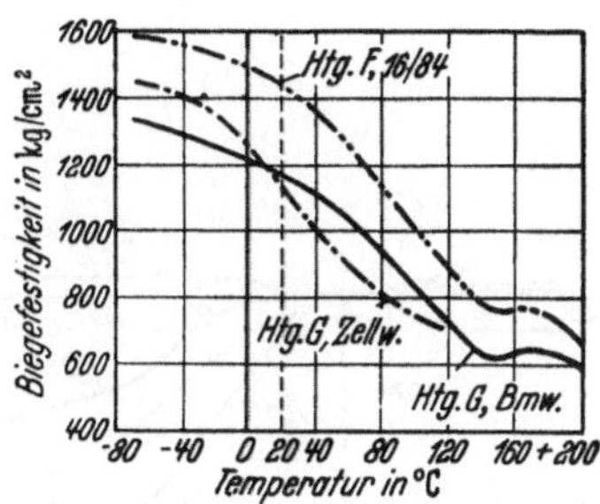

Abb. 27d. Einfluß der Temperatur auf die Biegefestigkeit: Schichtpreßstoffe, Hartgewebe.

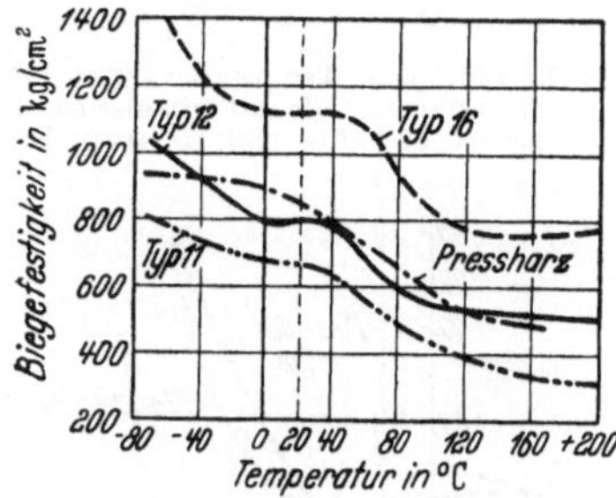

Abb. 27b. Einfluß der Temperatur auf die Biegefestigkeit: Formpreßstoffe mit anorganischem Harzträger und Preßharz.

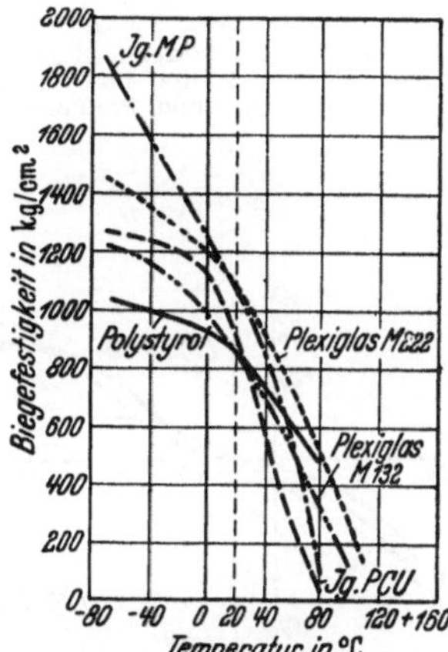

Abb. 27e. Einfluß der Temperatur auf die Biegefestigkeit: Polymerisat-Kunststoffe.

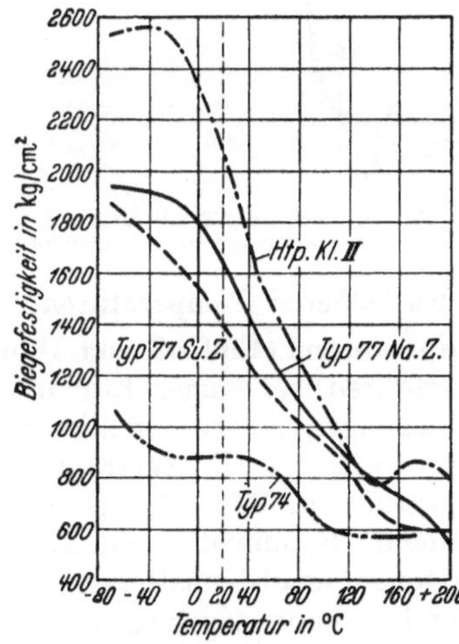

Abb. 27c. Einfluß der Temperatur auf die Biegefestigkeit: Formpreßstoffe mit organischem Harzträger grober Struktur und Hartpap. Kl. II.

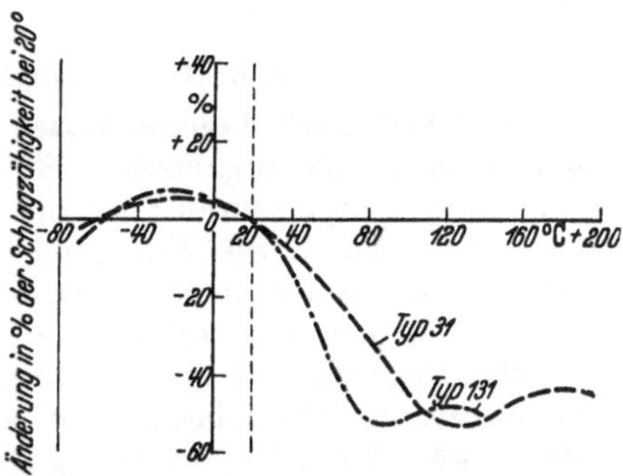

Abb. 27f. Einfluß der Temperatur auf die Schlagzähigkeit: Formpreßstoffe mit organischem Harzträger von körniger Struktur.

Mehdorn, Kunstharzpreßstoffe, 3. Aufl.

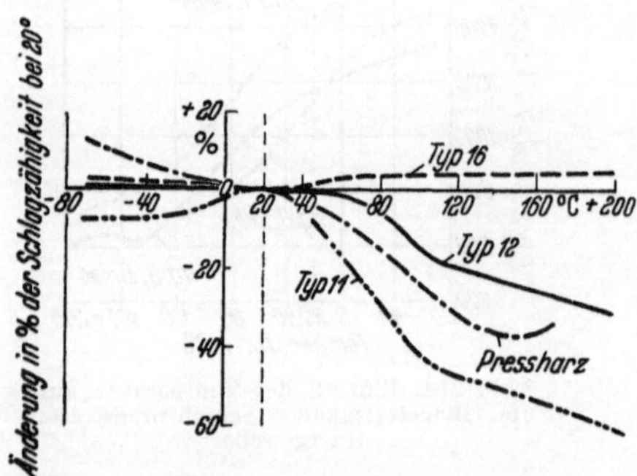

Abb. 27g. Einfluß der Temperatur auf die Schlagzähigkeit: Formpreßstoffe mit anorganischem Harzträger und Preßharz.

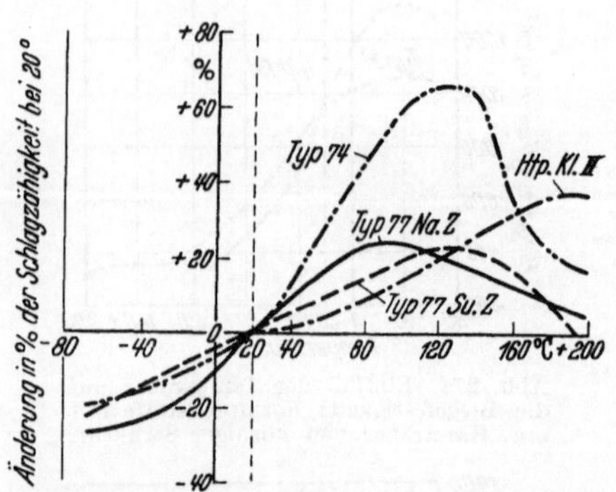

Abb. 27h. Einfluß der Temperatur auf die Schlagzähigkeit: Formpreßstoffe mit organischem Harzträger grober Struktur und Hartpap. Kl. II.

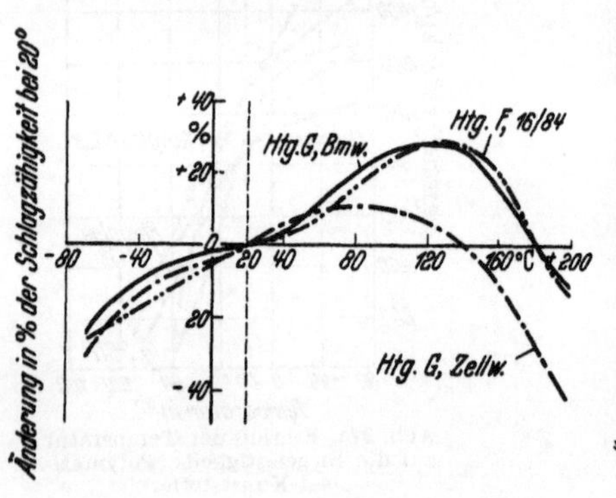

Abb. 27i. Einfluß der Temperatur auf die Schlagzähigkeit: Schichtpreßstoffe, Hartgewebe.

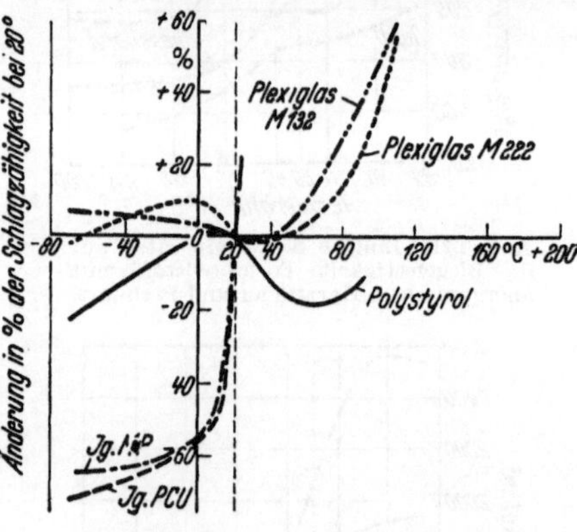

Abb. 27j. Einfluß der Temperatur auf die Schlagzähigkeit: Polymerisat-Kunststoffe.

e) Die Werkstoff-Beständigkeit bei höheren Temperaturen.

Festigkeit nach dauernd hohen Temperaturen (Einfluß von Dauererwärmung). Alle organischen Stoffe erfahren bei langer Einwirkung von hohen Temperaturen Strukturveränderungen; sie werden allmählich zersetzt, wodurch die Festigkeit sinkt. Papier z. B. verträgt ohne Schaden dauernd höchstens eine Temperatur von 90°. Ähnlich ergeht es anderen Zellulosestoffen, wie Holzmehl, Baumwoll- und Leinengewebe. Dagegen vertragen gut ausgehärtete Phenol-Kunstharze höhere Temperaturen. Phenolharz vom Zustand C kann tagelang auf etwa 200° erwärmt werden, kurzzeitig sogar auf 250 bis 300°, ohne nennenswerte Veränderungen zu erleiden. Mit Phenolharz getränkt und verpreßt halten die obengenannten organischen Faserstoffe höhere Temperaturen aus als für sich allein. Die Phenolharz-Preßstoffe mit mineralischem Harzträger, wie Asbest oder Gesteinsmehl, können naturgemäß noch höhere Temperaturen ertragen als solche mit organischen Harzträgern.

Eine umfassende Untersuchung des S t a a t l i c h e n M a t e r i a l - p r ü f u n g s a m t e s   B e r l i n - D a h l e m über die Beständigkeit von Kunstharz-Preßstoffen bei höheren Temperaturen sei hier auszugsweise wiedergegeben[1].

Untersucht wurden u. a. Probestäbe $10 \times 15 \times 120$ [mm] (sog. Normstäbe) folgender Typen:

		bezeichnet mit
Typ 31 mit 56% Phenolharz	. . . .	31 I
31 mit 46% Phenolharz	. . . .	31 II
31 mit 52% Kresolharz	. . . .	31 III
31 mit 48% Kresolharz	. . . .	31 IV
12 mit Asbestfasern	. . . .	12
11 mit körnigem mineralischem Harzträger (asbestfrei)	.	11
131	. . . .	131
74	. . . .	74

Die Stäbe wurden bei den Temperaturstufen 100, 125, 150 und 200° gelagert (Temperaturen über 200° kommen für Phenolharz-Preßstoffe nicht in Frage). Die Stäbe aus Typ 131 wurden nur bei 100° gelagert; darüber zersetzt sich bekanntlich sehr bald das Harnstoffharz. Die Messung der Festigkeit nach der Lagerung erfolgte erst nach völliger Abkühlung des Prüflings. Ergebnisse:

D e r E i n f l u ß d e r L a - g e r u n g b e i 100° n a c h 400 S t u n d e n (Abb. 28): Typ 131 zersetzt sich sehr bald ziemlich stark, es zeigen sich Blasen und Risse. Typ 74 zeigt nach 200 Stunden schon eine beträchtliche Festigkeitseinbuße. Die anderen Typen blieben auch nach 400 Stunden praktisch unverändert.

D e r E i n f l u ß d e r L a g e r u n g b e i 125° n a c h 200 S t u n d e n: Nach 200

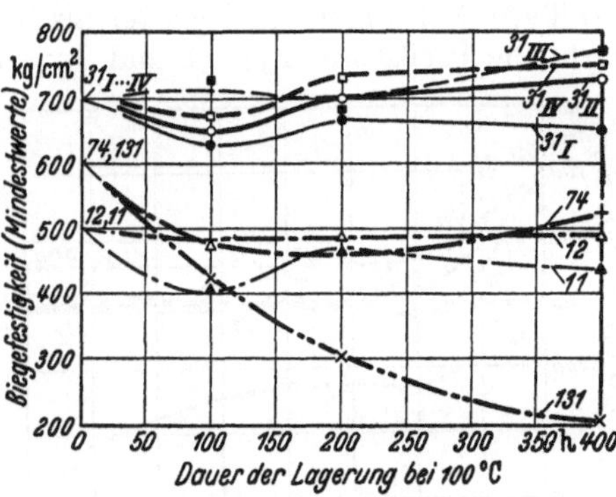

Abb. 28. Biegefestigkeit von Kunstharz-Preßstoffen nach 400stündiger Lagerung bei 100°.

Stunden liegt bei Typ 74 die Biegefestigkeit 27% unter dem Anfangswert. Die übrigen Typen zeigen noch keine nennenswerte Festigkeitsabnahme.

---

[1] N i t s c h e , R., u. E. S a l e w s k i : Dauerwärme-Beständigkeit nichtgeschichteter K. H. Pr. — Plastische Massen Bd. 6 (1936) S. 411/3 u. Bd. 17 (1937) S. 37/44.

Der Einfluß der Lagerung bei 150° nach 200 Stunden (Abb. 29): Alle Phenolharz-Preßstoffe mit organischem Harzträger zeigen jetzt eine beträchtliche Festigkeitsabnahme; bei Typ 74 tritt sie sehr bald, bei-den Typen 31 erst nach etwa 100 Stunden ein.

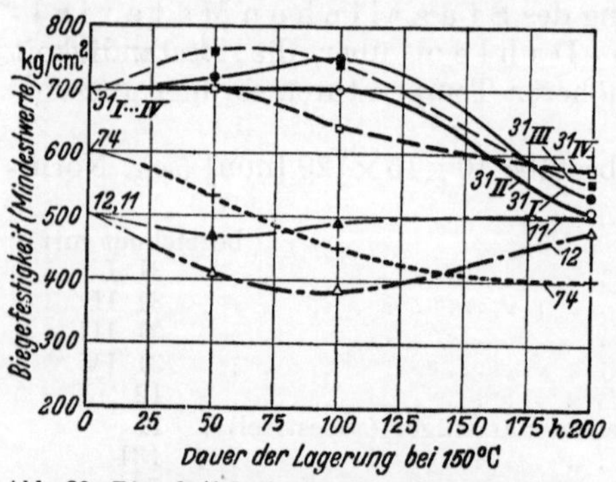

Abb. 29. Biegefestigkeit von Kunstharz-Preßstoffen nach 200stündiger Lagerung bei 150 °. Ermittelt an Normstäben 10×15×120 [mm].

Die Kurven zeigen bei den harzreichen Sorten des Typ 31, mit 31 I und 31 III bezeichnet, anfangs ein Ansteigen; Ursache ist offenbar eine fortschreitende Härtung des Harzes noch über die Härtung in der Preßform hinaus. Die Typen 11 und 12 bleiben unverändert. In der Schlagzähigkeit ist der Kurvenverlauf bei allen Sorten des Typ 31 ähnlich wie bei der Biegefestigkeit. Die Schlagzähigkeit ist jedoch nach 200 Stunden 35 bis 40% geringer als anfangs. Die Typen 11 und 12 behielten ihre Schlagzähigkeit. Typ 74 hat 70% seiner Schlagzähigkeit eingebüßt und scheidet damit für Dauerverwendung bei 150° aus.

Der Einfluß der Lagerung bei 200° nach 200 Stunden (Abb. 30 und 31): Der Abfall der Biegefestigkeit der Sorten des Typs 31 ist hier nicht größer als bei 150°, tritt aber rascher ein als dort. Die Preßstoffe Typ 11 und Typ 12 ertragen die Belastung ohne jeden Abfall. Die vor der Temperaturbeanspruchung sehr hohe Schlagzähigkeit von Typ 74 sinkt jetzt unter die von Typ 31. Beachtenswert ist, wieviel temperaturempfindlicher bei gleichem Kunstharz der Harzträger Baumwolle (Typ 74) gegen Holzmehl (Typ 31) ist.

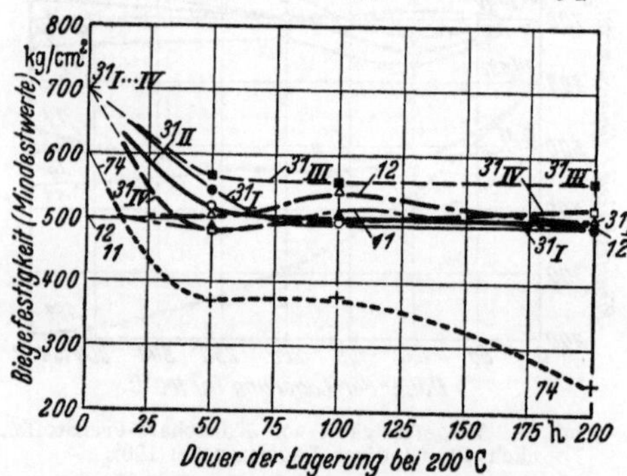

Abb. 30. Biegefestigkeit von Kunstharz-Preßstoffen nach 200stündiger Lagerung bei 200°. Ermittelt an Normstäben 10×15×120 [mm].

Zusammenfassung der Versuchsergebnisse: Zur Beurteilung der Beständigkeit bei langzeitiger Temperaturbeanspruchung ist die Kenntnis der höchsten Temperatur notwendig, die ein Stoff dauernd ohne Schädigung verträgt. Wie sich gezeigt hat, ist nach 200 Stunden Warmlagerung in der Mehrzahl der Fälle ein Zustand erreicht, der sich bei weiterer Warmlagerung bei der gleichen Temperatur nicht mehr erheblich ändert. Die nach 200 Stunden erhaltenen Änderungen der Eigenschaften dürften daher einen Anhalt für das Verhalten des Stoffes bei D a u e r erwärmung bieten. Trägt man die nach 200 Stunden bei den verschiedenen Temperaturen erhaltenen Werte graphisch auf, so ergeben sich Kurvenzüge, die erkennen lassen, bei welcher Temperatur eine bleibende Schädigung des Stoffes eintritt. Die Abb. 32 und 33 zeigen solche Kurvenzüge für die Biege- und die Schlagzähigkeit. Von den Verfassern ist hier diejenige Temperatur als „höchstzulässige" für den betreffenden Stoff betrachtet und eingezeichnet worden, bei der nach 200 Stunden ein Festigkeitsabfall von höchstens 10% eintritt (vgl. auch Tab. 4 aus DIN 7705).

Ähnliche Versuchsergebnisse wurden auch mit Stäben von 3 mm Dicke, die den praktischen Verhältnissen näher als 10 mm dicke Stäbe kommen, erzielt.

Oft treten höhere Temperaturen nur ganz kurzzeitig auf. Dieser Belastungsfall liegt für Preßstoffe günstiger. Bei nur kurzzeitiger Wärmezufuhr folgt das Innere eines Preßstückes der Temperaturerhöhung nur träge,

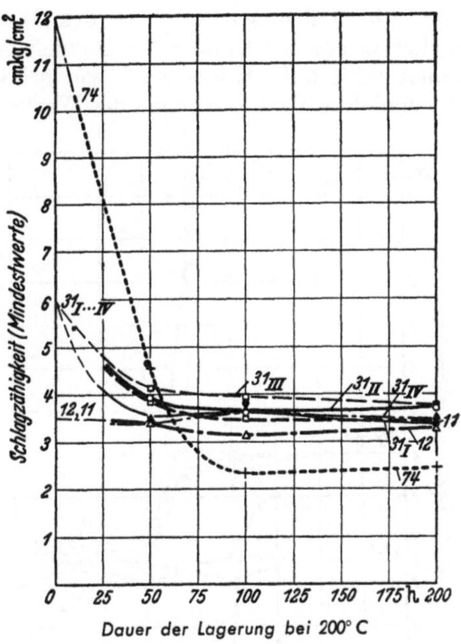

Abb. 31. Schlagzähigkeit von Kunstharz-Preßstoffen nach 200stündiger Lagerung bei 200°. Ermittelt an Normstäben 10×15×120 [mm].

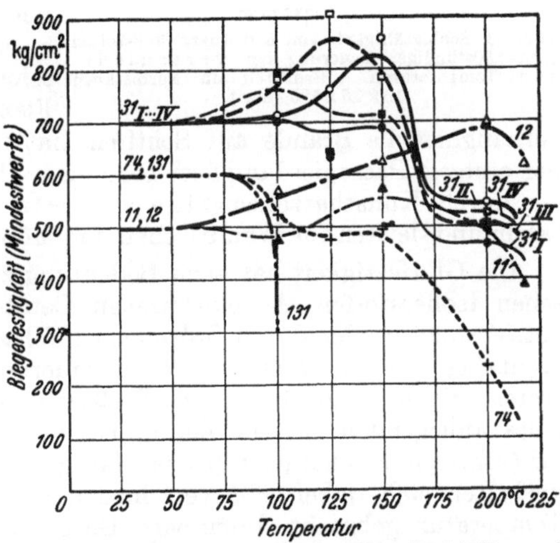

Abb. 32. Biegefestigkeit von Kunstharz-Preßstoffen nach 200stündiger Lagerung bei v e r s c h i e d e n e n Temperaturen. Ermittelt an Normstäben 10×15×120 [mm].

weil die Wärmeleitfähigkeit des Werkstoffes sehr gering ist. Ein dicker Querschnitt bleibt bei kurzzeitiger Erwärmung unter Umständen innen völlig kalt. Kurze, auch wiederholte, Temperaturstöße bis zu 250° werden ohne Veränderungen des Werkstoffes glatt ertragen.

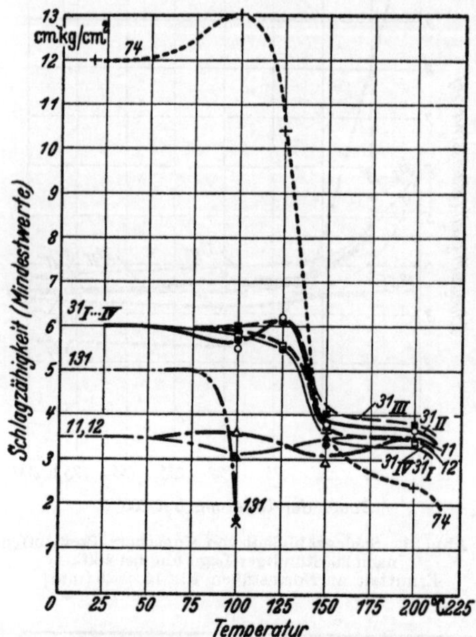

Abb. 33. Schlagzähigkeit von Kunstharz-Preßstoffen nach 200stündiger Lagerung bei verschiedenen Temperaturen. Ermittelt an Normstäben 10×15×120 [mm].

Wird ein Preßstoffteil weniger durch Strahlung als vielmehr durch Leitung erwärmt, so kann die Wärmezufuhr in das Stück hinein dadurch ganz bedeutend verringert werden, daß man die Wärmequelle, meist ein Metallteil, nur punktweise anliegen läßt. Das ist bei einem gepreßten Stück ohne besondere Kosten durch Anbringen kleiner Augen oder schmaler Rippen, die zugleich eine Luftkühlung zulassen, möglich.

Die Glutfestigkeit. Die „Glutfestigkeit" (Prüfvorschrift VDE 0302) kennzeichnet die Brennbarkeit. Kunstharz-Preßstoffe brennen im Vergleich zu den nichthärtbaren Kunststoffen und den Hölzern sehr schwer an und brennen nicht oder nur sehr träge nach Wegnahme der Flamme weiter. Veranlaßt durch verhängnisvolle Brände auf Schiffen, hat man in den letzten Jahren bei einigen Passagierdampfern begonnen, Holz an verschiedenen Stellen durch Kunstharzerzeugnisse zu ersetzen, z. B. durch Hartpapiertafeln und -leisten für Wandflächen und Möbel.

Die Glutfestigkeit hat auch Bedeutung zur Beurteilung von elektrischen Isolierstoffen. An elektrischen Geräten und Maschinen können betriebsmäßig oder durch Störungen infolge Überspannung, schlechter Kontakte u. a. m. kurzzeitig oder dauernd hohe Temperaturen auftreten. Kommt eine Stelle des Preßteiles dabei in Glut, etwa infolge eines anliegenden Leiters, der glühend wurde, so soll das Preßstück als Ganzes möglichst noch betriebsfähig bleiben. Die organischen Stoffe verhalten sich dabei sehr verschieden. Manche entwickeln, auf hohe Temperatur gebracht, brennbare Gase; trotz Aufhörens der Brandursache, etwa einer Flamme oder eines glühendes Leiters, brennen sie infolgedessen leicht weiter, z. B. Holz, Zellulose-Kunststoffe und manche nichthärtbare Kunststoffe. Andere Stoffe wieder erglühen zwar an der Wärmequelle, die Glut pflanzt sich aber nur träge fort, z. B. bei den Typen 51 bis 57, 30, 31, 11 und 12. Das Verhalten hängt bei Preßstoffen von der Art des Harzträgers, ob organisch oder anorganisch, von der Art des Harzes und von dessen mehr oder minder guter Aushärtung ab.

Der Glühstabprüfer (schematisch in Abb. 34) stellt die Empfindlichkeit organischer fester Stoffe gegen einen glühenden Körper fest. Ein elektrisch beheizter Silitstab wird auf 950° erwärmt und durch eine bestimmtes Gewicht P an den Prüfstab von 3×15 mm² Querschnitt gedrückt. Man stellt nun den Gewichtsverlust des Prüfstabes in mg fest, der innerhalb von 3 Minuten durch Abbrand erfolgt, und die Brandausdehnung in cm. Aus dem Produkt Gewichtverlust $\times$ Brandausdehnung wird eine „Brennbarkeitszahl" und aus diesen Brennbarkeitszahlen werden verschiedene „Gütegrade der Glutfestigkeit" gebildet (Tab. 19). Die Tab. 20 bringt die Gütegrade vieler Stoffe, aber auch die Brennbarkeitszahlen, da sie die Unterschiede feiner aufzeigen. Bei den Kunstharz-Preßstoffen beachte man, wieviel besser Typ 31 gegenüber Typ 30 ist, dank der höheren Aushärtung des raschhärtenden Phenol-Novolakharzes. Am besten verhält sich Typ 12, gut ist auch das reine Kunstharz, das nur spärlich brennbare Gase entwickelt. Nach dem Wegnehmen des Glühstabes erlischt die träge Flamme daher sehr rasch. Ähnlich ist es mit reinem Harnstoffharz. Diese Tab. zeigt die günstige Stellung der Kunstharz-Preßstoffe innerhalb der organischen Stoffe in bezug auf Brennbarkeit.

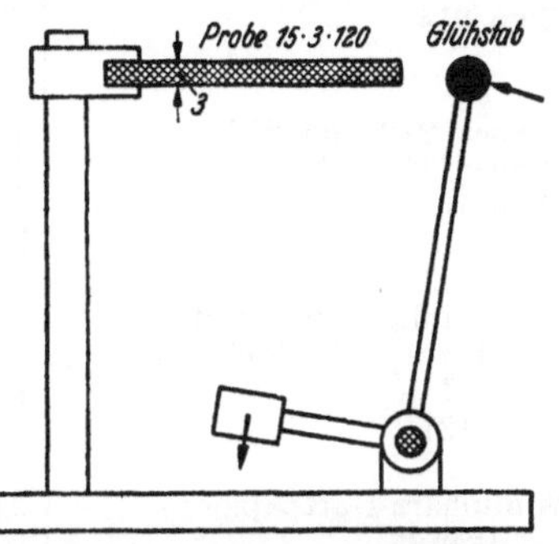

Abb. 34. Prüfung auf Glutfestigkeit nach Schramm - Zebrowski.

Tabelle 19. Entstehung der „Gütegrade der Glutfestigkeit" aus den Brennbarkeitszahlen.

Brennbarkeitszahl	Gütegrad
0 bis 10	5
10 bis 100	4
100 bis 1000	3
1000 bis 10000	2
10000 bis 10000	1
> 100000	0

Die Lichtbogenfestigkeit. Werkstoffe aus organischen Stoffen können nie „lichtbogensicher" sein. Sie fallen, mit Ausnahme von Type 131, in die Stufe L 1, die schlechteste der sechs Stufen der Lichtbogenfestigkeit nach VDE 0302/III. 43. Lichtbogensicher sind nur anorganische Stoffe. Asbestzement und die von der keramischen Industrie hergestellten Magnesite sind die eigentlichen Werkstoffe für die Abschirmung von Lichtbögen. Der Typ X der Typisierung (vgl. Tabelle 3) enthält Asbestzement als lichtbogensicheren Stoff. Zu beachten ist, daß so-

Tabelle 20. Glutfestigkeits-Gütegrade organischer Werkstoffe, ermittelt mit dem Glühstabprüfer (VDE 0305/1932).

Werkstoff	Aufbau	Brennbarkeitszahl mg/cm	Gütegrad der Glutfestigkeit
Typ 914	Teerpech und Asphalt und viel mineralischer Harzträger	10 bis 40	4
Typen 212 und 213 Typen 11 und 12 Typ 16	Phenolharz und anorganischer Harzträger	10 bis 50	4
Preßharz	Nur Phenol-(Kresol-) Harz, gehärtet	100 bis 200	3
Melaminharz-Preßstoff („Ultrapas", „Melopas") . .	—	100 bis 200	3
Typ 31	Phenolharz u. Holzmehl	100 bis 300	3
Typ 131	Karbamidharz und Zellulose	100 bis 500	3
Anilinharz-Hartpapier „Iganil"	Anilinharz und Zellstoffpapier	300	3
Sonderhartgummi „Äternit", „Stabilit"	Hartgummi mit viel anorgan. Füllmitteln	rd. 600	3
Gußharze („Edelkunstharze")	Phenolharz, nicht ausgehärtet	300 bis 800	3
Typen 51 bis 57	Phenolharz und Zellstoff	200 bis 1000	3
Hartpapier	Kresolharz und Zellstoffpapierbahnen	500 bis 1000	3
Typen 71 bis 77	Phenolharz und Baumwollgewebe	500 bis 3000	2
Hartgewebe Kl. G und F	Kresolharz und Baumwollgewebebahnen	1000 bis 3000	2
Typ 30	Kresolharz u. Holzmehl	rd. 2000	2
Kunsthorn („Galalith¹")	Eiweißstoff, gehärtet	rd. 3000	2
Eichenholz¹	—	rd. 3000	2
Preßspan¹	hartgewalzte Pflanzenfaserpappe	rd. 6000	2
Hartigelit PCU	Polymerisat	—	2
„ MP	„	rd. 5000	2
„Trolitul Lu" („Luvican")	Polymerisat	rd. 5000	2
Vulkanfiber¹	chem. behand. Zellulose	rd. 8000	2
Typ 917	Asphalt, Teerpech und mineral. Füllstoffe	rd.1000-10000	2 bis 1
Hartgummi, reinste Sorte	Kautschuk u. Schwefel	rd. 50000	1
Spritzstoff „Trolit", Typ 400	Azetylzellulose	rd. 50000	1
Spritzstoff „Trolitul"	Polymerisat	rd. 50000	1
„Plexiglas", Spritzstoff „Plexigum"	Polymerisat	rd. 50000	1
Spritzstoff Igamid A, B, U	Polykondensat	rd. 50000	1
Zelluloid	Nitrozellulose und Kampfer	rd. 100000	0

¹ Nach 14 Tagen Liegen an der Luft von ungefähr 70% relativer Feuchtigkeit, da sehr feuchtigkeitsempfindlich.

wohl die Asbest- wie auch die Magnesitzemente porös sind. Sie saugen Wasser auf und können daher nicht als Isolierstoff benutzt werden.

Übrigens ist es preßtechnisch möglich, an Teile, die aus einem mechanisch festen oder einem elektrisch isolierenden Kunstharz-Preßstoff bestehen müssen, einseitig eine Asbestzementschicht bei der Formung in einem Arbeitsgang anzupressen. Dieser Weg ist unter Umständen konstruktiv von Vorteil; das Stück wird dadurch nur wenig verteuert.

Obgleich Kunstharz-Preßstoffe an sich nicht lichtbogensicher sind, können sie manchmal bei geschickter Konstruktion dennoch ohne Schaden angewendet werden. Wo ein Schaltfeuer auftritt, sucht man dann so zu konstruieren, daß der auftretende Lichtbogen keinen Raum zur Entfaltung hat, er also sofort erstickt wird. Bei kleinen Drehschaltern hält man zu diesem Zweck das Spiel zwischen dem umlaufenden Schaltstein und dem Schaltsockel sehr eng. Bei den sogenannten Pakoschaltern läßt man den Schaltvorgang in einem sehr engen und praktisch geschlossenen Raum vor sich gehen. Diese Kunstgriffe sind nur möglich dank der verhältnismäßig großen Herstellgenauigkeit der Kunstharz-Preßstoffe.

f) Die elektrischen Eigenschaften[1].

Der Isolationswiderstand. Aufbau des Werkstoffes und Isolationswiderstand. Es gibt keine absoluten Nichtleiter. Auch gute Isolierstoffe haben eine noch meßbare Leitfähigkeit. Der Normstab von 10×15 (mm) Querschnitt z. B. aus Typ 30 hat zwischen zwei eingepreßten Metallstiften von 5 mm Dmr. mit 15 mm Mittenabstand einen Isolationswiderstand von 10^6 MΩ = $10^{12}\Omega$ und mehr, gemessen nach Liegen in Luft von rd. 65% relativer Feuchtigkeit. Die Leitfähigkeit der Isolierstoffe ist durch Ionen bedingt, die in jedem Isolierstoff vorhanden sind. Bei Glas und Porzellan ist es der Stoff selber, der, vor allem bei höheren Temperaturen, bei angelegter Spannung die Elektrizität durch Ionenwanderung transportiert. Bei den organischen Isolierstoffen sind es in erster Linie unvermeidbare Verunreinigungen, die bei Anwesenheit von gleichfalls unvermeidbaren Feuchtigkeitsspuren elektrolytisch dissoziiert werden und die Elektrizität transportieren. Bei den Kunstharzpreßstoffen im besonderen sind die Bedingungen für diesen Leitungsmechanismus besonders günstig. In Form von Leichtmetalloxyden und Hexamethylentetramin müssen Elektrolytbildner zugesetzt werden; Wasser wird beim Härtungsprozeß aus dem Harz abgespalten und von den organischen Trägerstoffen hartnäckig festgehalten. Dazu kommt, daß diese Harzträger, vor allem die organischen, stets geringe Mengen Feuchtigkeit besitzen. Alle Vorbedingungen für eine gewisse Leitfähigkeit sind also in besonderem Maße gegeben, und es ist verständlich, daß Preßstoffe in dielektrischer

---

[1] Näheres über elektr. Prüfungen siehe VDE 0303.

Beziehung den meisten thermoplastischen Kunststoffen unterlegen sind,
auch dem Preßharz und den Gießharzen.

Auch gehärtetes Kunstharz, z. B. Preßharz, nimmt Wasser auf, da es
nicht absolut aushärtbar ist. Unter den Preßstoffen andererseits sind die
alten Langsamhärter auf Kresol-Resolharzbasis (Typ 30) viel schlechter
leitend als die üblichen Schnellpreßmassen auf Novolakbasis, weil das
Harz nur kleine Mengen von Härtungsmittel benötigt. Bei diesem Typ
wird dazu noch zuweilen, um ihn elektrisch hochwertig zu machen, ein
Teil des Holzmehles durch anorganische Gesteinspulver ersetzt. Für
die Mehrzahl der Fälle reicht übrigens der Isolationswiderstand des
üblichen Holzmehl-Typ 31 aus. Wird für Feuchtbeanspruchung ein
höherer Isolationswiderstand gebraucht, so darf erst einmal nur ein
50%iger oder gar 55%iger Typ 31 verwendet werden. Weiterhin kommen
Typ 31.5, 131, 30, der Asbesttyp 12 und schließlich Preßharz (aber ein
Kresol-Resol-, nicht ein Phenol-Novolakharz) in Betracht. Für noch
höhere Anforderungen ist Trolitul der Ausweg, falls die niedrige Erweichungsgrenze tragbar ist. Die Phenol- G i e ß harze (Edelkunstharze)
sind schlechte Isolatoren. Der F a r b s t o f f im Werkstoff ist nicht
ohne Einfluß auf die elektrischen Eigenschaften. Ungefärbte Preßstoffe
haben höheren Isolationswiderstand als schwarze, sonst gleich aufgebaute. Das gleiche hat sich auch bei Hartpapier gezeigt. Auch die
Durchschlagsfestigkeit wird durch schwarze Farbstoffe gesenkt.

Das Preßwerk kann bei der Verarbeitung in gewissem Umfange,
aber beträchtlich den Isolationswiderstand verbessern: Feuchtgewordene
Masse wird vorher getrocknet; die Masse wird kurz vor dem Verpres-
sen in dünnen Schichten bis zu 100 und 110° vorgewärmt; ein „Lüften“,
Entgasen sofort nach dem Verformen, durch Wiederhochfahren des
Oberteiles, hilft sehr; und schließlich verbessert ein Nachheizen des
Teiles bei etwa 100°, viele Stunden lang, frei, nicht im Autoklaven, den
Widerstand erheblich.

I s o l a t i o n s w i d e r s t a n d   u n d   O b e r f l ä c h e n b e -
s c h a f f e n h e i t. Die warmgepreßten Kunstharz-Preßstoffe haben
eine sogenannte „Preßhaut“. Ihre Oberfläche besteht in einer Dicke von
wenigen hundertstel Millimeter fast nur aus Harz. Diese Harzschicht
verzögert zwar das Eindringen von Feuchtigkeit, verhindert es aber nicht
auf die Dauer. Bei Liegen in Luft von wechselndem Feuchtigkeitsgehalt
verhalt sich deshalb ein Preßstück mit Preßhaut etwas günstiger als ein
solches ohne Preßhaut.

Ähnlich ist es mit dem Schutz durch Lackierung, den man hygro-
skopischen Stoffen wie Holz, aber auch Hartpapieren gibt. Bei dauern-
dem Liegen in Räumen mit hohem Feuchtigkeitsgehalt genügen wenige
Poren im Lack für die allmähliche Einwanderung von Feuchtigkeit.
Nur eine sehr große Zahl aufeinanderfolgender, sorgfältig ausgeführter
Lackschichten vermag den Werkstoff einigermaßen zu schützen, aber

nicht völlig, denn auch der Lackfilm selbst ist nicht absolut wasserfest.

Eine genarbte Oberfläche, wie sie durch eine Punzung der Preßform (s. S. 206) erzeugt wird, ist für Teile, die höchsten Oberflächenwiderstand haben sollen, falsch. In den Vertiefungen der Punzung setzt sich Schmutz an, welcher bei Anwesenheit von Feuchtigkeit leitet. Daher sind nur spiegelblanke Oberflächen elektrisch hochwertig.

Isolationswiderstand und Dauererwärmung. Bei mäßigen Temperaturen trägt eine Dauererwärmung nur dazu bei, die elektrischen Eigenschaften von Preßstoff zu verbessern, denn sie treibt etwa vorhandenen Feuchtigkeit aus. Bei höheren Temperaturen aber verdirbt der Werkstoff, siehe dazu S. 82. Durch die dabei eintretende Zersetzung der organischen Faser und des Harzes nimmt der Werkstoff nach der Dauererwärmung mehr Feuchtigkeit als vorher auf. Entsprechend sinkt auch der Isolationswiderstand in feuchten Räumen.

Ein Preßteil im Wärmeschrank bei etwa 100° längere Zeit zu erwärmen, ist ein übliches Mittel, den Isolationswiderstand zwischen eingebetteten Metallteilen — kalt gemessen — zu erhöhen. Das bedeutet also, daß die Oberfläche „atmen" kann, und damit ist aber auch gesagt, daß später in einem feuchten Raum der Widerstand wieder abfällt.

Der Einfluß der Temperatur. Der Isolationswiderstand ist temperaturabhängig. Während er bei Metallen mit der Temperatur steigt, sinkt er bei den meisten organischen Isolierstoffen. Diese verhalten sich also ähnlich wie z. B. Glas, Porzellan und Salze. In Bild 35 ist die Temperaturabhängigkeit von Typ 30 für einen Temperaturbereich von 18 bis 50° gezeigt. Typ 31 verhält sich ähnlich.

In der Starkstromtechnik liegen die Gebrauchstemperaturen zuweilen merklich höher, bei Heizgeräten kommt man oft an die oberste Grenze der Verwendbarkeit von Preßstoffen. Werden Normstäbe von $10 \times 15 \times 120$ (mm), die vor dem Versuch bei etwa 65% relativer Feuchtigkeit gelagert hatten, innerhalb von zwei Stunden von 20 auf 180° stetig erhitzt, so sinkt, wie Abb. 36 zeigt, der Isolationswiderstand nicht dauernd ab. Er steigt

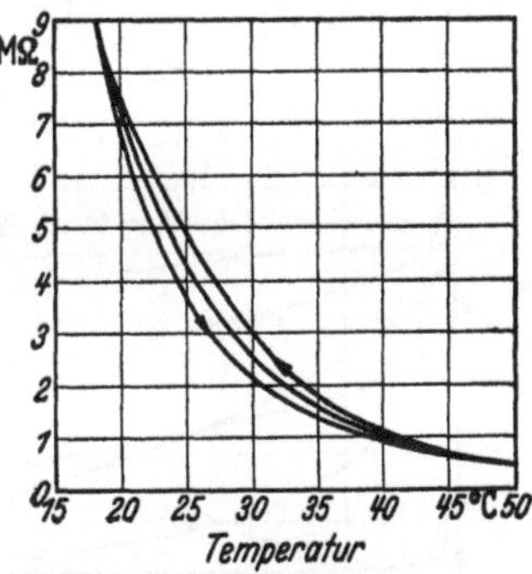

Abb. 35. Isolationswiderstand von Preßstoff Typ 30, abhängig von der Temperatur. Werkstück: Klemmenplatte mit Metallstiften.

im Gegenteil gegen Ende des Versuches infolge der in der Versuchszeit durch Erwärmung ausgetriebenen Feuchtigkeit wieder an. Dadurch kommen die Endwerte bei diesem Temperaturbereich wieder ungefähr in die Größenordnung der Anfangswerte.

Der Einfluß der Feuchtigkeit. Auf Seite 89 wurde der Einfluß des Werkstoffaufbaues und der Feuchtigkeit auf den Widerstand besprochen. Auf Seite 55 wurden Zahlen über die Wasseraufnahme verschiedener Werkstoffe angegeben. Abb. 14 zeigte das Verhalten von Preßstoff unter Wasser bei einem Dauerversuch von einem Jahre. Die zu diesem Versuch gehörige Abb. 37 zeigt das Abfallen des Isolations-

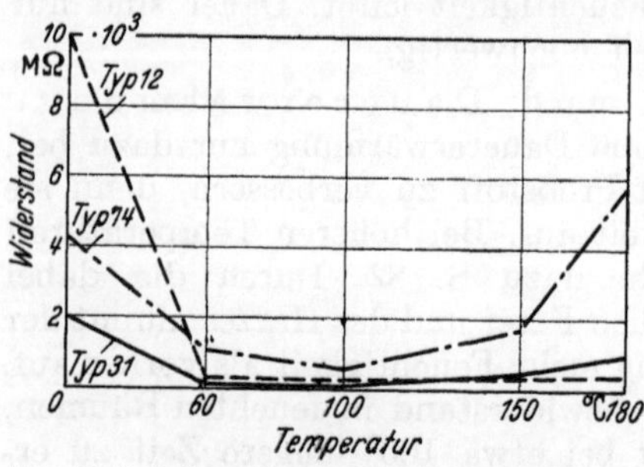

Abb. 36. Isolationswiderstand von Kunstharz-Preßstoffen bei höheren Temperaturen.

widerstandes mit wachsender Feuchtigkeitsaufnahme. Auffällig ist das starke Absinken bei den kaltgepreßten Werkstoffen Typ 212 und Typ 914. Die Ursache ist hier die stets vorhandene geringe Porosität, die alle Kaltpreßstoffe haben. Der Typ 12 hat zwar den gleichen Werkstoffaufbau wie Typ 212; durch die Warmpressung ist er jedoch nicht porös und verhält sich bei Feuchtbeanspruchung besser. Preßharz nimmt am wenigsten Wasser auf, sein Widerstand sinkt deshalb nur wenig ab. Preßharz kann aus diesem Grunde bei ganz besonders schweren Feuchtbeanspruchungen mit bestem Erfolg verwendet werden. Am nächsten kommt dem Preßharz der mit Asbest hergestellte Phenolharz-Preßstoff Typ 12 und der Harnstoffharz-Preßstoff (Typ 131). Der letztere verhält sich unter den Werkstoffen mit organischer Faser am besten.

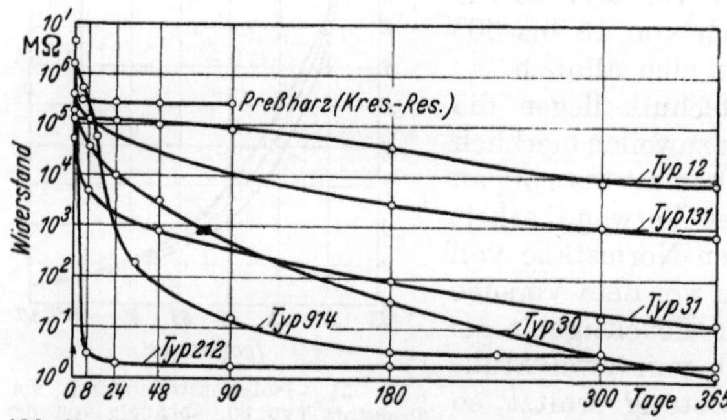

Abb. 37. Absinken des Isolationswiderstandes beim Liegen in Leitungswasser. Zur Prüfung diente der Normstab 10×15×120 [mm].

Bei dauerndem Liegen unter Wasser nehmen die Preßstoffe bis zu einem Sättigungspunkt dauernd Wasser auf. Dieser Sättigungspunkt wird um so früher erreicht, je dünner die Wand des Preßteiles ist. In abgeschlossenen Räumen mit dauernd hoher Feuchtigkeit, wie z. B. in Wäschereien oder z. B. in Spinnereien, wo sie aus Betriebsgründen künstlich aufrechterhalten werden muß, ist die Feuchtbeanspruchung dem Grade nach zwar geringer, der Art nach aber dieselbe. Auch hier empfängt das Preßstück dauernd Feuchtigkeit. Für solche Betriebsverhältnisse sollten die Preßstoffe mit organischen Harzträgern nicht verwendet werden, sondern nur die Typen 11, 12

und 16 mit anorganischen Harzträgern, deren Widerstand bei Feuchtbeanspruchung zwar auch absinkt, aber schließlich weit über dem der
Preßstoffe mit organischem Harzträger bleibt.

Die meisten Anwendungsfälle sind aber anderer Art. Im Freien
und in Räumen, die mit der Außenluft in Verbindung stehen, ist ein
Preßstück allen Veränderungen der Atmosphäre unterworfen. Die relative Feuchtigkeit schwankt hier ständig. Ein Preßstück nimmt hier
nicht nur Feuchtigkeit auf, es hat auch Gelegenheit, sie wieder abzugeben. Entsprechend fällt und steigt auch der Isolationswiderstand;
ein stetiges Absinken wie beim Liegen in gleichmäßig feuchter Luft
oder unter Wasser tritt nicht ein.

Der erhebliche Einfluß der Feuchtigkeit zwingt besonders den
Schwachstromtechniker zur Vorsicht bei der Werkstoffauswahl. Die
Verringerung des Widerstandes ist in denjenigen Fällen von Bedeutung,
wo mit winzigen Strömen gearbeitet wird. Dann müssen auch die Verlustströme im Isolierstoff äußerst klein bleiben. In der Starkstromtechnik ist es anders; hier sind die Stromstärken größer und die verhältnismäßig kleinen Verlustströme spielen kaum eine Rolle. Dafür sind
aber die Spannungen höher, die Durchschlagsfestigkeit darf nicht
absinken, denn hier steht der Schutz des Menschen im Vordergrund.

Andere Einflüsse auf den Isolationswiderstand.
Luft und Ozon sind ohne Einfluß, ebenso Sonnenlicht. Ultraviolette
Strahlen setzen den Widerstand etwas herab[1].

Die VDE-Prüfung des Isolationswiderstandes.
Die Typisierung schreibt durch „Vergleichszahlen" bestimmte Ober-
flächenwiderstände vor, welche die Preßstofftypen mindestens aufweisen müssen (s. Tab. 3, S. 32 bis 34).

Zur Messung dient ein Gerät n. VDE 0303, Abb. 38. Es hat zwei gradlinige Meßelektroden von 100 mm Länge und 10 mm Abstand. Die Meßspannung beträgt 1000 V, die Stromart ist Gleichstrom. Eine feste Spannung ist vorgeschrieben worden, weil der Widerstand bei vielen Isolierstoffen, anders als bei Metallen, von der Höhe der Spannung

Tabelle 20. Zuordnung der Vergleichszahlen zu den verschiedenen Oberflächenwiderständen (nach ETZ Bd. 60 [1939] S. 1158).

Isolationswiderstand zwischen den Schneiden Ω	Oberflächenwiderstand		
	Vergl.-Zahl	bish. Vergleichszahlen	
10^6 bis 10^7	6	2 b	} 2
10^7 bis 10^8	7	2 a	
10^8 bis 10^9	8	3 b	} 3
10^9 bis 10^{10}	9	3 a	
10^{10} bis 10^{11}	10	4 b	} 4
10^{11} bis 10^{12}	11	4 a	
10^{12} bis 10^{13}	12	5	5
usw.	usw.	—	—

abhängt (er nimmt mit wachsender Spannung ab). Der Widerstand
ist auch zeitabhängig, er nimmt nach Anlegen der Meßspannung zu.

---

[1] Scientific Papers, Bureau of Standards No 234.

Daher ist nach VDE vorgeschrieben, nach einer Minute abzulesen. Die VDE-Prüfung kennt vier Stufen der Untersuchung: 1. im Zustand der Einsendung, jedoch nach Abschleifen der Oberfläche, 2. nach 24stündiger Einwirkung von Wasser, 3. nach dreiwöchiger Einwirkung

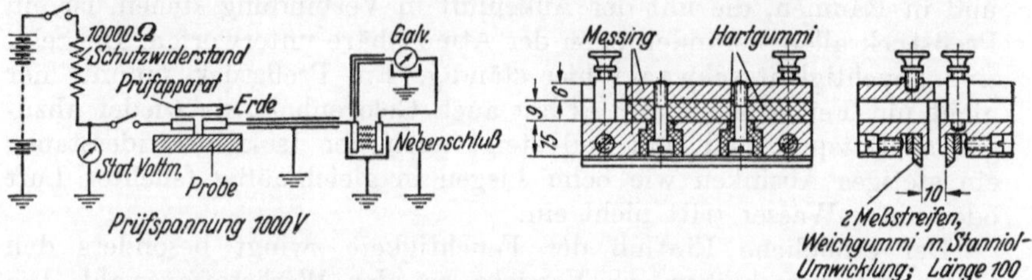

Abb. 38. Prüfanordnung zur Messung des Oberflächen-Widerstandes.

von 25 %iger Schwefelsäure, 4. nach dreiwöchiger Einwirkung von Ammoniakdampf. Die Vergleichszahlen der Typisierung sind nach der zweiten Prüfart festgelegt. Bekanntlich sind übrigens Oberflächen- und Innenwiderstand in der Messung nicht voneinander zu trennen. In eine Messung des Oberflächenwiderstandes geht stets auch der Innen- widerstand ein.

Die VDE-Vorschrift 0303 enthält auch eine Prüfanordnung für die Messung des Widerstandes im Innern. An einem sachgemäß herge- stellten Prüfstab haben der Widerstand der Oberflächen und der des Inneren gleiche Größenordnung, wenn der Stab innen und außen gleich hohen Feuchtigkeitsgehalt hat.

Höheren Anforderungen an den dielektrischen Verlustfaktor tg δ, den spezifischen Widerstand und den Oberflächenwiderstand kommen die Typen 11.5, 30.5, 31.5, 131.5 und 400.5 entgegen, siehe Tabelle 3; Spalten 13, 14 und auch 12. (Die Stelle .5 dient zu deren Kennzeichnung.)

Die Dielektrizitätskonstante ε und der Verlustfaktor tg δ.

In der Wechselstromtechnik, besonders bei den oft hohen Fre- quenzen der Fernmeldetechnik, wie die des Frequenzbandes der Stimme, oder die höher gemachten Frequenzen bei der Mehrfachtelephonie, vor allem die des Kurzwellen-Rundfunks und des Fernsehens, spielen die dielektrischen Verluste des Isolierstoffes eine überragende Rolle. Wird er zur Isolierung spannungführender Leiter gebraucht, müssen tg δ und ε recht klein sein. Soll er aber als Dielektrium in einem Kon- densator verwendet werden, muß ε umgekehrt groß sein, um kleine Abmessungen zu bekommen. Die Phenolharz-Preßstoffe mit orga- nischem Harzträger haben bei 30° eine D i e l e k t r i z i t ä t s k o n - s t a n t e (ε) etwa zwischen 5 und 8, je nach Frequenz, die Hartgewebe desgleichen; die Harnstoffharz-Preßstoffe liegen zwischen 6 und 7, die Hartpapiere zwischen 5 und 6. Weit niedrigere Dielektrizitätskon- stanten haben im allgemeinen die synthetischen nichthärtbaren Kunststoffe. Am niedrigsten liegt Polystyrol („Trolitul", „Styroflex") mit etwa 2,3, also noch tiefer als Hartgummi mit 2,5 bis 3,5. Polystyrol wird in Form von Spritzgußteilen, Folien, Bändern oder Fäden für Schwachstromkabel und in der Hochfrequenztechnik verwendet.

Von Güteklassen kann bei der Dielektrizitätskonstante nicht gesprochen werden, je nach Verwendungszweck wird sie hoch oder niedrig benötigt. Für Kondensatoren muß die D. K. so groß wie möglich sein; für die Isolierung von Leitern, besonders bei Kabeln, muß sie recht klein sein.

Der dielektrische Verlustfaktor (tg δ) ist bei dem in dieser Beziehung besten warmplastischen Kunststoff Polystyrol um mehrere Potenzen niedriger als bei den härtbaren Kunstharz-Preßstoffen. Polystyrol hat einen tg δ von 2×10^{-4} bei 10^3 bis 10^6 Hz. Auch das mit Quarzmehl versetzte Polystyrol „Trolitul Si" hat einen annähernd gleich günstigen tg δ. Dann folgt das „Trolitul Lu" („Luvican") mit einem tg δ von 10^{-3}. Der tg δ der meisten warmplastischen Kunststoffe, soweit sie formfeste Gegenstände erlauben, liegt in der Größenordnung der nun folgenden härtbaren. Bei den Typen 400, 31.5 und 131 schwankt im Gebiet der Sprechfrequenzen bis zu den kurzen Wellen von etwa 50 m der tg δ zwischen 10^{-1} und 10^{-2}. An der untersten Grenze dieses Bereichs stehen die besonders entwickelten „verlustarmen" oder sogenannten „tg δ"-Preßstoffe Typ 31.5 und 11.5 mit einem tg $\delta =$ 1×10^{-2} bis 3×10^{-2}. Einige Ausführungsarten enthalten allerdings sehr viel Silikat und greifen daher die Preßformflächen durch Abrieb stark an, so daß engtolerierte Masse nicht lange zu halten sind. Diese verlustarmen Kunstharz-Preßstoffe werden nur dort verwendet, wo die Temperaturbeanspruchung die Anwendung von Polystyrol und die Herstellgenauigkeit die Anwendung keramischer Stoffe trotz deren ausgezeichneter tg δ-Werte nicht möglich macht.

Die Kriechstromfestigkeit. Als Kriechstrom wird allgemein ein Strom angesehen, „der sich an der Oberfläche oder an den oberen Schichten eines im trockenen sauberen Zustand gut isolierenden Stoffes zwischen Teilen verschiedenen Potentials ausbildet, wenn auf die Oberfläche des Isolierstoffes äußere Einflüsse wie die Anlagerung von Fremdkörpern, Feuchtigkeit und dergleichen einwirken".

Dauernd feuchte oder frisch verputzte Räume, deren Wände Alkalien absondern, oder mehr oder weniger feuchte Räume, die mit schwebendem Staub erfüllt sind, ferner auch Küstengegenden, sind im allgemeinen schwierige Betriebsverhältnisse für ein elektrisches Gerät. Hier wird auch der Isolierstoff hoch beansprucht. In solchen Fällen sind bei organischen Isolierstoffen durch Verschmutzung oder Befeuchtung der Strecke zwischen den Polen oder zwischen Pol und Erde Überschläge aufgetreten, wenn das Gerät dauernd an Spannung liegt, wie es z. B. bei Steckdosen, Drehschaltern, Schalttafelteilen und bei

Tabelle 21. Elektrische Eigenschaften

1	2			3		
	Wasser-aufnahme nach			Oberflächenwiderstand		
				bei 65 % rel.	nach Liegen im Wasser	
Werkstoff	24 h	96 h	14 Tg.	Feucht.	24 h	96 h
	mg	mg	mg	$M\Omega$	$M\Omega$	$M\Omega$
Typ 12	15	40	100	$1 \cdot 10^4$	$8 \cdot 10^3$	$5 \cdot 10^3$
Typ 16	30	90	220	$1 \cdot 10^4$	$1 \cdot 10^3$	$5 \cdot 10^2$
Typ 31 mit 50% Phenolharz	25	65	140	$1 \cdot 10^5$	$3 \cdot 10^4$	$5 \cdot 10^3$
Typ 31 mit 40% Phenolharz	50	115	230	$1 \cdot 10^5$	$9 \cdot 10^3$	$1 \cdot 10^3$
Typ 31,5	38	80	150	$> 10^6$	$1 \cdot 10^6$	$5 \cdot 10^5$
Typ 30	30	70	150	$> 10^6$	$1 \cdot 10^6$	$5 \cdot 10^5$
Typ 74	70	180	410	$1 . 10^4$	$5 \cdot 10^3$	$1 \cdot 10^2$
Typ 54 (grobe Stücke Zellstoffpappe)	140	350	800	$5 \cdot 10^4$	$1 \cdot 10^4$	$1 \cdot 10^3$
Preßharz (Kresolharz)	8	15	30	$> 10^6$	$> 10^6$	$> 10^6$
Typ 131, elfenbeinfarben	22	60	140	$> 10^6$	$8 \cdot 10^5$	$5 \cdot 10^5$
Hartpapier Kl. I (für Hochspanungs-T.)	200	1500^1 / 800	2000	$10^{6\ 2}$ / 10^5	— / 10^2	— / 10^1
Hartpapier Kl. IV (für Fernmelde-T.)	60	200^1 / 160	440	$10^{6\ 2}$ / 10^6	— / 10^4	— / 10^2
Typ 400 (Azetylzellulose)	160	400	—	10^5	$\approx 10^5$	10^4
Polystyrol („Trolitul", „Styroflex")	0	5	12	$> 10^6$	$> 10^6$	$> 10^6$
Polyvinylkarbazol („Luvican", „Trolitul Lu")	—	5	—	$> 10^6$	$> 10^6$	$> 10^6$
Polyvinylchlorid „Igelit PCU" ohne Weichmacher	—	—	—	$> 10^6$	$> 10^6$	$> 10^6$
Mischpolymerisat „Igelit MP" ohne Weichmacher („Astralon", Spritzstoff „Mipolam")	5	12	27	$> 10^6$	$> 10^6$	$> 10^6$
Polyakrylate („Plexiglas", Spritzstoff „Plexigum")	31	73	110	$> 10^6$	$> 10^6$	$> 10^6$
Hartgummi, Ia Qualität	0	0	7	$> 10^6$	$> 10^6$	$> 10^6$
Porzellan, gegossen	0	0	0	$> 10^6$	$> 10^6$	$> 10^6$
Normale Steatite	0	0	0	$> 10^6$	$> 10^6$	$> 10^6$
Verlustarme Steatite („Calit", „Frequentit")	0	0	0	$> 10^6$	$> 10^6$	$> 10^6$
„Mycalex"	0	0	0	$> 10^6$	$> 10^6$	$> 10^6$

Die Werte sind Mittelwerte einer großen Zahl von Messungen, vor allem beim Oberflächenwiderstand. Sie sind meist an Probestäben der SSW festgestellt, also gleicher Herkunft und erlauben dadurch eine guten Vergleich. Da das elektrische Verhalten auch stark von der Wasserempfindlichkeit abhängt, wurde diese mit angegeben. Die Tabelle ist also dort dem Konstrukteur ein Hilfsmittel, wo er, um Bestwerte herauszuholen, auswählen muß.

Beim Gebrauch der Tabelle hat man sich aber stets vor Augen zu halten, daß ebenso wie die mechanischen Werte auch die elektrischen Werte stark schwanken, z. B. der Oberflächenwiderstand um ganze Potenzen! Zu den auf S. 89 ff. geschilderten Einflüssen kommen noch Unterschiede durch die Herstellungsweise des Werkstoffes und des Stückes wie durch die Herkunft überhaupt. Die Zahlen sollen also weniger als absolute, sondern vielmehr als Vergleichswerte der verschiedenen Werkstoffsorten dienen. Diese Beschränkungen gelten nicht für die anorganischen Werkstoffe.

von Kunststoffen und anderen Werkstoffen.

4		5			6	
Dielektrizitäts-Konstante		**Dielektrischer Verlustfaktor**			**Durchschlagfestigkeit bei Plattendicke**	
bei 50 Hz 1500 V ε	bei 800 Hz 100 V ε	bei 50 Hz 1500 V tg δ	bei 800 Hz 100 V tg δ	bei 10^6 Hz 100 V tg δ	1 mm	4 mm
					kV	kV
—	18 bis 22	—	0,3	—	8	20
(P) 33	—	(P) 0,85	(P) 0,6	—	—	—
(P) 9	(P) 7	(P) 0,4	(P) 0,15	—	17	58
(7 bis 17)	(6 bis 9,7)	(0,2 bis 0,7)	(0,07 bis 0,30)			
—	—	—	—	—	17	58
—	—	$< 0,1$	0,02 bis 0,1	—	17	58
—	—	$< 0,1$	0,04 bis 0,1	—	17	58
(P) 9	(P) 7	(P) 0,35	(P) 0,15	—	15	50
(7 bis 14)	(5,6 bis 9,6)	(0,17 bis 0,57)	(0,06 bis 0,27)			
—	—	—	—	—	20	65
—	5 bis 6	—	0,04	—	21	65
(P) 7	(P) 6,7	(P) 0,04	(P) 0,03	—	13	55
(6,6 bis 7,3)	(6,5 bis 6,9)	(0,03 bis 0,05)	(0,02 bis 0,03)			
—	4,5 bis 5	0,01 bis 0,015	0,01 bis 0,015	—	$// > 40$	> 60
—	4,5 bis 5	—	0,02 bis 0,03	—	—	—
—	5	—	$230 \cdot 10^{-4}$	—	je mm	
—	2,5	—	$2 \cdot 10^{-4}$	$2 \cdot 10^{-4}$	45	
—	3,0	—	7 bis $8 \cdot 10^{-4}$	$30 \cdot 10^{-4}$	100 / 50	
—	3,4	--	$230 \cdot 10^{-4}$	$215 \cdot 10^{-4}$	50	
—	3,5	—	$100 \cdot 10^{-4}$	$160 \cdot 10^{-4}$	50	
—	3 bis 3,6	—	200 bis $600 \cdot 10^{-4}$	—	40	
—	3,0	4 bis $6 \cdot 10^{-4}$	$30 \cdot 10^{-4}$	$45 \cdot 10^{-4}$	45	
—	: 5,0 bis 6,5	170 bis $250 \cdot 10^{-4}$	: —	—	: 34 bis 38	
—	: 5,5 bis 6,5	20 bis $30 \cdot 10^{-4}$	: $20 \cdot 10^{-4}$	15 bis $20 \cdot 10^{-4}$	: 20 bis 30	
—	: 5,5 bis 6,5	10 bis $15 \cdot 10^{-4}$	: $10 \cdot 10^{-4}$	3 bis $5 \cdot 10^{-4}$	: 35 bis 45	
—	: 8	—	: —	$180 \cdot 10^{-4}$	: 15	

Trotz dieser starken Streuung elektrischer Werte wurde der Oberflächenwiderstand sogar in Bruchteilen von Potenzen angegeben. Dies geschah bewußt. Man erkennt so die Unterschiede der einzelnen Werkstoffe besser, wie auch das Verhalten ein und desselben Werkstoffes bei verschiedenen Belastungen, z. B. bei verschiedener Feuchtbeanspruchung.

Die Werte Spalte 2 und 3 sind am Normstab $10 \times 15 \times 120$ [mm] festgestellt, die der Spalten 4, 5 und 6 an einer Platte.

Zu Spalte 3: Zeile 1 bis 10: geprüft nach VDE 0302; Meßspannung 1000 Volt Gleichstrom, Elektrodenabstand 10 mm bei Elektrodenlänge 100 mm (s. S. 94).

Zu Spalten 4 und 5: Ermittelt bei Zimmertemperatur und normaler Luftfeuchtigkeit; im abweichenden Falle siehe nähere Angabe.

Zu Spalte 6: Zeile 1 bis 10: geprüft mit sinusförmigem Wechselstrom 50 Perioden; Spannungssteigerung maximal 1 kV je Sekunde; Elektrode 25 mm Dmr., Abrundung $r = 2,5$ mm, Durchschlag in Öl.

Wo nicht nach diesen Prüfanordnungen gemessen wurde oder die Meßweise unbekannt blieb, ist das betreffende Fach mit : bezeichnet.

[1] Mindestwert nach VDE 0318.

[2] Mindestwert nach VDE 0318 nach 4 Tagen Trocknung bei 70°.

(P) = nach *G. Pfestorf* und *W. Hetzel*: Die elektrischen Eigenschaften der Kunststoffe — ETZ Bd. 59 (1938) S. 875; Werte angegeben für 30° C.

Isolatoren der Fall ist. Im Vergleich zu der gewaltigen Zahl von Anwendungsfällen von organischen Isolierstoffen sind diese Fälle von Schäden durch Kriechströme aber äußerst selten! Bei keramischen Werkstoffen ist ein Überschlag nur eine vorübergehende Störung, bei der der Werkstoff unverändert bleibt und die Kriechstrecke sogar gereinigt wird. Bei den organischen Isolierstoffen aber kann der Überschlag die Werkstückoberfläche verkohlen, und sie bleibt infolgedessen leitend.

In der Schwachstromtechnik kennt man diesen Übelstand n i c h t. Dabei bewirkt der hier viel angewendete Gleichstrom von sich aus eine Kriechstreckenverschlechterung, da er durch elektrostatische Aufladung Feuchtigkeit und Staub anzieht und niederschlägt, die den Überschlag einleiten. Andererseits sind hier die Ströme oder die Spannungen kleiner. Aber selbst dort, wo sie eben so hoch sind, wie oft bei Meßgeräten, und wo das Gerät außerdem dauernd unter Spannung steht, kommen dennoch Kriechstromschäden kaum jemals vor. Man hat hier seit vielen Jahren zielbewußt mit g e n ü g e n d l a n g e n, festgelegten Mindestkriechstrecken gearbeitet. Hier wird im allgemeinen auch nicht so eng gebaut, wie es in erster Linie aus Preisgründen, in der Starkstromtechnik z. B. bei Steckdosen und noch mehr bei kleinen Drehschaltern geschieht, und das Gerät wird meist dichter als beim Starkstrom gekapselt.

Die Kriechstromfestigkeit ist in erster Linie eine Werkstofffrage, bei den organischen Kunststoffen hängt sie von der Art des Harzes ab. Die Phenolharz- (bzw. Kresolharz-) Preßstoffe haben schlechte Kriechstromfestigkeit. Unter ihnen sind die mit — viel — mineralischem Harzträger gefüllten Typen 11, 12, 16 und die den beiden ersteren ähnlich zusammengesetzten Typen 212 und 213 merklich besser als die Typen mit organischen Harzträgern und das Preßharz. Gut kriechstromfest sind Polystyrol, Plexigum, das Anilinharz, das Polyvinylcarbazol und der Typ 131 bei Niederspannung und vor allem die Superpolyamide.

Übrigens lassen sich Teile aus Werkstoffen schlechter Kriechstromfestigkeit kriechstromsicher machen, wenn man sie mit einem Kautschuküberzug versieht, z. B. mit einem Chlorkautschuklack oder mit einem „Dartex“-Überzug, einem aus Kautschuklatex durch Spritzen und Vulkanisieren erzeugten Hartgummiüberzug. Nach Röhrs half bei Hochspannungs-Zünderteilen aus Typ 31 ein Ölüberzug.

Durch VDE-Vorschriften sind auch für manche Anwendungsfälle der Starkstromtechnik Mindestkriechstrecken vorgeschrieben. Dennoch traten in schwierigen Fällen Überschläge ein. Durch k o n s t r u k t i v e M a ß n a h m e n läßt sich bei einem gegebenen Polabstand sehr viel zur Verminderung dieses Übelstandes tun, um trotz mäßiger Werkstoffeigenschaft das S t ü c k besser, schließlich sogar noch kriechstroms i c h e r zu machen. Gerade Preßstoff mit seinem hohen Fließvermögen erlaubt höchste Anpassung der Gestalt an den Zweck, besser als das ihm in dieser Hinsicht unterlegene Porzellan. Man kann s e h r h o h e, dünne und steile Kriechrippen mit Leichtigkeit formen und so die Kriechstrecke verlängern. Vorteilhaft ist dabei, die Kriechrippen in der Senkrechten im Raum anzuordnen, um sie von Staubniederschlag möglichst frei zu halten. Scharfe Kanten vermeide man. Die Oberfläche des in Frage stehenden Kriechstreckengebietes soll sehr glatt und in der Form poliert sein, um das Anhaften von Schwebstoffen zu verringern. Vor allem aber bieten die gegenüber den keramischen Baustoffen beträchtlich größeren Herstellgenauigkeiten die Möglichkeit, das Gerät fast dicht schließend abzudecken und es damit zwar nicht gegen Feuchtigkeit, wohl aber gegen Staub zu schützen. Wo diese Mittel nicht mehr ausreichen, müssen keramische Stoffe genommen werden.

Seit Jahren sind verschiedene Prüfverfahren erwogen und versuchsweise angewendet worden. Eine allen Anforderungen genügende Kurzprüfung der Kriechstromfestigkeit ist bis jetzt noch nicht festgelegt worden.

Die Durchschlagfestigkeit. Die in erster Linie brauchbaren Werkstoffe für den Hochspannungsbau sind die keramischen, wie Porzellan, Steinzeug und Steatit, ferner die Hartpapiere, weiterhin Preßspan und Papier unter Öl. Im unteren Bereich der Hochspannungen, etwa bis zu 10 000 V, werden aber auch Formteile aus regellosem Preßstoff verwendet. Die Tabelle 21 bringt daher auch Angaben über deren Durchschlagfestigkeit.

Von den nichtgeschichteten Preßstoffen sind Typ 31 und Typ 30 die durchschlagfestesten. Typ 74, der gröbere Gewebeschnitzel enthält, liegt im allgemeinen etwas niedriger als der Typ 31. Er neigt, besonders bei dünnen Wänden von nur einigen Millimetern Dicke, zur Inhomogenität. Die asbesthaltigen Preßstoffe sind für höhere Spannungen ungeeignet. Ihre Durchschlagwerte liegen niedrig und streuen außerdem sehr stark. Im übrigen ist bei Durchschlagprüfungen von sonst gleich hergestellten Preßteilen ganz allgemein mit ziemlich starken Streuungen zu rechnen, die bis zu etwa ± 30% betragen. Die geschichteten Typen 77 und 57 haben die höchste Durchschlagfestigkeit unter allen Preßstoffen und zugleich die geringste Streuung der Werte der Durchschlagfestigkeit, wenn sie senkrecht zur Schichtrichtung beansprucht werden.

Soll bei gegebenen Abmessungen ein Höchstmaß an Durchschlagfestigkeit herausgeholt werden, so ist die oft bei Preßstoff übliche schwarze Ausführung zu vermeiden, weil ungefärbter Preßstoff etwas durchschlagfester ist als gefärbter.

Beim Vergleich von Angaben über die Durchschlagfestigkeit ist Vorsicht geboten. Sie ist von vielen Faktoren der Prüfanordnung abhängig, von der Größe und Gestalt der Elektroden, von dem Medium, in dem der Durchschlag erfolgt, von der Stromart, von der Steigerung der Spannung in der Zeiteinheit, u. a. m. Angaben über die Durchschlagfestigkeit sind also nur gut verwertbar, wenn die Versuchsanordnung bekanntgegeben wurde (vgl. VDE-Leitsätze 0303). Dazu kommt, daß die Durchschlagfestigkeit nicht proportional der Dicke des Werkstückes zunimmt (s. Abb. 39). Angaben über die spezifische Durchschlagfestigkeit in kV/mm haben also nur Wert, wenn gleichzeitig die Dicke der geprüften Platte angegeben wird.

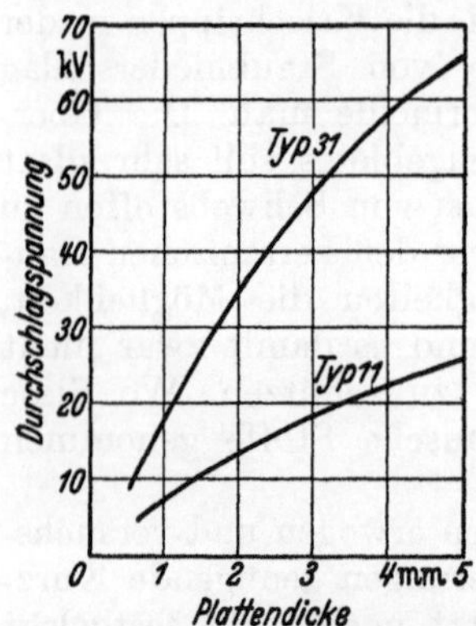

Abb. 39. Die spezifische Durchschlagfestigkeit je mm Plattendicke nimmt mit zunehmender Plattendicke ab.

Zuweilen verlangt der Besteller für ein bestimmtes geformtes Stück die Gewähr für eine Mindestdurchschlagfestigkeit. Solche Gewährleistung ist aber nur dann möglich, wenn außer den Prüfdaten auch eine bestimmte Prüfvorrichtung vereinbart wird, da unregelmäßige Körper nur mit besonderen Elektroden und Mitteln geprüft werden können.

g) Beständigkeit gegen chemische Angriffsmittel.

Die Beständigkeit gut ausgehärteter Phenoplaste und Aminoplaste gegen die lösende oder quellende Einwirkung organischer Lösungsmittel ist dank der dreidimensionalen Vernetzung des gehärteten Harzes ausgezeichnet. Da auch das Holzmehl in den üblichen organischen Lösungsmitteln unlöslich ist, zeigt auch der fertige Preßstoff die gleiche ausgezeichnete Beständigkeit. Nur von Phenolen und Naphtolen werden ausgehärtete Phenoplaste bei hohen Temperaturen angegriffen. Man macht von dieser Beobachtung bei der Analyse von Preßstoffen Gebrauch.

S ä u r e n. Phenol- oder Kresolharz in gut gehärtetem Zustande, z. B. das Preßharz, widersteht dem Angriff aller organischen und der nicht oxydierend wirkenden anorganischen Säuren, einschließlich konzentrierter Salzsäure und verdünnter Schwefelsäure. Die oxydierenden Säuren, wie konzentrierte Schwefelsäure, Chromsäure und Salpetersäure, zerstören das Harz sehr rasch. Dagegen zeigte sich an einem Preßharzprüfstab nach 6 Wochen langem Liegen in Akkumulatorensäure keinerlei Einbuße der mechanischen Festigkeit und des Oberflächenglanzes.

Phenol-Kunstharz-Preßstoffe mit säurebeständigem Asbest als Harzträger (bei der handelsüblichen Ausführungsart des Typ 12 ist das selten der Fall) verhalten sich ebenso. Es ist aber ein recht gut „säurefester" Preßstoff vom Typ 11 im Handel.

Als Sonderwerkstoff für chemische Beanspruchung wurde der Kunststoff „HAVEG[1]" entwickelt auf der Grundlage von Phenolharz mit säurebeständiger Asbestfaser als Harzträger. Die im Ausgangszustand pastenartige Masse wird in oder auf Holzformen von Hand aufgetragen oder eingestampft und darin kalt, mit Salzsäure versetzt als Katalysator, oder aber warm bei den üblichen Temperaturen gehärtet. „HAVEG" ist also kein Preßstoff. Nach diesem besonderen Verfahren werden gröbere, vor allem große Stücke, Rohre, Behälter bis 18 m³ Inhalt, Reaktionstürme, Rührer und anderes mehr massiv und fugenlos hergestellt. Sie finden seit zwei Jahrzehnten unter anderem in der chemischen Industrie, in Beizereien und Färbereien, bei Kunstseide-, Zellwolle-, Holzverzuckerungs-, Hydrier- und anderen Anlagen Verwendung. Die Wichte beträgt etwa 1,6 g/cm³, die Druckfestigkeit 800 kg/cm², die Biegefestigkeit etwa 400 kg/cm². Wesentlich ist die hohe Temperaturbeständigkeit von „HAVEG", 130° C; der Werkstoff ist überdies unempfindlich gegen schroffe Wärmeschwankungen. Er gestattet nachträgliche Umbauten und Reparaturen. Über die chemische Beständigkeit s. Tab. 22.

„HAVEGIT" ist ein selbsthärtender Säurekitt aus den gleichen Grundstoffen und mit den gleichen chemischen Eigenschaften wie „HAVEG". Er dient vorwiegend zur Herstellung von Ausmauerungen mit säurefesten Steinen.

„HAVEGIT-FA" ist eine ebenfalls auf Phenolharz aufgebaute, selbsthärtende Spachtelmasse, mit der Behälter und dergleichen aus Eisen oder Beton am Verwendungsort fugenlos ausgekleidet oder ummantelt werden.

„SILASIT" ist ein emailleartiger Überzug auf Kunstharzgrundlage, etwa 0,3 mm stark, zum Schutze von Eisen- und Metallteilen gegen aggressive Gase und Dämpfe.

Alle drei Werkstoffe sind beständig gegen fast alle Säuren, Lösungsmittel usw. mit Ausnahme oxydierender Säuren. Eine Sondersorte „HAVEG-ALCIPHEN" ist zusätzlich alkalifest.

Ausgezeichnete Werkstoffe zum Auskleiden von Behältern, als Schutz gegen den Angriff von nicht oxydierenden Säuren und von Laugen sind auch das Igelit PCU, s. S. 284, und das Polyisobutylen („Oppanol", „Dynagen") der I. G. Farbenindustrie. Das „Oppanol" erhält hierzu einen Zusatz von Graphit oder von Ruß („Org-Folien").

Die Phenolharz-Preßstoffe mit organischem Harzträger sind weniger säurebeständig als Reinharz und die säurefesten Sorten der asbesthaltigen Preßstoffe. Gegenüber den organischen und verdünnten anorganischen Säuren sind sie aber noch als leidlich beständig anzusprechen. Der Werkstoff wird von diesen kaum angegriffen, wohl aber

---

[1] Frühere Säureschutz-G. m. b. H., Berlin-Altglienicke.

Tabelle 22. Chemische Beständigkeit von „Haveg“-Kunstharzstoffen (nach Angaben des Herstellers).

HAVEG 41 ist beständig gegen				HAVEG 43 ist beständig gegen	HAVEG ist nicht beständig gegen
Säuren und saure Salze	Basen und ähnliches	Lösungsmittel	sonstige Chemikalien		
Salzsäure jeder Stärke	Ammoniak	Kohlenwasserstoffe	Chlor	Flußsäure	Salpetersäure
Phosphorsäure jeder Stärke	Ätzkalk	Petroleum	Chlorwasser gesättigt	Kieselflußsäure	Chromsäure in höheren Konzentrationen
Schwefelsäure verdünnt, bis 50%	Natriumkarbonat	Alkohol	Chlorkalkbrühe	Flußsäuremischungen	Schwefelsäure konzentriert
Schweflige Säure	Kaliumkarbonat	Öle	Schwefelchlorür	Fluorsalze	Natronlauge
			Schwefelwasserstoff	Kieselfluorsalze und andere Fluorverbindungen	Kalilauge
Organische Säuren	Phosphate	Tetrachlorkohlenstoff			
			Wasserstoffsuperoxyd		Natriumhypochlorit
Eisenchlorid	Wasserglas	Äthylenchlorhydrin			
Aluminiumchlorid	Schwefelnatrium alkalifrei	Trichloräthylen	Kupfervitriol		Organische Basen
Chlorzink	Neutrale Seifenlösungen		Aluminiumsulfat		Azeton
Chlorzinn usw.			Ammonsulfat usw.		

sinkt die Festigkeit des Stückes bei längerer Einwirkung infolge Quellung ab, wie es auch der Fall beim Liegen in Wasser ist.

Die Harnstoffharz-Preßstoffe sind weniger beständig als die Phenolharz-Preßstoffe.

Hartpapier und -gewebe auf der Basis von Kresolharz verhalten sich wie die Phenolharz-Preßstoffe mit organischem Harzträger. Unter den Naturharz-Preßstoffen gibt es sehr gut säurefeste Sorten, nämlich die Typen 917 und 918, wenn sie, wie meist üblich, mit Teerpech oder besser noch mit Bitumen oder Asphalt hergestellt sind. Aus ihnen werden in großem Umfange Akkumulatorenkästen gepreßt.

Alkalien. Reines Kresol- oder Phenolharz ist auch in völlig ausgehärtetem Zustande nicht alkalifest; Phenolharz-Preßstoffe sind daher grundsätzlich nicht alkalifest. Z. B. wird gut ausgehärtetes Preßharz von 10%iger Kali- oder Natronlauge schon in wenigen Wochen stark angegriffen. Die Oberfläche wird völlig zerstört und die Zerstörung pflanzt sich ständig nach innen fort. In sehr verdünnten Laugen aber ist kaum ein Angriff wahrzunehmen, z. B. in Seife oder Heringslake. In einer heißen Sodalösung dagegen hält sich Reinharz sehr gut, ebenso auch in Ammoniakdämpfen. Die immer nur teilweise gehärteten G u ß harze verhalten sich natürlich hierbei erheblich schlechter als richtig ausgehärtetes Preßharz.

Es ist aber auch möglich, ziemlich gut alkalifeste Phenolharz-Preßstoffe herzustellen, wie ein seit einiger Zeit im Handel befindlicher „alkalifester" Preßstoff vom Typ 11 zeigt. Im allgemeinen aber sind die handelsüblichen Phenolharz-Preßstoffe mit organischen wie auch anorganischen Harzträgern nicht alkalifest. Die organischen Harzträger verhalten sich naturgemäß noch schlechter als die anorganischen, da ihre größere Quellung den chemischen Angriff erleichtert, und weil der organische Harzträger selbst ebenfalls von Alkalien angegriffen wird. Die häufig vorkommenden schwachen Basen, wie Kalk- und Seifenwasser, stark verdünnte Soda- und Pottaschelösungen, wirken kaum stärker als reines Wasser.

In gleicher Weise empfindlich wie die organischen Phenolharz-Preßstoffe sind Hartpapier und Hartgewebe.

„Haveg-Alciphen" ist nach Angaben des Herstellers außer gegen nicht oxydierende Säuren, saure Salzlösungen, Chlor und organische Lösungsmittel auch gegen Ätzalkalien völlig beständig.

Die Harnstoffharz-Preßstoffe sind bei richtig geführter Härtung alkalibeständiger als die Phenolharz-Preßstoffe mit organischem Harzträger.

Über die oft hervorragende chemische Beständigkeit der warmerweichbaren Kunststoffe siehe im zweiten Abschnitt.

h) Licht, Wetter und andere Beanspruchungen.

Licht. Das Harnstoffharz selbst ist sehr lichtbeständig. Weiße und elfenbeinfarbige Teile aus dem Typ 131, die ein Jahr im Freien gelegen hatten, veränderten sich nicht. Bei der gleichen Prüfung zeigten jedoch Teile aus farbigen Harnstoffharz-Preßstoffen ein deutliches leichtes Verblassen. Der Farbstoff hatte an Leuchtkraft eingebüßt. Für den üblichen Gebrauch in Räumen mit meist diffusem Licht kann man aber alle Harnstoffharz-Preßstoffe als praktisch lichtecht bezeichnen.

Das Phenol- und Kresolharz dagegen dunkelt, auch bei Lichtabschluß, immer nach, entsprechend wird auch der Preßstoff und das Preßstück dunkler. An den dunkelbraunen und schwarzen, aber auch an anderen dunkleren Phenolharz-Preßstoffen ist keine Farbänderung wahrzunehmen. Diese sind also als sehr gut lichtbeständig anzusprechen.

Bei den hellblauen Phenolharz-Preßstoffen, die weder verwendet noch hergestellt werden sollten, äußert sich die Harzverfärbung in einem in wenigen Monaten vor sich gehenden starken Farbumschlag ins braune. Sehr helles Grün verhält sich ähnlich. Kräftig gefärbte grüne, rote und gelbe Phenolharz-Preßstoffe sind als gut lichtbeständig anzusprechen.

O z o n verändert das Aussehen der Oberfläche nicht, ebenso auch nicht den Oberflächen-Isolationswiderstand. Er dunkelt aber Phenolharze nach, durch Oxydation.

W e t t e r b e s t ä n d i g k e i t. Geräte mäßiger Größe, etwa mit einer größten Abmessung von 250 mm, aus dem Typ 31 mit 50% Harzgehalt bestehend und sachgemäß ausgehärtet, haben sich im Freien, nicht überdacht, in jahrelangem Betrieb bewährt. Die Oberfläche verlor allerdings ihren Glanz, sie wurde matt. Die Teile waren preßgerecht konstruiert, sie hatten mäßig wechselnde Querschnitte wie Augen und Rippen. Ein schädlicher Verzug oder eine Rißbildung trat nicht ein.

In der Nähe von Fabriken mit Abgasen trat zuweilen eine leichte Verfärbung der Oberfläche, als Folge niedergeschlagener Gase, ein; das Stück blieb intakt.

Bei größeren Abmessungen wird man mit den mineralischen Typen besser fahren. Der Typ 31 mit weniger als 40% dürfte sich für eine Verwendung im Freien auch bei kleinen Abmessungen weniger eignen, Typ 131 erscheint bedenklich.

Die Beanspruchung, die ein Gerät aus Preßstoff im Freien durch Feuchtigkeit erfährt, ist beträchtlich geringer als in d a u e r n d feuchter Luft, also im Keller oder in Wäschereien.

L a g e r n i m E r d r e i c h. Preßteile aus Typ 31, die in den USA versuchsweise 16 Jahre lang im (wahrscheinlich trockenen! Der Verf.) Erdreich gelagert wurden, zeigten keine nennenswerte Verschlechterung der Oberfläche und keine Veränderung der Festigkeit. In Deutschland werden für die Kabelverlegung seit vielen Jahren für besondere Fälle auch nichtleitende Kabelmuffen, und zwar aus Typ 12 benutzt, siehe Abb. 227, welche die Verbindungsstellen des Kabels im Erdreich schützen. Sie haben sich gut bewährt.

D a s a k u s t i s c h e V e r h a l t e n. Für akustische Zwecke scheint sich Preßstoff ebenso gut wie Holz zu eignen. Wiederholte Versuche mit Gehäusen für Lautsprecher ergaben keinerlei Unterschied in der Klangreinheit und -schönheit zwischen Holz und Preßstoff Typ 31.

R ö n t g e n s t r a h l e n vermögen Kunstharz-Preßstoffe und andere Kunststoffe leicht zu durchdringen. Metalleinbettungen heben sich im Röntgenbild deutlich ab. Etwa beim Einpressen entstandene Verlagerungen oder Verbiegungen der Einlagen sind daher gut feststellbar.

H y g i e n i s c h e A n f o r d e r u n g e n, G e r u c h u n d G e s c h m a c k. Die glatte dichte Oberfläche der Kunstharz-Preßstoffe, ihre Härte und Griffestigkeit, die gute Wasserbeständigkeit und Allgemeinbeständigkeit gegenüber vielen chemischen Mitteln machen sowohl die Phenolharz- wie auch Harnstoffharz-Preßstoffe sehr geeignet für Gegenstände des täglichen Bedarfs. Die Harnstoffharz-Preßstoffe werden in den hellen Farben sehr viel für medizinische, sanitäre und Haushaltgegenstände verwendet.

Die raschhärtenden Phenolharz-Preßstoffe hatten bis vor kurzem noch den Nachteil einer merkbaren Ammoniakabsonderung, die als Geruch wahrzunehmen war. Das machte sich bei geschlossenen Geräten, bei luftdicht gekapselten Gehäusen und bei Dosen mit Schraubverschluß unangenehm bemerkbar. Neuerdings werden diese Typen als Sonderausführung auch ammoniakarm hergestellt.

Beim Typ 30 tritt ein leichter Geruch von Karbolsäure auf. Wo Typ 30 unvermeidlich ist, muß man diesen Übelstand in Kauf nehmen.

Eß- und Trinkgeschirr muß geruch- und geschmackfrei sein, natürlich auch bei Verwendung von siedend heißem Tee und Kaffee. Diesen Anforderungen genügen, falls wirklich sachgemäß verarbeitet, folgende Preßstoffe: Preßharz in besonders hohem Maße; Melaminharzstoffe („Ultrapas“); danach der Typ 131 in der Ausführungsform mit Zellulose als Harzträger. Tee verursacht bei ihm eine leichte Bräunung der Oberfläche[1]. Weniger zu empfehlen ist der Typ 31, selbst in der ammoniakfreien Ausführungsart; er kommt schon seiner dunklen Farben wegen kaum in Betracht. Die stete W e c h s e l belastung trocken—heißnaß, dazu bei einseitiger Benetzung des Gegenstandes, ist für Preßstoffe. mit faserigem Harzträger eine schwere Beanspruchung. Gegenstände mit schroffem Querschnittswechsel (dünnwandige Tassen mit dickem Henkel) sind gefährdet, solche mit gleichem Querschnitt kaum.

Die alten Teerpech-Preßstoffe Typ 914, 917 und 918 rufen bei manchen hierfür besonders empfindlichen Personen Hautreizungen oder Ausschläge hervor, wenn das Preßstück in dauernder enger Berührung mit der Haut ist, wie es z. B. bei Kopfhörern der Fall ist. Es scheint, daß auch der Typ 30 (Kresolharz!) sich ähnlich verhält. Die Reichspost läßt daher diese Typen für den genannten Verwendungszweck nicht zu. Die Typen 31, 131, und 400 sind dagegen völlig unschädlich und von der Reichspost für diese Zwecke erlaubt.

---

[1] N i t s c h e u. E s c h : Untersuchungen an Eß- u. Trinkgeschirren aus Kunstharz-Preßstoffen. — Kunststoff-Technik Bd. 10 (1940) S. 57/62, S. 91/93. E s c h , W.: Zur Prüfung u. Bewertung von Kunstharz-Preßstoffen auf Harnstoffharzgrundlage. — Kunststoff-Technik Bd. 11 (1941) S. 317/19.

6. Die Preßtechnik und die Preßformen.

a) Das Pressen (Preßspritzen s. S. 154).

Allgemeines. Nachfolgend wird das (Warm-) Preßverfahren für die härtbaren Kunstharz-Preßmassen beschrieben. Sonderheiten bei der Verpressung von H a r n s t o f f h a r z - P r e ß m a s s e n und P r e ß - h a r z werden auf Seite 126 bis 129 behandelt. Über die Herstellung von Formteilen bei sehr niedrigen Drücken, das N i e d e r d r u c k - P r e ß v e r f a h r e n , siehe S. 132. Auf das Kaltpreßverfahren wurde bereits auf Seite 39 eingegangen.

Für das Pressen werden geheizte Formen, fast stets aus Stahl (s. S. 136) benutzt. Vor dem Beschicken wird die heiße Form kurz durch einen Preßluftstrahl sauber ausgeblasen. Dann werden etwa einzu- bettende Metallteile eingesetzt und die Preßmasse, in Form von loser Masse oder als Tablette, in die untere Formhälfte gelegt. Sofort danach wird die Form geschlossen. Hierbei drückt der Oberstempel die Preß- masse zusammen und verdrängt dabei einen großen Teil der darin ent- haltenen Luft. Die Masse schmilzt an den heißen Formwänden, wird plastisch und unter nun steigendem Preßdruck gezwungen, die Form auszufüllen. Damit das Stück auch wirklich gut dicht wird, wird stets etwas mehr Preßmasse zugeführt, als dem Rauminhalt des Stückes ent- spricht. Dieser geringe Überschuß entweicht durch den (sehr engen) Führungsspalt zwischen Ober- und Unterteil oder durch zusätzliche enge Austriebkanäle. Die Form bleibt nun unter Druck solange geschlossen, bis das Harz gehärtet ist, also aus dem Zustand A (der Preßmasse) in den Endzustand C (Preßstoff) überführt worden ist. Dann wird sie geöffnet und das heiße, aber schon ziemlich gut steife Stück durch einen Preß- luftstrahl herausgeblasen oder von besonderen Auswerferstiften heraus- gedrückt. Nach endgültiger Abkühlung ist es völlig hart und formsteif.

Das Stück erhält dabei eine Oberfläche, die der Formoberfläche ent- spricht. Wenn hochglänzende Preßstücke gewünscht werden, muß also die Form hochglanzpoliert sein, sonst genügt ein gutes Glätten. Eine Hochglanzpolitur der Form erleichtert das Trennen des Preßteiles von der Form, vermindert die Reibung der fließenden Preßmasse an den Formwänden, erfordert deshalb geringeren Preßdruck und mindert den Formverschleiß (Maßhaltigkeit der Preßstücke!)

Es ist nicht nötig, die Form einzufetten, die Schönheit der Ober- fläche des Stückes kann dadurch u. U. geringer werden. Es erübrigt sich auch, weil die Preßmasse bereits ein wachsartiges Gleitmittel, meist ist es Stearinsäure, enthält. Phenolharz-Preßmassen mit Asbest als Harzträger haben allerdings eine leichte Neigung zum Anbacken, bei ihnen ist ein Einfetten der Form mit einem harten Montanwachs nicht immer zu umgehen.

Das Härten. Die übliche, das Phenol-Novolak-Harz enthaltende Schnellpreßmasse beginnt bei etwa 120° zu härten, wenn auch erst langsam, hier setzt die chemische Umwandlung ein. Sie härtet bei einer Formtemperatur von 170° in etwa 30 bis 45 Sekunden je 1 mm Wanddicke aus. Örtliche Verdickungen, wie Augen und Rippen, verlängern die Härtezeit entsprechend. Die asbesthaltigen Preßmassen haben eine höhere Wärmeleitzahl und härten daher etwas schneller. Die wenigen langsam härtenden Phenol-Resol-Preßmassen vom Typ 30 benötigen die 2½- bis 3fache Härtezeit wie die Schnellpreßmassen. Von zwei Phenolharz-Preßmassen von gleichem Fließvermögen, aber verschiedenem Harzgehalt, härtet die mit dem höheren Harzgehalt schneller. Eine (billige) „Kresolharz-Preßmasse" des Typ 31, die in Wirklichkeit eine Kresol-Phenolmischung ist, kann nie ebenso rasch härten wie eine reine Phenolharzmischung.

Ein einheitliches Verfahren zur Prüfung der A u s h ä r t u n g ist bis jetzt nicht festgelegt worden. Üblich ist als guter Behelf der einfach durchzuführende K o c h v e r s u c h (vgl. DIN 53460). Diese Kochprobe ist in vielen Preßwerken üblich und gibt auch dem Besteller die Möglichkeit der Prüfung auf eine leidlich gute Härtung hin. Man nennt danach einen Gegenstand brauchbar, wenn er nach 15 Minuten Liegen in siedendem Wasser auch an seinen dicksten Stellen keine Aufblähungen zeigt und sein Oberflächenglanz sich dabei nicht erheblich verschlechtert. In der DIN-Vornorm 7703, Lager aus Kunstharz-Preßstoff, Technische Lieferbedingungen u. a. m. ist eine weitergehende Kochprüfung vorgeschlagen worden. Im Materialprüfungsamt Dahlem hält man mit Recht 15 Minuten nicht für ausreichend. Probestäbe wie Preßteile werden 30 Minuten in kochendem Wasser gelagert. Bei dieser langen Kochzeit ist die Kochprobe ein recht brauchbares Prüfmittel für die Härtung. Geht man noch weiter und beurteilt die gekochten Teile, nachdem sie nach dem Kochen 2 bis 3 Tage trocken lagen, so wird die Prüfung noch aufschlußreicher. Oft treten erst dann die Fehler unsachgemäßer Beheizung der Form oder schlechter Härtung hervor, meistens als Risse. Dies gilt vor allem für den Typ 131.

Der „Warm-Härteprüfer" nach Schmidt-Bisterfeld soll die zerstörungsfreie Prüfung beliebiger Preßteile oder Probestäbe, und zwar nach dem Erkalten des Preßteils, ermöglichen. Nach diesem Verfahren wird die Eindringtiefe eines an seinem unteren Ende kegeligen, elektrisch geheizten Stahldornes gemessen. Die Temperatur des Dornes beträgt bei Phenolharz-Preßstoffen 300°, bei Harnstoffharz-Preßstoffen 200°. Die Eindringtiefen werden in Abhängigkeit von der Zeit selbsttätig aufgezeichnet. Der Verlauf der Eindringkurve gibt Aufschluß über die Härtung. Das Gerät ist jetzt im Materialprüfungsamt Dahlem einer umfassenden Prüfung unterworfen worden. Danach kann der Aushärtungsgrad an beliebigen Preßteilen ohne Kenntnis der verwendeten Preßmasse, also unabhängig vom Preßwerk, nicht schnell und zuverlässig zahlenmäßig festgestellt werden[1].

Nach einem anderen Verfahren stellt man die K u g e l d r u c k
h ä r t e des noch warmen Stückes s o f o r t nach dem Herausnehmen
aus der Form fest. Innerhalb dieser kurzen Zeitspanne sind nämlich gehärtete Kunstharz-Preßteile noch in ziemlichem Maße plastisch, eine
Eigenschaft, die sie aber von Sekunde zu Sekunde verlieren und die sie

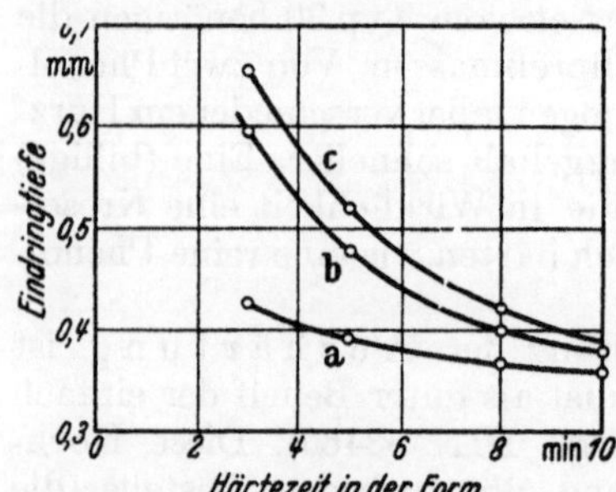

Abb. 40. Warm-Eindringtiefe von drei Sorten des Typ 31, gemessen sofort nach dem
Herausnehmen aus der Form, nach verschiedenen Härtezeiten.

nach dem Erkalten bei einer späteren
Wiedererwärmung auf die Formtemperatur nicht wiedergewinnen,
zum mindesten nicht angenähert in
diesem Maße. Abb. 40 zeigt die so
an Normstäben $10 \times 15 \times 120$ (mm)
gemessene Kugeldruckhärte in Abhängigkeit von der Härtezeit. Die
Messung wurde 10 Sekunden nach
dem Herausnehmen aus der Form
vorgenommen. Ein Preßteil kann
als ausgehärtet betrachtet werden,
wenn durch längere Härtezeit keine
Härtesteigerung mehr eintritt, etwa

Kurvenverlauf a; Werkstoffe b und c sind nach 10 Minuten noch nicht
ausgehärtet. Diese und die folgende Prüfung ist nur vom Preßwerk
ausführbar.

In ähnlicher Weise kann man nach Krahl aus der Durchbiegung
eines Prüfstabes sofort nach dem Herausnehmen aus der Form, die in
Abb. 48 gezeigt ist, unter einer bekannten Last auf die Aushärtung
schließen[2].

Darüber, ob auch das Innere eines dickeren Preßteiles ausgehärtet
ist, sagen diese Prüfweisen nichts oder nur wenig aus, denn das Prüfergebnis ist hauptsächlich von der Härte der äußeren Schichten abhängig. Die Kochprüfung vermag dies, falls man solange kocht, bis
auch das Innere auf 100° gebracht wurde. Sie versagt aber, wenn z. B.
das Preßstück zwar bei sehr hohen Temperaturen, aber nur kurze Zeit
gehärtet ist. Dann ist unter Umständen die Haut hart genug, um bei
der Kochprüfung dem Gasdruck des schlecht gehärteten Kernes zu
widerstehen. Im allgemeinen ist aber die restlose Aushärtung auch des
Innern auf die mechanischen Eigenschaften von geringem Einfluß,

---

[1] Siehe dazu R. N i t s c h e u. E. D o b e r : Zur Prüfung warmgepreßter
Kunstharzpreßstoffe auf Aushärtung — Kunststoff-Technik Bd. 10 (1940) S.
313/22.

[2] K r a h l , M.: Preßtechnische Eigenschaften der Phenoplaste. — Plastische
Massen Bd. 4 (1934) S. 157/60 u. 189/94; behandelt Fließvermögen, Häftungsvermögen und Schließzeit.

mehr schon auf die elektrischen; dagegen ist sie bei stark feuchtbeanspruchten Stücken unbedingt notwendig, um Quellung und Verzug möglichst zu vermeiden. Das Stück kann leicht reißen, wenn seine dickeren Stellen weniger ausgehärtet sind als die dünnen.

Hauck veröffentlichte 1948[1] ein neuartiges Verfahren zur Prüfung des Aushärtungsgrades. Dessen Kritik bzw. eingehende praktische Erprobung steht noch aus. Wertvoll ist, daß die Prüfung zerstörungsfrei ist und unabhängig von der Fertigung nachträglich vorgenommen werden kann und daß auch das Innere erfaßt wird. Das nicht einfache optisch-elektrische Meßgerät wird samt dem Prüfling im Heizschrank mit stetiger Steigerung erwärmt und dabei das Wachsen des Dickenmaßes des Teiles beobachtet. Ausgehärtete Teile zeigen einen geradlinigen, nicht ausgehärtete einen unregelmäßigen Verlauf der Zunahme der Dicke in Wärme, eine S-förmige Kurve als Folge einer Nachhärtung.

Eine Röntgendurchleuchtung vermag mit ziemlicher Sicherheit ein Bild von der Gleichmäßigkeit der Durchhärtung zu geben[2].

Verwendung von Alt- oder Ausschußpreßteilen. Es hat nach Ansicht maßgebender Fachleute, gestützt auf vorgenommene Versuche, wenig wirtschaftlichen Wert und keinen technischen Nutzen, derartige, richtig ausgehärtete Preßteile zu Pulver zu vermahlen und dieses den entsprechenden Preßmassen zum Zwecke einer Wiederverwertung zuzuführen. Das Ergebnis ist nichts weiter als eine bloße „Streckung" einer sonst guten Preßmasse. Dies träfe dann allerdings nicht zu, wenn die Teile schlecht, unvollkommen gehärtet worden waren.

Wohl aber werden allgemein noch nicht ausgehärtete Fertigungsabfälle z. B. Austrieb (Überschuß beim Pressen) mit Recht der Preßmasse wieder zugesetzt, nachdem sie gemahlen wurden.

Das nachträgliche Härten. Das Nachhärten wird gelegentlich angewendet, um den in der Form aus irgendeinem Grunde nur annähernd ausgehärteten Werkstoff besser in den Zustand C überzuführen. Ein Nachhärten der schnellhärtenden Phenolharz Preßstoffe ist nur in seltenen Fällen notwendig, etwa bei Stücken von sehr dickem Querschnitt oder erheblichen Verdickungen, wenn die völlige Durchhärtung des Inneren in der Preßform allein unwirtschaftlich wäre.

Durch die Nachhärtung steigt der Isolationswiderstand, die Beständigkeit gegen Feuchtigkeit, die Wärmebeständigkeit und die chemische Beständigkeit. Der Isolationswiderstand steigt aber nur dann, wenn die entstehenden Gase, wie Wasserdampf und Ammoniak, frei entweichen können, wenn also das Nachhärten nicht in einem geschlossenen Kessel unter Druck vorgenommen wird.

---

[1] H a u c k : Neues Verfahren zur Bestimmung des Aushärtungsgrades härtbarer Kunstharzpreßstoffe. Kunststoffe Bd. 38 (1948) S. 99/103.

[2] N i t s c h e : Arbeiten u. Aufgaben des MPA. Kunststoff-Technik Bd. 9 (1939) S. 39/47.

Bei thermisch hochbeanspruchten Stücken, wie Lampenfassungen für gekapselte Leuchten oder Teilen für Heizgeräte, ist weitestgehende Aushärtung nötig, um spätere Maßveränderungen zu vermeiden. Hierdurch kann man zugleich die Formbeständigkeit nach Martens, also die Warmfestigkeit noch steigern. Dazu ist nötig, daß die Nachhärtung zwar überwiegend bei etwa 125°, zum Schluß aber kurzzeitig bei 180 bis 200° durchgeführt wird. Solche Teile sollten stets aus Preßmassen mit anorganischen Harzträgern hergestellt werden, also aus den Typen 16, 11 und 12, die ein langes Nachhärten und hohe Warmbeanspruchung ohne Schädigung ertragen.

Der beim Nachhärten nochmals eintretenden erheblichen Maßverkleinerung (Schrumpfung) muß durch geeignete Bemessung der Form Rechnung getragen werden. Ein leichter Verzug des Stückes ist nicht immer zu vermeiden. Die Tab. 33a S. 185 gibt Beträge der Nachschwindung in Wärme.

Die Preßtemperatur. Die Härtungsgeschwindigkeit einer gegebenen Phenolharz-Preßmasse ist sehr stark temperaturabhängig. Phenolharz härtet auch bei Zimmertemperatur, wenngleich auch erst in Jahren. Unter 120° ist die Härtungsreaktion nur schwach wahrnehmbar, und erst über etwa 130° beginnt das Harz einigermaßen schnell zu reagieren. Daher wird äußerst selten unter 140° gearbeitet. Die günstigste Temperatur ist in den meisten Fällen etwa 170°. Abb. 41 zeigt den Einfluß der Temperatur auf die für einen bestimmten Aushärtungsgrad erforderliche Härtezeit.

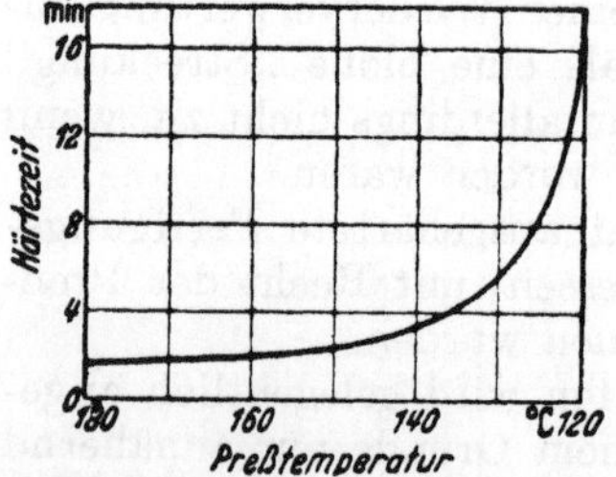

Abb 41. Preßzeit (Härtezeit) in Abhängigkeit von der Preßtemperatur bei einem gegebenen Preßteil.

Die Anwendung noch höherer Temperaturen, etwa über 180°, ist bei organischen Harzträgern gefährlich, da sie hierdurch, besonders bei längerer Erwärmung, eine Einbuße an Festigkeit erleiden. Der Werkstoff zersetzt sich dann unter Gasabscheidung; außerdem treten infolge des hohen inneren Gasdruckes bei hohen Temperaturen sehr leicht Aufblähungen an dickeren Stellen auf.

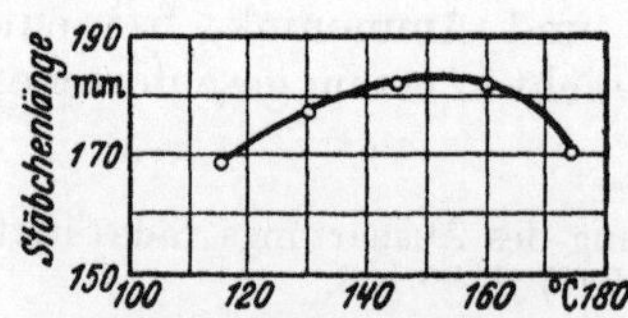

Abb. 42. Fließbarkeit in Abhängigkeit von der Preßtemperatur.

Flachere Teile werden meist mit möglichst hoher Temperatur gepreßt, etwa bis zu 175°, um große Stückleistungen der Preßform zu bekommen. Je höher aber die Masse in der Form steigen muß, wie bei hohen Hauben, desto mehr muß mit der Temperatur heruntergegangen werden, unter Umständen bis an etwa

145° heran, um eine Verbesserung des Fließvermögens zu bekommen. In Abb. 42 ist diese Abhängigkeit des Fließvermögens von der Temperatur dargestellt, ermittelt mit dem Fließbarkeitsprüfer, siehe S. 120.

Hat das Stück sehr dicke Wände, etwa 20 mm und mehr, und handelt es sich dabei um Phenolharz-Preßmassen mit organischem Harzträger, wie Zellstoff, oder um dicke Hartpapierplatten, so härtet man bei höchstens 135°, um durch stundenlanges Einhalten dieser Temperatur auch den Kern auszuhärten. Die Temperatur wird niedrig gehalten, um die organische Faser bei der langen Wärmeeinwirkung zu schonen. Für dicke Querschnitte sind die asbesthaltigen Preßmassen grundsätzlich besser geeignet, da sie dank ihrer höheren Wärmeleitfähigkeit auch im Kern schneller härten.

Ein zuverlässiges Mittel für die Messung der Temperatur sind die sogenannten ,,Schmelzkörper[1]“, organische Verbindungen von bestimmtem Schmelzpunkt. Ebenso sicher arbeiten Thermoelemente, die in die Form eingebaut werden. Außerdem gibt es kleine elektrische Anlege-Pyrometer, Handgeräte, ebenfalls mit thermoelektrischen Meßstellen.

Viele farbige Phenolharz-Preßmassen sind recht temperaturempfindlich; die Farbe des Stückes fällt je nach der Temperatur verschieden aus. Diese Neigung zum Umschlagen haben in der Hauptsache die synthetischen organischen Farben, weniger die anorganischen Farbpigmente. Auch die Farbe des Harzes wird mit zunehmender Temperatur dunkler. Solche Preßmassen müssen daher zweckmäßig bei möglichst niedrigen Temperaturen verarbeitet werden (etwa zwischen 140 und 150°), weil hier die Farbschwankungen am geringsten sind. Längere Härtezeiten müssen eben in Kauf genommen werden. Formtemperatur und Härtezeit merkt man sich, um später den gleichen Farbton wieder zu treffen. Besonders empfindliche Farben sind hellgrau, hellgrün und vor allem hellblau. Sie sind nicht nur schwer zu verarbeiten, sondern verändern sich später noch. Teile mit diesen Farben sollten nur aus Harnstoffharz-Preßmassen hergestellt werden.

Die Verwendung von Preßmassetabletten. In welchem Zustand man die Preßmasse in die Form gibt, ob als lose Masse oder als kalt gepreßte Tablette, ist von vielen Erwägungen abhängig. Die Herstellung von Tabletten aus der lockeren Preßmasse ist ein zusätzlicher Arbeitsgang und erscheint zunächst als ein Umweg und eine Verteuerung. Bei ganz hellen Farben, vor allem beim Typ 131, ist das Tablettieren sogar gefährlich, denn die Masse könnte hierbei vielleicht verschmutzen; damit entsteht Ausschuß. Sind ferner die Tabletten nicht fest genug, so entsteht ein Preßmasseverlust durch Zerbröckeln. Schließlich treten bei der Tablettenherstellung wie bei jedem Arbeitsgang Werkstoffverluste auf. Es sprechen aber viele unbestreitbare Vorteile für die Tablettierung. Sie erlaubt leichter, mit v o r g e w ä r m t e r Preßmasse zu arbeiten.

---

[1] Hersteller: F. Merck, Chem. Fabrik, Darmstadt.

Tabletten lassen sich sehr gut durchwärmen, Pulver infolge des höheren Luftgehaltes schlechter. Vorwärmen bietet aber verschiedene preßtechnische Vorteile. Weiterhin kann man bei Beschickung mit Tabletten oft eine wirtschaftlichere oder zuverlässigere Formbauweise anwenden. Ferner wird der Füllraum der Form und damit die Form selbst niedriger. Bei den Massen von grober Struktur bekäme man ohne Tablette einen untragbar hohen Füllraum. Alles in allem sind die Kosten bei Verwendung loser wie tablettierter Masse schließlich die gleichen, von denen des Vorwärmens abgesehen.

Ob das Beschicken mit loser Preßmasse oder Tabletten schneller vonstatten geht, hängt von der Art der Preßmasse und den vorhandenen Zumeßvorrichtungen für Preßmasse ab. Mit pulverförmigen Preßmassen kann im allgemeinen fast ebenso schnell lose wie tablettiert beschickt werden, wenn der Presser mit einem Hohlmaß abgepaßter Größe arbeitet und den Überschuß abstreicht. Bei größeren Stücken aber wird die Preßmasse besser abgewogen, um genauer arbeiten zu können. Überdies gibt es rasch arbeitende Abfüllmaschinen für lose Masse. Der Presser dosiert also nicht selbst, sondern braucht nur nach den bereits gefüllten Bechern zu greifen.

Die asbesthaltigen Preßmassen (Typ 11 und 12) lassen sich etwas schlechter als der Typ 31 tablettieren. Schwierig tablettierbar ist der Typ 131, wenn er, wie es meistens der Fall ist, unter Verwendung von Zellstoff aufgebaut ist. Preßmasse Typ 131 wird der guten Transparenz und Durchfärbung wegen äußerst fein gemahlen und enthält daher sehr viel Luft. Beide Umstände erschweren das Tablettieren. Selbst der Typ 31 wird dann etwas schwierig tablettierbar, wenn er besonders fein vermahlen ist.

Abb. 43. Tablettenautomat für pulverförmige und grobfasrige Preßmassen (Bedienungsseite). Hersteller: Hans Blache, Berlin-Neukölln.

Für die Preßmassen grober Struktur (die Typen 16, 51 bis 57 und 71 bis 77) ist eine halbautomatische Tablettenpresse entwickelt worden.

Einen Tablettenautomaten zeigt Abb. 43. Tab. 23 zeigt das Verhältnis der Rauminhalte von loser Preßmasse zu kalt verdichteter Tablette zu fertigem Preßteil und den Tablettenverdichtungsgrad.

Tabelle 23. R a u m i n h a l t l o s e M a s s e z u T a b l e t t e z u P r e ß t e i l.

	Typ 31	Typ 131	Typ 12	Typ 71	Typ 74	Typ 51	Typ 54
Lose Masse	2,3...2,65	2,5...3,3	3,3...4,3	rd. 6	rd. 13		
Tablette	1,2...1,4	1,3...1,7	1,4...2	1,5...1,7	1,5...1,8		
Preßteil	1	1	1	1	1	1	1

T a b l e t t e n - V e r d i c h t u n g s g r a d (nach H. Blache)

$\dfrac{\text{Lose Masse}}{\text{Tablette}} =$	Typ 31	Typ 131	Typ 12	Typ 71	Typ 74	Typ 51	Typ 54
	2,1...1,9	2...1,9	3...2	4...3,5	9...7	4...2,5	10...6
	1	1	1	1	1	1	1

In den USA wird viel mehr mit Tabletten gearbeitet als in Deutschland, man tablettiert in etwa 90% aller Fälle[1]. Außerdem macht man bei verwickelteren tiefen Teilen die Tablette schon der Gestalt des Stückes im G r o b e n ähnlich, ferner setzt man dabei einzubettende Metallteile schon in die Tablette ein, beides, um die Zeiten an der Presse selbst kurz zu halten.

Das Vorwärmen der Preßmasse. Die Vorwärmung der Preßmasse vor dem Beschicken der Form bietet so große Vorteile, daß oft der Nachteil eines zusätzlichen Arbeitsganges in Kauf genommen werden kann oder sogar muß. Ohne Vorwärmen der Masse sieht z. B. bei einem Gehäuse für ein Rundfunkempfanggerät von etwa 3,5 kg Gewicht der Preßvorgang wie folgt aus[2]: „Die Masse wird in die Form gefüllt und diese geschlossen. Das noch kalte und darum harte Pulver wird an die heißen Metallflächen gedrückt, wird weich, kommt zum Fließen und beginnt zu härten; beim Fließen reißt es infolge des hohen Druckes noch kältere, härter Teilchen mit sich; örtlich tritt hohe Reibungswärme auf und damit stellenweise durch die chemische Reaktion eine stärkere Härtung. Durch die Hitze und den chemischen Vorgang entstehen flüchtige Substanzen, Wasser und Ammoniak, die sich in der noch kühleren Preßmasse niederschlagen bzw. anreichern. Diese Vorgänge spielen sich in einem Zeitraum von ungefähr ¾ Minute ab; die Preßmasse, die durch den Masselieferanten gleichmäßig angeliefert wurde, ist nun völlig ungleichmäßig geworden, nämlich durch die Beanspruchung in der Form. Das Preßstück zeigt Wolken, Adern, Stellen verschiedenen Glanzes u. a. m. Bei der sonst normalen Preßtemperatur

---

[1] C h a s e , H.: Production-wise-moulding — Machinist, Ldn, Bd. 81 (1937) S. 1146/8.

[2] K r a h l : im Heft „Resinol-Schnellpreßmassen, die Preßtechnik der Phenoplaste" der Fa. Dr. F. Raschig, Ldwgsh. a. Rh. Dieser ausgezeichneten Werbebroschüre entstammen die Mehrzahl der Diagramme über Temperatur, Fließvermögen, Vorwärmen und Preßdruck.

von 170° würde also ein Teil der Preßmasse schon durch die Härtungsreaktion verändert sein, bevor die Masse die Form völlig ausgefüllt hat. Man muß daher bei derartig großen Gegenständen die Preßtemperatur stark heruntersetzen, wodurch sich die Härte- und Fließzeit verlängert, also die Leistung zurückgeht. Da es unmöglich ist, eine zusammengeballte Menge Preßmasse von mehreren Kilogramm in wenigen Sekunden gleichmäßig zu erwärmen, darf man der Preßform diese Arbeit, die ihr nicht zukommt und die sie nur fehlerhaft erledigen kann, nicht zumuten."

Das Vorwärmen dagegen vermeidet fast alle diese Mängel, selbstverständlich nicht nur bei großen, sondern auch bei kleinen Stücken. Gründliches, je nach Tablettendicke etwa ½- bis 1 ½stündiges Vorwärmen der Tabletten im Wärmeschrank bei 90 bis 100° ergibt glatte und völlig schlierenfreie Preßteiloberflächen, auch wenn es sich um Preßteile mit sehr hohen Wänden handelt. Werden allerdings die Tabletten nicht einigermaßen gleichmäßig durchwärmt, so kann die Oberfläche u. U. noch schlechter werden, als wenn mit kalten Tabletten gearbeitet wurde.

Das Vorwärmen verringert die Neigung zur Blasenbildung und macht das Preßstück auch homogener und spannungsfreier. Es ist bei sonst gleicher Härtezeit im Innern besser durchgehärtet. Gute Vorwärmung erhöht das Fließvermögen der Preßmasse ganz bedeutend, die Form schließt sich rascher; die Temperatur darf höher sein, denn die Gefahr, daß der Werkstoff schon beim Fließen härtet, wird geringer. Damit bekommt man eine kürzere Schließ- und Härtezeit, arbeitet also wirtschaftlicher. Die Form wird mehr geschont; es besteht weit weniger Bruchgefahr für schwache frei stehende Einzelheiten der Form.

Durch Vorwärmung der Preßmasse erhöht sich der Isolationswiderstand des Preßteiles, denn es wird Feuchtigkeit ausgetrieben. Bei dickwandigen Teilen ist die Vorwärmung besonders angebracht.

Wird längere Zeit ü b e r 100° vorgewärmt, so nimmt das Fließvermögen der Preßmasse stark ab, weil hierbei das Harz nicht nur erweicht, sondern auch schon zu härten beginnt, und weil zuviel Feuchtigkeit ausgetrieben wird (s. Abb. 44). Im übrigen ist es auch deswegen falsch, die Masse zu weit auszutrocknen, weil sie dadurch an mechanischer Festigkeit einbüßt. Natürlich geht durch das Vorwärmen an Massesubstanz verloren; bis zu etwa 2% des Pressmassegewichts entweicht in Form von Gasen

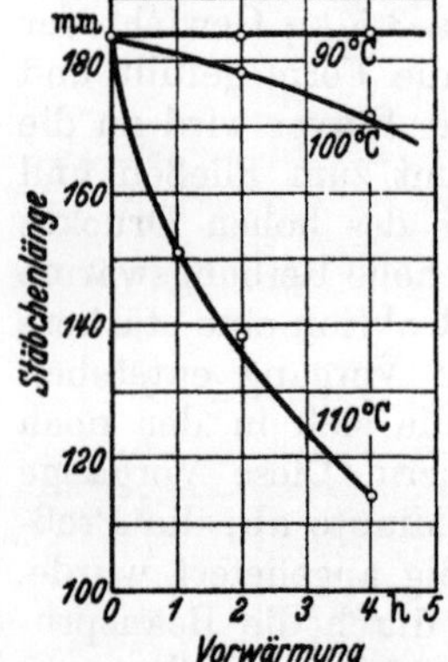

Abb. 44. Abnahme des Fließvermögens durch Wärmevorbehandlung der Preßmasse. Gemessen am Fließeigenschaftsprüfer nach *Krahl;* je besser das Fließvermögen, desto länger wird der Stab.

(im wesentlichen Wasserdampf). 3500 g Preßmasse Typ 31 mit 50% Harzgehalt (für ein großes Rundfunkempfängergehäuse) erlitt z. B.

durch eine Vorwärmung bei 95 bis 105° einen Gewichtsverlust von 50 g (1,43%). Damit ist aber nicht gesagt, daß nicht vorgewärmt werden sollte!

Man sieht sehr häufig schlecht hergestellte Massenware mit Fließmarken und Schlieren. Das liegt nicht am Preßdruck. Meist ist mit kalter oder feucht gewordener oder zu leicht fließender Masse gepreßt worden, oft dazu noch auf Pressen, die die Form zu rasch schließen.

Der Feuchtigkeitsgehalt in der Preßmasse beeinträchtigt, besonders wenn er ungleichmäßig verteilt ist, die Güte der Oberfläche beträchtlich; bei schlechter Lagerung oder bei ungünstigen atmosphärischen Verhältnissen wird er oft zu hoch. Die Abb. 45 zeigt das Ergebnis eines Versuches. Preßmasse Typ 31 wurde in einem Behälter bei 18° über Wasser gelagert. Mit zunehmender Feuchtigkeitseinwanderung wuchs das Fließvermögen (Stäbchenlänge) stark an. Will man aber recht gute Oberflächen erzeugen, müssen ziemlich trockene Massen verpreßt werden.

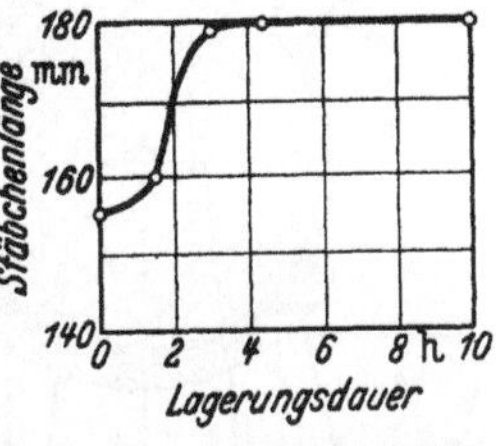

Abb. 45. Fließvermögen (ausgedrückt durch die Stäbchenlänge) abhängig vom Feuchtigkeitsgehalt. Gemessen nach Lagerung der Masse in Luft über Wasser, bei 18° C.

Zu beachten ist, daß beim Vorwärmen mehrere Vorgänge zugleich stattfinden. Erstens wird Wasser ausgetrieben, die Masse wird dadurch strengfließender (vgl. Abb. 44). Zweitens erweicht das Harz und wird dadurch leichtfließender. Drittens beginnt das Harz zu härten und wird dadurch strengfließender.

Mineralische Stoffe enthaltende Preßmassen, z. B. Typ 11, 12, 16, sind gar nicht oder nur kurzzeitig vorzuwärmen. Infolge der hohen Wärmeleitzahl wird die Tablette oft zu rasch warm und wird überhitzt, sie fließt dann schlecht. Aus gleichem Grunde ist hier Vorwärmen aber auch weniger erforderlich.

Zum Vorwärmen dienen H e i z s c h r ä n k e mit flachen Schubkästen, in welche die Tabletten oder das Preßpulver gelegt werden. Lose Masse darf höchstens 1½ bis 2 cm hoch liegen, damit es einigermaßen gleichmäßig durchwärmt wird. Am zweckmäßigsten ist die elektrische Heizung, da sie leicht zu regeln geht und gegebenfalls selbsttätig steuerbar ist. Mit einer Vorwärmzeit von 1 bis 2 Stunden kommt man bei Tabletten bis zu 15 mm Dicke zu einer ziemlich guten Durchwärmung der Tablette; die Temperatur darf dabei nicht höher als etwa 110° sein. Kurze Heizzeiten erlauben etwas höhere Temperaturen, ergeben aber schlechtere Durchwärmung.

Man fand, daß man k u r z z e i t i g mit der Vorwärmtemperatur bis auf etwa 170° gehen darf, ohne die Masse vorzuhärten[1]. Dabei werden sehr dünne Tabletten benutzt, nur etwa 3 bis 4 mm dick, um sie gut

---

[1] DRP 682117 der H. Römmler AG., Spremberg N-L.

durchwärmen zu können; man setzte sie höchstens etwa 5 Minuten der
Strahlung zweier horizontal liegender H e i z p l a t t e n aus, zwischen
denen die Tabletten gerade eben Platz haben. Die Härtezeit in der Form
sowie die Schließzeit werden dadurch stark verkürzt.

Sehr geeignet für die Vorwärmung von Preßpulver — das stets
schwieriger zu erwärmen geht als feste Tabletten — ist die V o r w ä r m -
w a l z e nach Abb. 46. Auf eine stetig und langsam umlaufende, elektrisch beheizte Walze, deren Oberfläche auf etwa 180° gehalten wird, fließt aus
dem Beschickungsrumpf das Pulver. Es klebt als warmes „Fell" von etwa 1 mm
Dicke an und wird nach vollendetem Umlauf (10 bis 15 Sekunden) durch das
Abstreiflineal abgeworfen. Zwar wird die an der Walze sitzende Seite der Masselage
sehr heiß; da aber die Temperatur nach außen hin abnimmt, kommt man zu einer
brauchbaren Mitteltemperatur. H 1 in der Abb. 46 ist ein Heizkörper, der durch
Strahlung beheizt.

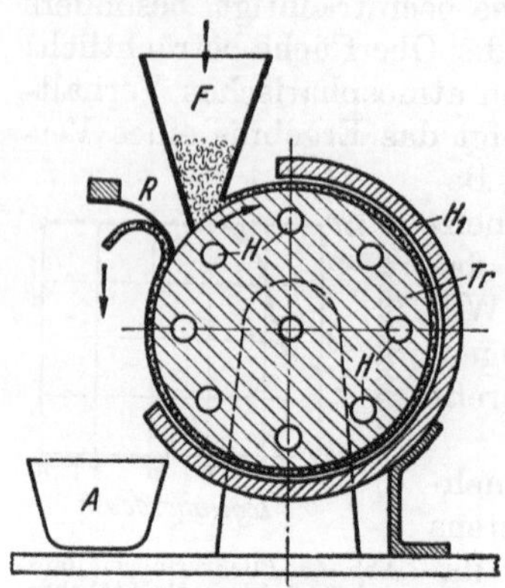

Abb. 46. Vorwärmwalze für Preßpulver
DRP. 682 118, H. Römmler A.G., Er-
finder *Anton Fuchs*; *Tr* umlaufende
Trommel, geheizt durch *H* und *H*₁,
(*H*₁ feststehend); *F* Behälter für Preß-
pulver, Rakel *R* streift das erwärmte
„Fell" ab; *A* Auffangbehälter.

Hochfrequenzvorwärmung[1]. Eine ideale Durchwärmung schlechter Wärmeleiter
wie Kunststoffe und Hölzer, vor allem
großer Querschnitte, auch wenn das Gut
fein verteilt und mit Luft versetzt ist, wie
im Falle loser Massen, ergibt die Hoch-
frequenzheizung (Kurzwellen-H.). Das Gut wird in das Kraftlinienfeld
eines Kondensators, dessen beide Platten entsprechend weit gestellt
sind, gebracht. Der Kondensator wird von einem Wechselstrom von
etwa 1000 V Spannung und möglichst hoher Wechselzahl (Kurzwellen,
Frequenz etwa 10^6 bis 10^7 H) durchflossen. In jedem Partikelchen des
Gutes, i n n e n s o s t a r k u n d s o r a s c h w i e a u ß e n, wird
dabei durch den Stromwechsel Wärme erzeugt, um so mehr, je höher
die „dielektrischen Verluste" des Werkstoffes sind. Das Heizverfahren
selbst ist längst allgemein bekannnt, nämlich in der Heilkunde; hier,
bei der „Diathermie", ist das Gut ein Teil des menschlichen Körpers.
Dann wurde es für die Holztrocknung und für die Schichtholzver-
leimung und später für Kunststofferwärmung angewendet. Bei Versuchen
des Verfassers im Jahre 1940, mittels eines 2-kW-Kurzwellensenders

[1] Meharg in Ind. Modern Plastics, März 1943 in British Plastics Juni 1943;
D r i n g : A New Process of Moulding using High Frequency — Plastics Bd. 8
(1944) No. 80 S. 10/23; Ref. über Hochfr.-Heiz. für Kunststoffe. — Kunststoffe
Bd. 35 (1945) S. 15; R ö m e r : Hochfr.-Beheizung von Kunststoffen. — Kunststoffe Bd. 36 (1946) S. 8/9.

der Siemens-Schuckert-AG., Abt. Industrie, Berlin-Siemensstadt, Verwaltungsgebäude, ausgeführt für Holztrocknungsanlagen, wurden tablettierte Blöcke vom Typ 74 von 150×150×150 mm mit 1,5 kW in 11¾ min. von 20 auf 150° gebracht, innen und außen gleichzeitig, wie Einsteckthermometer bewiesen.

In den USA wird diese Hochfrequenz-Heizung seit etwa 1942 in steigendem Maße in den Preßwerken angewendet. Die Mengenleistung wird damit ganz bedeutend erhöht.

Es können nur Massen a u ß e r h a l b   e i n e r   P r e ß f o r m erwärmt werden, da der Metallblock elektrisch abschirmt. Das Gerät muß von Fall zu Fall eingerichtet werden (Stellknöpfe), je nach Art, Menge und Feuchtigkeitsgehalt der Masse. (Das neue „Airtronic"-Gerät allerdings [„Mod. Plastios", Mai 1947, S. 31] erlaubt bereits, in einem Gerät abwechselnd Tabletten vom Gewichtsunterschied 1 : 2, für 2 verschiedene Preßteile, vorzuwärmen, ohne Verstellung der Drehknöpfe.) Betriebsbrauchbarkeit und Wirtschaftlichkeit des Verfahrens sind erwiesen; Hunderte von Geräten arbeiten in zahlreichen Pressereien für das Vorwärmen sowohl von härtbaren als auch nichthärtbaren Massen. Die Geräte haben für kleine und mittelgroße Preßteile eine Leistung von 1 bis 3 kW bei einer Grundfläche von etwa 70×70 bis 100 × 100 cm. Die Abb. 46a stellt ein deutsches Gerät dar.

Bei einer Betrachtung der Wirtschaftlichkeit des Pressens mit Hilfe der nicht billigen Hochfrequenzgeräte spielen schwer erfaßbare Nebenumstände eine Rolle. In den USA geht höchste Mengenleistung je Form bzw. Presse über alles. Hierbei ist die HF-Beheizung der stärkste Helfer.

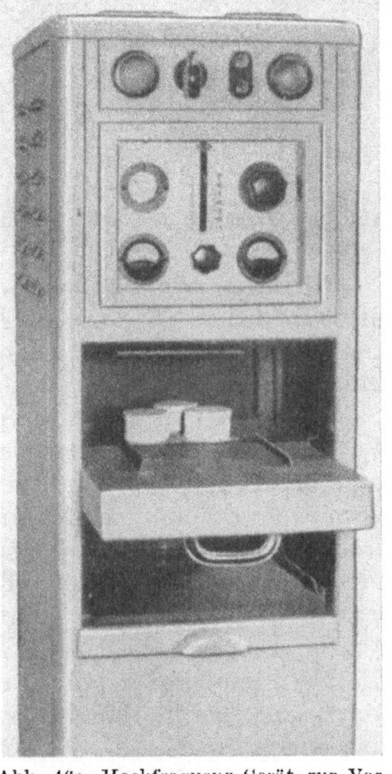

Abb. 46a. Hochfrequenz-Gerät zur Vorwärmung von Preßmassen. Nach dem Einlegen der Tabletten wird die Klappe geschlossen, erst dann — Unfall-Verhütung — liegt die Vorwärmeinrichtung unter Spannung. (Hersteller: Siemens-Schuckertwerke AG., Berlin.)

Schließlich sei noch ein Vergleich der Vorwärmverfahren gebracht, siehe Abb. 46b. Eine bestimmte Lieferung des Typ 131 wurde A) nicht vorgewärmt verpreßt, B) gut im Wärmeschrank erwärmt und C) nach HF-Vorwärmung verpreßt. Die Diagramme stellen den Schließvorgang dar, aufgenommen mit einem Fließprüfgerät[1]. Die schraffierten Flächen

---

[1] V e i l l o n: Anwendung der Hochfrequenzheizung. Schweizer Archiv Jan. 1948.

zeigen, wie die geleistete „Arbeit" von A nach C hin abnimmt. Gepreßte Becher zeigten nach einer strengen Koch- und Trockenprüfung nach A) viele lange, nach B) wenige und kurze und nach C) fast keine Risse.

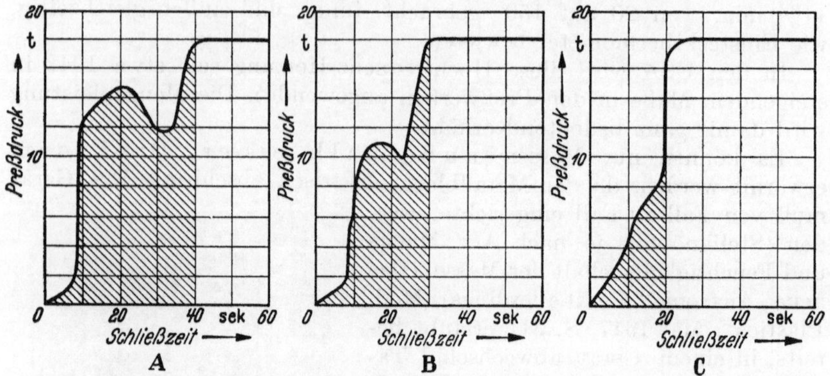

Abb. 46b. Vergleich: Der Schließvorgang der Form. *A* ohne Massevorwärmung, *B* bei Vorwärmung im üblichen Wärmeschrank, *C* bei Hochfrequenz-Vorwärmung.

Vorwärmen im Sattdampf. Die rapide Verbreitung der Hochfrequenzöfen in den USA hat die Hersteller von gewöhnlichen Öfen mobilisiert. Eine USA-Firma bietet einen „Hydro - Therm - Oven" an. In ihm werden Tabletten wie üblich erwärmt, wobei aber im Ofen eine Sattdampf-Atmosphäre erzeugt wird. In einem Aufsatz über dieses Verfahren[1] wird nachgewiesen — was längst bekannt war, siehe hierzu Abb. 45 —, daß die erreichte Erweichung der Masse das Fließvermögen erhöht; man benötigt daher kleinere Preßdrucke als bei trocken erhitzter Masse. Demnach durchfeuchtet man also die Tabletten so stark, daß die Tabletten feuchter werden als sie vorher waren, d. h. man gibt mehr Wasser zu, als durch Wärme entzogen wurde. Das eingebrachte Wasser muß von der heißen Form mit auf die Formtemperatur gebracht und verdampft werden. Der Aufwand an Wärmeenergie ist also größer. Jedenfalls aber wird die Mengenleistung größer, weil die Formschließzeit kleiner wird. (Für Isolierteile wäre ein Anfeuchten der Masse Unsinn. Die Nachteile eines hohen Feuchtigkeitsgehaltes, Verschlechterung der Oberflächengüte und der Isolationswerte sind in diesem Abschnitt öfter genannt. Der Verf.)

Das Lüften. All die Nachteile des Feuchtigkeitsgehaltes von Preßmassen, denen man durch Vorwärmen begegnet, lassen sich durch das Lüften noch weiter vermindern. Man geht beim Schließen der Form nicht völlig in die Endstellung und verharrt erst einige Sekunden. Dabei wird die Masse durchwärmt und gast ab. Erst dann wird die Form geschlossen.

---

[1] Inserat in Modern Plastics, Mai 1947, S. 101. Ferner Moxness und Forms, Preheating with line steam. — Modern Plastics, Febr. 1947, S. 141 ff und Mai 1948 S. 107 ff., Ref. in Kunststoffe Bd. 37 (1947) S. 103.

Das Lüften ist also ein Vorwärmen in der Form. Es wird in erster Linie von den Preßwerken ausgeübt, die wenig oder gar nicht vorwärmen. Mechanisch angetriebene Pressen lassen sich leicht mit zusätzlichem Schaltvorgang für Lüften einrichten, s. S. 177. Wie auch das Vorwärmen ist das Lüften ein gutes Mittel, den Isolationswiderstand des Stückes beträchtlich zu verbessern. Auch die Härtezeit dürfte verkürzt werden.

Das Fließvermögen. Das Fließvermögen der Phenolharz-Preßmassen hängt vom Harzgehalt und auch vom Feuchtigkeitsgehalt der Preßmasse ab, s. Abb. 45; es wächst mit beiden. Es wird aber auch von der Art des Harzes beeinflußt. Rasch härtende Harze fließen naturgemäß strenger als langsam härtende, denn sie härten schon etwas während des Fließens in der Form. Vor allem ist das Fließvermögen einer gegebenen Preßmasse sehr von der Preßtemperatur abhängig. Abb. 42 stellt dies allgemein für den Typ 31, Abb. 47 für mehrere Arten von Phenolharz-Preßmassen dar. Bemerkenswert ist, daß das Fließvermögen des Typ 12 hier nicht so schlecht ist, wie es oft erscheint. Das ist hier dadurch erreicht worden, daß der Werkstoff vor dem Verpressen nur 20 Sekunden bei 150° vorgewärmt wurde, während die anderen Preßmassen 40 Sekunden vorgewärmt wurden. Das geschah wegen seiner höheren Wärmeleitzahl, er wird rascher warm.

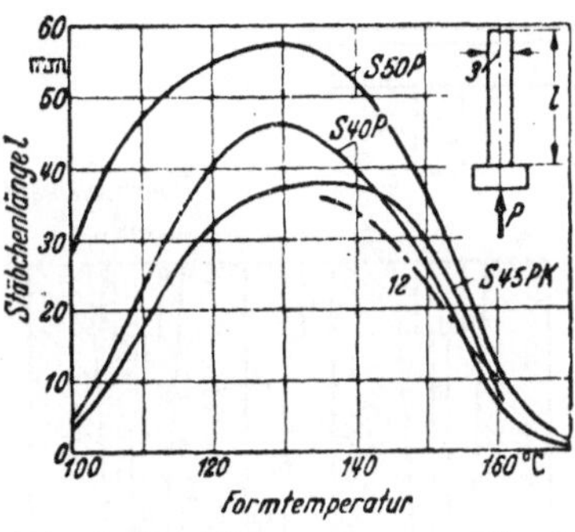

Abb. 47. Das Fließvermögen von Phenolharz-Preßmassen in Abhängigkeit von der Formtemperatur.

S 50 P: Phenolharz-Preßmasse Typ 31, 50 % Harzanteil

S 40 P: Phenolharz-Preßmasse Typ 31, 40 % Harzanteil

S 45 PK: Phenol-Kresol-Harz - Preßmasse Typ 31, 45 % Harzanteil

l_2: Typ 12.

(Aus Bakelite Post, März 1938.)

Zur Feststellung des Fließvermögens werden verschiedene Prüfgeräte benutzt. Bei dem Prüfverfahren nach Krahl, das bei der Firma Raschig entwickelt wurde, ist der Prüfkörper ein dünner, sich ganz allmählich verjüngender Stab, der in einer an einem Ende offenen Form nach Abb. 48 gepreßt wird. Je leichter die Masse fließt, desto länger wird der Stab. Nach Krahl wird außerdem die Zeit, die der Fließvorgang dauert, die „Schließzeit", festgestellt. Weiterhin dient der Stab zur Bestimmung des Härtevermögens, s. S. 108.

Die Schließzeit gibt Aufschluß darüber, wie rasch der plastische Zustand erreicht wird, sagt aber nichts über den endgültigen Grad der Plastizität, das Fließvermögen aus. Den Unterschied zwischen Fließvermögen und Schließzeit erläutert die Tabelle 24, deren Zahlenwerte dadurch ermittelt wurden, daß man bei immer gleicher Aushärtungsdauer den Druck jeweils nur 5, 10, 15 Sekunden usw. bis schließlich zur Erreichung der größtmöglichen Fließlänge wirken ließ. Die

Tabelle 24. Schließzeit und Fließvermögen (gemessen an der Länge des Fließstäbchen Typ 31[1]).

Werkstoff Typ S	Länge der Fließstäbchen in mm nach Preßdauer von						
	5 s	10 s	15 s	20 s	25 s	30 s	35 s
1: rd. 40%ige Mischung Lieferwerk U	27	45	65	125	157	172	172
2: rd. 40%ige Mischung Lieferwerk V	25	42	100	125	125	—	—

1 = Längere Schließzeit, mittelgutes Fließvermögen
2 = Kürzere Schließzeit, geringes Fließvermögen

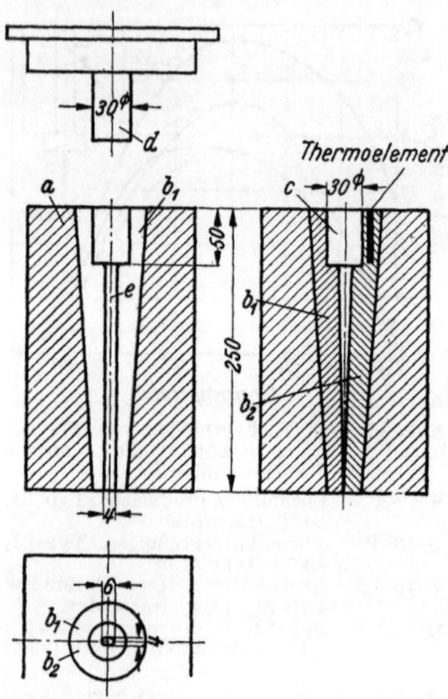

Abb. 48. Preßform für den Prüfstab zur Ermittlung des Fließvermögens von Schnellpreßmassen nach Krahl.

Probe vom Lieferwerk U hat nach 15 Sekunden erst eine Fließlänge von 65 mm erreicht, die von Lieferwerk V bereits 100 mm; nach 30 Sekunden kam die Masse von U bei 172 mm Länge zum Stillstand, während die schneller erweichte Masse von V schon nach 20 Sekunden bei 125 mm zum Stillstand kam.

Der Einfluß der Formtemperatur auf die Schließzeit und das Fließvermögen ist aus Tabelle 25 zu ersehen. Eine 40%ige Phenolharzmischung vom Typ 31 wurde hier bei 155 und 170° auf den Verlauf des Fließvorganges hin untersucht und die erreichte Stäbchenlänge von 5 zu 5 Sekunden beobachtet. Bei 155° geht der Preßvorgang zunächst langsamer vor sich; der zur Verfügung stehende Formraum wird aber viel besser ausgefüllt als bei 170°, wo die Masse zwar schneller weich wird und darum rascher

Tabelle 25. Einfluß der Formtemperatur auf Schließzeit und Fließvermögen. Typ 31 mit 40% Phenolharz[2].

Formtemperatur °C	Länge der Fließstäbchen in mm nach Preßdauer von							
	5 s	10 s	15 s	20 s	25 s	30 s	35 s	40 s
155	24	32	51	75	136	171	182	185
170	22	35	54	118	137	168	169	—

[1] Siehe Fußnote 2 S. 113, Krahl.
[2] Siehe Fußnote 2 S. 113, Krahl.

zum Fließen kommt, aber der Fließvorgang infolge der rascheren Härtung bei höherer Temperatur auch eher zum Stillstand kommt.

Höherer Harzgehalt verkürzt auch etwas die Schließzeit; unter den vorgenannten Bedingungen entstanden die Werte der Tabelle 26.

Tabelle 26. Einfluß des Harzgehaltes auf die Schließzeit[1] (Typ 31).

Typ 31 mit % Phenolharz	Schließzeit bei 155° C s	175° C s
35	27,5	18,8
40	25,1	15,3
45	21,5	14,2
50	17,2	11,0
55	15,8	9,5

Bei den härtbaren Preßstoffen hängt das Fließvermögen einer Preßmasse gegebener Art und Zusammensetzung auch noch sehr von der Kondensationsstufe des Harzes ab. Die Kondensation kann sowohl schon bei der Harzbereitung wie später bei der Preßmasseherstellung auf dem Mischwalzwerk oder im Kneter (s. S. 29) verschieden weit getrieben werden. So entstehen Fließgrade von „extra weich" bis „hart", die auch durch — leider nicht bei allen Erzeugern einheitliche — Zahlen ausgedrückt werden. An einer einheitlichen Prüfmethode für die Fließeigenschaften wird z. Z. gearbeitet.

Leicht fließende Phenolharz-Preßmassen haben den Vorteil, daß sie weniger Preßdruck brauchen und empfindliche Formen eher vor Bruch bewahren. Sonst haben sie nur Nachteile, wie schlechtere Oberfläche, längere Härtezeit, große Schwindung, geringere Isolationswerte u. a. m.

Der Preßdruck. Je höher der Preßdruck (spezifische Preßdruck, kg/cm²) ist, desto rascher wird die Preßmasse in die Form getrieben; das Fließvermögen bleibt ihr erhalten und die Härtung beginnt erst nach völliger Ausfüllung der Form. So wird man vor allem bei Teilen mit hohen Rippen und Wänden arbeiten. Abb. 49 zeigt die Abhängigkeit des Fließvermögens vom Preßdruck. Dennoch sollen nicht unnötig hohe Drücke angewendet werden. Empfindliche Teile

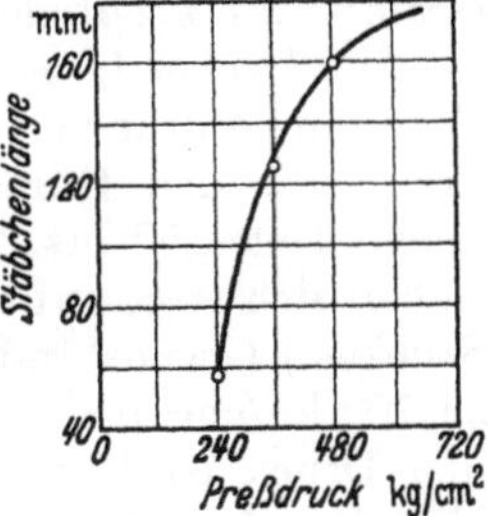

Abb. 49. Fließvermögen abhängig vom Preßdruck (ausgedrückt durch die Stäbchenlänge.

der Form werden gefährdet, und die Politur leidet rascher. Die Festigkeit des Stückes wird durch höhere als die normalen Drücke, wie

---

[1] Siehe Fußnote 2 S. 113, Krahl.

schon mehrfach gefunden wurde, nicht erhöht. Bei den geschichteten Typen 77 und 57 leidet sogar schon bei Drücken über etwa 150 kg/cm² die Struktur der Lagen, die Festigkeit nimmt ab. In der DVL vorgenommene Versuche bringt Abb. 50[1] und dazu Tabelle 27.

Tabelle 27. Einfluß des spezifischen Preßdrucks auf die Festigkeit von Hartgewebe.

Preßdruck	157 kg/cm²	314 kg/cm²	630 kg/cm²
E-Modul bei Zug	49 000 kg/cm²	58 000 kg/cm²	70 000 kg/cm²
E-Modul bei Biegung	53 000 kg/cm²	62 000 kg/cm²	77 000 kg/cm²
Zugfestigkeit	525 kg/cm²	453 kg/cm²	423 kg/cm²
Spez. Gewicht	1,46 g/cm³	1,46 g/cm³	1,44 g/cm³

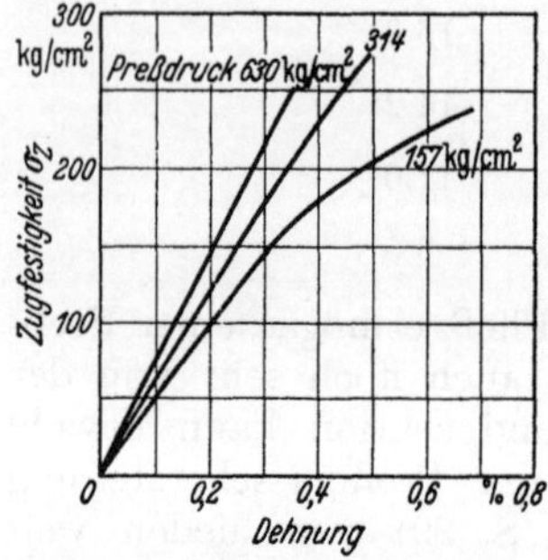

Abb. 50. Festigkeitswerte von Hartgewebe in Abhängigkeit vom Preßdruck. (Aus Kunstharze u. a. plast. Massen Bd. 8 [1938] S. 246. Aufsatz Riechers.)

Bei dünnwandigen Teilen spielt die Beschaffenheit der Oberfläche der Form auf den Preßdruck eine beträchtliche Rolle. Die Reibung an den Formflächen wirkt sich neben der inneren Reibung merkbar aus und erfordert eine Berücksichtigung beim Preßdruck.

Zahlen über Preßdrücke lassen sich nur allgemein angeben. Der Preßdruck bei einer Phenolharz-Preßmasse von gegebener Harzart und bestimmtem Harzträger hängt von mehreren Einflüssen ab. Er sinkt mit zunehmendem Harzanteil. Er steigt mit wachsendem Kondensationsgrad des Harzes. Je größer der Feuchtigkeitsgehalt der Preßmasse ist, desto geringerer Preßdruck ist erforderlich. Der Einfluß der Formtemperatur und der Vorwärmung der Preßmasse wurde bereits besprochen. Außerdem ist der Preßdruck natürlich von der Gestalt des Preßteiles abhängig.

Ein flacher Gegenstand ist mit dem Typ 31 mit 50% Harz bei einer Formtemperatur von 150° schon mit 100 kg/cm² auszupressen, wenn die Preßmasse den Härtegrad „weich" hat. Im allgemeinen genügen für flache Teile 150 bis 200 kg/cm². (Die Angaben über den Preßdruck beziehen sich stets auf die senkrecht zur Preßrichtung liegende Fläche des Stückes.) Gegenstände mit sehr hoch gezogenen Wänden erfordern bis zu 700 kg/cm² bei einer Preßtemperatur von nur 145°. Bestimmend für den Druck ist hier vor allem das Verhältnis Wandhöhe : Wanddicke. Mit einer harzreichen und weichen Masse vom Typ 31 und etwa 140° Formtemperatur, lassen sich noch Teile mit einem Verhältnis von Höhe Wanddicke = 180 : 1 herstellen. Dies gilt für eine richtig gesteuerte und vor allem nur für eine hydraulische Presse. Der eigentliche Arbeits-

---

[1] Riechers, K.: Über die Verwendung von härtbaren Kunststoffen im Flugzeugbau. — Kunstharze u. pl. Massen Bd. 8 (1938) S. 246/8.

druck muß im Augenblick des Fließens einsetzen und darf dann nicht nachlassen. Man soll aber dünne Wände von z. B. 1 mm Dicke bei 100 mm Höhe unbedingt vermeiden, wenn es sich um hochwertige Oberflächen handelt. Eine wirklich gute Oberfläche kann von einem solchen Stück nicht mehr verlangt werden.

Die verschiedenen Preßmassetypen erfordern verschiedene Preßdrücke. Wird Typ 31 mit 50% Harzgehalt und vom Fließgrad „Mittel" = 1 gesetzt, so ergeben sich ungefähr die Werte nach Tab. 28.

Tabelle 28. Verhältniszahlen der Preßdrücke für verschiedene Preßmassetypen.

	Kunstharz-Preßmasse Typ				
	31	12	51 und 71	54 und 74	57, 77 und 16
Preßdruck	1	1,2	1,3 bis 1,4	1,5 bis 1,7	2
Bei Form- temperatur . . °C	170	155	170	170	155

Aus den Werkstoffen grober Struktur 51, 54, 71, 74 und 16 lassen sich fast ebenso tiefe Teile fertigen, wie aus Typ 31, wenn der nötige Preßdruck angewendet wird.

Das Haften in der Form. Von einem eigentlichen „Kleben" der Phenolharz-Preßmassen mit organischen Harzträgern kann, von einer ganz neuen Form abgesehen, nicht gesprochen werden. In einer rissefrei polierten Preßform kann die Preßmasse nicht kleben, da sie keinen Halt in der glatten Fläche findet. Bleibt ein Stück in der Form hängen, so ist meist die Schwindung die Ursache. Dies kann bei Stücken mit Erhebungen und Ansätzen eintreten. Richtig angeordnete Auswerferstifte arbeiten deshalb bei ihnen stets schneller als der Luftstrahl.

Flache Haltenuten, die in einen Stempel eingeschliffen werden, sind ein Mittel, das Preßteil zwangsläufig an derjenigen Formhälfte, die den

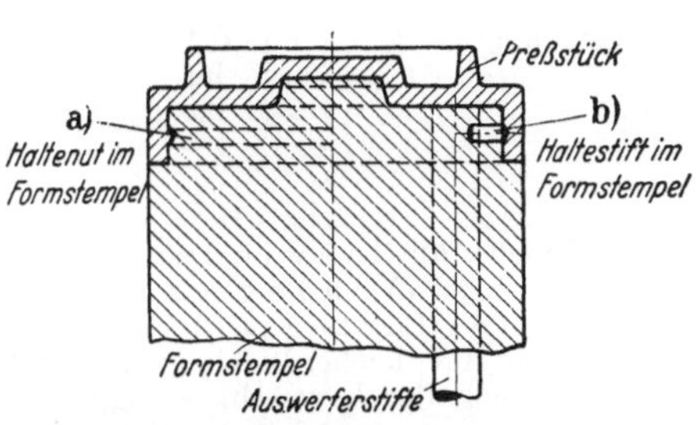

Abb. 51. Hinterschneidungen zwingen das Preßstück, an der Ausstoßer-Hälfte der Form sitzen zu bleiben.

Auswerfer besitzt, festzuhalten (Abb. 51a). Man kann auch statt dessen auswechselbare Stifte einsetzen (s. Abb. 51b rechts) und erhält damit eine abstimmbare Haltevorrichtung.

Die Schwindung. Als Schwindung wird der Maßunterschied zwischen der kalten Form und dem kalten Preßteil bezeichnet. Um diesen Betrag werden also die Formen größer gebaut. Sie wird in % des Maßes des Preßteiles angegeben. Die Zahlentafel 29 bringt die Schwindung der verschiedenen Preßstoffe.

Die Größe der Schwindung einer Phenolharz-Preßmasse bestimmter Zusammensetzung ist abhängig vom Kondensationsgrad des Harzes und davon, ob man die Preßmasse kalt oder vorgewärmt verarbeitet (s. Tab. 30 und 31). Man kann sich also — in gewissem Umfange — mit diesen Mitteln helfen, wenn es gilt, enge Toleranzen einzuhalten, die enger sind als S. 182. Auch das Nachhärten ist ein solches Mittel, wenn die Stückmaße kleiner werden sollen. Wird die Preßform vor dem Herausnehmen des Stückes gekühlt, so wird dessen Schwindung erheblich kleiner (siehe den folgenden Abschnitt).

Teile höchster Maßhaltigkeit werden zweckmäßigerweise möglichst aus denjenigen Werkstoffen gefertigt, die sehr kleine Schwindung haben, also aus den Typen 16, 11 und 12. Je niedriger bei einer gegebenen Masse der Harzgehalt ist, desto kleiner ist die Schwindung.

In der Regel erfordert jeder Preßstofftyp seine besondere Formkonstruktion und bedingt dazu entsprechend seiner Schwindung eigene Formabmessungen. Es gibt aber auch Fälle, wo eine für einen bestimmten Typ gebaute Form auch für einen anderen benutzbar ist. Bei einer solchen Werkstoffumstellung ist aber unter Umständen mit einer Maßänderung des Stückes zu rechnen.

Tabelle 29. Schwindung verschiedener Preßstoffe.
(Schwindung der nichthärtbaren Kunststoffe s. S. 334.)

Typ	31 u. 31,5	74	54	11 u. 12	16	Preß-harz	131
Schwindung in %	0,4 bis 0,8	0,3 bis 0,5	0,3 bis 0,5	0,1 bis 0,3	0 bis 0,2	0,9 bis 1,1	0,5 bis 0,7

Tabelle 30. Schwindung für Typ 31 mit 50% Phenolharz in Abhängigkeit von der Kondensationsstufe (Härtegrad). In allen vier Fällen war die Masse sonst völlig die gleiche, lediglich der Härtegrad war verschieden. (Erzeugt durch verschieden lange Laufzeit auf dem Mischwalzwerk bei der Herstellung der Masse.)

Härtegrad der Preßmasse	Formschließzeit s	Schwindung %[1]
Extra weich . .	8	0,98
Weich	10	0,87
Mittel	15	0,77
Hart	36	0,60

[1] Alles in gleicher Preßform ermittelt und bei völlig gleicher Arbeitsweise. Nicht vorgewärmte Masse.

Tabelle 31. Schwindung, abhängig von
der Arbeitsweise. Vergleichsversuch
(für Typ 31 mit 50% Phenolharz).

Beschickung der Form	Schwindung in %, wenn Preßstück entnommen	
	aus heißer Form	aus gekühlter Form (nur selten anwendbar!)
Mit kalter Preßmasse .	0,65	0,43
Mit vorgewärmter Preßmasse	0,40	0,31

Über Nachschwindung, bei dauernd hoher Temperatur
siehe S. 185.

Das Kühlen der Form. Nur wenige Preßwerke, nämlich diejenigen,
welche mit Dampf oder heißem Wasser heizen, haben die Möglichkeit,
die Form und damit auch das Stück vor dem Herausnehmen zu kühlen
(durch Hindurchleiten von Kühlwasser). Hiervon wird manchmal
Gebrauch gemacht, um die Preßteiloberfläche zu verbessern. Je stärker
nämlich gekühlt wird, um so mehr wird diese ein vollkommenes Ebenbild der hochglänzend polierten Form. Dies hilft nicht nur bei den Holzmehltypen, sondern auch bei den Typen gröbster Struktur, ein Stück
z. B. aus Typ 16 wird so glatt wie aus Typ 31 erzeugt! Durch Kühlen
können aber auch Risse im Stück auftreten, hauptsächlich bei nicht ganz
einfachen Stücken infolge verhinderter Schwindung. Der Anriß ist oft
kaum sichtbar. Diese Arbeitsweise ist aber infolge der dauernden Vernichtung von Energie und der bedeutend geringeren Stückleistung
(Ausbringung) der Form recht unwirtschaftlich. Man sollte Oberflächenverbesserungen richtiger durch Maßnahmen wie die folgenden zu erreichen suchen.

Die Oberflächengüte des Preßteiles. Wirklich schöne Oberflächen
werden vor allem durch Vorwärmen der Preßmasse erzielt. Bei keinem
Gegenstand, mag er gestaltet sein wie er will, kann beim Preßvorgang
in der heißen Form die Preßmasse so gleichmäßig durchwärmt werden,
wie es durch richtiges Vorwärmen außerhalb der Form möglich ist. Ein
zweites ebenfalls sehr wirksames Mittel ist, strengfließende „harte“
Preßmasse zu verwenden. Sie ist stets homogener als weiche und immer
trockener. Beide Maßnahmen vereint sind noch wirksamer. Außerdem
beeinflußt das Lüften vorteilhaft die Oberfläche, s. S. 118.

Bei flachen plattenartigen Gegenständen, bei denen die Masse nur
zusammengedrückt wird und nicht wesentlich wandert, ist es manchmal
trotz aller dieser Maßnahmen schwer, eine narbige, kleinfleckige Oberfläche zu vermeiden; man sieht oft noch das Korn der Preßmasse (sogenannte Apfelsinenhaut). Hier hilft — wenn auch nicht völlig — fein
vermahlene und in der Form ungleichmäßig verteilte Preßmasse; mehr noch würde das — meist nicht anwendbare — Kühlen helfen.

Sehr beachtenswert ist, daß, wenn trotz all dieser Mittel in schwierigen Fällen die Oberfläche immer noch nicht befriedigte, die Verwendung jahrelang aufbewahrter Masse stets überraschend gut Abhilfe brachte. (Sie gibt in normal trockenen Lagerräumen allmählich Feuchtigkeit ab, wird also trockener und härter.)

Bei größeren Gehäusen mit hohen Wänden und ungleichen Querschnitten muß auf richtige Verteilung der Preßmasse geachtet werden. Diese muß entsprechend den verschiedenen Querschnitten verteilt werden, was man am besten mit Tabletten erreichen kann. Damit wird vermieden, daß sich hier und dort Masseströme bilden, die anderen benachbarten vorauseilen, wodurch sich Strömungsfelder auf den Flächen zeigen können.

Wird der Werkstoff nicht vorgewärmt, ergeben Tabletten fast immer eine viel schlechtere Oberfläche als lose Preßmasse. Zuweilen sind dann sogar noch die Bereiche der einzelnen auseinandergeflossenen Tabletten zu erkennen, vor allem bei plattenartigen Teilen. Bei richtiger Vorwärmung ergeben Tabletten eine ebenso gute Oberfläche wie lose Preßmasse.

Bei den farbigen Preßmassen für großmarmorierte Flächen, die sehr grobkörnig sind, ist oft, vor allem bei flachen Teilen, ein Netz von Adern auf der Oberfläche des Stückes zu sehen. Die Ursache ist eine verschieden hohe Kondensationsstufe, also verschiedener Fließgrad des Harzes der beiden verschiedenfarbigen Masseanteile, die der Preßmassehersteller vermeiden muß. Das Preßwerk kann von sich aus diesen Übelstand schwer beeinflussen.

Zuweilen machen sich auf der Schauseite von Teilen mit dünnen Wänden die auf der Rückseite befindlichen Rippen und dicke Nocken bemerkbar. Ursache ist das stärkere Schwinden des dünnen besser beheizten Querschnittes. Abhilfe schafft strengfließende Preßmasse und gutes Vorwärmen. Auch eingepreßte Muttern, die zu dicht unter der Oberfläche liegen, zeichnen sich oft ab. Schon beim Entwurf des Stückes ist auf diese Erscheinung Rücksicht zu nehmen, d. h. die Querschnitte sind besser zu verteilen.

Sonderfragen beim Pressen von Preßharz. Preßharz ist schwieriger zu verarbeiten als Typ 31. Da es meist in durchsichtiger Ausführung angewendet wird, ist jeder kleine Mangel im Innern, den man bei anderen Preßstoffen nicht wahrnehmen kann, sichtbar. Am meisten stört eingepreßte Luft in Gestalt kleiner Bläschen. Man kann durch richtige Gestaltung der Form, durch richtig angeordnete feine Austriebspalte und durch eine gewisse Überdosierung dafür sorgen, daß die Luft entweichen kann. Vor allen Dingen muß die Luft schon vor dem Pressen soweit wie möglich aus dem Werkstoff ausgetrieben werden. Das erreicht man am besten durch Tablettieren und gute Vorwärmung. Außerdem wird oft auch ein „Lüften" nutzbringend sein.

Am leichtesten läßt sich Preßharz auf Handpressen verarbeiten, am schlechtesten auf motorgetriebenen, mechanischen Pressen, weil hier die Gefahr besteht, daß der Preßstempel nicht in dem Maße niedergeht, wie es der Fließvorgang erfordert.

Die Preßtemperaturen entsprechen denen der gewöhnlichen Phenolharz-Preßmassen, eher niedriger als höher; der Preßdruck ist etwas geringer, die Schwindung ist größer, siehe die Tabelle 29.

Stücke mit gleichmäßigem Querschnitt und einfacher Gestalt, wie Becher, Dosen und Schalen, lassen sich leicht aus Preßharz herstellen. Schwierig sind aber Teile von unregelmäßiger Gestalt, vor allem mit örtlichen Verdickungen, zu pressen. Hier treten sehr leicht Spannungen, unter Umständen auch Risse im Stück auf, und zwar bei den Querschnittübergängen. Im Polarisationsgerät sind diese schlechten Spannungsverteilungen in glasklaren (auch farbigen) Werkstücken deutlich sichtbar. Dergleichen Teile sollten aus Preßharz überhaupt nicht hergestellt werden, es sei denn, daß eine technische Notwendigkeit vorliegt. Man muß sie schon aus Festigkeitsgründen vermeiden, weil die an sich hohe Kerbempfindlichkeit des Preßharzes sich an den Querschnittübergängen besonders ungünstig auswirkt. Zum mindesten muß man die Querschnittübergänge gut verrunden. Die Preßschwierigkeiten bei unregelmäßig gestalteten Stücken wachsen mit der Stückgröße.

Unangenehm ist die starke Neigung mancher Preßharze zum Kleben an den Formwänden. Dies tritt um so weniger auf, je besser man das Stück aushärtet. Außerdem muß die Form w i r k l i c h r i s s e f r e i und hochglänzend auspoliert sein. Sehr zu empfehlen ist eine Hartverchromung der Form.

Sonderfragent beim Pressen von Harnstoffharz-Preßmassen u. ä. Auch H a r n s t o f f h a r z - P r e ß m a s s e n (Typ 131) sind schwieriger als Typ 31 zu verarbeiten. Der Temperaturbereich für die Verarbeitung ist eng, weil der Werkstoff gegen Temperaturüberschreitungen sehr empfindlich ist. Die Preßmasse wird sehr fein gemahlen (s. S. 112). Sie nimmt deshalb leicht Feuchtigkeit aus der Luft auf. Auch das Harz an sich ist im unverpreßten Zustand hygroskopisch. Bei Verwendung feuchter Preßmasse können sich Aufblähungen oder in der Durchsicht erkennbare wolkige Stellen zeigen. Gase und Feuchtigkeit werden am besten durch Vorwärmen entfernt, das deshalb beim Typ 131 besonders notwendig ist, ebenso wie das Lüften der Form.

Wichtig ist, daß bei der Verarbeitung dieser meist zartfarbenen Preßmassen peinlichste Sauberkeit im Betriebe herrscht, um fleckige Preßteile zu vermeiden. Bei den Harnstoffharz-Preßmassen empfiehlt sich das Tablettieren höchstens aus dem Grunde, um die Form schneller beschicken zu können, sonst hat es hier mehr Nach- als Vorteile. Im übrigen läßt sich Typ 131 viel schwieriger als Typ 31 tablettieren. Gut tablettierbar ist Typ 131, wenn er Holzmehl anstatt Zellstoff als Harzträger enthält. Das liegt daran, daß diese Massen nicht so fein gemahlen sind und daher weniger Luft enthalten.

Man kann aber auf das Tablettieren sehr gut verzichten, weil sich lose Preßmasse Typ 131 viel besser vorwärmen läßt, als solche vom Typ 31, da sie in warmem Zustande zum Backen oder Sintern neigt. Die Preßmasse wird am zweckmäßigsten in einem Behälter vorgewärmt, welcher der Gestalt des fertigen Stückes ähnelt, am besten in einem Ausschußpreßteil aus der Form, mit der man eben arbeitet. Das Ganze wird in einem Trockenofen bei etwa 70 bis 90° etwa eine halbe Stunde lang vorgewärmt. Das Zusammensintern der Masse wird noch gefördert, wenn man den Behälter öfter heftig aufstößt; hierdurch wird die Luft noch mehr aus der Masse entfernt und deren Durchwärmung damit erleichtert. Der gesinterte Preßmassekuchen ähnelt so schon dem Preßteil und die Verformung wird damit erleichtert. Wird auf diese Weise ohne Tabletten gearbeitet, wird der vom Tablettieren herrührende Ausschußanteil infolge Verschmutzung jedenfalls verkleinert.

Die Verarbeitungstemperatur liegt zwischen 140 und 145° und muß sehr genau eingehalten werden. Bei Überschreitung tritt Gasbildung auf, die zu Aufblähungen führt. Eine Unterschreitung ergibt mangelhafte Aushärtung, so daß die Stücke die Kochprüfung nicht aushalten. Das Pressen bei niedriger Temperatur und dafür langer Härtezeit verträgt der Typ 131 nicht. Die Temperaturschwierigkeiten sind um so größer, je dickwandiger das Stück ist. Dünnwandige Gegenstände von etwa 1 bis 3 mm Dicke und ohne Querschnittverdickungen lassen sich leicht herstellen. Bei dünnsten Wänden kann man auch mit der Temperatur bis auf 160° hinaufgehen und sehr kurz härten.

Als Härtezeit kann rd. 40 sek. je mm Wanddicke gerechnet werden. Mehr noch als bei den Phenolmassen hängt die Güte des Stückes von der genügenden Härtung ab, ein Faktor, der für Feuchtverwendung ausschlaggebend ist. Den Einfluß der Härtezeit auf die Wasserbeständigkeit des Stückes erbrachte ein Versuch, dessen Ergebnis die Zahlentafel 32 zeigt.

Tabelle 32. Einfluß der Härtezeit auf die Aushärtung des Typs 131. (Formtemperatur 150 bis 155).

Härtezeit in Minuten	Härtezeit in Minuten			
	1,5	2,0	2,5	3,0
Wasseraufnahme in mg	2,5	1,8	1,1	1,1
Härte des Teiles nach Handbefund . . .	weich	etwas hart	hart	hart

Vor allem bei den Harnstoffmassen ist es notwendig, den Aushärtungsgrad durch die Kochprüfung zu kontrollieren.

Einsätze in Formen, also eingepaßte Platten, die keine eigene Heizung haben, sollte man vermeiden, da sie meistens 5 bis 10° kälter sind als die anderen Formflächen. Das ist gerade beim Typ 131 gefährlich für die Qualität.

Zur Erzielung gleichmäßiger Temperaturen an allen Stellen der Form ist auch wichtig, daß bei mit Heizstäben elektrisch geheizten Formen diese mindestens 3 cm von der Preßfläche entfernt eingebaut sind. Die Aufrechterhaltung der richtigen Formtemperatur mittels Regler ist bei der Verarbeitung des Typ 131 notwendig.

Die Preßdrücke liegen ungefähr in gleicher Höhe wie beim Typ 31. Wie der Typ 31 wird auch Typ 131 in mehreren Fließgraden hergestellt; mehr noch als beim Typ 31 ist hier zu empfehlen, eine strengerfließende Masse zu verwenden, die weniger Ausschuß ergibt.

Die **Melaminharz-Preßmassen** („Ultrapas") sind seit 1939 im Handel, der Kriegsverhältnisse wegen aber noch wenig erprobt. Die Formbeständigkeit nach Martens liegt höher und die Wärmeempfindlichkeit soll geringer sein als bei den Harnstoffmassen. Die Preßtemperatur liegt zwischen 135 und 165°. Besondere Stähle für die Preßform sind nicht erforderlich. Es sind „Schnellpreßmassen" mit hohem Härtungsvermögen.

Das Pressen der geschichtet geformten Teile (Typ 57 und 77). Dieses nicht einfache Preßverfahren wird nur in solchen Fällen angewendet, wo die Festigkeit der Werkstoffe regelloser Struktur nicht mehr ausreichen würde, wo das Stück die Festigkeitseigenschaften einer guten Leicht- oder Buntmetall-Legierung, oder dynamisch sogar noch höhere, besitzen muß. Meist, aber nicht immer, handelt es sich um Isolierteile der Elektrotechnik oder um korrosionsfeste (Seewasser) oder sonst unter chemischem Angriff stehende Stücke. Die Fertigung wird nur von sehr wenigen Werken ausgeübt.

Wie die Abb. 52 und 53 zeigen, wird das Stück aus Einzelelementen, bestehend aus geschichteten Lagen von harzgetränktem Papier oder Gewebe, aufgebaut; die Einzelelemente werden in der Preßform richtig zueinander angeordnet, und dann wird gepreßt. Diese Lagen werden, soweit es um Maße quer zur Preßrichtung geht, vorher auf das Maß der Preßform gebracht. In der Preßrichtung dagegen wird mit erheblicher Maßzugabe gearbeitet, man beachte die viel

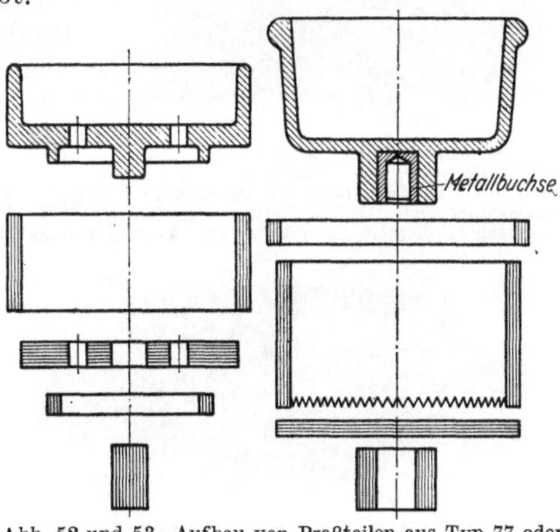

Abb. 52 und 53. Aufbau von Preßteilen aus Typ 77 oder Typ 57 aus Einzelelementen (gewickelte oder geschichtete Bahnen).

größere Länge des Vor-Wickels gegenüber der Preßstückhöhe in Abb. 52. Die einzelne ebene Lage wird mittels Messerschnittes aus Bahnen herausgeschnitten. Die senkrecht stehenden Lagen werden durch Aufwickeln langer, auf Breite abgestimmter Bahnen auf einem Dorn hergestellt, wobei man mit beheizter Andruckwalze straff aufwickelt. Es wird also bei den senkrecht stehenden Lagen mit Vorverdichtung der Lagen gearbeitet. Das Volumen der Einzelelemente, wie sie Abb. 52 und 53 zeigt, muß richtig zueinander und zum ganzen Stück abgestimmt werden; es wird beim Pressen der Ausfallmuster ausprobiert und durch Wägung für die Fertigung festgelegt. Der hohe Preßdruck verschweißt Lagen und übriges gut miteinander.

Vor dem Einbringen in die Form werden die Elemente oft noch vorgewärmt, um ihr Fließvermögen zu erhöhen. Dann werden sie in der 80 — 120° heißen Form richtig angeordnet und nun das Formoberteil mit mäßigem Preßdruck l a n g s a m gesenkt. So hat alles Zeit, durchzuwärmen, zu erweichen, sich gut anzuordnen und die Form vorschriftsmäßig auszufüllen, so daß der Lagenverlauf möglichst ungestört bleibt, keine Lagen zerrissen werden. Inzwischen wurde auch die Form auf volle Temperatur (etwa 160°) gebracht und endgültig geschlossen. Es wird nur langsam härtendes Kresol-Resol-Harz benutzt. Die Form bzw. das Stück muß nach der Formgebung gekühlt werden. Bei geschickter Führung des Preßvorganges läßt sich sogar ein „Topf" aus einem einzigen Wickel, ohne Bodenlagen, pressen.

Die rasch veränderliche Temperaturführung ist nur mit Dampf- oder Heißwasserheizung möglich; auch die Kühlung mittels Kaltwassers setzt eine solche voraus.

Bei der E r p r o b u n g der für das jeweilige Stück richtigen Arbeitsweise wickelt man zweckmäßigerweise vereinzelte andersfarbige Lagen mit ein, z. B. schwarze in ein sonst helles Stück. Nach dem Durchschneiden des Probestückes zeigt sich dann im Querschnitt, wie die Lagen nunmehr liegen, s. Abb. 54. Voraussetzung für die Erreichung höchster Festigkeitswerte im Stück ist, daß die Lagen nicht zerrissen wurden und daß Harz- und Faserstoffanteil möglichst gleichmäßig verteilt bleiben. Einen Querschnitt durch einen Hoch-

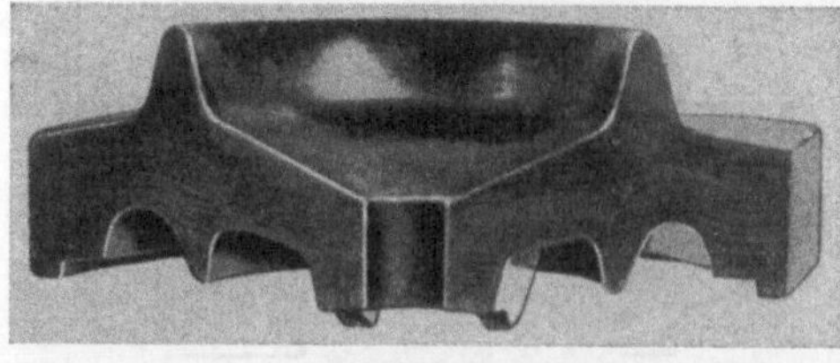

Abb. 54. Aufgeschnittenes Probestück. Miteingewickelte schwarze Lagen lassen erkennen, ob die Lagenrichtung zweckmäßig angeordnet ist. (250 × 250 mm groß.) (Hersteller: Siemens-Schuckertwerke AG.)

Abb. 55. Deckel aus Typ 77, 300 × 300 [mm] für ein Hochdruckgefäß; Wanddicke 28 mm.(Hersteller: Siemens-Schuckertwerke AG.)

druckkammer-Deckel von 25 mm Dicke zeigt Abb. 55, auch Muttern können eingebettet werden, Abb. 56, sie sitzen in Löchern der gestanzten Lagen.

Die Abb. 57 zeigt anschaulich den Aufbau eines Gewehrschaftes, der aus Lagen von Hartgewebe hergestellt wurde. Der Körper besteht im wesentlichen aus einem Rohr von 2,5 mm Wanddicke mit hohlem Kolben und stellenweise ein- und angepreßtem Pfropfen bzw. Wickeln[1].

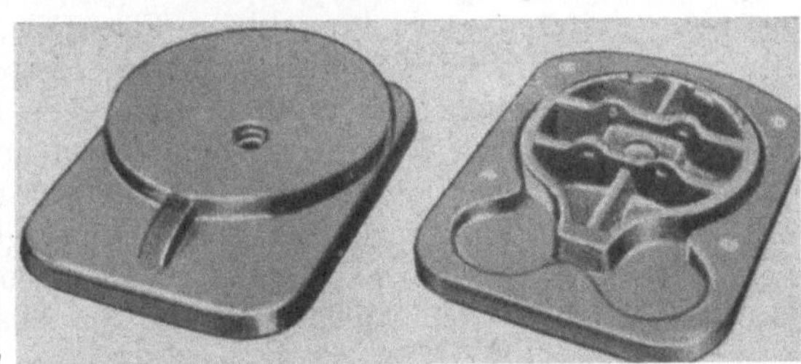

Abb. 56. Preßteil aus dem geschichteten Typ 77; oben ein eingepreßter Metallring Dmr. = 138 mm. Deckel aus Typ 77, 250 × 300 [n.m], mit 4 eingebetteten Muttern. Diese werden beim Formen von Löchern in den gestanzten Lagen aufgenommen. (Hersteller: Siemens-Schuckertwerke AG.)

Abb. 57. Jagdgewehrschaft aus geschichtetem Preßstoff Typ 77. Gezeigt sind die einzelnen Arbeitsgänge von den aus der Gewebebahn ausgestanzten Streifen an (daneben die Menge des verwendeten Harzes in der Flasche) bis zum fertigen Stück. Herst.: Allg. Elektr.-Ges., Fabr. Berl.-Henningsdorf. *a* Gewebebahnen (zusammengefaltet), *b* aus *a* gestanzte Lagen, *c* aus *b* vorgepreßter Hohlkörper, *d* gerollter Wickel, *e* *c* + *d*, *f* Hartholzpfropfen, *g* erster Fertigpreßgang der Laufauflage, *h* Vorpreßlinge, Füllstücke f. Kolben, *i* zweiter endgültiger Fertigpreßgang, *k* geputzter Schaft.

---

[1] DRP 645142 der AEG; siehe R. Sprenger: Der Kunststoff-Gewehrschaft. — Kunststoff-Technik Bd. 10 (1940) S. 259/61.

Geschicht. Glasgewebebahnen-Preßstoff. Harzgetränkte Glasgewebebahnen ergeben hochfeste Schichtstoffe (z. B. Platten), nicht aber ohne weiteres auch brauchbare Formteile, weil in diesem Falle bei nicht ganz einfacher Gestalt die Fasern zerbrochen werden. Erzeugt man aber ein beliebiges Formteil so wie soeben bei den Typen 57 und 77 beschrieben, durch Schichten von Bahnen und durch Unterteilung in Elemente, um die Bahnen möglichst heil zu erhalten, so sind nach Bollenraths Versuchen[1] hochfeste Formteile möglich. Ob die Festigkeit gegenüber den Typen 57 und 77 soviel höher ist, um den z. B. gegenüber Baumwollgewebebahnen höheren Preis der Glasfaserbahnen wettzumachen, ist noch offen.

b) Das Niederdruckpressen geschichtet geformter Teile.

Für sehr große Formteile, für welche Riesenpressen erforderlich sein würden, wurde in USA und in England im Kriege das „Low Pressure Molding[2]", das Niederdruck-Formen, entwickelt. Den Anlaß gaben die Bedürfnisse der Flugzeugindustrie nach Großteilen mit meist nur wenig bewegter Gestalt, z. B. für den Flugzeugkörper, ohne irgendwelche örtliche Verdickungen, wie Augen und Rippen, die rasch, ohne die Herstellung teurer übergroßer Formen und Pressen „aus dem Boden gestampft" werden mußten. Die Werkstoffe mußten der Hauptanforderung der Leichtbauweise genügen, der Leichtbau-Gütefaktor, d. h. der Quotient Festigkeit durch Wichte, mußte hoch liegen. Als geeignet erwiesen sich Schichtpreßstoffe, bei denen als Harzträger Gewebe aus Baumwolle, Hanf, Zellstoffpappe, weiterhin sehr oft Glasfaser-Gewebe und auch Furniere verwendet wurden. Als Binder werden Phenol-, Harnstoffharz, Melaminharz, weiterhin Polyesterharze benutzt, die als flüssiges Monomere in die Form gehen und in ihr durch Wärme unter Zugabe von Katalysatoren zum festen Harz polymerisiert werden, ferner noch das Zelluloseazetat in Lösung.

Um den Gütefaktor möglichst wirtschaftlich zu bekommen, werden die genannten Harzträger auch miteinander zum Verbundstoff kombiniert, und zwar so, daß der mechanisch festere Stoff die Außenhaut

---

[1] Bollenrath, F.: Kunstharzschichtstoffe mit Glasfasern. — Kunststoffe Bd. 36 (1946) S. 73/80.

[2] Nicols: Plywood and Plastics II. — Flight, London 1943, S. 119/22 — Nicols: Plywood and Plastics II. — Flight, London 1944, S. 371/74 — Nicols: Plastic Bodywork. — Automobile Engineer, London 1943, No. 442, S. 405 ff. — Nicols: Aircraft Laminated Plastics. — Flight, London 1944, S. 699. — Rheinfrank: Application of glass laminates to aircraft. Modern Plastics Mai 1944, 6 Seiten. — Paper Sack and Punch: British Plastics London 1944, No. 182 S. 393/4. — Economics of low pressure plastics — Modern Plastics, April 1947 S. 95 ff. — Society of Plastic Industry, Low Pressure Divisions Meeting, Chicago 24. Januar 1947. — Modern Plastics März 1947 S. 122 ff. — Plywood Moulding. — British Plastics, London 1944, Nr. 182 S. 393/4.

abgibt und leichte Hölzer den relativ dicken Kern des Verbundstoffes bilden, welche, da der Kern kleinere Zug- und Druckspannungen erfährt als die Außenschichten, weniger fest zu sein brauchen. So wird z. B. Balsaholz vom spezifischen Gewicht 0,25 mit Außenlagen von Glasfasergewebe kombiniert.

(Die Erzeugnisse des Niederdruckverfahrens kann man, ebenso wie die aus den Typen 57 und 77, sowohl den Form- als auch den Schichtpreßstoffen zurechnen. Die hier verwendbaren Werkstoffe sind stets auch die unter „Schichtpreßstoffe" angeführten, siehe S. 237.)

Die Verfahrenstechnik und die Suche nach noch geeigneteren Baustoffen sind trotz schon häufiger Anwendung noch stark in der Entwicklung. Das Verfahren wird z. Z. in den USA sehr stark erörtert, weil man jetzt nach friedlichen Anwendungsfällen zu suchen gezwungen ist. Es handelt sich nicht um ein Pressen mit den üblichen Preßdrücken, sondern um ein Formen mit Verleimungsdrücken. Hierzu möge eine Übersicht von Arbeitsdrücken verschiedener Techniken gegeben werden:

Verleimungsdruck für Schichtholz mittels Tegofilm: ≥ 15 kg/cm²
Preßdruck für Platten aus Hartpapier und Hartgewebe: 80...130 kg/cm²
Preßdruck für mäßig erhabene Teile aus Typ 31: 150...400 kg/cm²
Preßdruck für tiefe Teile aus Typ 54: 400...1000 kg/cm²

Die Verleimungsdrücke liegen meistens zwischen 2 und 7 kg/cm². Man arbeitet u. a. viel mit niedrig kondensierten flüssigen Phenolharzen, die für dieses Verfahren besonders entwickelt wurden. Zuweilen wird auch Tegofilm verwendet, offenbar liegt hier der Druck dann kaum niedriger als oben für Tegofilm angegeben. Der niedrige Verleimungsdruck erlaubt die Verwendung behelfsmäßig gebauter, leichter und billiger Formen aus Gips, Zement, Hartholz, Gußharz, Aluminium- und Grauguß, aber vor allem auch die Verwendung von Gasdruck als Form unter Zuhilfenahme eines Gummisackes, so daß das Verfahren auch „Sackverfahren" genannt wird. Hierbei wird dann nur e i n e Formhälfte benötigt, die innere oder die äußere, und als Gegenhälfte dient ein Gummisack, der unter Luftdruck steht oder von Dampf von 3 — 7 at = 130 bis 165° durchflossen wird und der sich gegen ein Widerlager stützt, Abb. 58. Der Sack ist eigentlich ein Gewebesack, bei dem die Gewebelagen mit Gummi imprägniert und belegt sind.

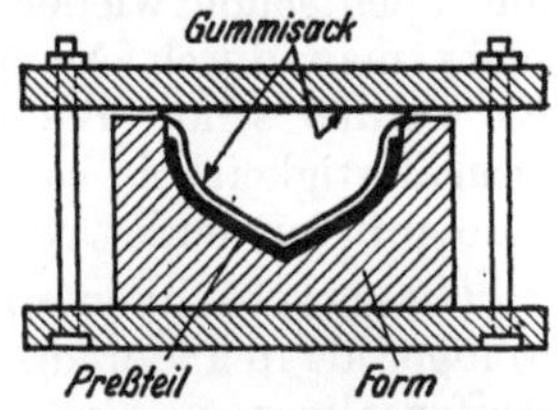

Abb. 58. Eine Behelfsform des Niederdruck-Verfahrens. Nur eine Formhälfte, die zweite ersetzt ein aufgepumpter Gummisack.

Die Härtetemperatur liegt im allgemeinen etwas niedriger als beim üblichen Pressen, etwa bei 100 bis 150°. Die Wärmezufuhr geschieht auf verschiedene Weise. Anfangs wurde oft ohne Sack, mit zweiteiligen Formen und mit einem großen Autoklaven gearbeitet, der von Dampf durchströmt und in den die beschickte Form geschoben wird. Wenn

man mit Dampf im Sack arbeitet, braucht man natürlich keinen Heiz-
und Druckkessel mehr. Anscheinend wird neuerdings meistens mit
elektrischen Widerstandsheizelementen geheizt, die in Gestalt ge-
schmeidiger, langer asbestgemantelter Bänder, zwischen Formhälfte
oder Sack und das Preßteil gelegt werden. Hier wird dann einfach mit
Preßluft gearbeitet. In letzter Zeit wird auch die Hochfrequenzheizung
s. S. 116, angewendet. Hierbei sind metallene Formen aber nicht anwendbar.

Das Low-Pressure-Verfahren ist naturgemäß überwiegend Handarbeit. Ein großer Teil besteht im Konfektionieren. Die Zuschneide-
technik gleicht etwa der des Schneiders, der aus ebenen Stoffbahn-
ausschnitten ein räumliches Gebilde, den gutsitzenden Anzug, macht.
Entsprechend werden beim Niederdruckverfahren Ausschnitte von
Hand oder mittels eines billigen Messerschnittes, wie ihn die Karto-
nagenindustrie für Faltschachteln benutzt, herausgestanzt. In der
Form werden dann die Lagen aufeinandergeschichtet und unter Umständen vorher zur Erleichterung der Schichtarbeit mittels eines elektrischen Lötkolbens durch Punktschweißen zusammengeheftet. Das
endgültige gute Anschmiegen der Lagen an die Form besorgt dann zum
Schluß der Gummisack. Gewebe passen sich leicht allen Wölbungen
an, auch das Glasfasergewebe, dessen allgemeiner Verwendung nur
der noch hohe Preis entgegensteht. Furniere sind nur für weniger stark
gewölbte Gegenstände verwendbar. Nachdem das Kriegsende einen
starken Rückgang der Luftfahrtaufträge brachte, ging man auch an
kleinere Teile heran, und zwar an solche mit Stückzahlen von nur
einigen Tausend, bei denen die sonst übliche teure Preßform unwirtschaftlich sein würde. In dem Maße aber, wie das Stück kleiner wird, wachsen auch die Anforderungen an die Oberflächengüte, und so werden hier
nun auch schon wieder echte zweiteilige Formen benutzt. Deren Preis
sucht man durch Abgüsse von einem Gipsmodell niedrig zu halten.
Es wurden schon Phenolharzformen von 33 dm³ Volumen gegossen,
Druckfestigkeit bis ca. 500 kg/cm². Es wird auch Grau- oder Aluminiumguß verwendet, wobei die Gußhaut durch Schleifen entfernt wird.

Glasgewebeahnen sind zwar auch in den USA ziemlich teuer, doch
weniger als in anderen Ländern. Sie spielen dort schon jetzt bei Schichtstoffen allgemein eine große Rolle, dank der hohen Stoßfestigkeit des
Stückes. Im Bootsbau und im Karrosseriebau werden sie auch beim
Niederdruckformen öfters angewendet; einige Beispiele folgen anschließend.

Ein Beispiel der jetzt schon großen praktischen Bedeutung des Verfahrens ist die Umsatzziffer einer amerikanischen Firma: 7200 Sport-
boot-Körper von 2,5 bis 6,7 m Länge im Geschäftsjahr 1946/47, wahrscheinlich aus Holzlagen mit Kunstharzleimung. Das ist nur erst ein
Anfang.

Es folgen einige ausgeführte Anwendungen:
D a s „P l a s t i b o a t“: Bootsrumpf 2,7 × 1,25 × 0,44 m, 36 kg schwer. Schichtstoff aus Seilfasern oder auch Glasgewebe mit Phenolharzbindung[1].

T e i l e   f ü r   A t o m b e s c h l e u n i g u n g s m a s c h i n e , 7 große Ringe verschiedener Abmessungen, bis 2,7 m im Durchmesser, bis zu 360 kg schwer und 3 Dichtungen wurden aus Glasfasergewebe mit Polyesterharz gebunden hergestellt[2].

Y a c h t r u m p f : Rumpf einer Modellyacht, 70 cm lang, aus Baumwollgewebe mit Polyesterharz. Zweiteilige Form, Fasson gegossen, Gußeisen[3].

E i m e r   f ü r   S p o r t a n g l e r aus vier Teilen: Topf, großer Eimereinsatz, zwei Deckel. Größe fast wie ein Mülleimer, Wanddicke 1 — 1,5 mm. Glasfasergewebe mit Polyesterharz, das in der Form polymerisiert wird. Die Formen sind zweiteilig aus Eisenblech, als Pressen dienen behelfsmäßige Gasrohrgestelle, den Druck bewirken Preßluftkolben; Preßdruck 3,5 kg/cm². Die Zuschnitte kommen trocken in die Form, das zugleich eingelegte Harz durchtränkt unter Druck und Hitze das Gewebe.

M o t o r b o o t r u m p f : Länge 10 m. Schichtholz mit Außenlagern aus Glasfasergewebe[4].

P a s s a g i e r f l u g z e u g (kleines), amphibisch, 220 km Geschwindigkeit: Ganzer Rumpf und die zwei Schwimmer aus Schichtholz. Leichte Holzleisten. Versteifung an der Innenseite der Rumpfwand. Rumpf dreiteilig, „unter Hitze zusammenmontiert“. Das Schichtholz hat zur Verringerung der Wasseraufnahme Außenlagen aus phenolharzgetränktem Papier. Die Unterseite der drei Rumpfteile besteht aus Glasfasergewebe-Schichtstoff. Im Autoklaven gehärtet[5].

B o o t s r u m p f , Deck mit angeformt, 9 m lang, aus Glasgewebebahnen mit Alkydharz verleimt, Farbstoffe in das Harz einverleibt. Man hebt als Vorteile u. a. hervor: kein Anstreichen oder Nachstreichen nötig; keine Nähte, kein Nachdichten erforderlich; wasser- und wetterfest. Form hierzu bestand aus Aluminiumblechen, zusammengeschweißt, durch Eisenschienen versteift; Preßdruck ca. 2½ kg/cm² [6].

S c h r e i b t i s c h , mit ebenen Flächen und stark gewölbten Kanten. Tischplatte, Seiten und die Züge mit gleichfalls verrundeter Frontfläche werden aus mehreren Lagen und einer Edelholzfurnierauflage, bestrichen mit Phenol- oder Carbamidharz, in Holzformen

---

[1] Modern Plastics, Oktober 1946, S. 202.
[2] Modern Plastics, März 1947, S. 122.
[3] Modern Plastics, Februar 1947, S. 110 ff.
[4] Modern Plastics, August 1947, S. 112/14.
[5] Modern Plastics, Juli 1946, S. 128/9.
[6] Modern Plastics, Okt. 1948, S. 166.

unter Druck geschichtet und mit Hochfrequenz geheizt. Der Zusammenbau geschieht unter Verwendung von Holzleisten[1].

Dieses Beispiel, das von einer Tischlerarbeit kaum zu unterscheiden
ist, zeigt am besten, daß das Niederdruckverfahren im Grunde ein Verleimen von Lagen mit V e r l e i m u n g s d r ü c k e n ist.

c) Die Preßformen.

Anforderungen; Aufbau. Die Form muß in erster Linie ausreichend
fest gebaut sein, um den hohen Preßdrücken standzuhalten. Ferner muß
sie starr sein, d. h. die Wände der Form sollen sich möglichst wenig
elastisch verbiegen. Ist sie es nicht, so kann das Stück beim Ausstoßen
im Mantel klemmen oder aber die Form geht schwer auseinander.
Außerdem besteht die Gefahr, daß bei zu großer elastischer Verformung
bei einsatzgehärteten Formstählen die harte Einsatzschicht an den
Preßflächen Risse bekommt. Bei Preßstücken mit hohen Wänden erreicht der Druck auf die Seitenwände der Form die Höhe des auf die
Form überhaupt ausgeübten Preßdruckes! Ferner muß der Boden des
Formmantels gut unterstützt sein, um den auf ihm lastenden Preßdruck
ohne Verbiegung aufnehmen zu können. Man baut daher die Formen im
allgemeinen recht schwer. An den Herstellkosten einer Form haben
übrigens die Werkstoffkosten gegenüber den Herstelllöhnen nur einen
geringen Anteil.

Eine gute Politur der Formflächen erleichtert stets das Ausbringen
des Stückes aus der Form. Dies gilt besonders für Gehäuse mit hohen
Steilwänden. Da die unter Preßdruck fließende Preßmasse eine stark
verschleißende Wirkung auf die Formoberfläche ausübt, soll diese möglichst glashart sein, damit die Politur lange erhalten bleibt. Andererseits
muß der Werkstoff zähe sein, da geringe elastische Verformungen, wie
leichtes Verbiegen der Formwände und hervorstehender Rippen und
Nocken, unvermeidlich sind. Man verwendet daher im Formenbau
allgemein Einsatzstähle, die beide Anforderungen zugleich erfüllen. Die
Formoberfläche muß ferner gegen den chemischen Angriff der Preßmassen, der bei einigen Kunststoffen merklich ist, beständig sein.

A u f b a u e i n e r F o r m[2]. Im wesentlichen besteht eine Preßform aus einem Ober- und Unterteil. Beide werden durch gehärtete
Führungssäulen geführt. Unsymmetrische Preßteile haben mehr oder minder große einseitige Drücke auf die Form zur Folge, welche außer durch
die Säulen noch durch besondere Führungen abgefangen werden müssen.

Das Auswerfen der Preßstücke aus der Form bedarf meist besonderer Vorrichtungen. Preßteile von glatter Gestalt, wie Schalen und

---

[1] Modern Plastics, Februar 1947, S. 103 ff.

[2] W e p r e k : Führungen an Preß- und Spritzwerkzeugen. — Kunststoffe
Bd. (1940) S. 317/21. — W e p r e k : Auswerfer-Einrichtungen bei Preß- und
Spritzwerkzeugen. — Kunststoff-Technik Bd. 11 (1941) S. 319.

Teller, sind rasch durch Preßluft auszuwerfen. In anderen Fällen aber bringt man das Stück schneller durch Auswerferstifte aus der Form; sie sind bei Teilen mit vielen senkrechten Rippen und Augen unbedingt notwendig, weil diese fast immer infolge der Schwindung des Werkstoffes, die sofort nach dem Öffnen der Form einsetzt, ziemlich fest sitzen. Die Schwindung macht sich mit wachsender Stückgröße zunehmend bemerkbar. Die Auswerferplatte erhält eine eigene gute Führung, um sie vor Verecken zu schützen; damit werden auch die Auswerferstifte, die ohnehin schon rasch im Durchmesser verschleißen und dann die leichtfließende Preßmasse hindurchlassen, geschont.

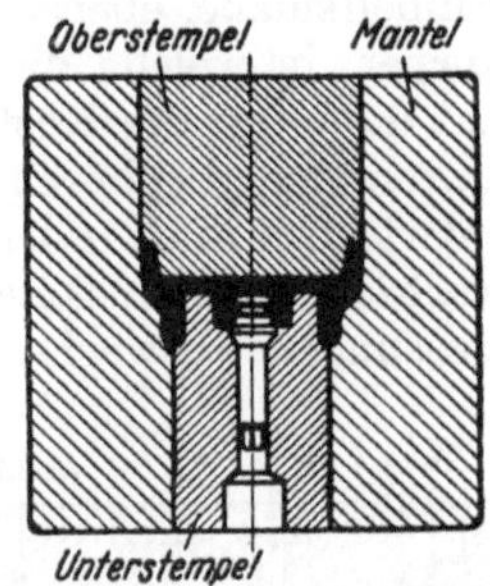

Abb. 59. Handform (Freiform): drei lose Hauptteile.

Die einfachste und billigste Ausführungsweise einer Preßform ist die Handform, s. Abb. 59. Sie hat keine Auswerfereinrichtung, die Teile müssen von Hand herausgeklopft werden. Sie hat keine eigene Heizung, sie wird mittels an den Pressentischen befestigter Heizplatten beheizt, und vor allem ist sie nicht mit der Presse verschraubt, sie wandert von Hand zwischen Presse und Arbeitstisch hin und her. Die Formkosten sind zwar auf ein Minimum beschränkt, aber die Löhne sind hoch. Außerdem läßt das Aussehen der Stücke nach längerem Gebrauch der Form zu wünschen übrig, weil die Stempel beim Hantieren bald beschädigt werden. Man baut eine Handform seit etwa 1920 nur noch, wenn es sich um die Herstellung kleiner Mengen oder um vorläufige Musterteile handelt. Im letzteren Falle wird meist auf das Härten der Stempel verzichtet.

Sonst aber wird nur die ortsfeste Maschinenform angewendet, deren beide Hälften in der Presse fest eingebaut werden und die eigene Heizung hat, siehe alle folgenden Abbildungen.

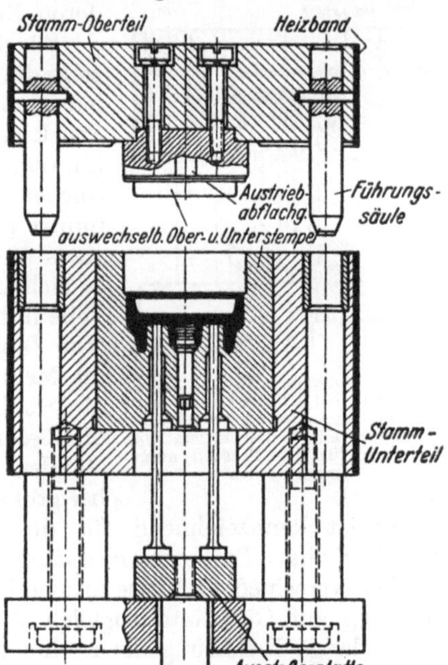

Abb. 60. Stammform mit genormten Innenabmessungen zur Aufnahme beliebiger Einsätze mit genormten Außenabmessungen (Normform).

Um die dem Besteller erwachsenden Kosten zu verringern, wurde schon vor vielen Jahren ein System von N o r m f o r m e n nach Abb. 60 entwickelt. Die Außenabmessungen der beiden Einsätze haben Einheitsmaße, ebenso die Bohrungen der Stammform, d. h. der Hauptkörper, in welche die Einsätze passen. Der Besteller eines Preßteiles hat dann nur die Kosten der zwei Einsätze und gegebenenfalls der zum Unterstempel gehörenden Auswerferplatte und -stifte zu tragen. Später entwickelte auch *Turnwald*[1] eine Bauweise einer Stammform mit auswechselbaren Einsätzen, bei der alle Teile der Form nach festen Abmessungen auswechselbar hergestellt werden. Die Bindung an feste Formmaße verlangt freilich zuweilen Kompromisse zuungunsten preßtechnischer Erfordernisse. Aufbauend auf Turnwalds Normformen wurden 1949 vom Fachausschuß Kunststoffe im Deutschen Normenausschuß die Normblätter DIN 16700 bis 16723 geschaffen, „Genormte Preßwerkzeuge"; sie legen Stammformen fest und deren Einzelteile.

Für das g l e i c h e Stück wie in Abb. 60 zeigt die Abb. 61 die S o n d e r f o r m. Sie hat weniger Teile, ist also robuster, und das Stück wird unmittelbar, nicht über Paßfugen hinweg, beheizt. Die Lebensdauer einer solchen Form ist sehr hoch. Es kann fast immer mit einer Ausbringung von mindestens 50 000 Stück gerechnet werden, falls es sich nicht gerade um sehr verwickelte Teile mit engen Herstelltoleranzen handelt. (Die Zahl bezieht sich auf die Einfachform, die Mehrfachform leistet entsprechend das Mehrfache.) Die Anfertigung einer nur auf die besonderen Erfordernisse des Gegenstandes abgestellten Preßform lohnt sich bei großen Stückzahlen immer.

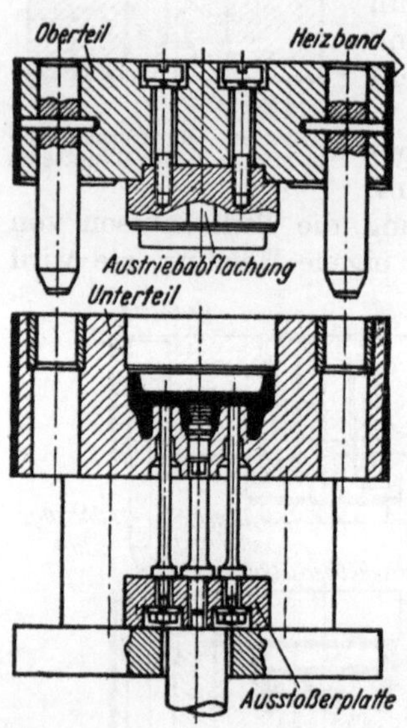

Abb. 61. Sonderform für das gleiche Stück wie bei Abb. 60. Da keine Bindung durch Normung vorhanden ist, können alle konstruktiven Möglichkeiten für das Preßteil ausgenutzt werden.

Es ist kennzeichnend für die guten Verarbeitungseigenschaften der Phenolharz-Preßmassen, daß man ein gegebenes Stück fast immer auf sehr verschiedene Weise formen kann. Es gibt aber immer nur e i n e in bezug auf Güte und zugleich Wirtschaftlichkeit beste Lösung. Es gehört lange Erfahrung dazu, eine Formkonstruktion zu schaffen, die erstens wirtschaftlich die beste Lösung ist, also zugleich niedrigste Preßlöhne, beste Pressenausnutzung, geringste Entgratkosten und

---

[1] T u r n w a l d : H.: Das Normensystem im Preßformenbau. — Verlag H. Reinhardt, Frankfurt a. M., 1938.

eine dauernde Betriebssicherheit ergibt, und zweitens ein gutes und maßhaltiges Stück selbst bei großen Stückleistungen der Form gewährleistet.

Die Arbeitsweisen der einzelnen Pressereien sind sehr verschieden. Es kommt selten vor, daß ein Werk B eine Form, die vom Werk A gebaut wurde, ohne weiteres verwenden kann. Meistens muß die Form erst umgebaut werden. Das liegt daran, daß bei den verschiedenen Firmen die Preßweise und andere dem eigentlichen Pressen vorausgehende und nachfolgende Arbeitsgänge verschieden ausgeübt werden. Ein Metall-Schnittwerkzeug kann weitaus leichter zwischen verschiedenen Firmen ausgetauscht werden.

Die Beheizungsarten. Die Form wird entweder mittelbar durch Heizplatten, oder aber, was die Regel und besser ist, unmittelbar beheizt. Man kann elektrisch, mit Dampf, Heißwasser oder Gas heizen. Bei elektrischer Heizung sind Thermostaten nötig, in Bohrungen der Form sitzend, die den Heizstrom abschalten, sobald die Form-Temperatur erreicht ist.

Die Heizung mit G a s gilt als veraltet, sie wird nur noch selten angewendet meist für Kleinteile. Sie ist hier sehr wirtschaftlich.

In den meisten Pressereien wird heute e l e k t r i s c h , d u r c h W i d e r s t a n d s h e i z u n g, geheizt. Wenn die Stirnflächen der Form groß im Verhältnis zu den Mantelflächen sind, werden an die ersteren ebene druckfeste Heizkörper gelegt. Meistens aber spannt man Heizbänder um die Form herum. Größere Formen wird man besser mittels stabförmiger Heizkörper erwärmen, die in Bohrungen der Form eingeschoben werden, siehe die senkrechten Bohrungen für Heizstäbe im — offenen — Leitungskanal der Form in Abb. 77. Dabei muß darauf geachtet werden, daß sie nicht zu nahe an die Preßflächen heranreichen, da sonst an diesen Stellen die Temperatur höher als an den anderen Stellen wird. Gegen solche Temperaturunterschiede sind vor allem die Harnstoffharz-Preßmassen empfindlich (s. S. 128). Bei diesen Massen bewirkt oft schon ein in die Form eingefügtes Stück Ausschuß. Eingesetzte Stücke sind stets etwa 10° kälter als der beheizte Hauptblock auch bei noch so dichter Paßfuge.

Für sehr große Preßformen wird vereinzelt die W i r b e l s t r o m -h e i z u n g angewendet. Starke Ströme von niedriger Spannung, über besondere Transformatoren vom Drehstromnetz entnommen, durchlaufen dicke Leiterstäbe, die als rechteckige Wendel isoliert in Bohrungen der Preßform sitzen. Sie induzieren im Eisen der Form Wirbelströme. Der Wirkungsgrad ist der gleiche wie bei der Widerstandsheizung und die Regelung ist ebenso einfach wie bei dieser. Da an keiner Stelle des Systems Temperaturen von mehr als etwa 100° über der Arbeitstemperatur vorkommen, ist diese Heizweise ungewöhnlich störungsarm.

Die H o c h f r e q u e n z - H e i z u n g . Diese neueste Art der Erwärmung von Kunststoffen erlaubt leider nicht, den Stoff in der Form bzw. die Form selbst zu erhitzen. Näheres s. S. 116.

Große Betriebe, hauptsächlich solche mit eigener Kraftanlage, heizen oft mit D a m p f oder entsprechend hochgespanntem H e i ß - w a s s e r. Wegen ihrer betrieblichen Vorteile findet neuerdings die Heißwasserheizung mehr Anwendung als die Dampfheizung. Mit der Heißwasserheizung erhält man automatisch eine bei allen Formen fast gleiche Temperatur. Die Einstellung einer höheren Temperatur bei irgendeiner Form ist nicht möglich; eine niedrigere Temperatur kann durch Drosselung der Menge des die betreffende Form durchströmenden Wassers erzeugt werden. Ist eine gesonderte Gruppe von Pressen mit Heißwasser niedriger Temperatur zu versorgen, wird besser eine M i s c h u n g von Heiß- mit Kaltwasser mit regelbarem Mischverhältnis benutzt. Die Heißwasserheizung steht jedoch in bezug auf die leichte Einstellung beliebiger Temperaturen in den v e r s c h i e d e n e n For- men der elektrischen Heizung nach. Die Aufrechterhaltung einer auf die besonderen preßtechnischen Erfordernisse eingestellten Temperatur an irgendeiner Form, z. B. durch Regler oder durch Drosselung von Hand, ist schwieriger als bei der elektrischen Heizung. Dampf- und Heißwasser- heizung haben weiterhin gegenüber der elektrischen den großen Nachteil hoher Abstrahlverluste im Rohrnetz und infolgedessen unangenehm hoher Temperaturen des Arbeitsraumes in der warmen Jahreszeit.

Wenn es nötig ist, die Form nach dem Pressen zu kühlen, wie z. B. bei der Verarbeitung von nicht härtbaren Kunststoffen und vereinzelt bei Phenolharz-Preßmassen, ist die Heißwasser- oder Dampfheizung aber notwendig. Man schaltet dann das Heizmittel ab und schickt Kühlwasser durch die Form. Dies ist bei elektrisch geheizten Formen nicht möglich, da es zu lange dauern würde, bis die kalte Form wieder auf die Preßtemperatur gebracht worden ist. Bei Dampf oder Heißwas- ser dagegen dauert dies, selbst bei größeren Formen, nur etwa eine Minute.

Die Formstähle; die Herstellung der Formfasson[1]. Die wesent- lichen Teile der Preßform erfordern eine sehr harte, gehärtete Oberfläche, sonst aber einen zähen Kern. Der Verzug durch Härten muß klein bleiben. Die erste dieser Forderungen erfüllt ein Vergütungsstahl nicht, die zweite können durchhärtende Werkzeugstähle nicht erfüllen. Allen Anforderun- gen zugleich aber kommt ein ölhärtender legierter Einsatzstahl nach. Den früher viel verwendeten Chrom-Nickel-Einsatzstählen kommen die neueren Chrom-Molybdän-Stähle in den wichtigsten Eigenschaften alles in allem gleich, so daß auf erstere meistens verzichtet werden kann. Un- legierte wasserhärtende Einsatzstähle ergeben zwar gleiche Oberflächen- härte, sind aber im Kern nicht fest und zähe genug und ergeben zuviel

---

[1] B r i e f s : Werkzeugstähle für den Formenbau. — Kunststoffe Bd. 29 (1939) S. 185/190. — R a p a t z : Werkzeugstähle für Kunstharzpreßformen. — Kunststoffe Bd. 28 (1938) S. 281/3. — H a u f e : Die Nitrierung als Härte- verfahren. Kunststoffe Bd. 32 (1942) S. 153/158.

Verzug. Für kleinere lose Teile der Form, falls sie wenig bruchgefährdet sind, kann man zur Not die niedrig-chromlegierten Werkzeugstähle (Schnittstähle) benutzen. Stähle mit 10 bis 30 % Chrom und mit ca. $\frac{1}{2}$ % Kohlenstoff sind „r o s t s i c h e r "; sie dienen zu Formen für den Typ 131 und Polyvinylchlorid, die sonst Korrosion verursachen könnten. Ihre Wärmeleitfähigkeit ist allerdings nur halb so groß wie die der letztgenannten Stahlsorte, eine Folge des hohen Chromanteiles, ein Nachteil, der bei der Planung der Beheizung nicht übersehen werden darf.

N i t r i e r s t ä h l e sind ebenfalls geeignet; die Oberflächenhärte ist noch etwas höher als bei Cr-Mo-Einsatzstahl. Dennoch sind sie nicht verschleißfester beim Angriff durch Kunstharz-Preßstoffe als dieser.

Ein wertvoller Schutz der Preßflächen der Form ist die H a r t - v e r c h r o m u n g, bei der im Gegensatz zur alten dekorativen Verchromung das Chrom unmittelbar, ohne ein Zwischenmetall, auf den Stahlkörper aufgebracht wird. Die Hartverchromung wird von Preßmassen Typ 131 oder vom „Igelit PCU" ebensowenig angegriffen wie ein „rostfreier" Stahl. Dazu ist sie sechsmal so verschleißfest wie ein gehärteter Cr-Mo-Stahl; man spart also entsprechend an Ausgaben für späteres Nachpolieren der Form. Das Hartverchromen ist an einfachen Formteilen leicht durchführbar. Bei Formteilen mit stark unregelmäßigen Konturen, vor allem bei Innenkonturen, z. B. beim Formmantel, ist dagegen die Aufbringung einer einigermaßen gleich dicken Schicht ziemlich schwierig, wenigstens dann, wenn eine Schichtdicke von einigen Hundertstel Millimetern verlangt wird. Ungehärtete Stahlformen zu verchromen, ist kaum zu empfehlen, denn die zwar harte aber sehr dünne Schicht kann die weiche Form nicht gegen Verbeulungen durch Stoß oder Schlag von Putzwerkzeugen schützen.

D i e V e r s c h l e i ß f e s t i g k e i t. Die Tab. 32a bringt auszugsweise die Verschleißfestigkeit einiger Stahlsorten, der Hartverchromung und von Hartmetall („Widia"). Die Werte wurden mit dem auf S. 25 besprochenen Prüfgerät des Verfassers ermittelt. Die letzte Spalte nennt den Gewichtsverlust in mg, den der Prüfkörper bei der gegebenen Prüfanordnung und bei 150° durch 1 l einer bestimmten Prüfmasse erfuhr.

Tabelle 32a. V e r s c h l e i ß w e r t e v o n F o r m b a u s t o f f e n nach W. Mehdorn.

Werkstoff	Behandlung	Marken-Bezeichnung	Vickershärte	Verschleiß in mg/Ltr
Unlegierter Werkzeugstahl . . .	Anlief. Zustand	St.C. 2561	140	8.9
Unlegierter Werkzeugstahl . . .	in Öl gehärtet	St.C. 2561	610	2,7
Chromleg Werkz.-St. (1,5 C, 1,5 Cr)	in Öl gehärtet	—	920	1,25
Chromleg. Werkz.-St. (1,7 C, 12 Cr)	in Öl gehärtet	—	910	0,7
Chr-Ni-Eins.-St.	in Öl gehärtet	ECN 45	650	2,2
Präz.-Rundstahl (1,2 C, 0,9 Wo) .	in Wasser geh.	—	680	1,8
Galv. Hartverchromung	—		— 900	0,28
Gesint. Hartmetall (Wo—Cbd.) .	—	Widia	—	0,06

Das Fräsen der Preßteil-Fasson mittels Graviermaschinen. Unregelmäßig gestaltete Vertiefungen in Preßformen werden am zweckmäßigsten auf der Relief-Kopiermaschine gefräst. Man schafft sich hierzu zuvor ein Positivmodell aus Kunstharz oder Holz, das die Gestalt des zu erzeugenden Preßteiles hat, und zwar in etwa 2-, 3- oder n-facher Größe des Preßstückes. Die Schwindung des Preßstoffes wird dabei zu den Preßteilmaßen hinzugeschlagen. Ein Positiv ist meist leichter und billiger herzustellen als ein Negativ. Von diesem Positiv wird ein Abguß (Negativ) aus einer erhärtenden, gießbaren Kunstmasse gemacht, der dann kopiert wird.

Die oft verwendete Relief-Graviermaschine ist sonst ebenso gebaut wie die übliche Graviermaschine mit Storchschnabel; der ganze Storchschnabel ist aber noch in einem besonderen Gelenk kippbar, so daß der Fühlstift und die Frässpindel räumlich, in allen Richtungen beweglich sind. Mit dem von Hand zu führenden Fühlstift wird das Modell abgetastet, wobei der Storchschnabel die Frässpindel führt.

Bei den völlig selbsttätig arbeitenden Kopier-Fräsautomaten wird das Modell in seinem Relief durch einen meist elektrisch gesteuerten Fühlstift abgetastet; für die Bewegung der Arbeitsschlitten sorgen Motoren[1]. Mit beiden Maschinenarten wird so der Formblock mit einer Arbeitszugabe für Schleifen und Polieren von etwa 0,05 bis 0,15 mm fast fertig ausgefräst.

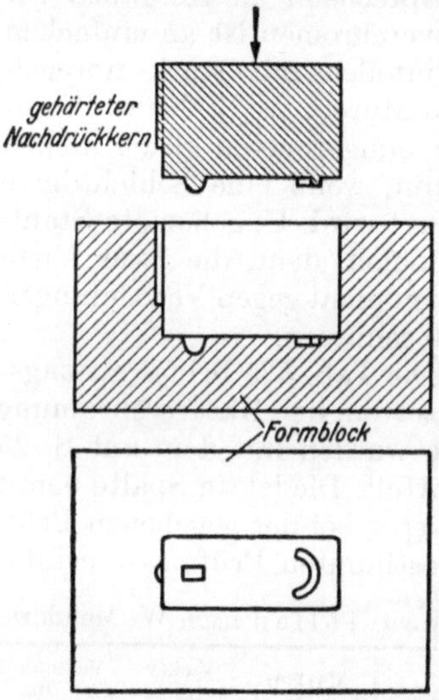

Die Kosten der Anfertigung von Positiv und Negativ machen sich bei Zwei- und Mehrfachformen stets, nicht immer aber bei der Herstellung einer Einfachform bezahlt. Hier wird dann so vorgegangen, daß die Zerspanung so weit wie irgend möglich auf der gewöhnlichen Senkrecht-Fräsmaschine vorgenommen wird, wobei dem Arbeiter Profilschablonen als Hilfslehren dienen. Kommen dabei scharfkantige Ecken vor, die der Zapfenfräser nicht herstellen kann, so schafft man sich als Arbeitshilfsmittel einen gehärteten Positivstempel, der genau die Gestalt und Abmessungen des herzustel-

gehärteter
Nachdrückkern

Formblock

Abb. 62. Verwendung eines Nachdrückkernes zur Formherstellung. Das vorgearbeitete Innere der Form, vor allem die Einzelheiten, wird mit dem Nachdrückkern schrittweise fertiggedrückt.

---

[1] Sachsenberg: Nachformfräsmaschinen. — Werkstatttechnik und Werksleiter v. 15. Dezember 1938. — Olk: Neue Maschinen f. d. Herstellung von Preß- u. Spritzformen. — Kunststoffe Bd. 28 (1938) S. 313/17. — Wolfram: Fühlergesteuerte Werkzeugmaschinen. — Z. VDI Bd. 84 (1940) S. 639/42.

lenden Formhohlraumes hat, siehe Abb. 62. Er verdrängt dabei den hier und da noch zuviel anstehenden Werkstoff oder schiebt ihn als Span vor sich her. Dieser Überschuß wird mit der Feile oder dem Stichel entfernt; danach wird der Kern wieder eingedrückt und der Überschuß nochmals weggearbeitet. Dies wiederholt sich so oft, bis der Innenraum der Form dem Positiv völlig gleicht. Solche Nachdruckkerne werden aber nicht nur zur Erzeugung von scharfen Kanten und Ecken, sondern ganz allgemein von maßhaltigen und gestaltrichtigen Innenfassons angewendet.

Diese langwierige, aber sehr genaue Arbeitsweise wird oft verwechselt mit dem wirklichen „Prägen" oder „Senken[1]" aus dem vollen Stahlblock mittels eines sog. „Pfaffen". Dieser Prägestempel gleicht hierbei durchaus dem obenerwähnten Positivstempel; man prägt ihn aber mit einem Zuge kalt in einen nicht vorgearbeiteten Stahlblock ein. Dazu gehört ein sehr druckfester Stahl für den Pfaff und ein geglühter, un- oder schwachlegierter Stahl mit niedrigem Kohlenstoffgehalt für das zu prägende Stück. Dieses Prägen muß vor allem äußerst langsam vor sich gehen; es setzt sehr viel Erfahrung voraus. Abb. 63 zeigt den Prägevorgang bei der Form für einen Skalenknopf. Der Haltering muß verhindern, daß der Prägling nach außen wegfließt. Der Hohlraum gibt dem Werkstoff Gelegenheit, während des Prägens nur nach dieser Richtung hin auszuweichen; seine Lage und Größe ist Sache der Erfahrung. Der Stahlblock wird vor dem Prägen hochglänzend poliert. Es wird trocken geprägt; zuweilen wird als Schmiermittel ein Kupferniederschlag auf dem Pfaff verwendet. In dem hier dargestellten Fall soll das Preßstück eine Skalengravierung tragen, die vertieft liegt, damit sie mit Farbe

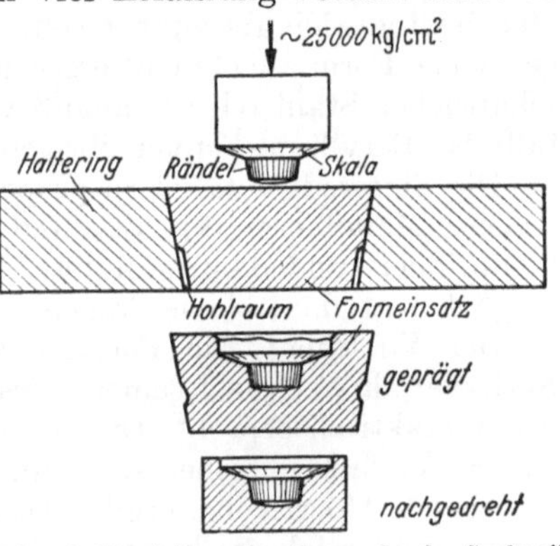

Abb. 63. Herstellung der Fasson durch „Senken" (Kaltprägen).

ausgelegt werden kann. Diese feinen Vertiefungen müssen durch entsprechende Erhöhungen in der Preßform erzeugt werden. Sie wären von Hand in der Preßform nur äußerst schwierig sauber herzustellen. Arbeitet man aber mit einem Prägepfaff (vgl. Abb. 63), so ist die Herstellung dieser Skala in der Form sehr einfach, und sie fällt dabei sehr sauber aus. Die Skala wird vertieft im Pfaff graviert und dieser prägt die feinen Erhebungen der Skalenteilung zusammen mit der ganzen Preßteilgestalt in der Preßform. An Prägedruck sind etwa 10 000—15 000 kg/cm² erforderlich.

---

[1] Haufe und Bürklin: Die Herstellung von Preßgesenken durch Kalteinsenken. — Z. f. prakt. Metallbearbeitung, Bd. 45 (1935) S. 438/42 und 491/4.

Nach dem Prägeverfahren lassen sich bei weitem nicht alle Formen herstellen, nicht jede Fasson eignet sich zum Prägen. Das Verfahren wird besonders gern bei den Einsätzen für Mehrfachformen angewendet, wo sich die Kosten des Pfaffen schnell bezahlt machen.

In den USA wird das Prägen häufiger angewendet als bei uns. Die Stückzahlen sind größer, die Formen vielfacher und das Bedürfnis, zu prägen, daher größer. Man prägt dort noch schwierigere Stücke als bei uns. Die z. Z. größte Prägepresse hat 8000 t Druckleistung und eine Höhe von 8 bis 9 m. Sie kann Teile bis 500 cm² Größe prägen[1].

Da aber Prägen nicht allgemein anwendbar ist, wird immer wieder, vor allem in den USA, nach noch anderen Herstellverfahren für die Form-Einsätze gesucht. Die wichtigeren dieser Möglichkeiten seien erwähnt:

Die Verwendung von K u p f e r   m i t   B e r y l l i u m z u s a t z (Berylliumbronze) für Preßformen ist im Schrifttum oft vorgeschlagen worden. Eine solche Legierung mit 2,5 % Beryllium kostete 1938 rd. 14 RM je kg. Beim Wiedereinschmelzen gehen 5 bis 10 % durch Abbrand verloren. Die Form wird gegossen, nachgearbeitet und vergütet und kommt dadurch auf eine Brinellhärte von rd. 320 kg/mm². Formen zu gießen ist an sich aber nur in seltenen Fällen zweckmäßig. Wo aber eine gegossene Form angebracht erscheint, würde man dann schon weit wirtschaftlicher Stahl oder Grauguß verwenden. Die gegossene Oberfläche fällt bei Beryllium-Kupfer übrigens nicht sauberer aus als bei Grauguß.

Die Sintered Metal Corp propagiert, Einsätze durch Sintern herzustellen (Metallkeramik). Eisenpulver wird mittels eines Prägepfaffen komprimiert und dann gesintert. Das Verfahren soll tiefere Reliefs ermöglichen als das übliche Prägen[2].

Der Vorschlag, die Formfasson mittels des Schoopschen Metall-Spritzverfahrens (nach einem Positiv) zu erzeugen, wurde vom Verfasser praktisch erprobt. Die gewonnenen Negative waren unbrauchbar, da das Verfahren bisher stets ein makroporöses Gefüge, also eine entsprechende Oberfläche, ergibt. Das Preßteil klebt in der Form.

Aussichtsreich erscheint ein Galvano nach einem Positiv, aus Stahl oder Nickel, von etwa 1 mm Dicke und mehr. Der Weg wurde vom Verfasser erprobt. Das gewonnene Galvano wird mit einer Metall-Legierung hinterspritzt oder hintergossen. Die Versuche ergaben Spannungen mit entsprechendem Verzug im Galvano. Es dürfte möglich sein, spannungsfreie Niederschläge zu erzeugen. Die Oberfläche wird hervorragend glatt und dicht.

Typische Bauweisen. Man kann vier verschiedene Hauptbauweisen von Preßformen unterscheiden, die in Abb. 64 bis 67 dargestellt sind. Andere, weniger wichtige Arten mögen unerwähnt bleiben.

---

[1] Midland Die and Engraving Cy Chicago, Ill. — Modern Plastics Dez. 1947 S. 126.

[2] Siehe Modern Plastics März 1947 S. 140.

Abb. 64 zeigt die üblichste Bauart, die F ü l l r a u m f o r m, bei der
der Mantel unten sitzt. Der Umriß des Preßteiles ist tiefer als die Preßstückhöhe in den Mantel eingearbeitet. Dadurch ergibt sich ein Füllraum, der genügend groß ist, um den Werkstoff aufzunehmen. Der
Stempel ist dabei mit den Flächen *Fl*
im Mantel geführt. Zweckmäßigerweise wird dicht über dem Umriß
des Preßstückes der Füllraum um
wenige zehntel mm erweitert (siehe *a*
in Abb. 64); dadurch wird verhütet,
daß das Preßstück, das in warmem
Zustand noch ziemlich weich ist, an
seiner Mantelfläche beim Ausstoßen
zerkratzt wird. Entsprechend wird
dort der Stempel dicker gehalten.

Um ein gutes Preßteil zu bekommen, wird stets mit Werkstoffüberschuß gearbeitet. Der Preßmasse-
überschuß fließt durch Austriebkanäle, das sind ganz flache Aus-
sparungen im Mantel oder leichte Abflachungen an den Führungs-

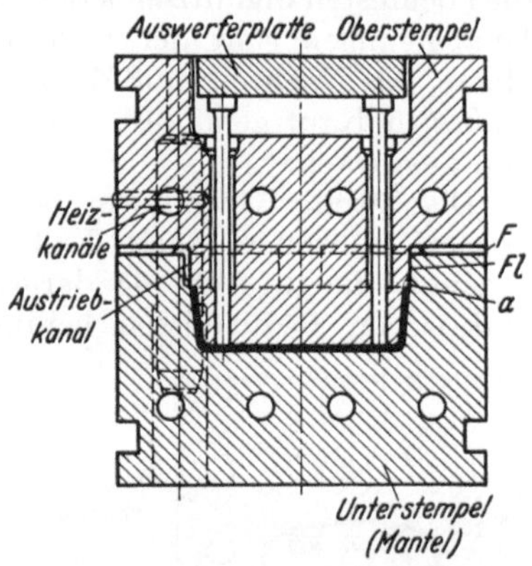

Abb. 64. Füllraumform mit Austrieb. Üblichste
unter den vier Bauweisen.

flächen *Fl* der Stempel, ab. Der Querschnitt der Austriebkanäle darf
nicht zu groß bemessen sein, um unnötige Verluste an Druck und
Preßmasse zu vermeiden. Diese Spalten werden erst während der ersten
Erprobung der Form nach Bedarf angebracht. Eine andere Bauweise
ist die, auf besondere Austriebsschlitze zu verzichten und statt dessen
dem Stempel ein umlaufendes Spiel von rd. 0,03 mm zu geben. Die
Führungssäulen, die nunmehr besonders kräftig auszubilden sind,
haben dann die Führung, d. h. auch die etwa auftretenden Seitendrücke, allein zu übernehmen.

Damit der Werkstoffüberschuß frei und ohne an der Formtrennebene
festzukleben entweichen kann, erhält das Oberteil Aufsitzklötze F
(siehe dazu die Abb. 64 rechts, am Oberteil), zwischen denen der Überschuß als lockerer Schaum, also drucklos, heraustreiben kann.

Bei der hier gezeichneten Form besitzt zufällig das O b e rteil die
Auswerferstifte. Sie wird, da das Pressen o b e r teil selten eine Ausstoßvorrichtung besitzt, durch einen Handhebel betätigt.

Im U n t e r teil dagegen besitzen alle Pressen eine Ausstoßeinrich-
tung, und der Formenkonstrukteur sucht daher das Preßteil möglichst
so zu legen, daß dessen vermutlich am stärksten haftende Seite nach
unten kommt.

Als Heizmittel dient im dargestellten Fall Dampf oder Heißwasser,
das durch die Kanäle *K* fließt, die alle in Reihe geschaltet sind. (Die
Mehrzahl der Betriebe heizt elektrisch.)

Ein Vorläufer dieser Bauweise kann als ein eigener Bautyp angesprochen werden, als ein f ü n f t e r zu den vier erwähnten. Er gleicht sonst der üblichen Füllraumform, besitzt aber keine Austriebskanäle Fl und keine Hubbegrenzungsklötze F. Diese Bauweise wird nur für die hochfesten Schnitzelmassen, die Typen 54, 57, 74 und 77 angewendet. Unabgefangen ruht der volle Preßdruck auf der völlig abgesperrten Masse. Als Nachteil muß die größere Schwankung des Preßteil-Höhenmaßes in Kauf genommen werden, weil Dosierungsschwankungen sich voll auswirken.

Die zweite Grundform ist die u m g e k e h r t e F ü l l r a u m f o r m , zuweilen auch Füllraumform mit überfahrendem Mantel genannt, die in Abb. 65 dargestellt ist. Sie entstand aus folgenden praktischen Bedürfnissen heraus:

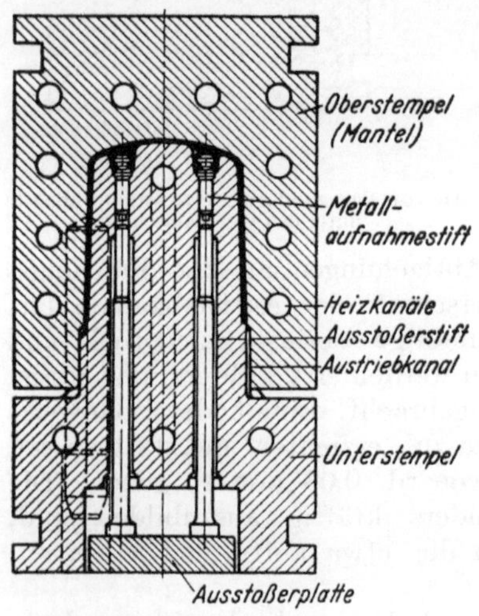

Abb. 65. „Umgekehrte" Füllraumform. (Form mit oben sitzendem Mantel. Dies bietet zuweilen preßtechnische Vorteile, z. B. bei Metalleinbettungen.)

Vielfach werden Metallteile, z. B. Muttern, in ein Preßstück eingebettet oder Gewinde in Preßstoff von einzusetzenden Gewindekernen geformt. Man arbeitet dann am besten so, daß diese losen Teile im Unterteil der Preßform sitzen, weil dann keine Beschädigung der Preßflächen durch etwa von oben herunterfallende lose Kerne oder Metalleinlagen eintreten kann. Z. B. wird eine Kappe mit innen liegenden Muttern im Innenraum so gepreßt, daß der den Innenraum erzeugende Stempel, der die losen Muttern aufzunehmen hat, unten liegt; der Mantel kommt damit nach oben. Man formt also „umgekehrt". Eine solche Form kann natürlich nicht mit Pulver, sondern nur mit Tabletten beschickt werden. Die Mantelführungsfläche muß so hoch sein, daß sie die untere Führung schon überfahren hat, ehe die Tablette Druck bekommt, weil sonst Preßmasse herausfällt und für die Pressung verlorengeht.

Allerdings sitzt bei dieser Bauweise der Preßteilumriß sehr tief im Mantel und läßt sich schwerer einarbeiten. Man hilft sich oft, indem man den Mantel teilt und dessen unteren Teil als Aufsatzrahmen dicht unter dem Preßteilumriß gut schließend anschraubt.

Diese Formenbauart hat den weiteren Vorteil, daß die Auswerferplatte unten sitzt, also dort, wo alle Pressen Ausstoßvorrichtungen haben. Der oft schwer gehende Ausstoßer braucht also nicht von Hand betätigt zu werden.

Die **Überlauf- oder Abquetschform** nach Abb. 66 wird selten verwendet. Sie entstammt der Preßtechnik der nichthärtbaren Kunststoffe und zwar in den Fällen, wo, wie z. B. bei Knopfformen aus Azetylzellulose, als Rohling eine Platte bzw. ein Plattenabschnitt eingelegt wird. Sie kann nur selten mit loser Masse, sondern muß in der Regel mit Tabletten beschickt werden, um ein vorzeitiges Entweichen von Masse zu verhüten. Sie ergibt, und das ist ihr Vorzug, Preßstücke von stets gleicher Höhe, also praktisch ohne Höhentoleranz, vorausgesetzt, daß der Preßdruck hoch genug ist, um die überschüssige Masse aus dem Abquetschrand herausdrücken zu können. Dieser darf nur schmal sein, den Druck der Presse haben ausreichende, richtig auf Höhe abgestimmte Aufsitzplatten mit

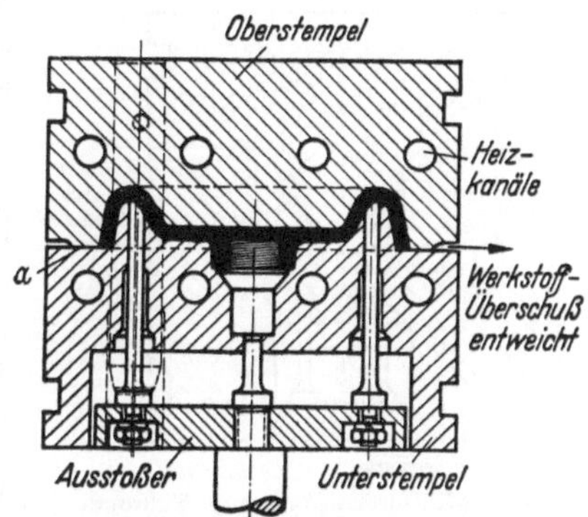

Abb. 66. Überlaufform („Abquetschform"). Die Gestalt des Preßteiles erlaubt manchmal, ohne einen eigentlichen „Füllraum" auszukommen.

aufzunehmen. Da die Preßmasse aber während des Verformens nicht solange Zeit unter dem Preßdruck steht, wie bei den beiden eben geschidlerten Bauweisen, werden die Oberflächen nicht immer so sauber wie in diesen, besonders wenn der Masseüberschuß zu knapp zugemessen wird. Diese Formen sind verhältnismäßig billig herzustellen, erfordern aber infolge der zusätzlichen Abschlußflächen (*a*) mehr Druck als die Füllraumformen. Da die anfangs scharfe Werkzeugkante, die durch den Übergang der Preßteilfasson zur Abquetschfläche gebildet wird, mit zunehmendem Gebrauch der Form rundlich wird, ist das Preßstück nicht so sauber entgratbar wie bei anderen Formkonstruktionen.

„**Liegender" Grat—„stehender" Grat.** Die Abquetschform ergibt einen liegenden „seitlichen" Grat am Stück, die Füllraumform einen senkrechten, „stehenden". Für Teile mit abgerundeter Umfangsfläche, wie z. B. fast alle Kleiderknöpfe, ist die Abquetschform, mit dem liegenden Grat, die einzig mögliche Einformungsweise. Alle rechtwinklig begrenzten Teile mit ebenen Umfangsflächen dagegen könnten sowohl in der Abquetschform mit liegendem, als auch in der Füllraumform mit stehendem Gerät, eingeformt werden. Bei solchen Teilen aber ist der stehende Grat der zweckmäßigere, er ist meistens leichter zu entfernen. Dies ist mit einer der Gründe, daß die Abquetschform nur noch selten angewendet wird.

Die Form nach Abb. 67, eine **Füllraumform mit Abquetschflächen** (oder umgekehrt eine Überlaufform mit Füllraum, der die überlaufende Preßmasse auffängt), wird als Einfachform

nur selten angewendet, denn Abquetschflächen (auch Totflächen genannt)
sucht man zu vermeiden, sie erfordern für sich selbst Druck, bedeuten
also Druckverlust. Sie lassen sich aber bei besonderer Gestalt des
Stückes nicht immer umgehen. Für
V i e l f a c h f o r m e n dagegen wird
diese Bauart öfter verwendet, vor
allem für kleine Teile. Der Füllraum
ist dann allen Einsätzen gemeinsam,
s. Abb. 68, 78 und 80. Das hat folgenden Vorteil: Es kommt gelegentlich vor, daß eine Form versehentlich
mit zuviel Preßmasse beschickt wird,
und bei einer Mehrfachform sogar ein
Einsatz zwei Tabletten statt einer
erhält. Das hätte bei einer Einfachform, die für sich allein auf einer
Presse betrieben wird, lediglich ein
Ausschlußstück, aber keinen Schaden

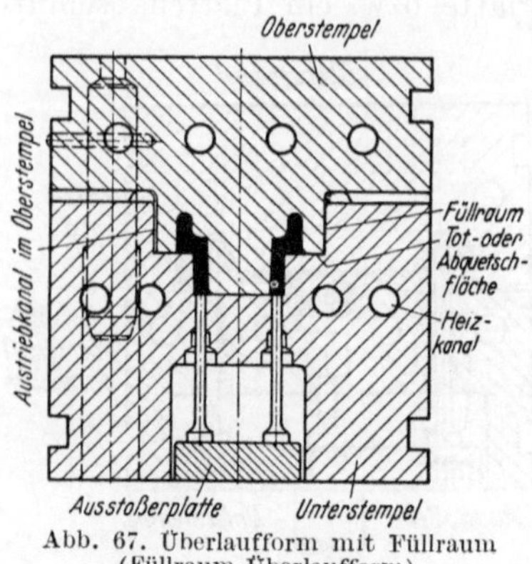

Abb. 67. Überlaufform mit Füllraum
(Füllraum-Überlaufform).

an der Form zur Folge. Bei einer Mehrfachform nach Abb. 69 aber, bei
der jeder Einsatz seinen eigenen Füllraum hat, kann der betreffende
Einsatz zerstört werden, da dieser dann den ganzen Druck, der sich
sonst auf alle Einsätze verteilt, allein erhält.

Eine Mehrfachform, die nach Bauweise Abb. 68 gebaut ist, kann
nicht infolge Überbeschickung beschädigt werden, sie wird aber außerdem
mit nur e i n e r Menge
Preßmasse beschickt, die
gleich dem entsprechend
Vielfachen jedes einzel-
nen Einsatzes ist, das
Dosieren ist also äußerst
einfach! Bei einer zu
reichlichen Zumessung
der Preßmasse tritt ein
Ausgleich zwischen allen
Einsätzen ein; bei einer

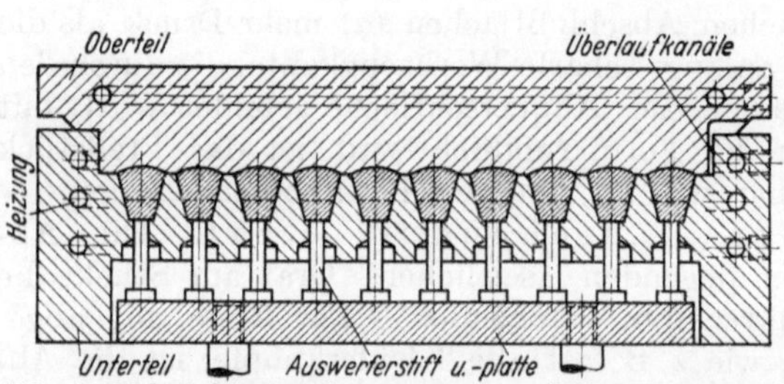

Abb. 68. Mehrfachform mit gemeinsamem Füllraum (Bautyp
der Füllraum-Abquetschform).

zu kleinen Zumessung entsteht zwar Ausschuß, aber die Form leidet
keinen Schaden. Diese Bauweise hat natürlich den Nachteil, daß ihre
Abquetschfläche zusätzlichen Preßdruck erfordert. Der Druck je cm²
muß dazu ziemlich hoch sein, sonst entsteht ein sehr dicker Grat, der
hohe Entgratlöhne kostet. (Ein dünner Preßgrat von $^3/_{100}$ bis höchstens
$^{10}/_{100}$ mm Dicke läßt sich noch in der Scheuertrommel mit sehr geringem Lohnaufwand entfernen.) Bei den Typen grober Struktur 71,
74, 51, 54 und 16 ist übrigens auch trotz hohen Druckes kein dünner

Grat zu erreichen. Hier müssen Abquetschflächen durch eine geeignete Preßformbauart weitestgehend vermieden werden.

Manche Preßwerke pflegen daher Totflächen grundsätzlich zu vermeiden und bauen die Mehrfachformen nur mit Einzelfüllräumen nach Abb. 69, 79, 81. Gegen die Gefahr der Doppelbeschickung eines Einsatzes schützt man sich dann dadurch, daß jeder der Füllräume mit sicher wirkenden, also genügend großen Austriebkanälen versehen wird, und eine **Füll- oder Beschickvorrichtung** angewendet wird, die natürlich so gebaut sein muß, daß sie nicht selbst doppelt beschickt werden kann.

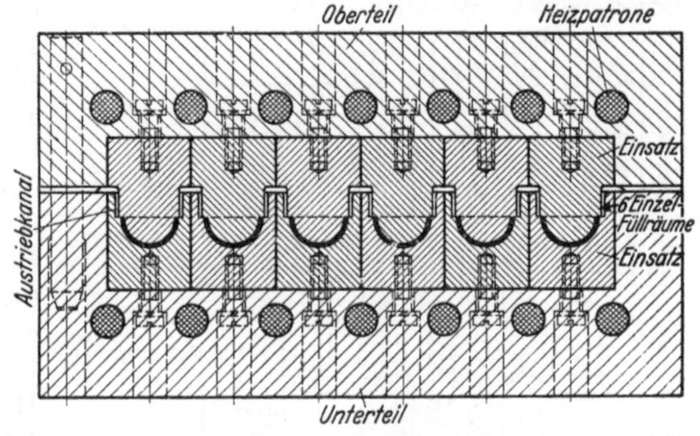

Abb. 69. Mehrfachform. Jedes Preßstück hat seinen eigenen Füllraum, in die sechs Unterstempel tauchen die sechs Oberstempel ein (Bautyp Füllraumform).

Sie enthält soviel Kammern, wie die Form Einsätze hat und wird außerhalb der Presse geladen. Diese Beschickvorrichtung wird durch Anschläge in richtiger Lage gehalten und über dem Formunterteil durch Wegziehen der Bodenplatte entladen; die Preßmasse in Form von Pulver oder Tabletten fällt hierbei in die Formeinsätze. Der Hauptzweck dieser Füllvorrichtung ist, die Beschickungszeit recht kurz zu halten.

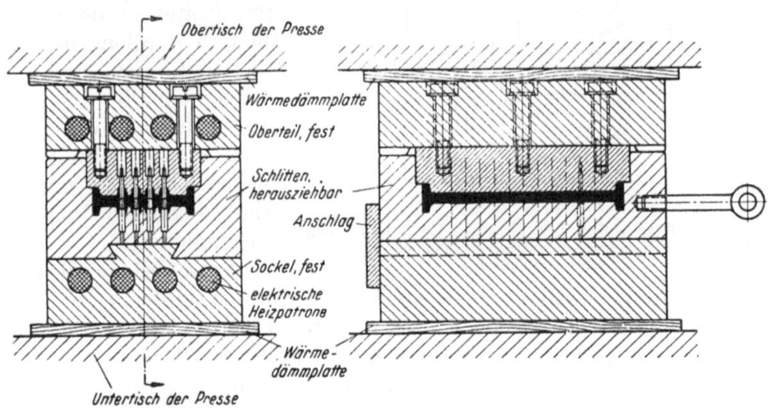

Abb. 70. Schlittenform. Der ortsveränderliche Unterstempel („Schlitten") ermöglicht, die Hantierungen an der Form außerhalb der Presse vorzunehmen.

Eine Verkürzung der Handzeiten an der Presse wird auch durch folgende Maßnahmen erreicht. Handelt es sich um

Formen, in die viele Gewindekerne oder Metallteile einzulegen sind, so baut man auch hierfür Beschickvorrichtungen, vor allem bei Vielfachformen. Oft wird auch so vorgegangen, daß das Formunterteil (zuweilen ist es auch das Formoberteil), das die Kerne oder Metallteile aufzunehmen

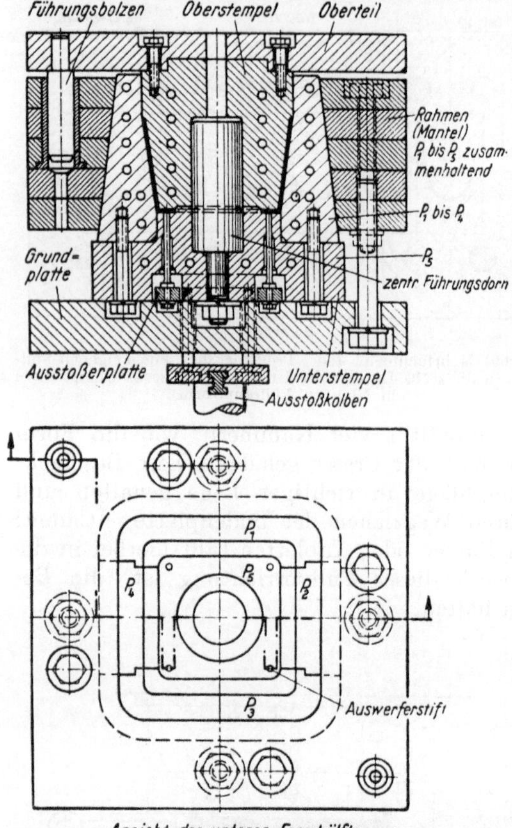

Abb. 71. Preßform für großes Gehäuse. Die wesentlichen Einzelteile P_1 bis P_5 werden durch einen aufgekeilten Rahmen zusammengehalten.

hat oder an dem andere Handgriffe zu verrichten sind, als ein S c h l i t t e n ausgebildet wird. Man beschickt diesen außerhalb der Form auf einem Arbeitstisch und schiebt ihn zum Pressen wieder auf die Presse. Diese Hantierungen außerhalb der Presse verrichtet eine H i l f s k r a f t, deren Lohn wie auch die dazugehörigen Unkostenzuschläge niedriger sind als bei einem Presser. Abb. 70 zeigt eine solche Form, bei der 44 Stifte im Preßteil einzubetten sind. Diese Arbeitsweise erfordert naturgemäß zwei Formen.

Der Verkürzung der Handzeiten an der Presse dient vor allem bei den Vielfachformen auch die A b h e b g a b e l. Nach dem Herausstoßen der Preßteile aus dem Formunterteil werden mit ihr alle Preßteile zugleich weggenommen.

Verschiedene Baubeispiele. Schließlich sollen noch mehrere andere Ausführungsbeispiele von P r e ß f o r m e n besprochen werden. Abb. 71 zeigt eine Form für eine pyramidenförmige Haube von 400 × 400 × 260 (mm). Bei derartigen Abmessungen des Stückes wird in der Regel der Mantel, d. i. die das Äußere des Preßteiles erzeugende Formhälfte, unterteilt. Vier Seiten- und eine Bodenplatte, die Teile P_1 bis P_5, werden hier durch einen Rahmen zusammengehalten. Für diesen verwendet man gewöhnlichen Flußstahl und spart so legierten Stahl. (Der Rahmen besteht in diesem Falle aus fünf dicken Platten.) Der Mitteldorn verringert die Abquetschfläche des Fensters im Boden und dient zugleich als Führungsdorn.

Die fünf gestaltgebenden Platten P_1 bis P_5 der Form nach Abb. 71 müssen sehr sauber zusammengepaßt sein, damit an den Stoßfugen kein Grat entsteht. Dennoch ist es stets unvermeidlich, daß sie am Preßteil erkennbar sind. Das würde aber bei hochwertigen Schauteilen mit verrundeten Kanten und Ecken (s. Abb. 72) stören. Hier ist der Preßteilumriß daher aus dem Vollen gearbeitet! Dieses Gehäuse hat an seiner Fußfläche Versteifungsrippen, so daß das Preßstück hier unterschnitten ist. Man formt diese Unterschneidung mittels der um ein Scharnier beweglichen Beilage K, die nach der Pressung, nachdem der Mantel hochgefahren ist, abgeklappt wird und so das Stück zum Ausstoßen freigibt. Diese Klappbeilage führte hier dazu, mit „überfahrendem", also oben sitzendem Mantel zu arbeiten.

Der Kasten nach Abb. 73 von $500 \times 400 \times 250$ (mm) Größe hat umlaufende Rippen, ist also ebenfalls unterschnitten. Die vier Seitenbacken sind klappbar angeordnet.

Zwei kennzeichnende Beispiele für das Formen von Unterschneidungen an Preßteilen geben die Abb. 74 und 75. Beim Spulenkörper nach Abb. 74 geht der zweiteilige Einsatz mit dem Preßstück zusammen heraus und wird dann abgenommen; beim Griff nach Abb. 75 dagegen sind die zwei Kerne als zwei im Mantel geführte Einsatzhälften ausgebil-

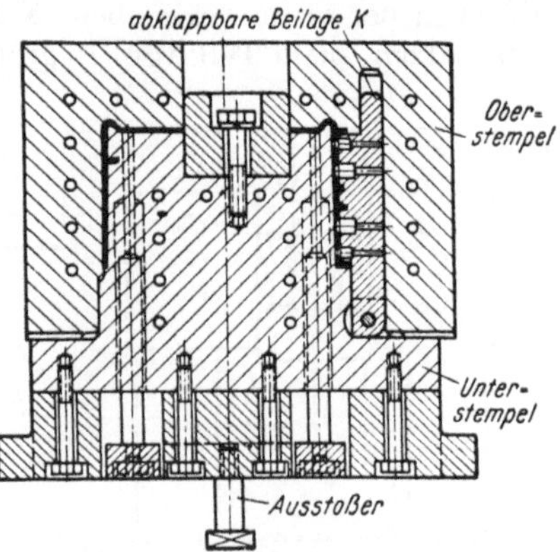

Abb. 72. Form für ein Gehäuse für ein großes Rundfunkgerät. Die Gestalt des Preßstückäußeren ist in den vollen Mantelblock (Oberstempel) eingearbeitet. Die die Unterschneidung der rechten Steilfläche (Fußfläche des Gehäuses) erzeugende Beilage K ist als Klappe am Unterstempel angebracht und wird abgeklappt, nachdem der Mantel hochgefahren ist, so das Preßteil freigebend.

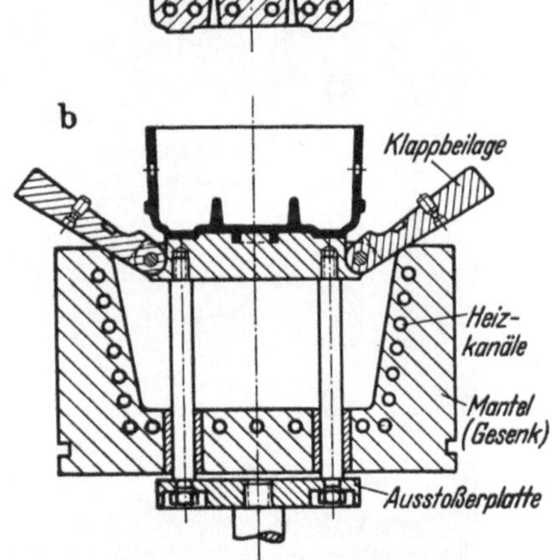

Abb. 73. Klappform für großen Behälter. Der Mantel hält in Preßstellung die fünf gestaltgebenden Teile (Grundplatte und vier Klappbeilagen) zusammen. Das Bild zeigt die Form in der Auswerfestellung.

det, die sich beim Hochfahren des Unterstempels so weit öffnen, daß das Preßstück frei herausgenommen werden kann, wobei die Einsatzhälften in der Form verbleiben. Neuerdings wird man das Stück lieber preßspritzen, beim Teil Abb. 75 gibt es dabei keine losen Werkzeugteile.

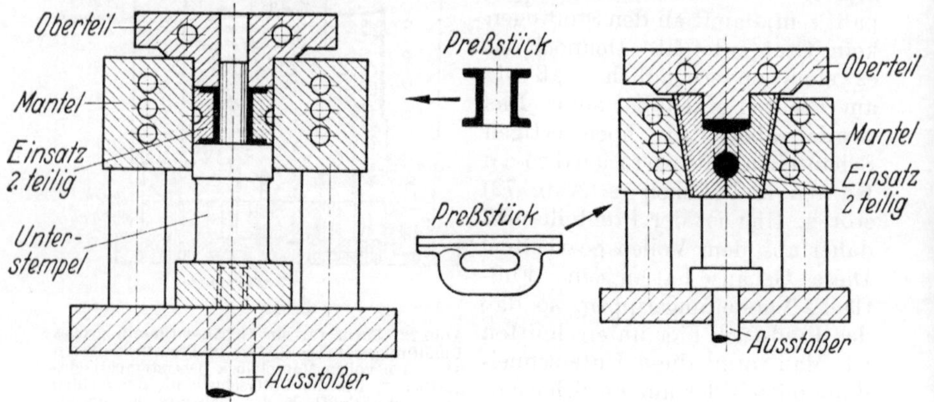

Abb. 74. Preßform mit losem (zweiteiligem) Kern. Der unterschnittene Preßling ist ein Spulenkörper.

Abb. 75. Preßform mit zwei geführt auseinandergehenden Formhälften. Der unterschnittene Preßling ist ein Handgriff.

Zum Schluß einige Lichtbilder von Formen: Beim Gehäuse Abb. 76 ist die Facon aus dem Vollen gearbeitet, wie bei Abb 72. (Unter dem achteckigen Leitungskanal befinden sich die Heizstäbe.) Bei der Form

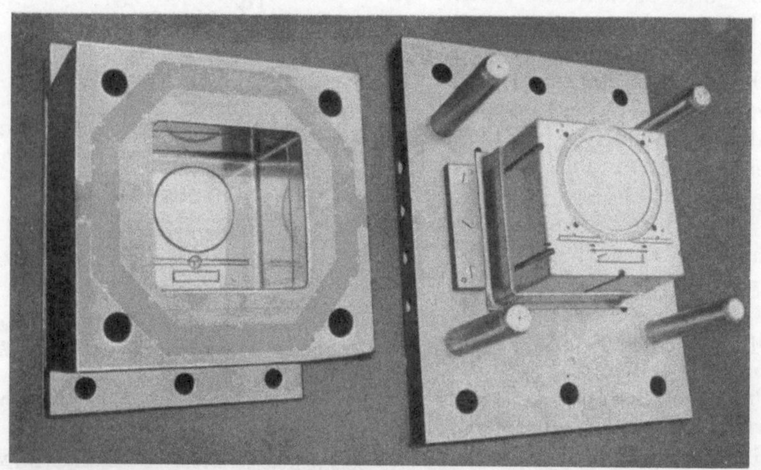

Abb. 76. Preßform für den kleinen Volksempfänger. Facon aus dem Vollen. (Unter dem Achteck auf der Mantelfläche sitzen die senkrechten Bohrungen für die elektrischen Heizstäbe.)
Werkphoto: Werkzeugbau Rich. Reinicke, Großdubrau i. Sa.

für ein dreiseitig unterschnittenes Kästchen, Abb. 77, formen fünf lose
Teile das Stück, der innen schräge Mantel aus unlegiertem Stahl hält
die vier Seitenbacken zusammen. Abb. 78 stellt eine Mehrfach-Knopf-
form dar, eine Abquetschform mit gemeinsamem Füllraum. Einzel-

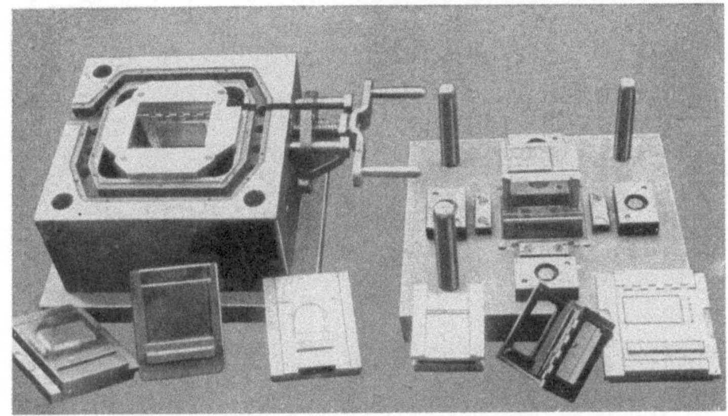

Abb. 77. Form für ein dreiseitig unterschnittenes Teil (Vorderreihe Nr. 5). 2 Satz mit je 5 losen Bei-
lagen (Vorderreihe, und 1 Satz im Mantel). Am Mantel außerdem: Spindel zieht seitlichen Gewindekern zurück. Werkphoto: Werkzeugbau Rich. Reinicke, Großdubrau i. Sa.

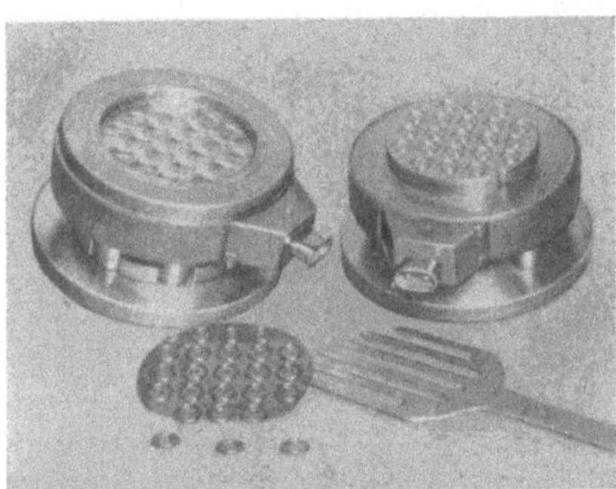

Abb. 78. 21-fach-Form (mit gemeinsamem Füllraum) für Kleiderknöpfe. (Vorn links der Preßling,
rechts Abhebegabel.)

Abb. 79. 8-fach-Form (mit Einzelfüllräumen) für
Drehknöpfe, 3 Sorten.

Füllräume dagegen besitzt
die achtfache Knopfform
nach Abb. 79, eine sehr übliche Bauweise. Sehr hoher
Druck muß ausgeübt wer-

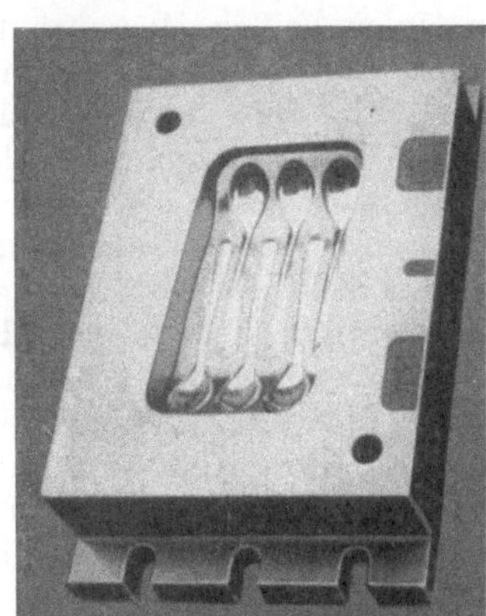

Abb. 80. 6 fach-Form (Abquetsch-
Füllraumform) für 6 Löffel. Werk-
photo: Werkzeugbau Rich. Reinicke,
Großdubrau i. Sa.

den, um bei der Sechsfach-Pressung der Löffelform nach Abb. 80 einer Abquetschform mit gemeinsamem Füllraum, einen dünnen Grat zu

Abb. 81. 120-fach-Form für Tubenverschlüsse. Die beiden Mittelteile sind die Preßform. Ganz links die Abschraubvorrichtung, ganz rechts die Beschickvorrichtung.

bekommen, obwohl die Löffel schon eng liegen. Abb. 81 zeigt eine 120fache Form für Tuben-Schraubverschlüsse, nebst Beschick- und Ausschraubvorrichtung.

d) Das Preßspritzen.

S p r i t z t e c h n i s c h e s[1].

Auch die härtbaren Preßmassen lassen sich, wie die wieder erweichbaren Kunststoffe nach dem Spritzverfahren verarbeiten. Allerdings kann nicht, wie bei diesen, ein Werkstoffvorrat für m e h r e r e Schuß in einem heißen Massebehälter aufgespeichert werden; der Werkstoff würde für die zweite und die nachfolgenden Spritzungen gehärtet sein, ehe er die Düse verläßt. Härtbare Massen lassen sich aber dann ohne weiteres verspritzen, wenn die zu e i n e m Preßstück gehörende Menge kalter oder besser vorgewärmter Masse erst unmittelbar vor dem Verspritzen in einen Vorraum der Spritzform, die Massekammer, gegeben wird, s. z. B. Abb. 85. Die nach diesem Verfahren gespritzten Teile sind bei richtiger Arbeitsweise den auf dem Preßwege erzeugten in jeder Weise gleichwertig, in der Durchhärtung aber weit überlegen, dazu ist die Härtezeit kürzer.

Man wird Preßmasse nur dann durch eine kleine Düse oder durch eine enge Spalte von wenigen mm² Querschnitt drücken, statt sie in einer gewöhnlichen offenen Preßfrom zu verpressen, wenn Vorteile damit

---

[1] H e s s e n : Das Spritzpressen härtb. Kunstharzpreßmassen unter Berücksichtigung chemischer Gesichtspunkte. — Kunststoffe Bd. 31 (1941) S. 245/7. H a h n : Zur Technik des Spritzpressens härtb. Kunstharzpreßmassen. — Kunststoffe Bd. 31 (1941) S. 248/51.

verbunden sind. Deren sind genug vorhanden. Beim Durchgang durch die enge heiße Düse und den Einlaufkanal zum Stück wird die Masse **sehr gleichmäßig durchwärmt.** Sie tritt als gut plastischer Strom in die Form ein, während sie beim Pressen, selbst in Form von sehr gut vorgewärmten Tabletten, anfangs immer noch wenig plastisch und noch nicht so heiß ist. Außerdem aber wird das Stück, genau so wie auch beim Pressen, noch von den Wänden her beheizt. Die Durchwärmung ist also viel besser als beim Pressen! Bei Stücken von dickem Querschnitt dauert es beim Preßverfahren mehrere, oft viele Minuten, bis die allein von den Formwänden zugeführte Wärme bis zum Innern vorgedrungen ist. Für sehr dicke Teile ist das Preßspritzen eine **Notwendigkeit**; die Härtezeit wird beträchtlich verkürzt und die Ausbringung der Form ist weit größer, vor allem ist das Stück auch im Innern praktisch ebensogut ausgehärtet wie in seiner Außenzone. Die Masse wird aber in der Spritzkammer und Düse nicht nur gut erwärmt, sie wird hier auch — eine äußerst nützliche Weiterführung des kurzen Misch- und Imprägniervorganges bei der auf Seite 29 beschriebenen Herstellung der Preßmasse auf der Walze — sehr gut durchmischt und homogenisiert! Dies ist eine Folge des sehr hohen Druckes in der Spritzkammer, der mehrfach höher ist als der zwischen den Walzen des Walzwerkes (s. Abb. 6) herrschende und des Durchpressens durch die enge Düse. Daher ist auch das Stück selbst sehr homogen, mit dem Erfolg, daß es sich in Wärme und Feuchtigkeit viel besser verhält als ein **Preß**teil; es ist praktisch spannungsfrei.

Spritzen ist aber auch dann von Vorteil, wenn das Preßteil irgendwelche loch- oder kammererzeugenden, druckempfindlichen Kerne bedingt oder wenn empfindliche Metallteile einzubetten sind. Beim Spritzen werden Kerne und Metallteile von einem besser durchwärmten, also besser plastischen Massestrom getroffen als beim Pressen. Außerdem ist beim Pressen stets eine bestimmte Richtung des Massestromes, die senkrechte, zwangläufig gegeben, zu der die Kerne oder die einzubettenden Metallteile unvermeidlicherweise oft sogar quer angeordnet liegen. Bei der Spritzform dagegen hat man fast immer die Möglichkeit, die Einlaufkanäle für die Masse irgendwie so anzuordnen, daß Kerne oder Metallteile durch den Massestrom möglichst wenig auf Biegung beansprucht werden.

Die Genauigkeit preßgespritzter Teile ist, eine zweckmäßige Form vorausgesetzt, größer als die gepreßter. Auf die erhöhten Toleranzen für „nicht formgebundene Maße" nach DIN 7710 (s. S. 183) kann beim Spritzen verzichtet werden.

Es wurden zuweilen verwickelte Stücke entworfen, die sich nicht mehr pressen ließen. Für das Spritzverfahren aber gibt es keine Beschränkung mehr in der Gestaltung. **Die Spritztechnik hat dem Konstrukteur neue Gestaltungsmöglich-**

k e i t e n , j a ä u ß e r s t e G e s t a l t u n g s f r e i h e i t g e g e b e n
u n d s o d e n A n w e n d u n g s b e r e i c h d e r P r e ß s t o f f e
g a n z b e d e u t e n d e r w e i t e r t.

Die grundlegenden Vorteile der Technik des Preßspritzens: gleichmäßige Durchheizung aller Masseteilchen des Stückes und als Folge davon ein homogenes und spannungsfreies Teil, ferner die Verkürzung der Härtezeit und eine praktisch nicht störungsanfällige Form werden bewirken, daß das Preßspritzen sehr bald allgemein angewendet werden wird, sogar auch auf gewöhnliche Teile, ohne Metalleinbettungen und ohne empfindliche Kerne.

Ein Nachteil des Preßspritzens ist, daß der Werkstoffaufwand größer ist. (Einlaufkanal und Masserest in der Spritzkammer.) Bei kleinen Teilen fällt dies oft stark ins Gewicht!

Übrigens hat die Preßspritztechnik auch ihre Tücken und man kann bei ihr sehr viel leichter Fehler machen als beim Pressen! Diese Fehler beim Preßspritzen sind oft die gleichen wie die beim Spritzen der nichthärtbaren Stoffe; sie sind aber gefährlicher, weil die fast immer dunkle, oft schwarze Farbe sie schwer erkennen läßt, anders bei den oft glasklaren Kunststoffen. Der Preßtechniker muß also vorsichtiger planen; Druck, Temperatur und Lage des Einlaufskanals müssen gut überlegt sein.

Die Abb. 82 zeigt ein Stück, bei dem an der gestrichelten Stelle eine Ungänze auftrat. Der heiße Massestrang erfüllt langsam fortschreitend die Räume a_1, a_2, b und c. Nachdem der Raum a_2 schon aus

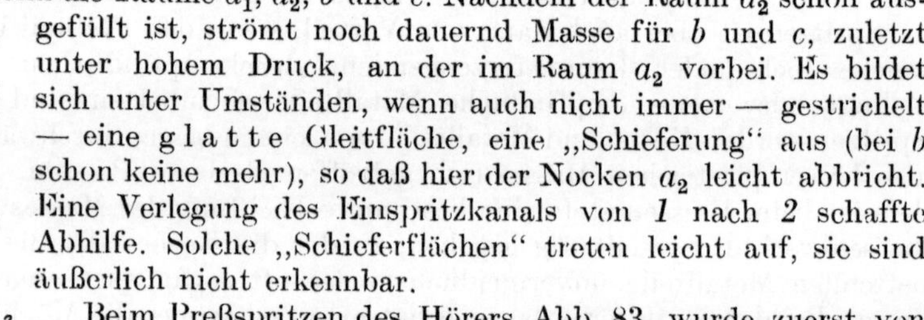

gefüllt ist, strömt noch dauernd Masse für b und c, zuletzt unter hohem Druck, an der im Raum a_2 vorbei. Es bildet sich unter Umständen, wenn auch nicht immer — gestrichelt — eine g l a t t e Gleitfläche, eine „Schieferung" aus (bei b schon keine mehr), so daß hier der Nocken a_2 leicht abbricht. Eine Verlegung des Einspritzkanals von *1* nach *2* schaffte Abhilfe. Solche „Schieferflächen" treten leicht auf, sie sind äußerlich nicht erkennbar.

Beim Preßspritzen des Hörers Abb. 83, wurde zuerst von der Mikrofonseite aus, also vom rechten Ende A her, eingespritzt. Dabei verschweißten die

Abb. 82. Ungünstige Lage des Einlaufkanals kann Bruchgefahr, wie gestrichelt angedeutet, ergeben.

beiden Teilströme T_2, T_1 hinter dem langen Dorn in Ebene S schlecht miteinander, im Feld S_1. Der Dorn hatte die Teilströme abgekühlt. Als der Einlauf von A nach B verlegt wurde, wurde die Verschweißung gut. Die Stelle lag jetzt näher an der Massekammer und die Masse blieb wärmer. Beim Spritzen von Klemmenplatten nach Abb. 180 mit ähnlichen Metalleinbettungen kann dasselbe vorkommen.

Spritzbar sind fast alle Preßmassen, z. B. die Typen 131, 30, 31, 31.5, 71, 74, 51, 54; nicht spritzbar sind naturgemäß die Typen 77 und

57. Bei den Typen 74, 54 und 16 ist damit zu rechnen, daß die Festigkeit des Stückes geringer als beim Pressen werden k a n n, da die g r o b e
Struktur der Preßmasse nicht unbedingt erhalten bleibt, es sei denn,
Düse und Einlaufkanal sind
reichlich weit. Die Typen
11, 12 und 16 sind etwas
schwieriger zu verspritzen,
da sie infolge der hohen
Wärmeleitfähigkeit des mineralischen Harzträgers Neigung zum Härten schon in
der Düse haben. Der Typ
131 bereitet beim Spritzen, vor allem dann, wenn das Stück Querschnittsanhäufungen besitzt, weniger Schwierigkeiten als beim Pressen.

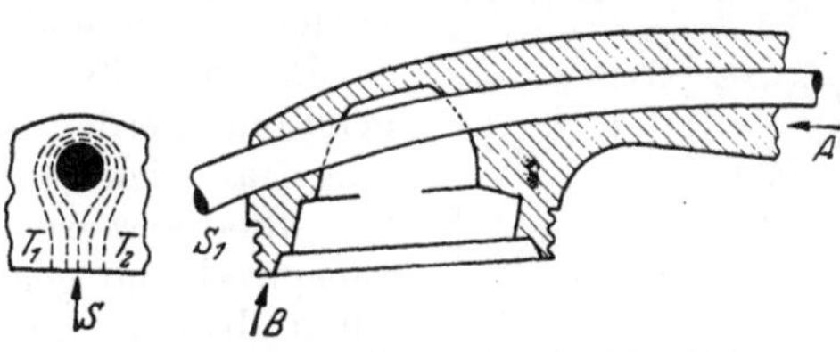

Abb. 83. Zwei Teilströme, entstanden durch Umfließen eines
Kernes (schwarz), können u. U. schlecht binden (Sim Feld B).

Auf die Preßmasse wird in der Massekammer ein Druck ausgeübt,
der zwischen 1000 und 2000 kg/cm² liegt; hinter dem Einlaufkanal in
der eigentlichen Form selbst ist er naturgemäß geringer. Spritzen erfordert also mehr Druck für das Stück als das Pressen. Ist der Druck
zu niedrig, dauert der Einspritzvorgang zu lange, die Masse härtet
inzwischen und der Werkstoff verliert an Fließvermögen. Im allgemeinen muß die Masse innerhalb 5 bis 30 Sekunden eingespritzt sein,
je nach der Stückgröße.

Gegenüber dem Metall-Spritzguß aber, der schlagartig die Form
ausfüllt, ist der Vorgang ein langsamer, der Massestrom fließt träge, die

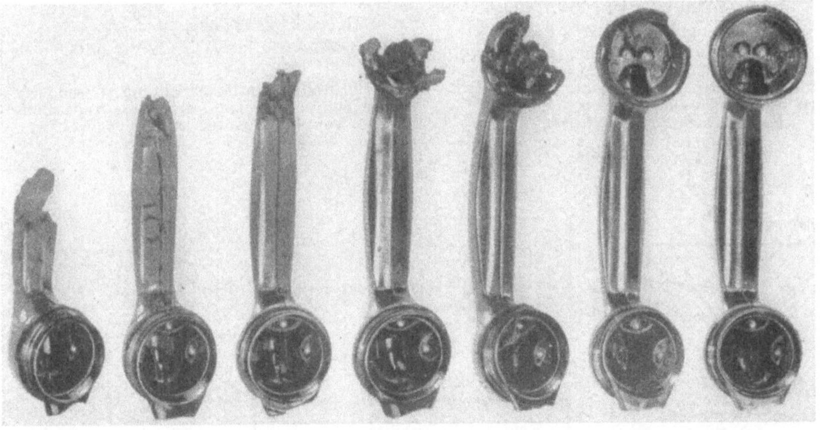

Abb. 84. 8 Etappen des Formausfüllens beim Preßspritzen, künstlich erzeugt, um den Vorgang
durchschauen zu können: Es schiebt sich ein träger Massestrom stetig (binnen 24 Sek.) vorwärts.
(Werkphoto: Siemens-Schuckertwerke A. G., Kabelwerk Berlin-Gartenfeld.)

Form, entgegengesetzt dem Metallspritzguß, von der Düse her ausfüllend. Dies zeigt Abb. 84, eine Zerlegung eines Spritzvorganges in 7

Etappen, 24 Sekunden umfassend. Bemerkenswert ist, daß das der Düse abgewandte Ende des Spritzlings, bis zuletzt roh, porös ist und das ihr zugewandte auch schon in den Anfangsetappen hochglänzend und dicht ist.

Da die Formhälften sehr fest zusammengehalten werden müssen, kann die Luft wenig oder gar nicht entweichen. Man bringt daher vorteilhafterweise an einer oder mehreren dem Einspritzkanal gegenüberliegenden Stellen feine Austriebkanäle an, s. Abb. 85 und 87. Damit werden Fehlstellen in der Oberfläche vermieden und Preßdruck gespart.

Abb. 85. Preßspritzvorrichtung. Massekammer sitzt in der Form, ist also geteilt; Ringmantel hält Form zusammen. (Meist als Einfachform gebräuchlich.)

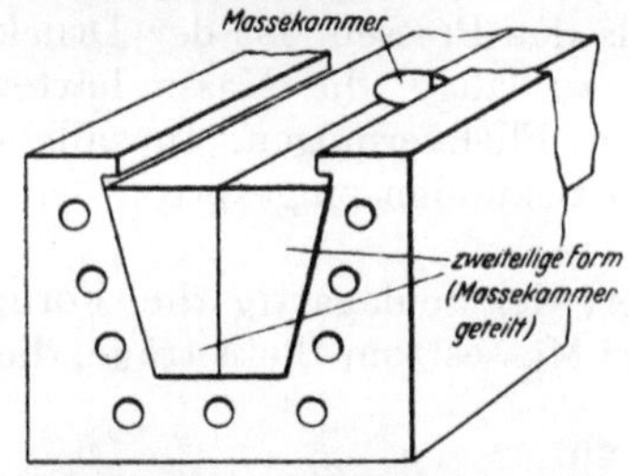

Abb. 86. Preßspritzvorrichtung. Massekammer sitzt in der Form, ist also geteilt; prismatischer Aufnehmer, Form wird von vorn eingeschoben. (Meist als Mehrfach-Form üblich.)

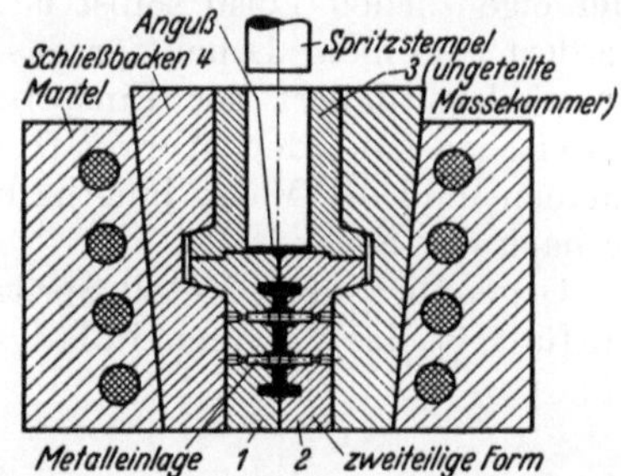

Abb. 87. Preßspritzvorrichtung. Gesonderte ungeteilte Massekammer; 5 lose Teile 1 bis 5, vom Ringmantel zusammengehalten.

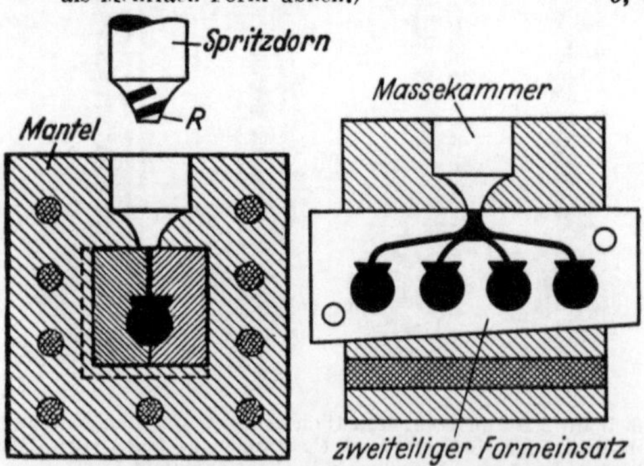

Abb. 88. Preßspritzvorrichtung nach DRP 703797 der Siemens-Schuckertwerke A.G., Erf. W. Mehdorn. Kubischer Block als Aufnehmer, ungeteilte Massekammer, im Block sitzend. Minimum an Formgröße und -kosten.

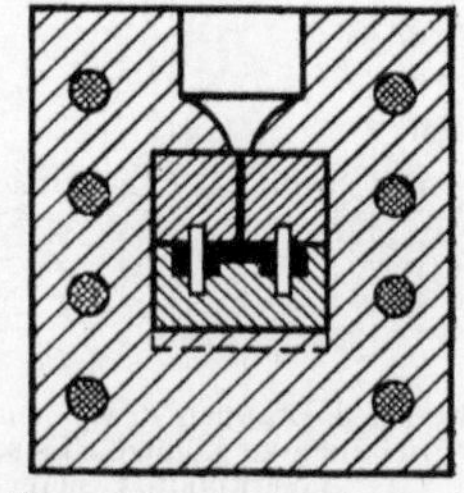

Abb. 88a. Preßspritzvorrichtung. Wie Abb. 88, aber Teilungsebene der Form waagerecht.

Die „Vorrichtungen", Formen und Pressen für das Preßspritzen[1].

1. Preßspritz-Vorrichtungen für gewöhnliche Pressen. Die gewöhnliche Hand- oder hydraulische Presse hat nur ein Druckorgan, den Pressenbär; dieser wird beim Preßspritzen zur Betätigung des Spritzstempels verwendet. Das zweite drückende Organ, der Ausstoßer, ist in der Regel nicht stark genug, um ihn für andere Zwecke als das Ausstoßen verwenden zu können. Da also für das Zusammenhalten der beiden Formhälften kein Pressenorgan mehr verfügbar ist, muß die Spritzvorrichtung diese Funktion übernehmen. Der Name Vorrichtung soll klarstellen, daß es sich hier um mehr als eine bloße Form handelt.

Die beiden eigentlichen Formhälften werden von einem Aufnehmer zusammengehalten. Dessen Gestalt kann sein ein: Ringmantel bei runder Form, die dann meist eine Einfachform ist (Abb. 85 und 87); Prismatische Schiene bei langgestreckter Form (Abb. 86); Kompakter Block mit Querdurchbruch für die Form (Abb. 88 bis 88b); Topf mit Bajonettverschluß (Abb. 89) oder mit Querriegel.

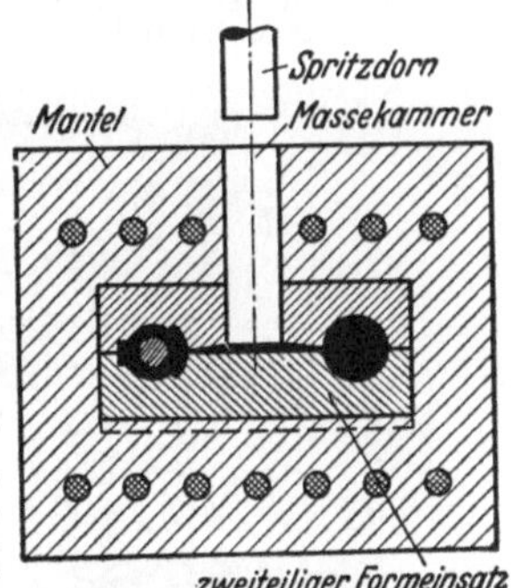

Abb. 88b. Preßspritzvorrichtung. Sonst wie Abb. 88 und 88a, aber Massekammer noch in Form hineingehend. Heikel. Anschlag für genaues Fluchten erforderlich.

Die Massekammer sitzt entweder in der Form selbst in Richtung und in der Teilungsebene beider Formhälften (Abb. 85, 86 und 94), eine Bauart, die bei nicht ganz festem Schließen der Hälften Druckverlust schon im Beginn des Spritzens mit sich bringt, oder sie sitzt ebenfalls in der Form, ist aber ungeteilt und steht senkrecht zur Teilungsebene (Abb. 89, 92 und 93). Sehr viel lose Teile und Paßfugen hat die Bauweise Abb. 87, mit ungeteilter Massekammer in einem der Form vorgelagerten Ring. Die Massekammer und die Formhälften (1) und (2) werden durch die beiden Schließbacken (4) und (5) zusammengehalten, das Ganze schließt der äußere Mantel zusammen. Die Querkeil-Spritzvorrichtung des Verfassers, mit Massekammer im Aufnehmer, siehe die Abb. 88 bis 88b, vereinigt in sich mehrere Vorteile: Ungeteilte Massekammer, Massekammer nicht in der Form und daher kleine Form und niedrige Formkosten, dünnster Grat dank starrem kubischem Aufnehmerblock und nur zwei lose Teile, also kurze Handzeiten. Beim Herausdrücken der Form wird der Anguß abgescheert;

---

[1] Weprek: Das Spritzpressen härtb. Kunststoffe. — Kunststoff-Technik Bd. 10 (1940) S. 289/96. — Weprek, Bemessung der Spritzpreßformen für härtb. Kunststoffe. — Kunststoffe Bd. 32 (1942) S. 217/20. — Hemmersbach: Zur Spritzgußtechnik nichthärtb. Kunststoffe. — Kunststoff-Technik Bd. 12 (1942) S. 47/52. (Auch für härtbare Kunststoffe wichtig.)

das Gewinde im Spritzdornende nimmt ihn mit hoch, wo er entfernt wird. Abb. 88 zeigt die üblichere Formbauart mit senkrechter Teilungs-

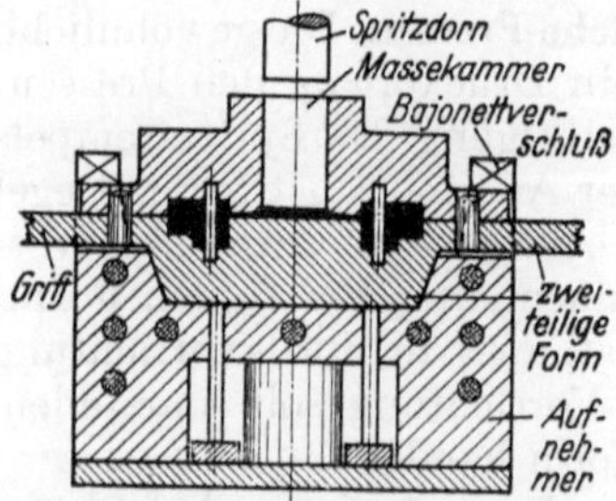

Abb. 89. Preßspritzvorrichtung. Masse-kammer in der Form, ungeteilt. Ein topfartiger runder Aufnehmer nimmt die Form auf, die durch Bajonett ge-schlossen wird. Sternförmige Anord-nung der Teile.

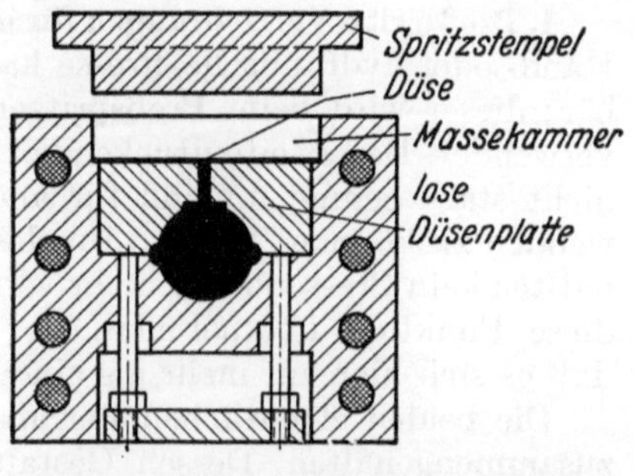

Abb. 90. Preßspritzform mit „Selbstzuhaltung". Die gedrückte Massesäule in der Kammer hält das Formoberteil (lose Deckplatte) nieder, falls Massekammer-Querschnitt groß genug ist.

Abb. 91. Hydraulische Spritzpresse
Die Presse ist in geschlossenem Zustand gezeigt.
a beweglicher Obertisch der Presse, betätigt vom großen (oberen) Formschließkolben
b_1 Oberteil der Form
b_2 Unterteil der Form
c fester Tisch, der das Formunterteil trägt
d Pfeil deutet den in diesem sitzenden hydraulischen Spritzkolben an.
Hersteller: Joh. Krause G. m. b. H., Harburg.

ebene. Zuweilen ist aber die waagerechte Formteilung nach Abb. 88a zweckmäßiger. Bauart 88b ist möglich, aber heikel, weil die Form gegen einen Anschlag fahren muß.

Die Bauweise Abb. 89 ist zweckmäßig für Teile mit langer Handzeit, nämlich mit viel Metalleinbettungen oder Kernen. Die Einsetzform wird außerhalb der Presse beschickt. Bei einfachen Teilen aber ohne solche Handzeiten ist Aufnehmer und Formunterteil e i n Stück, nur das Oberteil ist beweglich und zu verriegeln.

Die Bauart wird auch für Mehrfachformen, mit sternförmiger Lage der Teile, angewendet.

Eine Gruppe für sich stellt die Bauweise nach Abb. 90 dar; hier übernimmt den Zusammenhalt beider Formhälften der Spritzstempel über die Masse hinweg. Hält man dessen Fläche größer als die des Spritzlings, so kann auf eine besondere Verriegelung für die Bändigung des Auftriebes im Spritzling verzichtet werden. Diese Form ist keine „Vorrichtung" mehr, ist aber auch noch keine echte „Maschinenform".

Auf die in der Übersicht zusammengestellten typischen Bauweisen (schematisch dargestellt) lassen sich fast alle sonst noch gebräuchlichen Konstruktionen zurückführen.

2. Preßspritzformen für Spritzpressen; die Spritzpressen. Eine Spritzpresse hat zwei Hauptbewegungen, eine für das Zuhalten der Form und eine für den Spritzdorn. Der Spritzkolbendruck muß regelbar sein, in der Regel hat er $^1/_8$ bis $^1/_4$ des Zuhaltedruckes zu betragen, je nach dem Verhältnis gedrückte Preßlingsfläche zur Spritzdornfläche.

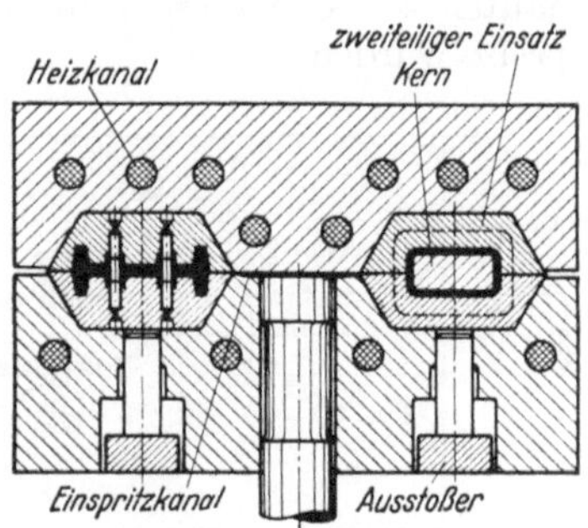

Abb. 92. Preßspritzform für Spritzpressen, z. B. nach Abb. 91. Fest aufgespannte Form („Maschinenform"), ungeteilte Massekammer.

Eine sehr verbreitete Spritzpresse mit von unten her wirkendem Spritzkolben zeigt die Abb. 91, die dafür verwendete Formbauweise zeigt die Abb. 92. Der Spritz- wie der Zuhaltedruck sind beide regelbar. Die Presse hat Einzelantrieb.

Bei Teilen ohne Kerne oder ohne Metalleinbettungen sitzt die Fasson d i r e k t ohne Einsatz in der Form.

Für die Spritzpresse nach Abb. 93 werden die gleichen Formen benutzt. Der Spritzkolben ist konzentrisch in den Zuhaltekolben eingebaut. Das Verhältnis der Drücke beider Kolben ist nicht veränderlich. Hier wird die Masse durch das Formoberteil hindurch eingefüllt, die Massekammer sitzt oben. Die Presse wird noch nicht gebaut.

Man kann auch den hydraulischen Spritzkolben in waagerechter Lage seitlich an eine gewöhnliche hydraulische Presse anbauen. Die Form dafür ist in der Abb. 94 dargestellt.

Dieselbe Form ist auch auf einer Winkelpresse, s. Abb. 95, verwendbar. Je nachdem ob deren senkrechter Kolben stärker ist als der waagerechte, oder umgekehrt, wird die Form gelegt oder gestellt eingebaut. In der Regel ist der waagerechte Kolben der stärkere, dient also beim Spritzen als Schließkolben.

Die Spritzpresse Abb. 96 ist durch einen

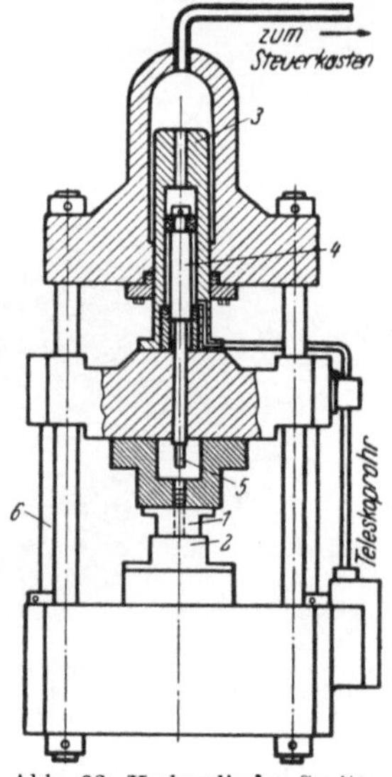

Abb. 93. Hydraulische Spritzpresse nach DRP. 687432 der Siemens-Schuckertwerke AG., Erf. Helmut Vogler. Der Spritzkolben sitzt konzentrisch im Schließkolben, beide werden mit dem gleichen Steuerkasten gesteuert, wobei der Schließkolben vorausgeht.

festen Querholm 3 gekennzeichnet. Er enthält die Massekammer, in die der Spritzkolben 1 eintaucht. Zugleich schließt er die beiden Formhälften 4, wenn diese vom Schließkolben 2 in die Holmschrägen gepreßt wurden.

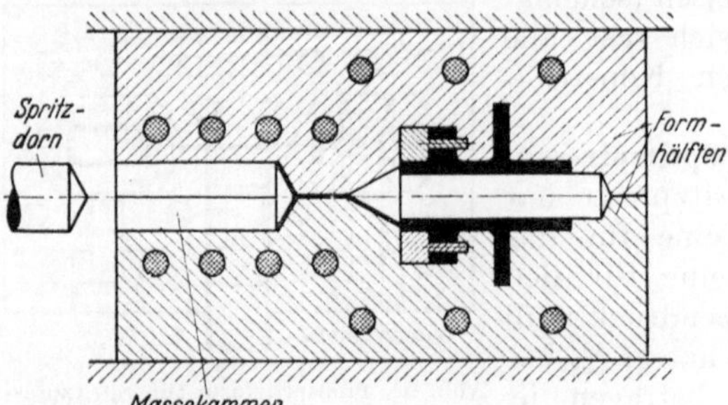

Abb. 94. Spritzpreßform für Spritzpressen mit 2 senkrecht zueinander stehenden Kolben, z.B. Winkelpresse nach Abb. 95.

Abb. 95. Winkelpresse. Spritzpresse (und gewöhnliche Presse) mit 2 senkrecht zueinander stehenden Kolben. Hersteller: Becker und van Hüllen, Krefeld.

Die Übersicht der Form-Bauweisen zeigt, wie einfach eine „echte" für eine Spritzpresse bestimmte Spritzform, die Abb. 92, 93 und 94 gegenüber den anderen Bauweisen für gewöhnliche Pressen ist. Die Zahl der Teile ist auf ein Minimum beschränkt. Die beiden Formhälften sind nicht mehr zu hantieren, sondern sind an der Presse befestigt. Die Formhälften sind direkt beheizt. Die Teile werden maschinell ausgestoßen, die Form hat eine Ausstoßerbrücke. Der zu pressende Gegenstand kann groß, die Form beliebig schwer und beliebig vielfach sein.

Von den eben aufgeführten Vorteilen einer Spritzform für eine Spritzpresse besitzt die des Spritzverfahrens nach Abb. 96 nur den ersten. Sie zeichnet sich aber dadurch aus, daß sie, wie die der Abb. 88 bis 88b keine eigene Massekammern besitzt, also ein Minimum an Formkosten und -stahl erfordert. Auch hier verbürgt der hydraulische Formschluß dünnsten Grat.

Kurze Härtezeiten erfordern enge schlitzartige Kanäle mit hohem Reibungswiderstand. Damit die Masse nicht „einfriert", muß sie rasch durchgepreßt werden. Beides erfordert hohe Massedrücke in der Massekammer. Die Form von Abb. 92 ist in Abb. 97 schematisch dargestellt, um zu zeigen, daß die Druckverhältnisse in einer Spritzvorrichtung ebenso liegen wie beim physikalischen Prinzip der hydraulischen Presse. Bei einer solchen ist der Druckerzeuger der Pumpenkolben und die gedrückte Fläche ist der Pressenkolben; in Abb. 97 ist der „Druckerzeuger" der Spritzdorn mit der Fläche D und die gedrückte Fläche ist G, nämlich D plus Kanal- plus Preßteilflächen. Soll mit z. B. 1500 kg/cm² Massedruck gearbeitet werden und hat D 5 cm² Querschnitt, so muß der Preßdruck 7,5 t betragen. Ist z. B. $G = 125$ cm², so wirkt auf die Formhälften ein Aufspreizdruck von 125×1500 kg $= 187,5$ t. (Durch Düsenreibung ist er meistens 15 — 50% kleiner.) Man kommt also in Spritzvorrichtungen auf eine sehr hohe D r u c k ü b e r - s e t z u n g ! Diesen Spreizdruck hat entweder der Mantel der Abb. 86 bis 88b aufzufangen oder der Zuhaltekolben einer Spritzpresse, z. B. in Abb. 91 oben. Spritzen benötigt also, ganz abgesehen von dem an sich höheren Spritzdruck, stärkere Pressen als das Pressen.

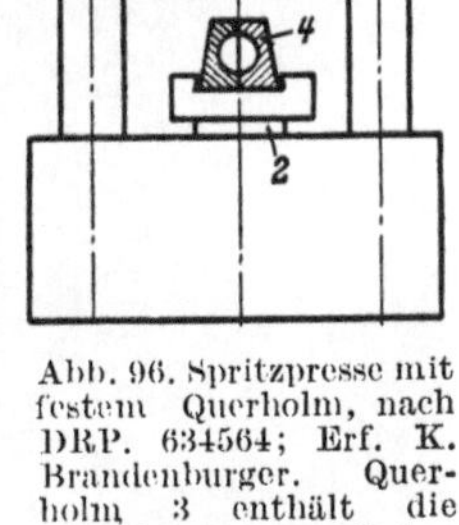

Abb. 96. Spritzpresse mit festem Querholm, nach DRP. 634564; Erf. K. Brandenburger. Querholm 3 enthält die Massekammer und besorgt auch den Schluß der Formhälften 4.

Eine technisch wohl vollkommene Preßspritz-Maschine ist der S p r i t z - H a l b a u t o m a t der R o c k f o r d Company[1], siehe Abb. 98. Er dosiert, preßt selbst die Tablette, erwärmt sie durch Hochfrequenz und preßt bzw. spritzt, alles im gleichen Takt. Die Werkzeuge dieser vier Arbeitsgänge liegen, Dosiervorrichtung zu oberst, dicht übereinander. Der Aufbau der Maschine gleicht dem eines üblichen Spritzgußautomaten, die Preßform aber dürfte der Bauweise der Abb. 92 entsprechen.

Die Maschine spritzt bis 225 g Stückgewicht, hat einen Formschließ-druck von 500 t und arbeitet mit etwa 1400 kg/cm in der Massekammer. Die größere Type leistet 450 g. Der Zyklus wird elektrisch gesteuert. Die nicht einfache Aufgabe der gleichmäßigen Erwärmung einer so großen Masse-menge in etwa ½ Minute wird durch

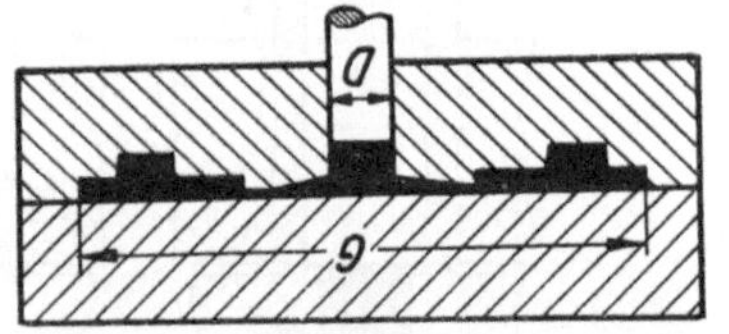

Abb. 97. Beim Preßspritzen und beim Spritzguß entstehen hohe Aufspreizdrücke in der Form, entspr. dem Quotienten G/D.

die Hochfrequenzheizung zufriedenstellend gelöst. Mit kleinen Änderungskosten können auch Thermoplastformen verwendet werden.

Andere Spritzweisen. Ein z w e i s t u f i g e s P r e ß s p r i t z e n ist der sog. „Tri-Dyne-Process[2]". Das Verfahren arbeitet mit zwei Spritzstempeln, die nacheinander wirken. Drei Kennzeichen werden als

---

[1] Siehe Modern Plastics Mai 1947 S. 135 ff und August 1947 S. 198.

[2] H a l l : Unique Molding Process Proved in Use. — Modern Plastics Mai 1948 S. 114/118.

Eigenart angegeben: Rasche Erwärmung, vollkommene Durchmengung der Masse beim Verspritzen und Abführung der Gase, die dabei regelbar ist. Die Form ähnelt sonst im groben der Bauweise Abb. 92, die dem Verfahren eigenen Abweichungen davon erläutern die Abb. 100a bis 100c. Die auch sonst übliche Massekammer ist hier M 1, der entsprechende Spritzkolben S 1, Abb. 100a. Fernerhin besitzt das Oberteil eine zweite, ringförmige Massekammer M 2 nebst Ringkolben S 2, siehe Abb. 100b. Dieser überfährt den konzentrisch zu ihm sitzenden feststehenden Dorn D. Bei geöffneter Form war M 1 mit vorgewärmter Masse beschickt worden. (Abb. 100b zeigt die danach geschlossene Form.) Der Ringkolben geht dann in Hochstellung, die Ringkammer M 2

Abb. 98. Preßspritz-Halbautomat der Rockford Company. Er dosiert, preßt eine Pille, beheizt sie hochfrequent und spritzt. Stückgewicht bis 450 g.

bildend. Jetzt geht Kolben S 1 hoch, Abb. 100b, und die in M 1 erhitzte Masse wird durch einen feinen Ringspalt zwischen Form-

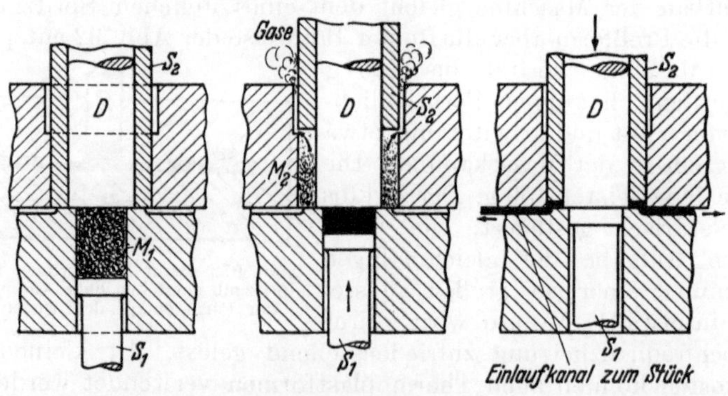

Abb. 100a bis c. Das zweistufige Preßspritz-Verfahren „Tri-Dyne Process". 2 Spritzkolben S1 und S2 arbeiten aufeinanderfolgend.

unterteil und D gepreßt (1400 bis 2800 cm²). Sie entweicht in die größere Massekammer M 2, wobei die Gase durch deren oberen Spalt abgehen; die Masse wird hierbei außerdem gut durchmischt. Bei in Hochstellung verharrendem Stempel S 1 geht jetzt S 2 nieder, schließt den oberen Spalt von M 2 und spritzt, Abb. 100c. (Der Kolben S 2 ist kurz vor seiner Tiefstellung dargestellt.) Der Spritzdruck hierbei soll nur etwa 100 bis 750 kg/cm² betragen.

Man gibt an, daß dieses Verfahren größere Mengenleistungen als sonst ermöglicht. Ein Stück mit 5 mm Wanddicken kommt mit 20 Sekunden Härtezeit blasenfrei aus der Form.

Auf Patenten von Cl. S. Shaw beruhend, entwickelte man im zweiten Weltkrieg in den USA das Strahlspritzen, das „Y e t m o l d i n g[1]". Benutzt wird eine sonst normale Spritzgußmaschine für wiedererweichbare Massen, nach Abb. 261 bis 263, die aber durch eine besondere Massekammer für das Verfahren umgeändert wird. Dieser Heizzylinder wird in seinem Hauptteil auf nur etwa 60 bis 80° gehalten. Die Düse von 2 bis 3 mm ⌀ wird ständig wassergekühlt, bekommt aber ganz kurzzeitig, kurz bevor und während des Kolbenvorlaufes plötzlich eine hohe Wärmezufuhr, so daß ihre Bohrung etwa 200 bis 650° C (je nach Werkstoffart) heiß wird. Dies wird ermöglicht durch eine Hochstrom-Wirbelstromheizung. Die Masse geht als flüssiger Strahl durch die Düse. Da die hohe Temperatur nur sekundenlang einwirkt, nimmt die Masse dabei keinen Schaden. Die Formtemperatur liegt zwischen 150 bis 200°. Die Temperatur des Kolbens und die Geschwindigkeit des Kolbenstoßes werden gesteuert. Es können sowohl härtbare als auch wiedererweichbare Massen verarbeitet werden.

e) Verzug und Richten.

Viele Preßstücke haben nach dem Ausstoßen aus der Form Neigung zum Verziehen, sei es infolge seiner unsymmetrischen Gestalt oder einer ungleichen Durchheizung aller Partien des Stückes oder aber einer einseitigen Beheizung der Preßform. Man hilft sich dann, indem das Preßstück s o f o r t nach dem Herausnehmen aus der Form in eine Richtvorrichtung gebracht wird; hiermit wird dem Preßteil während des Abkühlens die richtige Gestalt erhalten. Gerichtete Preßteile können aber später, vor allem bei Wärmeeinwirkung, leicht wieder die ihnen aufgezwungene Gestalt — zum mindestens teilweise — verlieren. Stücke wie Sockel für Meßinstrumente, bei denen nach dem Zusammenbau aller Teile keine Maßänderung mehr auftreten darf, sollten daher besser nicht gerichtet werden; der Verbraucher sollte sie im eigensten Interesse so nehmen, wie sie die Form verlassen. Geht dies nicht, so sind die Aufbauflächen mit einer Schleifzugabe zu versehen, die vor dem Zusammenbauplan auf richtiges Maß geschliffen werden.

---

[1] S i m m o n d s , B i g e l o w u. S h e r m a n : The new Plastics 1945, Van Nostrand Cy, New York, S. 258/63.

f) Das Strangpressen.

Nach dem Strangpreßverfahren können Kunstharz-Preßmassen zu beliebig langen Stäben, Profilen und Rohren gepreßt werden. Auch flache Bretter von etwa 200×5 (mm) Querschnitt, auch mit Nut und Feder, sind herstellbar. Der Werkstoff hat die gleichen Eigenschaften wie beim

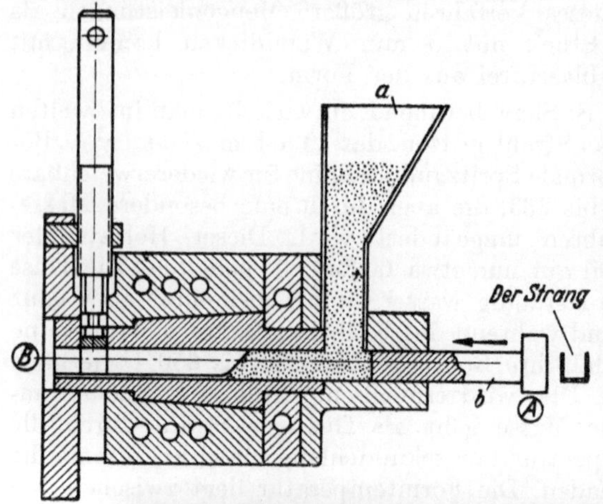

Abb. 101. Strangpreßform. Die Form hat auf der Werkstoff-Eintrittsseite A eine Temperatur von etwa 80°, am Austrittsende B des fertigen Stranges etwa 185°. Der hin- und hergehende Preßstempel b, der, wie der ganze Kanal $A\,B$ der Preßform, genau das Profil des zu pressenden Stranges besitzt, ist in der „Füllstellung" gezeichnet. Sowie er nach links fährt, wird die lose Masse vom Stempel verdichtet, schmilzt und erhärtet in dem Maße, wie sie B zuwandert. Vorschub des oszillierenden Kolbens b hydraulisch, Rückgang durch Federkraft. Bei Arbeitsbeginn verschließt ein eingepaßter Hilfsdorn das offene Ende der Form, so daß die Masse überhaupt erst einmal unter Druck gerät. (Bremsbacke, durch c anspannbar)

Abb. 102. Strangpresse zur Herstellung von Stangen, Rohren und Profilen aus härtbaren Kunstharz-Preßmassen. Hersteller: Werner & Pfleiderer, Stuttgart-Cannstatt.

in der Preßform hergestellten Stück. Zur Erzielung richtiger Aushärtung darf die Arbeitsgeschwindigkeit nicht zu groß sein. Verarbeitbar sind die Typen 11, 12, 30, 31 und 131 und auch noch das Igamid B. Die Arbeitsweise ist in einer Hinsicht vollkommener als das Strangpressen von Metall, denn während man hier unterbrochen arbeitet, da die Metallstrangpresse nur eine begrenzte Menge Werkstoff aufzunehmen vermag, kann die Preßstoffstrangpresse ununterbrochen arbeiten, da die Werkstoffzufuhr stetig vor sich geht. Die Erzeugnisse kommen hochglänzend aus der Form. Abb. 101 zeigt einen Schnitt durch eine Form und Abb. 102 die Presse. Es lassen sich auch gebogene Rohre und Stäbe herstellen, und zwar derart, daß man nur unvollkommen in der Form härtet und den dann noch plastischen Strang ein unmittelbar an die Mündung der Form angebautes Biegewerkzeug durchlaufen läßt. Die so erhaltene Wendel muß nachträglich fertiggehärtet werden. Sie kann dann zerspanend zu Ringen oder Krümmern zerteilt werden.

Mit der Strangpresse werden außer allen möglichen Voll- und Hohlprofilen u. a. Profile für Gardinenstangen, Rohre für Steh- oder Pendelleuchten, Haltestangen für Bahnwagen und Omnibusse, Bretter als (termitensicherer) Fußbodenbelag für die Tropen u. a. m. hergestellt. Bisher wurden z. B. Flachprofile bis 280 mm Breite, in den USA Rohre von 100 mm ⌀ hergestellt[1]. Weitere Anwendungen s. Abb. 196, S. 212.

7. Die Pressen und die hydraulische Anlage.

a) Allgemeines.

In der Frühzeit der Preßtechnik wurden nur Hand- und hydraulische Pressen benutzt. Später hat dann die letztere im Gebiet der Drücke bis zu etwa 100 t in der motorgetriebenen mechanischen Presse einen starken Wettbewerber erhalten.

Die h y d r a u l i s c h e P r e s s e wird der Vielzahl von Anforderungen bei der Verarbeitung von Kunstharz-Preßmassen am besten gerecht. Die Preßmasse durchläuft, nachdem sie in die Form gefüllt worden ist, verschiedene Zustände, wobei die Druck-aufnahme schwankt. Abb. 103 zeigt ein Druck-Zeit-Diagramm bei einer Form für ein Preßteil mit gewisser Steighöhe, bei Verwendung kalter Preßmasse. Der Leerweg a des Pressenobertisches wird unter Zufuhr von Füllwasser (Wasserleitung) in wenigen Sekunden zurückgelegt. In dem Augenblick, in dem das Werkzeugoberteil auf die Preßmasse aufsetzt, wird auf das eigentliche Druckwasser umgeschaltet (b). Der Werkstoff wird kalt verdichtet und vorverteilt, erwärmt sich an der heißen Formwandung und schmilzt — u. U. stellenweise sehr rasch — zusammen, sein Gegendruck nimmt also plötzlich stark ab, siehe den Druckabfall c. Dann aber bietet die Preßmasse wieder Widerstand und verteilt sich nun unter dem Druck der Presse langsam in der Form. Der Druck steigt dabei wieder an

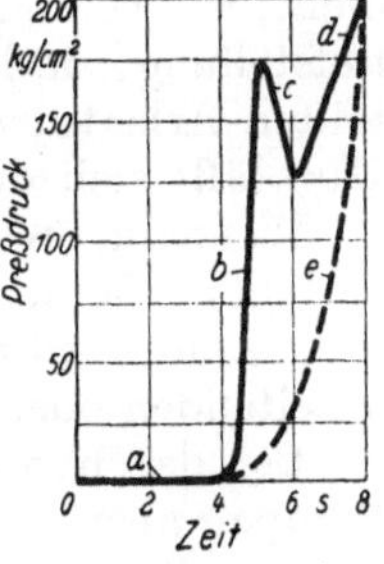

Abb. 103. Druckverlauf in der Preßform während des Niederganges des Pressenbärs. Erläuterung siehe Text.

---

[1] T o c h t e r m a n n : Strangpreßerzeugnisse aus Kunstharzpreßstoff als Austauschwerkstoff. — Kunststoffe Bd. 29 (1939) S. 71/6.

(siehe *d*) und geht dann stetig bis zum endgültigen Schluß der Form hoch. Benutzt man vorgewärmte Preßmasse und hat das Stück dünne Wände, so wird der Knick *c* weniger ausgeprägt oder verschwindet ganz. Auch die Gestalt des Preßstückes hat großen Einfluß auf den Verlauf der Kurve. Diesem jeweils verschiedenen Druckverlauf paßt sich die hydraulische Presse ohne weiteres an, da ihr Kolben nicht g e t r i e b e z w a n g l ä u f i g bewegt wird!

Der Stempel der m e c h a n i s c h e n , m o t o r g e t r i e b e n e n P r e s s e (M o t o r p r e s s e) würde dagegen, falls ohne irgendein Ausgleichsorgan, infolge seines Antriebes zwangläufig in jeder Höhenlage einen bestimmten Druck ausüben, siehe die p u n k t i e r t e Kurve 2 im Diagramm. Damit diese Presse sich dennoch den wechselnden Verformungsverhältnissen anzupassen vermag, besitzt sie stets eine mehr oder weniger elastisch wirkende A u s g l e i c h v o r - r i c h t u n g im Antriebgestänge, so daß das Druckdiagramm des nunmehr „elastisch" angetriebenen Pressenb ä r s sich dadurch dem der hydraulischen Presse annähert.

Die Bauweise der hydraulischen Presse ist denkbar einfach, wenigstens bei der gewöhnlichen handgesteuerten Presse. Ihr Wirkungsgrad ist hoch, da sie wenig Reibungsverluste hat. Sie lebt lange, weil die Bauweise einfach ist. Brüche sind äußerst selten. Arbeitsdruck und Fahrgeschwindigkeit sind leicht (vor allem bei Handsteuerung) und in sehr weiten Grenzen regelbar. Der jeweils herrschende Preßdruck ist am Manometer ablesbar. Sie erlaubt die Herstellung einfacher wie auch verwickelter und vor allem sehr hochwandiger Teile, wie sie auf keiner mechanischen Presse möglich sind. Der Einbau der Werkzeuge erfordert nicht, wie bei der mechanischen Presse, ein Einrichten nach der Stößeltiefstellung; sie kann in jeder Höhenlage des Preßstempels den ihr erteilten Arbeitsdruck hergeben. Der Leerweg ist beliebig einstellbar, der Hub läßt sich durch leicht einstellbare Anschläge begrenzen.

Wenn die Presse von Hand gesteuert wird, beobachtet man den Druckverlauf am Manometer. Setzt der Steuernde allerdings mit dem Hochdruck zu früh ein, so wird das Werkzeug ebenso geschädigt wie es bei einer schlecht arbeitenden oder schlecht eingestellten mechanischen Presse möglich ist.

Bei der hydraulischen Presse mit Einzelantrieb, also mit eigener Pumpe, aber ohne eigenen Akku, muß die Pumpenleistung immer genügend groß sein, um auch dann genügend Wasser oder Öl fördern zu können, wenn die Preßmasse vorübergehend schnell schmilzt und so der Stempel plötzlich fällt.

Die der hydraulischen Presse eigentümliche Bauweise ermöglicht die Herstellung von Pressen beliebiger Größe, während mechanische Pressen mit wachsender Größe unwirtschaftlicher werden. Hydraulische Kunstharzpressen von 5000 t sind bereits in Betrieb, größere sind im Bau. Bei der mechanischen Presse geht man selten über 150 t hinaus.

Eine Schwäche der mechanischen Presse gegenüber der hydraulischen offenbart sich dann, wenn man beide nicht nur nach ihrer Druckkraft (physikalische „Leistung" je Sekunde), sondern auch hinsichtlich
der A r b e i t (sekundliche Leistung mal Zeit bzw. Kraft mal Weg)
vergleicht. Die Leistung während eines Pressenhubes einer mechanischen Presse ist im Beginn des Hubes Null und steigt an bis zur Nennleistung („Druckkraft") im Hubende. Die mechanische Presse drückt
also mehrere mm über Endstellung mit viel weniger·Druck. Einen
t o p f förmigen Gegenstand von einiger Steighöhe mit einer Grundfläche, den eine hydraulische 40-t-Presse eben noch gut auspreßt, kann
die mechanische 40-t-Presse nicht schaffen, man muß die Form auf eine
Presse größerer Druckkraft bringen. Eine hydraulische Presse kann also
eine viel größere A r b e i t leisten als eine mechanische gleicher Druckkraft, da sie ihre Nennleistung schon im ersten Augenblick des Ein-
setzens des Hochdruckes herzugeben vermag; dieser Einsetzpunkt
liegt ganz in der Hand des Pressers.

b) Die hydraulische Anlage[1].

Als Druckmittel dient in der Regel Wasser, selten Öl. Das Wasser
bekommt noch einen besonderen Zusatz zur Verhütung von Rost, der
zugleich auch schmierend für die gleitenden Teile und die Manschetten
wirkt. In Betrieben mit wenigen hydraulischen Pressen hat gewöhnlich
jede Presse ihre eigene Druckpumpe. Große Betriebe haben eine zentrale Druckwasseranlage, s. Abb. 104. Hier ist diese Betriebsart immer
wirtschaftlicher als der Einzelantrieb. Sie besteht aus der Pumpe, dem
Druckwasserspeicher (Akkumulator) und dem Verteilungsnetz. Aus dem
Speicher erhält jede der angeschlossenen Pressen immer genügend
Wasser. Beim Einzelantrieb könnte man plötzlichen Belastungsspitzen
nur nachkommen, wenn die Pumpe reichlich bemessen wäre. Will
man hier die Pumpenleistung klein halten, so ist der Presseneinheit
noch ein eigener Speicher anzufügen. Die zentrale Druckwasseranlage
dagegen hat u. a. den wirtschaftlichen Vorteil, daß die Pumpengröße
nur für den durchschnittlichen Wasserverbrauch aller Pressen bemessen
zu werden braucht, wobei hohe Belastungsspitzen der einzelnen Pressen
also ohne Einfluß sind; unter der Voraussetzung, daß die Rohre des
Netzes genügend weit bemessen sind, bekommt jede Presse genügend
Wasser, auch wenn eine Nachbarpresse plötzlich einen sehr starken
Verbrauch hat.

Der ältere Speicher mit Gewichtsbelastung ist durch den Speicher
mit Druckbelastung in Abb. 104 verdrängt worden. Dieser erfordert
weniger Raum und braucht keine Fundamente, weil er mehrfach leichter
ist als der mit Gewichtsbelastung. Da er praktisch keine bewegten

---

[1] L i n d n e r : Hydraulische Preßanlagen f. d. Kunstharzverarbeitung
Werkstattbücher 82. Heft Berlin: Springer, 1940.

Massen hat, treten bei plötzlichen Belastungsschwankungen nicht, wie beim Speicher mit Gewichten, Stöße im Netz auf. Der Druck im Netz ist infolgedessen viel gleichmäßiger als beim Gewichtsakkumulator. Zu noch weiteren Vorteilen gesellt sich der des besseren Wirkungsgrades.

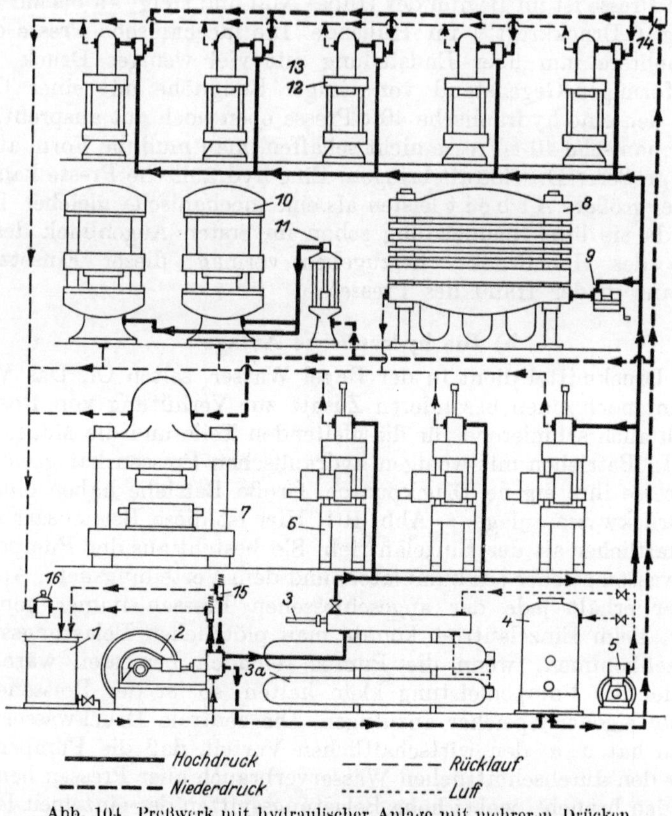

Abb. 104. Preßwerk mit hydraulischer Anlage mit mehreren Drücken nach Werner & Pfleiderer, Stuttgart.

1 Sammelbehälter für Druckflüssigkeit	10	2 Kopfpressen für 200 at
2 Pumpe für 50 und 40 at	11	Druckübersetzer 50 auf 200 at (Multiplikator)
3 Kolben-Akkumulator 400 at		
4 Kolbenloser Akkumulator 50 at	12	5 Tischpressen für 50 und 400 at
5 Kompressor, zum Laden der Akkus mit Druckluft	13	Druckwechsel-Automat
7 Ziehpresse für 50 at	14	Rückschlagventil 50 at
8 Etagenpresse für maximal 320 at	15	Sicherheitsventile 50 und 400 at
9 Druckminder-Ventil 400 auf 320 at; zu 8	16	Filter

Für den Leerweg des Pressentisches wird bei größeren Pressen das Wasser einem hochliegenden Füllwasserbehälter entnommen. Am Ende des Leerweges schaltet man dann auf Druckwasser um. Oft wird die

Wirtschaftlichkeit des hydraulischen Betriebes durch ein zweites Drucknetz erhöht, in welchem ein niedriger Druck von etwa 50 bis 60 atü herrscht (gegenüber dem Hochdruck von etwa 250 bis 350 atü). Das teure Hochdruckwasser wird also nur für die letzten wenigen Millimeter Weg des Pressetisches eingeschaltet. Die Anlage der Abb. 104 besitzt zwei solcher Drucknetze. Sie weist u. a. noch einen Druckübersetzer (Multiplikator) auf. Er wird mit dem Niederdruckwasser gespeist und gibt an die Pressen Nr. 10 Wasser von einem Zwischendruck ab (200 at).

Bei der ersten Inbetriebnahme der Anlage (Abb. 104) pumpt ein kleiner Luftverdichter, Nr. 5, solange Luft in den Akku, Nr. 3, bis der gewünschte Betriebsdruck der Anlage erreicht ist. Beim Akku mit Trennkolben, Nr. 3, befindet sich links vom Kolben das Betriebswasser, rechts die Druckluft; diese steht mit den beiden Luftflaschen, Nr. 3a, in Verbindung. Bei niedrigeren Drücken drückt die Luft unmittelbar auf das Wasser, siehe den Speicher Nr. 4. Das im Betrieb verbrauchte Druckwasser wird laufend durch eine selbsttätig arbeitende Pumpe in den Speicher wieder eingefüllt. Ein selbsttätiges Steuerorgan schaltet die Pumpe, Nr. 2, auf Leerlauf, sobald der volle Wasser-Nutzinhalt wieder erreicht ist, er läßt sie wieder fördern, wenn eine gewisse, nicht zu große Menge Wasser vom Netz verbraucht wurde. Je größer das Luftvolumen der Anlage (also Akku plus Flaschen) ist, desto kleiner sind die infolge der Schwankung der Wassermenge des Akkus entstehenden Druckschwankungen im Netz.

Im Gegensatz zum Speicher mit Gewichtsbelastung ist eine Vergrößerung der Gesamtanlage (im Falle einer Vergrößerung des Werkes) leicht und ohne Störung des Betriebes möglich, und zwar dadurch, daß die Wassermenge durch zusätzliche, parallel geschaltete Wasserflaschen und die Luftmenge durch Luftflaschen vergrößert wird. Ein großer Vorzug des Luftakkus ist, daß der Druck im Netz durch Änderung des Luftdruckes leicht zu verändern geht.

Abb. 105 zeigt als Ergänzung zu Abb. 103 den Druckverlauf bei Anwendung von Füll-, Mitteldruck- und Hochdruckwasser.

Ob Einzelantrieb oder eine Zentralanlage wirtschaftlicher ist, und ob in letzterem Falle zwei oder drei Wasserdrücke einzurichten sind, ist von Fall zu Fall verschieden.

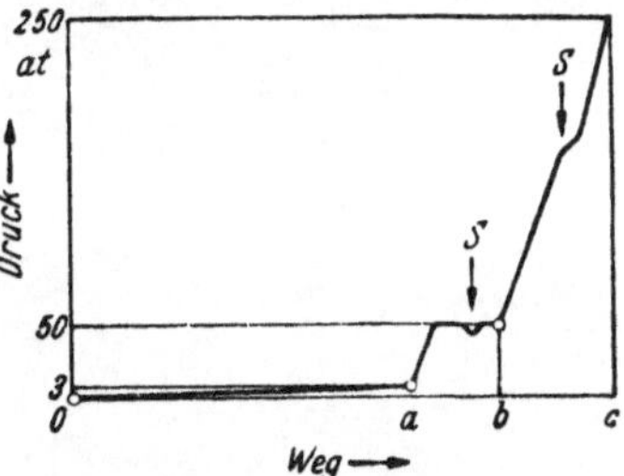

Abb. 105. Druck-Weg-Diagramm einer hydraulischen Presse mit drei Druckstufen. *O* Einschalten des 3-at-Füllwassers; *O—a* Leerweg (verkürzt gezeichnet gegenüber *a—c*); *a* Aufsetzen des Formoberteils auf den Werkstoff, Einschalten des 50-at-Druckwassers; *a—b* der Werkstoff wird kalt verdichtet, dabei wird die Luft aus ihm verdrängt, er beginnt zu schmelzen, die Werkstoffverteilung beginnt; *b* Einschalten des 250-at-Druckwassers; *b—c* endgültige Werkstoffverteilung, das Preßstück ist bei *c* fertig geformt. Ab *c* Ruhestand der Presse, das Stück wird unter Druck gehärtet. *S* besonders starkes Zusammenschmelzen des Werkstoffes; infolgedessen vorübergehendes Nachlassen des Druckes in der Form.

c) Die hydraulischen Pressen.

Die bis zum Jahre 1940 größte Kunstharzpresse Deutschlands, inzwischen schon in bezug Größe übertroffen, ist in Abb. 106 dargestellt. Sie hat 5000 t Druck, eine Tischgröße von $2{,}1 \times 2{,}1$ m² und eine Gesamthöhe von 16 m. Auf einer solchen Presse kann man aus den Typen 54 oder 74 ein flaches Preßteil von rd. 12 500 cm² Grundfläche, z. B. ein rechteckiges Stück von 100×130 cm², oder aber ein hochwandiges Gehäuse von rd. der halben Grundfläche herstellen. (Bei Verwendung von Typ 31 können diese beiden Gegenstände etwa $5/_3$ mal so groß sein.) Damit ist also die Möglichkeit der Fertigung schon ziemlich großer und fester, kraftübertragender Bauteile gegeben.

Die Presse hat einen am Pressehaupt sitzenden hydraulischen Kolben von 1300 mm Dmr., der in den beweglichen, als hydraulischen Zylinder ausgebildeten Obertisch taucht. Der Tisch ist also ausgezeichnet geführt. Diese neuzeitliche Bauweise hat gegenüber der älteren neben anderen Vorzügen den einer

Abb. 106. Große hydraulische Kunstharzpresse für 5000 t-Druck; Tischgröße $2{,}1 \times 2{,}1$ [m], Höhe 16 m. Hersteller: Becker & van Hüllen, Krefeld.

guten langen Tischführung. Rechts und links oben am Pressenhaupt sitzen die zwei Rückzugzylinder, deren von oben eintauchende Kolben mittels der Rückzugstangen den Obertisch nach erfolgter Pressung hochfahren. Die Druckkraft des Rückzuges beträgt in der Regel

$^{1}/_{5}$ bis $^{1}/_{10}$ des Preßdruckes. Unter dem Untertisch, der fast im Niveau des Fußboden liegt, ist der nicht sichtbare hydraulische Ausstoßkolben angebracht, der das Preßstück aus dem Formunterteil herausdrückt. Das zylindrische Gefäß oben auf der Presse ist der Füllwasserbehälter. Rechts neben der Presse steht der motorgetriebene Nockenwellen-Steuerkasten für die Hydraulik, die aber auch durch Handrad gesteuert werden kann. Die Presse ist an das Netz einer zentralen Druckwasseranlage angeschlossen.

Dasselbe Modell wurde danach von derselben Firma für 10 000 t Druckkraft gebaut.

Grundsätzlich ist die Bauart der hydraulischen Pressen in allen Größen ähnlich. Oft werden sie, wie diese Presse, viersäulig gebaut, oft aber auch mit einem Flußstahlrahmen, s. Abb. 107 — seltener mit einem gegossenen.

Je dünnwandiger und kleiner ein Preßstück ist, desto kürzer wird die Härtezeit und desto größer die Hubzahl der Presse je Zeiteinheit. Man kommt bei solchen Teilen unter Umständen bis auf 60 Hübe in der Stunde. Dann lohnt es sich, alle Bewegungen der Presse selbsttätig steuern zu lassen; dem Presser bleibt nur noch die Bedienung der Form übrig. Die Presse arbeitet also als Halbauto mat. Die Härtezeit, während der sie ge

Abb. 107. Ölhydraulische Presse für 100 t-Druck. Der Ölbehälter mit der darinsitzenden Druckpumpe befindet sich auf der Rückseite der Presse. Vertrieb: Hahn & Kolb, Berlin.

schlossen bleibt, wird durch eine vom Presser eingestellte elektrische Schaltuhr eingehalten; damit ist zugleich die gesamte automatische Steuerung der Pressung eingeleitet. Eine derartige hydraulische Presse mit Einzelantrieb ist in Abb. 107 dargestellt. Sie ist die einzige Presse, deren Pumpe an Stelle der üblichen drei ortsfesten Hochdruckkolben einen umlaufenden Kranz von acht Kolben besitzt. Als Druckmittel ist hier Öl verwendet. Die Pumpe arbeitet völlig unter Öl. Aber auch alle anderen hydraulischen Pressen können statt von Hand mit einem motorgetriebenen hydraulischen Steuerkasten in Verbindung mit der vorerwähnten Schaltuhr selbsttätig gesteuert werden, wie das bei der Presse Abb. 106 der Fall ist.

Abb. 108 zeigt eine V i e r f a c h p r e s s e, bei der zur Abkürzung der Wege des bedienenden Arbeiters und damit der Herstellzeit vier

Pressen in einem gemeinsamen Gestell untergebracht sind. Die Presse arbeitet, abgesehen von den Handgriffen des Arbeiters, wie Abnehmen, Ausblasen, Beschicken und der Bedienung des Einrückknopfes, selbsttätig. Die Pressen öffnen und schließen nacheinander sich in bestimmtem einstellbarem Takt.

Über Spritzpressen s. S. 159.

d) Hand- und motorgetriebene mechanische Pressen.

Zweifellos ist die Handpresse, was die Steuerung des zeitlichen Ablaufes und des Druckverlaufes anbetrifft, ideal; dies gilt aber nur, wenn sie von einem verständigen Arbeiter bedient wird. Der Leerweg des Pressenbärs läßt sich in einem Minimum an Zeit zurücklegen. Der Arbeiter fühlt das Aufsetzen auf die Preßmasse, er verspürt den — ständig wechselnden — Zustand derselben, er preßt mit Gefühl. Er wird nie ein Werkzeug überlasten und empfindliche Formelemente, wie Stifte, Nocken u. a. zerbrechen; er wird die Masse nicht eher unter vollen Druck setzen, als sie völlig durchwärmt ist, er kann nach Belieben „lüften" oder nicht. Bei schlechter Bedienung gilt all dies natürlich nicht. Die Handpresse hat den Vorzug der Billigkeit, sowohl in bezug auf Anschaffung wie auf Unterhaltung. Sie erfreut sich großer Verbreitung, auch einige große Preßwerke mit hydraulischer Anlage arbeiten mit Handpressen. Bemerkenswert ist aber, daß fast alle diese Werke in kleineren Orten liegen, der Großstadtarbeiter zieht, wo er kann, körperlich leichtere Arbeit vor. Handpressen werden meistens bis 60, vereinzelt bis zu 80 t Druck gebaut. In Abb. 109 ist eine 60 t Handpresse dargestellt. Der Obertisch wird hier durch ein Handrad über ein Zahnradvorgelege mittels Kurbelwelle bewegt. Bei den Pressen für die großen Drücke ist das Vorgelege bei dem Leerweg abschaltbar, um diesen rasch zurücklegen zu können.

Bei den motorgetriebenen, mechanischen Pressen (Motorpressen) wird der obere Pressentisch zwangsläufig gesteuert (s. S. 175). Sie besitzen aber einen Ausgleich zwischen Antriebsgestänge und bewegtem Tisch, so daß sich dessen Bewegung dem Werk-

Abb. 108. Vierfachpresse, hydraulisch, Halbautomat mit elektro-hydraulischer Steuerung. Hersteller: G. Siempelkamp & Co., Krefeld.

stoff einigermaßen anpaßt. Die verschiedenen Arten des Ausgleichs werden nachstehend beschrieben. Am meisten verbreitet ist die Bauweise mit mechanischem Ausgleich.

Eine Einständerpresse mit mechanischem Ausgleich, der durch ein Differentialgetriebe mit Reibscheibenbremsung herbeigeführt wird, bringt Abb. 110.

Eine Einständerpresse mit Luftausgleich ist in Abb. 111 gezeigt. In das antreibende Gestänge ist ein Luftkissen, das unter 3 bis 7 atü Druck gehalten werden kann, eingegliedert. Das anfangs während des Niedergehens starre Gestänge gibt in sich nach, sobald der Preßdruck eine gewisse (einstellbare) Höhe erreicht hat; dadurch geht der Luftkolben nach links und verdichtet das Luftkissen. Sinkt der Druck wieder, etwa durch vorübergehend schnelles Schmelzen der Masse, so drückt das Luftkissen wieder elastisch nach. Die Presse wird nicht mehr gebaut.

Bei der Doppelständerpresse nach Abb. 112 ist der Ausgleich rein elektrisch gelöst. Der Elektromotor in Sonderbauart treibt die Presse unmittelbar an. Er ist so beschaffen, daß er ein stets gleichbleibendes Drehmoment bei sehr veränderlicher Drehzahl ausübt.

Bei nicht hohen Teilen wird jede der genannten Ausgleicharten ausreichend gut arbeiten. Werden aber hochwandige Teile mit verhältnismäßig dünner Wand im Dauerbetrieb gepreßt, so ist zweifellos die Presse mit rein elektrischem Ausgleich mit ihrem elastisch arbeitendem Motor die beste. Sie arbeitet in bezug auf die Druckgebung sehr weich, d. h. mit bester Anpassung an den jeweiligen Werkstoffzustand, und ist dabei sehr betriebsfest. Diese noch neue Bauart wird sich rasch durch-

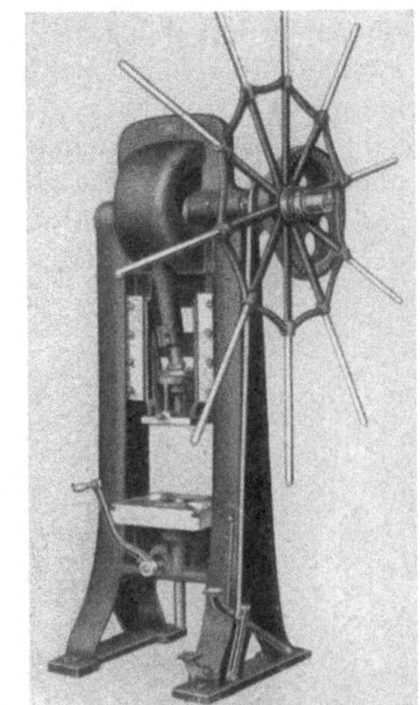

Abb. 109. Handkurbelpresse für 60 t Druck. Hersteller: Graebner & Co., Triptis (Thür.).

Abb. 110. Einständerpresse mit mechanischem Ausgleich (40 t). Hersteller: L. Grefe & Co., Lüdenscheid.

setzen. Es hat sich gezeigt, daß noch Hauben mit einer Höhe gleich dem
zweieinhalbfachen der Stirnfläche glatt hergestellt werden konnten. Man
kann gut beobachten, wie der Pressenobertisch während des Preßvorganges sich senkt, zum Stillstand kommt, wieder einsetzt usw., je
nachdem er Widerstand findet, bis schließlich die Form endgültig
geschlossen ist. Der Motor verträgt Abbremszeiten (Stillstand) bis zu
3 Minuten ohne Schaden. Droht er zu warm zu werden, schaltet ihn ein

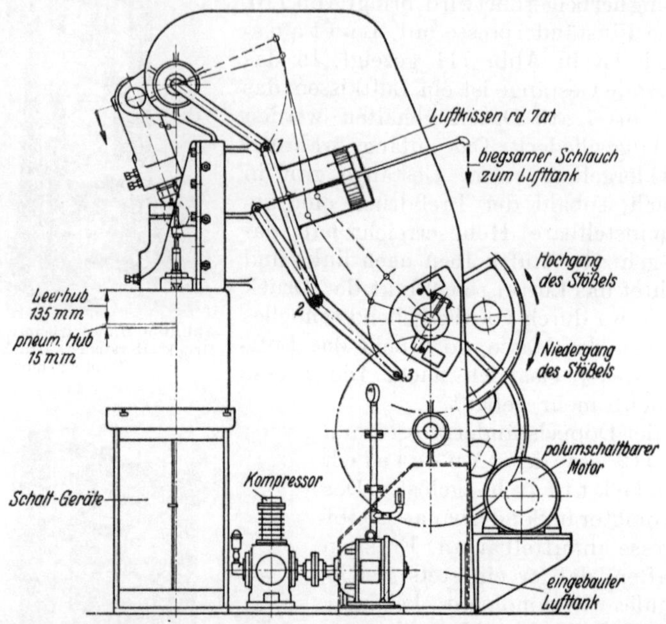

Abb. 111. Mechanische Presse mit Luftausgleich. Den Druck bewirkt der obere Kniehebel und
das zweiteilige Kniehebelgestänge 1—2—3; in dieses ist das Ausgleichsorgan eingebaut. 1—2 trägt
den Luftzylinder, 3—2—4 den Kolben. Luftkissen rd. 7 at. Druckkraft 60 t.
Hersteller: Erdm. Kircheis, Aue i. S. (Die Presse wird nicht mehr gebaut.)

Thermorelais ab. Mit dieser Antriebsart ist eine Motorpresse geschaffen
worden, die einer hydraulischen Presse in bezug elastisches Arbeiten
kaum noch nachsteht.

Meist werden die Motorpressen in Einständerausführung gebaut. Da
die Preßform außerhalb des beanspruchten Ständerquerschnitts liegt,
tritt stets eine elastische Aufspreizung des Gestelles ein. Im allgemeinen
wird diese Auffederung durch reichliche Bemessung der Ständer in er-
träglichen Grenzen gehalten. Die Einständerpresse hat dafür den Vorteil
der Zugänglichkeit von drei Seiten, was freilich nur in wenigen Fällen notwendig, aber bei mittleren und kleineren Pressen stets sehr angenehm ist.

Einige Firmen pflegen den Typ der Doppelständerpresse (Abb. 109,
112). Dieses symmetrische starre Gußgestell macht es noch möglich, mit

den Drücken weit höher zu gehen als bei den Einständerpressen, die in der Regel nur bis 100 t gehen; Götz baut z. B. bis 320 t. Von den beiden Seiten her ist die Form nicht zugänglich.

Die Motorpressen werden oft in Sonderausführung mit Einrichtung für das **Lüften** (s. S. 118) und auch mit einer **Hubverzögerung** versehen. Dank dem elektrischen Antrieb lassen sich beide Ergänzungen bei der Motorpresse leichter und billiger durchführen als bei den meisten hydraulischen Pressen. Die Einrichtung des Lüftens (s. S. 118) ermöglicht, den Pressenbär, nachdem er eben niedergegangen war, sofort oder später noch einmal hoch- oder niedergehen zu lassen, wobei auch die Höhe des Hubes begrenzt werden kann.

Eine **„Hubverzögerung"** verhindert zwei Übelstände. Beim Pressen einer hochwandigen Haube schließt sich die Form stets langsam, da die Gestalt des Preßteiles erheblichen Reibungswiderstand verursacht. Bei einem flachen Teil dagegen schließt die Presse die Form sehr rasch. Das ist noch mehr dann der Fall, wenn ein solches Stück für die gegebene Presse etwas zu klein ist. Infolgedessen wird die Preßmasse fast so kalt verformt wie sie in die Form gegeben wurde. Hierdurch wie auch durch das zu rasche Verformen verschleißt die Politur der Form sehr bald. Dem läßt sich durch die Hubverzögerung begegnen, die das letzte Wegstück des Pressenbärs verlangsamt.

Abb. 112. Mechanische Doppelständerpresse mit elektrischem Ausgleich. 50 t. Herst.: Gräbner & Co., Triptis (Thür.).

Die Motorpressen sind weit verbreitet. Die meisten der vorkommenden Gegenstände kann man auf ihnen zufriedenstellend herstellen. Klein- und Mittelbetriebe wenden sie bevorzugt an. Eine hydraulische Zentral-Druckwasseranlage ist hier oft nicht anwendbar oder noch wirtschaftlich. Selbst bei einer schon größeren Pressenzahl besteht oft Abneigung gegen die zentrale Druckversorgung — trotz des bequemen Luftakkus — vor allem gegen das teure, starr verlegte Hochdruck-Rohrnetz. Hydraulische Pressen hingegen mit eigener Pumpe sind zwar weniger platzgebunden, viele Pumpen aber ergeben entsprechend hohe Wartungskosten. Die Motorpresse ist in der Anschaffung billiger als jene und ihr einziges Betriebsmittel ist die leicht verteilbare elektrische Energie. Arbeitet der Ausgleich der Motorpresse aber nicht genügend elastisch, so werden die Werkzeuge stärker beansprucht als bei der hydraulischen Presse. Der Verschleiß der polierten Formflächen wird dann größer und ein Bruch von empfindlichen Vorsprüngen in der Preßform ist leichter möglich.

Man baut die Motorpresse nur als Halb- oder Vollautomat. Die halb- oder vollautomatische Arbeitsweise ist bei ihr konstruktiv leicht zu erreichen, während sie bei der hydraulischen Presse in der Regel zu verwickelteren und teureren Steuerorganen führt. Eine halbautomatische Motorpresse ist schon in der Anschaffung, noch mehr aber in den Unterhaltungskosten bedeutend billiger als eine entsprechende hydraulische gleicher Druckkraft.

Eine wirtschaftlich arbeitende Maschine für die Erzeugung von Kleinmassenteilen, z. B. Installationsmaterial, ist der „Rundläufer" der Firma Bisterfeld & Stolting, Radevormwald (DRP 563 463), ein Halbautomat, s. Abb. 113. Er ist ein Pressenkarussell. Viele, bis zu 24 mechanische Kniehebelpressen von etwa 12 t Druckkraft sind auf einem Rundtisch aufgebaut, welcher stetig, langsam, der Härtezeit des Stückes entsprechend, am Sitz des Bedienenden vorbeikreist. Der Arbeiter hat lediglich das Stück aus der sich vor ihm entriegelnden Presse zu nehmen und wieder Masse einzulegen.

Abb. 113. Rundläufer DRP 563463 der Fa. Bisterfeld & Stolting, Radevormwald, Westf. Ein Halbautomat in Gestalt eines „Pressenkarussels". Die 24 Pressen (bis 12 t) wandern stetig am Sitz des Bedienenden vorbei.

e) Preß-Automaten.

Später entstanden völlig selbsttätige Pressen, Automaten. Zuerst wurde der Preßautomat der Firma Stokes Machine Co., Philadelphia, bekannt. Die Presse wird durch einen Motor angetrieben und ist elektrisch gesteuert. Sie kann bei etwa 15 t Druckkraft Teile bis rd. 7 cm Dmr. herstellen. In Deutschland erschien als erster der Schmidbergersche Automat der „Preßautomaten-Gesellschaft m. b. H.", Berlin SW 68, im Handel. Er wird in zwei Ausführungsformen, für Teile mit und für solche ohne Gewinde, gebaut. Die Maschine für Teile mit Gewinde zeigt die Abb. 114. Das Formunterteil ist einmal, das um eine senkrechte Achse drehbare Oberteil ist bei Gewindeteilen doppelt vorhanden. Während das im Bilde hintere Oberteil gemeinsam mit dem Unterteil formt, schraubt die vorn untenstehende senkrechte

Abschraubvorrichtung die Teile aus dem zur Zeit vorn stehenden Oberteil heraus. Links im Bild ist die hin- und hergehende mit losem Pulver
füllende Beschickvorrichtung sichtbar.
Die motorgetriebene Presse arbeitet mit
Kniehebel, alle Vorgänge sind elektrisch
gesteuert. Pressengröße 20, 40 und 60 t.
Auch in einigen großen Preßwerken wurden Automaten entwickelt. Man kommt
bei diesen Automaten, wenn eine gute
Vorwärmung der Preßmasse mit vorgesehen ist, beim Typ 31 bei dünnwandigen
Teilen bis auf etwa 0,7 Minute je Hub[1].

Besondere Pressen: Spritz-
pressen sind auf Seite 159 ff., die Strangpresse auf Seite 167 abgebildet. Über
einen Preßspritz-Hablautomaten mit
Hochfrequenzbeheizung, siehe S. 164.

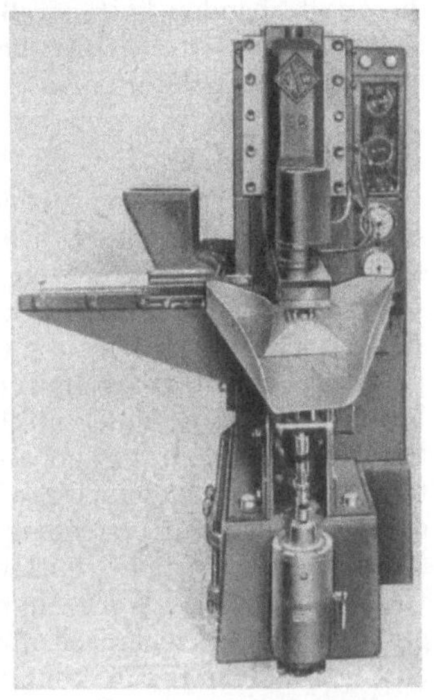

Abb. 114. Preßautomat, mechanisch,
(15 t) für Teile bis zu rd. 6 × 6 cm Größe.
Hersteller: Preßautomaten-Gesellschaft
mbH., Berlin-Halensee, Nestorstr. 14.

8. Maße und Gestalt (Konstruktions-Richtlinien).

Die meisten Kunstharzpreßmassen haben ein hohes Fließvermögen. Sie erlauben
daher Preßstücke mit sehr dünnen Wänden
und eine ungewöhnlich große Freiheit in
der Gestaltung. Trotzdem erfordern der
Werkstoff und eine Verarbeitungsweise schon bei der Konstruktion des
Stückes die Beachtung einer Reihe von Regeln; diese ähneln zum Teil
denen anderer Warmpreßtechniken oder Gußverfahren, zum Teil sind sie
nur ihm eigen. Die nachfolgenden Richtlinien hat der Verfasser
nach einem langjährigen Verkehr mit dem Verbraucher ausgearbeitet;
später ist ein großer Teil davon in die VDI-Richtlinien und in DIN
7710 einverleibt worden.

Ihre weitgehende Anwendung bei jeder Neukonstruktion wird dem
Besteller von Nutzen sein. Die Werkzeuge und die Arbeitsweise sind
nun aber nicht bei allen Preßwerken gleichartig. Daher tut der Besteller,
der nach den Richtlinien konstruierte, gut, Änderungswünschen des
ausführenden Preßwerkes, selbst wenn sie einmal nicht im Einklang
mit den Richtlinien stehen sollten, entgegenzukommen. Ehe man ein
Preßstück in der Zeichnung endgültig festlegt, gebe man daher dem
Preßtechniker Gelegenheit, die Konstruktion zu überprüfen.

Wie bei allen solchen Richtlinien gilt auch hier, daß sie keine all-
gemeingültigen Gesetze sein können. Auch hier herrscht der Grund-
satz: Keine Regel ohne Ausnahme!

---

[1] Hyprath, Vollautomat. Pressen. Kunststoffe Bd. 38 (1948) S. 227—229.

Die Richtlinien sind nur für die Typen 31, 31.5, 30, 71, 74, 51, 54, 16, 131, 11 und 12 der Tab. 1 aufgestellt. Teilweise treffen sie auch für die aussterbenden kaltgepreßten Typen 212 und 213 und für die Typen 914, 917 und 918 zu. Über die Gestaltung von Spritzgußteilen aus nichthärtbaren Kunststoffen s. S. 347.

a) Allgemeines.

Preßwerkzeuge sind verhältnismäßig teuer und nachträgliche Änderungen daran ebenfalls. Die Stückzeichnungen müssen daher völlig eindeutig sein. Der Werkzeugkonstrukteur des Preßwerkes, der den Gesamtzusammenhang selten kennt, darf nicht gezwungen sein, die Bestellerzeichnung a u s z u d e u t e n. Je genauer der Konstrukteur j e d e E i n z e l h e i t maßlich erfaßt, desto eher wird Fehlarbeit durch falsche Auslegung einer unklaren Zeichnung vermieden. Dies gilt ganz besonders für gedrängt gebaute Installationsteile, wo fast jeder Zehntelmillimeter gebraucht wird. Ein Beispiel mag dies zeigen: Zeichnet man eine Kriechstromrippe mit s e n k r e c h t e r Wand, an der später ein Metallteil ganz dicht entlanggehend befestigt wird, so besteht die Gefahr, daß der Werkzeugmacher, der der Rippe eine N e i g u n g gibt (die ja preßtechnisch nötig ist), damit den Platz für das Metallteil einengt. Solche Fälle kommen dauernd vor. Rückfragen des Lieferwerkes sind stets unbeliebt und kosten Zeit. M a n z e i c h n e a l s o a l l e N e i g u n g e n e i n, gebe aber keine Winkel an, sondern das Maß am Fuß und Kopf der geneigten Fläche. Für Metallguß- und Modellzeichnungen ist dies längst üblich, für Preßstoff ist es aber weit notwendiger, da die Teile hier verwickelter gestaltet sind und daher viel mehr Maße haben. Kleine Teile von nur wenigen Zentimetern Größe zeichne man dann unbedingt im Maßstab 2 : 1.

Eine Änderung der — stets gehärteten — Preßform bedeutet Ausglühen derselben, zerspanende Nacharbeit oder gar Auftragen von Stahl mittels Schweißen und schließlich nochmals Härten und Polieren! M i t j e d e r Ä n d e r u n g w i r d d i e L e b e n s d a u e r d e r F o r m v e r r i n g e r t! Änderungen müssen darum soweit wie möglich vermieden werden. Es empfiehlt sich, e h e d i e F o r m b e s t e l l t w i r d, ein neues Stück vorerst als M o d e l l, etwa aus Holz, Hartgummi, Hartgewebe oder Gußharz, darzustellen. Bei Schauteilen erprobt man vorher daran das Aussehen; bei Einbauteilen prüft man vorher die Abmessungen, vor allem der Anschlußmaße und baut versuchsweise ein und an.

Bei besonders wichtigen oder bei kleinen verwickelten Teilen mit vielen Anschlußmassen wird ferner zweckmäßigerweise erst eine behelfsmäßige ungehärtete Einfachform (siehe die Handform Abb. 59) und erst nach gründlicher Erprobung der Preßteile die endgültige Form gebaut.

Die preßtechnisch zweckmäßige und übliche Neigung („Anzug")
für die Steilflächen von Hauben, Bechern und ähnlichen Stücken ist:

bei einer Höhe bis zu 10 mm . . . . 1 : 50,
bei einer Höhe über 10 bis 500 mm . . . . . 1 : 100.

Für die Erhebungen und Vertiefungen am Stück (Augen, Nocken, Nuten und Rippen) ist eine Neigung von 1 : 50 zweckmäßig, bei allen Höhen.
Diese Neigungen sind Mindestwerte; nur im Notfall sollte man sie
steiler machen.

„Anschlußmaße" oder sonstige wichtige Maße
müssen von vornherein toleriert werden; damit verhütet man, daß
gerade an diesen Stellen durch Zufall Maßabweichungen vorkommen und
beugt damit unvermeidlichen Werkzeugänderungen vor. Für Teile, die
mit Lehren abgenommen werden, ist schon bei der Bestellung eine Zeichnung der Lehren mitzugeben. Der Werkzeugkonstrukteur kann dann
schon von vornherein die Maße der Preßform danach einrichten. Zum
mindesten sind die Lehrentoleranzen in die Stückzeichnung einzutragen.

Kammern für später einzulegende Stanzteile
bemaße man mit genügendem Spiel für das Stanzteil, denn die Preßform wie auch der Schnitt für das Metallteil fallen nie vollkommen zeich-
nungsgemäß aus. Dazu kommt, daß durch allmählichen Verschleiß der
anfangs scharfen Kanten der Preßform die Kammer für das Metallteil
im Grund allmählich etwas enger, das Stanzteil dagegen durch Ab-
schliff der Schnittplatte zunehmend größer wird. Anlaß zu Einbau-
schwierigkeiten geben auch oft die Biegestellen eines umgebogenen
Schenkels am Stanzteil; an der Biegestelle entstehen stets kleine seitliche Auswulstungen, die für sich Platz erfordern. Auch aus diesem
Grunde ist die Kammer für das Stück genügend groß zu halten. Bei
Kammern für später einzulegende gedrehte Teile oder gezogene Streifen
ist auf die Plustoleranz des Metallteiles Rücksicht zu nehmen.

Einzubettende Metallteile sind in gereinigtem Zustande anzuliefern. Löcher und Innengewinde müssen frei von Spänen,
Stanzteile frei von Grat sein. Andernfalls besteht die Gefahr, daß die
empfindliche Glanzoberfläche des Preßteiles deutlich sichtbar eingebettete Späne enthält, die das Stück zu Ausschuß machen. Metallteile
müssen die vereinbarten Toleranzen oder die handelsübliche Genauigkeit, z. B. Ziehgenauigkeit, auch wirklich einhalten, denn nach ihnen ist
die Aufnahmekammer der Form gebaut worden.

Zum Pressen der üblichen zwei bis fünf Ausfallmuster eines
neuen Preßteiles sind der Presserei etwa zehn Satz der einzubettenden
Metallteile mehr auszuhändigen. Diese sind für das Erproben der
neuen Form erforderlich und werden dabei meist unbrauchbar.

b) Herstellgenauigkeit.

Der Besteller erwartet vom Preßwerk, daß Maßabweichungen des
Stückes auch für die Maße, die er nicht toleriert hat, in vernünftigen

Grenzen bleiben. Außerdem wird er in besonderen Fällen Maße mit Toleranzen versehen. Diese müssen aber so groß sein, daß das Preßwerk imstande ist, sie in laufender Fertigung einzuhalten.

Die Toleranzen für Preßteile sind bedingt durch folgende Faktoren:

Werkzeug-Herstelltoleranzen,
Werkzeugverschleiß,
Arbeitstemperatur,
Schwankungen der Werkstoffbeschaffenheit,
unvermeidliche Gratdicken-Verschiedenheit in der Preßrichtung,
Verzug des Teiles.

Toleranzen für Kunstharzpreßteile nach DIN E 7710.

DIN E 7710 unterscheidet unter anderem zwischen formgebundenen und nicht formgebundenen Maßen. F o r m g e b u n d e n sind solche, die eine Folge des festen Abstandes zweier Flächen ein und derselben Formhälfte sind. In der Regel ist die Mehrzahl der Maße eines Preßteiles formgebunden. Ist aber der Abstand zweier Flächen in der Preßform veränderlich, weil eine dieser Flächen einem beweglichen Formteil angehört (Oberhälfte der Form oder ein loser eingelegter Kern), so wird auch das entsprechende Maß des Preßteiles schwankend. Man spricht von n i c h t f o r m g e b u n d e n e n Maßen. Sie fallen ungenauer aus als die ersteren trotz Austrittskanälen am Füllraum für Überdosierung und trotz Aufsitzflächen (Anschlagleisten) für den Oberstempel.

Gültigkeitsbereich.

Die nachstehend angeführten Toleranzen gelten für formgepreßte Teile aus folgenden Typen: 30, 30,5, 31, 31,5, 11, 11,5, 12, 16, 51 bis 57, 71 bis 77, 131, 131,5. Über den Typ 41 liegen z. Z. noch keine Erfahrungen vor.

Für die Warmpreßstoffe Typ 916, 917, 918, Y und die Kaltpreßstoffe Typ 212, 214 und X können keine kleineren als die in Tafel 1 angegebenen Toleranzen gewährleistet werden. Sie müssen an der Maßzahl eingetragen werden, sonst dürfen sie um bis zu 50% überschritten werden.

Toleranzen für formgebundene Maße.
1. Maßzahlen ohne Toleranzangabe.

Die in DIN 7710 Tafel 1 angegebenen Toleranzen können ohne spanabhebende Nacharbeit eingehalten werden.

DIN 7710 Tafel 1.
(Maße in mm)

1	2	3	4	5	6	7	8	9	10	11	12
Maß-bereich	bis 6	über 6 bis 18	über 18 bis 30	über 30 bis 50	über 50 bis 80	über 80 bis 120	über 120 bis 180	über 180 bis 250	über 250 bis 315	über 315 bis 400	über 400 bis 500
Zulässige Abweichung	± 0,2	± 0,3	± 0,4	± 0,5	± 0,6	± 0,8	± 1	± 1,3	± 1,6	± 2	± 2,5

2. Maßzahlen mit Toleranzangabe.

Nur wichtige Einbau- und Anschlußmaße sollen mit Toleranzangabe an der Maßzahl versehen werden. Hierfür gelten — mit Ausnahme der unter 3 genannten Sonderfälle — die in Tafel 1 angegebenen Toleranzen. Bei einseitiger Verlegung der Toleranzen nach der $+$ oder $-$ Seite gilt der Gesamtwert, also z. B. statt $\pm\,0{,}3 = +\,0{,}6$ oder $-\,0{,}6$.

DIN 7710 Tafel 2.
(Maße in mm)

1	2	3	4	5	6	7	8	9	10	11	12
Maß- bereich	bis 6	über 6 bis 18	über 18 bis 30	über 30 bis 50	über 50 bis 80	über 80 bis 120	über 120 bis 180	über 180 bis 250	über 250 bis 315	über 315 bis 400	über 400 bis 500
Zulässige Abweichung	$\pm\,0{,}1$	$\pm\,0{,}1$	$\pm\,0{,}15$	$\pm\,0{,}2$	$\pm\,0{,}3$	$\pm\,0{,}4$	$\pm\,0{,}5$	$\pm\,0{,}7$	$\pm\,0.9$	$\pm\,1{,}2$	$\pm\,1{,}5$

Toleranzen für nichtformgebundene Maße

sind um folgende Zuschläge größer als die der Tafel 1 und 2:

0,3 mm für Preßstoff Typ 31, 11, 12 und 131
0,5 mm für Preßstoff Typ 51 bis 57, 71 bis 77 und 16.

Soweit DIN E 7710 im Auszug.

Im allgemeinen wird das Preßwerk auch bei den nicht tolerierten Maßen mit Abweichungen arbeiten, die nicht wesentlich über den Toleranzen der Tabellen liegen. Sie stellen also auch ungefähr die werkstattübliche Herstellgenauigkeit dar. Sollten in dem einen oder anderen Falle größere Maßabweichungen vorgekommen sein, so bestehe der Besteller dann nicht auf Abstellung des Fehlers, wenn die Abweichungen für ihn tragbar sind. Man sollte sich immer vor Augen halten, daß Änderungen der gehärteten, meist komplizierten Werkzeuge sehr kostspielig sind.

Für Teile höherer Genauigkeit sind die Typen 16, 11 und 12 besonders geeignet. Sie haben eine verhältnismäßig kleine Schwindung und dadurch auch kleine Schwankungen derselben, also auch höhere Maßgenauigkeit. Dazu kommt, daß sich diese Werkstoffe in Feuchtigkeit wenig verändern.

Gebohrte Löcher sind im allgemeinen nur mit Gütegrad Grobpassung der DIN-Toleranzen (entsprechend etwa JT 11 nach Isa) herstellbar; in Sonderfällen ist Schlichtpassung (entsprechend JT 10 nach Isa) möglich.

Die Tab. 33 zeigt die Herstellgenauigkeit von Preßstoff im Vergleich mit anderen Techniken der spanlosen Formung.

Die Tab. 29 auf Seite 123 zeigte die Schwindung von Preßstoffen; um diesen Betrag werden die Preßformen größer gehalten als die Sollmaße des Preßteiles. Im allgemeinen hat jeder Werkstoff seine

Tabelle 33. Herstellgenauigkeit und Schwindung von Preßstoff und anderen Preß- und Spritzwerkstoffen.

	Schwindung in %	Herstellgenauigkeit in mm bei Stückgrößen von 50 bis 120 mm
Preß-Porzellan	10 bis 15	$\pm$ 0,9　bis　$\pm$ 2,2[1]
Steatit	8 bis 9	$\pm$ 0,9　bis　$\pm$ 2,2[2]
Warmgepreßtes Messing	1,2	$\pm$ 0,30 bis　$\pm$ 0,40[3]
Kunstharz-Preßstoff Typ 31 . .	0,6 bis 0,8	$\pm$ 0,30 bis　$\pm$ 0,40[4]
Aluminium-Spritzgu	0,5	$\pm$ 0,10 bis　$\pm$ 0,20

[1] DIN 40680; Mittel-Toleranzen; Fein-Toleranzen nach Vereinbarung.
[2] Ebenfalls nach DIN 40860, kann aber im allgemeinen genauer als Porzellan hergestellt werden!
[3] Werbeblatt der Siemens-Schuckert-Werke; in Sonderfällen enger zu vereinbaren.
[4] DIN E 7710, Maßzahlen mit Toleranzangabe.

besondere Verarbeitungsweise und Preßformkonstruktion. Es gibt aber
Fälle, wo eine für einen bestimmten Typ gebaute Form auch für einen
anderen Typ zu benutzen ist. Dabei ändern sich aber die Maße des
Stückes, falls die Schwindung eine andere ist.

c) Maßverkleinerung durch hohe Gebrauchstemperatur.
(Siehe DIN 7705 Spalte 16, S. 37.)

Der Konstrukteur der Bestellerwerkes hat bei der Maßeintragung
auf die Maßverkürzung durch lange Temperatureinwirkung Rücksicht
zu nehmen. Dies gilt vor allem für die — meist üblichen — organischen Typen. So können z. B. Lampenfassungen in nicht ven-
tilierten Armaturen so stark schwinden — falls diesem Umstand nicht
vorher Rechnung getragen wurde —, daß sie auf dem Birnensockel aufschrumpfen. Man kann drei Wege einschlagen:

1. Dem Preßwerk wurde der Verwendungszweck und die Betriebsverhältnisse nicht fest umrissen. Seine Teile stimmen maßlich am Liefer-
tage — nachher nicht mehr.

2. Der Konstrukteur auf der Bestellerseite hat auf Grund von
DIN 7705 die Maße größer gehalten. Er kann das nur angenähert tun,
weil dort nur diejenige eine Temperatur angegeben ist, bei der eine
0,6%ige Nachschwindung eingetreten ist.

3. Richtiger ist es, dem Preßwerk die Gebrauchdaten genau zu um-
reißen und ihm die Verantwortung aufzuerlegen. Es wird den zweckmäßigsten Werkstoff fordern und entsprechende Toleranzen (die auch
den Unterschied zwischen Raum- und Gebrauchstemperatur berücksichtigen), es wird seine Werkzeugabmessungen abstimmen und seine
Fertigung sorgfältig steuern.

Wie stark Teile bei längerer Wärmeeinwirkung nachschwinden,
zeigt die Tab. 33a.

Tabelle 33a. Nachschwindung normal gehärteter Teile bei längerer Wärmeeinwirkung.

Typ	12	74	54	31 mit 50% Harz	31 mit 40% Harz	31,5
Das Schwindmaß hatte betragen						
im Falle a)	0,10	0,28	0,30	0,56	0,65	0,61
im Falle b)	0,10	0,23	0,30	0,53	0,70	0,58
Nachschwindung in %						
a) nach 90 Tagen bei 90° . .	0,20	0,71	1,00	0,86	1,04	1,24
b) nach 90 Tagen bei 130° . .	0,30	0,92	1,00	1,18	1,46	1;50

d) Preßgerechte Gestaltung.

Preßstoff ist kantenempfindlicher als Metall. Wo irgend angängig, sind Außenkanten daher rund zu halten; das Preßstück gewinnt dadurch außerdem an Ansehen. Sind scharfe Kanten — etwa aus Stilgründen — erwünscht, so ist dennoch auch hier ein Abrundungsradius von 0,5 mm in die Zeichnung einzusetzen. Diese Rundung nimmt das Auge nicht mehr wahr; sie ist preßtechnich aber noch ein großer Vorteil gegenüber der scharfen Kante. Auch aus fließtechnischen Gründen sollte man allgemein scharfe Kanten vermeiden, soweit es der Verwendungszweck zuläßt (vgl. Abb. 115).

Abb. 115. Preßstoff ist kantenempfindlicher als Metall und runde Kanten wirken auch viel schöner als scharfe; man verrunde, wo angängig.

Rückwärtige Außenkanten K am Preßstück (Abb. 116) sind allerdings rund nicht formbar, sondern nur scharfkantig; es wäre unzweckmäßig, dem Oberstempel OS bei K eine scharfe Schneide zu geben, um damit eine Abrundung K am Preßteil erzeugen zu wollen.

Querschnittübergänge sind ganz allgemein allmählich verlaufend zu halten und, wo nur irgend möglich, zu verrunden. Vorteile: 1. Die Preßmasse wird beim Fließen nicht gestaut, der Werkstoff bleibt dabei homogener (keine Entmischung von Harz und Harzträger), die Oberfläche fällt dadurch schöner aus und das Stück wird fester. 2. Mehr noch als für Metall gilt für Preßstoff, vor allem für die Typen mit geringer Kerbzähigkeit, daß scharfe Querschnittübergänge bruchgefährlich sind. Dünne Speichen zwischen Durchbrüchen werden erheblich fester, wenn sie allmählich einmünden (Abb. 117). Schlitze im Stück mit runden Ausläufen

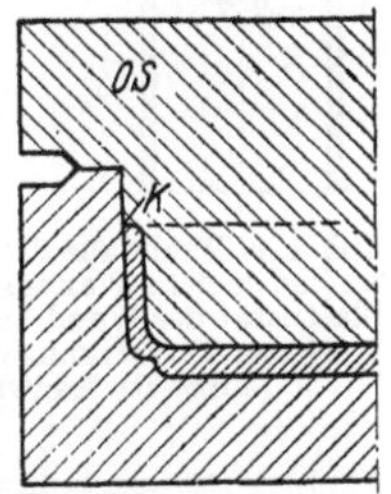

Abb. 116. An rückwärtigen Außenkanten K ist eine Verrundung nicht preßbar. (Preßstück ist mit der Preßform gezeigt.)

schwächen das Stück viel weniger als mit scharfkantigen Enden.

Durchlaufend gleichmäßige Wanddicke bewirkt die Teilnahme aller Strecken des Stückes an einer Verbiegung; Hauben nach Bild 118 „richtig“ ertragen also weit stärkere Verbiegungen als nach „falsch“ gestaltete, die nahe den Ecken einreißen würden. Auch die Bodenfläche solcher Teile lasse man mit kräftigen Verrundungen in die Seitenwände einlaufen. Ein „Verstärkungswulst“ W am Gehäuserand ist meist von zweifelhaftem Wert, er verringert die soeben besprochene Fedrigkeit der Haube sehr stark, sie bricht leichter als ohne Wulst, es sei denn, er würde häßlich dick gemacht.

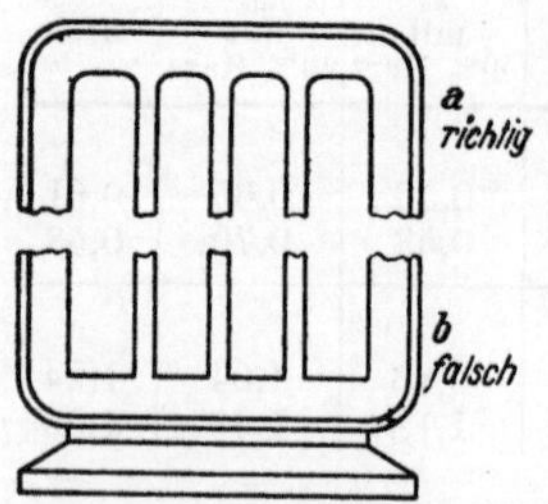

Abb. 117. Fensterstege mit verrundeter Wurzel sind erheblich fester als scharf einmündende.

Die Härtezeit des Stückes in der Form und damit deren Leistung ist durch den dicksten am Stück vorkommenden Querschnitt bedingt; dieser ist daher so dünn wie möglich zu halten (Abb. 119). Örtliche Verdickungen am sonst dünnwandigen Stück sind ferner stets anders durchgehärtet als der dünne Querschnitt. Das Stück hat daher verschiedene Festigkeit und Feuchtigkeitsaufnahme in den verschiedenen Querschnitten. Bei stärkerer Feucht- und Warmbeanspruchung kann dies eine Gefahr werden, s. S. 57 und 58.

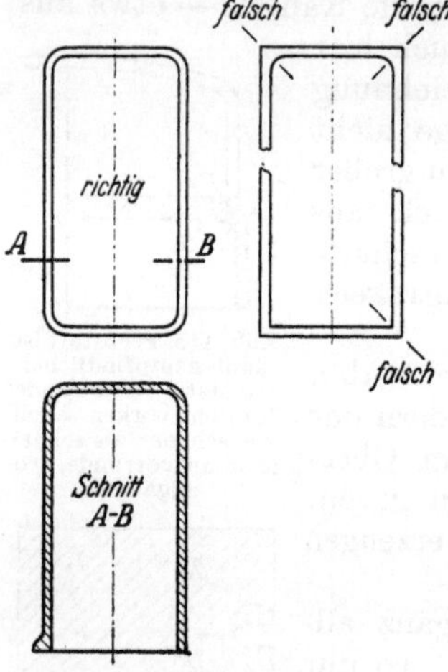

Abb. 118. Haube aus Preßstoff. Durchlaufend gleiche Wanddicke erhöht die Elastizität der Wand bedeutend. Der Wert des Verstärkungswulstes unten links ist fragwürdig.

Der Eigenart der härtbaren Kunstharzpreßstoffe entsprechen am besten d ü n n e Q u e r s c h n i t t e; Wanddicken von 1 bis 5 mm sind die üblichen. Im allgemeinen sollten dickwandige Stücke, etwa über 10 mm, vermieden werden, da sie, zum mindesten bei den üblichen raschhärtenden Preßmassen, im P r e ß verfahren nicht völlig homogen ausfallen. Dies gilt für alle Phenolharz-Preßmassen und verstärkt für Preßharz und Typ 131. Der Drehknopf nach Abb. 120 aus Typ 131 mit einem Durchmesser von 24 mm neigte z. B. trotz langer Härtezeit oft zum Reißen. Als man ihn auf 1,8 mm Wanddicke aussparte, s. Abb. 121, lief die Fertigung zufriedenstellend und dabei rascher.

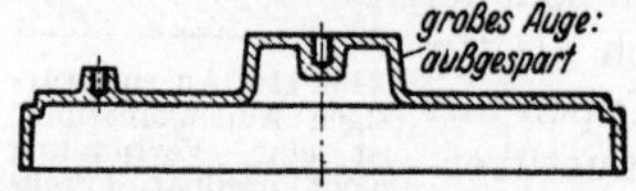

Abb. 119. Schon nur e i n e Werkstoffanhäufung erhöht die Herstellkosten des Stückes. Man spare auf möglichst gleichmäßige Wanddicke aus, siehe das große Auge.

Nach dem S p r i t z v e r f a h r e n aber lassen sich auch dicke Querschnitte bequem und wirtschaftlich herstellen. Der Kugelgriff Abb. 122 benötigt in Typ 31 bei 50 mm Dmr. mindestens 10 Minuten Härtezeit, wenn gepreßt, dabei ist der Werkstoff im Innern noch „roh"; beim Spritzen genügen 2 Minuten und das Stück fällt fast homogen aus. Der Typ 131 ist auch gespritzt noch ein gefährlicher Werkstoff für dicke Querschnitte, s. S. 47.

Zuweilen sind massige Stücke aber nicht zu umgehen. Sie werden, wenn angängig, entweder gespritzt oder, wenn sie sehr groß sind, aus dünnen Schalen zusammengesetzt (Abb. 123). Die S p r i t ztechnik der härtbaren Kunststoffe ermöglicht eine weit bessere Durchhärtung der dicken Querschnitte.

Abb. 120. Falsch: Voller Knopf aus Typ 131.

Abb. 121. Richtig: Ausgesparter Knopf aus Typ 131 mit gleichmäßiger Wanddicke bei eingepreßter Metallbuchse.

Starke Biegebeanspruchungen vermeide man möglichst, da die D e h n u n g v o n P r e ß s t o f f nur etwa ½% beträgt. Z. B. sind Augen von Kappen, die auf elastischen Dichtungen sitzen, nach Abb.124a gefährdet und sollten nach Abb. 124b verrippt werden. Die hohle, an sich gutgemeinte Auflage der Isolierklemme nach Abb. 125 ist nicht zweckmäßig, da eine Abschergefahr bei S besteht; man läßt richtiger die ganze Fläche aufliegen.

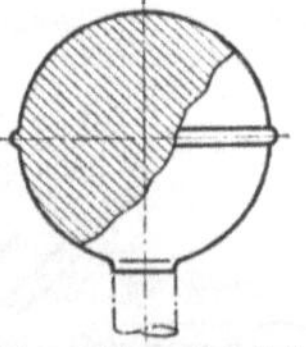
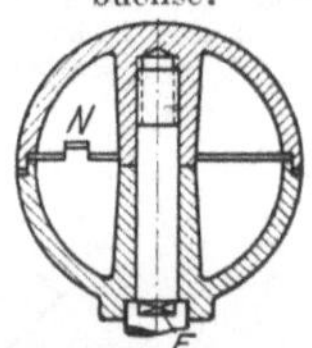

Abb. 122 u. 123. Sehr dicke Querschnitte (Abb. 122) sind bei K u n s t h a r zPreßstoffen zu vermeiden. Die Gestaltung des Stückes nach Abb. 123 ist werkstoffgerecht und ebenso billig.

Der in nur einer Richtung ausgeübte Preßdruck pflanzt sich während des Fließens des Werkstoffes nach allen Seiten fort. L o c h e rz e u g e n d e F o r m s t i f t e bekommen beim Pressen große Seitendrücke und können sich daher verbiegen, da sie dabei meist einseitig belastet werden. Steht aber solch ein Stift in der Mitte eines g e s c h l o s s e n e n Auges, so wird er symmetrisch belastet; er bleibt dann gut senkrecht stehen, auch wenn seine Länge ein mehrfaches vom Durchmesser ist (s. Abb. 126).

Vor allem sind locherzeugende Stifte, Gewindestifte und einzubettende Muttern dann sehr gefährdet, wenn sie unmittelbar im Preßmassestrom stehen, s. Abb. 127 bei a; hierdurch treten häufig Stiftbrüche und damit Lieferstörungen auf. Man setze die Stifte zurück,

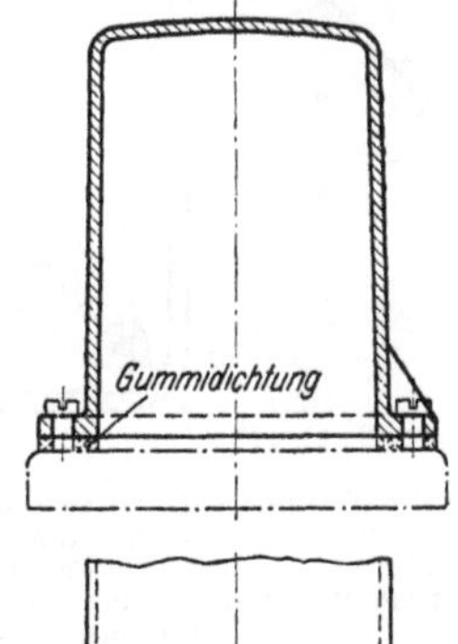

Abb. 124. Wo Preßstoffhauben auf weiche Dichtungen gespannt werden, versteife man die Augen nach b.

was meist konstruktiv möglich ist, oder man bringt die Mutter in einem geschlossenen Auge unter, siehe 3. Auch das jetzt freistehende Auge genügt den auftretenden Zugkräften. Schützende Nocken N und

Kragen K dienen ebenfalls dem Zweck, Stifte und Muttern gegen Stiftbruch zu sichern, wie Abb. 128 zeigt. Wo trotz all den eben aufgeführten Maßnahmen die Formstifte immer noch zu gefährdet sind, schafft die „Dogde"-Einsatzmutter Abhilfe, s. S. 203.

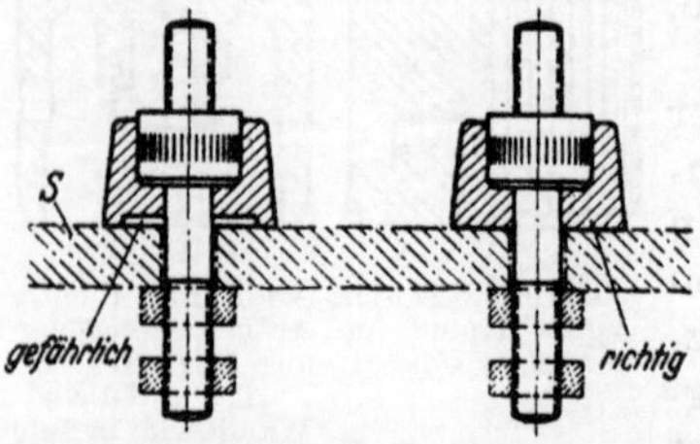

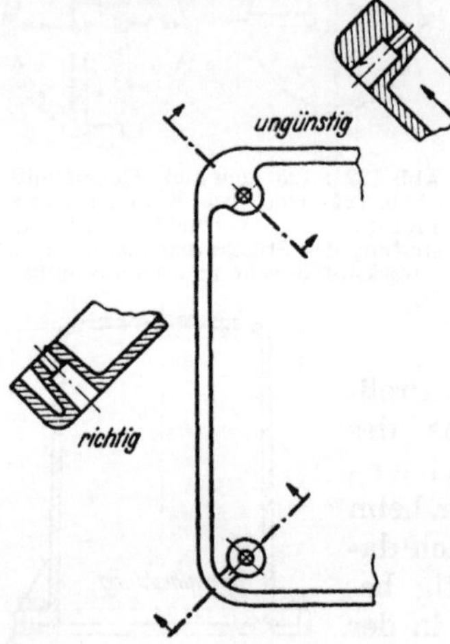

Abb. 125. Preßstoffklemme mit Gewindebolzen. Wenn Auflagefläche hohl wie links, kann das Stück durch scharfes Anziehen der Mutter zerstört werden.

Abb. 126. Lange Formstifte in einem unsymmetrischen Auge (oben) sind gefährdet, da ungleiche seitliche Preßdrücke auftreten. Besser ist das geschlossene Auge (unten).

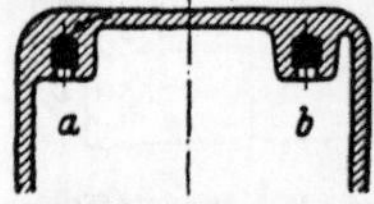

Abb. 127. Haube, bei der Einpreßmuttern im Boden od.in Bodennähe sitzen. Bei Gestaltung des Auges nach a kann der Massestrom beim Pressen die Mutter schiefstellen, nicht aber bei Ausführung b.

Löcher bis zu einer Länge von $2\,d$ sind in den meisten Fällen gut preßbar; muß das Loch länger sein, so wird man den Stift an der Wurzel stärker halten (Abb. 129) oder aber das Loch nachträglich bohren. Übrigens lassen sich Löcher in beliebiger Länge billig bohren. Die Löcher werden meist so gepreßt, daß der Stift durch das Stück nicht hindurchgeht (Abb. 130); der stehenbleibende dünne Grat wird im Preßwerk durch Durchdornen (Stanzen) entfernt.

Durchbrüche von nicht kreisförmigem Querschnitt werden ebenfalls mit einer dornenden Vorrichtung entgratet, möglichst alle Löcher in einem Hub. Da aber ein Preßgrat nicht immer papierdünn ausfällt, bekommt man, vor allem bei einer Vielzahl von Durchbrüchen, s. Abb. 131, im Stück ein saubereres und billigeres Entgraten, wenn der Grat durch Überschleifen der Ebene E entfernt wird; man setzt in der Form zu diesem Zweck die Umgebung durch eine Stufe St zurück und erhält so am Stück eine Arbeitsleiste.

Feine Durchbrüche für Blattfedern und ähnliches würden, nach „falsch" Abb. 131 ausgeführt, dauernd brechende Formstifte ergeben. Man bilde den Durchbruch nach „richtig" aus, schaffe also an der Wurzel verdickte Formstifte (in der Abb. sind zwei als Einheit zusammengefaßt). Die Stufe St am Preßteil erlaubt ein Überschleifen der Planfläche, wodurch in einem Schleifgang der feine Gratboden aller Durchbrüche entfernt wird.

Bei Schauflächen dürfen einzupressende M e t a l l t e i l e n i c h t z u n a h e a n d e r O b e r f l ä c h e sitzen, sondern mindestens ½ d entfernt; sie zeichnen sich sonst leicht als Wölbung ab, s. Abb. 132.

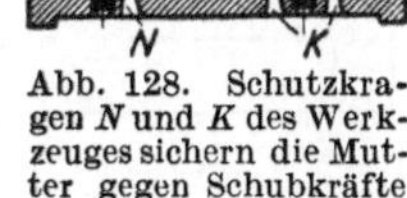

Rechteckige E r h e b u n g e n a m P r e ß s t ü c k, wie auch Rippen und Nocken, werden leider oft unzweckmäßig gezeichnet, nämlich mit ebenen Stirnflächen S und mit scharfen Ecken S (Abb. 133 und 134); diese sind fast aber nie für den Verwendungszweck erforderlich. Der Konstrukteur spart viel Geld, wenn er immer an die Herstellung der Form denkt: Den Erhebungen des Preßstückes entsprechen Vertiefungen der Form; diese werden immer durch F i n g e r f r ä s e r erzeugt. Da eber nur Nuten mit halbkreisförmigen Enden fräsbar sind, ist sehr kostspielige Handarbeit nötig, die außerdem die Sauberkeit von gut gefrästen Flächen selten erreicht. Daher sind die Kanten solcher Erhebungen von vornherein, wie in diesen Abbildungen unter „richtig" angegeben, mit K r e i s b ö g e n zu zeichnen.

Abb. 128. Schutzkragen N und K des Werkzeuges sichern die Mutter gegen Schubkräfte des Massestromes, der meistens von der Mitte des Teiles nach außen gerichtet ist.

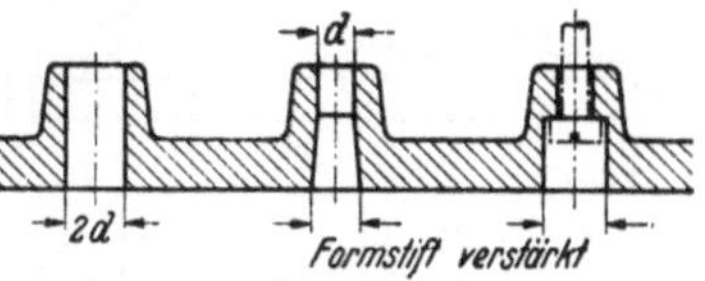

Abb. 129. Einseitig erweiterte Löcher erlauben das Pressen verhältnismäßig l a n g e r Löcher, da dann der Formstift steifer wird, siehe Mitte und rechts.

Darüber hinaus denke man ganz allgemein daran, daß der F i n g e r - bzw. Z a p f e n f r ä s e r a l l e I n n e n - r ä u m e herstellt. Man versuche also möglichst, ohne zusätzliche Handnacharbeit, also o h n e s c h a r f e E c k e n, auszukommen.

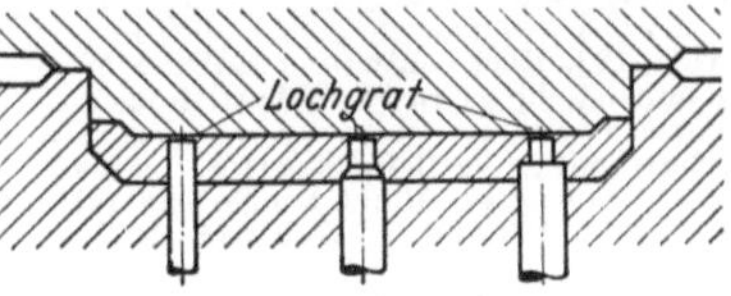

Abb. 130. Die übliche Art des Formens von Löchern: Der Stift läßt an einer Seite einen dünnen Grat stehen.

Alle P l a n f l ä c h e n, die senkrecht zur Preßrichtung liegen, fallen beim Pressen nie so sauber glatt aus wie leicht gewölbte. Ebene Stirnflächen größerer dünnwandiger Teile, wie Hauben und andere Gehäuse, neigen stets dazu, unplan zu werden, und zwar fallen sie meist nach innen ein, etwa bis ½ mm auf 100 mm Länge. Bei einem Schauteil mit Hochglanzoberfläche empfindet das Auge

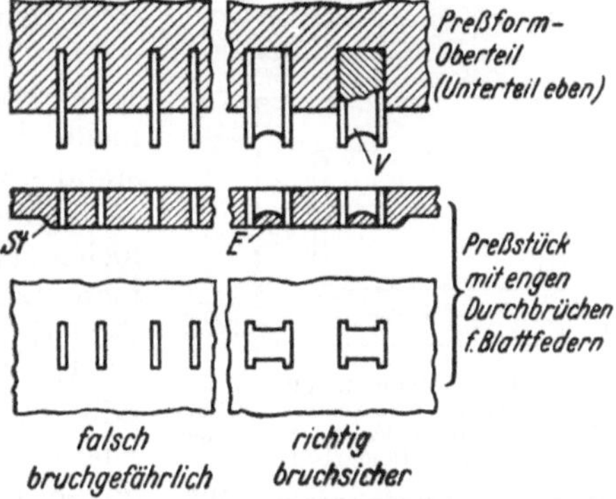

Abb. 131. Bei engen Durchbrüchen gebe man dem Formstift eine Verstärkung (V) seiner Wurzel. Man faßte daher hier (Durchbruch für Federn 4 × 0,5 mm) zwei Lochstifte zu einer Einheit zusammen und erhielt so eine H-förmige Zwillingskammer. Die Arbeitsleiste St erlaubt ein Entfernen der Gratböden aller Löcher durch Überschleifen der Ebene E.

selbst diesen geringen Betrag als sehr störend. Es empfiehlt sich daher, diese **Fläche bei Schauteilen** nie eben, sondern **mäßig nach außen gewölbt auszubilden**, s. Abb 134, 148 und 149, wodurch die Oberfläche sehr an Aussehen und das Stück an Festigkeit gewinnt. (Siehe auch Seite 204.) Ist aber die ebene Fläche unumgänglich, so kann man die Abweichung von der Ebene für das bloße Auge unsichtbar machen, indem man die Fläche narbt (Punzung).

Ist ein Verzug von **Aufbauflächen** bei Sockeln nicht tragbar, so sind diese nachträglich plan zu schleifen (Bearbeitungszugabe!). Müssen die Unterflächen solcher Sockel ebenfalls geschliffen werden, so lasse man etwaige innere Verrippungen um etwa 1,5 mm gegen den äußeren Auflagerand zurückstehen (Abb 135). Auch wenn nicht geschliffen wird, ist dies zu empfehlen.

Die Unterfläche von Sockeln bekommt vorteilhaft eine Dreipunktauflage, wenn man sie auf gemauerte Wände oder rohen Guß aufschrauben muß (Abb. 136).

Bei Teilen von etwa mehr als 150 mm Länge mit Löchern ist auf die unvermeidliche Abweichung des Mittenabstandes vom Sollwert dadurch Rücksicht zu nehmen, daß man die Durchganglöcher genügend groß macht oder daß man Langlöcher anwendet, wobei man dem Kopf eine Unterlagscheibe gibt.

Wo Langlöcher nicht anwendbar sind oder wo genaue Mittenabstände von Löchern oder Gewindelöchern notwendig sind, müssen diese durch Bohren oder Gewindeschneiden nach Bohrlehre erzeugt werden. Sind aber **Metall**muttergewinde erforderlich, so müssen Metallbutzen nach Abb. 137 eingepreßt werden. Deren Haltezapfen wird weggebohrt,

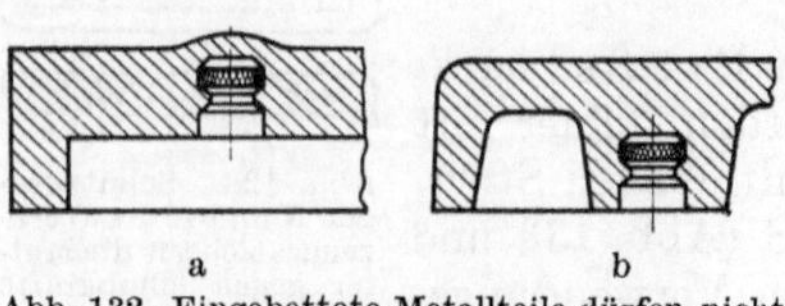

Abb. 132. Eingebettete Metallteile dürfen nicht zu nahe an Schauflächen sitzen.
a: Falsch (Erhebung übertrieben gezeichnet); b: Richtig.

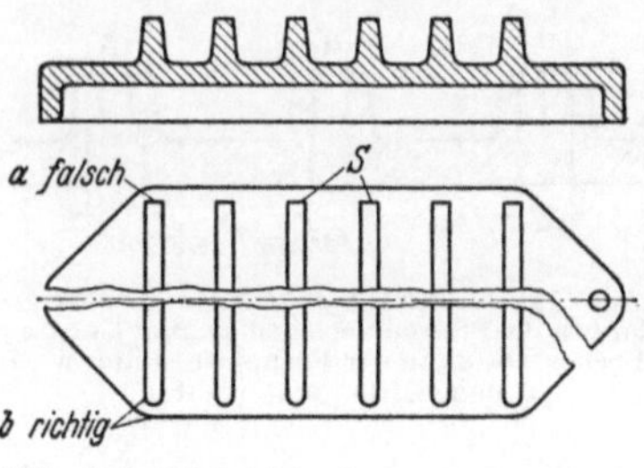

Abb. 133. Rücksichtnahme auf die Werkzeugherstellung: Gefräste Vertiefungen der Form entstehen mit runden Ecken (b); scharfkantige Vertiefungenerfordern zusätzliche schwierige Hand-Nacharbeit (a) in Abb. 133 und bei S in Abb. 134.

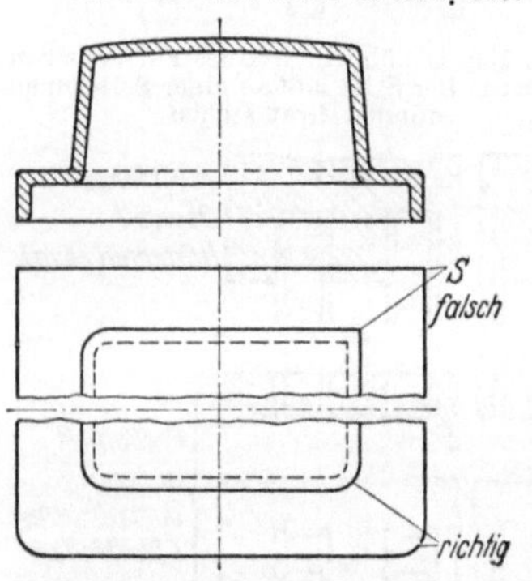

Abb. 134. Gestalte möglichst ohne scharfe Ecken: Unten Fasson maschinell herstellbar, die Ecken in S erfordern teure Handarbeit.

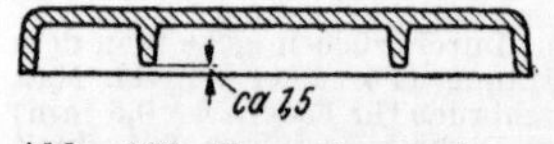

Abb. 135. Innenrippen lasse man gegen den Außenrand zurückstehen.

nach Bohrlehre die gewünschten Löcher gebohrt und dann das Gewinde geschnitten.

Man verwende bei Preßstoff nie Senkkopfschrauben, falls das Loch am Rande sitzt, da diese radiale Sprengdrücke ergeben s. Abb. 138, die wohl ein Metall, selten aber Preßstoff aushält.

Ist es in Sonderfällen nicht zu vermeiden, daß die Preßnaht der Formteilung über eine Schaufläche hinwegläuft, so ist zweckmäßig, die Naht auf eine kleine Wulst zu legen. Diese gestattet ein bequemes und sauberes Entgraten, so daß der Flächenglanz geschont wird. Die Wulst stört fast nie, sie wirkt sogar unter Umständen verzierend (Abb. 139).

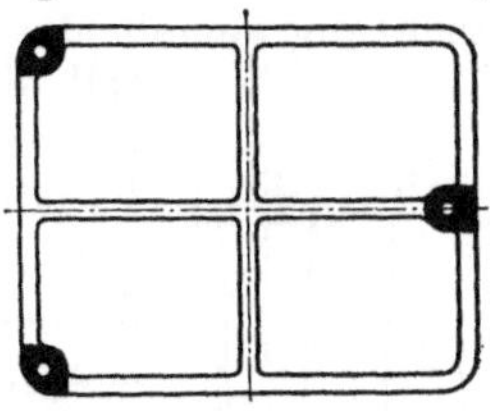

Abb. 136. Eine Dreipunkt-Auflage eines Sockels ist dann zweckmäßig, wenn dieser auf rohen Wänden befestigt wird. (Drei erhöhte Spanflächchen.)

Unterschneidungen. Ist ein Preßteil an einer Stelle „hinter sich", so kann es nicht einfach in der zweiteiligen Form gepreßt werden, sondern nur mittels zusätzlicher loser Einlegekerne oder zurückziehbarer Seitenschiebekerne, die die Arbeit verteuern. Der durch diese Teile verursachte Grat verteuert nochmals, da er verputzt werden muß. Überdies leidet die Sauberkeit der Oberfläche stets etwas dabei. Daher wird man nur dann unterschnitten gestalten, wenn es unvermeidlich ist.

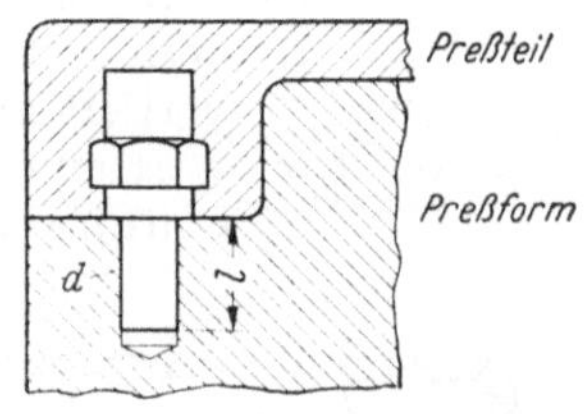

Abb. 137. Eingepreßter Metallputzen mit Aufnahmezapfen, für nachträglich zu schneidendes Muttergewinde (genauer Mittenabstand).

Handgriffe sollte man nicht wie in Abb. 140 gestalten, also wie einen auf der Drehbank hergestellten Körper. Diese Gestalt ist preßwidrig, sie erfordert Kerne, ferner muß der Grat auf der Schaufläche verputzt werden, die dabei an Aussehen stark verliert. Preßtechnisch zweckmäßig ist eine Gestalt nach Abb. 141.

Schlitze in Seitenwänden nach Abb. 142 erfordern Seitenkerne, verteuern das Stück und hinterlassen mit ihren Begrenzungsflächen Nähte, die es unansehnlich machen. Gibt man aber dieser Haube,

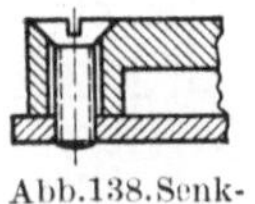

Abb.138. Senkkopfschrauben bewirken bei Preßstoff gefährliche Sprengkräfte.

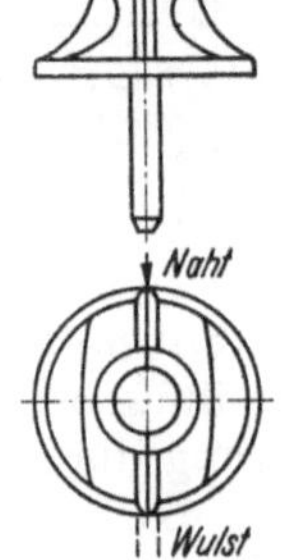

Abb. 139. WennderPreßgrat über eine Schaufläche läuft,lege man ihn auf einen kleinen Wulst. (Die Unterschneidung erforderte Kernbacken, diese erzeugten Grat.)

wie in Abb. 143 gezeichnet, eine Stufe *St* von der Höhe der Wanddicke, so entsteht jetzt ein kernlos zu formendes billigeres Stück. Bis zum Boden durchgehende Schlitze in Seitenwänden nach Abb. 144 wären ebenfalls kernlos formbar, die Formherstellung ist aber schwierig, die Schaufläche des Stückes fällt infolgedessen wenig sauber aus und das Stück hätte geringe mechanische Festigkeit. (Die die Schlitze erzeugenden Rippen der Form müßten im Mantel sitzen!)

In dem Preßteil nach Abb. 145 ist ein Metallteil quer zur Preßrichtung eingebettet, wobei die einsteckbare Kernstütze K das Metallteil festhält. Verzichtet man aber auf das Einpressen und schiebt den Streifen n a c h t r ä g l i c h in eine Kammer ein, siehe b, so läßt sich diese senkrecht zur Preßrichtung liegende Kammer, siehe c, kernlos formen: Sie wird, wie in d dargestellt, dadurch erzeugt, daß ebenso wie in Abb. 143 senkrechte Flanken von Ober- und Unterstempel aneinander entlanggleiten.

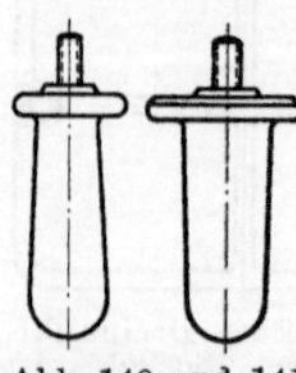

Abb. 140 und 141. Gestaltung eines Griffes. Abb 140. Ungünstig. Abb. 141. Preßtechnisch zweckmäßig; Verjüngung 1:100 genügt. Die Fase oben entstand als Folge der Entfernung des Preßgrates, der dort lag.

Bei der Haube nach Abb. 146 sollen Beschriftungsstreifen in Schlitze eingeschoben werden, wobei auch diese quer zur Preßrichtung liegen. Sie lassen sich mit dem gleichen Kunstgriff, wie oben erwähnt, kernlos formen, siehe b. (Das Beschriftungsschild liegt vertieft in einer flachen Kammer K.)

Kann man sich bei einem Gewinde auf höchstens e i n e n Gang beschränken (Abb. 147), so ist dadurch kein

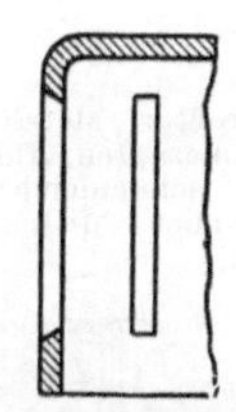

Abb. 142. Haube mit Schlitzen, die Kerne oder Seitenschieber erfordern, verteuern das Stück.

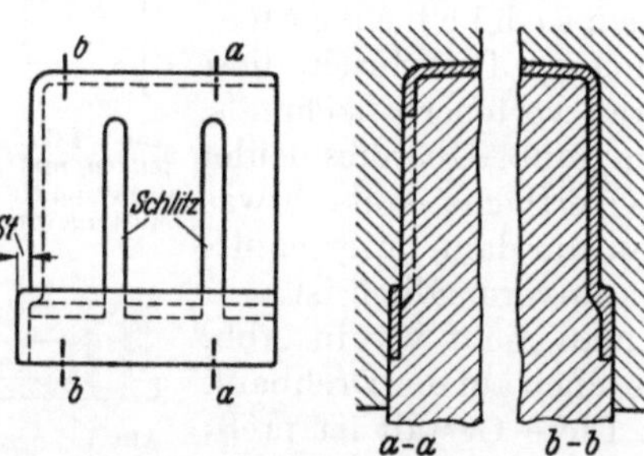

Abb. 143. Haube mit kernlos geformten Schlitzen, dank der Umbildung der Haube Abb. 142, durch die Stufe St. Gute und billigste Lösung.

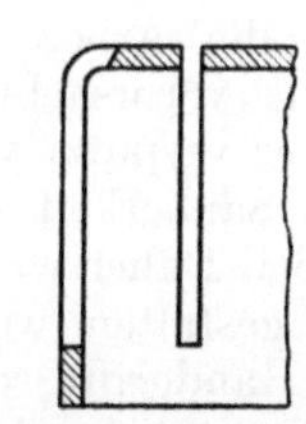

Abb. 144. Haube mit kernlos zu formenden Schlitzen, weil die Schlitze bis in die Bodenfläche gehen. Schlecht, schwieriges Werkzeug.

Kern nötig. Ober- und Unterstempel stoßen in der dargestellten Formteilungsebene aneinander. Noch weitergehend kann man diesen Gewindegang durch zwei Warzen vom Querschnitt des Gewindeprofils ersetzen.

S c h n a p p v e r s c h l ü s s e a n K ä s t e n o d e r s o n s t i g e n B e h ä l t e r n. Haben derartige Gegenstände im Verhältnis zu ihrer Größe dünne Wände, so sind diese ziemlich elastisch. Dann ist es möglich, einen Schnappverschluß nach Abb. 148 anzuwenden, der Unterteil und Deckel sicher zusammenhält. Der Vorsprung N wird durch Fräsen erzeugt, ebenso die Kammer K, da sie ebenfalls „unterschnitten" ist. Solche Verschlußmittel können unter Umständen auch geformt werden. Abb. 149 zeigt einen Behälter von der Größe 80×90 (mm), der aus zwei Schalen mit nur 1,5 mm Wanddicke besteht. Diese sind daher sehr biegsam. Die Innenschale besitzt an zwei einander gegenüberliegenden Wänden je eine Nase, die ohne weiteres formbar ist. Die Außenschale hat zwei Kammern, in die die Nasen beim Zusammenstecken federnd einspringen. Auch diese Kammern sind ohne Kern formbar. Das Werkstück ist in heißem Zustand (beim Verlassen der Form) nachgiebiger als in kaltem; beim Ausstoßen aus der Form springen daher die Wände mit ihren Kammern über die Formansätze, welche die Kammern erzeugten, federnd hinweg.

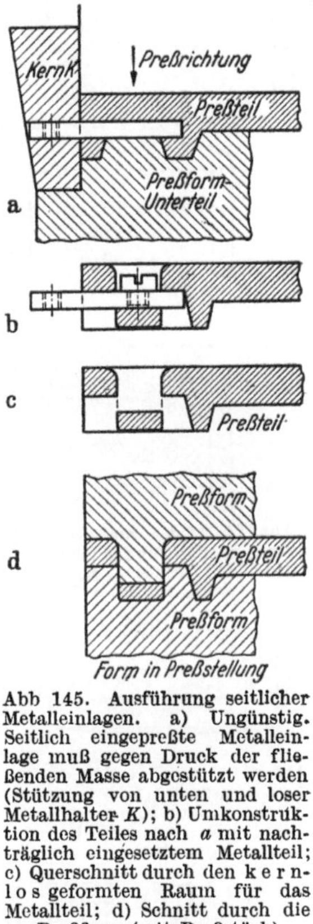

Kästen mit angepreßtem Scharnier. Zweiteilige Behälter haben oft ein Scharnier nach Abb. 148. Das Loch für das Scharnier von 1,5 mm Durchmesser ist mittels Stahldorn (Stricknadel) formbar.

Ausbrechbare Felder in Drehschalterklappen. Die geschilderte Nachgiebigkeit nach dem Ausstoßen aus der Form gestattet auch die Herstellung von solchen Kappen, die für spätere Einführung einer Leitung ein ausbrechbares, leicht unterschnittenes Feld haben. Die hufeisenförmige Einkerbung K nach Abb. 150 läßt sich mit rd. 0,6 mm tiefer Unterschneidung glatt formen, bei 55 mm Kappendurchmesser.

Hohlgefäße. Hohlgefäße mit verengter Öffnung lassen sich nicht formen. Dennoch läßt sich ein für viele Zwecke brauchbares Hohlgefäß herstellen, und zwar aus zwei Teilen, indem die eine Hälfte in die andere, unter Anwendung eines festen Sitzes, eingesprengt wird. Die Abb. 151 und 152 zeigen zwei Ausführungsmöglichkeiten. Will man sich dabei auf den festen Sitz allein nicht verlassen, so können außerdem beide Teile noch durch einen Kunstharzkitt miteinander verbunden werden.

Abb 145. Ausführung seitlicher Metalleinlagen. a) Ungünstig. Seitlich eingepreßte Metalleinlage muß gegen Druck der fließenden Masse abgestützt werden (Stützung von unten und loser Metallhalter K); b) Umkonstruktion des Teiles nach a mit nachträglich eingesetztem Metallteil; c) Querschnitt durch den kernlos geformten Raum für das Metallteil; d) Schnitt durch die Preßform (mit Preßstück).

Besonders zuverlässig sind diese Verbindungen bei den Thermoplasten des Abschnittes II. Hier gibt es sehr haltbare Klebverbindungen, das Werkstück wird an der Oberfläche gelöst.

Beschriftung: 1. Die einfachste, billigste und übliche· Ausführung ist „erhaben“ auf dem Preßstück. Die übliche Erhebung von etwa 0,1 mm, höchstens 0,2 mm ist deutlich lesbar (Abb. 153).

2. Sollen diese Zeichen auswechselbar sein, so werden sie auf einen auswechselbaren Einsatztempel E der Form graviert; dieser zeichnet sich aber immer ein wenig ab (Abb. 154).

3. „Vertiefte" Schrift wird geformt, indem man sie erhaben auf einem Einsatzstempel E erzeugt (Abb. 155); dieser sitzt fest im Werkzeug, zeichnet sich aber leicht ab. Anwendungsfall: Mit Farbe auszulegende Schriftzeichen. Bei kleineren Teilen kann die tiefliegende Schrift auch ohne einen Einsatzstempel hergestellt werden. Man prägt (s. S. 143) in diesem Falle die gesamte Formvertiefung (Abb. 156).

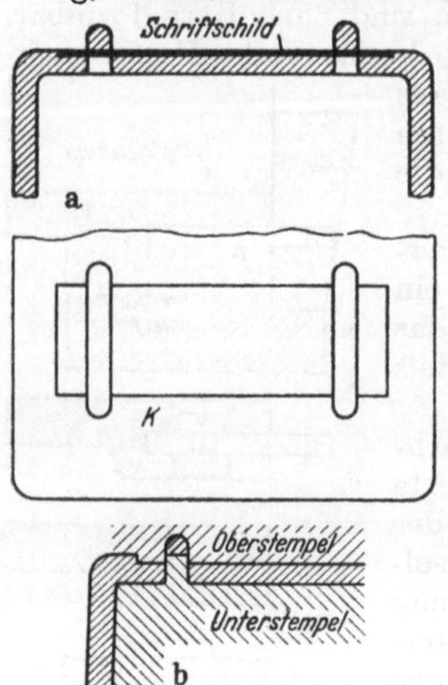

Abb. 146. Quer zur Preßrichtung liegende Schlitze für das Schriftschild werden ohne Kerne erzeugt, siehe b; Formweise wie in Abb. 145d.

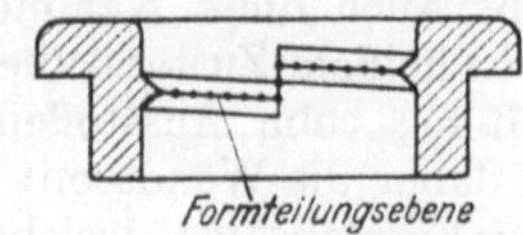

Abb. 147. Muttergewinde mit nur einem Gang läßt sich ohne Kern formen.

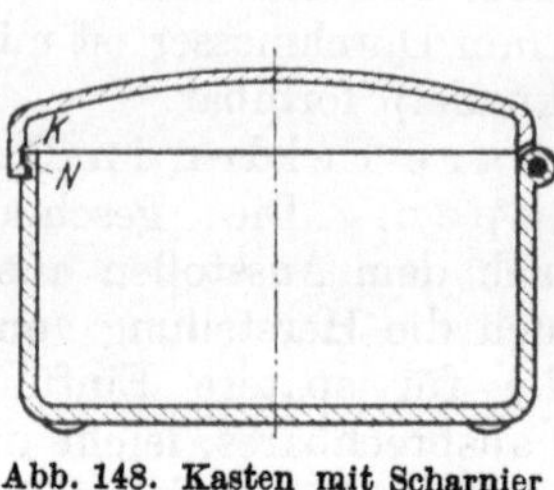

Abb. 148. Kasten mit Scharnier und Schnappverschluß (100 mm breit). Derartige Kästchen, meist farbig, werden in Preßstoff fast immer billiger als ein hochglänzend polierter oder ein lackierter Holzkasten.

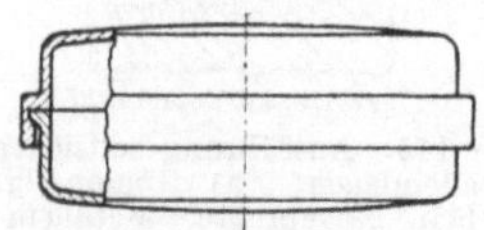

Abb. 149. Gehäuse für eine Taschenbatterie. Die zwei „unterschnittenen" Kammern für die zwei Nasen wurden kernlos geformt.

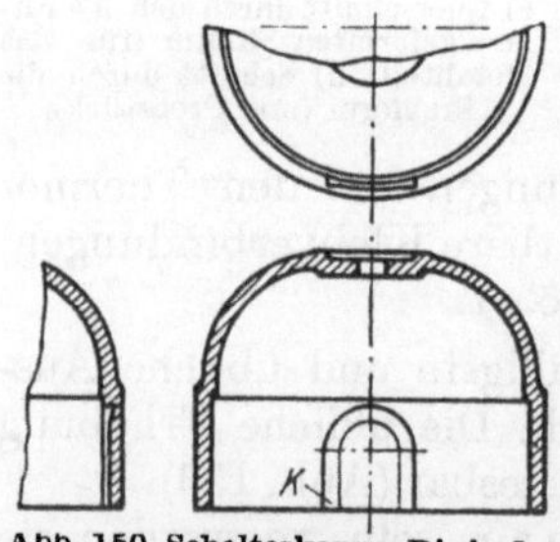

Abb. 150. Schalterkappe. Die hufeisenförmigen Unterschneidungen K wurden ebenfalls kernlos geformt.

Es gibt Fälle, wo eine Beschriftung nach dem Pressen erwünscht ist, z. B. wenn sie quer zur Preßrichtung liegt, man die Seitenbeilage aber vermeiden will. Man drückt die Zeichen mit einem auf rd. 180° erhitzten Stempel mittels Vorrichtung in das kalte Stück ein und kann trotz guter Aushärtung der Masse Prägetiefen von einigen Zehntel mm erreichen. Ein leichtes Aufwulsten der Ränder ist unvermeidbar. Stört dies, z. B. beim Weißauslassen des Zeichens, so muß die Fläche vorher geschliffen werden.

Die Lage des Schriftfeldes und die Größe der Buchstaben sind von vornherein in der Zeichnung festzulegen. Das Schriftbild wird gewöhnlich nach DIN 1451 ausgeführt, falls der Besteller keine Sonderwünsche äußert.

Narbung. Für das spätere Aufkleben von Papier- oder Stoffbahnen, wie z. B. bei Lautsprechergehäusen die Verkleidung der Schallöffnung, wird der mit Klebstoff zu bestreichende Rand genarbt ausgebildet, damit der Kitt besser haftet. Ganz zuverlässig bindet eine Sandstrahlung.

Rändel und Kordel. Rändel sind in jedem Profil preßbar; Kordeln, weil „unterschnitten", sind nicht werkstoffgerecht und auch stets durch eine Rändel ersetzbar. Sehr feine Rändel, etwa unter 1,5 mm Teilung, sollte man vermeiden. Nicht werkstoffgerecht sind auch scharfkantige Spritzprofile der Metalltechnik. Abb. 157 zeigt zweckmäßige Preßprofile. An Stelle von Profilen kann man auch Abflachungen anwenden; der Knopf wird ein Vieleck, eine abgestumpfte Pyramide.

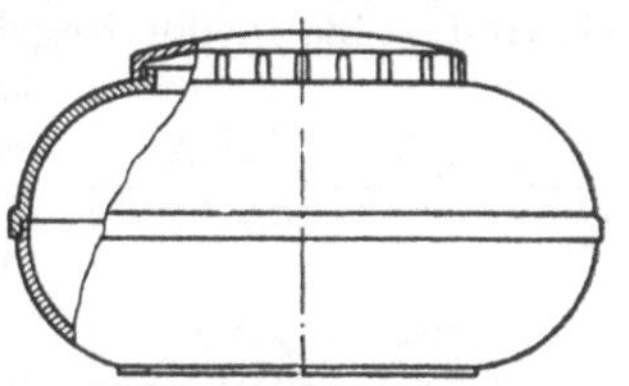

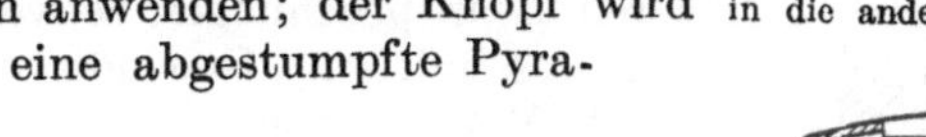

Abb. 151. Dose (150 mm Dmr.). Der Körper besteht aus zwei Hälften, eine in die andere mittels Festsitz eingesprengt.

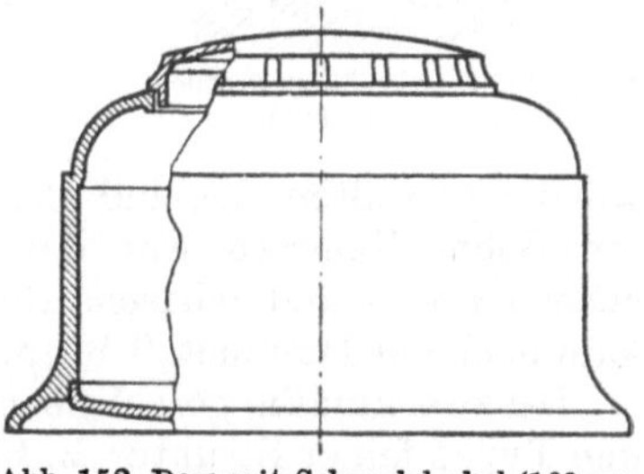

e) Die Gewinde.

Muttergewinde in Preßstoffteilen. Die vier üblichen Ausführungsarten sind:

1. In Preßstoff gepreßt. 2. In Preßstoff geschnitten. 3. Metallmutter eingepreßt. 4. Metallmutter nachträglich in geformter Kammer befestigt.

Sonderausführungen: Weiter ist noch der eingebettete Metalldorn zu erwähnen, in den man nachträglich das Kernloch nach Lehre bohrt und dann Gewinde schneidet, siehe Abb. 137. Große Mittenabstände fallen auf diese Weise genauer aus.

Zu 1, gepreßte Gewinde. Das Gewinde fällt äußerst glatt und sauber aus. Es ist vollkommen zylindrisch, denn der erzeugende sorgfältig geschnittene glatte Gewindedorn (Kern) erfordert keine Verjüngung für das Herausschrauben. Wird, was üblich ist, der Gewindekern sehr genau und mit Schwindungszugabe im Durchmesser wie

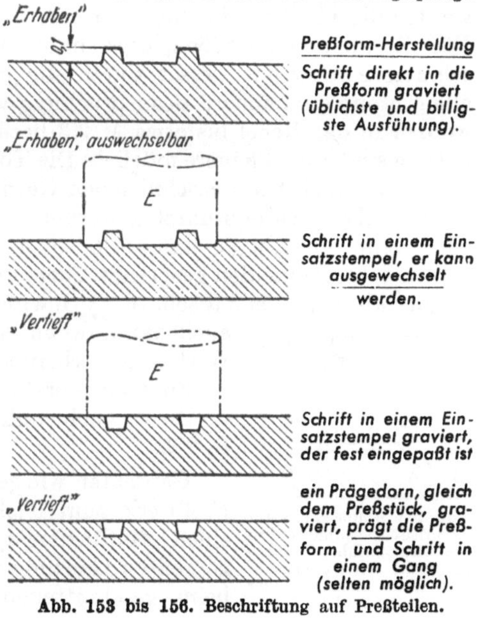

Abb. 152. Dose mit Schraubdeckel (160 mm Dmr.). Hier wurde der Boden eingesprengt.

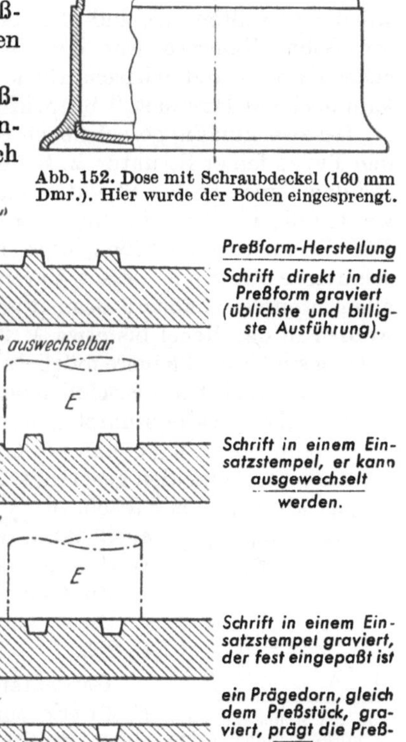

Abb. 153 bis 156. Beschriftung auf Preßteilen.

auch in der Steigung hergestellt, so läßt sich die Toleranzgüte Mittel nach DIN 13 und 14 für Befestigungsgewinde M 2 bis M 5 bei den Werkstofftypen 31, 11, 12, 16, 71 und 51 einhalten. Man geht mit der Gewindegröße in der Regel bis M 2,6 herunter; sitzt das Gewinde zentrisch in einem genügend hohen Auge, oder auch auf andere Weise derart, daß der Gewindekern keine Seitendrücke bekommt, lassen sich noch kleinere Gewinde herstellen.

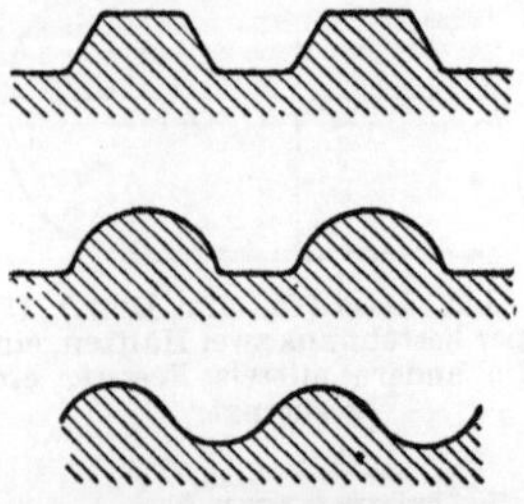

Bei den Typen grober Struktur 74, 54 und 16 fallen die Gewindegänge unter etwa M 8 nicht homogen aus (Harznester). Bei höheren Beanspruchungen verwende man hier besser geschnittene Gewinde oder die eingepreßte Metallmutter.

Abb. 157. Zweckmäßige Profile für Preßstoffrändel.

Zu 2, g e s c h n i t t e n e G e w i n d e.
Sie werden ungefähr ebensooft angewendet wie die gepreßten, sie sind eher billiger als diese. Schon mit verchromten Schneidbohrern war das Gewindeschneiden von Preßstoff eine ebenso glatte und wirtschaftliche Sache wie das von Messing. Später kam noch der Hartmetall-Schneidbohrer dazu.

Bei zweckmäßig geschliffenen Gewindebohrern fallen die Flanken bei den Typen feiner Struktur, z. B. 30, 31, 12 und 131 durchaus sauber aus. Bei den Typen grober Struktur dagegen, bei 74 bis 77 und 54, 57 und 16 werden die Flanken ziemlich rauh und bröckeln zuweilen ein wenig aus. Für die kleineren Größen, etwa unter M 4, ersetzt man hier das geschnittene Gewinde besser durch die eingepreßte Metallmutter, vor allem, wenn eine höhere Beanspruchung vorliegt. Geschnittene Gewinde werden in der Regel bis etwa M 2,3 herunter ausgeführt, nach Vereinbarung sind auch kleinere möglich. Die Toleranzgüte Mittel nach DIN 13 und 14 ist auch beim geschnittenen Gewinde möglich. Ist der Gewindebohrer schon etwas stumpf geworden, d r ü c k t er radial. Deswegen wird dann ein A u g e mit verhältnismäßig kleinem Durchmesser zuweilen beim Schneiden gesprengt. Augendurchmesser sollten daher nicht kleiner als 2,5 d bis 3 d sein (d = Gewindeaußendurchmesser). Dies gilt auch dann, wenn man mit Gewindebohrern aus Hartmetall arbeitet.

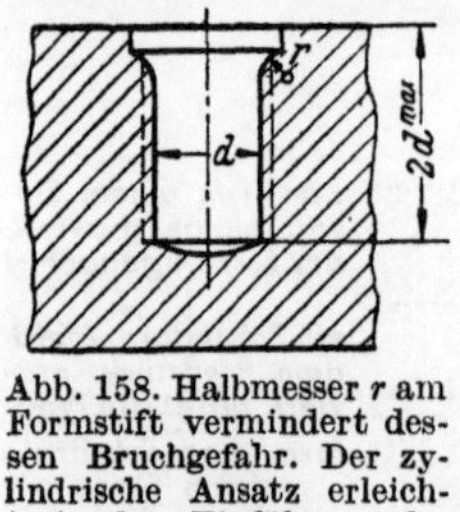

Zu 3, eingepreßte Metallmutter, s. S. 201.

Zu 4, nachträglich befestigte Metallmutter, s. S. 202.

Abb. 158. Halbmesser r am Formstift vermindert dessen Bruchgefahr. Der zylindrische Ansatz erleichtert das Einführen der Schraube.

Gepreßten wie geschnittenen Gewinden gibt das Preßwerk zum leichten Einbringen der Schraube einen Einführungszylinder nach Abb. 158. Beim gepreßten Gewinde erzeugt ihn der formende Stift, beim geschnittenen bohrt der Kernbohrer zugleich auch den Einführzylinder, falls beides nicht geformt wird (Sonderbohrer).

Bei nur wenig Gewindelänge ist das gepreßte Gewinde zweckmäßiger, denn beim geschnittenen sind die letzten zwei Gänge unbenutzbar (Bohreranschnitt) oder aber die Metallmutter.

Festigkeit gepreßter und geschnittener Muttergewinde. Die tragende Gewindelänge wird beim Typ 31 in der Regel mit 2,5 d bemessen, und zwar sowohl beim geschnittenen wie beim gepreßten Gewinde. Sie genügt damit üblichen Beanspruchungen, auch wenn diese wiederholt auftreten. Die ganze Lochlänge wird bei einem Sackloch dabei 3 bis $3\frac{1}{4}\,d$. Selbst bei einer Eingrifflänge von nur 2 d als Mindestwert wird u. U. noch der Kopf einer Eisenschraube abgeschert, ohne daß das Preßstoffgewinde aus Typ 31 Schaden leidet. Eingehende Untersuchungen von Thum und Boden[1] bestätigen diese schon vorher durch Werkstattversuche gefundenen Werte. Nach vergleichenden Untersuchungen über die Zugfestigkeit gepreßter und geschnittener Muttergewinde M 5 bis M 3[2] sind beide Ausführungsarten bei den untersuchten Typen 74 und 31 praktisch gleich fest. Hat ein Auge mit einem Preßstoff-Gewinde einen zu kleinen Durchmesser, so ist ein Zersprengen des Auges durch Radialdrücke beim Anziehen der Schraube zu befürchten. Der Augendurchmesser soll aus diesem Grunde nicht kleiner als der dreifache Gewindedurchmesser bei den Typen 31, 51 und 54 71 und 74 sein und nicht kleiner als der vierfache bei den Typen 30 11, 12 und 131.

Außengewinde, gepreßt oder geschnitten, sind natürlich ebenfalls herstellbar und in größeren Abmessungen viel in Gebrauch. Kleinere Befestigungsschrauben, etwa unter M 10, sind für mechanische Zwecke nicht üblich, wohl aber in der Elektrotechnik als isolierende Schrauben. Sie werden meist aus formgepreßtem Stab aus Hartgewebe Klasse G (Nr. 2081 bzw. 2085) mit geschnittenem Gewinde hergestellt.

f) Metallteile einpressen — oder einbauen.

Metalleinbettungen. In kunstharzverleimtes Schichtholz (S. 237) werden zuweilen Drähte zur Festigkeitserhöhung eingebettet. Dies geht mit Erfolg, denn eine Tafel hat überall gleichen Querschnitt und die Drähte erstrecken sich meist über die ganze Platte. Es treten keine örtlichen Spannungen (Spannungsspitzen) auf.

Man soll aber nicht versuchen, Formpreßteile — die ja fast immer unregelmäßige Gestalt haben — durch Metalleinbettungen mechanisch fester zu machen. Sie müssen so ausgebildet und bemessen werden, daß sie für sich allein fest genug sind. Was bei Eisenbeton

---

[1] Thum u. Boden: Geschnittene Gewinde in Kunstharzpreßstoff. — Kunststoffe Bd. 32 (1942) S. 171/180.

[2] Kurt Mehdorn: Festigkeit von Muttergewinden in Preßstoff. — Kunststoffe Bd. 29 (1939) S. 303/5.

zweckmäßig ist, geht bei der Verbindung Preßstoff mit Metall nur selten, da die Wärmedehnzahl beider Stoffe verschieden ist, s. S. 54.

Die Einbettung verhältnismäßig kleiner Metallteile, wie z. B. kleiner Befestigungsmuttern ist immer gefahrlos, sehr fest und zweckmäßig,

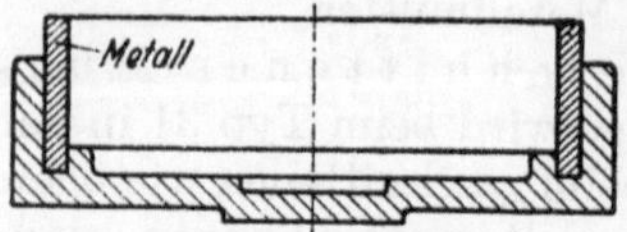

Abb. 159. Die Einbettung relativ **großer** Metallteile verursacht meistens Rißbildung im Stück!

die Einbettungen von Metallteilen aber, die im Verhältnis zum Preßstück groß sind, siehe Abb. 159, ist fast immer, wenngleich nicht immer, unmöglich. Entweder reißt das Stück sofort nach dem Pressen oder später bei Feucht- oder Warmbeanspruchung. Auch bei der Klemmutter Abb. 160 ist a groß im Verhältnis zu b; da das Stück aber klein ist ($15\varnothing$), sind auch die Spannungen klein und unschädlich.

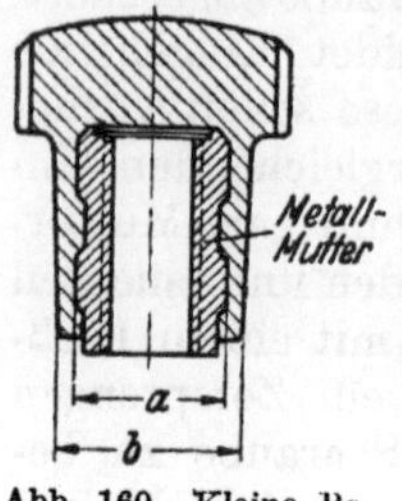

Abb. 160. Kleine Befestigungsmuttern stets ohne Schwierigkeit einbettbar.

Die Einbettung eines Ringes in den Mikrofonkopf eines Hörers, des bekannten Münzfernsprechers der RP, aus Typ 31 nach Bild 161 war unmöglich; an der Wurzel des Ringes entstanden schon beim Pressen umlaufende Risse R, z. T. auch infolge des plötzlichen Querschnittüberganges. Daraufhin wurde der Ring, der lediglich zur Aufnahme von drei Muttergewinden M 3 dienen sollte, durch drei Metallplättchen, Abb. 162, ersetzt; diese Einbettungsart war ohne jede Schwierigkeit ausführbar.

Die Schwierigkeit der Einbettung verhältnismäßig großer Teile nimmt etwa in folgender Reihe ab: 131, 31, 31.5, 30, 51, 54, 71, 74, 12, 77, 57, 16. Bestimmend hierfür sind die entsprechenden Wärmedehnzahlen und die Festigkeiten.

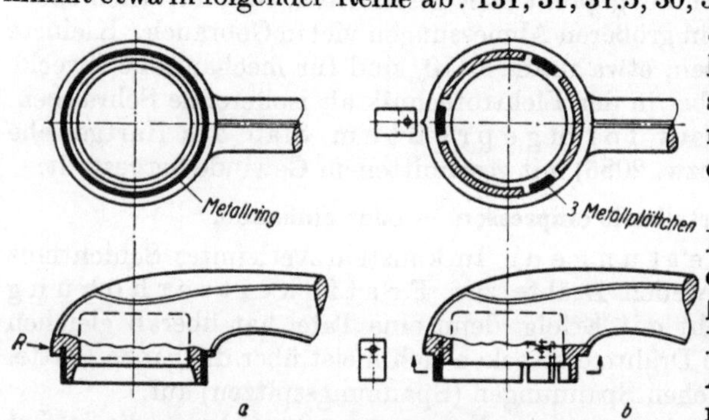

Abb. 161 und 162. Schwierige Metalleinbettung bei Preßteilen. 161: Gefahr der Bildung eines ringsherumlaufenden Risses bei R, hervorgerufen durch den Metallring, 162: gefahrlose Einbettung, da nur drei kleine Metallplättchen eingepreßt.

Die Gestalt des Preßstückes spielt dabei aber eine große Rolle. Selbst die Einbettung nach Abb. 159 kann technisch ausführbar sein, weil das Stück rund ist und überall gleichen

Querschnitt hat. Sie kann unter sonst gleichen Umständen dann unmöglich werden, wenn auch nur **eine** Kerbe oder ähnlich gearteter Querschnittübergang vorhanden ist, die eine Spannungsspitze im Preßstoff erzeugen.

Die Umpressung einer Eisenachse mit Typ 12 nach Abb. 163 a war unmöglich. Erst die Verwendung zweier Hartpapierrohre, die dazu in vorgehärtetem Zustande in die Form gebracht wurden, ergab rissefreie Stücke, s. Abb. 163 b.

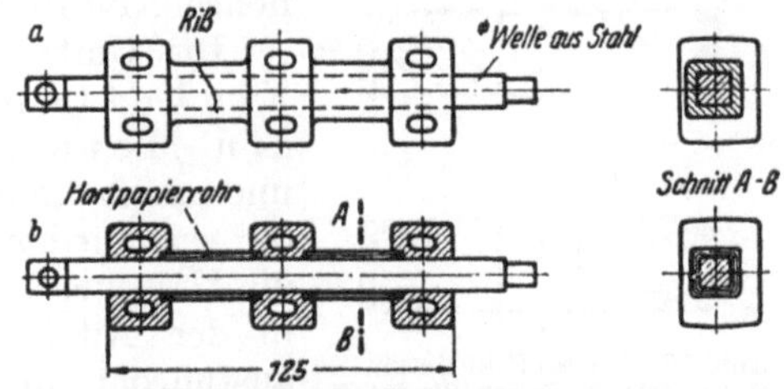

Einige heikle Fälle. Preßteile mit sehr dünnen und langen Metalleinlagen sind schwierig herzustellen, da sich die Einlage leicht verbiegt oder verlagert. Als Beispiel sei der bekannte Fernsprechhörer nach Abb. 164 bis 166 angeführt. Hier sind Klemmenmuttern eingepreßt, die durch angelötete Leitungsdrähte miteinander verbunden sind. Der senkrecht auf die

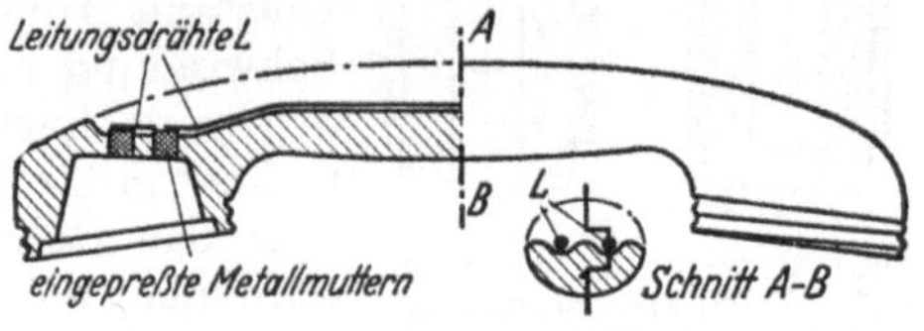

Abb. 163. Schwierige Metalleinbettung bei Preßteilen. a) Falsch, Umpressung reißt an der dünnsten Stelle. b) Richtig. Verwendung von Hartpapierrohren an den gefährdeten Stellen.

Drähte wirkende Preßdruck hat die Neigung, diese zu verlagern, wenn in einem Arbeitsgang und ausschließlich mit loser Preßmasse gearbeitet wird. Sicherer ist der folgende Weg. Man schafft sich zuerst unter leichtem Anhärten einen festen Vorpreßling (Abb. 164), auf den dann die zwei Drähte gelegt werden. Darauf wird in einem zweiten Arbeitsgang die noch fehlende Preßmasse als loses Pulver aufgeschüttet und das Ganze fertiggepreßt. Die Verlagerung der Drähte ist auf diese Weise nur noch gering, ein Drahtbruch selten.

Später wurde der Hörer umgestaltet und ein Metallrohr eingepreßt, das zum Einziehen der Drähte diente. Das Metallrohr ist viel weniger empfindlich als die Drähte und läßt sich ohne Ausschuß in einem Arbeitsgang einpressen. Den auf

Abb. 164. Die drei Entwicklungsstufen des Preßstoff-Mikrotelephons. Gepreßt, in zwei Preßgängen. Vorpressung lt. Bild; danach zwei Leitungen L mit je zwei Muttern daran eingelegt. Fehlende Substanz bringt der zweite Preßgang.

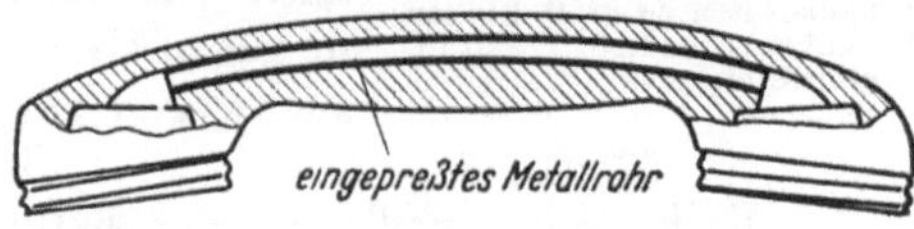

Abb. 165. Gepreßt, in einem Preßgang. Anstatt der beiden Leitungen jetzt ein Messingrohr als Leitungskanal.

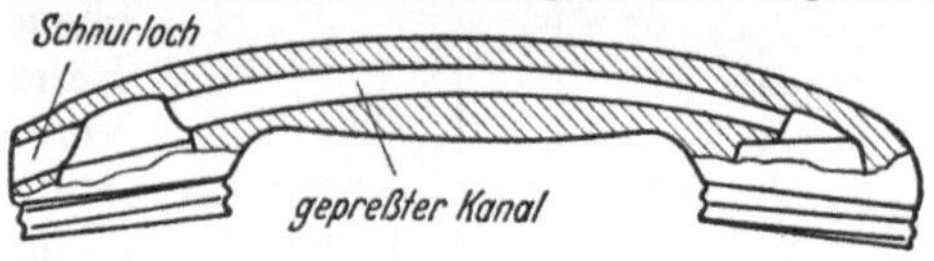

Abb. 166. Preßgespritzt. Leitungskanal mitgespritzt.

diese Weise verbilligten Hörer zeigt Abb. 165. Die weitere Entwicklung führte schließlich zum Fortfall des Metallrohres, indem der Drahtkanal jetzt mittels eines Stahlkernes in Preßstoff eingeformt wird (s. Abb. 166). Zugleich wurde der bisher gepreßte Griff auf Preßspritzen

umgestellt, wobei die Masse in der Längsrichtung des Griffes in die
Form einströmt. Die Oberflächengüte, die bei diesem sehr dickwandigen
Preßteil stets zu wünschen übrig ließ, wurde dadurch auf ein sehr
hohes Niveau gebracht.

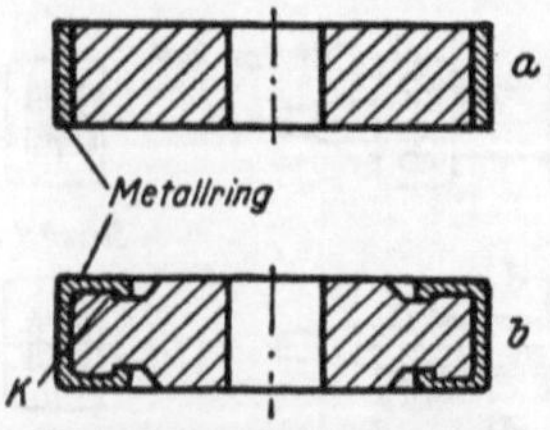

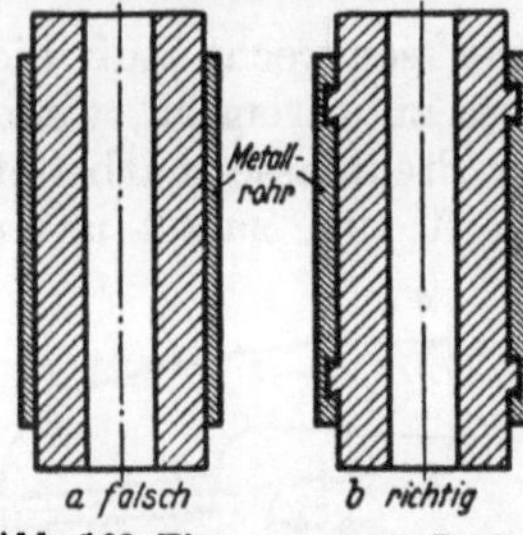

Abb. 167. Preßstoff in Metallteil
eingebettet. a) Falsch, Preßstoff
schwindet von Metall ab. b) Richtig, Preßstoff schwindet gegen
den Kragen K.

Die Umkehrung der Metalleinbettung, die
**Einbettung von Preßstoff in
ein Metallteil**, ist ebenfalls schwierig
und nicht immer möglich; auch hierfür ist
die verschiedene Wärmedehnzahl beider Stoffe
die Ursache. Die elektrische Kontaktwalze ist
in der Ausführung nach Abb. 167a nicht
ausführbar; die Preßstoffauspressung schwindet vom Rohr ab, das Rohr sitzt locker. Wird
aber das Metallteil, wie Abb. 167b zeigt, ausgebildet, so schwindet die Einpressung gegen
den Kragen *K* an, so daß das Metallstück
fest sitzt.

Bei der Kontaktwalze nach Abb. 168 b,
einem ähnlichen Fall, macht man sich den
Umstand zunutze, daß außer der radialen
Schwindung noch eine axiale besteht, die bei
den gezeichneten Abmessungen absolut gerechnet größer ist als bei der radialen. Damit
sitzt das Rohr fest. Die Ausführung nach a
wäre nicht möglich.

**Gestaltung der einzubetten-
den Metallteile.** Da alle Preßteile beim
Erkalten schwinden, sitzen eingebettete Metallteile schon dadurch sehr fest. Trotzdem sind
sie gegen Herausziehen und, falls sie rund sind,
auch gegen Verdrehen zu sichern.

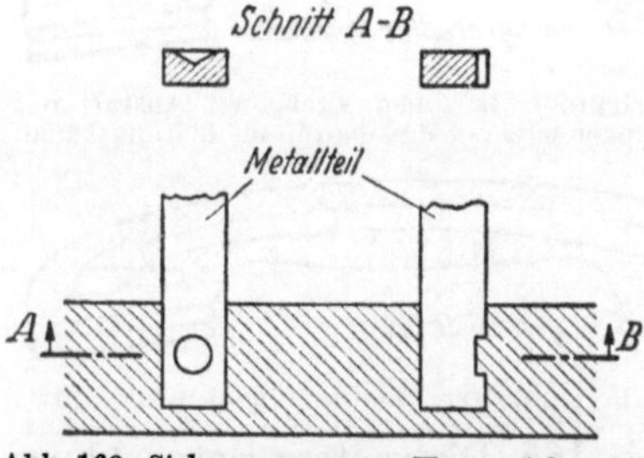

Abb. 168. Einpressen von Preßstoff in Metall. a) Falsch, da Preßstoff vom Metallrohr abschwin-
det. b) Richtig, zweckmäßige
Ausbildung des Metallteiles verhindert Lockerwerden durch
Schwindung. Ist allerdings der
Abstand dieser zwei Schwalben-
schwanz-Nuten zu groß, können
die entsprechenden Preßstoff-
Wülste abgeschert werden.

Bekannte Sicherungsmöglich-
keiten runder Metallmuttern sind:
Gegen Herausziehen die eingesto-
chene V-Nut, gegen Verdrehen das
Rändel, gegen Herausziehen und
Verdrehen die Kordel; schon die
letztere allein ist fast immer fest
genug. Sicherungen gegen Zug bei
Profilen sind Anbohrungen oder Kerben; eine genügt meistens (Abb. 169).

Abb. 169. Sicherungen gegen Herausziehen bei
Metallteilen.

Zu kurz herausstehend einseitig
eingebettete Metalleinbettungen (Abb. 170) bewirken ein Schiefstehen
des Metallteiles, da die Führung in der Form zu kurz, also schlecht ist.

Daher ist a relativ groß gegen b zu halten. An Seitenflächen des Preßstückes liegende Metallmuttern verteuern das Stück, da sie die Verwendung eines Kernes K, welcher die Mutter trägt, bedingen, siehe Abb.
171. (Die Werkzeug-
nase N fängt den
auf die Mutter wir-
kenden Preßdruck
auf.)

Fast immer läßt
sich diese Bauweise
durch die nach Abb.
172 ersetzen, die
ohne Seitenkern
auskommt. Es wird

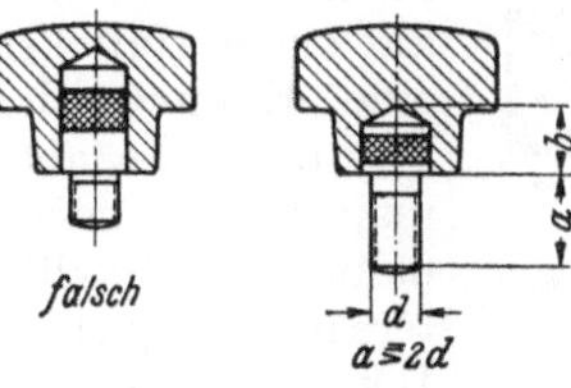

Abb. 170. Ist das Maß a zu klein
gegen b (links), so wird der eingepreßte Metallbolzen immer schief
stehen.

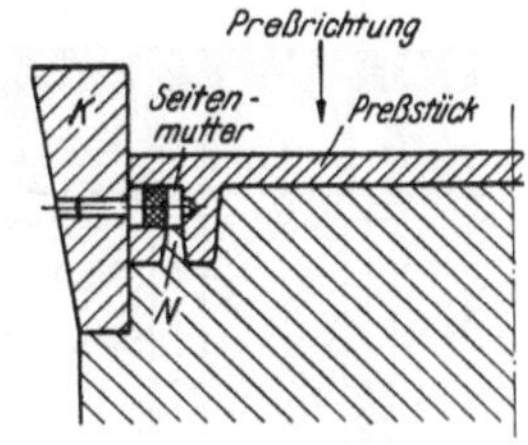

Abb. 171. Seitliche Metallteile können nur mittels einer
das Pressen verteuernden Kern-
beilage K geformt werden.

eine in der Preßrichtung liegende Tasche T mitgeformt, welche die Metallmutter M aufnimmt.
Das Bohren des Durchgangsloches für die Schraube
ist ein billigerer Arbeitsgang als das Formen mit
Seitenkern.

Im übrigen braucht man es nicht zu scheuen,
ein Preßstoffgewinde quer zur Preßrichtung anzuwenden, es wird geschnitten.
Über Preßstoffgewinde siehe S. 195.

Muttern steckt man, um sie beim Pressen zu
halten, entweder auf glatte Stifte auf (Abb. 173a),
oder man schraubt sie besser auf Gewindestifte auf
(Abb. 173b), welche mit dem Preßstück zusammen aus der Form ausgestoßen werden. Das Aufschrauben ist zwar etwas teurer, die Muttern
stehen aber besser senkrecht und das Gewinde
bleibt besser frei von Preßmasse. Trotzdem ist
gewöhnlich unvermeidlich, daß in die hintersten
zwei bis drei Gewindegänge etwas Preßmasse
läuft. Da dies oft sehr stört (Nachschneiden der
Gewinde beim späteren Zusammenbau), sollte
man nur Sackmuttern verwenden.

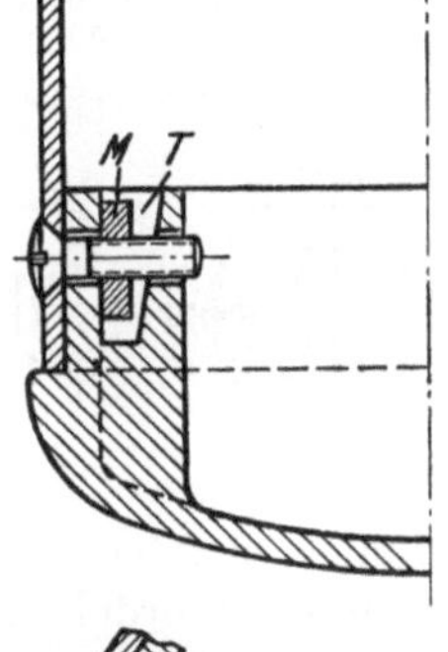

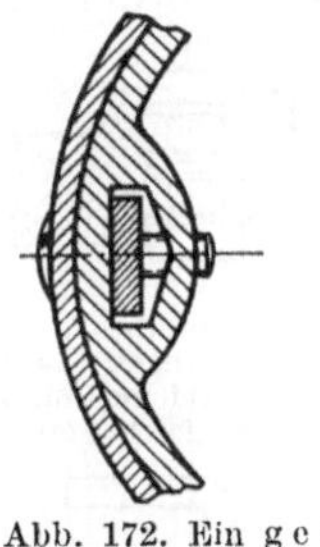

Abb. 172. Ein gebohr-
tes Querloch und eine
kernlos geformte Tasche
T für die Mutter M ver-
meiden Kernarbeit wie in
Abb. 171.

Einpreßmuttern sind genormt nach Din 7709,
offen kurz und lang und eine Sackmutter, s. Abb.
174. Abb. 175 zeigt eine Kontaktmutter für die
Elektrotechnik. Die herausragenden Enden solcher Vier- und Sechs-
kantmetallteile sind rund anzudrehen, da eine runde Aufnahmekammer in der Preßform billiger und genauer herstellbar ist als eine
eckige. Das Rändel oder die Kordel runder Metallteile soll sich nicht
auf das herausragende Ende erstrecken. Damit erreicht man ein leichtes

und s a u b e r e s Entgraten. Das Maß a soll mindestens 1 mm betragen, damit der Preßstoffrand bzw. der Sitz der Mutter dort fest genug bleibt.

Das Einbetten von Metallteilen bedingt entsprechende Handgriffe an der Preßform. Die Teile werden meist auf einen Haltekern geschraubt oder in eine Kammer der Form eingesteckt. Verfährt man aber ganz anders, preßt man Löcher oder Hohlräume zur Aufnahme der Metallteile und befestigt letztere nachträglich, etwa durch Nieten oder Bördeln, so bekommt man alles in allem ein billigeres Stück (s. Abb. 176 bis 178). Beim Nieten der immerhin spröden Preßstoffe ist Vorsicht am Platze, solange ein Vollniet verwendet wird. Hohlnieten (Rohrnieten) dagegen, siehe diese

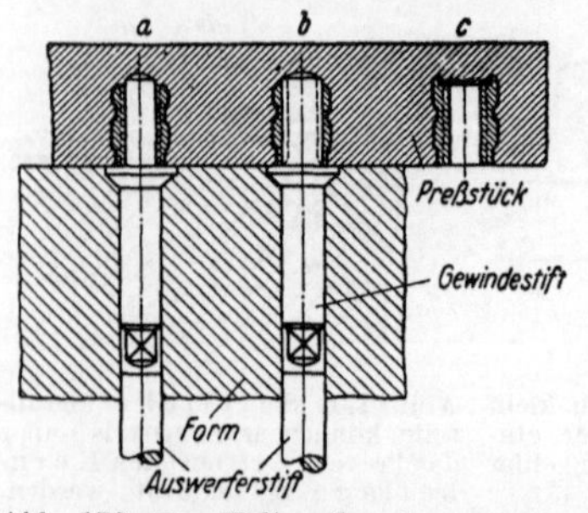

Abb. 173. Das Halten der einzupressenden Metallmuttern. a) Mutter auf glatten Zapfen aufgesteckt. b) Mutter auf Gewindezapfen aufgeschraubt.

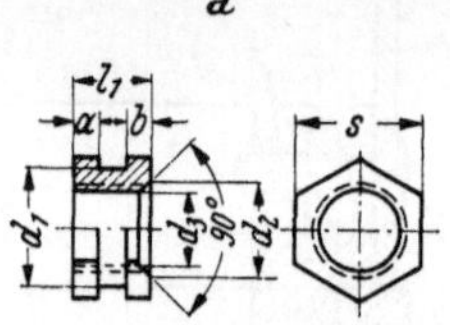
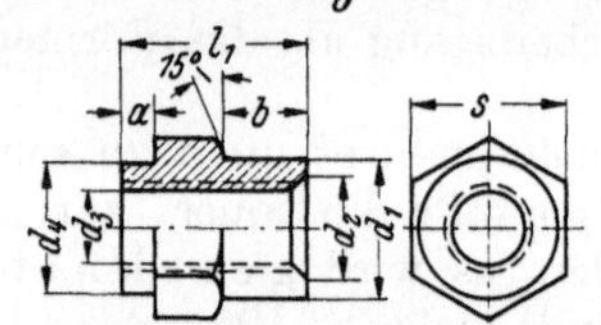
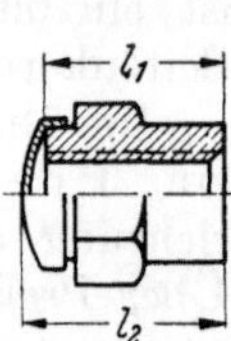

Abb. 174. Genormte Einpreßmuttern nach DIN 7709.

Bilder, machen die Arbeit bei richtiger Bemaßung von Metallteil (dünner Bördelhals) und Preßteil (luftige Kammern für den Vierkantschaft) gefahrlos.

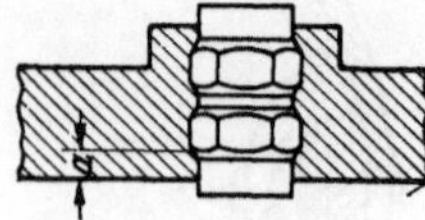

Abb. 175. Einpreß-K o n t a k t mutter (nach zwei Seiten herausstehend) Maß a mindestens gleich 1 mm.

Eine andere Art einer nachträglich einzusetzenden Metallmutter, die „Dodge‟-Einsetzmutter[1], ist in Abb. 179 dargestellt. Sie wird in eine Kammer eingedrückt. Sie ist in den durch die Abb. 126, 127 und 128 erläuterten Fällen zweckmäßig, wo der empfindliche Aufnahmestift einer üblichen Einpreßmutter durch Seitendrücke beim Pressen zu

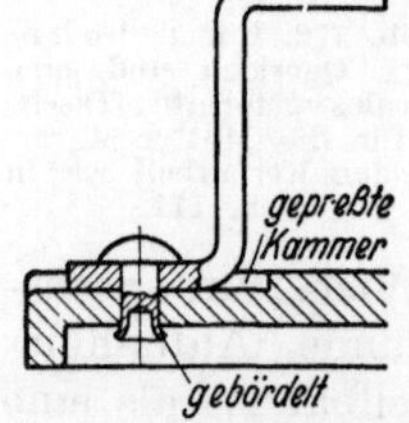

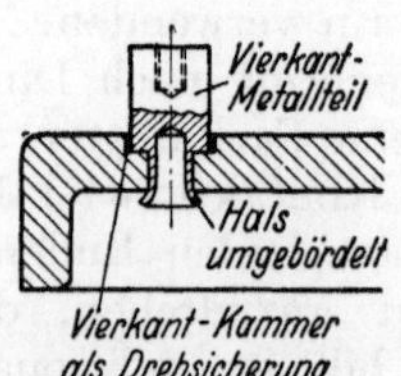

Abb. 176/178. Nachträgliches Befestigen von Metallteilen im Preßstück mittels Nieten oder Einspinnen.

[1] Phelps Manufacturing Co, Waterbury, Conn. Modern Plastics Juli 1947 S. 27.

stark beansprucht werden würde. Diesen hält aber der dicke kammererzeugende Formstift stand. Die Mutter wird durch Niederpressen der Spreizscheibe S nach dem Einsetzen befestigt.

Andere Einbettungen. Man hat versucht, Glas in Preßstoff Typ 31 einzubetten, z. B. eine Glasscheibe in ein Meßwerkgehäuse als Schauloch für die Skala. Der hohe Preßdruck mußte dabei naturgemäß dem Glase ferngehalten werden. Daher wurde das Spritzverfahren angewendet. Dennoch schlugen die Versuche fehl. Entweder vertrug das Glas die Temperaturwechsel nicht, trotz vorheriger Angleichung oder aber die Spannungen nicht, die infolge der verschiedenen Wärmedehnung auftreten. Es traten stets Risse im Glas auf. Porzellanteile bis zu etwa 5 cm Größe ließen sich bei Vorsicht rissefrei einbetten. Über größere Porzellanteile liegen dem Verfasser keine Erfahrungen vor.

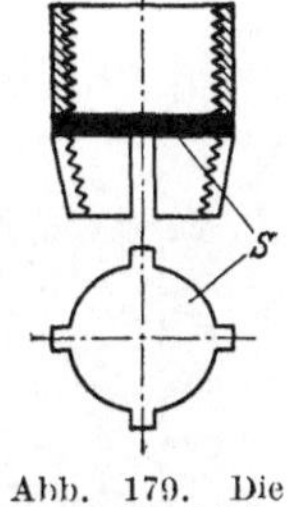

Abb. 179. Die Dogde Eindrückmutter; wird durch Niederpressen der Scheibe S im gepreßten Lochbefestigt

Natürlich ist in vielen Fällen das Einpressen von Metallteilen unentbehrlich. Abb. 180 zeigt eine Klemmplatte mit 100 Lötstiften. Ein Stück wie das letztere erfordert hohe Sorgfalt des Arbeiters und sehr maßhaltige Metallteile, um Ausschuß zu vermeiden. Ein Falschsitzen oder eine Beschädigung eines der 100 Stifte oder ein Ausschußstift, der unbeachtet eingepreßt wurde, genügt, um das ganze Preßstück zu Ausschuß zu machen. Solche Teile sollte man besser in zwei oder drei unterteilen.

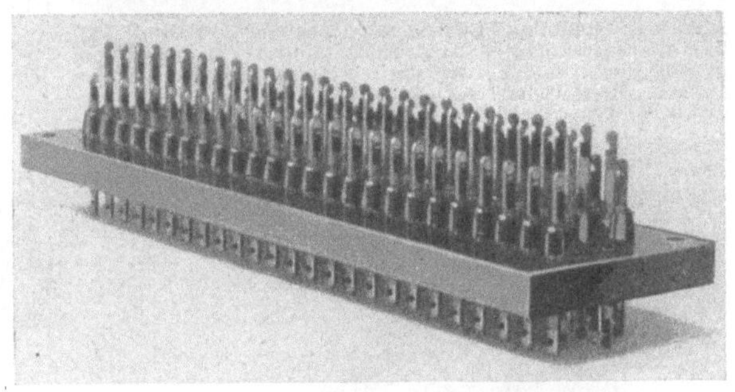

Abb. 180. Kabelendverteilerplatte mit vier Reihen von je 25 Stiften von 4 mm Dmr., Länge der Platte 280 mm.

Anbettung von Folien; Umspritzung mit Metall: s. S. 209 bzw. 208.

9. Das schöne Äußere; Oberflächenbehandlung.

Bei einem Einbauteil eines Gerätes wird die Gestalt fast ausschließlich durch technische und wirtschaftliche Erwägungen bestimmt. Es genügt, wenn es zuletzt auch noch „technisch gut" aussieht. Anders beim Gehäuse des Gerätes. Es ist ein „Schauteil". Es hat zwar auch technische Zwecke zu erfüllen, es soll die Innenteile tragen, das Innere einhüllen, abschließen oder abdichten. Aber dieses sichtbare Äußere des technischen Wesens „Gerät" soll **gefallen** und für den **Erzeuger** werben.

Die Gestalt. Das Mittel der ästhetischen Gestaltung ist dazu weit wirksamer und vielseitiger als das der Farbe des Preßstoffes. Bei Schauteilen aus Preßstoff sollte man weitgehend gewölbte Flächen, verrundete und gebogene Kanten anwenden. Handelt es sich um eine Jahresmenge von über ein paar Tausend Stück, so lohnen sich die zuweilen erheblichen Mehrkosten der Preßform gegenüber einer einfachen geometrischen Gestalt sehr wohl, denn das Stück gewinnt außerordentlich an Verkaufswert! Der Preis des Preßstückes selbst ist dabei nie höher als für ein Stück mit geraden Kanten und ebenen Flächen. Diesen Vorteil, den der Preßvorgang

Abb. 181. Rundfunkempfangsgerät „Schatulle“. Preßstoff Typ 31 schwarz. Beschlagteile und Skalenrahmen Typ 131. Türen gewölbt, Ecken und Kanten stark verrundet. Gehäuse: Höhe 465 mm, Breite 390 mm, Tiefe 330 mm, Gewicht des Gehäuses 4,35 kg. (Werkphoto der Siemens & Halske AG., Berlin.)

Abb. 182. Fernsprechgerät. von den sichtbaren Teilen sind Gehäuse, Hörer, Gabel, Wählerscheibe und deren Sechskantmutter aus Preßstoff. Vgl. hierzu die frühere Bauweise, Abb. 183. (Werkphoto der Siemens & Halske AG., Berlin.)

Abb. 183. Fernsprechgerät. Die der Preßstoffkonstruktion voraufgegangene Ausführung in Metall. Vgl. hierzu die Ausführung in Preßstoff, Abb. 182. (Werkphoto der Siemens & Halske AG., Berlin.)

fast kostenlos bietet, ganz im Gegensatz zur zerspanenden Technik, muß der Verbraucher immer wieder auszunutzen suchen. Die Abb. 181 und 182 zeigen einige Musterbeispiele. Gemeinsam ist diesen

Stücken die gewölbte Fläche; Planflächen kommen fast nicht vor.
Rundungen und Wölbungen entsprechen am voll-
kommensten einer wirkungsvollen und zweckmäßigen Gestaltung in Preßstoff; sie erzeugen ein
schönes Spiel des Lichtes auf den verrundeten Kanten, auf der
Fläche, diese werden belebt; Wölbungen erhöhen aber auch ganz
beträchtlich die Festigkeit dünnwandiger Teile! Ferner erscheint bei
hochglanzpolierten Planflächen die geringste Abweichung, wie sie
unvermeidlicherweise durch Verzug nach dem Pressen, beim Erkalten
und Schwinden eintritt, mehrfach vergrößert, die Fläche wirkt also
verstärkt ungenau unsauber. Man wird also, wenn man höchste
Anforderungen an die Güte der Oberfläche stellt, Planflächen im allgemeinen nur dann anwenden, wenn ein bestimmter Stil oder Zweck
es verlangt, z. B. die obere Fläche des Rundfunkempfängers in Abb.
181. Bei diesem Gerät sind dagegen die obere und die untere Vor-
derkante des Gehäuses geschwungen und sämtliche Kanten und
Ecken stark verrundet. Die Türen sind kräftig zylinderförmig gewölbt.

Bei dem Fernsprechapparat nach Abb. 182 verbindet sich in voll-
endeter Weise Schönheit der Form mit Zweckmäßigkeit und klein-
stem Raumbedarf. Den erheblich gesteigerten Umsatz gegenüber der
älteren Ausführung (Abb. 183) verdankt die neue nicht nur ihrer
technischen Vervollkommnung des Inneren und dem niedrigen Preis,
sondern auch der gefälligen Form.

Auch Abb. 184 gibt ein gutes Beispiel für das bisher Gesagte.
Unter- und Oberteil, abnehmbare Deckplatte oberhalb der Skala

Abb. 184. Elektrisches Meßinstrument. Alle sichtbaren Teile, die Skala ausgenommen, bestehen
aus hochglanzgepreßtem Preßstoff. Das Instru-
ment ist weit formschöner als die alte Bauart, Abb 185. (Länge rd. 280 mm.) (Werkphoto
der Siemens & Halske AG., Berlin.)

Abb. 185. Elektrisches Meßinstrument. Der Vorläufer der Ausführung der Abb. 184. Das Gehäuse bestand aus poliertem Holz und lackier-
tem Blech. (Länge rd. 300 mm.) (Werkphoto
der Siemens & Halske AG., Berlin.)

und die sichtbaren Kleinteile bestehen sämtlich aus Preßstoff. Die technische Schönheit der abgerundeten Kanten, die ruhige Gestalt des Ganzen stimmen gut mit dem Verwendungszweck überein. Man betrachte dagegen das alte Modell Abb. 185 aus Holz und Blech.

D i e   F a r b e. Maserungen. Der Reiz der gepreßten Flächen liegt in ihrem angenehmen Glanz; er verschönt vor allem ein in einfarbigem Preßstoff hergestelltes Gerät. Daß alle möglichen Farben möglich sind, wurde erwähnt. Gemaserte Preßstoffe, die aus zwei oder mehreren Farben bestehen, die mehr oder weniger ineinander übergehen, liefern schöne Buntwirkungen. Auch sehr schöne Bronzemaserungen als glänzende Aderung oder Sprenkelung auf dunklem Grunde lassen sich mittels Blattgold oder Blattsilberteilchen, die feinverteilt der Preßmasse beigemengt sind, herstellen. Beim Typ 131 erreicht man mit solchen Mitteln z. B. eine Oberfläche vom Aussehen des Onyx, also dessen zartes Ineinanderfließen der Farben, dessen Tonabstufungen und deutliche Aderung. Ein Nachteil aller dieser Marmorierungen und Maserungen ist allerdings, daß sie sehr gestaltabhängig sind; bei tiefer gezogenen Stücken fällt die Mantelfläche des Stückes anders aus als die Stirnfläche, was die Marmorierung anbetrifft.

Alle diese Belebungen der Oberfläche sollen und wollen keine Nachahmung anderer Werkstoffe sein. Sie sind in der Eigenart des Preßstoffes begründet und ergeben sich zwanglos bei seiner Herstellung und Verarbeitung.

N a r b u n g,   P u n z u n g. Manchmal ist eine Belebung einer größeren Fläche durch eine Musterung erwünscht, vor allem, wenn die Fläche eben sein muß. Das kann durch Narbungen geschehen, wie das stets gut wirkende flache Linsenmuster, oder irgendeine Riffelung. All diese Musterungen, wenn sie durch Treibarbeit oder Maschinenarbeit in der Form herstellbar sind, wirken nie als Nachahmung, sondern durchaus als werkstoffgerechter Schmuck. Die Wirkung wird noch gehoben, wenn man zum Kontrast den Rand der Fläche oder auch noch ein Mittelfeld ungemustert, also hochglänzend läßt. Unpraktisch wäre es aber, weiße oder elfenbeinfarbige Preßstücke mit solchen Musterungen zu versehen, da diese immer etwas Schmutz in den Vertiefungen zurückhalten, so daß die weiße Fläche sehr bald unsauber würde.

M a t t i e r t e   F l ä c h e n. Der bei Preßstoff leicht zu erreichende Glanz der Fläche ist nicht in allen Fällen erwünscht; z. B. werden Meßgeräte mit Skalen zuweilen mit stumpfer Oberfläche verlangt. Da sich aber stumpfe Oberflächen nicht pressen lassen, muß man die Fläche nachträglich matt schleifen. Das Stück wird dadurch erheblich teurer.

Falsch ist es, die Form zu diesem Zweck durch ein Sandstrahlgebläse matt zu blasen. Anfangs bekommt man sehr schön aussehende matte Preßteile. Sehr bald aber wird die Mattierung in der Form infolge der verschleißenden Wirkung der fließenden Masse ungleichmäßig. Ein Nachmattieren ist praktisch unmöglich, es müßte dauernd geschehen.

Preßharz. Stücke von eigenartigem Reiz bringt die Verwendung des mehrfach erwähnten Preßharzes. Es ist von goldbraunem Bernstein kaum zu unterscheiden; man kann aber auch Stücke pressen, die gefleckt wie Schildplatt aussehen, nämlich aus schwarz-goldgelbem Harz. Beide Arten geben sehr schöne Galanteriegegenstände. Das Preßharz ist auch noch in anderen Farben erhältlich. Seine Festigkeit ist aber niedriger als die des Typ 31.

Zweifarbenwirkungen. Sie sind auf mehreren Wegen erreichbar: Schrift, Zierleisten oder Wülste, die erhaben auf der Fläche stehen, können in einer anderen Farbe gepreßt werden als die Grundfläche oder der ganze übrige Gegenstand. Das Stück wird dadurch aber ganz erheblich verteuert (zwei Arbeitsgänge). In sehr vielen Fällen kann man eine Zweifarbenwirkung auch durch Einsprengen eines andersfarbigen gepreßten Plättchens oder einer hochglänzend polierten Metallplatte in das Stück erreichen; auch dies bedeutet eine beträchtliche Verteuerung, denn die Paßmaße beider Teile müssen sehr genau eingehalten werden.

Nach dem Raschig-Mehrfarben-Preßverfahren können Preßstücke unmittelbar beim Pressen mit mehrfarbigen Schrift- oder Bildzeichen versehen werden. Es beruht darauf, daß auf die Preßform eine Deckfärbung aufgetragen wird, durch Aufspritzen meist eines Kunstharzlackes, die sich bei der anschließenden Verarbeitung der eigentlichen Preßmasse unter Hitze und Druck mit dieser gut verbindet. Diese Deckfärbung haftet so fest auf der Formwandung, daß sie beim Preßvorgang durch die fließende Masse nicht verschoben wird. Es sind sehr schöne Wirkungen erreichbar.

Bedruckte Stoffbahnen. Bei sehr flachen Preßteilen, wie Tabletts oder Teller, kann man eine gemusterte oder bunt bedruckte Stoffbahn als Decklage auflegen, die gut mit der Preßmasse verschweißt.

Metallintarsien. Sehr gut wirken hochglanzpolierte, aus dünnem Blech gestanzte Metallintarsien, wie z. B. Monogramme, Warenzeichen oder sonstiger Schmuck, die in die dunkle Preßstückfläche eingebettet werden. Der feine Stanzgrat nach innen genommen, genügt zur Verankerung.

Alle auf dem Preßwege hergestellten „Verschönerungen" verteuern aber den Gegenstand und verringern die Leistung der Form ganz erheblich! Die folgenden Verfahren, bei denen der Schmuck des Preßteiles nachträglich bewirkt wird, sind billiger.

Aufgespritzte Lackornamente. Man erzeugte Ornamente durch Aufspritzen von farbigem Lack unter Verwendung von Spritzschablonen. Da man aber auf die nicht mit Sandstrahl behandelte glatte Fläche spritzte, war die Haftung dürftig. Nach einiger Zeit verdampfte das Lösungsmittel des verwendeten Nitrolackes, die Lackschicht schrumpfte und fiel ab. Auf gesandstrahlten Preßstoffflächen dagegen binden Lacke

sehr gut, besonders Phenolharzlacke, die im Ofen nachgehärtet werden und
sehr abriebfest sind. Sie sind in vielen klaren Farben erhältlich, auch als
Lacke mit metallischem Glanz, mit feinstem Metallstaub durchsetzt. Bei
Mustern kann man mittels einer Durchbruchschablone sandstrahlen.

Metallisch glänzende Beschriftungen oder
Zierleisten werden dadurch erzeugt, daß man mittels eines entsprechend gravierten beheizten Stempels eine mit Metallstaub
versehene Papierfolie („Oeserfolie“) gegen die Oberfläche
des Gegenstandes preßt, wobei die Folie den Metallstaub abgibt. Der
Auftrag sitzt recht fest, ist aber naturgemäß im Dauergebrauch nicht
vollkommen abriebfest.

Eingelegte Metallstreifen. Sehr beliebt ist die Verzierung
größerer Schauteile, wie z. B. Gehäuse für Rundfunk-Empfangsgeräte,
durch hochglänzende Metallstreifen. Das Anbringen langer
Metallstreifen auf dem Preßwege ist aber technisch kaum ausführbar,
wäre auch sehr teuer und wird nicht ausgeübt.
Daher werden flache, etwa 1,5 mm tiefe Nuten
im Preßstück geformt, in die nachträglich Metallstreifen oder aber Holzstreifen, die mit dünnem
Metallblech umwalzt sind, eingekittet werden (s. Abb.
186 und 187), oder aber man klebt den Grund der
Nut, die in diesem Falle nur etwa 0,5 mm Tiefe hat,
mit einer mit Papier dublierten Metallfolie aus, s.
Abb. 188. Vor allem die beiden ersten Verfahren
ergeben wirklich dauerhafte Verzierungen.

Galvanischer Niederschlag. Schließlich
sei noch erwähnt, daß es technisch möglich ist,
Kunststoffteile mit einem galvanischen po-
lierbaren Niederschlag zu versehen,
sie also z. B. zu vernickeln oder zu verchromen.
Dies ist auch möglich für nur einzelne Stellen der Oberfläche. Eine
wirkliche Bindung des galvanischen Niederschlages mit dem Kunststoff
findet jedoch nicht statt. Er sitzt aber dann fest auf dem Gegenstand,
wenn er ihn wie eine Hülle räumlich umschließt.

Schoopen. Man kann Preßstoffteile auch mittels der Metall-
spritzpistole mit Aluminium, Zink und anderen Metallen be-
spritzen. Vorher muß gesandstrahlt werden. Die Bindung ist leidlich,
besser als bei der Galvanisierung. Auch hier sitzt erst eine Umhüllung
wirklich fest. Der Überzug kann poliert werden. Anwendungen: Bei
elektrischen Geräten zur Ableitung von elektrostatischen Aufladungen,
z. B. bei Meßinstrumenten; zur Erdung von Gehäusen; für Kontakte und
Anschlüsse; zur magnetischen Abschirmung; als Strahlenschutz gegen
Röntgenstrahlen (Blei). Die Leitfähigkeit der leicht porösen und Oxyde
enthaltenden Metallschicht ist aber verhältnismäßig gering.

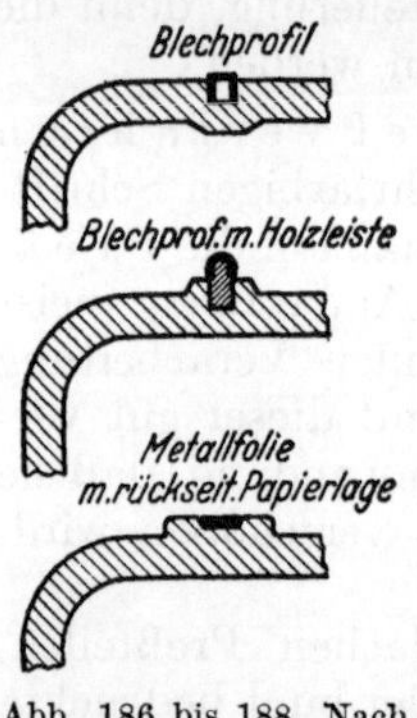

Abb. 186 bis 188. Nach
dem Pressen eingebettete
Zierränder.

Angebettete Metallfolien. Eine Anbettung, eine Anlagerung einer wirklichen, gut leitenden Metallfolie auf dem Preßwege ist möglich, aber nur bei ebenen oder nur mäßig gewölbten Flächen; bei tiefer gezogenen Teilen bleibt die Folie nicht ganz.

Plastischer Schmuck. Ein Stück mit plastischem Schmuck wird im Preßverfahren an sich nicht teurer als eines mit glatten Flächen; es wird nur teurer durch die anteilige, freilich kostspielige Gravierarbeit der Form. Derartiger Schmuck kann bestehen in einfachen halbrunden Zierwülsten oder „Stäben" oder einer Perlenreihe als Belebung einer größeren glatten Fläche oder aber in figürlichem Schmuck. Der Höhe des Reliefs sind keine Grenzen gesetzt; Unterschneidungen wird man aber vermeiden. Plastischer Schmuck, wenn er mit der nötigen Einfühlung in den Werkstoff entworfen wurde, wirkt nicht als Nachahmung einer fremden Technik oder der Handschnitzerei; er hat eine durchaus selbständige Daseinsberechtigung, s. Abb. 189 u. 190. Zur Zeit herrscht zwar in Deutschland die glatte Fläche vor, das Ausland indessen hat nach wie vor ein Bedürfnis nach Gegenständen mit verzierter Oberfläche. Aber auch bei uns wird man wenigstens ein einzelnes Kleingerät wie eine Schmucktruhe oder Zierdose mit Vorliebe kaufen, wenn es durch plastischen Schmuck belebt ist.

Abb. 189. Lautsprechergehäuse aus zartfarbigem Typ 131. Relief als Durchbruch gepreßt. Vorder- und Rückteil sind einander gleich. Gehäusedurchmesser 350 mm.
(H. Römmler AG., Spremberg NL.)

Abb. 190. Rundfunkempfangsgerät mit Reliefschmuck der Frontfläche (Werkphoto Telefunken).

Warnung vor dem Zuviel. Wie in vorstehendem gezeigt wurde, bietet die Preßtechnik eine ganze Reihe von verschiedenartigen

Möglichkeiten, einen Gegenstand ansprechend auszustatten. Dem Künstler oder Kunstgewerbler ist es ein leichtes, sich für einen gegebenen Fall diejenige auszuwählen, die ästhetisch befriedigt. Der in solchen Fragen weniger Erfahrene wird sich aber hüten müssen, ein Z u v i e l an schmückenden Mitteln anzuwenden, wie nachfolgende Beispiele zeigen mögen.

Ein Stück von schon bewegter Gestalt darf nur durch die Form wirken, nicht aber auch noch durch die Farbe. Man wird hier daher einen einfarbigen ruhig wirkenden Werkstoff verwenden müssen, nicht aber lebhafte oder gemaserte. Eine Dose mit einem schönen figürlichen Relief wird man in erster Linie durch die Plastik allein wirken lassen; auf noch weiteren Schmuck oder kräftige Farben wird besser verzichtet. Ein Gegenstand, dessen Hauptreiz in seinen gewölbten Flächen liegt, die durch das Spiel des Lichtes auf der Fläche geschmückt werden, sieht meist am schönsten aus, wenn man einen dunklen einfarbigen Werkstoff verwendet. Gemaserte Preßstoffe wirken allein schon damit genügend, so daß es falsch ist, die Fläche auch noch durch irgendeine Narbung zu mustern.

10. Anwendungsbeispiele der verschiedenen Preßstofftypen.

Es erübrigt sich, auf die zahllosen, allgemein bekannten Anwendungen des **Typ 31** hinzuweisen. Nur wenige Beispiele seien außer den schon früher gezeigten hier noch aufgeführt:

Die billige und rasche spanlose Formung, die dazu Teile mit glatten und hochglänzenden Oberflächen ergibt und die geringe Wichte bewirken, daß dem Typ 31, sobald es sich nicht um geometrisch ganze einfache Teile handelt, sehr häufig der Vorzug vor Metall gegeben wird. Dies gilt vor allem für Teile kleiner und mittlerer Abmessungen. Nur wenige Formteile aus Typ 31 erreichen die Größe von etwa 0,5 m oder

Abb. 191. Filterplatte (Typ 31), rd. 400 mm Dmr. (Aus Kunststoffe Bd. 26 [1936] S. 85.)

überschreiten sie. Einige seien hier angeführt.

Abb. 191 zeigt eine Filterplatte mit zahllosen engen gepreßten Durchbrüchen, mit einem Durchmesser von 400 mm. Einige Kraftwagen sind mit Fensterrahmen aus Typ 31 für alle vier Seiten des Wagens ausgerüstet. Schaltbretter im Kraftwagen bis zu etwa 500 mm Länge, sind öfter zu finden, vereinzelt bis 1000 mm.

Abb. 192. Fünfteilige Entwicklerdose (Typ 31). (Aus Kunststoffe Bd. 28 [1938] S. 52.)

Verhältnismäßig große Gegenstände aus Typ 31 sind auch die bekannten Gehäuse für Rundfunk-Empfangsgeräte, die schon Längen bis zu 530 mm erreicht haben. Der Verkaufspreis eines solchen Stückes von 3 bis 3,5 kg Gewicht lag 1939 bei rd. 9,— RM. Ein entsprechendes Holzgehäuse ist bei Beschränkung auf die einfachste Gestalt und auf nur ebene Flächen und gradlinige Kanten, aber nur unter dieser Voraussetzung, im Preise gleich.

Während bei diesen Gehäusen seit Jahren sowohl Holz als auch Preßstoff angewendet

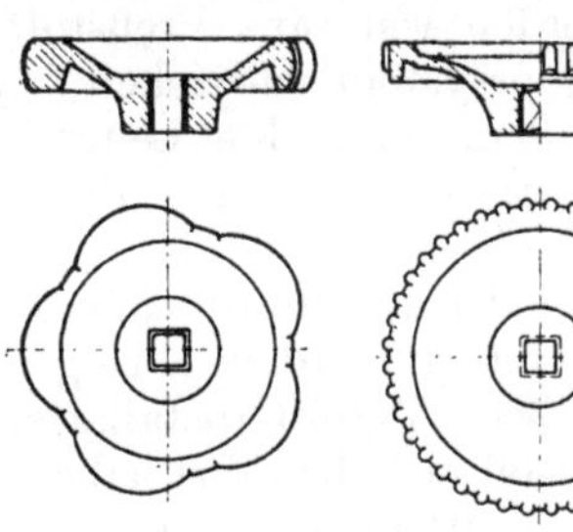

Abb. 193. Handrad aus Kunstharz-Preßstoff mit ausgespartem Wellenkranz (nach DIN 338).

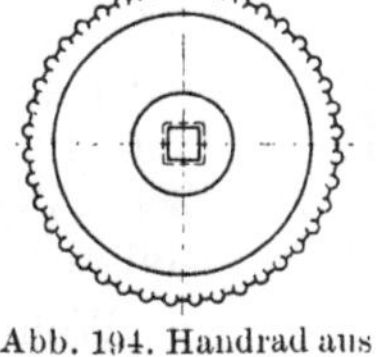

Abb. 194. Handrad aus Kunstharzpreßstoff mit geriefeltem Rand (nach ehemal. Kriegsmarine- Norm 115).

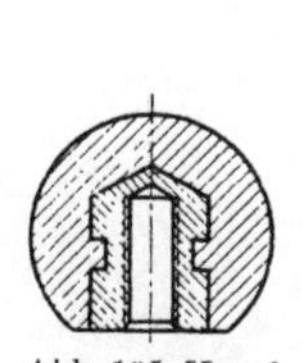

Abb. 195. Kugelknopf mit Gewindebuchse aus Kunstharz-Preßstoff (nach DIN 319).

wird, wurde in der Elektrotechnik die Mehrzahl aller Gehäuse und Abdeckungen an Apparaten von Metall oder anderen Werkstoffen auf Preßstoff umgestellt. Erwähnt seien: Heißluftduschen, Staubsauger, Elektro-Handschleifer und -Bohrmaschinen und die zahlreichen Arten von Meßinstrumenten, Elektro-Schützen und Fernsprechgeräten. Abb.

182 (Seite 204) zeigte ein neues Muster eines Tischfernsprechers, bei dem nunmehr alle sichtbaren Teile — auch der Kopf der kleinen Mittelschraube der Wählerscheibe — aus Preßstoff gefertigt wird.

Büromaschinen werden häufig mit Abdeckungen aus Typ 31 versehen. Es gibt z. B. Gehäuse für Rechenmaschinen bis zu 400 mm Länge. Für Schreibmaschinen werden bereits wesentliche Teile aus Preßstoff hergestellt, z. B. der Rahmen und das Segment, das früher aus Gußeisen bestand. Es besteht jetzt keine für die Führungsschlitze gefährliche Rostgefahr mehr; dazu ist der Schlitz völlig glatt.

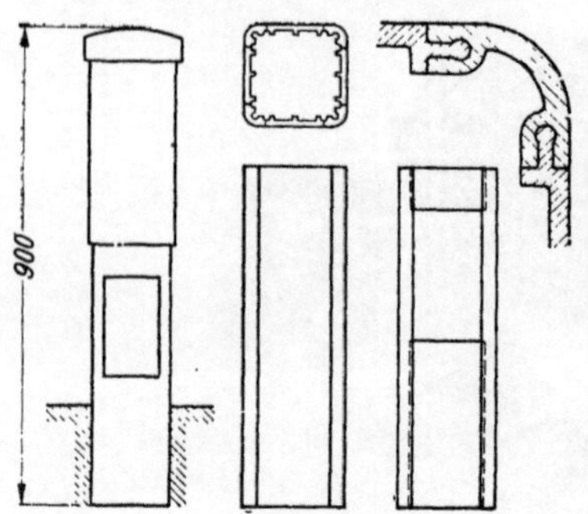

Abb. 196. Fernsprechschrank aus stranggepreßtem Material (ähnlich dem Typ 54) zusammengesetzt (Profile und Platten).

Von den vielen Kleinteilen des Typ 31 möge nur die fünfteilige Entwicklerdose, Abb. 192, als bemerkenswertes Gerät aus Preßstoff erwähnt werden; einige davon sind sehr verwickelte Teile.

Durch die Normung von Gestalt und Abmessungen von Bedienungsgriffen und -knöpfen und von Handrädern siehe die Blätter DIN 319, 388, 955/7, 960, 961 und 6336, ist auch auf diesem Gebiet der Einführung von Preßstoff, der hier ganz besonders am Platze ist, der Weg geebnet. Beispiele zeigen die Abb 193 bis 195.

Wie sich Strangmaterial für den Bau von Schränken verwenden läßt, zeigt Abb. 196 ein Fernsprechschrank, der allerdings nur versuchsweise auf der Reichsautobahn eingesetzt worden war, aus Preßstoff, ähnlich Typ 54. W a n d e l hat ein Installationssystem entwickelt, bei dem b l a n k e Leiter in stranggepreßten Profilrohren mit 2 bis 4 Kanälen aus Preßstoff Typ 31 verlegt werden. Eine größere Typ-31-Installation soll sich bewährt haben[1].

Wohl zweifellos das größte Stück, das je aus dem Typ 31 hergestellt wurde, ist ein Sarg (zweiteilig, Gehäuse und Deckel), der in England

Abb. 197. Großlautsprecher für Verkehrszwecke (Typ 54). Dreiteiliges Gehäuse, Schallöffnung 380 × 380 mm, Wanddicke 5 mm. (Werkphoto der Siemens-Schuckertwerke AG., Kabelwerk Berlin-Gartenfeld.)

[1] W a n d e l, R.: Kunststoff-Rohre mit mehreren Kanälen in einem elektrischen Installations-System mit blanken Leitern — Kunststoff-Technik Bd. 11 (1941) S. 193/201.

gepreßt wird. Ob Preßstoff in diesem Falle zweckmäßig angewendet wird, dürfte fraglich sein, da er, richtig verarbeitet, auch nach Jahrzehnten noch nicht verrottet sein wird

Dank ihren guten mechanischen Eigenschaften sind die **Zellstofftypen 51 bis 57** für große, mechanisch schwer beanspruchte Teile besonders geeignet.

In Abb. 197 ist das dreiteilige Gehäuse eines Lautsprechers für Zwecke des öffentlichen Verkehrs dargestellt. Es wurde vorher aus Eisen, dann aus Silumin gegossen. Jetzt ist es zum gleichen Preise aus Typ 54 herstellbar. Damit werden schwach devisengebundene Werkstoffe durch reine Heimstoffe ersetzt.

Bei der säurefesten Pumpe nach Abb. 198 bestehen Gehäuse, Flügelrad und mehrere andere Teile aus einer besonderen säurefesten Zellstoff-Preßmasse des Typ 54.

Die Firma Klöckner-Moeller G. m. b. H., die schon frühzeitig Isolierpreßstoffe im Schaltgerätebau

Abb. 198. Säurepumpe aus säurefreiem Sonderpreßstoff des Typs 54 (Werkphoto Isola-Werk, Düren i. Rhld.) ⌀ 500 mm.

anwandte, hat als erste die Umstellung von Gußeisen auf Preßstoff bei der Kapselung sehr großer Gehäuse für Niederspannungsschaltgeräte vorgenommen, siehe die Verteilergruppe Abb. 199. Zur Erzielung großer Stoßfestigkeit wendet sie zuweilen auch Doppelwände an, siehe Abb. 200 und 201. Die Kästen sind bis zu 690 mm lang.

Als bemerkenswerte Teile aus Typ 54 wären weiter zu erwähnen Staubsaugergehäuse, große Laufräder, Lagerböcke für Textilmaschinen, ferner die Gehäuse für die bekannten dreieckigen Anhänger-Signalkästen auf Lastkraftwagen. In der Elektrotechnik werden viele Gehäuse für Geräte in rauhen Betrieben aus Typ 54 hergestellt.

Sehr hohe Festigkeitsanforderungen werden an die Tragsäulen (Stützer) nach Abb. 202 gestellt, welche in öllosen Expansionsschaltern die Schaltkammer tragen, in der sich stoßartig hohe elektrische Schaltleistungen abspielen. Sie bestehen aus Typ 57, und zwar in der Ausführung mit Papierlagen. Die ältere Ausführung in Porzellan genügte den auftretenden mechanischen hohen Stoß-Beanspruchungen nicht. Da die Säule zugleich ein besonders hochwertiger Isolator sein muß, besitzt sie als Feuchtigkeitsschutz eine Lackierung aus mehreren, einzeln gut getrockneten Lackschichten.

Sehr hohe Festigkeitsanforderungen stellte die Reichspost an die Transportschalen nach Abb. 203. Sie sind aus Typ 57 mit Zellstoffpappe gepreßt.

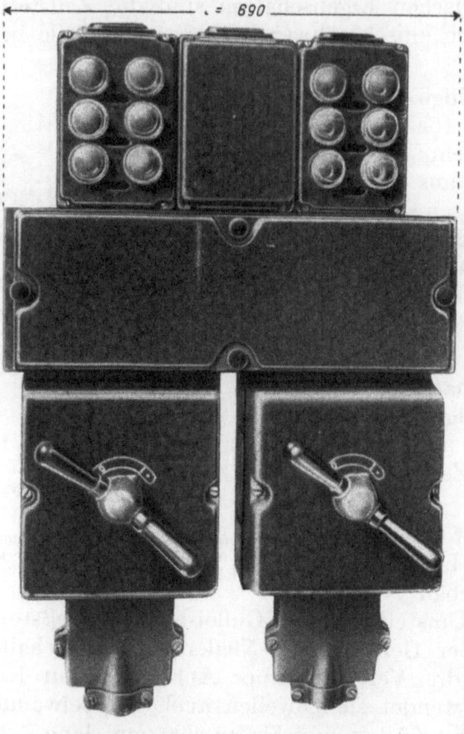

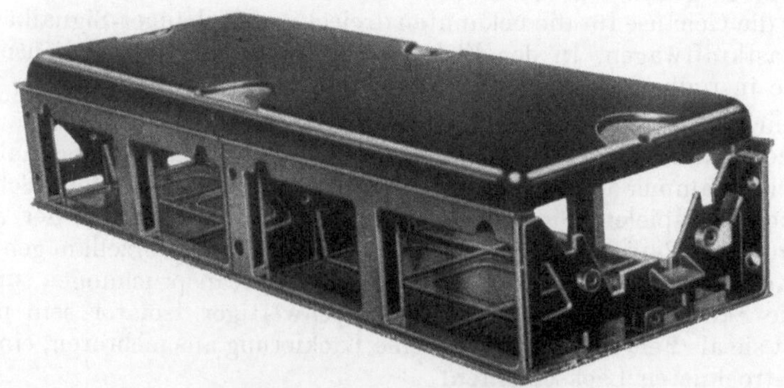

Abb. 199. Elektrische Verteileranlage. Alle Gehäuse aus Typ 54. (Beachte die Maßangabe!)
(Werkphoto Klöckner-Moeller G.m.b.H., Bonn.)

Berechtigtes Aufsehen erregten die erstmalig auf der Autoausssellung 1938 gezeigten fünf Teile einer Kraftwagenkarosserie aus Typ 57, von denen eine Tür in Abb. 204 gezeigt ist. Diese Stücke sind z. Z. die größten, bisher in der Preßform hergestellten. Sie wurden vorerst versuchsweise geschaffen. Die Auto-Union beabsichtigte damit, unmittelbar von der Holz- zur Preßstoff-Karosserie überzugehen. Diese hat sich bei schweren Geländefahrten sehr gut bewährt. Die Wanddicke beträgt im allgemeinen 6 mm, schmale Stege nahe dem Fenster und andere einzelne Stellen sind bis zu 13 mm dick. Zwar sind die Kosten des Preßformensatzes außerordentlich hoch, dennoch wird die Wirtschaftlichkeit gegeben sein dank der zu erwartenden hohen Stückzahl und der geschickten Formgebung. Man

Abb. 200. Gehäuse von Abb. 199.

wird z. B. bei den Türen durch Ausnutzung der Vorteile der spanlosen Formung die Kosten des Einbaues der einzufügenden Teile

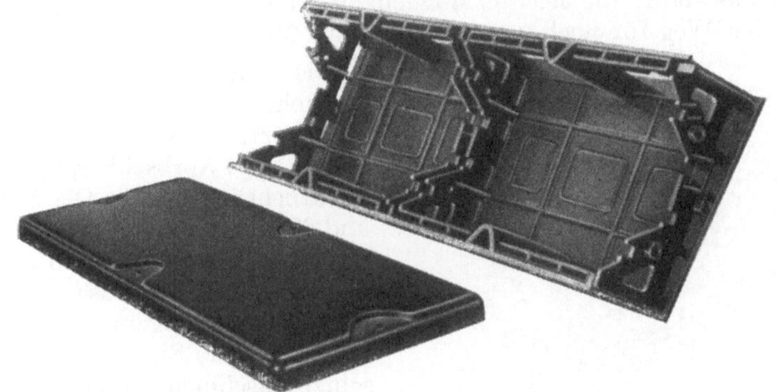

Abb. 201. Gehäuse von Abb. 199; Länge 690 mm.

und die des Zusammenbaues zum Ganzen gegenüber Holz erheblich senken können. Alle Teile werden lackiert, um so den verschiedensten Wünschen hinsichtlich der Farbe nachkommen zu können. Den Wagen im ganzen als Versuchsmodell bringt Abb. 205. Auch Ford verwendet für seine Karosserie zum Teil Wagentüren und andere Großpreßteile aus geschichteten Lagen.

Einen neuen Weg im Bau einer Kunststoffkarosserie beschritt man um etwa 1946 in den USA mit der Anwendung des Niederdruck-

Abb. 202. Stützer für Expansionsschalter aus Typ 57 (Papierschichtstoff). Höhe 350 mm Wanddicke 12 bis 20 mm. (Werkphoto der Siemens-Schuckertwerke A G., Kabelwerk Berlin-Gartenfeld.)

Abb. 203. Transportkasten der Reichspost, aus Typ 57 (Zellstoffpappe). Lg. rd. 500 mm. (Werkphoto Preßwerk A G., Essen.)

Preßverfahrens. Die stromlinige Karosserie des „S t o u t F o r t y s i x" besteht, von Türen und Fenstern abgesehen, aus e i n e m Stück, sie ist im Grunde eine große Haube[1]. Als Grundkörper dient

---

[1] Modern Plastics, Dez. 1946, S. 142/5.

der überaus feste Glasgewebe-Schichtstoff; als Binder beim Lagen-
aufbau dürfte ein warmplastisches Polysterharz verwendet worden
sein, das dann die leichte Möglichkeit von Reparaturen ergäbe. Man
hält den Weg für noch nicht reif für eine Massenfertigung.

Die **Textiltypen 71 bis 74** werden des hohen Preises wegen nur dann eingesetzt, wenn ihre überragende Schlag- und Kerbschlagzähigkeit sie unentbehrlich macht. Die Abb. 206 und 207 zeigen solche größeren Teile aus Typ 74. Bekannt sind auch die mannigfaltigen Gehäuse aus Typ 74 für Elektrokleingeräte, z. B. für Haartrockner, Staubsauger, Handschleifmaschinen, für pendelnd hängende stoßfeste Schalter für Krane und andere mehr.

Die Photoindustrie hat in den letzten Jahren eine ganze Reihe von Kameragehäusen aus den Typen 71, 74, 51 und 54 herausgebracht.

Besonders stoßfest ist der Typ 77. Die Abb. 208 zeigt eine Trommel zur Aufnahme von starkem Leitungsdraht, die aus drei Teilen besteht. Sie wurde früher aus Stahlblech hergestellt. Die Hülse mit Innengewinde nach Abb. 209, eine Verschraubung für Schiffskabel, die seewasserfest und äußerst stoßfest sein muß, wurde früher aus Hydronalium hergestellt. Die jetzige Fertigung aus gewickelten Gewebebahnen ergibt ein billigeres und festeres Stück.

Abb. 204. Tür zur Karosserie des Wagens der Auto-Union, Typ 57 (Zellstoffpappe).

Abb. 205. Wagen der Auto-Union, Türen, Frontrahmen, Heck und Dach aus Typ 57 (Zellstoffpappe).

Ein interessantes Preßstück aus Typ 77, eine besondere Leistung der Preßtechnik, durch DRP geschützt, ist der G e w e h r s c h a f t eines Militärgewehres, der auf Seite 131 dargestellt ist. Man hat das

Gewicht des Nußbaumschaftes einhalten können, bei höherer Schlag-
festigkeit, und vermeidet ausländisches Holz. Zu einer Einführung
ist es freilich nie gekommen.

Die Abb. 210 stellt eine Kabel-
Verbindungsmuffe dar die dauernd
im Erdreich liegt und aus elektrischen Gründen aus Isolierstoff (Typ
11) anstatt sonst Gußeisen gefertigt
werden muß.

Abb. 208. Kabeltrommel. Hals aus Hartpapierrohr, zwei Seitenteile aus Typ 77 geformt. Drm. = 320, h = 170 mm.
(Werkphoto der Siemens-Schuckertwerke AG.,
Kabelwerk Berlin-Gartenfeld.)

Abb. 206. Gehäuse aus Typ 74; ca. 500 mm
Dmr. (Werkphoto Preßwerk AG., Essen.)

Abb. 209. Gewinde-Schraubhülse (Typ 77), Län-
ge 180 mm, Dmr. 80 mm, Wanddicke 4 mm.
(Werkphoto der Siemens-Schuckertwerke AG.,
Kabelwerke Berlin-Gartenfeld.)

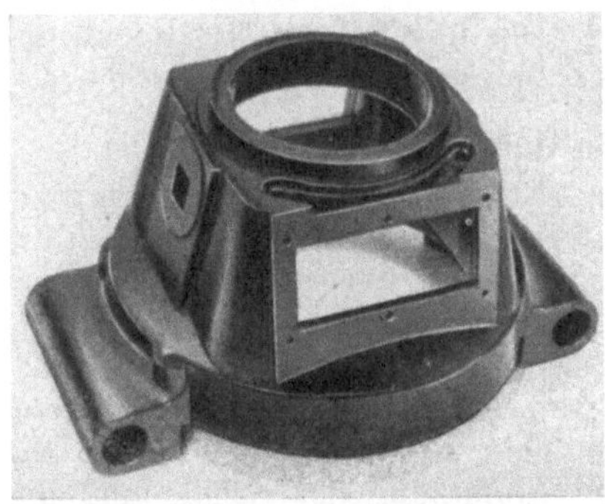

Abb. 207. Sockel aus Typ 74; ca. 300 mm lang.
(Werkphoto Preßwerk AG., Essen.)

Abb. 210. Kabel-Verbindungsmuffe aus Typ 11;
ca. 500 cm lang, Wanddicke ca. 12 mm.
(Werkphoto der Siemens-Schuckertwerke AG.,
Kabelwerk Berlin-Gartenfeld.)

Abb. 211. Feuchtraum-Steckdose aus Typ 16. (Werkphoto der Siemens-Schuckertwerke AG., Kabelwerk Berlin-Gartenfeld.)

122. Abb. Geruchsverschluß für Waschbecken; aus Preßharz. (Werkphoto Preßwerk AG., Essen.)

Stoßfeste Gegenstände, die zugleich hoher Feuchtbeanspruchung genügen müssen, werden am zweckmäßigsten aus **Typ 16** hergestellt. Abb. 211 zeigt eine wasserdichte Steckdose für rauhe Betriebe.

Der Geruchverschluß Abb. 212 ist aus **Preß-harz** hergestellt, das für dauernde Feucht-beanspruchung besonders geeignetist. In den USA werden Gehäuse für größere Rund-funkempfänger aus marmoriertem Preßharz hergestellt, lediglich des schönen Aussehens wegen, zweifellos unter Hintanstellung der hohen Festigkeitsanforderungen, wie sie an ein solches Stück gestellt werden müssen.

Immerhin ist dieser Preßharz-Anwendungsfall selten. Recht gebräuchlich dagegen sind Gehäuse aus Zellulose-Derivaten (Typ 400 u. a.).

11. Preßstofflager.

Schon im Jahre 1928 baute die AEG in ein Kupferwalzwerk versuchsweise Lagerschalen aus Preßstoff ein. Es zeigte sich, daß die Lebensdauer bei richtig gewähltem Werkstoff höher war als bei dem vorher eingebauten Pockholzlager. Im Jahre 1930 ersetzte das Preßwerk H. Römmler AG., Spremberg, Bronze-Lagerschalen eines Transmissions-Ringschmierlagers, das in einem sehr staubigen Raum arbeitete, durch Schalen aus Preßstoff. Nach 4000 Betriebsstunden ergab die Untersuchung eine nur sehr geringe Abnutzung der Schale und der Welle; diese zeigte ein glattes und völlig riefenfreies Aussehen. Man fand dann, daß ganz allgemein in staubigen Betrieben, in denen die Luft mit Gesteinsmehl, Zement-, Kohlen- oder sonstigem Staub durchsetzt ist, Preßstofflager eine sehr viel höhere Verschleißfestigkeit gegenüber solchen aus Bronze oder Gußeisen aufweisen.

Inzwischen haben sich Preßstofflager in großem Maße durchgesetzt, vornehmlich dort, wo geringe Zapfengeschwindigkeiten, hohe Lagerdrücke und stoßweise Beanspruchung vorliegen, ferner in rauhen Betrieben mit stark staubiger Luft und solchen mit erschwerter Wartung (gute Notlauf-Eigenschaften).

Bei schweren Walzwerken herrscht längst das Preßstofflager vor. Die bei ihm infolge der geringen Wärmeleitfähigkeit schlechte Wärmeabfuhr durch die Schale erwies sich hier als kein Hindernis, da die Reibungswärme schon immer durch Berieselung des Zapfens und durch Kühlkanäle im Einbaustück der Schale abgeführt wurde. Walzwerke mit Walzen-Dmr. von 1000 mm und mehr laufen seit Jahren zufriedenstellend; der Reibungsbeiwert ist kleiner oder gleich dem von Metall. Die Lebensdauer bzw. die Walzleistung ist etwa die zehnfache; die Preßstofflager sind in jeder Weise überlegen. Die Aussparung devisengebundener Werkstoffe, wie Zinn und Kupfer, ist gewaltig.

Die besten Laufeigenschaften hat der Schnitzel-Typ 74, ihm folgen die geschichteten Typen 77 bzw. der entsprechende Schichtstoff Klasse G entsprechend DIN 7706. Beide werden — entweder jeder für sich oder zuweilen auch miteinander verbunden — verwendet. Dabei werden immerhin erhebliche Mengen an Baumwolle verbraucht; der devisengebundene Anteil im Werkstoff beträgt fast 10% des Wertes. Abgesehen davon, daß der Zusatz von Zellwolle („Mischgewebe") die Laufeigen-

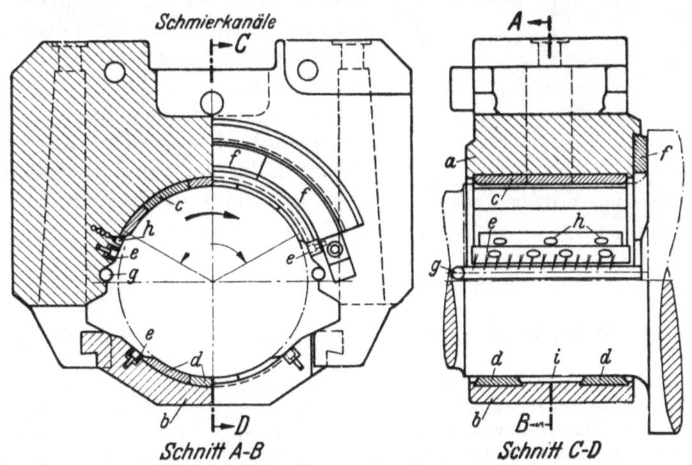

Abb. 213. Segmentlager für Walzwerke. Segmente c bilden die Lagerschale, gehalten durch Spannlaschen e. Der Lagerkragen ist getrennt von den Segmenten ausgebildet.

schaften wenig verschlechtert, haben Versuche[1] gezeigt, daß auch besonders ausgebildete Lagerschalen, die ganz oder teilweise aus den Zellstofftypen 54 und 57 gefertigt wurden, durchaus brauchbare und wirtschaftliche Ergebnisse liefern.

Rohde berichtet[2], daß auch vergütetes Buchenschichtholz, auf der Stirnseite beansprucht, sich bei schweren Walzwerken gut bewährt hat.

Eine typische Bauweise für Walzwerke bringt die Abb. 213, bei der die Lauffläche aus Segmenten vom Typ 77 besteht, wobei die Schichtung parallel zur Mantelfläche des Zapfens liegt[3].

Vom VDI-Fachausschuß für Kunst- und Preßstoffe wurden R i c h t - l i n i e n f ü r d i e G e s t a l t u n g u n d V e r w e n d u n g v o n G l e i t l a g e r n a u s K u n s t h a r z - P r e ß s t o f f[4] aufgestellt, welche die bisher gewonnenen Erfahrungen und Baugrundsätze zusammenstellen. Sie unterrichten den Verbraucher über die Werkstoffwahl und -eigenschaften, die Gestalt und Maße der Halbfabrikate für herzustellende Lager, die Schmierung, die zweckmäßige Gestalt des Lagers und anderes mehr. Im übrigen stellen die wenigen Preßwerke, die in Lagerfragen besonders bewandert sind, ihre Erfahrungen dem Verbraucher auf Wunsch zur Verfügung.

Biegebeanspruchungen sind der Schale fernzuhalten, sie muß mit ihrer ganzen Außenfläche satt getragen werden. Kantenpressungen sind zu vermeiden; man schrägt die axial gerichteten Kanten leicht ab und arbeitet die Schale oft auch nach beiden Enden hin soviel frei, wie der zu erwartenden Wellendurchbiegung entspricht. Auf richtige Ausbildung der Öltasche und deren richtige Lage zur Drehrichtung ist zu achten, s. Abb. 214; sie muß ferner in der unbelasteten Zone der Lagerschale liegen. Der Zapfen muß einigermaßen hart und vor allem glatt sein; er bleibt dann auch glatt. Ein

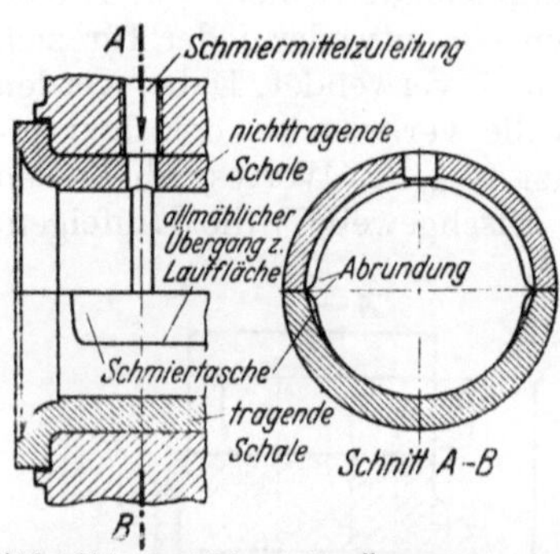

Abb. 214. Ausbildung der Ölzufuhr beim Preßstofflager und Gestaltung desselben.

[1] K o e g e l , A.: Erfahrungen mit Preßstoff-Walzenlagern — Kunststoffe Bd. 30 (1940) S. 298/300.

[2] Ref. R o h d e : Walzenlager aus Kunstharzpreßholz. Kunststoffe Bd. 34 (1944) S. 20.

[3] Richtlinien für Walzenzapfenlager aus Hartgewebe, VDI 2004. Berlin, Beuth-Verlag 1944.

[4] VDI-Richtlinien: Gestaltung und Verwendung von Gleitlagern aus Kunstharz-Preßstoffen. VDI 2002. Berlin, Beuth-Verlag 1944. Ferner: Ergänzungsblatt 1: Belastbarkeit von einfachen geschlossenen Preßstoff-Gleitlagern mit Fettschmierung für Dauerbetrieb; Ergänzungsblatt 2: Rohr-Rohlinge aus Kunstharz-Preßstoff zur Herstellung von Lagerschalen und Lagerbuchsen; DIN 9188 und 9189, Lagerbuchsen,

rauher Zapfen würde die Lauffläche der Schale verderben. Entsteht zuviel Reibungswärme, so ist sie durch Kühlwasser oder durch geeignete Frischölzufuhr (Druckölumlaufschmierung) abzuführen. Die Schale verträgt auf die Dauer höchstens 90°. Vorübergehende Temperaturspitzen bis zu 120° sind unschädlich. Auch für Preßstofflager ist Öl das beste Schmiermittel, Wasser allein genügt meistens nicht.

Preßstoff hat den Vorteil, etwas Schmiermittel aufzunehmen; die Ausbildung eines geschlossenen Ölfilms ist daher weit besser gewährleistet als bei Metall. Daher treten bei aussetzender Schmierung weniger Störungen auf.

Preßstofflager bedingen ein ziemlich großes Lagerspiel, etwa 3 bis $4^0/_{00}$ des Zapfendurchmessers, denn der Werkstoff verändert seine Maße durch Aufnahme von Kühlwasser, etwas schon von Öl, und durch Erwärmung. Daher sind enge und maßlich gleichbleibende Lagerspiele, wie man sie beim Feinmaschinenbau, z. B. bei Werkzeugmaschinen, an wichtigen Stellen der Maschine braucht, nicht möglich. Auf den folgenden Seiten sind einige Bauweisen geschildert, die durch besondere Mittel diesem Ziel näher zu kommen suchen, als das mit üblichen Mitteln möglich ist.

Tabelle 34. Preßstoffe für Lager.

1	2	3	4	5	6
Bezeichnung für Preßstoff und Ausführungsart des Lagers		Preßstoff			Ausführungsart des Lagers
neu	bisher	nach neuer Form DIN		nach bisheriger Norm DIN 7701	
74-A DIN 7703[1]	T 2-A DIN 7703	7705	Typ 74	Typ T 2	A. In Preßwerkzeugen einbaufertig gepreßt oder leicht nachgearbeitet
77-A DIN 7703	T 3-A DIN 7703	7706	Typ 77	Typ T 3	
74-B DIN 7703[1]	T 2-B DIN 7703	7705	Typ 74	Typ T 2	B. Durch spanabhebende Bearbeitung hergestellt aus Rohren. Die Rohre aus Hartgewebe müssen nach dem Wickeln in Preßwerkzeugen gepreßt und ausgehärtet sein
(G-B DIN 7703[2]	G-B DIN 7703	7706	Hartgewebe G	Hartgewebe G	
GZ-B DIN 7703	GZ-B DIN 7703	7706	Hartgewebe GZ	Hartgewebe GZ	
F)-B DIN 7703[2]	F-B DIN 7703	7706	Hartgewebe F	Hartgewebe F	
FZ-B DIN 7703	FZ-B DIN 7703	7706	Hartgewebe FZ	Hartgewebe FZ	
74-C DIN 7703	T 2-C DIN 7703	7705	Typ 74	Typ T 2	C. Durch spanabhebende Bearbeitung aus Blöcken oder Platten hergestellt
(G-C DIN 7703[2]	G-C DIN 7703	7706	Hartgewebe Klasse G	Hartgewebe Klasse G	
GZ-C DIN 7703	GZ-C DIN 7703	7706	Hartgewebe Klasse GZ	Hartgewebe Klasse GZ	
(F-C DIN 7703)	F-C DIN 7703	7706	Hartgewebe Klasse F	Hartgewebe Klasse F	
FZ-C DIN 7703	FZ-C DIN 7703	7706	Hartgewebe Klasse FZ	Hartgewebe Klasse FZ	

[1] An Stelle von 74-A kann auch 74-B geliefert werden und umgekehrt.
[2] Verwendung nur mit Ausnahmegenehmigung zulässig, siehe Abschnitt 2, 3.

In Tabelle 34 sind die z. Z. wichtigsten Lagerwerkstoffe unter den in DIN 7703[1] genannten Werkstoffe aufgeführt. Für Lagerzwecke haben sich als besonders geeignet die Typen 74 und 77 und die Schichtstoffe Hartgewebe Klasse F und Klasse G nach DIN 7706 herausgeschält. Die Laufeigenschaften des Preßstofflagers werden weitgehend durch die Art der Verarbeitung beeinflußt. Nur Preßwerke mit langjährigen Erfahrungen können gute Lager liefern. Eine ungenügende Durchtränkung des Gewebes mit dem Harz bewirkt ein Herausquellen der Fasern aus dem Harzanteil infolge Wasser- oder Ölaufnahme. Die dadurch entstehende Oberflächenerhebung kann sehr leicht mehr als 0,1 mm betragen, also einen erheblichen Anteil des Lagerspieles ausmachen. Einige Werke vermindern die Aufnahmefähigkeit für Wasser dadurch, daß sie die Schalen in warmem Öl kochen. Eine nicht völlige Aushärtung des Lagerwerkstoffes bei der Herstellung ist sehr gefährlich; sie bewirkt eine nachträgliche Maßverkleinerung bei dauernder Erwärmung im Gebrauch.

Vorteile des Preßstofflagers.

1. Hohe Verschleißfestigkeit und daher lange Lebensdauer.

2. Gute Dämpfung und Elastizität (E-Modul rd. 70 000 kg/cm²), also hohe Arbeitsaufnahme bei dynamischer Beanspruchung.

3. Gute Laufeigenschaft bei kleinen Zapfengeschwindigkeiten; gute Anlaufeigenschaft.

4. Geringe Empfindlichkeit gegen vorübergehendes Ausbleiben der Schmierung bei ungenügender Wartung. Gute Notlauf-Eigenschaft!

5. Gute Haftung des Schmierfilms, da das Öl und mehr noch Wasser in den Werkstoff etwas eindringt.

6. Geringe Empfindlichkeit gegen kleinere Fremdkörper, die in das Lager eindringen. Sie werden vom Preßstoff aufgenommen, während sie bei dem härteren Metall leicht ein Fressen des Lagers bewirken.

Nachteile des Preßstofflagers.

1. Sehr niedrige Wärmeleitfähigkeit. Sie beträgt beim Typ 74 nur rd. $^1/_{150}$ der von Stahl und rd. $^1/_{500}$ der von Bronze. Man muß daher für Wärmeabfuhr durch das Schmiermittel oder geeignete konstruktive Maßnahmen sorgen.

2. Empfindlichkeit gegen hohe Temperaturen. Der Werkstoff, und zwar der organische Harzträger, wird bei Dauertemperaturen von mehr als etwa 90° zerstört. Kurzzeitig werden Temperaturen bis etwa 120° ertragen. (Voraussetzung für die Betriebsfähigkeit des Lagers ist natürlich die Verwendung von Fetten, die für solche Temperaturen geeignet sind.)

3. Das Einbau-Lagerspiel muß groß sein, sonst besteht Gefahr des Heißlaufens infolge Veränderung der Bohrung durch Wärmeausdehnung der Schale oder durch Quellen derselben durch Wasser- oder Ölaufnahme. Bewährt hat sich als Passung die obere Grenze des weiten Schlichtlaufsitzes oder die Grobpassung. Lagerspiel = $^3/_{1000}$ d².

---

[1] DIN 7703 Preßstoff-Lager. Techn. Lieferbedingungen f. Lager u. Lager-Halbzeug und Richtlinien für die Verwendung.

[2] Vgl. die VDI-Richtlinien 2002, und die hierzu erschienenen Ergänzungsblätter.

4. Empfindlichkeit gegen rohen Einbau, z. B. gegen Schläge und vor allem gegen nur teilweises Tragen der Außenflächen.

5. Empfindlichkeit gegen Kantenpressungen.

Klärend wirkten die Prüfstandversuche mit Preßstofflagern[1], die Lehr im Auftrag des VDI-Fachausschusses für Kunst- und Preßstoffe im Staatlichen Materialprüfungsamt Berlin-Dahlem durchführte; sie dienten der Klärung der Frage, welche Flächenpressung Lagern aus verschiedenen Preßstoffsorten bei Umlaufgeschwindigkeiten zwischen 0,5 und 14 m/s und bei Umlauf-Ölschmierung im Grenzfall zugemutet werden kann, und welche günstigsten Laufbedingungen in der Praxis für die Preßstofflager anzustreben sind.

Zwecks Beurteilung der Laufeigenschaften wurden dabei die gleichen kennzeichnenden Werte ermittelt, deren Kenntnis sonst allgemein bei Lagern erforderlich ist. Neben der Ermittlung der Belastungsgrenze für die verschiedenen Umfanggeschwindigkeiten ist vor allem die Kenntnis der Reibungszahl sowie der damit in engem Zusammenhang stehenden Wärmemenge, die je Zeiteinheit von dem Schmieröl abgeführt werden

Tabelle 35. Untersuchte Preßstofflager.

Nr.	Harzart	Harz-ge-halt %	Harzträger (Füllstoff)	Formung	Preß-zeit min	Preß-temp. ° C	Be-sonderes
				Herstelldaten			
1	Phenol	50	Zellstoff-Gespinst-Schnitzel	Formgepreßt	5	160	—
2	Phenol	35	Kurzfaseriger Asbest	Formgepreßt	5	160	—
3	Phenol	40	Schamottemehl	Formgepreßt	5	160	—
4	Phenol	50	Baumwollgewebe	Gewickelt und nachgepreßt	5	160	—
5	Kresol	50	Baumwollgewebe mit 16% Zellwolle	Schicht senkr. zur Achse	480	160	—
6	Phenol	50	Baumwollgewebe-Schnitzel	Formgepreßt	45	165	10 Std. bei 80° nach-gehärtet
7	Phenol	40	Hartpapier	Schicht senkr. zur Achse	360	160	—
8	Phenol	45	Baumwollgewebe-Schnitzel	Formgepreßt	20	165	—
9	Phenol	45	Baumwollgewebe-Schnitzel, fein zerfasert	Formgepreßt	20	165	—
10	Phenol	45	Baumwollgewebe-Schnitzel	Formgepreßt	20	165	8 Std. bei 125° nach-gehärtet
11	Kresol	55	Baumwollgewebe mit 16% Zellwolle	Gewickelt und nachgepreßt	60	165	—
12	Kresol	50	Baumwollgewebe	Gewickelt und nachgepreßt	—	—	Nach-gehärtet

---

[1] Lehr, E. : Versuche mit Preßstoff-Lagern — Kunststoffe Bd. 28 (1938) S. 161/70.

muß, notwendig. Außerdem ist erforderlich, festzustellen, bei welcher Wellentemperatur das Lager schließlich versagt.

Der Wellendurchmesser betrug $d = 60$ mm; die Welle war einsatzgehärtet, geschliffen und poliert. Das Lagerspiel betrug 0,24 mm $= 4^0/_{00}$ des Zapfendurchmessers, die Schalenlänge war 40 mm $= 0,6\ d$. Die einteiligen geschlossenen Lager waren sauber mit dem Diamant ausgedreht. Es wurde mit Ölumlaufschmierung mit einer Fördermenge von 1 Ltr/min bei einer Rückkühlung auf 25° gearbeitet.

Die Zusammensetzung und Herstellweise der untersuchten Preßstofflager ist in Tabelle 35 zusammengestellt. Die Werkstoffe sind hier nach der Grenztragfähigkeit, die sich später ergab, geordnet.

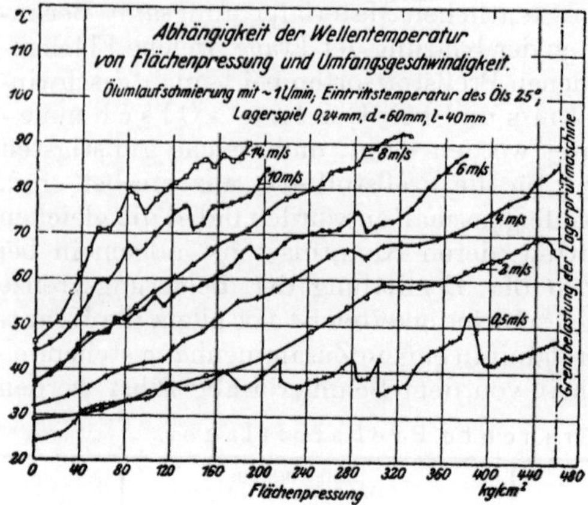

Abb. 215. Abhängigkeit der Wellentemperatur von Flächenpressung und Umfangsgeschwindigkeit.

Nur von dem besten Werkstoff Nr. 12 mögen hier folgende Untersuchungsergebnisse wiedergegeben werden:

a) Verlauf der Wellentemperatur für verschiedene Umfangsgeschwindigkeiten v in Abhängigkeit von der Flächenpressung p (Abb. 215).

b) Die im Schmieröl abgeführte Wärmemenge in kcal/min in Abhängigkeit von der Flächenpressung für die gleichen Umfangsgeschwindigkeiten wie unter a) (Abb. 216).

c) Die mit der Reibungswaage gemessene Reibungszahl für die unter a) genannten Umfangsgeschwindigkeiten in Abhängigkeit von der Flächenpressung p (Abb. 217).

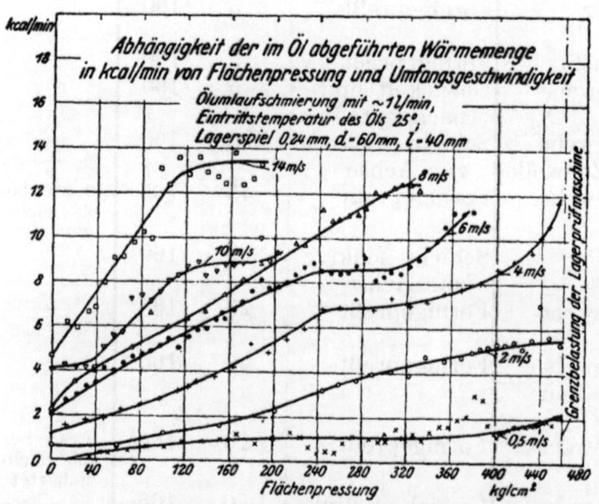

Abb. 216. Abhängigkeit der im Öl abgeführten Wärmemenge in kcal/min von Flächenpressung und Umfangsgeschwindigkeit.

In Abb. 218 und 219 sind die p, v-Linien der Grenztragfähigkeit (Mittelwerte) für alle 12 Werkstoffe wiedergegeben. Es konnte festgestellt werden, daß gerade die Lagersorten, die sich am besten bewährt haben, verhältnismäßig geringe Streuungen aufwiesen.

In Abb. 220 ist die Reibungszahl in der Nähe der Grenzflächenpressung in Abhängigkeit von der Umfangsgeschwindigkeit aufgetragen.

Schlußfolgerungen. Die Versuche haben gezeigt, daß die Leistungsfähigkeit der verschiedenen Preßstoffsorten große Unterschiede zeigt, die nicht nur durch die Zusammensetzung, sondern noch in viel stärkerem Maße durch das Herstellverfahren bedingt sind. Nach den erzielten Ergebnissen haben sich die aus Kunstharz mit Baumwollgewebebahnen gewickelten und dann gepreßten und nachgehärteten Lager als die leistungsfähigsten erwiesen. Eine Schichtung der Gewebebahnen senkrecht zur Achse kann nicht empfohlen werden.

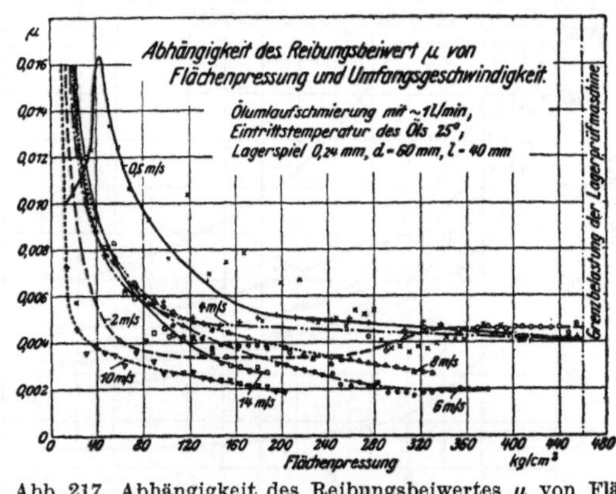

Abb. 217. Abhängigkeit des Reibungsbeiwertes μ von Flächenpressung und Umfangsgescnwindigkeit.

Die gewählten Versuchsbedingungen strebten mit Absicht die günstigsten Vorbedingungen an, welche praktisch erreichbar sind. Die Ergebnisse sind also als obere Grenzwerte zu betrachten. Unter Einsetzen entsprechender Sicherheitsziffern sind sie nur übertragbar, wenn alle Vorbedingungen mit gleicher Sorgfalt eingehalten werden wie bei den Versuchen. Diese Vorbedingungen sind: Verwendung einer gehärteten, polierten Welle; Fassung der Schale in einer starken Stahlstützschale; Ausdrehung der Lagerbohrung mit dem Diamanten, (oder, ebenfalls ausreichend, mit Hartmetall); Vermeidung von Kantenpres-

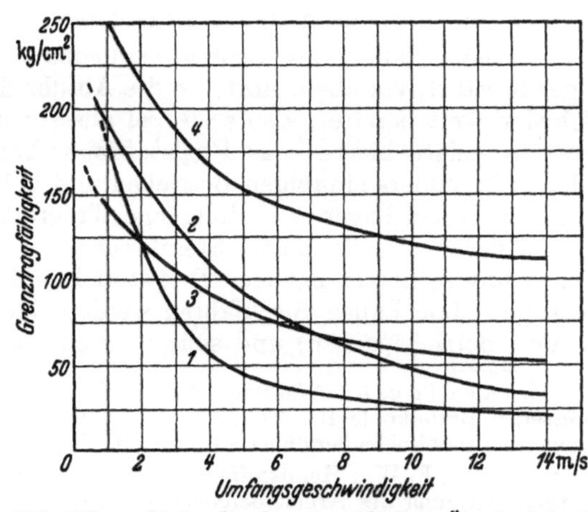

Abb. 218. p,v-Linien der Grenztragfähigkeit. Ölumlaufschmierung mit rd. 1 l/min, Eintrittstemperatur des Öles 25°, Lagerspiel 0,24 mm, $d = 60$ mm, $l = 40$ mm.

sungen; im wesentlichen ruhende Belastung; Verwendung von Ölumlaufschmierung mit einer den Versuchen entsprechenden Ölmenge und Rückkühlung auf 25°; Verwendung eines Lagerspiels von 3 bis 4⁰/₀₀ des Wellendurchmessers. Die Versuche haben ferner die Bedeutung des Einlaufvorganges und der Einlaufeigenschaften der Preßstofflager beleuchtet und die große praktische Bedeutung einer langsamen Laststeigerung beim Einlaufen des Lagers erwiesen, worauf namentlich bei hoch belasteten Lagern geachtet werden muß.

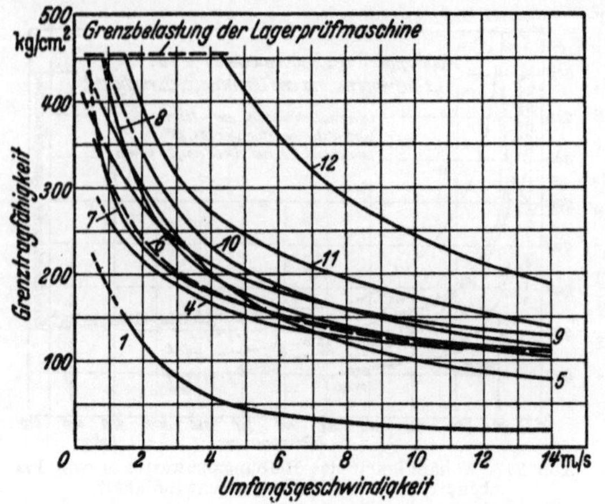

Abb. 219. p,v-Linien der Grenztragfähigkeit Ölumlaufschmierung mit rd. 1 l/min, Eintrittstemperatur des Öles 25°, Lagerspiel 0,24 mm, $d = 60$ mm, $l = 40$ mm.

Anwendungsbeispiele. Im Braunkohlenbergbau[1] arbeiten Preßstofflager in schweren Brikettpressen, als Achslager in Vollbahnwagen, Förderwagen, bei Förderschnecken und anderem mehr zufriedenstellend, desgleichen in Aufbereitungs- und Baumaschinen[2]. Versuche über die Eignung für Schienenfahrzeuge[3], bei denen Preßstoff mit Metall in Vergleich gesetzt wurde, ergaben günstige Ergebnisse.

In vielen Fällen des Grobmaschinenbaues haben sich Preßstofflager bewährt, vor allem dort, wo die Abfuhr der Reibungswärme keine Schwierigkeit bereitet, also z. B. bei aussetzendem Betrieb. Besondere Vorzüge zeigte hierbei das Preßstofflager bei Verwendung im Freien oder in besonders staubigen Betrieben und bei mangelhafter Pflege der Lager, z. B. bei Lagern für Rollgänge, Tragrollen, Förderbänder, Transportschnecken, Kollergänge, Steinbrecher und anderes mehr. Auch für Feldbahnwagenlager hat sich Preßstoff bewährt, sofern nicht zu lange Strecken ohne Pause durchfahren werden (Möglichkeit der Abkühlung in den Betriebspausen) und sofern durch Maßnahmen der Gestaltung

---

[1] G r a e b i n g, A.: Wassergeschmierte Preßstofflager in Braunkohlenbrikettpressen — Braunkohle Bd. 37 (1938) S. 793/96. — A. G r a e b i n g : Preßstofflager im Braunkohlenbergbau — Rdsch. dt. Techn. Jg. 19 (1939) Nr. 17 S. 4.

[2] L u t z e, F. W. : Heimstoffe im allgemeinen Maschinenbau unter besonderer Berücksichtigung des Arbeitsbereiches der Fried. Krupp Grusonwerk AG., Magdeburg-Buckau — Techn. Mitt. Krupp (Techn. Ber.) Bd. 8 (1940) S. 52/69. — W. F. L u t z e : Umstellung auf Kunstharz-Preßstofflager in Hartzerkleinerungs- und Aufbereitungsmaschinen — Z. VDI Bd. 84 (1940) S. 691/92.

[3] M ä k e l t, H. : Untersuchungen von Preßstoff-Achslagern für Schienenfahrzeuge — Mitt. Forsch.-Inst. Masch.-Wes. b. Baubetrieb H. 11, Berlin: VDI-Verlag 1939.

die auftretenden mechanischen Beanspruchungen beherrscht werden
können.

Im Feinapparatebau wird das Preßstofflager mit bestem
Erfolg in solchen Fällen verwendet, wo geringe Belastungen und weites
Spiel vorliegen. Die Ver-
schleißfestigkeit war
vielfach höher gegenüber
Metallagern, ein Fressen
der Lagerstelle trat nie
ein. Lager und Welle
werden mit der Zeit
hochglänzend poliert.
Die Notlaufeigenschaf-
ten sind viel besser als
bei Metall. Oft bettet
man die Buchse in das
Metallspritzgußteil ein.
Anwendungsfälle: Elek-
trizitätszähler und Meß-
instrumente, Büroma-
schinen, Wellen für
Ventilatoren.

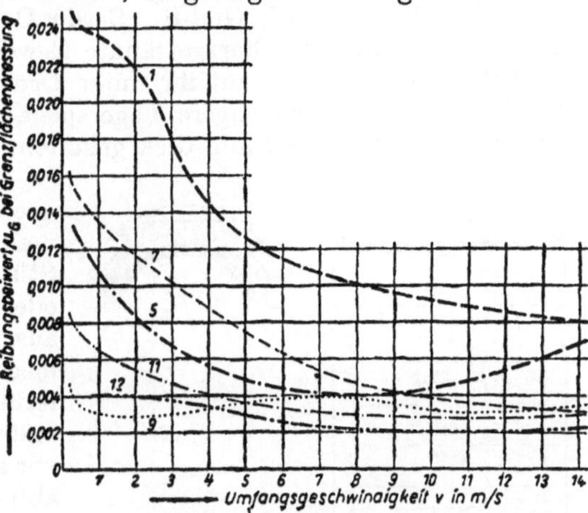

Abb. 220. Reibungszahl μ einiger Preßstoff-Lagersorten in der
Nähe der Grenzflächenpressung.

Für leichtbelastete Lager mit hohen Drehzahlen sind auch
solche Kunstharz-Preßstoffe sehr brauchbar, die als Harzträger einen
hohen Anteil Graphit besitzen. Dieser Werkstoff ist in gewissen Grenzen
selbstschmierend.

Der Feinmaschinenbau ist dem Preßstofflager vorläufig noch verschlossen, jedenfalls dann, wenn geringes Lagerspiel oder hohe Drehzahlen verlangt werden, Fälle, die hier die Regel bilden.

Die umlaufende Preßstoffbuchse. Um die an sich
schlechte Wärmeableitung eines Preßstofflagers zu verbessern, hat man
vorgeschlagen[1], die Preßstoffbuchse fest auf die Welle aufzuziehen, so
daß sie mit ihr in einer feststehenden Lagerschale aus Gußeisen oder
Stahl umläuft. Zwischen der wärmeerzeugenden Lagerstelle und dem
die Wärme ableitenden Lagerkörper befindet sich nun nicht mehr, wie
beim üblichen Lager, die wärmedämmende Preßstoffschicht. Die
Wärme kann dann ungehindert in den Lagerkörper abfließen. Allerdings
bereitet die Befestigung der Preßstoffbuchse auf der Welle noch Schwierigkeiten. Preßstoff dehnt sich nämlich bei Erwärmung mehr als Metall
aus, die Buchse kann also auf der Welle locker werden. Daher ist beim

---

[1] Heidebroek, E.: Wärmeabfuhr in Austauschlagern aus Kunstharz-
Preßstoffen — Kunst- u. Preßstoffe 1, Berlin: VDI-Verlag 1937, S. 33. — A.
Kuntze: Gleitlager aus Kunstharz-Preßstoff für hohe Geschwindigkeiten —
Z. VDI Bd. 81 (1937) S. 338. — E. Gilbert: Kunstharze als Gleitlagerbau-
stoffe — Masch.-Baubetrieb Bd. 16 (1937) S. 363/64.

Aufziehen durch hohe Vorspannung oder andere konstruktive Maß-
nahmen dafür zu sorgen, daß auch bei stärkster Erwärmung ein sicherer
Sitz der Buchse gewährleistet ist. Man muß also zu diesem Zweck einen
Preßstoff mit möglichst hoher Zugfestigkeit wählen, also Typ 77 oder 57.

Die Schäfer-Preßstoff GmbH., Berlin O 17, führt die umlaufende
Lagerbuchse so aus, daß harzgetränkte Gewebebahnen unmittelbar auf
die Welle gewickelt und auf ihr unter Druck gehärtet werden[1]. Um
gute Wärmeabfuhr und engere Lagerspiele als bisher zu bekommen,
wird die Schicht nur 0,2 mm dick gehalten.

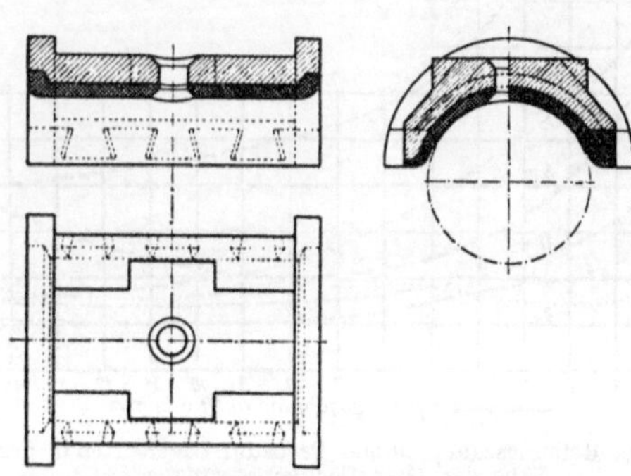

Abb. 221. Verbundschale für Feldbahnlager. Achs-
schenkel 55 mm Dmr., 100 mm Lagerlänge
(aus Kunststoffe Bd. 27 [1937] S. 317).

Bei dem Verbundla-
ger[2][3] nach Abb. 221 preßt
man die Innenfläche einer
Stützschale aus Temperguß
oder Gußeisen mit Preßstoff
aus. Damit ist das Lager
mechanisch fester geworden;
ferner ergeben sich verhältnismäßig kurze Härtezeiten und
vor allem eine bessere Wärmeabfuhr. Das Verbundlager wird
bereits in großem Umfange
für Transmissionen, Feldbahnen, Muldenkipper, Krane,
Rollgänge und andere gröbere
Lager angewendet, zuweilen auch
für große Walzwerke, z. B. Blech-
straßen. Die hierbei meist unbe-
arbeitete gegossene Stützschale ist,
nachdem die Preßstoffausfütterung
abgenutzt ist, wieder verwendbar.
Man brennt die Preßstoffreste heraus und preßt das neue Futter ein.
Ein weiteres Verbundlager (Abb.
222) beschreibt Strohauer[4]. Es

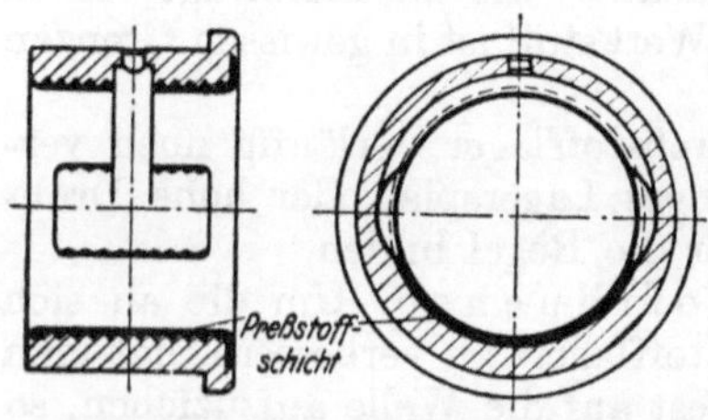

Abb. 222. Leichtmetallbuchse mit eingepreßter
dünner Kunstharz-Preßstoffschicht als Lauffläche.

besteht aus einer mit Innengewinde versehenen Leichtmetallbuchse, in
die eine dünne Preßstoffschicht so eingepreßt ist, daß auch die auf
einer Stirnseite der Buchse eingedrehte schwalbenschwanzförmige

[1] Gilbert, E., und K. Lürenbaum: Hochbeanspruchte Preßstofflager — Rdsch. dt. Techn. Jg. 21 (1941) Nr. 37 S. 3.

[2] Heidebroek, E.: Anwendung von Preßstofflagern in Feldbahnen,
Lokomotiven und Straßenbahnen — Kunststoffe Bd. 27 (1937) S 316/18.

[3] Hoffmann, W.: Verbundlagerschalen für Feldbahnwagen — Z. VDI
Bd. 82 (1938) S. 894/95.

[4] Strohauer, R.: Vergleichende Untersuchungen von Metall- und Kunst-
harz-Preßstoff-Lagern — Z. VDI Bd. 82 (1938) S. 1441/49.

Ringnut mit Preßstoff ausgefüllt ist. Zwecks besserer Wärmeableitung reicht das in die Leichtmetallbuchse eingearbeitete Spitzgewinde bis dicht unter die Preßstoff-Lauffläche; die Reibungswärme kann also dort, wo sie entsteht, von dem gut wärmeleitenden Metall schnell abgeleitet werden. Ferner sind die Ölnut im nichttragenden Teil der Buchse und die beiden seitlichen Öltaschen durch den Preßstoff hindurch tief in das Metall hineingearbeitet, damit dem Schmiermittel durch seine Berührung mit dem Leichtmetall die Wärme möglichst schnell entzogen wird. Mit diesem Lager wurden bisher bei Laufversuchen mit geschichteten, regellosen und gewickelten Preßstoff-Laufflächen von 35 mm Länge außer niedrigeren Lagertemperaturen im Durchschnitt eine um 32% größere Tragfähigkeit erzielt als mit 3 mm dicken Massivlagern gleicher Länge und gleichen Preßstoffes. Bei preßstoffgefütterten Leichtmetallbuchsen von 25 mm Länge ($L/d = 0,625$) konnten die Flächenpressungen gegenüber gleich langen Massivlagern im Mittel sogar um rd. 120% gesteigert werden. Diese Ergebnisse zeigen mit aller Deutlichkeit, daß durch bauliche Maßnahmen die Tragfähigkeit von Preßstofflager auch bei kleinen Lagerlängen erhöht werden kann.

12. Preßstoffzahnräder.

Hartgewebe (siehe auch Seite 241) hat sich seit Jahren als ein sehr guter Baustoff für geräuschmindernde Zahnräder bewährt und hat die Rohhaut und die Vulkanfiber völlig verdrängt. Die Rohhaut quillt sehr stark in Öl und erweicht dabei, während die Vulkanfiber (siehe auch Seite 267) sehr stark Feuchtigkeit aufnimmt und quillt. Hartgewebezahnräder benötigen keine Stirnscheiben aus Metall wie solche aus Rohhaut. Hartgewebe nimmt nur in geringem Maße Feuchtigkeit und noch weniger Öl auf; es verträgt dauernd Temperaturen bis zu 90°. Es hat hohes Dämpfungsvermögen für Schwingungen. Seine Laufeigenschaften auf Metall sind ausgezeichnet.

Neuerdings tritt das verdichtete Lagenholz nach DIN 4076, z. B. „Lignofol" (s. S. 254) mit Hartgewebe in Wettbewerb. Bei beiden Werkstoffen werden bei der Herstellung des Rohlings die einzelnen Lagen sternförmig zueinander versetzt angeordnet, („Sternholz") um an jeder Stelle des Umfanges gleiche Festigkeiten zu erzielen. Die Biegefestigkeit von „Lignofol" ist höher als die von Hartgewebe, etwa 2600 gegen etwa 1200 kg/cm² von Klasse G = 2081. Es hat aber den Nachteil der höheren Quellung durch Öl.

Hartgewebe Klasse G hat eine größere Dämpfung als Klasse F; letztere ist infolge ihrer feineren Struktur für Modul 1,5 und kleiner notwendig.

Zahnräder aus Kunststoffen müssen geschmiert werden wie solche aus Metall. Der Gegenwerkstoff soll immer Metall sein; die Oberfläche des Metallrades darf nicht roh, gegossen, sein. Dessen Breite soll nicht schmaler als die des Kunststoffrades sein. Die gegenüber Metall geringere Härte und Druckfestigkeit ist bei der üblichen Befestigung durch Nut und Feder zu beachten. Übersteigt der Druck auf die Feder 100 kg/cm², sind zwei Federn anzuwenden.

Nachstehend sind auszugsweise Untersuchungen wiedergegeben, die an der Technischen Hochschule Aachen[1] vorgenommen wurden: Drei verschiedene Schichtpreßstoffe wurden geprüft: Hartgewebe Klasse G verdichtetes Lagenholz (grobes Baumwollgewebe), Hartpapier und „Lignofol" (mit einer Furnierdicke von 2 mm). Die gebräuchlichen physikalischen Prüfungen, die nach den Vorschriften des VDE durchgeführt wurden, ergaben unter anderem folgendes: Bei Rohhaut ließ sich die Biegefestigkeit nicht messen, da sich die Proben schon bei geringen Lasten abbogen. Die Schlagbiegeversuche ergaben ein Durchbiegen der Rohhautproben ohne Einreißen. „Lignofol" erzielte hier die günstigsten Werte; es zeigte sich die große Elastizität dieses Stoffes.

Mit dem Martensschen Biegegerät (s. S. 76) wurde das Verhalten der Werkstoffe in Öl bei steigender Temperatur festgestellt. Rohhaut erweichte bei niedrigen Temperaturen, Hartpapier quoll auf. Die Formbeständigkeit n. M. war für Hartgewebe 92°, für Hartpapier 192° und für „Lignofol" 180°.

An Zahnrädern, die aus diesen Preßstoffen hergestellt waren, wurde dann mit einem besonderen Zahnbiegegerät die Last festgestellt, bei der die Zähne zu Bruch gehen. Die Abbiegelasten betrugen bei Rohhaut 3320 kg, bei Hartgewebe 3175 kg und bei Schichtholz 3960 kg. Bei Rohhaut brachen die Zähne nicht, sondern bogen sich ab.

An Zahnrädern aus Rohhaut, Hartgewebe und „Lignofol" mit den eben angegebenen Abmessungen wurden dann Verschleißversuche durchgeführt. Das untersuchte, auf der Welle eines Motors sitzende Rad kämmte dabei mit einem Rad aus St 50.11 und übertrug bei $n = 1450$ U/min 4,5 kW. Die Preßstoff- und die Stahlritzel waren nur in einem Schnitt (Schruppen) gefräst, wiesen also keine hochwertigen Zahnflanken auf. Wesentlich erscheint noch, daß die Preßstoffritzel mit nur für die Stahlbearbeitung geeigneten Werkzeugen hergestellt wurden, die für diese Werkstoffe nicht zweckmäßig sind. Die festgestellten Verschleißwerte mußten daher bei allen Werkstoffen ungünstig hoch ausfallen. Es kam aber bei diesen ersten Versuchen nicht auf die absolute Größe des Verschleißes, sondern mehr auf den Vergleich der Werkstoffe untereinander an.

Die ersten Versuche wurden bei vollkommen trockenem Lauf ohne vorheriges Einfetten der Räder ausgeführt. Das Ergebnis zeigt Abb. 223.

---

[1] Wallichs, A., und G. Depiereux: Vergleichsprüfungen an nicht-metallischen geschichteten Preßstoffen — Masch.-Bau Betrieb Bd. 15 (1936) S. 393/95.

Am schlechtesten bewährte sich die Rohhaut mit 0,7 mm Verschleiß
bei 40 Stunden Laufzeit. Dagegen hatte Hartgewebe bei 40 Stunden
Laufzeit einen Verschleiß von 0,45 mm und „Lignofol" nur 0,25 mm.

Die Überschneidung der Kurven von
„Lignofol" und Hartgewebe ist wahrscheinlich auf die nicht einwand-
freie Zahnflankenbearbeitung zurückzuführen.

Weiterhin wurden die Räder 8
Tage lang in Öl gelegt und dann der
Verschleiß festgestellt. Für Hartgewebe und „Lignofol" wurden die
Laufversuche bis zu 65 Stunden ausgedehnt. Es zeigte sich dabei, daß
Hartgewebe weniger verschleißt als
„Lignofol". Der Verschleißverlauf
läßt jedoch erkennen, daß die Lig-
nofolräder nur im Anfang schneller
verschleißen, bei längeren Laufzeiten

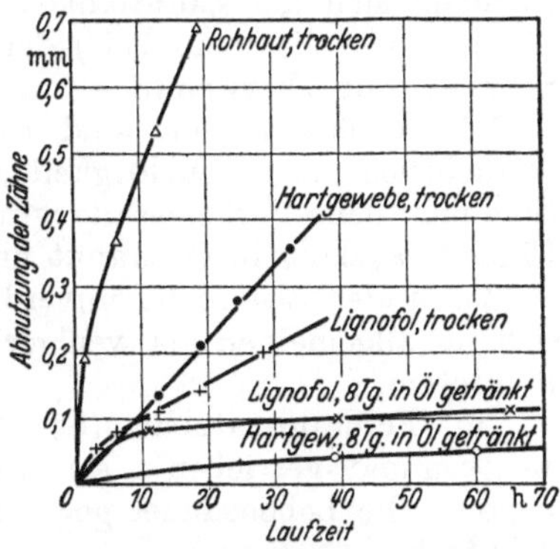

Abb. 223. Verschleißkurve bei trocken laufenden und bei vorher in Öl getränkten
Preßstoff-Zahnrädern.

ist ihr Kurvenverlauf flacher als der des Hartgewebes. Dies deutet
darauf hin, daß sich die nicht glatte Bearbeitung der Zahnflanken bei
„Lignofol" solange ungünstig auswirkt, bis die unebenen Stellen geglättet sind. Es scheint auch hier, als ob die Bearbeitung der Holz-
räder, die ebenfalls mit den in der Metallbearbeitung üblichen Werkzeugen vorgenommen wurde, für Holz nicht geeignet ist.

Auch der Verschleiß der Stahlräder wurde gemessen. Dieser be-
schränkte sich im wesentlichen nur auf das Glätten der Flanken und
betrug höchstens 0,1 mm. Ein verschiedener Einfluß der Gegenwerk-
stoffe auf das Stahlrad war nicht feststellbar.

Zusammenfassung der Versuchsergebnisse.

Rohhaut zeigte sich so elastisch und biegsam, daß bei den meisten Prüfungen Werte nicht festgestellt werden konnten. Bei den Zahnbiege-
versuchen brachen die Räder nicht, sondern bogen sich ab. Gegen Öl
ist der Werkstoff sehr empfindlich. Beim Hartgewebe verhielt sich fei-
neres Gewebe besser als grobes. Der Werkstoff ist hart, aber spröde.
Das „Lignofol" ist bei mittlerer Härte sehr elastisch und hat hohe
Schlagzähigkeit. Auch die Festigkeit bei steigender Temperatur ist
groß. Die Bruchlasten beim Abbiegen der Zähne sind hoch. Bei den
Verschleißversuchen erwies sich beim trockenen Lauf das „Lignofol"
als der günstigste Werkstoff, beim Lauf in Öl und nach einer Tränkung
in Öl sind die Werte etwas ungünstiger als die des Hartgewebes, doch
scheint die geringe Bearbeitungsgüte der Zahnflanken besonders beim
‚Lignofol" ungünstig zu wirken.

O p i t z hat ebenfalls vergleichende Untersuchungen an Zahnrädern aus Schichtholz durchgeführt[1]. Auch hier zeigte sich, daß der Verschleiß von Hartholzrädern anfangs groß ist, aber rasch abnimmt, nachdem sich die Zahnflanken geglättet haben. Bei der Herstellung ist also, wie allgemein bei jeder Kunststoffbearbeitung, auf geeignete Schneidstoffe (Verwendung von Hartmetall!) zu achten.

Für feuchte Räume sind Hartholzräder weniger geeignet, da sie beträchtlich mehr Feuchtigkeit aufnehmen als solche aus Hartgewebe. Eine merkliche Verbesserung wird erreicht, wenn man das Rad vor dem Einbau tagelang in Öl tränkt und während des Betriebes fettet.

Zahnräder aus nicht unverdichtetem Lagenholz (s. S. 229) haben sich im allgemeinen als weniger geeignet erwiesen als solche aus verdichtetem.

Im Feinapparatebau (Synchronuhren, Büromaschinen, Kleinstmotoren und -getrieben u. a.) wird Hartgewebe mit größtem Erfolg verwendet. Die Lebensdauer gegenüber Rotguß und Messing ist etwa die zehnfache.

G e p r e ß t e Verzahnungen. Bei großen Stückzahlen im Apparabau, wo sich die Herstellung der teuren Preßform lohnt, wird zuweilen die Verzahnung auch formgepreßt, bis etwa zum Modul 1 herunter. Nur die festesten der nichtgeschichteten Typen kommen in Betracht, Typ 74 und 54. Die Festigkeit des Zahnes ist bedeutend niedriger als die von Klasse F; es kommen also nur Getriebe mit niedrigen Belastungen in Betracht.

13. Wirtschaftliches.

(Angegebene Preise: Stand 1938.)

Für den Verbraucher setzen sich die Kosten eines Preßstoffteiles aus den Kosten für das Stück u n d den anteiligen Werkzeugkosten zusammen. Der Preis einer Preßform schwankt, je nach der Gestalt und Größe des Stückes, zwischen einigen Hundert und einigen Tausend Mark. Eine Preßform für das Gehäuse eines größeren Rundfunk-Empfanggerätes kostete 1938 10 000 bis 15 000 RM. Preßformen sind also teure Werkzeuge; bei nur kleinen Preßstückumsätzen stellen die Werkzeugkosten einen erheblichen Anteil der Gesamtkosten des Stückes dar.

S t ü c k p r e i s , W e r k z e u g k o s t e n u n d J a h r e s b e d a r f sind die Hauptfaktoren bei der Wirtschaftlichkeitsberechnung eines neu zu schaffenden Preßstückes. Wird Preßstoff nicht als Isolierstoff, sondern als Baustoff für rein mechanische Verwendungen gebraucht, so wird die Herstellung eines Stückes in Preßstoff in der Regel erst dann wirtschaftlich oder billiger als die Ausführung in anderen Baustoffen

---

[1] Referat über H. O p i t z : Verwendung vergüteter Harthölzer als Zahnradwerkstoff — Kunststoffe Bd. 28 (1938) S. 19; ferner: O p i t z und R e e s e : Verschleißverhalten von Kunststoffzahnrädern — Kunststoffe Bd. 32 (1942) S. 263—269.

wie Blech oder Guß, welche in der Regel niedrigere Werkzeugkosten erfordern, wenn der Jahresbedarf mindestens mehrere tausend Stück beträgt. Bei Teilen für die Elektrotechnik dagegen ist die Wirtschaftlichkeit eines Preßstoffes viel eher gegeben. Oft wird hier schon für Teile mit nur 500 Stück Jahresumsatz eine Preßform geschaffen, die z. B. 1500 RM kosten mag. Das ist deswegen möglich, weil Preßstoff hier zwei Aufgaben zugleich erfüllt; er ist Bau- wie auch I s o l i e r stoff. Infolgedessen kann man hier die Bauweise in der Regel v e r e i n - f a c h e n gegenüber der ·älteren Ausführung aus Metall oder Holz zusammen mit isolierenden Teilen aus Hartpapier, und man kommt dadurch viel eher als beim Bau nicht elektrischer Apparate zu einer Wirtschaftlichkeit der Preßstoffausführung. Beispiele hierfür sind die ehemals gußgekapselten Schalter und Meßgeräte und die Abzweigkästen aus Grauguß, wie sie Abb. 199 bis 201 zeigen. Der Maschinenbau allerdings kann noch nicht daran denken, rohe Graugußkästen in diesen Abmessungen für irgendwelche mechanische Zwecke durch eine Preßstoffausführung zu ersetzen.

Die Formkosten sind um so größer, je größer die W o c h e n l i e f e r - m e n g e ist. Der Besteller tut gut, das wöchentliche Liefersoll nicht höher vorzuschreiben als tatsächlich notwendig ist; damit hält er die Werkzeugkosten niedrig. Andernfalls zwingt er das Preßwerk zum Bau einer vielfacheren Form als sie nötig gewesen wäre.

Oft schlägt aber das Preßwerk von sich aus eine Mehrfachform vor, die wöchentlich mehr zu leisten vermag als verlangt wird; das geschieht dann, wenn der Stückpreis dadurch beträchtlich niedriger ausfällt. Sache des Preßwerkes ist es, die Werkzeuggröße unter Berücksichtigung aller Faktoren richtig zu bestimmen.

Ebenso wie sich der Besteller mit dem wöchentlichen Liefersoll beschränken sollte, muß er auch vermeiden, seinen J a h r e s b e d a r f zu hoch anzugeben. Es kommt leider sehr häufig vor, daß man bei der Preisanfrage einen hohen Jahresbedarf nennt, hinterher aber nur kleine Stückzahlen bestellt. Damit werden beide Geschäftspartner geschädigt. Das Preßwerk ist in solchen Fällen ja doch gezwungen, den Stückpreis nachträglich zu erhöhen, da sich die Grundlage seiner Preisberechnung verschoben hat. Damit wird aber auch die Wirtschaftlichkeitsberechnung des Bestellers zunichte gemacht, denn sein Gerät, für welches das Stück bestimmt ist, wird nun teurer.

Der P r e i s d e s P r e ß s t ü c k e s hängt in erster Linie von folgenden Faktoren ab:

    a) Werkstoffmenge, also Rauminhalt des Stückes (ohne etwaige Metalleinbettungen) zuzüglich einem Verlustzuschlag,

    b) Werkstoffsorte,

    c) Arbeitslöhne,

    d) Betriebs- und allgemeine Unkosten.

Zu a) und b): Diese beiden zusammen ergeben die Werkstoffkosten, die am Stückpreis beträchtlichen Anteil haben. Hierfür sollen einige Beispiele gebracht werden. Sie sind für den Konstrukteur von Wert, der die Abmessungen des Stückes festsetzt. Das Verhältnis von Werkstoffanteil zum Verkaufspreis eines Stückes aus dem meist gebräuchlichen Typ 31 ist das folgende: Es liegt bei Preßstücken durchschnittlicher Art, mit etwas Nacharbeit am Stück nach dem Pressen, mit Stückzahlen von etwa 3000 bis 10 000 im Jahre, das ist also die Mehrzahl aller vorkommenden Fälle, bei etwa 3 : 10. Höher ist der Werkstoffanteil bei einfachen Massenartikeln, wenn sie sehr wenig Nacharbeit nach dem Pressen erfordern, z. B. bei einfachen Drehschalterkappen mit einem Jahresbedarf von 100 000 Stück und mehr; das Verhältnis liegt hier bei 6 : 10. Sehr große Gehäuse für Rundfunk-Empfanggeräte haben einen recht hohen Werkstoffanteil; das Verhältnis ist hier bei Wanddicken von rund 4 mm etwa 7 : 10.

Zu b): Es ist selbstverständlich, daß der Konstrukteur bei der Schaffung eines neuen Teiles aus Preßstoff den Werkstoff in erster Linie nach technischen Gesichtspunkten auswählt. Er stellt aber auch wirtschaftliche Erwägungen an und fragt daher oft nach dem Preis der Preßmasse; manchmal sind mehrere Sorten technisch gleich gut geeignet und er wird dann die billigste wählen. 1 kg Preßmasse Typ 31 mit 50% Phenolgehalt kostete 1938 1,50 RM. Tabelle 36 bringt nun in der ersten Reihe Verhältniszahlen für Massepreise, bezogen auf den

Tabelle 36. **Verhältniswerte der Preise der Preßmassen und der Preßteile.**

	Vergleichspreise je Volumeneinheit								
Typ	31	54	57	74	77	11	12	16	131
	Harzgehalt 50% | 40%	Gewebe		Zellstoff		Gest.M	Asb.		
Preßmasse	1 | 0,90	1,6	2,5	1,5	2,2	1,2	1,3	2,8	2÷2,4
Fertiges Preßteil	1 | 0,95	1,7	2,2...2,6	1,6	2...3	1,1	1,1	2,0	1,5...1,8

Typ 31 mit 50% Harzgehalt (der für technisch anspruchsvolle Teile als der normale Harzgehalt angesehen werden kann), wobei 1,50 M = 1 eingesetzt ist. In dieser Zeile ist aber nicht berücksichtigt, daß unter Umständen eine billige Preßmasse umständlich oder schwierig, eine teure dagegen einfach und billig verarbeitbar sein kann. Das ist zum Teil der Fall. Die Massepreise allein wären also irreführend. Daher zeigt die zweite Zeile dieser Tabelle die Verhältniswerte für die Preise des fertigen Preßstückes, bezogen auf Typ 31 mit 50% Harzgehalt. Der Stückpreis enthält die Kosten der Masse zuzüglich der Löhne und Unkosten für die Herstellung des Stückes. Diese Stückpreise gelten alle für ein und dasselbe Stück, und zwar für ein verhältnismäßig einfaches und nicht unterschnittenes Preßstück von durchschnittlicher Fertigungsgüte, das etwa 20 bis 300 g wiegt, ohne Metalleinbettungen, mit üblichen geringen Nacharbeitskosten.

Der Preis von Preßstoffwaren. Als eine Faustregel für einen rohen Preisüberschlag kann gelten: Preßteile, durchschnittliche Massenwaren, ohne besondere Anforderungen an Maße und Oberflächengüte, ohne Metalleinbettungen, stellten sich 1938 auf 3,00 bis 3,50 RM je kg = 4 bis 5 RM je Ltr. In der Regel werden solche Teile aus nur 40%iger Phenol- oder gar Kresolmasse gepreßt.

Zu c) und d): Verglichen mit einem einfachen glatt zu formenden Preßstück, das dazu noch wenig Nacharbeit nach dem Pressen erfordert, wachsen die Arbeitslöhne für ein sonst gleiches Stück beträchtlich, wenn es Metalleinbettungen enthält, wenn Gewinde oder Unterscheidungen mittels Kernen zu formen sind, und wenn nach dem Pressen noch viel Nacharbeit nötig ist. Entsprechend steigen auch die Betriebsunkosten. Die Größe des Preßstückes beeinflußt weniger die Arbeitslöhne als vielmehr die Betriebskosten, die mit zunehmender Pressengröße stark wachsen.

Die Preßform, das Mittel der neuzeitlichen Massenfertigung, ist fast immer ein Einzelerzeugnis. Selbst bei Mehrfachformen ist die Serie der Einsätze nur klein. Trotz Verwendung aller Hilfsmittel bleibt ein erheblicher und wichtiger Teil ihrer Herstellung, das Herausholen letzter Feinheiten an Maß und der meist unregelmäßigen Gestalt, der Herstellung von Hand überlassen. Preßformen können daher nie „billig" sein, und die beliebte Feststellung, daß ein Kraftwagen weniger kostet als eine große Preßform, ist daher ein hinkender Vergleich.

Bei kleinen Jahresmengen wird zuweilen der Versuch gemacht, die Formkosten dadurch niedrig zu halten, daß man nur eine behelfsmäßige Preßform baut, eine einfache Handform nach Abb. 59. Dadurch wird nicht nur das Preßstück in der Herstellung teurer, sondern es leidet auch die Güte des Stückes. Die zwar anfangs brauchbare Form ergibt sehr bald unansehliche Preßstücke.

Preise für Preßformen anzugeben, ist fast unmöglich, da jeder Fall anders liegt. Zwei Grenzfälle seien dennoch gegeben: Eine Einfachform für einen kleinen Knopf oder Hebel oder Griff kostet etwa 300 RM. Die Form für das Gehäuse eines großen Rundfunk-Empfanggerätes mit eingebautem Lautsprecher kostet etwa 12 000 RM.

Sehr oft wird nach der Mengenleistung, der „Ausbringung" einer Preßform gefragt. Sie ist in jedem Betrieb eine andere, da die technische Organisation der Preßwerke, zum Teil auch die Arbeitsweise verschieden sind. Dennoch sei hier ein roher Mittelwert gegeben, und zwar nicht nur für die äußerst mögliche Ausbringung einer Form, sondern für die, nach Abzug von Betriebs- und Werkzeugstörungen und von Ausschuß, schließlich mögliche Liefermenge je achtstündige Schicht, welche das Preßwerk verbindlich zusagen kann. Dabei möge ein einfaches Preßstück der Typen 31, 31.5, 71, 74, 51 oder 54 angenommen werden mit einer Wanddicke von 3 mm, ohne Metalleinbettungen und Unterschneidungen. Man kann hierbei die wöchentlich stets gleiche Liefermenge eines größeren Auftrages, der sich über eine Reihe von Wochen erstreckt und dessen Liefermenge völlig gleichbleibend eingehalten werden muß, mit etwa 1200 Stück vorübergehend ansetzen. Für eine k u r z e Zeit von wenigen Wochen kann man unverbindlich ausnahmsweise bis zu etwa 1600 Stück je Woche zusagen. Teile mit Metalleinbettungen oder mit Unterschneidungen vermindern die Liefermenge beträchtlich, solche mit dünnen Wänden vergrößern sie etwas. Der Typ 131 ergibt etwas, der Typ 30 bedeutend kleinere Ausbringung. Die angegebenen Mengen gelten für eine Einfachform, für eine Mehrfachform sind sie annähernd mehrfach größer. Im allgemeinen arbeiten die Preßwerke in zwei oder drei Schichten; die angegebene Leistung wächst also entsprechend.

Tabelle 37. Eigenschaften und Prüfwerte

1	2	3	4	5	6	7	8	9	10	11
Gruppe nach § 4	Art des Hartpapiers oder Hartgewebes	§ 11 Rohwichte (Raumgewicht) kg/dm³	§ 12 Biegefestigkeit σ_{bB} unbearbeitet mind. kg/cm²	§ 12 Biegefestigkeit σ_{bB} abgearbeitet mind. kg/cm²	§ 13 Schlagzähigk. a_{n10} und a_{n15} mind. cmkg/cm²	§ 13 A Kerbschlagzähigkeit a_{k15} 4 mind. cmkg/cm²	§ 13 A Kerbschlagzähigkeit a_{k10} 5 mind. cmkg/cm²	§ 14 Zugfestigkeit σ_{zB} mind. kg/cm²	§ 15 Druckfestigkeit σ_{dB} mind. kg/cm²	§ 16 Spaltwiderstand mind. kg
1	Platten — Hart-pap. Kl. I	< 1,42	1300	1.000	25	15	5	1000	1000	200
2	Hart-pap. „ II	< 1,42	1500	1300	25	15	5	1200	1500	200
3	Hart-pap. „ III	< 1,42	1300	1000	15	10	4	1000	1000	200
4	Hart-pap. „ IV	< 1,42	800	700	8	5	3	700	1000	200
5	Hart-gew. „ G	< 1,42	1000	800	25	20	15	500	2000	300
6	Hart-gew. „ F	< 1,42	1300	1000	30	18	15	800	2000	250
7	Hart-gew. „ GZ	< 1,42	1000	800	30	20	15	500	1800	300
8	Hart-gew. „ FZ	< 1,42	1000	800	30	18	10	500	1800	250
9	Rundrohre, gewickelt	> 1,05[1]	800	—	—	—	—	500	400	—
10	Rohre, gepreßt .	> 1,15	800	—	—	—	—	—	700	—
11	Umpressungen .	—	—	—	—	—	—	—	—	—
12	Vollstäbe	> 1,3	1000	—	15	—	—	500	800	—
13	Flachleisten . .	> 1,15	800	—	15	—	—	500	500	—
14	Formstücke . .	> 1,15	—	—	—	—	—	—	2	—

[1] Gilt nicht bei Herstellung mit Naturharz. — [2] Nach Vereinbarung. — [3] Bisher als Wärmefestigkeit nach Martens bezeichnet. — [4] Beanspruchung lt. Bild in Spalte 5 der Tab. 38. — [5] Beanspruchung lt. Bild in Spalte 2 bis 4 der Tab. 38.

B. Schichtpreßstoffe (organ. u. anorg.).
1. Hartpapier und Hartgewebe (organ.) auf Kresolharz-Basis.

Hartpapier und Hartgewebe sind geschichtete Preßstoffe, die aus Papier- oder Gewebebahnen und Harz unter Anwendung von Druck und Wärme überwiegend zu Platten und Rohren verformt werden.

Diese Halbfabrikate finden sowohl als Bau- wie auch als Isolierstoffe Verwendung. Die natürliche und übliche Farbe ist goldgelb bis dunkelbraun, auch schwarz wird zuweilen verwendet. Durch eine farbige oder bedruckte Decklage kann der Oberfläche ein beliebiges Aussehen gegeben werden; es gibt z. B. zahlreiche Nachahmungen von Edelhölzern und polierten Gesteinen.

Nach VDE 0318 sind die in Tabelle 37, Spalte 2, genannten Gruppen von Hartpapieren und Hartgeweben hauptsächlich für e l e k t r o t e c h n i s c h e   Z w e c k e gegliedert worden. Das Normblatt DIN

v o n   H a r t p a p i e r   u n d   H a r t g e w e b e nach VDE 0318/III. 43.

12	13	14	15	16	17	18	19	20	21	22	23
§ 17		§ 18		§ 19				§ 20	§ 21	§ 21 A	§ 22
Oberflächenwiderstand		Widerstand im Innern		Prüfspannung				Dielektr. Verlustfaktor tg δ (bei 20° C u. 800 Hz) höchst.	Wärmebeständigkeit	Formbeständigkeit nach Martens[3] bis mind.	Wasseraufnahme (nach Abb. 230 hier angeg. für 3mm Dicke) höchst.
				parallel zu den Schichten		senkr. zu den Schichten (3 mm Dicke)					
nach Vorbeh. a^6 mind. Ω	nach Vorbeh. a u. b^6 mind. Ω	nach Vorbeh. a^6 mind. Ω	nach Vorbeh. a u. b^6 mind. Ω	bei 20° kV	bei 90° kV	bei 20° kV	bei 90° kV	höchst.	° C	° C	%
10^{12}	10^9	10^{10}	10^9	40	25	60	40	0,1	130	125	11
10^{11}	10^8	10^{10}	10^8	—	—	—	—	—	130	125	11
10^{12}	10^9	10^{10}	10^9	30	20	50	20	0,1	150	125	8
10^{12}	$5 \cdot 10^9$	$5 \cdot 10^{10}$	$5 \cdot 10^9$	25	10	40	15	0,1	150	125	1,5
10^{10}	10^8	10^9	10^8	25	8	20	5	—	130	125	3
10^{10}	10^8	10^9	10^8	25	8	20	5	—	130	125	3
10^{10}	10^8	10^9	10^8	25	8	20	5	—	130	110	3
10^{10}	10^8	10^9	10^8	25	8	20	5	—	130	110	3
10^{10}	10^8	10^{10}	10^8	20	10	30 Hp 20 Hgw	24 Hp 5 Hgw	0,05 Hp	130	—	—
10^{10}	10^9	10^{10}	10^8	20 Hp 10 Hgw	10 Hp 5 Hgw	20 Hp 15 Hgw	15 Hp 5 Hgw	—	130	—	—
10^{10}	10^9	—	—	20 Hp 10 Hgw	10 Hp 5 Hgw	20 Hp 15 Hgw	15 Hp 5 Hgw	—	130	—	—
10^{10}	10^9	10^{10}	10^8	20 Hp 10 Hgw	10 Hp 5 Hgw	—	—	—	130	—	—
10^{10}	10^8	10^{10}	10^8	20 Hp 10 Hgw	10 Hp 5 Hgw	—	—	—	130	—	—
10^{10}	10^8	10^{10}	10^8	[2]	[2]	[2]	[2]	—	130	—	—

Hp = Hartpapier, Hgw = Hartgewebe. — Die elektrischen Werte (senkrechte Spalten 12 bis 20) gelten für Hartgewebe nur bei ausdrücklicher Bestellung für elektrische Zwecke. Vorbehandlung a besteht aus einer vierstündigen Trocknung bei 70° ± 5°, b aus einer vierstündigen Lagerung in Luft von 80% relativer Feuchtigkeit und Raumtemperatur (siehe auch VDE 0308).

Tabelle 38. Eigenschaftswerte der Schichtpreßstoffe, Hartpapier und

1	2	3	4	5	6	7	8	9	10	11
Preßstoff-Bezeichnung	Mechanische Eigenschaften									
	Biegefestigkeit		Schlag-zähigkeit	Kerbschlag-zähigkeit		Druck-festigkeit	Zug-festigkeit	Spalt-widerstand	Härte	Elastizitäts-modul
	σ_{bB}		a_n	a_{k15}	a_{k10}	σ_{dB}	σ_{zB}		H	E
bisher / neu	kg/cm² mind.		cmkg/cm² mind.	cmkg/cm² mind.		kg/cm² mind.	kg/cm² mind.	kg mind.	kg/cm² mind.	kg/cm² Richtwerte
Beanspruchungs-richtung										
Hartpapier Klasse II	roh 1500	abge-arbeitet 1300	25	15	5	1500	1200	200	1300	(80 000 bis * 110 000)
Typ Z 3 / **Typ 57**	1200		15	10	—	1600	800	—	1300	(80 000 bis * 130 000)
Hartgewebe Klasse G	roh 1000	abge-arbeitet 800	25	20	15	2000	500	300	1300	(60 000 bis * 80 000)
Hartgewebe Klasse GZ	1000	800	30	20	15	1800	500	300	—	—
Hartgewebe Klasse F	1300	1000	30	18	15	2000	800	250	1300	(70 000 bis * 90 000)
Hartgewebe Klasse FZ	1000	800	30	18	10	1800	500	250	—	—
Typ T 3 / **Typ 77**	800		25	18	—	1200	500	—	1300	(40 000 bis * 90 000)

* Vorläufige Werte

1		12	13	14	15	16	17	18	19
Preßstoff-Bezeichnung		Form-beständigkeit nach Martens	bei dauernder Wärme-beanspruchung	Zulässige Höchsttemperatur bei kurzzeitiger Wärmebeanspruchung und Berücksichtigung			Glut-festigkeit	Lineare Wärme-dehnzahl je °C zwischen 0° und 50°	Roh-Wichte
				von 10 % Abnahme der Biege-festigkeit	von 10 % Abnahme der Schlag-zähigkeit	von 0,6 % Nach-schwin-dung			
bisher	neu	bis mindestens °C	°C	°C	°C	°C	mindestens Gütegrad	$\alpha t \cdot 10^6$	kg/dm³ $\approx$
Beanspruchungs-richtung		—	—	120		—	—	—	—
Hartpapier Klasse II		125	110					10 bis 25	1,4
Typ Z 3	**Typ 57**	125	100	135	115	130	3	10 bis 30	1,4
Hartgewebe Klasse G		125	110					10 bis 25	1,4
Hartgewebe Klasse GZ		110	110					—	1,4
Hartgewebe Klasse F		125	110					10 bis 25	1,4
Hartgewebe Klasse FZ		110	110					—	1,4
Typ T 3	**Typ 77**	125	100	100	125	165	2	15 bis 30	1,4

7706 (vgl. Tabelle 38) entnahm hieraus nur die als B a u s t o f f e
wichtigsten Sorten, schließt aber noch die geschichteten Typen 57 und 77
ein, aus denen g e f o r m t e T e i l e hergestellt werden. Diese wurden
in diesem Buche aber unter „F o r m preßstoffe" behandelt.

G e f o r m t e T e i l e aus Schichtpreßstoffen werden auch durch
„Low pressure molding", nach einem Niederdruck-Preßverfahren, hergestellt, wobei als Harzträger außer Papier und organischen Geweben
auch Glasfasergewebe verwendet werden. Auch diese Erzeugnisse werden
unter F o r m preßstoffe, siehe Seite 132, besprochen.

Hartpapier. Hartpapier Klasse I dient für die Verwendung in der
Hochspannungstechnik. Es ist besonders durchschlagfest und hat auch
geringe dielektrische Verluste (tg δ). Hartpapier Klasse II ist das normale
Hartpapier sowohl für mechanische, wie auch normale elektrische Verwendung, vor allem für Niederspannung. Hartpapier Klasse III ist
auf die besonderen Zwecke der Fernmeldetechnik zugeschnitten. Die
zulässige Wasseraufnahme ist enger begrenzt und der Mindest-Isolations-
widerstand höher als bei den Klassen I und II. Hartpapier Klasse IV
ist die Hartpapiersorte mit äußerst geringer Wasseraufnahme und
höchstem Isolationswiderstand, die sogenannte „Tropenqualität". Dies
wird erreicht durch sehr dünne Papiere, meist Baumwollhadernpapier
und durch hohen Harzgehalt. Dieses „Super-Hartpapier" ist für die
Fernmeldetechnik geschaffen worden. Der Preis ist erheblich höher als
der der anderen Sorten. Die mechanischen Eigenschaftswerte liegen
niedriger.

Einige Firmen führen auch eine (nicht typisierte) sogenannte „Stanz-
qualität". Dieses Hartpapier ist leichter stanzbar und neigt weniger
zum Aufblättern; dennoch ist bei ihm wie bei den anderen Sorten ein
Vorwärmen der Stanzstreifen auf 110 bis 120° vor dem Stanzen, mindestens bei Dicken über 1 mm, notwendig. Hierzu werden die Stanzstreifen am besten zwischen beheizten Metallplatten oder in Wärme-
schränken, die dicht neben dem Arbeitsplatz angeordnet sind, gelagert.
Stets ist auf ausreichende Erwärmungszeit zu achten, vor allem bei
den dickeren Platten, um gut d u r c h zuwärmen; es darf andererseits
nicht zu lange vorgewärmt werden, um das Material nicht zu ver-
spröden. Dann lassen sich noch Dicken bis zu fast 3 mm stanzen. Erste
Voraussetzung für ein glattes Arbeiten ist, daß unmittelbar anschließend an die Entnahme aus der Wärmevorrichtung gestanzt wird. Die
Werkzeuge müssen gut scharf sein; sie müssen um etwa 0,2%, das ist
der Betrag der Nachschwindung durch Erwärmen, größer gehalten sein.

Grundsätzlich besser als der Wärmeschrank eignet sich zum Vorwärmen das Hochfrequenzgerät, zum mindesten für dickere Platten.
Siehe S. 117.

M a r k e n n a m e n : „Pertinax", „Turbonit", „Carta", „Wahnerit", „Repelit", „Preßzell" u. a.

Tiefziehbare Sondersorten. Kresol- bzw. Phenolharzhartpapiere und -gewebe der üblichen Sorten lassen sich in mäßigem Umfange warm ziehen. Dazu müssen sie richtig durchwärmt werden, wie dies beim Warmschneiden beschrieben wurde. Man arbeitet dabei mit einem Faltenhalter im Ziehwerkzeug. Führt man die Härtung des Harzes weniger weit durch, so wird die Tiefziehbarkeit noch besser. In den USA z. B. brachte die Westinghouse-Ges. eine Sondersorte ,,Micarta 444'', für Tiefziehzwecke heraus[1]. Sie liefert selbst dergleichen Teile in Massenfertigung.

Hartgewebe. Klasse G ist aus grobfädigem Gewebe (höchstens zwei Gewebelagen je mm Dicke), Klasse F aus feinfädigem Gewebe (mehr als zwei Gewebelagen je mm Dicke) hergestellt. Die seit 1939 eingeführten Sorten GZ und FZ haben Zellwolle als Harzträger. GZ ist grobfädig, höchstens zwei Gewebelagen je mm Dicke, FZ ist feinfädig, mehr als zwei Gewebelagen je mm Dicke. Die Festigkeit ist bei den Klassen F etwas größer als bei den Klassen G (vgl. Tabelle 38). Ganz überwiegend wird Klasse G verwendet. F dient für Kleinteile hoher Festigkeit mit feinen Einzelheiten der Facon, z. B. Zahnräder, Stanzteile. Einige Firmen fertigen auf Wunsch eine noch feinfädigere Sorte als F (Batistgewebe), für Teile kleinster Abmessungen.

Markennamen: ,,Novotext'', ,,Durcoton'', ,,Turbax'', ,,Carta-Textil'', ,,Linax'' u. a.

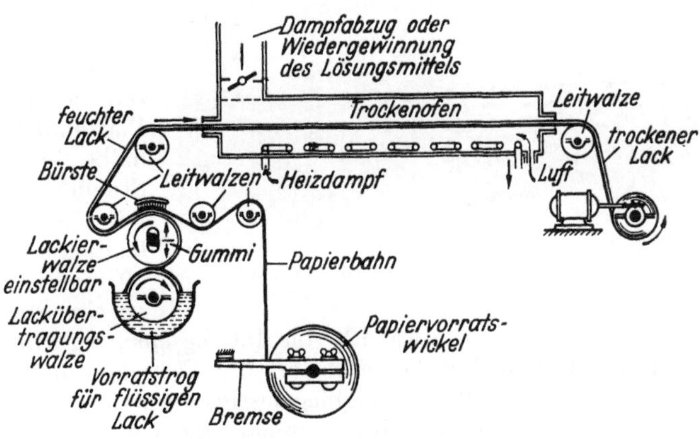

Abb. 224. Papier-Lackiermaschine.
(Aus *R. Vieweg*, Elektrotecnnische Isolierstoffe, Berlin 1937, Springer-Verlag.)

Vereinzelt wird auch Hartgewebe aus Leinen als Harzträger erzeugt. Die Festigkeit ist noch höher als bei Klasse F.

Herstellung. Das Papier muß gut saugfähig sein. Je nach dem Verwendungszweck werden maschinenglatte oder satinierte (geglättete)

---

[1] Siehe Inserat in Modern Plastics Mai 1947 S. 134.

Papiere verarbeitet. Meist wird ein reines Natronzellstoffpapier von etwa 30 bis 100 g je m² verwendet. Für Sonderzwecke werden auch leichtere Papiere genommen. Als Bindemittel für die Papier- und Gewebebahnen wird ganz allgemein Kunstharz genommen, und zwar in der Regel das langsamhärtende Kresol-Resol-Harz[1]. Man tränkt die endlosen Papier- oder Gewebebahnen auf besonderen Streichmaschinen, siehe Abb. 224, durch Auftrag oder durch Tauchen. Meistens wird hierbei festes Harz vom Zustand A, das in Spiritus gelöst ist, benutzt. Nach dem Tränken durchwandern die Bahnen Heizschächte, in denen sie bei etwa 100 bis 120° getrocknet werden. Das Wasser und der Spiritus verdampfen hierbei. Gleichzeitig wird das Harz leicht vorgehärtet, bleibt aber noch gut bindefähig. Für die Weiterverarbeitung zu Platten streicht man das Papier oft zweiseitig, dagegen zu gewickelten Erzeugnissen grundsätzlich nur einseitig.

Platten. Man schichtet die aus den gestrichenen Bahnen geschnittenen Papier- oder Gewebelagen zu Stapeln aufeinander und preßt diese auf einer Plattenpresse (Abb. 225) unter Druck und Wärme solange, bis das Kunstharz völlig ausgehärtet ist. Die Härtetemperatur beträgt etwa 160°, die Härtezeit je nach der Plattendicke eine halbe bis mehrere Stunden. Die Härtezeit für eine Plattendicke von z. B. 10 mm beträgt etwa eine Stunde. Der

Abb. 225. Plattenpresse zur Herstellung von Hartpapier und Hartgewebeplatten.

Preßdruck ist bei Papier etwa 120 bis 150 kg/cm², bei Hartgewebe etwas niedriger. Höhere Drücke verbessern die Festigkeit nicht, setzen beim Hartgewebe sogar die Schlagbiegefestigkeit herab, da dann die Struktur der Faser bereits in Mitleidenschaft gezogen wird. Nach vollzogener Härtung wird die Platte unter Druck gekühlt. Die Platte liegt während des Preßvorganges zwischen matten oder hochglänzend polierten Preßblechen und bekommt dabei eine entsprechende Oberfläche. Zur besseren Ablösung von der Platte werden die Bleche meist leicht eingefettet. Bei kleineren Plattendicken werden mehrere Platten über-

---

[1] Der früher zur Herstellung von gewickelten Rohren viel verwendete Schellack findet nur noch in Sonderfällen der Elektrotechnik Anwendung.

einander in einem Preßgang erzeugt, wobei die einzelnen Platten durch Preßbleche voneinander getrennt sind.

Die Größe der Hartpapier- und Hartgewebeplatten ist nach den Einrichtungen der Herstellerfirmen verschieden, sie sind nicht genormt. Die Breite beträgt 0,5 bis 1 m, selten bis 1,5 m, die Länge 1 bis 1,5 m, selten bis 2,5 m; oft üblich ist das Format 550 × 1050 mm. Plattendicken und -toleranzen von Platten aus Hartpapier siehe DIN 40 605, aus Hartgewebe siehe DIN 40 606. Man stellt Hartgewebeplatten oder -blöcke bis zu 200 mm Dicke (z. B. für Zahnräder) in einwandfreier Durchhärtung her.

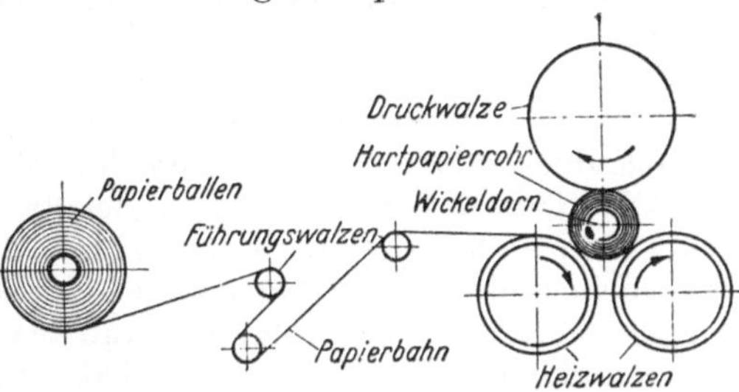

Abb. 226. Rohrwickelmaschine. (Aus „Römmler-Handbuch“).

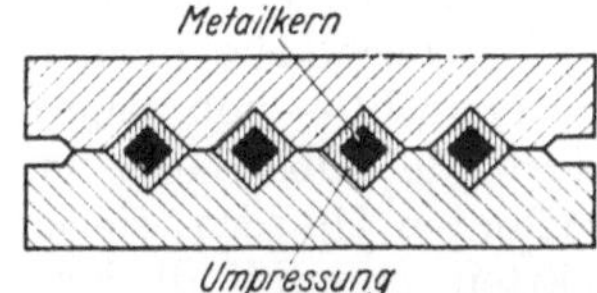

Abb. 227. Preßform zum Pressen gewickelter Rohre und Stäbe (hier zur Ummantelung von Vierkantstäben).

R o h r e. Lackierte Papier- oder Gewebebahnen werden auf einen umlaufenden Stahldorn aufgewickelt, wobei durch Druck- und Heizwalzen (Abb. 226) eine Bindung der Bahnen und eine leichte Härtung des Harzes eintritt. Dann wird das Rohr auf dem Wickeldorn im Trockenofen fertig gehärtet und danach vom Dorn abgezogen. Zuweilen werden die Rohre nach dem Wickeln auch noch in Formen, ähnlich Abb. 227), gepreßt. Auf diese Weise lassen sich Rohre fast jeden Profils herstellen.

Durchmesser, Wanddicke und Toleranzen siehe DIN 40 607: „Hartpapierrohr, Hartgeweberohr, gewickelt, nicht nachgepreßt“.

Abb. 228. Hartgewebestab aus Platte herausgearbeitet, unfest.

U m p r e s s u n g e n v o n M e t a l l k e r n e n. Mit lackierten Papier- oder Gewebebahnen umwickelte, runde oder profilierte Metallstäbe werden in geteilten Formen unter Druck und Hitze ausgehärtet (Abb. 227).

V o l l s t ä b e. Gewickelte Rohre von kleiner lichter Weite und verhältnismäßig großer Wanddicke werden in einer Form zusammengepreßt und ausgehärtet. Auf diese Weise werden Rund- und Flachstäbe erzeugt. Es ist nicht zu empfehlen, Rundstäbe aus der Platte herauszuschneiden, weil gewickelte und nachgepreßte Stäbe mechanisch fester sind, siehe Abb. 228 und 229. Aus

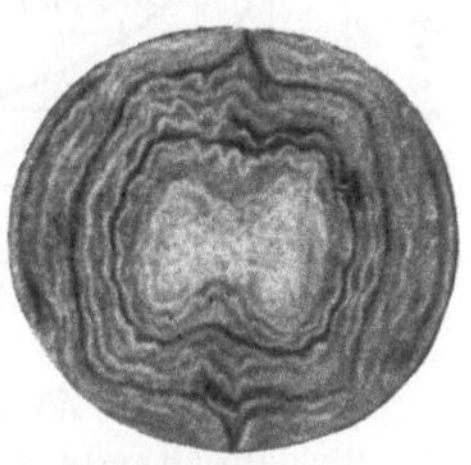

Abb. 229. Gewickelter und gepreßter Hartgewebestab, richtig.

Stäben dürfen auch keine Zahnräder hergestellt werden, der Zahn würde nicht fest genug sein. Zahnräder müssen aus Platten oder runden Scheiben gefertigt werden, wobei die Lagen in der Beanspruchungsebene liegen.

Formteile siehe Seite 129.

Platten mit besonderer Oberflächenwirkung. Als Wandbekleidung, Möbelfurniere, Tischbelag u. a. m. werden Platten mit Oberflächen von bestimmten dekorativen Wirkungen, z. B. mit dem Aussehen eines Edelholzes gebraucht. Dazu wird beim Schichten des Hartpapieres als Schlußlage ein entsprechend gemustertes Blatt Papier aufgelegt, auf das durch ein beliebiges, z. B. photographisches Verfahren die Nachahmung einer ausgesucht schönen Edelholzmaserung übertragen wurde. Dieses Blatt verbindet sich beim Pressen mit den übrigen Blättern zu einem festen Ganzen. Man bildet so die Oberfläche nicht nur von Hölzern, sondern auch — wenig werkstoffgerecht — von polierten Gesteinen völlig naturgetreu nach. Die Härte der Oberfläche ist ausgezeichnet und höher als bei den nachgeahmten Hölzern; sie ist sehr kratzfest. Zudem sind die Hartpapierplatten unempfindlicher gegen Feuchtigkeit als Holzplatten. Auch Platten mit einer dem Leder nachgeahmten oder mit sonst einem Relief muster versehenen Oberflächen werden unter Verwendung entsprechender Preßbleche hergestellt.

Von sehr gutem und werkstoffgerechtem Aussehen sind auch Hartpapierplatten mit einer Auflage einer gemusterten Stoffbahn, die z. B. für die Betäfelung von Tischen oder Tabletts dienen.

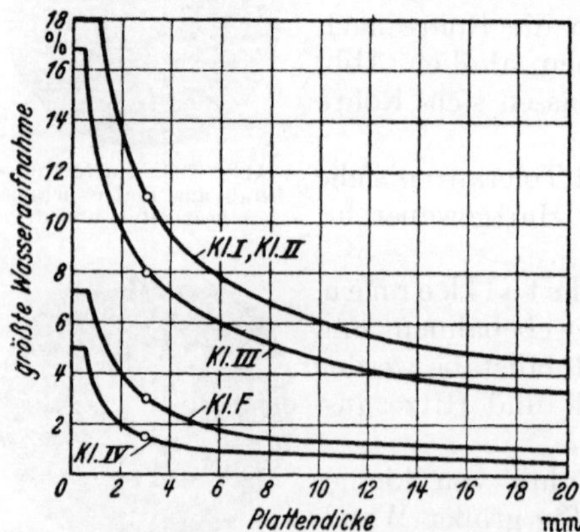

Abb. 230. Höchstwerte der Wasseraufnahme von Hartpapier und Hartgewebe nach VDE 0318; nach viertägiger Lagerung in Wasser. (Gew. —%.)

Eigenschaften. Eigenschaften der Hartpapiere und Hartgewebe nach VDE 0318/III. 43 siehe Tabelle 37. Außerdem sind auch in DIN 7706 Eigenschaftswerte festgelegt, die bei der Verwendung von Hartpapier und Hartgewebe als Baustoff im Apparate- und Maschinenbau von Wichtigkeit sind (Tabelle 38).

Abb. 230 zeigt die zulässigen Höchstwerte für die Wasseraufnahme von Hartpapier und Hartgewebe nach viertägigem Liegen in Wasser, entsprechend den Angaben in VDE 0318 III.

43. Als Prüfling dient ein Plattenabschnitt von 120 × 15 mm, Dicke je nach Plattendicke. Die zulässige Wasseraufnahme ist in Gew.-% aus-

gedrückt. Diese Werte gelten für Platten. Rohre haben etwas größere Wasseraufnahme, weil der Wickeldruck kleiner ist als der beim Plattenpressen.

Für elektrotechnische Zwecke werden in großem Umfang Kleinteile aus Platten gestanzt. Da die vom Stanzen rauh gewordenen Stirnflächen bevorzugt Feuchtigkeit aufnehmen, werden diese sorgfältig lackiert, um den Isolationswiderstand dauern hoch zu halten. Bei der Verwendung großer Hartpapiertafeln für die Wandbekleidung von feuchtigkeitsgefährdeten Räumen ist auch auf die Feuchtigkeitsaufnahme Rücksicht zu nehmen. Zur Verhinderung eines Werfens der Platten ist für Luftzutritt von allen Seiten Sorge zu tragen. Hartgewebe nimmt weniger Wasser auf als Hartpapier, die Baumwollgewebe sind besser imprägnierbar. Es gibt Sonderausführungen von Hartgewebe, bei denen die Wasseraufnahme bis auf 1,5% herabgesetzt worden ist. Die Ölaufnahme ist bei Hartpapier und beim Hartgewebe stets ganz bedeutend kleiner als die Wasseraufnahme.

Die Schlagzähigkeit ist bei Hartgewebe im allgemeinen höher als bei Hartpapier, ebenso die Kerbschlagzähigkeit. Hartgewebe Klasse F hat eine Schlagzähigkeit von etwa 30 cmkg/cm^2, doch kann diese für Sonderzwecke bis auf 70 cmkg/cm^2 gesteigert werden. Hartgewebe ist für dynamisch hochbelastete Konstruktionsteile besser als Hartpapier geeignet. Für manche Zwecke ist die gute Dämpfung des Hartgewebes von Vorteil, wie bei Zahnrädern und anderen schwingenden Bauteilen. Hartgewebe ist verschleißfester als Hartpapier, es wird daher z. B. zu Reibscheiben und -rädern, Ritzeln, Zahnrädern, hochbeanspruchten Vorrichtungen verwendet. Es dämpft Schwingungen und Geräusche in hohem Maße (geräuscharme Zahnräder und Getriebeteile).

Hartpapier und Hartgewebe dürfen dauernd nicht höheren Temperaturen als etwa 110°, sowohl in Luft als unter Öl, ausgesetzt werden, weil dann die organische Faser zerstört wird.

D a s   V e r l e i m e n. Hartpapiere und -gewebe lassen sich gut verleimen; bei richtiger Ausführung ist die Festigkeit der Leimfuge fast so hoch wie die des Werkstoffes selbst. Besonders geeignet sind die Harnstoffharzleime, z. B. Kauritleim[1], der als Heiß- oder Kaltleim verfügbar ist. Die Flächen müssen, da der Werkstoff härter als Holz ist, gut aufeinander passen, sie sind kräftig aufzurauhen. Auf lange Fuge ist zu achten (Überlappung oder lange Schäftung). Zum B e - k l e b e n der Schichtstoffe mit Metall hat sich Schellack als besonders geeignet erwiesen.

Anwendungen. Für m e c h a n i s c h e   Z w e c k e dient das Hartpapier Klasse II. Es wird z. B. in großem Umfange für die Bekleidung von Wänden in Geschäftsräumen, Hallen und Gasthäusern sowie für

---

[1] Hersteller: I. G. Farbenindustrie AG., Uerdingen (Niederrhein); Gebrauchsanweisungen werden geliefert.

das Innere von Fahrzeugen jeder Art, von Waggons und von Fahrgastschiffen benutzt. Die Herstellung von Platten der verschiedensten Farben und Musterungen in größter Auswahl geben dem Architekten große Bewegungsfreiheit hinsichtlich der Dekoration. Für Fahrgastschiffe sind sie besonders wertvoll und finden sie zunehmende Anwendung dank ihrer gegenüber Holz äußerst schlechten Brennbarkeit. Hartpapier wird auch für viele andere Zwecke, z. B. Kleinmöbel, Papierkörbe und anderes mehr, gebraucht. Die Textil- und Papierindustrie benutzt in großem Umfang Rohre für hohle Walzen aller Art. Deren Endscheiben werden bei großem Durchmesser aus Hartpapier oder Metall hergestellt.

Die Klasse II und Hartgewebe Klasse G, ferner auch das Schichtholz (siehe Seite 251) finden auch eine wachsende Anwendung im Vorrichtungsbau. Es sind Leichtbaustoffe (nur halb so schwer wie Aluminium), und die Bearbeitungskosten sind niedriger als bei Stahl. Sie werden oft für Bohr- oder Fräsvorrichtungen verwendet, die viel unter der Maschine gewendet werden müssen, besonders aber für größere und sperrige Vorrichtungen. Der Flugzeugbau benutzt große Stanz-, Bördel- und Ziehwerkzeuge für Leichtmetallbleche, die entweder aus Holz hergestellt und an den beanspruchten Stellen mit Hartgewebe bewehrt werden oder aber aus Schichtholz bestehen, oder er benutzt kleinere Werkzeuge, die aus Schichtstoffen bestehen und mit Stahl bewehrt werden. Die Verbindung mehrerer Platten miteinander geschieht am besten durch Verschrauben und Verstiften oder aber durch Verleimen (siehe Seite 245). Für Vorrichtungen mit hoher Maßgenauigkeit aber scheiden die Schichtstoffe aus, da die Wärmedehnzahl zweimal so groß ist wie die von

Abb. 231. Hochspannungsisolatoren aus Hartpapier.

Stahl; auch die Feuchtigkeitsaufnahme beeinflußt die Abmessungen der Vorrichtung.

In der Elektrotechnik sind die Klassen I, III und IV, als

Platte oder Rohr wertvolle Isolierstoffe, besonders unentbehrlich für die Hochspannungstechnik, siehe als Beispiel Abb. 231. Neuerdings stellt man auch elektrisch hochwertige Sorten für die Verwendung in den Tropen her. Das Hartgewebe wird hier weniger als das Hartpapier verwendet.

Das Hartgewebe ist im Maschinenbau ein unentbehrlicher Baustoff für geräuscharme Zahnräder (siehe auch Seite 229) geworden, wo er die mit vielen Mängeln behaftete Rohhaut und Vulkanfiber völlig verdrängt hat. Neuerdings entsteht hier dem Hartgewebe ein neuer Wettbewerber im geschichteten Hartholz („Lignofol"), siehe Seite 254. Zur Herstellung von Zahnrädern stanzt man aus lackierten Gewebebahnen runde Scheiben aus und preßt sie (meist sternförmig übereinander gelagert) in üblicher Weise zusammen. In die so erhaltenen sogenannten Rundkolben wird die Verzahnung eingefräst. In der Regel werden die Rundkolben aus Klasse G hergestellt. Für feinere Verzahnungen empfiehlt sich die Verwendung von Hartgewebe Klasse F. Rundkolben sind in vielen Durchmessern und Dicken handelsüblich.

Aus Hartgewebeplatten oder aus Hartgeweberohren werden auch Lagerschalen und Lagerbuchsen hergestellt, siehe Seite 218.

2. Anorganische Schichtpreßstoffe auf Phenol- bzw. Kresolharz-Basis.

Die Verwendung anorganischer Gewebebahnen, z. B. aus Glas oder Asbestfasern anstatt organischer, ergibt einen Schichtstoff, der dauernd höhere Wärmegrade verträgt. Er ist fast unbrennbar (Glutsicherheit 4), hat noch bessere Gestaltbeständigkeit in Wärme (Formbeständigkeit n. M.) und vor allem ist er für schwere Feuchtbeanspruchung der gegebene Schichtstoff.

a) Asbesthartgewebe. Harzträger nur oder fast ausschließlich reines Asbestgewebe. Sie sind stoßfester als die folgende Gruppe. Außer Platten werden auch Rohre hergestellt. Thermische Beanspruchung: Dauernd 150°, kurzzeitig rd. 220°, siehe die ganz ähnlich zusammengesetzten Typen 12 und 16 in Tab. 4, DIN 7705, Sp. 13 auf S. 36. Anwendung: Bremsbeläge, Wärmedämmplatten, thermisch hoch beanspruchte Isolierteile. Markennamen: „Carta-Asbest" Harex-Asbestgewebe[1][2]".

b) Asbesthartpapiere. Das verwendete Asbestpapier ist allerdings nur mit einem beträchtlichen Zusatz von organischer Zellstoffaser herstellbar. Die eingangs erwähnten Vorzüge der anorganischen Schichtstoffe treffen also nur vermindert zu. Gebräuchlich vor allem in USA.

---

[1] Isola Werke AG., Birkesfeld-Düren (Rhld.).

[2] H. Römmler AG., Spremberg, N. L.

c) Glasgewebe-Schichtstoffe. In den Kriegsjahren wurden auch hochwertige Platten mit Glasgewebebahnen als Harzträger hergestellt sowohl in Deutschland als auch in den USA. In den USA betrug die Erzeugung 1946 rd. 7000 kg/mon[1]. Als Binder diente Melaminharz.

3. Hartpapier auf Harnstoffharz-Basis („Resopal[2]").

Diese Hartpapiergattung ist die der hellen und der zarten Pastellfarben, die auch dem Preßstoff-Typ 131 eigen sind, z. B. rein weiß, elfenbein und beliebige Farben. Weiße Papiere aus gebleichter Zellulose werden mit dem gleichen farblosen Karbamidharz wie der Typ 131 getränkt, das beliebig anfärbbar ist. Eine Lagenstruktur ist wie bei dem Kresolhartpapier Klasse IV dank dem verwendeten sehr dünnen und gut durchtränkten Papier kaum noch vorhanden. Wie bei den anderen Kresol-Hartpapierplatten kann man auch hier durch Decklagen besondere Oberflächeneffekte erzeugen, wie Maserungen und Wolkungen.

Diese Platten sind ebenso schön durchscheinend wie der Preßstoff-Typ 131. In Schichten von 1 bis 2 mm Dicke werden sie als Mattglas verwendet, ferner zu Lampenschirmen.

Die Oberflächenhärte ist beträchtlich höher und die Feuchtigkeitsaufnahme kleiner als bei den Kresolharz-Hartpapieren. Die zulässige Höchsttemperatur bei dauernder Warmbeanspruchung liegt 30 bis 35° niedriger als für die Kresol-Hartpapiere in DIN 7706 in Spalte 13 bis 16 angegebene. Die Ölaufnahme ist äußerst gering.

Wetterfestigkeit. Dr. Paul[3] unternahm vergleichende Versuche über die Witterungsbeständigkeit von Kresol- und von Harnstoffhartpapieren. Die Proben von 10×10 cm Größe hingen 10 Monate im Freien. Die ersteren hatten rund 3,5, die letzteren rund 1,1 Gew.-% Feuchtigkeit aufgenommen; die Oberflächengüte der ersteren hatte kräftig gelitten, die der letzteren war praktisch unverändert geblieben.

Aus Mehrschichtenplatten, die aus zwei, drei oder mehr etwa ½ mm dicken Schichten von verschiedener Farbe bestehen, werden Schriftschilder durch Gravieren hergestellt. Man graviert die oberste, in der Regel schwarze Schicht so tief, bis die andersfarbige Unterschicht hervortritt. Die Schrift ist von hinten durchleuchtbar.

Schriftschilder können als Unterdruckplatten hergestellt werden. Man preßt hierbei als Decklage einen Schriftbogen mit den anderen Papierlagen zusammen. Das Harz überdeckt hierbei schützend den Druck. (Sehr wetter- und lichtbeständige Schilder.) Solche Unterdruck-Schriftschilder können auch, z. B. für Skalen, durchscheinend ausgeführt werden, falls die Plattendicke 1 mm nicht überschreitet.

---

[1] Modern Plastics, Mai 1947, S. 184.

[2] H. Römmler AG., Spremberg, N.L.

[3] Dr. Paul: Witterungs- und Temperatur-Beständigkeit von Hartpapieren. — Kunststoffe Bd. 29 (1939), S. 326/329.

„Resopal“ wird in Plattengrößen von 700×900 und 1000×1550 (mm) angefertigt. Die geringste Plattendicke beträgt bei durchscheinender Ausführung 0,3 mm, bei undurchsichtiger Ausführung 0,5 mm.

4. Schichtpreßstoffe auf Melaminharz-Basis.

Das Melaminharz wurde auf S. 22 besprochen. In den USA haben sich Melamin-Schichtstoffe eingeführt[1]. Man schätzt dort neben besten elektrischen Eigenschaften ihre hohe Wasserfestigkeit, Oberflächenhärte und Kratzfestigkeit. Hergestellt werden Platten mit Papier und solche aus Glasgewebebahnen als Harzträger, letztere vor allem für die Verwendung auf Schiffen und See-Flugzeugen. (Umsatz 1946 bereits rd. 7000 kg/mon[2].)

5. Hartpapier auf Anilinharz-Basis[3].

Zur Zeit wird an der Entwicklung von Hartpapieren gearbeitet, bei denen Anilinharz zur Bindung der Schichten dient. Eine Anwendung erscheint in der Elektrotechnik infolge der gegenüber Kresolharz weit höherer Kriechstromfestigkeit des Anilinharzes aussichtsreich. Die übrigen mechanischen und physikalischen Eigenschaften gleichen denen der Hartpapiere auf Kresolharz-Basis.

6. Schichtpreßstoffe auf Silikon-Basis.

Die noch ganz neuen und im allgemeinen auch in den USA noch wenig verwendeten Silikone werden dort bereits als Binder für Schichtstoffe benutzt, in erster Linie zusammen mit Glasgewebebahnen. Anwendung für die Marine. Sie wird dank dem Silikonbinder wasserabweisend. Sehr hoher Preis.

7. Verbund-Schichtpreßstoffe.

a) A s b e s t z e m e n t u n d K r e s o l h a r t p a p i e r. Dicke Kresolhartpapierplatten, beiderseits mit angepreßten Asbestzementplatten versehen (Gesteinsmehl und Asbestfaser und Zement), dienen vor allem als Wärme-Dämmplatten. Sie finden Anwendung zur Isolierung beheizter Formen gegen die Presse und von Trockenräumen, als Fußbodenbelag u. a. m. Obgleich die Wärmedehnzahl der Mittellage etwas größer ist, bleibt der Verband doch dauernd ein sicherer.

b) A s b e s t z e m e n t u n d H a r n s t o f f h a r t p a p i e r. Hier ist umgekehrt auf die mineralische Platte beiderseits die Kunststoffplatte aufgepreßt. Diese verleiht der Verbundplatte die schöne Oberfläche, während die dicke mineralische Platte die Verbundplatte steif und billig macht. („Kombinationsplatte“ Resopal[4]). Die Platten sind

---

[1] Modern Plastics, Jan. 1947, S. 105.
[2] Modern Plastics, Mai 1947 S. 184.
[3] „Iganil-Hartpapier“, Hersteller I. G. Farbenindustrie AG.
[4] H. Römmler AG., Spremberg, N.L.

in Gebrauch als Trennwände für Duschekojen und Aborte, als Tischplatten u. a. m. Die hygroskopische Mittellage wird gegen ein Eindringen von Feuchtigkeit an den Kanten durch eine mehrfache Lackierung geschützt.

c) **Metallbelegtes Hartpapier.** Flammensicherheit, hohe Festigkeit oder bei dünnen Platten hohe Steifigkeit gewähren die beiderseits mit Metall (meist Alu) bepreßten Hartpapiere. Bemerkenswert ist die englische „Plastal"-Platte[1]. Die Aluplatten besitzen eine über die ganze Platte verteilte Lochung. Die Löcher sind zur guten Verankerung nach hinten „durchgerissen".

d) **Leichtbau-Verbundstoffe.** Der Flugzeugbau verlangt Festigkeit und Leichtigkeit vereint. Da die Innenschichten einer auf Biegung beanspruchten Platte kleinere Spannungen als die äußeren erfahren, darf ihre Festigkeit kleiner sein. In England und USA dienten Verbundplatten aus gewöhnlichen Hölzern mit Kresolhartpapierplatten als Außenlagen zu Bodenbretter für die „Liberator"-Flugzeuge[2]. In USA wurde das leichte Balsaholz, Wichte = 0,25, mit Glasfasergewebelagen bepreßt, zu Verbundplatten verarbeitet, aus denen sogar Formteile von nur mäßig bewegter Gestalt für Flugzeugrumpfteile hergestellt wurden[3][4]. Auch Balsaholz mit Metallplatten als Außenlagen, meist Aluminium („Metallite") kommt in den USA zur Anwendung. Für Marineflugzeuge werden dort weiterhin Verbundplatten, deren Kern ein Schaumstoff aus Polystyrol oder Phenolharz oder anderen Kunststoffen ist und deren Außenlagen Furniere oder Aluminiumplatten sind, verwendet.

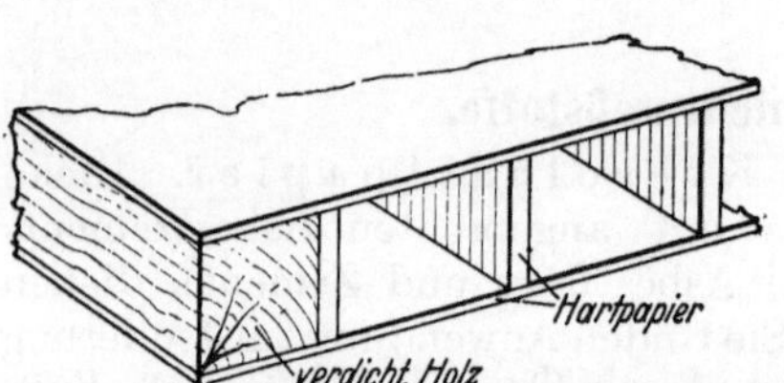

Abb. 232. Hohlraum-Verbundplatte „Holoplast" (engl.). Kern: Hohlräume durch Leisten gebildet; Außenhaut: Hartpapier.

Noch weiter geht man in der Leichtbauweise, indem der Kern aus Zellen, also zum größeren Teil aus Lufträumen gebildet wird. Bei den englischen Holoplastpanels[5], siehe Abb. 232, werden diese Hohlräume durch dünne Phenolhartpapierleisten im Innern und durch dickere Randleisten von verdichtetem Lagenholz geschaffen. Die Außenlagen sind Phenol-Hartpapier.

[1] Referat in Kunststoffe Bd. 34 (1944), S. 64.

[2] Fuller: Paper Planes? — „Flying", April 1944, S. 32/33, 148, 150.

[3] Glass reinforced Plastic-Material. — „British Plastics", Ldn. Bd. 16 (1944), Nr. 182, S. 293.

[4] Wood and Glass-Plastic Airoraft. — „Aeroplane", Ldn., Bd. 67 (1944) Nr. 1740, S. 361.

[5] A new British Structural Plastic. — „Modern Plastics", March 1947, S. 104.

In den USA wurden die „Honey comb core structure-Platten“ entwickelt[1]. Regelrechte Honigwabenzellen aus Hadernpapier, Glasfasergewebe oder Asbestpapier, je nachdem, ob die Platte nur mechanisch oder elektrisch oder thermisch beansprucht wird, bilden den Kern; die Außenlagen bestehen aus entsprechendem Kunstharzhartpapier. Sie sind mit dem Kern durch Kunstharzverleimung verbunden. Die Dicken der Kernschicht liegen zwischen 6 und 25 mm; zwei Zellengrößen, 9,5 und 18 mm Weite sind üblich. Für das Befestigen dieser Hohlplatten wurden besondere Nippel entwickelt.

A n w e n d u n g. Mobilar, Wände und Fußböden für Fahrzeuge jeder Art.

Ü b e r S c h i c h t s t o f f e m i t w i e d e r e r w e i c h b a r e n K u n s t - h a r z e n a l s B i n d e r s i e h e S e i t e 303.

8. Lagenholz.

Lagenholz (früher Schichtholz) ist ein v e r g ü t e t e s H o l z - e r z e u g n i s. Naturholz wird zu Furnieren geschnitten, die unter Druck und Hitze wieder zum Lagenholz verleimt werden. Dazu werden ausgewählte Furniere verwendet. Solche mit Ästen, Splint und anderen Mängeln werden ausgemerzt; außerdem legt man die besseren Furniere in die mechanisch meist höher beanspruchten Außenzonen der Platte. Lagenholz ist fester als Naturholz. Vor allem aber ist es homogener, der Streubereich der Eigenschaftswerte ist weit enger, es ist besser „berechenbar“, ein zuverlässigerer Baustoff als Holz. Der Kunstharzleim setzt die Empfindlichkeit gegen Feuchtigkeit stark herab. Am besten geeignet ist Rotbuchenholz, auch hinsichtlich der Verleimbarkeit.

DIN 4076, „Vergütete Hölzer[2][3]“ unterscheidet u n v e r d i c h - t e t e s und v e r d i c h t e t e s Lagenholz. Beim ersteren ist der Verleimungsdruck ein normaler, etwa 15 bis 20 kg/cm^2, und die Wichte daher nur wenig höher als beim ursprünglichen Holz, lt. DIN 4076 bis 850 kg/m^3. Beim verdichteten Lagenholz wird das Holz durch einen vielfach höheren Verleimungsdruck auf etwa die doppelte Wichte verdichtet. Bei beiden Gruppen wird allgemein mit Phenolharz verleimt, in der Regel in Gestalt eines beiderseits bestrichenen Papiers („Tegofilm[4]“), bei etwa 130°. Die mechanische Festigkeit steigt mit der Zahl

---

[1] Honeycomb core structures, by Tuttle and Kennedy — „Modern Plastics“, Sept. 1946, S. 129.

[2] DIN 4076, „Vergütete Hölzer und holzhaltige Bau- und Werkstoffe“. Begriffe und Zeichen.

[3] Eingehend: K o l l m a n n : „Vergütete Hölzer und holzhaltige Bau- und Werkstoffe“ 63 Seiten. 1942, Springer-Verlag.

[4] Hersteller: Theodor Goldschmidt AG., Essen.

der Lagen je cm Dicke (vgl. Tabelle 40[1]), In Abb. 233 sind die auf
das R a u m g e w i c h t bezogenen Festigkeitswerte in Abhängigkeit
von der Zahl der Furniere je cm Plattendicke aufgezeichnet. Man erkennt, daß sich hierin das nichtverdichtete vom verdichteten Lagenholz kaum unter-scheidet.

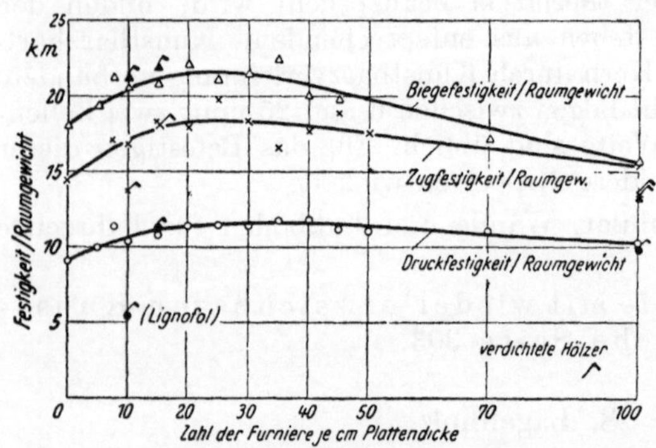

Abb. 233. Festigkeit [km/mm²] auf das Raumgewicht [kg/dm³]
lezogen von verdichtetem und nichtverdichtetem Schichtholz,
abhängig vom Plattenaufbau.

Die dynamischen Festig-keitseigenschaften von Buchenlagenholz im Ver-gleich zu den Schicht-stoffen Hartpapier und Hartgewebe zeigt Ta-belle 39. Die Einschal-tung von Kunstharz in das Holzgefüge, wenn auch nur in Form eines dünnen Filmes, setzt die
Schlagbiegefestigkeit und Kerbzähigkeit gegenüber (fehlerfreiem) Na-
turholz herab, und zwar um so stärker, je größer die Zahl der Lagen
je cm Dicke ist.

Die Feuchtigkeitsaufnahme wird bei den Lagenhölzern dank dem
Kunstharzfilm gegenüber Naturholz erheblich herabgesetzt, vor allem
bei Anwendung sehr dünner Holzfurniere, da das Kunstharz dann relativ
viel Holz imprägniert und gegen Feuchtigkeitseinflüsse schützt.

Die nichtverdichteten Lagenhölzer sind billiger als die verdichteten
und kommen vor allem als Baustoff bei größeren Abmessungen in Frage.
Die verdichteten dagegen sind dort am Platze, wo hohe Härte und Verschleißfestigkeit, wie z. B. bei Zahnrädern, gefordert wird. So wurde
z. B. bei Flugzeugpropellern die Nabe aus verdichtetem, das übrige
aus nichtverdichtetem Lagenholz gefertigt.

Es gibt auch vergütetes Holz mit An- oder Einbettungen von Metall.
So wird z. B. beiderseits eine Außenlage von Aluminium- oder Eisen-
blech aufgeleimt, das sog. Panzerholz. Für den Leichtbau verstärkt man die
Platte durch über die ganze Platte gleichmäßig verteilteDrähte im Innern.

Unverdichtetes Lagenholz (Wichte bis 1100 kg/cm²).

S o r t e n. a) Schichtholz. Anders als beim Sperrholz mit Kreuz-
verleimung werden beim „Schichtholz" nach DIN 4076 die Furniere

---

[1] K r a e m e r : Schichtholz als Werkstoff. Mitt. Nr. 21 des Fachausschusses
des VDI, Bln., VDI-Verlag. Siehe ferner B r e n n e r u. K r a e m e r : Holz-
vergütung durch Kunstharzleimung — Mitt. VDI-Fachausschuß f. Holzfragen,
H. 12; VDI-Verlag, Bln. 1935.

Tabelle 39. **Bruchschlagarbeit und Kerbzähigkeit von Buchenlagenholz im Vergleich zu anderen Schichtstoffen** (nach O. Kraemer), vgl. Fußnote S. 252.

Werkstoff	Wichte	Spezifische Schlagarbeit (in cmkg/cm² [1])		Gekerbt schlechter als ungekerbt %
	g/cm³	ungekerbt	45°-Spitzkerb ($^1/_3$ Probenhöhe)	
Buchenvollholz	0,67	85	81	4,7
TVBu 10 unverdichtet . . .	0,78	77	69	10,4
TVBu 40	0,90	60	51	15,0
TVBu 50 getränkt und verdichtet	1,27	89	71	20,2
Kunstharz-Hartpapier	1,40	53	39	26,4
Kunstharz-Hartgewebe . . .	1,35	43	36	16,2

[1] Mittelwerte aus je fünf Proben beim Schlag senkrecht zur Schichtebene.

Tabelle 40. **Mittlere Festigkeitswerte von Buchenlagenholz** (ermittelt aus insgesamt 379 geprüften Platten) bei einem Feuchtigkeitsgehalt von 5 bis 7% (nach *O. Kraemer*), vgl. Fußnote 123.

Zahl der Schichten je cm Plattendicke	Furnierdicke	Wichte	Druckfestigkeit	Zugfestigkeit	Biegefestigkeit	Elast.-Modul	Schubmodul	Lochleibungsfestigkeit	Scherfestigkeit
	mm	g/cm³	kg/cm²	kg/cm²	kg/cm²	kg/cm²	kg/cm²	kg/cm²	kg/cm²
unverdichtet:									
1	10	0,65	600	1400	1300	150 000	9 200	450	120
7	1,5	0,71	825	1250	1503	160 000	9 200	550	120
15	0,7	0,80	880	1467	1670	156 000	11 000	650	140
25	0,4	0,85	979	1676	1787	172 000	12 500	770	170
40	0,25	0,95	1114	1673	1790	185 000	13 000	850	190
100	0,1	1,10	1315	1736	1840	215 000	16 000	1010	205
verdichtet:									
„Lignofol"	—	1,37	750	1900	2880	250 000	23 000	—	290
130	0,1	1,42	1460	1937	1923	290 000	—	1200	—

parallel aufeinandergeschichtet. Bis zu etwa 10 % der Plattendicke darf aus rechtwinklig eingelegten Furnieren bestehen.

b) Sperrholz, rechtwinklig geschichtet; Abmessungen nach DIN 4078. Furnierplatten und Tischlerplatten, Abmessungen nach DIN 4078.

c) Sternholz. Die Lagen sind sternförmig geschichtet.

Eigenschaften: s. Tabelle 39 und 40.

Übliche Herstellgrößen. Dicke 6, 10, 16, 25 und 40 mm, Breite 400 mm, Länge 1200, 2400 und 4700 mm.

Anwendung. Unverdichtetes Schichtholz ist ein Leichtbaustoff mit einem günstigen Verhältnis von Festigkeit zu Wichte. Es wird deshalb im Flugzeugbau, im Wagenbau, für Textilmaschinen, für Sportgeräte, für Vorrichtungen und anderes mehr verwendet.

Neuerdings stellt man auch für den Bau großer Hallen, Türme und Brücken aus Holz wesentliche Konstruktionsteile aus Schichtholz her, z. B. Scheitelträger und Knotenplatten.

d) **S c h i c h t h o l z b a n d**[1]. Vom vorbereiteten Stamm, in der Regel Buche, werden fortlaufend endlos Furniere abgeschält und unter Einschaltung von Bindemittelfolien, meist aus härtbarem Kunstharz, auf Trommeln gewickelt. Es werden so mehrere Lagen unter Druck und Hitze zu einem „endlosen" Schichtholzband verleimt. Die Wichte kann merklich über die des Ausgangsstoffes gesteigert werden (mäßige Verdichtung). Die übliche und zugleich größte Lieferbreite ist 600 mm, die Bandlänge ist üblicherweise rund 150 m, ist jedoch nach oben unbeschränkt. Man stellt z. B. vor allem Faßrümpfe, Rohre und Abfallrohre her. Aus dem Band lassen sich Kleinteile mit dem Messerschnitt „ausstanzen".

F o r m t e i l e a u s L a g e n h o l z. In erheblichem Umfange werden in England und in USA Formteile größter Abmessungen aus Schichtstoffen, auch aus Lagenholz, mit mäßigem Preßdruck erzeugt, s. S. 132.

Verdichtetes Lagenholz[2], (Preßlagenholz). Wichte über 1100 kg/cm².

„Lignofol"; „OBO Festholz".

Die Wichte liegt meistenteils bei 1,3 bis 1,4. Es wird allgemein aus Rotbuchenholz hergestellt, mit Preßdrücken bis rd. 200 kg/cm². Dadurch wird das Holz sehr gründlich durchtränkt, Quellvermögen und Brennbarkeit stark herabgesetzt, die Härte und Verschleißfestigkeit steigen stark an, desgleichen die Festigkeitseigenschaften, s. Tabelle 40. Wie beim unverdichteten Lagenholz sinken aber gegenüber dem Naturholz die dynamischen Eigenschaftswerte, die Schlag- und Kerbzähigkeit.

Verdichtetes Lagenholz mit mindestens 8% Harzgehalt wird nach DIN E 7707, Kunstharzpreßholz, als solches bezeichnet, wenn es den dort vorgeschriebenen besonderen Festigkeitsvorschriften genügt.

DIN E 7707 unterscheidet 3 Sorten: **P r e ß - S c h i c h t h o l z**, aus Furnieren mit parallel gelagertem Faserverlauf, **P r e ß - S p e r r h o l z** mit abwechselndem Längs- und Querverlauf, und **P r e ß - S t e r n h o l z** mit sternförmiger Schichtung.

E i g e n s c h a f t e n s. Tabelle 40, die letzten Zeilen. Gegenüber natürlichem Holz sind die Festigkeitswerte sehr hoch, sie liegen noch höher als beim Hartpapier und Hartgewebe. Die Spaltbarkeit und Splittergefahr ist sehr klein. Die Schlagbiegefestigkeit beträgt rd. 80 cm kg/cm². Die Wasseraufnahme ist gegenüber gewöhnlichem Holz äußerst klein. Eigenschaftswerte siehe ferner DIN E 7707.

---

[1] Hersteller: Wubag-Maschinenfabrik, Bückeburg.

[2] Lieferanten: Venditor G. m. b. H., Troisdorf b. Köln („Lignofol"). O. Bosse, Stadthagen-Hannover (OBO Festholz).

Übliche Herstellgrößen des „Lignofols". Platten von 570 × 1070 [mm] 2 bis 200 mm dick. Die Farbe ist hell- bis dunkelbraun. Rundlinge für Zahnradherstellung mit Sternschichtung.

Anwendung. An Stelle von ausländischen Harthölzern, wie Pockholz und Teakholz, ferner besonders für Zahnräder (Schichtung der Holzlagen sternförmig), in der Textilindustrie für Webschützen und Schlägerlatten, im Vorrichtungsbau für Blechverformungswerkzeuge, wo man selbst warme Bleche mit „Lignofol" zieht. In vielen Fällen im Maschinenbau verschleißfester als Buntmetalle oder Eisen.

„Lignostone[1]". „Lignostone" ist zwar kein Lagenholz; es soll seiner ausgezeichneten Eigenschaften wegen dennoch besprochen werden. Buchenholz (Wichte $\approx 0{,}75$ g/cm³) wird unter so hohem allseitigem Druck gepreßt, daß die Poren verschwinden und eine hohe Strukturverfestigung des Zellgewebes eintritt, unterstützt durch chemische Umsetzung eines Teiles der Zellulose. „Lignostone" hat hohe Härte, äußerst hohe Spaltfestigkeit und übertrifft selbst das „Lignofol" in manchen mechanischen Eigenschaftswerten. Es ist schwer entflammbar. Anwendungsfälle: Lagerschalen, Hobelsohlen, hoch beanspruchte dünne Stäbe, Blattfedern, Ski-Kanten; Baustoff für die Textilindustrie. Eigenschaftswerte siehe Tabelle 41.

Tabelle 41. Eigenschaftswerte des „Lignostone".

Wichte	1,35 gcm³
Biegefestigkeit	2700 kg/cm²
Druckfestigkeit	1500 kg/cm²
Scherfestigkeit	280 kg/cm²
Spaltfestigkeit	30 kg/cm²
Zugfestigkeit	3300 kg/cm²

Kunstholz aus Sägemehl (engl. Fabrikat). Auch dieses Erzeugnis ist kein Schichtholz. Sägemehl ist gebunden (anstatt der sonst üblichen Binder Zement, Wasserglas u. a.) mit Kresolharz. Bemerkenswert ist die Herstellung im kontinuierlichen (Band)-Verfahren, mit 1,2 m/min[2]. Nur die Sorte „Dekorit F" ist für den Maschinenbau gedacht.

C. Gußharze.
1. Edelkunstharze (Phenolbasis).

Da das vorliegende Buch in erster Linie für den Maschinen- und Apparatebauer geschrieben wurde, soll das Gebiet der Gußharze, deren Hauptanwendung die Galanteriegegenstände sind, nur gestreift werden.

Edelkunstharze sind Gußharze, die durch Kondensation von Phenol und Formaldehyd, ohne Zusatz eines Harzträgers erzeugt werden, und zwar überwiegend für dekorative Zwecke, also meist in schönen Farben; im Anschluß an die Kondensation wird das flüssige Harz drucklos in

---

[1] Hersteller: Holzveredelungs-G. m. b. H., Haren-Ems, Hannover.
[2] Modern Plastics, Sept. 1947, S. 89—91.

offene Formen g e g o s s e n und darin gehärtet. Harz und Härtevorgang sind dabei so abgestimmt, daß der Gießling hornartig, zähelastisch ausfällt, also noch gut zerspanend weiter verarbeitet werden kann; die Härtung wird in der Regel also nicht völlig zu Ende geführt.

(Fälschlich werden zuweilen als Edelkunstharze auch noch die abweichend beschaffenen P r e ß harze bezeichnet, die für das Verpressen in Formen und unter Druck bestimmt sind, und bei denen die Härtung so gut wie zu Ende geführt und das Harz also verhältnismäßig spröde wird.)

Gußharze sind also das Ergebnis einer spanlosen Formung, die aber vom Harzerzeuger selbst vorgenommen wird. Im Vergleich zur Preßtechnik ist die Herstellgenauigkeit kleiner und desgleichen die Stückzahlen, eine Folge der zahllosen Farben, die dargeboten werden. Das Erzeugnis ist fast immer ein H a l b f a b r i k a t, das weiter verarbeitet wird.

Die Gußharz-Erzeugnisse sind ein Schnitz- und Drechslerwerkstoff. Da es sich überwiegend um Schmuck- oder ähnliche Gegenstände handelt, werden alle erdenklichen Farben verlangt und hergestellt, sowohl in hervorragend kristallklarer, als auch in gedeckter Ausführung.

Es hat langer Arbeit bedurft, bis es gelungen ist, Gußharze von guter Klarheit und Lichtbeständigkeit herzustellen. Sie werden aus reinem Phenol und Formaldehyd durch Kondensation auf grundsätzlich ähnliche Weise, wie auf Seite 17 beschrieben wurde, gewonnen. Man arbeitet dabei nur in Nickelapparaten. Als Katalysator wird ein Alkali (z. B. das Ätznatron) benutzt und so ein Phenol-Resol erhalten. Nachdem eine bestimmte Kondensationsstufe erreicht ist, wird der Harzfluß unter Vakuum destilliert, um das Wasser restlos zu entfernen. Dann wird mit gewissen sauren Lösungen neutralisiert oder auch übersäuert, ein Vorgang, der von großem Einfluß auf die Gewinnung eines farblosen und klaren Harzes ist. (Kresol kann nicht Verwendung finden, da es kein farbloses Harz ergibt, also bestimmte Einfärbungen nicht ermöglicht.)

Das erhaltene Harz wird dann mit organischen Farben eingefärbt und in Gießformen aus Messing, Glas (z. B. Glasrohre für das Gießen von Stäben und Glashohlkugeln für das Gießen von Kugeln) oder vorzugsweise Blei eingelassen. Auf diese Art werden einfache Formteile und Platten, Rohre für Armspangen, Serviettenringe, Profilstäbe, z. B. von Stockgriffgestalt oder für Türklinken hergestellt. Diese Harzgießlinge werden der empfindlichen Farben wegen bei nur etwa 70 bis 100° gehärtet, also bei sehr niedrigen Temperaturen. Diese Härtung dauert daher tagelang. Man führt dabei das Harz nicht in den Endzustand C über, h ä r t e t a l s o n i c h t a u s, um die gewünschte hornartige Beschaffenheit zu bekommen. Wird ein Gußharzstück bei erhöhter Temperatur nachgehärtet, so zeigt sich, daß es härter und in seinem Rauminhalt erheblich kleiner geworden ist und in manchen Fällen seine Farbe verändert hat. Aber selbst schon bei verhältnismäßig niedrigen Temperaturen, ja bei Zimmertemperaturen, verkleinern sich die Maße, und die Härte nimmt mit der Zeit zu. Beim Zusammenbau mit anderen Baustoffen von ganz anderen physikalischen Eigenschaften, wie z. B. Holz, ist auf diese Veränderung Rücksicht zu nehmen oder aber P r e ß harz, das alle diese Mängel nicht hat, anzuwenden, wozu dann aber eine Preßform erforderlich ist.

Die hornartigen Gußharze sind sehr schlagfest (vgl. Tab. 42). Sie haben eine höhere Wasseraufnahme als Preßharz, eine ebenso hohe wie Typ 31, obwohl sie keinen Faserstoff wie dieser enthalten und sind alle bei Feuchtbeanspruchung nur ein mäßiger elektrischer Isolator, auch schon deswegen, weil die Gußharze geringe Mengen von Salzen und Säuren von der Herstellung her enthalten. Ihre Wärmebeständigkeit ist erheblich geringer als die des Typ 31.

Die Farbenskala ist fast unbegrenzt, bei den klaren als auch bei den gedeckten Farben. Außerdem sind viele Marmorierungen und Wolkungen möglich. Die meisten Farben sind recht gut lichtbeständig.

H a n d e l s n a m e n. „Leukorit", „Dekorit", „Trolon", „Herolith" und andere mehr.

A n w e n d u n g e n. Schmuck- und Galanteriewaren, Griffe von Eßbestecken, Schirm- und Stockgriffe, Zigarrenspitzen, Billardbälle, Möbelgriffe usw. E i g e n s c h a f t e n: s. Tab. 42.

Tabelle 42. E i g e n s c h a f t s w e r t e   v o n   G u ß h a r z e n.

	Gew. Gußharz	„Dekorit F"
Wichte . . . . g/cm³	$\leq$ 1,25	1,25
Biegefestigkeit . . . . kg/cm²	500 bis 1200*	1400
Schlagbiegefestigkeit . . . . cmkg/cm²	18 bis 30*	23
Kerbzähigkeit . . . . cmkg/cm²	rd. 1,5*	1,8
Zugfestigkeit . . . . kg/cm²	500 bis 600*	1000
Druckfestigkeit . . . . kg/cm²	800 bis 1200*	1500
Kugeldruckhärte (VDE) . . . . kg/cm²	900 bis 1200*	1300
Formbeständigkeit nach Martens	50—80*	130
Glutfestigkeit Gütegrad (VDE)	3	3
Oberflächenwiderstand. . . . . $M\Omega$	rd. 100 000	—
Widerstand im Innern, abgelagert . . . . . $M\Omega$	rd. 200 000	—
Widerstand im Innern, 4 Tage bei 80% relativer Feuchtigkeit . . . . $M\Omega$	100 bis 1000	—

Ungefähr-Werte; vor allem die mit * bezeichneten hängen stark vom Grad der Härtung ab.

Eine neue Gußharzsorte ist das „Dekorit F[1]". Die Härtung ist weiter als sonst üblich geführt worden, es ist daher spröder und quellfester und schwindet weniger nach. Trotz größerer Härte ist es noch ausreichend gut zerspanbar. Dieser Gußharztyp wurde vornehmlich für den

---

[1] D r e h e r : Ein neues Gießharz f. d. Masch.- u. App.-Bau. — Kunststoffe Bd. 29 (1939), S. 137/42. (Hersteller Chemische Fabrik Raschig G. m. b. H., Ludwigshafen a. Rh.)

Maschinen- und Apparatebau geschaffen. Anwendungen: Für chemische Beanspruchung, z. B. in der Textilindustrie, Lagerschalen mit kleinem Reibungsbauwert u. a. m. Die Formbeständigkeit n. M ist für ein Gußharz sehr hoch. Eigenschaften siehe Tab. 42.

2. Carbamidharze.

Die gute Lichtbeständigkeit dieser an sich farblos-glasklaren Harze, die bei den Phenolharzen kaum erreichbar ist, verlockt dazu, sie auch als Gießharze zu verwenden. Gußteile daraus neigen aber zur späteren Rißbildung. In den USA sind solche Gießharze am Markt, obwohl dort der gleiche Übelstand auftritt.

3. Polymerisat-Gießharz.

In den USA sind die härtbaren Allylharze, modifizierte Polyester, entwickelt worden, die sich als Monomere vergießen lassen („Cast CR 39") und anschließend polymerisiert werden[1][2]. Das Harz hat hohe optische Klarheit und Oberflächenhärte. Bisher wurden optische Linsen, Spiegel und kunstgewerbliche Gegenstände erzeugt.

D. Anilinharze.
(„Cibanit", „Iganil".)

Anilin läßt sich, ähnlich wie Phenol, in saurem Medium mit Formaldehyd zu einem Harz polykondensieren. Da das Anilin ebenso wie das Phenol in den beiden ortho-Stellungen und in der para-Stellung mit dem Formaldehyd in Reaktion treten kann, darüber hinaus aber auch die Aminogruppe selbst leicht mit dem Formaldehyd reagiert, so entsteht, bei einem entsprechenden Überschuß an Formaldehyd, ein stark vernetztes Makro-Molekül. Die handelsüblichen Produkte sind, im Gegensatz zu den Phenolharzen im A-Zustand, unlöslich und kaum noch schmelzbar; sie sind aber unter Drücken, die wesentlich höher sind als die bei Phenoplasten üblichen, noch verformbar. Sie enthalten weiterhin, im Gegensatz zu den Phenolharzen im A-Zustand, keine freien Methylolgruppen und lassen sich daher nicht weiterkondensieren und wie die Phenoplaste aushärten. Thermoplastizität, aber außerordentlich hohe Viskosität, auch bei den höchsten Verformungstemperaturen, sind also das Charakteristikum der Anilinharze.

Anilinharz kommt in Deutschland — seit Ende der dreißiger Jahre — unter dem Namen „Iganil[3]" in den Handel. Es wird frei von Trägerstoffen als Preßharz als Pulver, oder in Form von Platten und Stäben (auch in

---

[1] Escales, Hultzsch u. Römer: Die Kunststoff-Industrie in den USA. — Kunststoffe Bd. 37 (1947), S. 117.

[2] Modern Plastics, Juli 1948, S. 114/119 und S. 182 ff.

[3] Hersteller: I. G. Farbenindustrie AG.

sehr dicken Querschnitten) geliefert. Die Eigenfarbe ist rotbraun (Schwarz-
färbung ist möglich). Bei nur wenigen Millimetern Dicke ist der fertige Körper leicht durchscheinend. Auf Verlangen wird auch Iganil-Hartpapier
hergestellt.

„Iganil" hat eine geringe Wasseraufnahme, sehr gute elektrische
Eigenschaften und ist sehr kriechstromfest. Es hat eine für ein
reines Harz bemerkenswert hohe Schlagzähigkeit und auch andere gute
mechanische Eigenschaften. Die Laugenbeständigkeit ist gut, die Säurebeständigkeit gering. Es ist praktisch unlöslich und auch in den meisten
Lösungsmitteln nicht quellbar.

Es läßt sich nur sehr schwer in der Preßform verarbeiten und gar nicht
verspritzen. Selbst bei Drücken, die doppelt so hoch sind wie bei Phenolharz-Preßmassen, ist das Fließvermögen noch gering. Deshalb lassen
sich nur Platten und ganz einfache Gegenstände pressen. Das Harz ist
vor dem Verpressen gründlich vorzuwärmen, bis es gut zusammen-
sintert. Man preßt dann bei rd. 160°. Das Harz wird dabei nicht, wie
Phenol- oder Harnstoffharz, flüssig, sondern es tritt anscheinend nur ein
Verschweißen der Pulverteilchen ein. Vor dem Herausnehmen des
Stückes muß die Form gekühlt werden. Die Verarbeitungsmöglichkeiten
sind also zur Zeit noch sehr beschränkt.

Tabelle 43. Eigenschaften von „Iganil"
(nach Angaben des Herstellers).

Wichte	1,20 bis 1,25 g/cm^3
Zugfestigkeit	600 bis 700 kg/cm^2
Biegefestigkeit	1000 bis 1200 kg/cm^2
Schlagbiegefestigkeit	$\approx$ 20 cmkg/cm^2
Elastizitätsmodul (aus Durchbiegung berechnet)	20 000 bis 30 000 kg/cm^2
Formbeständigkeit nach Martens	110 bis 115° C
Linearer Wärmeausdehnungskoeffizient	0,000045
Oberflächenwiderstand	$> 10^5\ M\Omega$
Widerstand im Innern	$> 10^6\ M\Omega$
entsprechend VDE-Vergleichszahl	12
Dielektrizitätskonstante ε	3 bis 4
Dielektrischer Verlustfaktor tg δ bei 25°, bei 50 Hz	0,01 bis 0,02
bei 25°, bei Radiofrequenzen	0,0015 bis 0,003
bei 90°, bei 50 Hz	0,02 bis 0,12
bei 90°, bei Radiofrequenzen	0,002 bis 0,01
Durchschlagfestigkeit bei 50 Hz	10 kV/mm
(Minutenwert in Öl bei 90°, 7 mm Plattendicke)	
Glutfestigkeit-Gütegrad	3
Brennbarkeit	gering
Kriechstromfestigkeit	ausgezeichnet
Wasseraufnahme (Größe des Probestückes 100 × 50 × 2 (mm) bei 20° . . . nach 1 Tg.	0,05%
nach 3 Tg.	0,10%
nach 7 Tg.	0,14%
bei 95° . . . nach 6 Std.	0,3%
nach 12 Std.	0,8%

17*

In der Schweiz wurde — schon einige Jahre eher — ein gleichartiges Anilinharz unter dem Namen „C i b a n i t [1]" auf den Markt gebracht. Eine große Zahl von Patenten der letzten Zeit zeigt, daß an der Weiterentwicklung der Anilinharze stark gearbeitet wird.

E. Eiweiß-Kunststoffe.

Die nachstehend besprochenen Eiweiß-Kunststoffe haben wenig mit den härtbaren Kunstharz-Preßstoffen gemein. Ihre Härtung ist eine Gerbung, eine Verhornung. Sie bestehen aus Eiweiß, das durch einen langsamen G e r b u n g s p r o z e ß hornartig hart wird. Man gliedert sie in der Regel aber in die Gruppe der härtbaren Kunststoffe mit ein.

1. Kasein-Kunststoffe (Kunsthorn, „Galalith", „Hornit",„Syrolit").

Völlig fettfreie Kuh-Magermilch wird durch ein Labferment zum Gerinnen gebracht. Nach Filterungen und Waschungen kommt das hierbei gewonnene Labkasein getrocknet in den Handel. Diesen Stoff bereitet die Kunststoff-Industrie weiter auf. Er wird gemahlen, mit viel Wasser angeteigt, dann werden Farbzusätze und einige chemische Mittel beigemischt. Die dann plastische Masse wird warm unter sehr hohem Druck und kräftiger Knetwirkung auf Spindelstrangpressen zu Stäben oder Platten verarbeitet, wobei die Knetwirkung die Masse gut plastifiziert, verdichtet und homogenisiert, also mechanisch verbessert. Platten kann man auch auf dem Umwege über Blöcke oder Stäbe herstellen. Die Stäbe oder Platten werden in einem Bad aus wässerigem, etwa 5%igem Formaldehyd gehärtet (ein Vorgang, der bei dicken Querschnitten monatelang währt) und danach getrocknet. Dank der an sich rein weißen Farbe des Ausgangsstoffes ist praktisch jede beliebige Einfärbung möglich. Aus herstelltechnischen Gründen ist der Höchstdurchmesser von Stäben etwa 25 mm, die Höchstdicke von Platten etwa 16 mm.

Das gehärtete Kunsthorn ist nur ganz beschränkt spanlos formbar. Nur ganz flache Teile wie Kleiderknöpfe, Löffel und ähnliches können aus schon zurechtgeschnittenen Stücken in der heißen Form geprägt werden, nachdem der Werkstoff vorher in kochendem Wasser oder warmem Öl etwas erweichte. Nach der Verformung wird die Form und damit der Preßling gekühlt. Der weitaus größte Teil aller Gegenstände aus Kunsthorn wird durch Zerspanung aus Platten und Stäben hergestellt.

Kunsthorn hat gute mechanische Eigenschaften, es ist sehr zähe. Es ist sehr leicht zerspanend bearbeitbar und läßt sich auch sehr gut polieren. Es ist lichtbeständig, erweicht erst bei rd. 80° und ist kaum brennbar. Die Beständigkeit gegen Säuren und Alkalien ist gering. Da es trotz der Härtung noch eine beträchtliche Quellfähigkeit besitzt — zu den etwa 6 bis 10% Wasser, die es normalerweise enthält, vermag es

---

[1] Hersteller: Schweizer Gesellschaft für Chemische Industrie, Basel.

in feuchter Umgebung noch etwa 25% Wasser aufzunehmen —, und da es infolgedessen beträchtliche Maßänderungen erfährt, wird es für höhere technische Zwecke kaum angewendet. Es ist kein elektrischer Isolierstoff. Es findet aber, da es ziemlich billig ist, billiger z. B. als Kunstharz-Preßstoff, unzählige Anwendungen für Haushalt- und Schmuckgegenstände, für Spielmarken, Schraubbleistifte, Schnallen und besonders viel für Kleiderknöpfe. Eigenschaften s. Tab. 44. Die Werte sind sehr schwankend je nach dem augenblicklichen Wassergehalt des Stoffes.

Ein Kaseinstoff ist auch die italienische Kunstwolle „Lanital". Man geht hier von Kasein aus, das nicht mit Lab, sondern mit Schwefelsäure zur Gerinnung gebracht wurde.

Tabelle 44. Eigenschaften von Kunsthorn.

Wichte	1,3 bis 1,4 g/cm³
Biegefestigkeit	1000 bis 1800 kg/cm²
Schlagzähigkeit	20 bis 40 cmkg/cm²
Zugfestigkeit	8000 bis 1100 kg/cm²
Druckfestigkeit	700 bis 1200 kg/cm²
Formbeständigkeit nach Martens	50 bis 60°
Glutfestigkeit Gütegrad (VDE)	2

Kunsthorn nimmt viel Wasser auf, ist aber gegen Alkohol, Äther und sonstige organische Lösemittel beständig.

2. Bluteiweiß-Kunststoffe.

Das in großen Mengen in den Schlachthöfen anfallende Rinderblut lockte viele Erfinder, sich mit dessen Verwendung zur Kunststoffherstellung zu beschäftigen. Das Eiweiß des Blutes läßt sich, ebensogut wie das der Milch, mittels Formaldehyd härten und zu einem, allerdings nur dunkelfarbigem, Kunststoff verarbeiten. In Frankreich werden in ziemlichem Umfange Kleiderknöpfe daraus hergestellt.

Warmplastische Kunststoffe.
A. Allgemeines.

Dieser Abschnitt behandelt warmplastische Kunststoffe aus der Zellulose, Polymerisate und Polykondensate. (Über Polymerisation und -Kondensation siehe S. 10.) Die nur die Elektrotechnik angehenden, ebenfalls thermoplastischen Isolierstoffe aus Naturharz und Bitumen wurden aus Zweckmäßigkeitsgründen (Typisierte Preßstoffe) bereits im Abschnitt I zusammen mit den härtbaren Preßstoffen behandelt.

Die Abb. 1 auf Seite 10 zeigte das Gesamtgebiet der „Hochpolymeren Kunststoffe", darunter auch die warmplastischen Polymerisate und Polykondensate dieses Buchabschnittes. Siehe ferner die Klapptafel am Schluß des Buches.

Unter den P o l y m e r i s a t i o n s p r o d u k t e n gibt es vulkanisierbare und nichtvulkanisierbare. Die Stoffe der ersten Gruppe sind in ihren physikalischen Eigenschaften dem Naturkautschuk ähnlich. Sie sind im ursprünglichen Zustande wie der Naturkautschuk weichplastisch und mäßig elastisch. Die Vulkanisation mit Schwefel verleiht ihnen aber, wie es beim Naturkautschuk der Fall ist, eine hohe elastische Dehnung und gute Zugfestigkeit bei nur geringer bleibender Dehnung. Derartige v u l k a n i s i e r b a r e synthetische Polymerisate sind u. a. der „Buna S", ein Mischpolymerisat aus Butadien und Styrol, ferner das amerikanische „Neopren" und das russische „Sowpren". Sie ergeben, weiter verarbeitet, mannigfaltige Kautschuk-Mischungen. Diese werden vulkanisiert und liefern so Weich- bzw. Hartgummierzeugnisse. Sie sind eine bedeutende große Gruppe für sich und sollen hier außer Betracht bleiben. Sie behalten im wesentlichen auch in W ä r m e bis zu etwa 100°, falls diese nicht dauernd angewendet wird, die ihnen durch die Vulkanisation verliehenen mechanischen Eigenschaften. Nach einer Druck- oder Zugbelastung nimmt der Gegenstand seine vorherige Gestalt annähernd wieder an.

Die zweite Gruppe, die n i c h t v u l k a n i s i e r b a r e n P o l y - m e r i s a t e, sind nun überwiegend plastisch und wenig elastisch; sie sind bei Raumtemperatur weich bis hart, je nach Ausgangsstoff oder dem Grad der Polymerisation. Sie werden in Wärme weich, wobei der m e c h a n i s c h b e a n s p r u c h t e Gegenstand, sei es ein Stab, Schlauch oder Formstück, seine Gestalt etwas verändern kann. Die niedrigviskosen dieser Kunststoffe, die bei Zimmertemperatur flüssig

oder sehr weich sind und daher als Lacke oder Kitte dienen, bleiben
hier außer Betracht. Nur die höher viskosen, die h ä r t e r e n von
ihnen, die zur Erzeugung geformter oder gespritzter G e g e n s t ä n d e
verwandt werden können, werden hier behandelt.

Diese warmplastischen Stoffe, die „Thermoplaste", haben große technische und wirtschaftliche Bedeutung. Die Zahl der unmittelbar durch
Polymerisation oder Mischpolymerisation gewonnenen Kunststoffe mit-
samt den durch nachträgliche Abwandlung aus diesen erhaltenen ist
ziemlich groß. Die jeweiligen physikalischen und mechanischen Eigenschaften sind sehr unterschiedlich. Dank dieser Mannigfaltigkeit sind
die verschiedenartigsten Verwendungen möglich. Dabei dienen diese
Kunststoffe oft als Austauschstoff, z. B. gegen Blei, korrosionsfeste
Stähle und Kautschuk; oft aber ermöglichen sie erst die befriedigende
Lösung einer neuen technischen Aufgabe.

Das Polyisobutylen „Oppanol B", ein Stoff von kautschukartiger,
ziemlich elastischer Beschaffenheit, nimmt sehr wenig Wasser auf und
läßt, wertvoll für die Kabeltechnik, auch viel weniger Wasser hindurch als selbst gute Gummimischungen aus Naturkautschuk, für Mischungen daraus mit Ruß trifft dies noch mehr zu; es bewahrt seine
Eigenschaften auch bei tiefen Kältegraden besser als der Naturkautschuk,
bis zu — 60° herunter. Aus diesen Gründen und dank seiner ähnlich dem
Polystyrol hervorragenden elektrischen Eigenschaften sind seine hochpolymeren Sorten ein unentbehrlicher Baustoff für Kabel und Leitungen
geworden. Dank der überragenden Beständigkeit gegen Wasser, nicht
oxydierende starke Säuren und gegen starke Alkalien dienen Oppanol-
folien mit Ruß- oder Graphitzusatz in großem Maße zur Auskleidung
von Behältern für derartige Chemikalien.

Die Alterung, vor allem in ozonreicher Luft, ist bei manchen der
vulkanisierbaren und bei allen nicht vulkanisierbaren Kunststoffen
besser als bei den bestgeeigneten Weichgummi-Mischungen aus Naturkautschuk. Auch in der Ölbeständigkeit übertreffen sie zum Teil Natur-
kautschuk-Weichgummimischungen. Vor allem in der Elektrotechnik
sind dadurch technische Fortschritte erreicht worden.

Das Polystyrol als Dielektrikum, ganz überwiegend in der gereckten
Ausführungsart des „Styroflex", ermöglichte kabeltechnisch-gerechte
Bauweisen für Hochfrequenzkabel und -leitungen, wie z. B. das Breitbandkabel, in welchem in nur einem Leiterpaar bis zu etwa 200 Ge-
spräche gleichzeitig geführt werden können.

„Plexiglas" und „Astralon" ergeben Verglasungen von hoher Klarheit und Durchsicht; Tafeln daraus lassen sich warm in jede beliebige
Gestalt biegen und wölben. Sie gewähren damit dem Konstrukteur
eine große Freiheit bei der Gestaltung der Karosserie.

Das Polyvinylchlorid („Igelit PCU", „Mipolam PCU", „Vinidur",
„Vinnol HH") hat eine hohe und vielseitige Beständigkeit gegen Chemi-

kalien und Lösungsmittel. Es spielt im chemischen Apparatebau eine
große Rolle an Stelle von Hartgummi, Blei und säurefesten Stahl-
legierungen; Folien oder dünne Platten aus „Igelit PCU" dienen zum
Auskleiden von Behältern aus Holz oder Beton; man stellt aber auch
Geräte und große Behälter aus dickeren Platten allein her.

Die Verarbeitungseigenschaften der Polymerisate sind warm wie
kalt sehr gut. Sie lassen sich fast alle sicher verkleben, und zwar nicht
nur mit sich selbst, sondern auch mit andersartigen Baustoffen wie
Gesteinen, Holz und Gewebe.

Neben der infolge der geringen Härte naturgemäß leichten Kalt-
verarbeitbarkeit mittels der Stanze und des Schnittes ist die leichte
Formbarkeit in Wärme hervorzuheben. Dieser Vorteil ist andrerseits
auch eine Schwäche.

Die Temperatur-Abhängigkeit der „Thermoplaste" muß bei der
Anwendung sorgfältig beachtet werden, und zwar überall dort, wo
schon mäßig erhöhte Temperaturen auftreten oder wo das Stück erheblich mechanisch belastet wird, und noch mehr, wenn, wie es sooft der
Fall ist, beide Belastungsfälle zugleich auftreten. Dies gilt übrigens für
die Zellulose-Abkömmlinge ebenso wie für die Polymerisationsprodukte.
Den starken Temperatureinfluß auf die mechanischen Werte zeigen
die Tabellen 16 bis 18 unten, und besonders anschaulich die dazugehörigen Diagramme 27e und 27j, ferner für das Polyvinylchlorid
„Igelit PCU" (in der ursprünglichen harten Ausführung ohne Weichmacher) die Abb. 237 auf S. 288 und für das „Plexiglas" die Abb. 239
und 255 S. 294 und 314. Zwar sind auch die härtbaren „warmfesten"
Preßstoffe des Abschnittes I dieses Buches nur beschränkt warmfest.
Sie verhalten sich aber, wie die genannten Tabellen und die Diagramme
27a bis 27j zeigen, beträchtlich besser, vor allem bei hohen Temperaturen. Bemerkenswert unter den Thermoplasten ist das gute Verhalten der Biegefestigkeit des P o l y s t y r o l noch im „oberen" Temperaturbereich zwischen 50 bis 80°! Höhere Gebrauchstemperaturen
sind nicht häufig, so daß es begreiflich ist, daß dieser Stoff im Gebiet
der Formteile auch bei technisch anspruchsvollen Teilen dem „warmfesten" Typ 31 ein starker Wettbewerber wurde.

Kleine, nach dem Spritzverfahren hergestellte Formteile aus Polystyrol und dem Zelluloseazetat „Trolit" erweisen sich also bei den in
Frage kommenden Anwendungen fast immer als mechanisch fest genug,
falls sie nicht höher als 60 bis 90° bzw. 50° beansprucht werden. Die
Polymerisate auf der Basis des Vinylchlorids werden zwar auch zu
kleinen Formteilen, wie Kämmen, Akku-Kästen, kleineren Dichtungen
und Manschetten, viel mehr aber zu Werkstücken größerer Abmessungen
verarbeitet, nämlich zu Schläuchen und Rohrleitungen für Gase und
Flüssigkeiten, zu Isolierhüllen für elektrische Leitungen und zu Mänteln für Kabel. Ihrer Anwendung sind auch hier Grenzen, vor allem

durch die Temperatur, gesetzt. Rohrleitungen für dauernd etwa 60° warme Flüssigkeiten laufen z. B. Gefahr, durchzuhängen. Die schwere Kupferseele des Kabels kann sich unter Umständen schon bei dieser Temperatur verlagern. Manschetten für Preßluftkolben mit großer Hublänge und -häufigkeit laufen sehr leicht warm und erweichen dann unzulässig stark. Eine aus v u l k a n i s i e r t e m Stoff, z. B. aus Natur- oder synthetischem Kautschuk hergestellte Manschette erträgt dagegen diese Belastung ohne Schaden. Ebenso sind elektrische Leitungen mit Bedeckung aus Natur- oder synthetischem Gummi in Wärme ebenso formfest wie bei Raumtemperatur, während Isolierungen aus warmplastischen Kunststoffen mit steigender Temperatur stetig weicher werden.

Die vielen Polymerisaten beigemischten Weichmacher vermindern noch die Festigkeit des solcherart erhaltenen Kunststoffes in Wärme gegenüber dem reinen unvermischten Polymerisat. Wird schon bei der Azetylzellulose mit nicht geringen Mengen von Weichmachern gearbeitet, so geschieht dies bei manchen Vinylchlorid-Polymerisaten und -Mischpolymerisaten in noch größerem Maße; erst durch sie bekommen diese die für die meisten Zwecke erforderliche Weichheit und Zähigkeit und eine gute Warmverarbeitbarkeit, z. B. beim Spritzen; sie geben ferner dem Kunststoff die Biegsamkeit auch bei tiefen Temperaturen.

Sehr zu beachten ist auch, daß Gegenstände sowohl aus den Zellulosekunststoffen, als auch aus den Polymerisaten, also allgemein aus allen nichthärtbaren Kunststoffen, ihre Gestalt in Wärme auch ohne irgendwelche mechanische Beanspruchung verlieren können. Ein erwärmtes Stück hat mehr oder weniger das Bestreben, sich der Gestalt des bei der Formung (Ziehen, Blasen) verwendeten Halbfabrikates wieder anzunähern. Auch bei gespritzten Teilen treten zuweilen derartige Veränderungen, allein in Wärme ohne Belastung auf, wenngleich bei den meist verwendeten Spritzstoffen Trolitul, Igamid und Typ 400 (Zelluloseazetat) nur in geringem Maße.

Zu dieser Abhängigkeit der mechanischen Eigenschaften von der H ö h e der Temperatur kommt hinzu, daß alle nichthärtbaren Kunststoffe gegenüber D a u e r e r w ä r m u n g empfindlicher sind, als die warmfesten Kunstharz-Preßstoffe. Im allgemeinen ist schon bei Temperaturen von dauernd über 80 bis 100° mit einer allmählichen Zersetzung oder mindestens einer Veränderung der physikalischen Eigenschaften zu rechnen. Dies trifft sowohl auf die vulkanisierbaren als auch auf die nichtvulkanisierbaren nichthärtbaren Polymerisat- und die Zelluloseabkömmlinge zu.

Die Brennbarkeit der wieder erweichbaren Kunststoffe ist im allgemeinen recht groß. Sie brennen leicht an, schmelzen und brennen meist nach Wegnahme der Flamme selbständig weiter. Die Polymerisate aus Vinylchlorid jedoch sind dank ihrem Chlorgehalt schwer brennbar.

Die Tabelle 20, Seite 88, bringt als Maßstab für die Brennbarkeit Werte für die „Glutsicherheit".

Auch die Polykondensate „Polyamide" sind nach Abb. 1 warmplastisch. Ihr Verhalten in Wärme ähnelt dem der warmplastischen der Polymerisate.

Die warmplastischen Kunststoffe, vor allem die Polymerisate, sind viel weniger hygroskopisch als die fast immer mit Harzträgern versetzten warmfesten Kunststoffe des Abschnittes I, die gehärteten Harze ohne Harzträger ausgenommen. Die elektrischen Eigenschaften aller warmplastischen Kunststoffe sind ausgezeichnet, auch bei Feuchtbeanspruchung, sie sind besser als die der warmfesten Stoffe. Für das Verhalten im Wechselfeld gilt dies in verstärktem Maße.

Trotzdem ihre Eigenschaften in hohem Maße temperaturabhängig sind, werden die nichthärtbaren Kunststoffe in zahllosen Fällen von mechanischer und elektrischer Beanspruchung angewendet. Man rechnet eben mit dieser Temperaturempfindlichkeit, gestaltet und dimensioniert entsprechend und nutzt die Vorteile aus, welche diese Stoffe bieten. Dazu treten viele wichtige Anwendungsfälle dort, wo starke chemische Beanspruchungen vorkommen, da die nichthärtbaren Kunststoffe, abgesehen von den Zellulosekunststoffen, meist eine recht gute Alkali- und Säurefestigkeit haben, während die härtbaren Kunstharz-Preßstoffe hierin viel empfindlicher sind. Gegenüber Lösungsmitteln, wie Benzin, Benzol, Alkohol und anderen, verhalten sich die härtbaren und warmplastischen Kunststoffe sehr verschieden. Die härtbaren sind weitgehend unempfindlich, die nichthärtbaren verhalten sich durchaus unterschiedlich, siehe die Angaben bei den jeweiligen Kunststoffen.

B. Zellulose-Kunststoffe.

Aus Holz, meist von Nadelhölzern, neuerdings auch von Buchenholz, gewinnt man durch Kochen mit Alkalien oder Kalziumbisulfit unter Druck den Zellstoff für die Zellulose-Kunststoffe. Hierbei wurden die harten inkrusierenden Bestandteile des Holzes in Lösung gebracht und entfernt, so daß die Zellulose übrigbleibt. Fast reine Zellulose bietet die Natur direkt in den Samenhärchen der Baumwollfrucht, deren zum Verspinnen ungeeignete kurze Längen Baumwoll-Linters genannt werden. Diese Linters und auch die Zellulose aus Holz werden nach verschiedenen Verfahren zu Zellulose-Erzeugnisse weiterverarbeitet, z. B. zu folgenden:

a) Auf dem Wege der Pergamentierung von Baumwollpapieren erhält man Vulkanfiber, eine Hydratzellulose.

b) Wird Zellulose in Kupferammoniak in Lösung gebracht und anschließend zu Fäden versponnen, so entsteht die Kupferseide. Durch Behandlung der Zellulose mit Schwefelkohlenstoff und Natronlauge kommt man zum Zellulose-Xanthogenat, der syrupartigen

Viskose, aus welcher Kunstseide und Zellwolle, Zellglas, Zelldärme, Viskose-Schwämme, Flaschenkapseln u.a.m., ebenfalls sog. Hydratzellulosen, erzeugt werden. Diese Zellulosegruppen seien hier nur kurz erwähnt, sie liegen außerhalb des Rahmens dieses Buches.

c) Ohne Anwendung von Lösungsmitteln werden die Nitro-, Azetyl-, Benzyl- und Äthylzellulose hergestellt.

Tab. 45. Relative Preise verschiedener Zellulosederivate, 1933 (n. Mienes).

Nitro-Zellulose (Lackwolle, trocken) 1
Azetyl-Zellulose 1,45
Benzyl-Zellulose 2
Äthyl-Zellulose 2,4

1. Die Hydratzellulose Vulkanfiber.

Das Gebiet der sog. Hydratzellulose umfaßt Erzeugnisse mit verschiedensten Eigenschaften; genannt seien Viskoseseide, Zellglas, Vulkanfiber. Da von diesen die Vulkanfiber große Bedeutung als Baustoff gefunden hat, sei sie nachstehend behandelt.

Die Vulkanfiber besteht aus Papierlagen, die durch pergamentierende Mittel zum Quellen gebracht und miteinander vereinigt wurden. Man verwendet dazu ungeleimtes, sehr saugfähiges Baumwollhadern-Papier, dem auch Zellstoffpapier beigegeben werden kann. Die Quellung und Hydratisierung wird meist mit Chlorzinklauge herbeigeführt, seltener mit Schwefelsäure. Dann wird das Papier unter Anwendung von Druck und Wärme auf große Zylinder gewickelt, wobei die weichen Lagen gut miteinander verschweißen. Der so entstehende Hohlzylinder wird aufgeschnitten und auf bestimmte Plattengrößen gebracht. Will man Rohre gewinnen, wird nicht aufgeschnitten. Danach wird die Chlorzinklösung restlos ausgewaschen, was bei dicken Platten mehrere Monate dauert; Rückstände von Chlorzinklösung würden den elektrischen Isolationswiderstand und die mechanische Festigkeit sehr herabsetzen. Schließlich wird die nun sehr weiche Platte bis auf einen Feuchtigkeitsgehalt von etwa 8% herunter getrocknet, wobei sie ziemlich hart, aber dennoch zähe und lederartig wird.

Lieferformen. Es sind mehrere Werkstoffsorten im Handel, und zwar für mechanische oder elektrische Verwendung, für Kofferherstellung und eine besonders elastische Ausführung für Dichtungen und Manschetten. Bei Bestellung ist deshalb der Verwendungszweck anzugeben.

Übliche Farben: rot, schwarz, grau, ferner braun für Koffer. Neuerdings wird auch weiße Vulkanfiber für bügelfeste Knöpfe für weiße Wäsche hergestellt.

Handelsüblich sind Platten von 0,5 bis 60 mm Dicke (Dicken unter 0,5 mm werden gerollt geliefert), ferner Stäbe und Rohre und flache gezogene Teile.

Verarbeitung. Vulkanfiber läßt sich sehr gut zerspanend verarbeiten. Spanlos verarbeitbar ist sie nur in beschränktem Maße, z. B. zu einfachen Schalen, Hauben, Kofferecken und Profilen. Rohre lassen sich warm biegen. Für die spanlose Formung sind geeignete Werkstoffsorten anzufordern. Sollen Teile aus Platten herausgestanzt werden, so ist in den meisten Fällen ein vorheriges Erwärmen unnötig. Wo es etwa notwendig sein sollte, wird zum Anwärmen zweckmäßig heißes Öl oder Heizplatten benutzt. Zum Verleimen wird am besten der wasserfeste Kauritleim verwendet; die Flächen sind vorher aufzurauhen.

Eigenschaften (Tabelle 46). Trotz guter Quellung ist immer noch ein gewisser schichtartiger Aufbau vorhanden. Da man Stäbe aus Platten herausschneidet, darf man aus Stäben z. B. keine dünnwandigen Rohre oder Zahnräder herausarbeiten. Die Schichtstruktur würde solche Stücke unfest machen. Zahnräder z. B. müssen aus Platten entsprechend herausgearbeitet werden.

Der besondere Vorzug der Vulkanfiber ist bei allgemein sehr guten mechanischen Eigenschaften ihre große Zähigkeit, ferner ihre hohe Verschleißfestigkeit. Die Festigkeit ist übrigens an einen bestimmten Feuchtigkeitsgehalt gebunden, der ihr deshalb bei der Herstellung belassen wird. Durch eine stärkere Trocknung würden die Festigkeit und Zähigkeit abnehmen.

Ein Nachteil der Vulkanfiber ist, daß sie viel Feuchtigkeit aufnehmen kann. Sie wird als elektrischer Isolierstoff kaum noch verwendet. Sie ist unempfindlich gegen Öle, Benzin, Benzol und Alkohol.

In den letzten Jahren war man bemüht, die Feuchtigkeitsempfindlichkeit durch gründliches Imprägnieren herabzumindern. Die Zähigkeit sinkt aber damit ab, und das Biegen und Ziehen wird erschwert. Auch Lackierungen werden zum gleichen Zwecke angewendet.

Anwendung. Für viele Teile der Textilindustrie, ferner im Maschinenbau, z. B. für Drucklageringe, Laufrollen, Kupplungsscheiben, Friktionsräder und -ringe, Bremsklötze und -beläge; Manschetten und Dichtungen jeder Art, Pumpenklappen; für Mützenschirme, Helme, große Transportgefäße und -karren, Spinnkannen und andere Teile für die Textilindustrie und anderes mehr.

Die obenerwähnte, den Verwendungsbereich der Vulkanfiber einschränkende Feuchtigkeitsempfindlichkeit der Hydratzellulose und auch der Zellulose ist durch die zahlreichen freien Hydroxylgruppen im Zellulosemolekül bedingt. Zur Blockierung dieser alkoholischen Hydroxylgruppen stehen grundsätzlich zwei Wege offen: die Veresterung, d. h. die Einführung eines Säurerestes, oder die Verätherung, d. h. die Einführung eines Kohlenwasserstoffradikals an Stelle des Wasserstoffatoms der Hydroxylgruppe. Unter den Zelluloseestern haben das Nitrat und das Acetat sehr große technische Bedeutung erlangt;

von den Zelluloseäthern müssen im Rahmen dieses Buches
die Äthylzellulose und die Benzylzellulose Erwähnung finden.

Die Umwandlung der Zellulose in ihre Ester oder Äther[1] hat aber
nicht nur den Erfolg, daß ihre Wasserempfindlichkeit wesentlich herabgesetzt wird, noch wichtiger ist die dadurch erzielte weitgehende Veränderung ihres Verhaltens beim Erwärmen und ihrer Löslichkeit. Während die Zellulose bei Einwirkung steigender Temperaturen sich allmählich zersetzt und verkohlt, ohne vorher zu erweichen, zeigen ihre
Ester und Äther beim Erwärmen ausgeprägtes thermo-
plastisches Verhalten, das durch Zugabe geeigneter Weichmacher noch gesteigert und variiert werden kann. Denn auch das
Verhalten gegen Weichmachungs- und Lösungsmittel hat sich durch
die Veresterung und Verätherung völlig geändert. Während native
Zellulose und Zellulosehydrate mit Weichmachern unverträglich und
in allen üblichen Lösungsmitteln unlöslich sind, kennt man für die
Zelluloseester und -äther eine ganze Reihe von Weichmachungsmitteln
und von wohlfeilen Lösungsmitteln, die den Einsatz der Ester und
Äther als Kunst- und Lack-Rohstoffe ermöglichen.

2. Zelluloseester.

Behandelt man Zellulose mit einem Salpetersäure-Schwefelsäure-
Gemisch, so erhält man Nitrozellulose.

a) Zellulosenitrat (Nitrozellulose).
α) Zellhorn oder Celloid („Zelluloid“).

Zur Herstellung von Zellhorn wird Nitrozellulose mit Kampfer
und Alkohol solange in erwärmten Knetern bearbeitet, bis eine vollkommene Gelatinierung eingetreten ist. Dann erfolgt die Reinigung der
noch den gesamten Alkohol enthaltenden Knetmassen in hydraulischen
Filterpressen. Es folgt die Entfernung des überschüssigen Alkohols, die
entweder wiederum in Knetmaschinen oder auf Mischwalzen vorgenommen wird. Anschließend wird die Masse zu dünnen Fellen aus-
gewalzt, die aufeinander gestapelt in sogenannten Kochpressen zu
einem homogenen Block verschweißt werden. Aus diesen Blöcken
werden auf Horizontal-Schneidmaschinen Tafeln beliebiger Dicke,
gegebenenfalls auch Stäbe, mit Profilmessern geschnitten. Ein anderes
Herstellverfahren für Stäbe ist das Spritzen auf hydraulischen oder
Spindelpressen. In gleicher Weise werden auch die Rohre hergestellt,

Zellhorn hat in Wärme ganz besonders gute plastische Eigenschaften
und läßt sich auf alle möglichen Arten weitestgehend verformen. Diesem
Umstand und seinem niedrigen Preis verdankt es trotz der starken
Brennbarkeit seine umfassende Anwendung für viele geformte volle
und vor allem hohle Gegenstände.

---

[1] M i e n e s : Celluloseester u. Celluloseäther. Verlag Bodenbacher, Bln.-
Stuttgart.

Es ist auch leicht zerspanend bearbeitbar. Sind dickere Platten durch Messerschnitte zu stanzen, so wärmt man die Platte vorher in heißem Wasser an.

Zellhorn ist in allen erdenklichen Farben, klar und gedeckt, herstellbar, ferner auch in vielen Musterungen; vollendete Bernstein-, Schildpatt- und Elfenbein-Musterungen. Die Lichtbeständigkeit ist geringer als beim Cellon.

Eigenschaften s. Tab. 46.

β) „Trolit F".

Es wird aus nur wasserhaltiger Nitrozellulose gewonnen, der man Weichmacher und größere Mengen kristallisiertes Kalziumsulfat zusetzt. Dieses Füllmittel in Verbindung mit einem nicht brennbaren Weichmacher führt dazu, daß aus der leicht entflammbaren Nitrozellulose ein schwer brennbarer Werkstoff wird. Die Wichte ist 1,8 bis 1,9 g/cm^3 gegenüber Azetylzellulose („Trolit A") mit 1,35 bis 1,6 g/cm^3.

„Trolit F" wird für Preßteile kaum noch verwendet, aber noch viel zu Profilstäben, Rohren und Platten verarbeitet. Es ist in vielen gedeckten Farben, auch in weiß und elfenbein herstellbar. (Über Spritzstoff „Trolit W" siehe die folgende Seite.

b) Zelluloseazetat (Azetylzellulose).

Azetylzellulose entsteht aus Baumwoll-Linters, die mit reiner Essigsäure und Essigsäure-Anhydrid in Gegenwart von Schwefelsäure zu einer strukturlosen viskosen Masse verarbeitet werden. Sie ist infolge der ziemlich teuren Grundstoffe zweimal so teuer wie Nitrozellulose. Dieser gegenüber hat sie den großen Vorteil, daß sie n i c h t e n t f l a m m b a r ist. Sie erweicht bei rd. 165°; sie ist in vielen organischen Lösungsmitteln löslich. Die ziemlich hohe Wasseraufnahme der normalen Azetylzellulose kann durch eine besonders weit getriebene Azetylierung bedeutend verbessert werden (Zellulose-Triazetat).

Zelluloseazetat wird zu den mannigfaltigsten Erzeugnissen verarbeitet, wie Kunstseide, Lacke, Folien („Isophan", „Neophan" u.a.m.), zur Triazetatfolie „Geaphan", zum nicht explosiblen Sicherheitsfilm, zu Flaschenkapseln und getauchten kleinen Behältern, zu Spritz- oder Preßmassen für Formteile u. a. m.

α) **Azetatzellhorn oder Acetylcelloid**[1] **(„Cellon", „Ecarit")** ist eine Azetylzellulose, die unter Zusatz von Lösungs- mit Plastifizierungsmitteln, z. B. Phtalsäureester, zu einer plastischen Masse verknetet wird, wobei gleichzeitig die Lösungsmittel wieder verdampft werden. Die dann folgende Weiterverarbeitung ist der des Zelluloids sehr ähnlich.

---

[1] B o n w i t t : Das Celluloid u. seine Ersatzstoffe. — Union Deutsche Verlags-Ges. Stuttgart. 813 S.

„Cellon" ist in Form von Platten, Folien, Stäben und Rohren und außerdem als Band in beliebigen Längen erhältlich. Es ist sowohl farblos wie auch farbig gut lichtbeständig und ferner ebenso umfassend wie „Zelluloid" farbig herstellbar. Die Lichtbeständigkeit ist besser als beim „Zelluloid".

Dem „Zelluloid" gegenüber hat es den weiteren Vorzug der geringen Brennbarkeit, es ist nicht entflammbar; es ist aber teurer und etwas weicher als dieses. Außerdem ist seine Wasseraufnahme wesentlich größer; es erfährt durch Wasseraufnahme eine geringe Vergrößerung, beim Trocknen eine Verkleinerung seines Rauminhaltes. Als ein Nachteil hat sich gezeigt, daß „Cellon" allmählich schwindet, auch unabhängig von den Feuchtigkeitseinflüssen; Ursache ist das allmähliche Verdunsten des angewendeten Gelatinierungsmittels. Bei dreitägiger Erwärmung auf 80° z. B. nimmt „Cellon" um rd. 6,5%, „Zelluloid" nur 2% seines Gewichtes ab[1]. Das ist ein Übelstand, den alle Kunststoffe mit Zusätzen von Gelatinierungsmitteln in mehr oder weniger ausgeprägtem Maße besitzen, der sich aber durch die Verwendung weniger flüchtiger Weichmacher weitgehend verbessern läßt.

A n w e n d u n g e n. Sehr viel als Zwischenschicht für splitterfestes Mehrschichtenglas; Fensterscheiben, Lampenschirme in vielen Farben und Musterungen; für kartographisches und Zeichengerät wie Lineale, Winkel und anderes mehr; Brillenrahmen; Leuchtbuchstaben; Sicherheitsfilme (Kino-Schmalfilm).

E i g e n s c h a f t e n s. Tab. 46.

Außer dem üblichen „Cellon" gibt es weniger hygroskopische oder schwerer brennbare Sondersorten.

β) **Typ 400 der Typisierung; Spritzstoff („Trolit W"; „Ecaron")** ist Azetylzellulose, der schwer flüchtige Gelatinierungsmittel zugesetzt sind. Dies geschieht, um für die spanlose Formung auf der Spritzmaschine, bei der die Masse einige Zeit der Arbeitstemperatur von rd. 145° ausgesetzt ist, die Erweichungsgrenze, die bei reiner Azetylzellulose nur wenig unter dem Zersetzungspunkt liegt, möglichst weit unter diesen herabzusetzen. Das fast farblose Gemisch wird dann ohne Anwendung von Lösungsmitteln auf heißen Walzen zu einer plastischen Masse verknetet, nachdem beliebige Farbstoffe zugegeben wurden. Die Menge der Gelatinierungsmittel liegt zwischen 15 und 40%. Man kann hiermit die Härte und die Formbeständigkeit nach *Marlens* erheblich beeinflussen, so daß härtere und weichere Massen entstehen.

Außer diesen gibt es noch a n d e r e A u s f ü h r u n g e n d e s „T r o l i t" (H 25, H 40, H 50, HH, CA 60), die durch Zusatz mehr oder

---

[1] A x i l r o d B. M., und G. M. K l i n e : Study of transparent plastics for use on aircraft — J. Res. Nat. Bur. Stand. Bd. 19(1937), S. 367/400; s. a. Referat: Prüfung von durchsichtigen Kunststoffen für Flugzeuge — Kunststoffe Bd. 28 (1938), S. 94.

Tabelle 46. Eigenschaften

Werkstoff	Wichte g/cm³	Biege- festigkeit kg/cm²	Schlag- zähigkeit cmkg/cm²	Kerb- schlag- zähigkeit cmkg cm²	Druck- festig- keit kg/cm²	Zug- festig- keit kg/cm²	Elasti- zitäts- modul kg/cm²
Vulkanfiber (Hy- dratzellulose[1])	1,2 bis 1,45	800 bis 1300	120 bis 190	—	3000 (senk- recht)	800 bis 1200 (längs)	55 ...... 75 000
„Zelluloid" (Zellu- losenitrat[2])	1,38	600	100 bis 200	13³	640	600 bis 700	25 000
„Cellon" (Zellulose- azetat[2])	1,3	550	100 bis 200	12³	400	500	20 000
Typ 400⁶ (Z.-Azetat)	1,35	600 300⁵	25 15⁵	8	575	350	20 000
„Trolit H 25"⁶ „	1,46	650	20	6	—	—	32 400
„Trolit CA 50"⁶ „	1,79	200	22	4	—	—	13 900
„Trolit BC" (Benzylzellulose)	1,22	700	75	3	500	390	25 000

[1] Nach Venditor Kunststoff-Verk. Ges. Troisdorf, Bez. Köln.   [2] Nach E. Röhm: Cellon — Kunststoffe Bd. 27 (1937) S. 61 und 62.   ⁵ Mindestwert der Typisierung, Tabelle 3.

weniger großer Mengen anorganischer Füllmittel entstehen. Dadurch wird die Härte und der Erweichungspunkt etwas heraufgesetzt, zugleich steigt die Wichte auf 1,5 bis 1,8 g/cm³; der Preis sinkt dabei; der Glanz des Stückes wird geringer. Diese Abarten werden in der Regel nur in schwarz, unter Umständen auch in braun geliefert.

Typ 400 kommt in sehr vielen Farben, auch elfenbein und rein weiß, auch nahezu farblos klar und in Musterungen, als grobkörniger Gries in den Handel. Die Wichtezahl ist je nach Farbe 1,35 bis 1,6.

Verarbeitung. Typ 400 wird fast ausschließlich als Spritzstoff verwendet; nur selten wird er auch in der Preßform verarbeitet. Das Spritzen ergibt Teile mit gutem Oberflächenglanz. Der Werkstoff ist gut polierfähig, falls jegliche Erwärmung vermieden wird. Die Einbettung empfindlicher Metallteile auf dem Spritzwege ist leicht möglich. Teile aus Typ 400 lassen sich mittels Azeton gut miteinander verkleben. Davon wird häufig bei der Herstellung von Hohlgefäßen Gebrauch gemacht, wobei der Boden eingeklebt wird.

Eigenschaften (vgl. Tabelle 46):

Die Formbeständigkeit nach Martens beträgt je nach Zusammensetzung 30 bis 50°. Daher ist gewisse Vorsicht bei Temperaturen von über 50° (Tropen) angebracht, wenn das Stück Zug- oder Druckspannungen ausgesetzt ist, wie z. B. auch bei Verschraubungen. Bei Zimmertemperatur ist der Werkstoff hornartig, dabei aber überaus zähe und elastisch. Er wird daher ganz besonders für dünnwandige Gegenstände angewendet. Der Isolationswiderstand ist gut; die Wasseraufnahme ist etwas größer als bei den meisten Kunstharz-Preßstoffen und der Zellulose-Kunststoffe.

| Formbeständigkeit nach *Martens* °C | Formbeständigkeit nach *Vicat* °C | Wasseraufnahme nach 7 Tagen mg/100 cm³ | Oberflächenwiderstand | | Dielektrizitätskonstante | | Dielektrischer Verlustfaktor | |
| | | | unmittelbar $M\Omega$ | 24 h in Wasser, Vergleichszahl — | 800 Hz | 10^6 Hz | 800 Hz | 10^6 Hz |
					ε		tg δ	
70 bis 90	200	14 000[4]	3	6 bis 9	4	4,7	$\approx$ 0,1	—
40	45 bis 50	200[4]	175 000	—	6	—	0,025	
35	40 bis 50	600[4]	150 000	—	7	—	0,05	—
40[5]	55	700[4]	400 000	11	4....7	$\approx$ 4,5	0,023	0,038
50	72	—	—	11	—	—	—	—
25	52	—	—	9	—	—	—	—
55	83	32[4]	> 3 000 000	11	3,5	—	0,005	0,011

[3] Nach Celluloid-Verk.-Ges., Berlin.   [4] Nach P. Pinten: Wasserbeständigkeit der Kunststoffe — Kunststoffe Bd. 28 (1938) S. 233 (ermittelt am Normstab 10 × 15 × 120 [mm]).
[5]) Meist nach Mienes und Krause: Kunststoffe Bd. 30 (1940) S. 2.

wesentlich größer als beim Polystyrol („Trolitul"). Teile aus Typ 400 sind auf die Dauer nicht völlig gestalt- und maßbeständig. Dies gilt vor allem für die besonders weichen Sorten. Teile daraus, z. B. dünnwandige Spulenkörper, haben starke Neigung zum Verziehen; es treten schon bei Zimmertemperatur im Laufe von Monaten Maßverkleinerungen bis zu 1% auf, in mäßiger Wärme bis zu 2%. Sehr maß- und gestaltbeständig sind dagegen die Polystyrole.

A n w e n d u n g e n. In der Feinmechanik, vor allem in der Optik; Filmspulen, Augenmuscheln, Leseglasstiele und -fassungen, Teile für Belichtungsmesser; Brillengestelle in zarten hellen Farben (Fassungsnut für das Glas wird mitgeformt); in der Schwachstromtechnik für Spulenkörper, Klemmenleisten mit eingebetteten Metallteilen und anderes mehr; für Schreibgeräte wie z. B. Füllhalter (Teile, die von Tinte berührt werden, müssen aus Polystyrol bestehen), Drehbleistifte; Möbelgriffe und -knöpfe; Kleinbehälter und Schmuckdosen; viele farbige Galanteriegegenstände.

c) Zellulose-Mischester.

In den USA sind außer einer Zelluloseazetat-Spritzgußmasse in der Art unseres Typ 400 noch zwei Zellulose-Derivate gebräuchlich, die wir nicht besitzen. Es sind M i s c h e s t e r der Essig- und Propionsäure bzw. der Essig- und Buttersäure, die als Z e l l u l o s e - A z e t o - p r o p i o n a t bzw. -A z e t o b u t y r a t bezeichnet werden. Vor allem das letztere ist gebräuchlich; es wird sowohl als Spritzgußmasse als auch als Strangpreßmasse verwendet. Es benötigt nur einen verhältnismäßig kleinen Weichmachergehalt, ist also kleineren nachträglichen Maßänderungen unterworfen als das Zelluloseazetat; auch die Wasseraufnahme ist nur halb so groß.

3. Zelluloseäther.

Sie sind bei Dauererwärmung wärmebeständiger als die anderen Zellulose-Kunststoffe; die Zersetzung beginnt erst über 180°. Sie sind so schwer entflammbar wie das Azetatzellhorn. Ein dritter Zelluloseäther neben den beiden nachstehend beschriebenen, die Methylzellulose, kommt als Kunststoff kaum in Betracht, sie ist wasserlöslich.

a) Benzylzellulose[1].

(,,B.Z.-Zellulose" oder ,,Trolit B.Z.".)

Eigenschaften (s. Tab. 46): Benzylzellulose ist etwas weicher als Zellhorn, hat aber sonst zelluloidähnliche Beschaffenheit, ist wie dieses zähe und elastisch, aber schwerer entflammbar. Ihre besonderen Vorzüge sind hohe chemische Beständigkeit, auch gegen starke Alkalien, ferner eine für einen Zelluloseabkömmling sehr geringe Wasseraufnahme. Der Isolationswiderstand ist sehr hoch. Benzylzellulose ist in vielen Lösungsmitteln löslich, nicht aber in Benzin und Alkohol. Sie ist ozonfest. Sie kann wie Azetatzellhorn glasklar-farblos hergestellt werden, hat aber Neigung zum Vergilben. Sie ist in allen Farben herstellbar, und zwar in rein weiß, in kräftigen wie in zarten Farben.

Lieferformen und Verarbeitung. Sie kommt als Spritzpulver in Form von feinkörnigem Gries in den Handel, außerdem werden Folien, Filme und Gespinstfasern aus ihr hergestellt. Die Warmverarbeitbarkeit ist gut. Sie läßt sich wie das Zellhorn auf die verschiedenste Weise verformen. Sie ist teurer als der Typ 400 (s. Tabelle 45).

Anwendung: Durch Weichmacherzusätze kann sie weitgehend plastisch gemacht werden. Die leichte Löslichkeit in vielen Lösemitteln erlaubt die Herstellung von Überzügen und Lacken, denen verschiedene Farben und Pigmente, auch metallische, wie Aluminiumpulver, zugesetzt werden können; deren Haftfestigkeit auf Metall wie auf Holz ist sehr gut. Sie ist sehr geeignet für die Innenlackierung von Behältern für Getränke und Chemikalien, für das Überziehen von Maschinenteilen für chemische Beanspruchung und allgemein für feuchtbeanspruchte Gegenstände.

b) Äthylzellulose[1].

(,,A.T.-Zellulose".)

Sie ist noch teurer als die Benzylzellulose. In der Zeit des ersten Weltkrieges war sie ein ausgezeichneter Weichgummiersatz für Leitungen unter dem Namen ,,Cellasol". Zur Zeit wird sie nur als Klebemittel und

---

[1] Dörr, E.: Zelluloseäther als Rohstoffe der Kunststoff-Industrie — Kunststoffe Bd. 27 (1937), S. 62/64.

in Lösungen für Lackzwecke benutzt. Die mechanischen und sonstigen physikalischen Eigenschaften ähneln denen der Benzylzellulose. Sie ist lichtfester als diese. In den USA sind Spritzgußmassen gebräuchlich, sie wurden im zweiten Weltkrieg u. a. für Zünderteile und Scheinwerfergehäuse verwendet. Die Spritztemperatur ist 230 bis 290°, die Formtemperatur 40 bis 70°, bei niedrigen Drücken. Hochliegender Schmelz- und tiefliegender Erweichungspunkt erleichtern die Verarbeitung.

Der Werkstoff hat hohe Schlag- und Kerbschlagzähigkeit, auch bei niedrigen Temperaturen, und gute Maßbeständigkeit, aber nur mäßige Beständigkeit gegen Sauerstoff und Säuren in Wärme. Glasklare Teile sind schwierig herzustellen.

E i g e n s c h a f t e n s. Tab. 47.

Tabelle 47. E i g e n s c h a f t e n v o n Ä t h y l z e l l u l o s e
(nach am. Ref. über Äthylzellulose in Pl. Massen Bd. 7 [1937] S. 299).

Farbe	glasklar-farblos
Schmelzpunkt	200 bis 210°
Erweichungspunkt	110 bis 130°
Wichte	1,14 g/cm³
Brechungsindex	1,47
Feuchtigkeitsdurchlässigkeit eines Films	$2{,}72 \cdot 10^{-6}$ g/h/cm²/cm
Feuchtigkeitsaufnahme nach Liegen in 80% relativer Luftfeuchtigkeit	3,4%
Lichtdurchlässigkeit	praktisch vollständig zwischen 2800 und 4000 Å
Zerreißfestigkeit eines Films	400 bis 600 kg/cm²
Dehnung	10 bis 20%
Dielektrizitätskonstante ε bei 1000 Hz	3,9
Dielektrizitätskonstante bei 60 Hz und 25°	2,6
Dielektrizitätskonstante bei 60 Hz und 100°	2,9
Dielektrischer Verlustfaktor tg δ bei 1000 Hz	$2{,}5 \cdot 10^{-3}$
Dielektrischer Verlustfaktor tg δ bei 60 Hz und 25°	$3 \cdot 10^{-3}$
Dielektrischer Verlustfaktor tg δ bei 60 Hz und 100°	$6 \cdot 10^{-3}$
Durchschlagfestigkeit eines Filmes	60 kV/mm

C. Polymerisate.

1. Vinylpolymerisate.

Es gibt eine große Zahl von Vinylverbindungen, die alle als grundlegenden Baustein das Radikal Vinyl — $CH = CH_2$ besitzen; mehrere davon ergeben technisch wichtige Polymerisate, s. Abb. 234. Die ersten vier dieser Stoffe, ferner das Polyäthylen und das Polyvinylkarbazol werden nachstehend beschrieben.

a) Polystyrol.
(„Trolitul"; „Styroflex" u. a.)

Durch Kondensation von Äthylen und Benzol wird Äthylbenzol und daraus durch Dehydrierung das Vinylbenzol oder Styrol erzeugt.

Aus ihm entsteht durch Polymerisation das Polyvinylbenzol oder
Polystyrol.

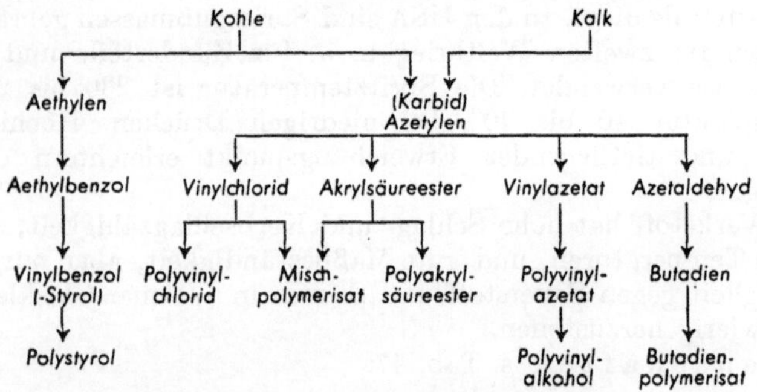

Abb. 234. Kunststoffe auf Vinylgrundlage.

Polystyrol, ein Kohlenwasserstoff, ist ein rein synthetischer Kunststoff, allein brauchbar, ohne irgendwelche festen oder weichmachenden
Zusätze. (Nur im Ausnahmefall setzt man ihm feste Bestandteile
zu, z. B. Eisenpulver für Magnetmassen oder Quarz für elektrische
Sondermassen, s. S. 280.) Polystyrol kommt glasklar, ungefärbt und
ungefüllt unter der Bezeichnung ,,Polystyrol III und IV'' zum Verkauf.
Gefärbte Ausführungen (glasklare sowohl als auch gedeckte Farben)
wie auch gefüllte kommen unter dem Namen ,,Trolitul'' in den Handel.
Es ist sehr lichtdurchlässig (hierin wird es nur noch von ,,Plexiglas''
übertroffen), ist völlig wasserunempfindlich, alkali- und säurefest und
hat — besonders für die Fernmeldetechnik — hervorragende elektrische Eigenschaften. Es brennt, einer Flamme ausgesetzt, leicht an
und nach deren Wegnahme auch lebhaft weiter, wobei es stark ab-
schmilzt. Die Glutfestigkeit ist Stufe 0 nach VDE 0302. Seine Wichte
ist mit 1,05 g/cm³ die zweitniedrigste aller Kunststoffe (Polyäthylen
= 0,92).

Polystyrol III, IV und EF sind chemisch sehr beständig, z. B. gegen
Alkalien, Säuren und gegen Öle, aber in vielen organischen Lösungsmitteln löslich, sehr leicht in Benzol. Dies wird benutzt, um zwei Teile
miteinander zu verkleben, z. B. bei der Anfertigung von Hohlkörpern,
aus zwei Teilen zusammengesetzt, und von Hohlgefäßen, wobei der
Boden eingeklebt wird. Man trägt nur sehr wenig Benzol auf und hält
die Klebestelle unter mäßigem Druck, bis das Benzol verdunstet ist.

Polystyrol-Erzeugnisse und ihre Anwendung:
,,Ronilla'' ist ein Polystyrol von niedrigem Polymerisationsgrad; es dient als Lackrohstoff.

,,Trolitul''-Folien, -platten, -stäbe und -rohre
werden vor allem in der Schwachstromtechnik angewendet. Handels-
formen: Dickere Platten in Größen von 400 × 500 (mm), Platten von

0,5 bis 0,125 mm Dicke in Größen von 600 × 1400 (mm); endlose Folien von 0,15 bis 0,01 mm Dicke in 250 bis 400 mm Breite.

„Styroflex"-Folien und -Fäden. „Styroflex" ist die Bezeichnung für gespritztes warmgerecktes Polystyrol[1] (etwa auf das Doppelte der ursprünglichen Länge). Die Folien werden in der Regel nach zwei Richtungen gereckt. Das Recken bringt die Dehnung auf rd. 3% gegenüber der Dehnung einer gegossenen ungereckten Folie von etwa 1,5%; die Falzzahl wird etwa verhundertfacht. Wichtiger Baustoff für die Fernmeldetechnik; Folien dienen für Kondensatoren, Fäden und Bänder für Kabel und Leitungen, vornehmlich für Hochfrequenz (Breitbandkabel, Antennenleitungen und andere mehr).

„Trolitul"-Spritzgußmasse wird fast ausschließlich nach dem Spritzgußverfahren auf Halb- oder Vollautomaten verarbeitet. Der in der Wärme gut plastische Werkstoff erlaubt die Herstellung auch sehr verwickelter Kleinteile.

Früher hatte sich gezeigt, daß nach längerer Zeit, oft erst nach Jahren, feine „Spannungsrisse" oder Haarrisse im Stück auftreten, welche die Durchsicht und unter Umständen auch die Festigkeitseigenschaften beeinträchtigen. Es handelt sich hier vielleicht um einen chemischen Vorgang im Werkstoff. Von seiten der Herstellung hat man anscheinend diese Ursache erkennen und beseitigen gelernt, so daß das Auftreten von Spannungsrissen heute wohl als überwunden bezeichnet werden darf.

„Trolitul" ist, im Gegensatz zum Spritzstoff Typ 400, sehr gestalt- und maßbeständig.

Anwendungen. Wegen der äußerst kleinen dielektrischen Verluste und der fast völligen Feuchtigkeitsunempfindlichkeit sehr starke Verwendung für Schwachstrom-Isolierteile, vor allem im Gebiet der hohen Frequenzen, z. B. für Rundfunk. Teile für Wassermesser; Zahlenrollen für Springzählwerke. Reisetintenflaschen, Teile für Füllfederhalter, wo Tintenfestigkeit verlangt wird. Dank der hohen Beständigkeit gegen Säuren und Alkalien weiterhin Anwendung für Flaschen für Flußsäure, Stopfen für Akku-Kästen, Tropfflaschen und anderes mehr; Beschläge für Möbel, wie Griffe, Knöpfe und Schließplatten. Gegenstände des täglichen Bedarfs, z. B. Kleiderknöpfe, Galanteriegegenstände, Anhänger, Armbänder, Schließen. In großem Umfange werden seit dem Jahre 1938 Kämme aus „Trolitul" gespritzt, die vor den Hartgummikämmen den Vorzug haben, daß sie nicht nur in schwarzer oder in dunklen Farben, sondern in beliebigen Farben herstellbar sind. Sie stehen einem guten Hartgummi- oder Zellhornkamm an Festigkeit und Glätte des Zahninneren etwas nach. Bei Hart-

---

[1] Nach Patenten der Norddeutschen Seekabelwerke, Nordenham.

Tab. 48. Eigenschaften der Polymerisate,
(Werte bei Raumtemperatur; über Werte

Werkstoff	Wichte-zahl	Biege-festig-keit kg/cm²	Schlag-zähig-keit cmkg/cm²	Kerb-schlag-zähig-keit cmkg/cm²	Druck-festig-keit kg/cm²
Polystyrol III . . . . [1]	1,05	‖ 500[7]) ⊥ 835[7])	‖ 10[7]) ⊥ 20[7])	5	950
Polystyrol Trolitul IV	1,05	⊥ 900	+ 25	5	950
Polystyrol Trolitul EF	1,05	⊥ 1000	+ 30	5	1000
Polystyrolmasse „Trolitul Si 4" . . . . [1]	1,18	600	6	2	—
Polyvinylcarbazol „Trolitul Lu M 150". . . [2]	1,2	800	10	2	350
Polyvinylchlorid „Hartigelit PCU'" „Vinidur", „Mipolam PCU" . . . . [1]	1,38	1000	> 100	5	800
Mischpolymerisat „Hartigelit MP", „Astralon", „Mipolam MP" . . . . [1]	1,34	1000	> 100	5[3])	785
Akryls.-Polymerisat „Plexigum M 272" (Spritzgußmasse) . . . . [5]	1,18	950	20—35	2,3	1200
Akryls.-Polymerisat „Plexiglas M 222" . . [5]	1,18	1400	20	—	1400
Polykondensat „Igamid A" (Spritzguß-masse) . . . . . , ... [1]	1,13	1000	> 150	11	1100
Polykondensat „Igmid U" (Spritzguß-masse)	1,21	550	100	—	—

[1] Nach Venditor Kunststoff-Verkaufs-Ges. m. b. H., Troisdorf, Bez. Köln.
[2] Nach Mienes und Krause: Kunststoffe Bd. 30 (1940) S. 2.
[3] Nach Celluloid-Verkaufs-Ges., Berlin.
[4] Nach Pinten: Kunststoffe Bd. 28 (1938) S. 233.

gummi wird das ganze Zahnrelief zwar weitgehend vor-, aber doch nicht durchgepreßt, jeder einzelne Zahn wird gesägt und nachgeschwabbelt, ist also sehr glatt. Bei der Polymerisatspritzung aber mit fertig gespritzter Zahnung sind vereinzelte Gratspuren schwer vermeidbar. Da ein Nachputzen der Verzahnung bisher vermieden wird, „ziepen" Polymerisatkämme zuweilen.

In den USA wird seit etwa 1945 Eß- und Trinkgeschirr aus Trolitul auf den Markt gebracht, in den gleichen, zarten Pastellfarben wie unsere Aminoplaste.

Seit dem Jahre 1937 ist das Polystyrol III die Standardausführung des Spritzstoffes „Trolitul". Es ist eine Verbesserung der früheren Ausführungen Polystyrol I und II. Die neuere Sorte IV ähnelt der Sorte III sehr stark. Es ist aber etwas höher molekular und hat daher etwas höhere Festigkeit und Formbeständigkeit nach Martens. Außerdem soll die Neigung zur nachträglichen Bildung von „Lichtrissen" bei ihm nicht vorhanden sein, es ist besonders sorgfältig von Resten monomeren Styrols befreit. Die ungefärbten und ungefüllten Spritzmassen kommen als „Polystyrol", die gefärbten (und gefüllten) als „Trolitul" auf den Markt.

Mischpolymerisate und Polykondensate.
bei anderen Temperaturen s. S. 77.

Zug-festig-keit	Elastizi-täts-modul	Formbe-ständig-keit nach *Martens*	Formbe-ständig-keit nach *Vicat*	Wasser-auf-nahme nach 7 Tagen	Oberflächenwiderstand		Dielektrizitäts-Konstante		Dielektrischer Verlustfaktor	
					direkt	24 h in Wasser, Vergleichs-zahl	800 Hz	10^6 Hz	800 Hz	10^6 Hz
kg/cm²	kg/cm²	° C	° C	mg/ 100 cm²	$M\Omega$	—	ε		tg δ	
400	32 000	65	85	0	$> 10^6$	12	2,4	2,4	0,0001	0,0002
500	34 000	70	100	0	$- 10^6$	12	2,4	2,4	0,0001	0,0002
400	34 000	75	105	0	$— 10^6$	12	—	—	—	—
—	—	74	85	8	$> 10^6$	12	3,3	3,3	0,006	0,001
150	34 000	150	190	10	$> 10^6$	12	3,0	3,0	0,0007	0,0015
550	45 000 bis 90 000	65	89	20[4])	$> 10^6$	12	3,4	3,4	0,020	0,015
600	32 000	58	75	30	$> 10^6$	12	3,5	3,2	0,015	0,016
700	—	68	90—95	75	$> 10^6$	12	—	3—3,6	0,02 bis 0,06	—
790[6])	32 000	70—80	100	125[4])	—	—	—	3—3,6	0,02 bis 0,06	—
700[8])	3 500	65	230	300	$> 10^6$	—	3....7	3.....4	0,02 bis 0,03	0,02 bis 0,10
650	—	40	175	—	—	—	3....4	3....4	0,02 bis 0,17	0,02 bis 0,04

[5]) Nach Röhm & Haas G. m. b. H., Darmstadt
[6]) Bei — 40 ° = 990
[7]) II parallel, ⊥ senkrecht zur Fließrichtung
[8]) Dehnung dabei 60 %!

Eigenschaften von Polystyrol („Trolitul") siehe Tab. 48.
Seit dem Jahre 1938 gibt es außer III und IV noch die Sorten Polystyrol EF, EN und EH. Diese drei neuen Sorten sind im Gegensatz zu III und IV in wäßriger Emulsion polymerisiert. Polystyrol EF ist wie III und IV ein reines Styrolpolymerisat, EN ist ein Mischpolymerisat aus Styrol und Acrylsäurenitril, EH ein solches aus Styrol, Acrylsäurenitril und Vinylkarbazol.

Die Sorte EF entspricht in ihren Eigenschaften im allgemeinen den Sorten III und IV, hat aber gegenüber der Sorte III ein höheres Molekulargewicht, verlangt daher eine um etwa 15° höhere Spritztemperatur und gestattet für geformte Gegenstände etwas höhere Verwendungstemperaturen. Sie hat daher an Stelle von Polystyrol III und IV dort bereits Verwendung gefunden, wo etwas höhere Formbeständigkeit gefordert werden muß.

Alle drei Sorten haben eine zitronengelbe Grundfarbe und sind nicht völlig transparent; die Farbmöglichkeiten sind daher kleiner als bei III und IV. EN hat die Wichte 1,08, EH hat 1,10. Die Sorten EN und EH haben noch höheres Molekulargewicht, eine besonders hohe Formbeständigkeit n. M. (75 bzw. 100°) und erfordern höhere Spritztemperaturen. Ihre Beständigkeit gegen Lösungsmittel ist wesentlich verbessert, ihre dielektrischen Verluste sind aber beträchtlich höher als die von Polystyrol III, IV und EF, so daß die Verwendung in der Hochfrequenz-Elektrotechnik entfällt. Teile aus dem kochfesten EH vertragen ein längeres Kochen in siedendem Wasser ohne Gestalteinbuße und Werkstoffschädigung (Anwendungsfälle: Wäscheknöpfe und Reißverschlüsse). Aus EN hergestellte Buchdrucklettern erwiesen sich als brauchbar; sie sind beständig gegen die gebräuchlichen Farb-Waschmittel, ausreichend verschleißfest und schonen durch ihre geringe Wichte die Druckmaschine.

Quarzgefülltes Polystyrol („Trolitul Si[1]" und „Amenit"[2].)

Bei diesen Kunststoffen wurde Polystyrol mit Quarzmehl gemischt, das etwa gleich niedrige dielektrische Verluste hat wie das Polystyrol. Dadurch wird die lineare Wärmedehnzahl kleiner, sie kommt dicht an die der Metalle heran. Damit ist die Gefahr einer Veränderung der Kapazität zweier in einem Schwingungskreis liegender, in ein Spritzteil eingebetteter Metallteile verkleinert. Der hohe Quarzgehalt verringert auch die Neigung dicker Spritzteile zur Lunkerbildung und zum „Einfallen" der Flächen. Beide Werkstoffe sind etwas wärmebeständiger, härter, aber auch beträchtlich spröder als reines Polystyrol. Die Einbettung von Metallteilen, wie Lötösen und Federn, ist dank der geringeren Schwindung dieser ebenfalls verspritzbaren Massen leichter möglich als beim reinen Polystyrol; zugleich ist die Empfindlichkeit des Stückes gegen die Erwärmung beim Löten geringer. Die Farbe ist grau. „Trolitul Si" wird in verschiedenen Härtegraden hergestellt.

Eigenschaften von „Trolitul Si 4" siehe Tab. 48.

b) Polyvinylkarbazol.
(„Trolitul Lu", auch „Luvican[3]".)

Aus Karbazol, das aus dem Anthrazenöl des Steinkohlenteers abgeschieden wird, entsteht zusammen mit Azetylen Vinylkarbazol, das zu Polyvinylkarbazol polymerisiert wird. Unter den nicht härtbaren Kunststoffen nimmt es eine besondere Stellung ein, denn s e i n e E r w e i c h u n g s g r e n z e l i e g t s o h o c h w i e d i e d e r h ä r t b a r e n A s b e s t - P h e n o l h a r z - P r e ß s t o f f e, siehe die hohe Formbeständigkeit nach Martens in Tab. 48. Die niedrige Dielektrizitätskonstante von 3,1 und der kleine Verlustfaktor tg δ von etwa 0,001,

---

[1] Vertrieb: Venditor Kunststoff-Verkaufsges. m. b. H., Troisdorf, Bez. Köln.

[2] Hersteller: Jul. Karl Görler, Transformatorenfabrik, Berlin-Charlottenburg.

[3] Näheres siehe bei H. B e c k : Luvican — Kunststoffe Bd. 27 (1937) S. 90/92. Hersteller: siehe Fußnote.

der in weiten Grenzen von der Temperatur unabhängig ist, machen das Polyvinylkarbazol besonders für die Fernmeldetechnik geeignet, insbesondere für Kabel und für Hochfrequenzteile. Hinsichtlich seiner Brennbarkeit entspricht es dem Polystyrol. Trotz seiner hervorragenden elektrischen Eigenschaften ist es eines der am wenigsten verwendeten Polymerisate, da es schwer verarbeitbar ist.

Die beiden Spritzgußmassen „Luvican" M 150 und M 125 entsprechen Formbeständigkeiten nach Martens von 150 und 125°. M 150 benötigt eine unbequem hohe Verarbeitungstemperatur von rd. 280°, die Sorte M 125 eine etwas niedrigere. Die Verarbeitung bietet überhaupt erhebliche Schwierigkeiten, weshalb es bis jetzt nur wenig verwendet wird. Die Struktur eines gespritzten Stückes ist recht ungleichmäßig; stellenweise, vor allem in den äußeren Schichten, ist sie langfaserig wie Asbest, im Innern dagegen glasartig.

Gegen verdünnte und konzentrierte Laugen und Säuren ist es sehr beständig, auch gegen heiße Laugen.

Es ist sehr kriechstromfest und wäre demnach für Isolierteile der Starkstromtechnik besser als die härtbaren Kunstharz-Preßstoffe geeignet, ist aber leicht brennbar. Es liegen nur vereinzelte Anwendungsfälle vor.

Ein Patent der I. G. Farbenindustrie AG. schützt die Anwendung von Polyvinylkarbazol als Bindemittel für den Glimmer bei der Mikanitherstellung, an Stelle der jetzt gebräuchlichen Bindemittel Schellack oder Glyptal. Seine hohe Formbeständigkeit und seine Beständigkeit gegen dauernde Wärmebeanspruchung lassen es für diese Zwecke sehr geeignet erscheinen.

Die Eigenfarbe ist ein gedecktes Graubraun, doch sind auch andere stark gedeckte Farben erhältlich.

E i g e n s c h a f t e n siehe Tab. 48.

c) Polyäthylen[1].

(„Lupolen H"; „Polythene"; „Alkathene"; „Polyethylene".)

Aus dem Äthylen entsteht durch Polymerisation unter Anwendung ungewöhnlich hoher Drucke das P o l y ä t h y l e n. Je höher der Polymerisationsgrad ist, um so hochwertiger werden seine Eigenschaften. Es kam zuerst in England etwa um 1938 auf den Markt. Es ist dort unter den Namen „Polythene" bzw. „Alkathene", in USA als „Polyethylene" (der amerikanischen Bakelite Corp.) in Anwendung; das deutsche („Lupolen H[2]") ist noch wenig eingeführt.

Die Wichte ist 0,92; es ist somit der leichteste aller organischen Kunststoffe. Als besondere Vorzüge werden hervorgehoben: ausgezeich-

---

[1] Siehe: Entwicklung, Herstellung und Eigenschaften von Polythene; Ref. in Kunststoffe Bd. 37 (1947), S. 58.

[2] Hersteller: I. G. Farbenindustrie AG., Frankfurt a. M.

nete elektrische Eigenschaften gleich denen des Trolitul, hohe chemische
Beständigkeit, Geruchs- und Geschmacksfreiheit, geringe Wasseraufnahme und niedrige Wasserdampfdurchlässigkeit. Die Farbe ist
milchig-farblos; es läßt sich leicht in allen gedeckten Farben anfärben.
Der Temperaturbereich, in dem es einsatzfähig ist, erstreckt sich von
etwa — 40° bis etwa + 100° C. Bei noch tieferen Temperaturen ver-
sprödet es allmählich, oberhalb 100° verliert es schnell seine Gestaltfestigkeit.

Bei ungewöhnlich wohlfeilem Ausgangsmaterial — Äthylen ist in
beträchtlichen Mengen im Leucht- und Kokereigas enthalten, aus
denen es durch Ausfrieren leicht gewonnen werden kann — verspricht
das Polyäthylen einer der billigsten Kunststoffe zu werden.

Der noch junge Werkstoff hat vorerst noch wenig Anwendung gefunden; ihm dürfte aber in Zukunft ein breites Anwendungsgebiet,
vor allem in der Elektrotechnik, sicher sein. Zur Zeit wird über seine
Verwendung in der Kabeltechnik, über wasserundurchlässige Folien,
insbesondere für Verpackungszwecke und über Halbzeug in Form von
Platten, Stäben und Rohren in der englischen und amerikanischen
Literatur berichtet.

Polyäthylen ist auch formbar. In einem Inserat[1] wird Eßgeschirr
gezeigt, darunter ein stark zusammengebogener Teller; das Polymerisat
hat also eine Biegsamkeit, wie sie auch dem Igamid A und U eigen-
tümlich ist.

Polytetrafluoräthylen.

(„Teflon".)

Unter der Bezeichnung „T e f l o n" ist im Jahre 1948 in USA ein
Kunststoff angekündigt worden, der durch Polymerisation von Tetra-
fluoräthylen gewonnen wird und im Anschluß an das Polyäthylen
kurz erwähnt werden soll. Er zeichnet sich, wie alle wasserstofffreien
Fluor-Kohlenstoffverbindungen, durch eine ungewöhnliche Hitze- und
Chemikalienbeständigkeit aus und soll noch höhere Temperaturen als
die Silikone vertragen. Als dipolfreies Material besitzt Teflon außerdem sehr niedrige dielektrische Verluste. Bedingt durch seine ungewöhnliche Wärmefestigkeit, macht andererseits seine Verformung
große Schwierigkeiten. „Teflon" soll für Dichtungen und ähnliche
Zwecke Verwendung gefunden haben, wo höchste Anforderungen an
chemische Beständigkeit und Hitzefestigkeit gestellt werden.

d) Polyvinychlorid.

(„Hartigelit PCU"; „Vinidur"; „Luvitherm"; „Vinnol HH" u. a.)

Durch die Anlagerung von Chlorwasserstoff (Salzsäure) an Azetylen
entsteht Vinylchlorid, und weiterhin durch Polymerisation Polyvinyl-

---

[1] Modern Plastics Dez. 1946.

chlorid. Die Polymerisation muß sehr sorgfältig gesteuert werden. Der Grad der Polymerisation hängt von mehreren Faktoren ab, in erster Linie von der Reaktionstemperatur. Für die verschiedenen Gebrauchszwecke werden verschiedene Abstufungen des Polyvinylchlorids hergestellt. Polyvinylchlorid ist zunächst ein feines weißes Pulver, das unter der Bezeichnung „Igelit PCU" in den Handel kommt. (Igelit = **I. G.** Farbenindustrie AG.; PCU = Polyvinylchlorid ungechlort, d. h. nicht nachchloriert.) (Es gibt auch nachgechlortes PCU, siehe das „Igelit PC" S. 288.) Durch Kneten des Pulvers auf heißen Walzwerken, siehe Abb. 6, bei 160 bis 200° entsteht nach einiger Laufzeit nach völliger Durchwärmung und genügender Plastifizierung ein zähes Fell, das auf entsprechenden Maschinen zu Platten, Folien, Stäben und Rohren weiter verarbeitet wird. Dieses „H a r t i g e l i t" von brauner Farbe hat bei Raumtemperatur eine hornartige Härte, ist sehr zähe und mäßig elastisch. Die Wichte ist 1,38 g/cm³, die mechanischen Eigenschaftswerte zeigt Tab. 48. Der Werkstoff ist bei niedrigen Temperaturen beträchtlich spröder, die Werte für die Dehnung und Schlagzähigkeit sinken stark ab.

Die genannte hohe Verarbeitungstemperatur verträgt das „Igelit PCU", da nur kurzzeitig, ohne Schaden. Bei Dauererwärmung über etwa 90° beginnen Zersetzungserscheinungen; es darf dauernd nur zwischen — 20° und etwa + 70° verwendet werden. Einer anzündenden Flamme ausgesetzt, brennt es zwar an und schmilzt ab, nach dem Wegnehmen aber erlischt die eigene Flamme sofort.

„Hartigelit PCU" hat selten hohe Beständigkeit gegen Säuren, selbst gegen warme Chrom- und Salpetersäure, gegen Laugen, Alkohole, Mineralöle und Benzin, siehe Tab. 49. Aromatische und chlorierte aliphatische Kohlenwasserstoffe, Ester, Äther und Ketone quellen es; im Lösungsmittel T (I. G. Farbenindustrie) ist es ziemlich leicht löslich.

Abb. 235. Vorlage einer Destillationskolonne aus Vinidur. Aus Einzelteilen geschweißt (nach Sirot).

„Igelit"-Stücke lassen sich in Wärme unter Druck miteinander verschweißen und mit der Heißluftpistole ohne Anwendung von Druck schweißen, s. S. 347. Man verklebt Teile miteinander, indem man sie aufrauht, mit Methylenchlorid abwäscht, mit Spezialklebemitteln der I. G. Farbenindustrie bestreicht und dann zusammenpreßt.

„Igelit PCU" ist in Platten bis zu 60 mm Dicke, in Folien bis zu 0,5 mm als „Vinidur", bis zu 0,03 mm herunter als „Luvitherm"-Folie oder „Igelit"-Feinfolie im Handel. PCU-Paste s. S. 293.

A n w e n d u n g e n : Vornehmlich für Gegenstände für c h e m i s c h e   B e a n spruchung: Rohre (s. unten), Schlangen, Armaturen für Rohrleitungen, Akkukästen, Schalen, Behälter, Pumpen und Apparaturen (siehe Abb. 235 und 236). Perforierte Platten für Siebe; Siebgewebe. PCU-E i n s ä t z e für Wannen und andere Behälter. Auskleidungen von Behältern: Platten oder Folien, auf die Innenwände des Behälters aus Holz, Beton oder Metall a u f g e k l e b t, Nähte geschweißt oder geklebt. A n d e r e A n w e n d u n g e n. Verpackungen, wie warm oder kalt gezogene Dosen, aus Tafelmaterial gerollte und geheftete Büchsen; PCU-Borsten für sehr haltbare Bürsten und Pinsel; Preß- und Spritzmassen und vieles andere.

„ V i n i d u r "- Rohre (früher „Mipolam"-Rohre) werden aus „Igelit PCU" ohne Weichmacher hergestellt und haben hornartige Beschaffenheit; die übliche Farbe ist gelblich braun. Sie sind wasserbeständig, korrosionsfest, geruchlos und geschmackfrei (vgl. Tab. 49). Man verwendet sie deshalb zur Fortleitung von Gasen und Flüssigkeiten in der chemischen Industrie, in der Textilindustrie, in der Nahrungsmitteltechnik (z. B. Schank- und Brauereigewerbe) und für Wasserleitungen, und zwar im Austausch gegen devisengebundene Werkstoffe wie Kupfer, Blei und säurefeste Stähle. Gegenüber Porzellan- und Glasrohren haben sie den Vorzug der leichteren Verlegbarkeit und des vielfach geringeren Gewichtes.

Eigenschaften und Richtlinien für die Verwendung, Abmessungen, und zulässige Drücke sowohl für Rohre als auch Verbindungsteile sind genormt[1]. Handelsüblich sind Längen bis zu 6 m. Für die sach-gemäße Verlegung und Verbindung der Rohre durch Klebemuffen und Verschraubungen, für die Warmverarbeitung durch Biegen und Aufweiten, für das Kleben und Dichten sind die vom Hersteller ge-gebenen Richtlinien sorg-fältig zu beachten.

Da die gute chemische Beständigkeit des Vinidur-rohres sich nicht auf sämt-liche Chemikalien erstreckt, und da ferner bestimmte Temperaturen nicht über-schritten werden dürfen (etwa 60°), weil dann eine ziemliche Erweichung des „Vinidur" eintritt, ist vor der Verwendung Fühlung-nahme mit dem Hersteller zu empfehlen. Bei sach-gemäßer Verlegung, die erlernt werden muß, haben sich Vinidurleitungen schon

Abb. 236. Rohrbatterie, im Freien verlegt, aus Vinidur (nach S i r o t).

vielfach bewährt. Versuche der Berliner Städtischen Wasserwerke ergaben, daß die in Wasserleitungen auftretenden üblichen Druck-spitzen bis zu rd. 10 atü vom sachgemäß verlegten Rohr dauernd er-tragen werden. Das Trinkwasser bleibt hygienisch einwandfrei. Die Versuche betrafen Wassertemperaturen bis zu höchstens 20° C[2].

Bei der Anwendung des „Igelit PCU", seien es Halbfabrikate oder geformte Teile, ist der versprödende Einfluß der Kälte und der erweichende der Wärme sorgfältig zu beachten. Mit Sicherheit ist das

---

[1] DIN 8061 bis 8067: Normung von Kunststoff-Rohren und -Formteilen aus Polyvinylchlorid (Rohrtyp). Ferner: VDI-Richtlinien Gestaltung, Verarbeitung von Kunststoff-Rohrleitungen aus Polyvinylchlorid (Rohrtyp). VDI 2010. Ausgabe Oktober 1943.

[2] G ö t t i n g, H. : Erfahrungen mit Mipolamröhren im Wasserwerksbetriebe — Kunstharze und andere plastische Massen Bd. 8 (1938) S. 136/40. — L. W. H a a s e : Mipolam, ein neuer Werkstoff im Wasserleitungsbau — Gesundh.-Ing. Bd. 60 (1937) S. 150/53.

Tabelle 49. Beständigkeitsliste für Igelit PCU (nach Buchmann: Kunststoffe Bd. 30 [1940] S. 364).

Salzlösungen

jeder Art, z. B. von Alaun*, Aluminiumsalzen*, Ammonsalzen*, Bleisalzen*, Kalziumsalzen*, Diazosalzen*, Düngesalzen*, Kalisalzen*, Kochsalz, Kupfersalzen*, Magnesiumsalzen*, Natronsalzen*, Nickelsalzen*, Zinksalzen*, Zinnsalzen* usw.

in verdünnten Lösungen	40° best.
in gesättigten Lösungen	60° best.

Ausnahme:

Kaliumpermanganatlösung, jede Konz.	40° best.
Kaliumpermanganatlösung, über 6%	50° bed. best.

Wässer

Abwässer jeder Art (auch stark saure, aber ohne organische Lösemittel)	40° best.
Abwasser, mit Spuren Phenol oder Butanol*	20° best.
dest. Wasser	40° best.
Kondensat	40° best.
Leitungswasser	40° best.
Quellwässer, kohlensaure*	40° best.
Seewasser*	40° best.
Urin*	40° best.

Alkalien

Ammoniakwasser*	40° best.
Kalilauge*, Natronlauge, Kalinatronlauge*	
stark verdünnt	40 °best.
über 50%	60° best.

Anorganische Säuren (wässerige Lösungen)

Arsensäure, verd.*	40° best.
Arsensäure, 40…80%*	60° best.

Gase

Abgase (fluorwasserstoffhaltig, kohlensäurehaltig, nitrosehaltig, schwefeldioxydhaltig, schwefelsäurehaltig)*	60° best.
Ammoniak, trocken*	60° best.
Ammoniak, feucht*	40° best.
Chlor, trocken	20° best.
	40° bed. best.
Chlor, feucht	20° bed. best.
Chlorwasserstoff, trocken*	60° best.
Chlorwasserstoff, feucht*	40° best.
Kohlensäure, trocken*	60° best.
Kohlensäure, feucht*	40° best.
nitrose Gase: siehe Stickoxyde	
Ozon*	20° best.
Röstgase, trocken*	60° best.
Sauerstoff*	60° best.
Schwefeldioxyd, trocken*	60° best.
Schwefeldioxyd, feucht	40° best.
Schwefelwasserstoff, trocken*	60° best.
Schwefelwasserstoff, feucht*	40° best.
Stickoxyde, verdünnt, feucht und trocken*	60° bed. best.
Stickstoffdioxyd, konzentriert, feucht**	20° unbest.
Wasserstoff	60° best.

Organische Säuren, wässerig

Ameisensäure bis 50%*	40° best.
Ameisensäure, konz.*	20° best.
Diglykolsäure, 18%* **	60° best.
Essigsäure, stark verd.	40° best.
Essigsäure, 25…85%	60° best.
Essigsäure, 85…90%	40° best.
Essigsäure, > 90%	20° best.
Fettsäuren* **	60° best.
Milchsäure, stark verd. ***	40° best.

Bromsäure, $\approx 10\%$* **	. . . .	20° best.
Chlorsäure, bis 50%*	. . . .	20° best.
Chlorsulfonsäure*	. . . .	20° bed. best.
Chromsäure, verd.	. . . .	40° best.
Chromsäure, 30…50%	. . . . . .	50° best.
Chromsäure, 25% mit Schwefelsäure 20%*	. . . . . .	60° bed. best.
Flußsäure 40%**	. . . .	20° best.
Kieselfluorwasserstoffsäure, 32%* **	.	60° best.
Mischsäure $HNO_3/H_2SO^4/H_2O$ 20/15/65	. . . .	50° best.
Mischsäure $HNO_3/H_2SO^4/H_2O$ 33/50/17	. . . . . .	30° best.
Phosphorsäure, stark verd.	. . . . .	40° best.
Phosphorsäure, über 30%	. . . . .	60° best.
Salpetersäure, stark verd.	. . . . .	40° best.
Salpetersäure, 30…50%	. . . . .	50° best.
Salpetersäure, > 50…60%	. . . .	20° best.
Salpetersäure, konzentrierte	. . . .	nicht best.
Salzsäure, verd.	. . . . . .	40° best.
Salzsäure, > 30%	. . . . . .	60° best.
Schwefelsäure, stark verd.	. . . . .	40° best.
Schwefelsäure, 40…80%	. . . .	60° best.
Schwefelsäure, > 80…90%	. . . .	45° best.
Schwefelsäure > 90…100%	. . . .	60° best.
Schwefelsäure, rauchende (Oleum mit 8% SO_3)	. . . . . .	20° best.
Schweflige Säure*	. . . . . .	40° best.

Sonstige wässerige anorganische Lösungen

Bleichlauge, 12,5% Cl_2* **	. . . . .	40° best.
Chlorwasser, kalt ges.	. . . . .	20° bed. best.
Photographische Bäder	. . . . .	40° best.
Wasserstoffsuperoxyd 10%	. . . .	40° best.
Wasserstoffsuperoxyd 30%**	. . . .	20° best.

Oxalsäure, stark verd.	. . . .	40° best.
Oxalsäure, gesättigt	. . . .	60° best.

Alkohole, Aldehyde und verschiedene wässerige organische Angriffsmittel

Äthylalkohol, jede Konz.	. . . . . .	40° best.
Azetaldehyd, bis 40%* **	. . . . .	40° best.
Azetaldehyd mit Essigsäure 90/10*	. .	20° best.
Emulsionen von Kunststoffen*	. . . .	40° best.
Formaldehyd, jede Konz.*	. . . . .	60° best.
Glyzerin*	. . . .	60° best.
Kresol, wässerig bis 90%*	. . . . .	45° bed. best.
Methylalkohol jede Konz.	. . . . .	40° best.
Phenol, wässerig bis 90%	. . . . .	45° bed. best.
Viskoselösungen techn. Konz.*	. . . .	60° best.

Sonstige organische Lösemittel, Kohlenwasserstoffe und Chlorkohlenwasserstoffe

Azeton (auch wässerig in Spuren*)	. .	nicht best.
Äther	. . . .	nicht best.
Benzin*.	. . . .	60° best.
Benzin-Benzol-Alkoholgemisch (Kraftstoff)	. . . .	20° bed. best.
Benzol und aromatische Kohlenwasserstoffe	. . . .	nicht best.
Chlorkohlenwasserstoffe (außer Tetrachlorkohlenstoff)	. . . . . .	nicht best.
Ester	. . . .	nicht best.
Fette*	. . . .	60° best.
Ketone	. . . .	nicht best.
Öle	. . . .	70° best.
Schwefelkohlenstoff	. . . .	20° bed. best.
Tetrachlorkohlenstoff	. . . . . .	20° bed. best.
Toluol	. . . .	nicht best.

* Der Beständigkeitsliste der Hersteller und anderen Unterlagen entnommene Angaben. — ** — Andere Bedingungen nicht untersucht.

PCU — ohne Weichmacher — als Baustoff zwischen — 10° und +40° anwendbar. Bei — 20° sinken Schlagzähigkeit und Dehnung auf etwa $^1/_3$ der Werte von Zimmertemperatur; bei etwa 60° ist die Erweichung unter Druck oder Zug schon erheblich und ab hier sinkt auch die chemische Beständigkeit[1]. Dies ist z. B. beim Einbau von Rohren und bei der Verwendung großer Behälter und frei eingesetzter Behälter-Einsätze wohl zu beachten; Zug- und Druckspannungen müssen, um so kleiner gehalten werden, je höher die Temperatur ist. Kurzzeitig werden höhere Temperaturen ertragen, wenn eine Durchwärmung der Wandung dabei noch nicht eintreten kann. Das Diagramm Abb. 237 ferner Abb. 249 und die Tabelle 50 geben ein Bild des Einflusses der Temperatur auf die mechanische Festigkeit; s. ferner die Diagramme Abb. 239, 240, 241, 255.

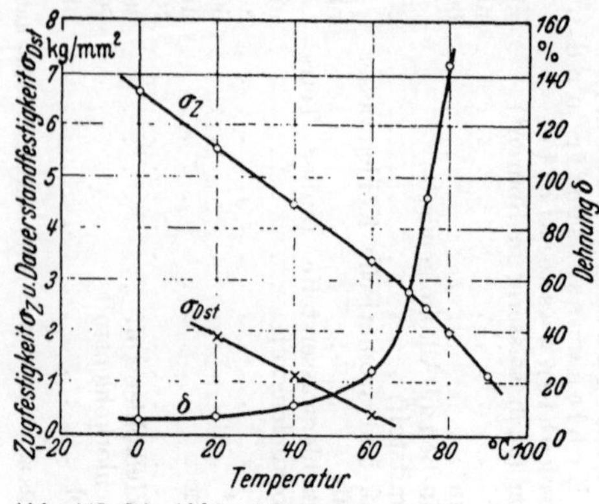

Abb. 237. Die Abhängigkeit der mechanischen Eigenschaftswerte des PCU-Vinidur von der Temperatur; Dreiminutenwerte (nach Sirot und Werner in Kunststoff-Technik Bd. 11 (1941) S. 110).

Tabelle 50. Zulässige Innendrücke für Vinidurohr (Igelit PCD) in Abhängigkeit von der Temperatur (nach Sirot).

Temperatur	Zulässiger Innendruck [atü]		
°C	drucklose Reihe	ND 2,5-Reihe	ND 6-Reihe
0	≈ 1,0	≈ 5,5	≈ 12
20	0,9	4,5	10
40	**0,5**	**2,5**	**6,0**
60	0,2	1,0	2,5
75	≈ 0,07	≈ 0,35	≈ 0,8

Die Vinidur-Rohre sind nur eine der verschiedenen, einander sehr ähnlichen Varianten des „Hartigelit PCU". Das eben hinsichtlich der physikalischen und chemischen Belastbarkeit Gesagte gilt angenähert für „Hartigelit PCU" allgemein.

Durch Zusatz von weichmachenden Mitteln lassen sich die Eigenschaften des PCU weitgehend ändern, s. S. 290.

---

[1] Siehe eingehend W. Krannich: Vinidur und Oppanol als Austauschstoffe für korrosionsfeste Metalle — Kunststoffe Bd. 31 (1941) S. 192/94. — Siehe eingehend W. Buchmann: Die Angriffsbeständigkeit von Kunststoffen. Ihre Bestimmung und Ausnutzung am Beispiel des Igelit PCU — Kunststoffe Bd. 30 (1940) S. 357/65.

Durch Nachchlorieren des in Lösungsmitteln nicht bis schwer löslichen „Igelit PCU" erhält man einen leichter löslichen Stoff, das „Igelit PC", aus dessen Lösungen Filme und Folien („Vinifol") und Fäden, die „Pe-Ce"-Faser und Gewebe hergestellt werden.

e) Mischpolymerisat MP (auf der Basis des Polyvinylchlorids).

("Igelit MP", „Mipolam MP", „Astralon".)

Bei den bisher aufgeführten Polymerisaten wurde jeweils nur e i n e ungesättigte Verbindung polymerisiert. Man kann aber zwei verschiedene Verbindungen miteinander mischen und sie dann gemeinsam polymerisieren. Dadurch entstehen Verbindungen, in denen die Einzelmoleküle beider Ausgangsstoffe in jedem der gebildeten Fadenmoleküle enthalten und miteinander verknüpft sind. Ein solches Mischpolymerisat hat neue eigene Eigenschaften.

Eines der bekanntesten Mischpolymerisate ist das „Igelit MP" oder „Mipolam MP", es ist das Ergebnis einer gemeinsamen Polymerisation von Vinylchlorid mit einem Akrylsäureester. Auch die „Polystyrol"-Sorten EH und EN sind Mischpolymerisate. Hier sei nur auf das „Igelit MP" näher eingegangen.

„Igelit MP" hat die Wichte von 1,34 g/cm³, es ist glasklar, in dünnen Platten farblos, in dickeren gelblich, es hat ähnliche mechanische Eigenschaften wie „Igelit PCU", unterscheidet sich aber von ihm durch etwas größere Weichheit und Elastizität bei Zimmertemperatur. Es erweicht in Wärme eher als PCU, die Formbeständigkeit nach *Martens* und nach *Vical* liegen niedriger; die Verarbeitungstemperatur liegt bei etwa 140°. Der Preis ist etwas höher als der des PCU. Es ist ebenfalls in Wärme unter Druck verschweißbar und läßt sich kalt mit Essigester kleben. Es löst sich leicht im Lösemittel T der I. G. Farbenindustrie. Die chemische Beständigkeit ist geringer als die des „Igelit PCU".

„Igelit MP" kommt in Form eines weißen Pulvers in den Handel, z. B. zur Herstellung von Weichmassen für die Kabelindustrie, ferner als Spritz- und Preßmasse „Mipolam" für die Herstellung von Formteilen, dann in Form von Platten von zelluloidähnlicher Härte.

E i g e n s c h a f t s w e r t e des „Igelit MP" s. Tab. 48.

Wie beim „Igelit PCU" lassen sich auch beim „Igelit MP" die mechanischen und phisikalischen Eigenschaften durch Weichmacher weitgehend abwandeln, wobei sich die gleichen Möglichkeiten ergeben wie dort.

Farbloses Mischpolymerisat MP „Astralon": Eine besondere Ausführungsart des Mischpolymerisates „Igelit MP" ermöglicht farblos glasklare Erzeugnisse von hoher Lichtdurchlässigkeit und -beständigkeit. Dank dieser Eigenschaften stehen diese als ein „organisches Glas" dicht hinter dem „Plexiglas". Sie sind geruch- und geschmack-

---

[1] Vertrieb: Zelluloid-Verkaufskontor G. m. b. H., Berlin W., Linkstr.

frei. Es sind viele klare, lichtbeständige Farben möglich. Für Verglasungen hat es gegenüber Cellon den Vorteil, nicht zu schwinden und weniger Feuchtigkeit aufzunehmen. Die übrigen Eigenschaften gleichen denen des „Igelit MP".

„Astralon". Anwendung. Als organisches Glas für Verglasungen von Fahrzeugen; gezogene Dosen, Schachteln und andere Verpackungen; Zeichengeräte; Fenster und Skalen für Apparate; dekorative farbige Wandbekleidung von Innenräumen.

„Vinidurrohr MP transparent": Glasklar-farblos; hygienisch völlig einwandfrei. Für Getränke-Schankanlagen (Bierleitungen). (Bei etwa 60° etwas erweichend.)

f) Die Weichigelite aus PCU und MP.

(„Weichmipolam", „Decelith W", „Guttasyn" u. a.)

Sowohl das Polyvinylchlorid als auch das Mischpolymerisat lassen sich mit fast beliebigen Mengen von Weichmachern vereinigen. Weichmacher sind praktisch nichtflüchtige Quellungsmittel, meistens Ester. Es gibt Dutzende von Sorten. Die durch die Paraffinoxydation gewonnenen synthetischen Fettsäuren und die aus diesen Fettsäuren durch katalytische Redukion gewonnenen Fettalkohole spielen in Deutschland für die Herstellung von Igelitweichmachern eine besondere Rolle. Die Weichmacher werden je nach dem Gebrauchszweck des Weichigelites — Weichheitsgrad, geringste Sprödigkeit bei Kälte, gute Alterungsbeständigkeit auch in der Wärme, gute dielektrische Eigenschaften — ausgewählt. Oft werden mehrere Weichmacher zugleich zugesetzt. Für die meisten Verwendungszecke liegt der Weichmachergehalt zwischen 20% und 50% des Gesamtgewichts. Die Abb. 238

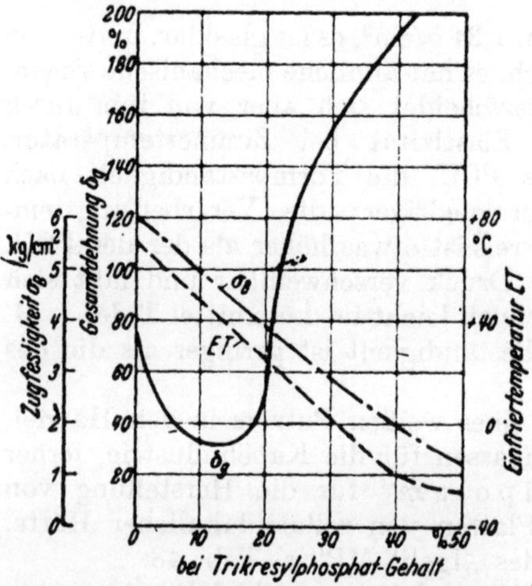

Abb. 238. Die Abhängigkeit der mechanischen Werte eines PCU-Weichigelits mit Trikresylphosphat von der Menge des Weichmachers (nach Buchmann) in Krannich, Kunststoffe im technischen Korrosionsschutz).

gibt ein Bild vom Einfluß der Menge eines Weichmachers auf Zugfestigkeit, Dehnung und auf die Einfrier-Temperatur, d. i. der Punkt bzw. Temperaturbereich, oberhalb dessen ein Kunststoff weich, unterhalb dessen er spröde ist, und zwar dem Falle der Kombination von PCU mit Trikresylphosphat.

Man kann Igelitmischungen von lederharten bis weichgummiähnlichen Eigenschaften herstellen, die elastischen Eigenschaften vulkanisierter Weichgummimischungen werden aber in keinem Falle auch nur annähernd erreicht. Die Dehnung ist zwar bei hohem Weichmacheranteil sehr hoch, der elastische Anteil derselben aber nur klein. Noch mehr sind sie dem Weichgummi bei höheren Temperaturen in bezug auf die Gestaltbeständigkeit unterlegen. Andererseits weisen sie in bezug auf Verarbeitung, chemische und Alterungsbeständigkeit technisch wichtige Vorzüge auf.

Die durch Anwendung der verschiedenen Weichmacher möglichen Weichigelite haben Zugfestigkeiten von 50 bis 250 kg/cm² bei Dehnungen von 300 bis 30%. Die Abhängigkeit der Werte von der Temperatur ist sehr unterschiedlich.

Die Weichigelite nehmen je nach Weichmachersorte bei Liegen unter Wasser von 20° nach 30 Tagen 400 bis 2000 mg/100 cm² Wasser auf.

Dauererwärmung ab etwa 70° macht die Weichigelite infolge Verdampfen des Weichmacheranteiles zunehmend spröder, die Zugfestigkeit steigt und die Dehnung nimmt ab. Bei Mischungen, die zu flüchtige Bestandteile enthalten, treten diese Veränderungen schon bei gewöhnlicher Temperatur ein.

Die chemische Beständigkeit der Weichigelite ist, als Folge der Weichmacher, nicht so hoch wie die der nicht weichgemachten Hartigelite MP oder gar PCU.

Die verwendeten Weichmacher vereinigen sich leider auch gern mit anderen Kunststoffen. So kann es vorkommen, daß der Weichmacher in den Nachbar hineinwandert, um so mehr, je höher die Temperatur ist, verschieden leicht je nach der Weichmacherart. Sehr leicht diffundieren sie in das Polystyrol hinein. Liegen Weichmipolam-Dichtungen zwischen „Vinidur“-Rohrflanschen, so wandert auch hier der Weichmacher ab. Folien aus „Cellophan“ unterbinden dies.

Das Mischen geschieht derart, daß zuerst das PCU- oder MP-Pulver in einem Rührwerk innig bei Raumtemperatur mit dem flüssigen Weichmacher und, gegebenenfalls noch mit Farbstoffen oder anderen Zusätzen vermengt wird. Dann wird die Mischung auf einem heißen Walzwerk (s. Abb. 6) durchgeknetet, bis eine „Gelierung“ beider Stoffe zu einer zähplastischen Masse stattgefunden hat, die sich ähnlich wie mastizierter Kautschuk als zusammenhängendes Fell um einen der beiden Walzenballen legt. Die Temperatur, auf die man die Walzen anheizen muß, hängt von dem Weichmacherzusatz ab, liegt aber beim Igelit PCU auf jeden Fall oberhalb der Temperatur, bei der allmählich Zersetzung unter Bräunung eintritt. Die Mischzeit auf der Walze soll daher nicht länger als notwendig ausgedehnt und auch die Walzentemperatur nicht höher gewählt werden, als es für die Bildung eines Walzfelles erforderlich ist.

Eine grundsätzlich andere Antwort verlangt aber die Frage nach der Temperatur, die das Igelit bei seiner l e t z t e n den Verwendungszweck bestimmenden Verformung bekommen muß, also beim Kalandern zu Folien, beim Verspritzen zu Schläuchen und zur Isolierung elektrischer Leitungen oder schließlich bei der Herstellung von Formartikeln. Hierbei soll die Temperatur unabhängig vom Weichmachergehalt bei Igelit PCU-Mischungen nicht unter 160° C, bei Igelit MP-Mischungen nicht unter 120° liegen. Neben der Verwendung unzulänglicher Weichmacher sind zu niedrige Verformungstemperaturen in erster Linie die Ursache für schlechte Zerreißfestigkeit und ungenügende Biegsamkeit in der Kälte, die das Material in der letzten Zeit zu Unrecht vielfach in Mißkredit gebracht haben.

Unter den zahlreichen vorgeschlagenen Anwendungsgebieten für Igelitweichmassen ist das der K a b e l m ä n t e l   u n d   - i s o l i e r u n g e n in den letzten Jahren besonders stark bearbeitet und entwickelt worden. Vornehmlich die Igelitmischungen auf der Basis des PCU und nur selten solche mittels MP werden für sich allein oder auch in Gemeinschaft mit Schichten aus Weichgummi oder anderen Kunststoffen hierfür verwendet. So verwendet man sie z. B. mit Folien aus Zellulosekunststoffen oder mit Schichten aus „Oppanol" (s. S. 263), um einen noch weitergehenden Feuchtigkeitsschutz zu erzielen. Um dann zu verhindern, daß Weichmacher aus der Igelitschicht in die benachbarte Schicht diffundieren und so unter Umständen die Eigenschaften b e i d e r Schichten verändern, wird eine Trennschicht aus Glashaut (Zelluloseabkömmling) zwischen beide eingeschaltet. Man hat so durch zweckmäßigen Aufbau der Igelitmischungen im zweiten Weltkrieg schon Isolierungen für Luft-, Installations- und sogar Erdkabel mit Erfolg hergestellt.

Es wurden Niederspannungskabel für Verlegung in trockenen und feuchten Räumen, vor allem Fermeldekabel, aber auch Starkstromkabel, verlegt, mit Igelitmassen als Aderisolation anstatt Papier, zuweilen mit Igelitmantel an Stelle von Blei. Besonders bewährt haben sich Igelitmischungen als Isolationswerkstoff für Leitungen der Fernmeldetechnik, für Zünder- und Schießdrähte (dank ihrer Schwerbrennbarkeit und Ozon- und Ölbeständigkeit). Für gewöhnliche Schaltleitungen werden Igelitmischungen schon in großem Maße verwendet.

Einen v o l k o m m e n e n feuchtigkeitssicheren K a b e l m a n t e l b'eten weder das PCU oder das MP oder Weichigelite daraus. Sehr dicht aber an die absolute Wasserundurchlässigkeit eines Bleimantels kommen eine Oppanol-Rußmischung oder das Polyäthylen.

A n d e r e   A n w e n d u n g e n. Leichter als auf diesem äußerst heiklen Gebiet haben sich die „Weichigelite" in vielen anderen Anwendungsfällen durchgesetzt, oft in wirtschaftlich ganz bedeutendem Maße. Auf dem Gebiet der Bekleidung seien genannt wasserfeste Kleidung, z.B.

die bekannten farbigen Regenmäntel, aber auch Gewebe-Kaschierungen auf der Basis von „Igelit", ferner die P-Sohle (Schuhsohle). Handtaschen, Plane, Fußbodenbelag, Handschuhe für die chemisch-technische Industrie, Gas- und Luftschläuche, Dichtungsmanschetten jeder Art sind weitere von zahllosen Anwendungen. Von großer Allgemeinbedeutung ist die Verwendung der sehr schwer brennbaren Weichigelite als Ersatz des Holzes für die Raumausstattung von Kinos, Theatern, Omnibussen, Flugzeugen, Schiffen u. a. m.

g) Igelit PCU-Pasten.

Auch die PCU-Pasten bestehen wie das zuvor besprochene weichgemachte PCU, aus PCU und Weichmacher. Das PCU ist hier vorerst als äußerst feines Pulver im Weichmacher dispergiert; die endgültige innige Verbindung beider Hauptbestandteile aber, die Gelierung, hat erst noch zu geschehen. Die Pasten können in verschiedener Viskosität geliefert werden, zähflüssig bis teigig, und für die verschiedensten Anwendungen. Solche Pasten können bei Raumtemperatur zu Gegenständen durch G i e ß e n und T a u c h e n verarbeitet werden, sie dienen ferner zum S t r e i c h e n von Geweben[1]. Pasten ersparen die Verwendung von Lösungsmitteln, sind also sehr wirtschaftlich. Der mit einer Tauchung erzielte Überzug ist ziemlich dick, noch dicker, wenn die Tauchform erhitzt wird. Nach mehrmaligem Tauchen (oder Streichen) wird geliert, durch eine Erwärmung auf 160° etwa 15 Minuten lang und so ein W e i c h i g e l i t k ö r p e r geschaffen. Er hat alle zuvor besprochenen Eigentümlichkeiten der Weichigelite mit sehr hohem Weichmachergehalt, z. B. große Weichheit und relativ geringe Festigkeit, da die Pasten einen sehr hohen Weichmachergehalt besitzen müssen.

2. Akrylpolymerisate.
(„Plexigum", „Plexiglas".)

Aus Äthylen und Azetylen werden über eine Reihe von Zwischenstoffen hinweg die Acrylsäure und ihre Verbindungen, vor allem das Nitril und verschiedene Ester gewonnen. In einem ähnlichen Synthesegang gewinnt man aus Aceton die homologe Methacrylsäure und ihre Verbindungen. Aus diesen Monomeren entstehen durch Polymerisation hochmolekulare Verbindungen, die in Deutschland unter dem Namen „Acronal", „Plexiglas" und „Plexigum" bekannt sind.

Durch Verwendung der Akrylsäure oder Methakrylsäure einerseits, der verschiedensten Alkohole andererseits werden eine ganze Reihe von Akrylaten mit den verschiedensten Eigenschaften hergestellt, so daß sich ein breites Anwendungsgebiet ergibt. Allgemein kann man sagen, daß die Verbindung von Methakrylsäure und niedrigmolekularen Al-

---

[1] W i c k G., u. Jos. G r a s s l, Igelit PCU-Pasten u. ihre Verarbeitung. — Kunststoffe Bd. 32 (1942) S. 327/30.

koholen zu harten, die Verwendung von Akrylsäure und höhermolekularen Alkoholen zu weichen Polymerisaten führt.

„Plexigum" wird in verschiedenen Weichheitsgraden hergestellt; es gibt sehr weiche und auch harte, welche härter als Hartgummi sind. Dazwischen liegen verschiedene Abstufungen. Allen Sorten ist eigen, daß sie glasklar und farblos sind, selbst im Vergleich zu guten anorganischen Gläsern. Hierin stehen sie an der Spitze aller organischen Kunststoffe. Sie sind sämtlich ozon- und lichtfest, behalten dauernd ihre Klarheit, verfärben sich nicht und altern nicht, auch nicht als Lackfilm. Das chemische Verhalten der Sorten ist verschieden. Besonders auffallend in Anbetracht ihrer Esterstruktur ist die völige Alkalifestigkeit der polymeren Methakrylester.

Plexigum-Grundsorten. D, B, A, P, N, M; D ist die weichste mit einem Erweichungspunkt von — 40°, M die härteste mit + 80°. Bei Zimmertemperatur ist D weich und klebrig wie mastizierter Kautschuk, M hart. Die bei der Polymerisation in Emulsion anfallenden Dispersionen werden vielfach direkt zum Streichen von Geweben oder zum Tauchen verwendet.

„Plexigum" wird auch — in seiner weichsten Sorte — als Weichmacher anderen Kunststoffen zugesetzt, z. B. für Kabelzwecke, kann aber auch selbst Weichmacher aufnehmen. Es ist durch Lösungsmittel zu Transparent- und Decklacken verarbeitbar. Durch Zusätze von Füllstoffen und Pigmenten lassen sich auch Kunstmassen („Borron") herstellen.

Eigenschaften von „Plexiglas" s. Tab. 48 (die des Spritzstoffes „Plexigum" sind ähnlich).

Die Abhängigkeit der Festigkeit von der Temperatur zeigt Abb. 239.

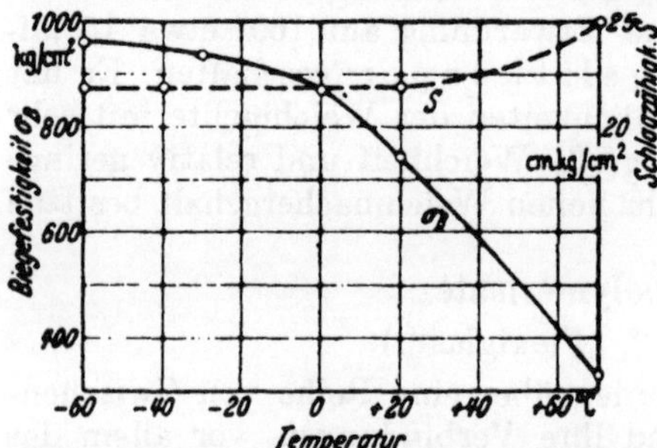

Abb. 239. Die Abhängigkeit der Biegefestigkeit und Schlagzähigkeit des Plexiglases von der Temperatur (nach Röhm & Haas).

„Plexiglas" ist brennbar; Glutfestigkeit nach VDE: Stufe 0.

Neben den ausgezeichneten Festigkeitseigenschaften weist „Plexiglas" eine gute Beständigkeit gegen chemische Einflüsse auf. Laugen jeglicher Konzentration greifen „Plexiglas" selbst bei hohen Temperaturen nicht an.

Die Säurebeständigkeit ist bei Konzentrationen bis zu etwa 20% insbesondere bei Zimmertemperatur, gut. Starke konzentrierte Säuren, vor allem Schwefelsäure, Salpetersäure und Salzsäure, greifen „Plexiglas" an.

A n w e n d u n g e n. Lackrohstoffe und Lacke; Klebstoffe; zusammen mit Gewebe als Kunstleder; plastischer Dichtungsstoff für Dosen und Rohre; Zwischenschicht für Mehrschichten-Sicherheitsglas („Siglas"); Filter von hoher Filtriergeschwindigkeit; waschfeste hochwertige Appreturen u. a. m. „Plexigum M 272" ist eine sehr gute S p r i t z g u ß - m a s s e. Für die Verarbeitung nach dem Preßverfahren wird „Plexigum M 286" geliefert. Beide Sorten sind auch farbig, klar und gedeckt, erhältlich.

Eine der wichtigsten Anwendungen des Plexigum M aber ist das Vergießen des Monomeren und das anschließende Polymerisieren in planparallelen Formen aus ausgesucht guten (anorganischen) Spiegelglasplatten. Durch besondere Mittel wird dabei dem Schrumpfen der Masse während der Polymerisation Rechnung getragen ("Plexiglas[1]").

Im Gebiet der optisch völlig korrekten Linsen hat „Plexigum" infolge seiner im Vergleich zum anorganischen Glas geringen Gestaltbeständigkeit und Härte noch erst wenig Anwendung gefunden. Man spritzt einfache Linsen, z. B. Sucherlinsen und billige Objektive für Kameras, Lupen und ähnliche Linsen. Das Gebiet der optisch hochwertigen Linsen aber bleibt vorläufig noch dem anorganischem Glas vorbehalten. Hier muß der Werkstoff aufs äußerste homogen sein und die Gestalt der Linse mathematisch genau geschliffen werden. Ein nachträglicher Verzug durch Entspannen oder gar in Wärme darf nicht eintreten. „Plexigum" wird auch als Einbettmasse für Schliffe der Metallographie geliefert.

Unterschiedlich bewährten sich Zahnprothesen, sowohl Gaumenplatten als auch Zähne aus Massen auf der Grundlage von Plexigum. („Paladon", „Palapont" u. a[2].) Sie sind in bezug mechanische Festigkeit und hygienisches Verhalten dem bisher verwendeten Werkstoff Hartgummi ebenbürtig. Die Farbe kann völlig der des natürlichen Zahnfleisches und Zahnes angepaßt werden. Interessant ist, daß eine besondere Masse geschaffen wurde, die durch Einlegen der Form in siedendes Wasser polymerisiert und härtet.

„ P l e x i g l a s " gleicht stofflich dem „Plexigum M". Die Wichte ist 1,18 g/cm³. Es ist bei ziemlicher Härte sehr zähe und elastisch, bei Temperaturen unter dem Nullpunkt nimmt die Festigkeit noch zu. Die Wasseraufnahme ist sehr gering und der Isolationswiderstand sehr hoch. Es ist öl-, benzin- und alkalibeständig. Gegenüber den anorganischen

---

[1] K a u t t e r : Herstellverfahren u. Verarbeitungstechnik für org. Gläser auf Acrylbasis. — K u n s t s t o f f e Bd. 37 (1947) S. 141/51.

[2] B a u e r : Herstellung u. Eigenschaften des Polymethacrylsäure-Methylester und seine Anwendung als org. Glas in der Zahnheilkunde. Kunststoffe Bd. 38 (1948) S. 1 bis 10.

Gläsern ist es mehrfach teurer, merklich weicher und daher kratzempfindlich. Abgesehen davon ist es das ideale organische Glas dank seiner hohen Lichtdurchlässigkeit, Klarheit und Wetterfestigkeit. Die geringe Oberflächenhärte erwies sich bei der praktischen Verwendung nicht so nachteilig, wie zu erwarten war. Im Wellenlängengebiet von 767 bis 385 m u hat es eine Durchlässigkeit von 99 bis 90%. Gegenüber dem anorganischen Glas hat es den Vorzug großer Leichtigkeit — Wichte 1,18 gegen 2,6 g/cm³ — und der Gefahrlosigkeit bei Bruch. Im Karosserie- und Flugzeugbau wird es wegen seiner leichten Formbarkeit zu stark gebogenen und gewölbten Fensterscheiben verwendet.

Es schrumpft nicht wie „Cellon" und ist leichter als dieses (Wichte 1,18 gegenüber 1,3 g/cm³). Seine lineare Wärmedehnzahl (s. Tab. 8) ist wie die ähnlicher Kunststoffe hoch im Vergleich zu Metallen, worauf beim Einbau besonders zu achten ist.

S o n s t i g e A n w e n d u n g e n. Apparate, Rohre und Gefäße für Laboratoriums- und medizinischen Bedarf; als Filterwerkstoff; Schutzbrillen und Brillengestelle; Skalenabdeckgläser und Uhrengläser; durchsichtige Schaumodelle; Hauben für Geräte, wo ein steter Einblick notwendig ist. In Plexiglastafeln erzeugt man mit zerspanenden Werkzeugen Schnitzereien, die ähnlich geätztem oder geschliffenem Glas wirken.

„Plexiglas" läßt sich leicht warm verformen. Es wird vorher bei 75 bis 125° gut durchgewärmt, entweder in warmer Luft im Wärmeschrank oder zwischen warmen Metallplatten oder in 50%iger wäßriger Lösung von wasserfreiem Chlorkalzium. Dann wird es über Formen aus Holz, Glas oder Metall gebogen, wonach man es auf der Form erkalten läßt. Eine stärkere Kaltbiegung ist streng zu vermeiden, da Risse in der Oberfläche auftreten können. „Plexiglas" läßt sich leicht zerspanend verarbeiten. Es läßt sich mit Plexigumklebelösung oder mittels des Plexigum-A-Filmes kleben, am besten in leichter Wärme unter Druck. Es klebt auch auf anderen Baustoffen.

Spritzgußteile aus Plexigum sind mittels der Klebstoflösung Plexigum KP 750 sowohl mit sich selbst als auch mit anderen Kunststoffen verklebbar.

D. Lineare Polykondensate.
Die Polyamide[1].

Diese Gruppe der nichthärtbaren Kunststoffe wurde in den USA von Carothers entwickelt. Man erhält z. B. durch Kondensation von Dikarbonsäuren, z. B. Adipinsäure, mit Diaminen, z. B. Hexamethylendiamin bei Temperaturen von 200 bis 300° das Igamid A. Das allmäh-

---

[1] S a r r e : Polyamide. — Kunststoffe Bd. 30 (1940) S. 109/111. — H o p f : Über neuere nichthärtbare Kunststoffe, insbes. Polyamide — Kunststoffe Bd. 31 (1941) S. 220/22. (Umfassend).

lich immer zäher werdende Polykondensat wird schließlich in Alkohol gegossen, wobei sich das Polyamid als ein körniges, weißes Pulver abscheidet. Da man von den verschiedensten Dikarbonsäuren und Diaminen ausgehen kann, vorausgesetzt, daß sie eine bestimmte Mindestanzahl von Kohlenstofiatomen im Molekül haben, und da man unter Umständen auch zweiwertige Alkohole einkondensieren kann, sind bei diesem Verfahren sehr viele Varianten möglich! Diese un erscheiden sich physikalisch im Schmelzpunkt, Härtegrad und in der Wärmebeständigkeit, in der Löslichkeit und Beständigkeit gegen Wasser. Damit ergeben sich vielseitige Anwendungsmöglichkeiten. Außerdem können aber auch — ein Gegenstück zu den Mischpolymerisaten — Mischkondensate hergestellt werden, die wiederum neue eigene Eigenschaften besitzen. Man bekommt so ganz verschiedene Produkte von lederartiger Weichheit bis zur Hornhärte. Das Igamid 6A ist solch ein Mischkondensat.

Ein anderer, auch einige Variationsmöglichkeiten bietender Weg zur Herstellung von Polyamiden ist die ebenfalls in USA gefundene Polykondensation von ω-Aminokarbonsäuren, bzw. ihrer Laktame (Igamid B). Auch dieses Verfahren führt nur dann zu technisch wertvollen Produkten, wenn die zur Verwendung kommende Aminokarbonsäure mindestens 6 Kohlenstoffatome im Molekül hat. Schließlich muß noch ein in Deutschland von Bayer, Leverkusen, entwickeltes Verfahren erwähnt werden, bei dem Diisocyanate mit Glykolen unter Bildung von Polyurethanen zur Reaktion gebracht werden (Igamid U). Auch dieses Verfahren bietet durch Verwendung der verschiedensten Diisocyanate und Glykole weitgehende Variationsmöglichkeiten. Nach diesem Prinzip sind nicht nur wertvolle Kunststoffe, sondern auch Klebstoffe von erstaunlich umfassenden Anwendungsmöglichkeiten geschaffen worden.

Wegen des eiweißartigen Charakters ist die chemische Beständigkeit geringer und die Wasseraufnahme bedeutend höher als die der meisten anderen nichthärtbaren Kunststoffe; sie ähneln hierin den Kasein-Eiweiß-Kunststoffen, denen sie verwandt sind, erreichen deren gewaltige Wasseraufnahme aber bei weitem nicht.

Während alle nichthärtbaren Kunststoffe mit zunehmender Temperatur weicher werden, aber immer noch zäh bleiben, haben die Polyamide einen ziemlich ausgeprägten Schmelzpunkt oder nur engen Erweichungsbereich, oberhalb dessen sie vom festen unmittelbar in den dünnflüssigen Zustand übergehen. Er liegt bei „Igamid A“ bei 250°, bei „B“ bei 210°, bei „6 A“ bei 180° und bei U bei 190°.

Die Zugfestigkeit eines in einer gewöhnlichen Preßform erstarrten Teiles liegt in dem Rahmen der bekannten Polymerisate. Man kommt aber zu mehrfach höheren Festigkeitswerten (s. Abb. 247), wenn man

für eine **Parallelorientierung** der Fadenmoleküle sorgt,
den Werkstoff also verspritzt oder verspinnt, wobei die Düse eine Richt-
wirkung ausübt. Reckt man nun sofort im Anschluß daran den Faden,
ähnlich wie das auch beim „Styroflex" geschieht — ein Vorgang, der
beim Polyamid von besonders starkem Einfluß ist —, so steigt die Festigkeit noch stark an. Eine derartig gewonnene Spinnfaser (die deutsche
„Perlonfaser" und „Perlonseide" und die amerikanische „Nylonseide")
ist fester als Naturseide.

Polyamidhalbfabrikate (Rohre, Platten) sind bisher noch nicht zu haben. In Entwickelung begriffen: Folien:„Perfol" und „Lyafol"; Fasern: „Perlon" (in USA „Nylon").

Die Polyamid-Spritzgußmassen „Igamid" (früher „Lupamid[1]"). Es kommen 4 Sorten in Betracht, A, B, 6 A, U. Die ursprüngliche Farbe ist elfenbein; A, B und U sind ziemlich transparent, 6 A ist trüb. A, B und U sind auch schwarz, U außerdem auch in Weiß lieferbar. A und B sind bei Raumtemperatur ziemlich hart. U mehr hornartig, 6 A zähweich; die beiden Diagramme Abb. 240 u. 241 geben besser ein Bild der Verschiedenheit dieser 4 Sorten, in Abhängigkeit von der Temperatur. Wie die Kasein-Eiweißmassen („Galalith") können auch die Polyamide echt in bestimmten wässrigen Farblösungen beliebig eingefärbt werden.

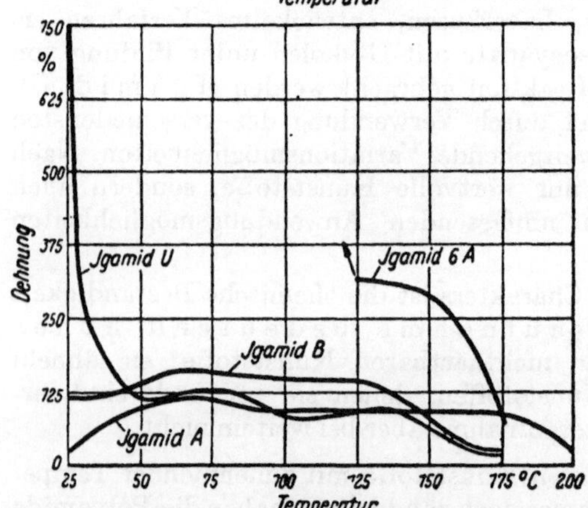

Abb. 240 und 241. Zugfestigkeit bzw. Dehnung der Igamide
in Abhängigkeit von der Temperatur
(nach Mienes in Kunststoffe 1942 S. 36).

---

[1] Die „Igamid-Merkblätter" der I. G. Verkaufsgemeinschaft Chemikalien,
Abtlg. K, Frankfurt a. M. 20, enthalten Eigenschaften u. Verarbeitungsrichtlinien
des Igamids.

Die Igamide sind mit die leichtesten Kunststoffe, das spez. Gewicht liegt zwischen 1,1 und 1,21, nahe am „Trolitul“ mit 1,06.

Diese neuen Werkstoffe werden eine große Verbreitung finden, dank ihrer ungewöhnlichen Zähigkeit und Elastizität, die noch höher sind als die von Zelluloid. Igamidteile sind praktisch unzerbrechlich, sie geben elastisch nach.

Aus dem gereckten Igamid („Perlon“) werden bisher Fäden für Gewebe und Trikotagen (Damenstrümpfe höchster Festigkeit) und Fasern und Borsten für Pinsel und Bürsten hergestellt, aus den Spritzgußmassen Formteile für die verschiedensten Zwecke. In den USA ist die Anwendung schon vielseitiger: koch este Reißverschlüsse und Wäscheknöpfe; Kämme; Förderbänder, kleine Zahnräder als Ersatz für Messing; hochfeste Seile für die Luftwaffe, Marine und für zivilen Bedarf.

Die hohe elastische Dehnung ist zum Teil durch den im Vergleich zu anderen Polymerisaten hohen Wassergehalt des Stoffes bei gewöhnlicher Raumluft bedingt, etwa 2—3%. (Treibt man die Feuchtigkeit durch Trocknen aus, wird der Stoff etwas spröder, nimmt aber aus der Luft Feuchtigkeit wieder auf.)

Die Igamide erlauben dank ihrer hohen Dehnung alle möglichen Metalleinbettungen, auch die relativ großer Metallteile.

Die Tab. 51 der Eigenschaftswerte der Igamide zeigt u. a. Sättigungswerte der Wasseraufnahme. Die Abb. 242 stellt den Verlauf der Wasseraufnahme der verschiedenen Igamidsorten bei Liegen in Wasser, die Abb. 243 den Verlauf bei Igamid B bei verschiedenartiger Lagerung dar. Daß manche der Kurven nicht, wie die in den Abb. 14, 15, Seite 56 und 57, allmählich ansteigen, sondern steigen und fallen, rührt davon her, daß anfangs Bestandteile des Stoffes in Lösung gegangen sind. Mit der Wasseraufnahme geht eine merkliche Volumenvergrößerung und eine leichte Erweichung einher, die Gestalt bleibt gut erhalten.

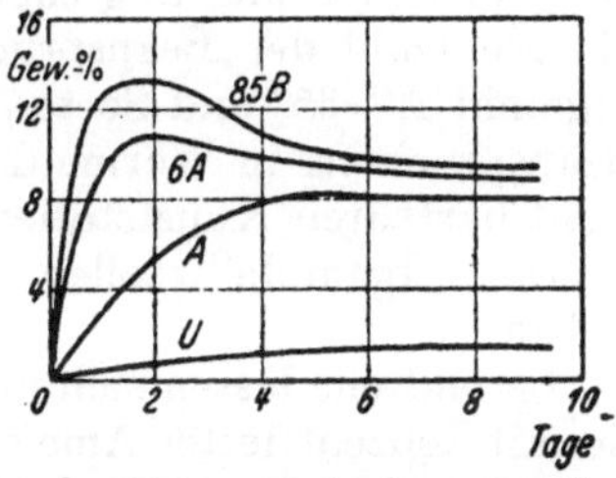

Abb. 242. Wasseraufnahme von Igamid A, U, 6A und 85B bei Liegen unter Wasser. (Nach Beck und Schaupp, in Kunststoffe [1942] S. 206.)

Als Isolierstoff kann nur das Igamid U in Betracht kommen, die übrigen Igamide haben eine zu hohe Wasseraufnahme. Die Igamide sind sehr kriechstromfest.

Ungewöhnlich unter den „Thermoplasten“ ist die gute Beständigkeit der „Igamide A“ und „B“ gegen Kraftstoffe, Benzin, Benzol und chlorierte Kohlenwasserstoffe. Einige Mischkondesate sind in Alkohol löslich.

Die Werkstoffbeständigkeit bei Dauererwärmung liegt je nach Sorte zwischen 100 bis 130°; das Stück bräunt sich durch Sauerstoffnahme allmählich.

Die „Igamide" schmelzen zwar, einer Flamme ausgesetzt, brennen aber selbst nicht, sondern verkohlen nur allmählig; die Glutfestigkeit ist Stufe 1 nach VDE 0302.

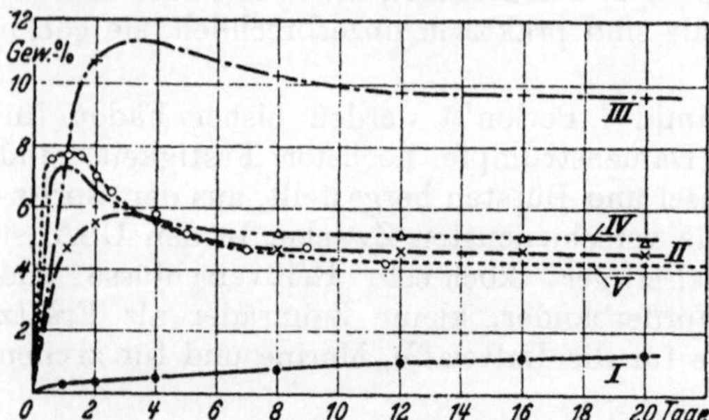

Abb. 243. Wasseraufnahme des Igamid B.
I nach Tagen Lagerns an Luft bei Raumtemperatur und 50% relativer Feuchtigkeit
II nach Tagen Lagerns im Tropenschrank bei 50% und 90% relativer Feuchtigkeit
III nach Tagen Lagerns in Wasser bei Raumtemperatur
IV nach Tagen Lagerns in Wasser bei 60°
V nach Stunden Lagerns in kochendem Wasser.
(IG-Merkblatt Igamid B.)

Die hohe Formbeständigkeit nach Vicat liegt bei „Igamid A" bei 230°, bei „B" bei 170°, das ist 100 bis 150° höher als bei den meisten anderen nichthärtbaren Kunststoffen. Bei der Vicat-Prüfung treten nun aber fast nur Druckspannungen auf, s. S. 77; bei den meisten Anwendungsfällen spielen jedoch Zugbeanspruchungen die größere Rolle. Diesen aber geben die gut reckbaren „Igamide" leicht nach! Die Prüfung der Formbeständigkeit nach Martens, bei der auf Biegung, also auf Druck und Zug zugleich, beansprucht wird, trifft erst wirklich die Mehrzahl der Beanspruchungsfälle der Praxis. Nach ihr hat das „Igamid A" 65° und Sorte „U" nur $\approx 40°$. Daher ist bei mechanischer Beanspruchung in Wärme die gleiche Vorsicht geboten wie bei anderen nicht härtbaren Kunststoffen.

Die „Igamide" sollen überragende Kältefestigkeitseigenschaften haben.

Igamidteile lassen sich miteinander v e r k l e b e n ; man bestreicht sie mit konzentrierter Ameisensäure und läßt die Klebestelle einige Zeit unter Druck liegen. Für Igamid U sind bei der I. G. (Verkaufsgemeinschaft Chem.) besondere Klebemittel anzufordern. Auch ein S c h w e i ß e n (s. S. 347) ist möglich, wobei, wegen der Neigung zur Sauerstoffaufnahme, am besten im heißen Stickstoffstrom gearbeitet wird, bei Temperaturen bis zu 300°.

Die Tab. 51 bringt die Eigenschaftswerte. Beachtenswert ist beim „Igamid A" außer der guten Biegefestigkeit die hohe Dehnung bei Zimmertemperatur, welche die des „Zelluloids" noch übertrifft.

Die Igamide dürften eine überragende Bedeutung auf fast allen Anwendungsgebieten gewinnen. Wertvoll ist auch, daß sie, obwohl in kochendem Wasser etwas weicher werdend, doch ihre Gestalt behalten.

(Löffel, kochfeste Kleiderknöpfe, Haushaltsgeräte.) Ausgezeichnetes Material für Kämme.

Der Preis der Igamidmassen liegt beträchtlich über dem anderer Polymerisatkunststoffe, s. Tab. 52, S. 326.

Tabelle 51. Spritzgußmassen „Igamid A“, „U“, „B“ und „6 A“ Eigenschaftswerte (Richtwerte[1]).

	„Igamid A“ (hornartig)	„Igamid U“ (hornartig)	„Igamid B“ (weich)	„Igamid 6A“ (sehr weich)
Wichte . . . . g/cm³	1,13	1,21	1,13	1,12
Schmelzpunkt . . . . °C	250	185...190	210...215	180...185
Biegefestigkeit . . . . . . kg/cm²	1000	500...600	300	300
Schlagzähigkeit . . . . cmkg/cm²	>150	90...110	>100	>100
Kerbschlagzähigkeit . . cmkg/cm²	11	—	—	—
Druckfestigkeit . . . . . . kg/cm²	1100	—	—	—
Zugfestigkeit . . . . kg/cm²	700	600...700	500	400
Dehnung . . . . %	60	70	150	150
Elastizitätsmodul . . . . . kg/cm²	3500	—	—	—
Kugeldruckhärte (VDE 0302) kg/cm²	1000	750	400	300
Formbeständigkeit				
nach Martens . . . . . . °C	65	≈ 40°	lederartig	lederartig
nach Vikat . . . . °C	230	170...180	170	100...140
Wärmeleitfähigkeit cal/cm s °C. 10^5	80	80	80	80
Lineare Wärmedehnzahl . . $\lambda \cdot 10^6$	110	130	110	100
Glutfestigkeit VDE 0305 Gütegrad .	1	1	1	1
Brennbarkeit	gering	gering	gering	gering
Innerer Widerstand direkt Ohm	$>3 \times 10^{12}$	$>3 \times 10^{12}$		
Nach 24 Std. in Wasser . . Ohm	$1,5 \times 10^{12}$	—		
Oberflächenwiderstand direkt Ohm	$>3 \times 10^{12}$	—		
Nach 24 Std. in Wasser . . Ohm	2×10^{10}	—		
Dielektrizitätskonstante . . . 50 Hz	—	3...6,3[2]	abhängig vom	
Dielektrizitätskonstante . . 800 Hz	3...7	3...4	} Feuchtigkeits-	
Dielektrizitätskonstante 1 Million Hz	3...4	3...4	gehalt	
Verlustwinkel tg $\delta.10^4$ . . 50 Hz	—	150.1700[2]		
Verlustwinkel tg $\delta.10^4$ . . 800 Hz	200...300	50...300		
Verlustwinkel zg $\delta.10^4$ 1 Million Hz	200..1000	200...400		
Durchschlagfestigkeit . . . KV/mm	24	—		
Kriechstromfestigkeit	gut	gut	gut	gut
Wasseraufnahme nach 7 Tagen				
im mg/100 cm²	300	rd. 100	400	600
Sättigungswert für Wasseraufnahme				
in %	7	2	10	14

[1] Nach Venditor Kunststoff-Verkaufsgesellschaft m. b H., Troisdorf (Bez. Köln).
[2] Hängen stark vom Grad der „Orientierung“ ab.

E. Silikone[1]

Eine völlig neuartige Kunststoffgruppe sind die Silikone, die in den USA entwickelt wurden und in Deutschland noch nicht erhältlich sind. Ein Ausgangsstoff ist zwar der billige Quarzsand; da aber die Verfahren

[1] Escales: Silikone. — Kunststoffe Bd. 37 (1947) S. 1. — Prinz: Kunststoffgruppe Silikone. — Die Technik, Jahrg. 2 (1947) S. 457.

z. T. sehr schwierig und noch neu sind, ist der Preis noch sehr hoch. Die Silikone sind t e i l s o r g a n i s c h e r, t e i l s a n o r g a n i s c h e r Beschaffenheit, ihre Makromoleküle bestehen aus einer anorganischen Silizium-Sauerstoffkette mit organischen Seitengliedern aus Kohlenwasserstoff-Radikalen. Wie bei den rein organischen Hochpolymeren können sehr lange hochmolekulare Ketten entstehen. Während aber bei diesen die Ketten aus C-Atomen gebildet werden, bestehen sie bei den Silikonen abwechselnd aus Si- und O-Atomen. Die Synthese von vernetzten Ketten ist aber ebenfalls leicht möglich. Es lassen sich nun an die Siliziumatome Seitengruppen sehr verschiedener Art anlagern, z. B. Methyl-, Äthyl- oder Phenylgruppen, so daß eine große Mannigfaltigkeit verschiedenster Silikone möglich ist. Die Entwicklung ist noch stark in Fluß.

Gegenüber allen organischen Kunststoffen haben sie zwei überragende Vorteile: Sie sind thermisch hoch belastbar, dauernd bis $\approx 170°$, und sie sind wasserabweisend.

Erzeugt werden bisher flüssige und vaselinartige Verbindungen, Harze und weichgummiähnliche Materialien. Die Viskosität der flüssigen Silikone ist nur wenig temperaturabhängig, was die hochsiedenden Glieder dieser Reihe zusammen mit ihrer Hitzebeständigkeit als Schmiermittel besonders geeignet macht. Mit vaselinartigen Silikonen wurde während des zweiten Weltkrieges in der amerikanischen Armee alles behandelt, was wasserabweisend gemacht werden sollte, vom Soldatenstiefel bis zur Flugmotorenkerze. Die harzartigen Silikone erlangen als hitzebeständige Einbrennlacke, evtl. im Verschnitt mit Alkydalen, ständig wachsende Bedeutung. Motore, deren Wicklung aus glasseidebesponnenen, silikoneharzimprägnierten Drähten bestand, sollen z. B. erst nach 3000 Std. bei 210° C, wobei einzelne Stellen bis zu 250° heiß wurden, unbrauchbar geworden sein.

Im Rahmen dieses Buches interessieren vor allem die Verwendung dieser hoch wärmebeständigen Harze als Binder für Schichtstoffe aus anorganischen Bahnen, insbesondere Glasfasergewebe[1], und für Preßstoffe mit Asbest, Kohle oder Metallpulvern als Harzträger (Platten und Formteile für hohe thermische, elektrische und Feuchtbeanspruchung, vor allem im Schiffbau). Weiterhin ist noch die Verwendung als Kitte für Glühlampen- und Elektronenröhrensockel und als Binder bei der Herstellung von Friktions- und Schleifscheiben hervorzuheben.

Die sich abzeichnenden Anwendungsgebiete sind nachstehend noch einmal zusammengefaßt: F l ü s s i g e S i l i k o n e: als Schmiermittel, Dielektrika, Wärmeübertragungsmittel. H a r z a r t i g e S i l i k o n e: als Lackrohstoffe und Binder für anorganische Pulver-, Faser- und

---

[1] K l i n e: in Modern Plastics, Jan. 1947, S. 153 — What about siliconeglass laminates? — Modern Plastics, May 1947, S. 184.

Schichtstoffe, insbesondere für Glasgewebe. E l a s t i s c h e   S i l i -
k o n e: als weichgummiartiges Dichtungsmaterial und als Leitungs-
isoliermaterial.

F. Diverse Schichtpreßstoffe.

In den USA und in England werden neuerdings auch Schichtstoffe
unter Verwendung von wieder erweichbaren Harzen hergestellt. Als
Harzträger dienen organische oder Glasfaser-Gewebe oder Furniere, als
Binder Zellulosederivate, Polyamid und neuerdings versuchsweise schon
Silikone. Die Entwicklung ist noch stark in Fluß. Nachstehend einige
Werkstoffe und Verfahren:

F u r n i e r e   m i t   V i n y l h a r z   verleimt. Die Furniere werden
in einem Kessel imprägniert, danach wird in einem zweiten Kessel
im Vakuum das Lösungsmittel abgesaugt. Dann wird heiß verpreßt.
(Vidal-Verfahren.) Anwendung für Karosserieteile.
O r g a n i s c h e s   G e w e b e   m i t   d e m   P o l y a m i d „N y l o n‟
imprägniert. Anwendung: In einem Inserat wird ein großes Förderband
gezeigt.

G. Die Warmverarbeitung.

1. Das elastisch-plastische Verhalten der Hochpolymeren.

a) Kaltfluß; Rückfederung; Molekularstruktur.

Viele, selbst ziemlich harte thermoplastische Kunststoffe, „fließen‟
bei gewöhnlicher Temperatur unter Dauerbelastung, wenn auch träge.
Sie verhalten sich also auch schon hierbei plastisch. Bei gewöhnlicher
Temperatur ziemlich weiche, anscheinend nur plastische Stoffe, z. B.
Glaserkitt und selbst ein hartes synthetisches Wachs federn andererseits, wenn sie belastet wurden, nach der Entlastung um ein Geringes
zurück, sogar auch dann, wenn die Belastung keine stoßweise, sondern
eine ruhende war.

Bei S t o ß belastung verhalten sich alle organischen Kunststoffe
beträchtlich elastischer als bei ruhender Belastung, auch die hochplasti-
schen. Sie sind in Wirklichkeit plastisch-elastische Massen, d. h. plastische Massen mit auch elastischem Verhalten.

Ein Stück Hartpech (ebenso ein Stück Phenolharz vom Zustand A,
also von der Härte etwa des Kolophoniums) zeigt sich bei Stoßbelastung
glasartig spröde und mäßig elastisch. Bei Dauerbelastung aber verhält
es sich plastisch. Legt man es auf eine Münze, so formt es diese unter
seinem Eigengewicht im Laufe von Monaten oder Jahren völlig ab!
Die meisten nichthärtbaren Kunststoffe verhalten sich ähnlich, wenngleich dem Grade nach anders. Sie f l i e ß e n unter Druck schon bei
mäßigen Temperaturen. Ein weiteres Beispiel möge folgen. Eine gute,
harte Hartgummiplatte wurde fest auf eine Metallplatte geschraubt.

Dennoch war die Verschraubung nach Jahren locker, obwohl die Schrauben unverändert geblieben waren. Der Werkstoff war unter dem Spanndruck der Schraubenköpfe seitlich etwas weggewandert. (Ursache: Der Grad der Vulkanisation war ungenügend, die Menge der unvulkanisiert gebliebenen Moleküle von plastischem Verhalten war noch zu hoch.)

Dieses Fließen der plastisch-elastischen Massen bei gewöhnlicher Temperatur wird als K a l t f l u ß bezeichnet. Er ist keineswegs ein Sonderfall des Verhaltens plastisch-elastischer Massen, sowenig wie die „gewöhnliche Temperatur" ein Sonderfall unter allen möglichen ist.

D e l m o n t e[1] untersuchte den Kaltfluß mehrerer Kunststoffe bei 45°: Einen waagerechten an einem Ende eingespannten Streifen belastete er auf Biegung. Die Messung erstreckte sich über 100 Stunden. Aus den erhaltenen Werten bildete er einen „Beiwert" des Widerstandes gegen Kaltfluß:

Zelluloseazetat ungefähr . . . . Beiwert 0,5
Polyvinylchlorid . . . . Beiwert 1,66
Polystyrol . . . . Beiwert 2,5
Akryl-Polymerisat (Typ „Plexiglas") . . . . Beiwert 4.54

Burns und Hopkins[2] stellten den Kaltfluß am auf Druck belasteten Würfel von ½" Seitenlänge bei 49° C mit 453 kg Last fest. Die ermittelte Höhenänderung in Prozenten nach 24 Stunden war:

Phenolharz-Preßstoffe 0,4
Harnstoffpreßstoff . . . . 0,4 bis 7
Hartgummi . . . . 0,5 bis 5
Zelluloseazetat . . . . 2,0 bis 64
Polystyrol . . . . 2,0 bis 22
Akrylate . . . . 1,0 bis 50
Vinylpolymerisate . . . . 1,0 bis 32
Phenolgußharz („Edelkunstharz") 10
Benzylzellulose 76

Das Ergebnis von Burns und Hopkins ist dank dem einfacheren Belastungsfall anschaulicher und es ist umfassender, weil es auch härtbare Stoffe und ein Vulkanisat einschließt. Die Formänderung ist bei den n i c h t h ä r t b a r e n S t o f f e n erheblich; man beachte aber auch die hohe Belastung von 280 kg/cm²! Daß manche dieser Stoffe eine breite Streuung der Werte aufweisen, ist offenbar darauf zurückzuführen, daß jeweils mehrere Sorten verschiedenen Polymerisationsgrades vorlagen. Das Phenolgußharz ist zwar ein „gehärtetes" Harz, aber seine Härtung ist zwecks guter Bearbeitbarkeit stets nur eine teilweise. Die zwei g e h ä r t e t e n K u n s t h a r z p r e ß s t o f f e mit ihrer durch die Härtung bewirkten dreidimensionalen Vernetzung der einzelnen Moleküle zum kugelähnlichen Großmolekül und auch der hochgradig

---

[1] D e l m o n t e : Permaneure of the physical properties of plastics. — Engineering Bd. 149 (1940) S. 447/9 und 456/7. — D e l m o n t e : in Modern Plastics Bd. 17 (1940) Nr. 9, S. 49/52 und S. 78/82; Nr. 10, S. 65/68 und 84/86.

[2] B u r n s und H o p k i n s : in Modern Plastics Bd. 14 (1937) S. 42.

v u l k a n i s i e r t e H a r t g u m m i mit der Vernetzung der ketten-
förmigen Makromoleküle durch Schwefelbrücken sind infolgedessen
bedeutend formbeständiger als die Zellulose-Derivate und die Polymerisat-Kunststoffe mit den unvernetzten Fadenmolekülen.

Schon 1867 hat der Physiker
M a x w e l l das plastische und
zugleich elastische Verhalten
mancher Stoffe erkannt; aus den
letzten Jahren liegen zahlreiche
theoretische Erörterungen vor.
Das Diagramm Abb. 244 von
H o u w i n k zeigt dies am Ver-
formungsvorgang der Be- und
Entlastung eines zylindrischen
Probekörpers.

Bei Belastung tritt sofort
eine elastische Verkürzung AB
ein, dann beginnt eine Phase
langzeitiger plastisch-elastischer
Verkürzung BC. Bei Entlastung
federt die Probe plötzlich um
den Betrag CD elastisch auf,
daran schließt sich die allmähliche plastischelastische Rückstellung an. Bei E wurde nun

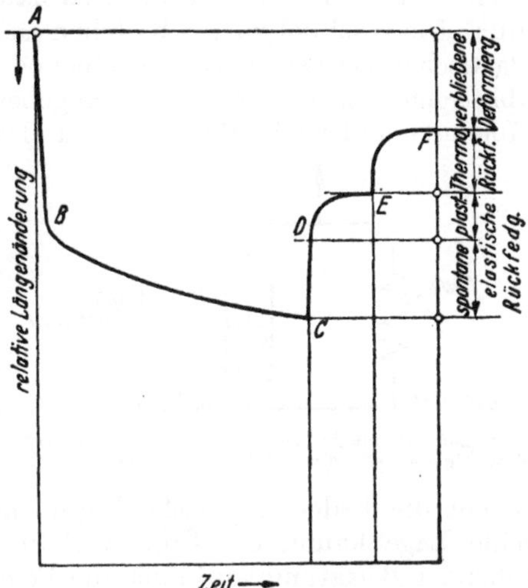

Abb. 244. Die Höhenveränderung eines zylindrischen Prüfkörpers aus Polymerisat-Kunststoff, bei
Be- und Entlastung. Prüfung sonst bei Raum-,
ab E bei höherer Temperatur (nach H o u w i n k).

die Probe über die bisher verwendete Raumtemperatur hinaus e r -
w ä r m t. Dabei lockern sich unter dem Einfluß der Wärmezufuhr die
Moleküle, sie gruppieren sich um, es setzt eine erneute, die sogenannte
,,thermische Rückfederung'' ein. Der Prüfkörper hat aber auch jetzt
seine ursprüngliche Länge nicht mehr erreichen können, er ist um FG,
die ,,plastische Deformation'' kürzer geworden.

Mit einer größeren Belastung als der zuvor angewendeten wäre —
unter sonst gleichen Verhältnissen — der gleiche Verbiegungsbetrag
schon nach einer kürzeren Zeit erreicht worden. Umgekehrt aber wäre mit
sehr kleiner Belastung auch in fast unendlich langer Zeit nicht der vorher erreichte Verformungsbetrag zu erlangen, es sei denn bei hochplasti-
schen Stoffen, siehe das Beispiel Phenolharz vom Zustand A mit der Münze.

Übrigens zeigt auch der scheinbar nur elastische Weichgummi trotz
der Vulkanisation ein Verhalten, das der Art nach dem der nichthärtbaren Kunststoffe gleicht. Allerdings ist der plastische Anteil relativ
klein, also BC in der Abbildung klein gegenüber AB. Eine bleibende
Dehnung hat aber auch er.

Physiker und Chemiker sind dabei, den U r s a c h e n des je nach
Zeitdauer und Temperatur verschiedenen Betragens der Hochpolymeren

unter mechanischer Beanspruchung nachzugehen. Brillouin[1] denkt sich den Stoff aus einer temperaturunabhängigen und einer temperaturabhängigen Phase bestehend, Weissenberg begreift diese Stoffe als Mischkörper aus einem ideal plastischen und ideal elastischen Teilkörper. Blom stellt, beide Anschauungen vereinend, die Hypothese auf: „Die Hochpolymeren bestehen aus einem temperaturunabhängigen, elastischen Gerüst (Ketten, Knäuel oder Netze), das in eine temperaturabhängige, plastische Phase eingebettet ist." Die großen (Makro-) Moleküle sind nach Blom beim elastischen Anteil anders aufgebaut als beim plastischen. Ein von Blom[2] angegebenes mechanisches Modell nach Abb. 245 läßt uns das kombiniert plastisch-elastische Verhalten leichter verstehen. Eine Feder ist parallel geschaltet mit einem Kolben, der in einem eine zähe Flüssigkeit enthaltenden Zylinder gleitet. Bei Stoßbelastung

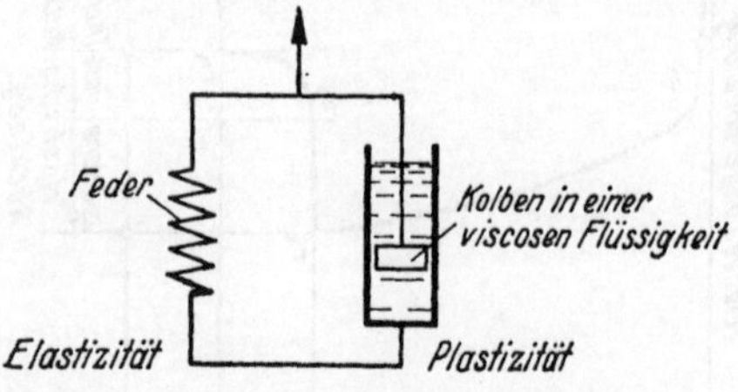

Abb. 245. Parallelkoppelung des elastischen und plastischen Anteils eines Polymeren (nach Blom).

weicht die Feder (elastische Phase) aus, der träge Kolben verändert seine Lage kaum, der Stoff verhält sich überwiegend elastisch. Bei ruhender Belastung wird auch die Feder nachgeben, dann aber dauernd nur der Kolben. Bei Entlastung (siehe Diagramm Abb. 244) federt die Feder auf, der Kolben geht allmählich zurück (plastisch-elastische Rückfederung DE). Bei Erwärmung wird die zähe Flüssigkeit dünnflüssiger, der Kolben gibt nochmals nach (thermische Rückfederung). Über den plastisch-elastischen Charakter der Hochpolymeren hat auch Kuhn[3] grundlegende Arbeit geleistet.

b) Parallelorientierung; das Recken.

Viele nichthärtbare Natur- und Kunststoffe wie die Seide, die Zellulose und ihre Derivate, unvulkanisierter Kautschuk und die Polymerisatkunststoffe sind Linearkolloide; sie bestehen aus linearen Makromolekülen. Nach Ansicht aller Forscher liegen diese aber im mechanisch unbeeinflußten Zustande nicht gradlinig und haben keine parallele Anordnung zueinander, sondern liegen zwanglos stark gekrümmt und geknäuelt durcheinander wie etwa die zahllosen krummen Fasern eines Wattebausches, s. Abb. 246 links. Wird nun z. B. das Polymerisat Polyvinylcarbazol („Luvican") durch eine Düse gespritzt, so zeigt der Quer-

---

[1] Brillouin: Ann. phys. chem. Bd. 13 (1898) S. 377.

[2] Blom: Struktur u. Festigkeit von Hochpolymeren. — Kunststoffe, Bd. 30 (1940) S. 97.

[3] Kuhn: Angew. Chemie, Bd. 49 (1936) S. 858; Bd. 51 (1938) S. 640; Bd. 51 (1938) S. 640; Bd. 52 (1939) S. 289.

schnitt innen zwar eine glasartige, außen aber eine völlig langfaserige Struktur, eine Erscheinung, die auch das Polystyrol zeigt, aber viel weniger ausgeprägt. Läßt man Polystyrol-Spritzgußmasse unter Druck durch feinste Spalte entweichen, so hat dieser Austrieb zuweilen die Struktur langer feinster Fäden. In beiden Fällen hat eine Entknäuelung bzw. Ausrichtung, eine Art **Parallelorientierung** der Fadenmoleküle, stattgefunden, s. Abb. 246 rechts. Einen noch stärkeren „Richteffekt" erhält man, wenn warmgespritzte Fäden sogleich stark ausgereckt werden. Dabei steigt die Zugfestigkeit auf ein Vielfaches an und aus der hohen plastisch-elastischen Dehnung von oft einigen hundert Prozent wird eine kleine fast rein elastische von nur einigen Prozent, siehe die Abb. 247. Durch ein solches „**Reckverfahren**" vergütet man z. B. den amerikanischen Kautschukhydrochloridfilm „Pliofilm", die Polystyrolfilme und -fäden zum festeren „Styroflex" und die Superpolyamidfäden zur amerikanischen „Nylonseide" bzw. zur deutschen „Perlonfaser". Die Filme werden nach 2 senkrecht zueinanderstehenden Richtungen gereckt, so daß eine allseitige Verfestigung eintritt.

Auch ein Kalander-Walzwerk erteilt unvermeidlich und meist ungewollt der ausgewalzten Platte oder Folie von z. B. unvulkanisierten Gummimischungen oder Zellulosederivaten eine Parallelorientierung. Die Festigkeit längs der Bahn wird höher als quer. Für Weichgummimischungen steht fest, daß die Bahn sich

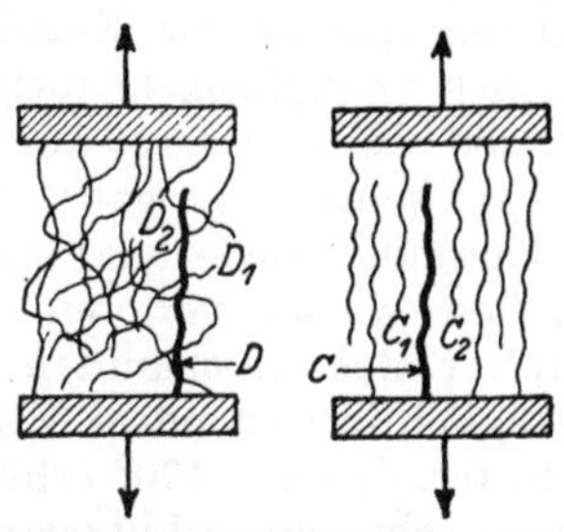

Abb. 246. Fadenmoleküle eines Hochpolymeren. Links keiner Spannung unterworfen, zwanglos geknäuelt liegend; rechts im gereckten Zustand ungefähre Parallel-Orientierung (nach H o u w i n k).

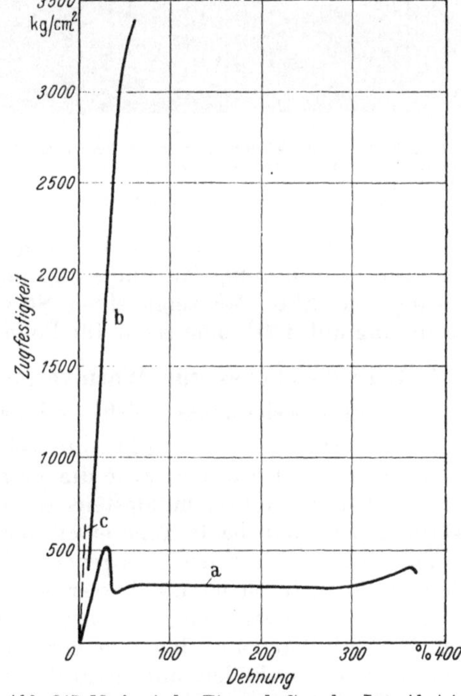

Abb. 247. Mechanische Eigenschaften des Igamid A in verschiedenen Zuständen und des Igelid PCU.
a) Igamid A, Moleküle zwanglos ungeordnet,
b) Igamid A, die Moleküle durch Recken gerichtet,
c) Igelit PCU,
(nach B e c k in Maschinenbau/Betrieb, 1940 S. 437, Ref. i. Kunststoffe 1941 S. 150).

bei einer späteren Erwärmung verkürzt und verbreitert, bei den anderen Kunststoffen dürfte das gleiche eintreten. Das Parallelorientieren spannte die Kettenmoleküle und brachte sie aus ihrer natürlichen zwanglos-geknäuelten Lage; die nachfolgende Abkühlung zwang ihnen die neue Lage auf, sie „froren ein". Bei einem Wiedererwärmen aber kehren sie ganz oder teilweise in die Ursprungslage zurück (Thermorückfederung) und die neu gewonnenen Festigkeitseigenschaften gehen wieder verloren. Aus Spritzgußmasse „Plexigum" gespritzte Hörer des allbekannten Postfernsprechgerätes z. B. wurden, nachträglich in siedendem Wasser erhitzt, rd. 30 mm kürzer und rd. 3 mm dicker. Die auf 170° erhitzte Masse war innerhalb 30 Sekunden durch eine sehr enge schlitzartige Düse in die heiße Form gedrückt und hier binnen einer Minute auf rund 60° heruntergekühlt worden. Auch hier ist der Richteffekt die Ursache. Die orientierten Moleküle waren eingefroren, kehrten beim Erwärmen in ihre natürliche Lage zurück und wurden kürzer, und das Stück wurde daher dicker.

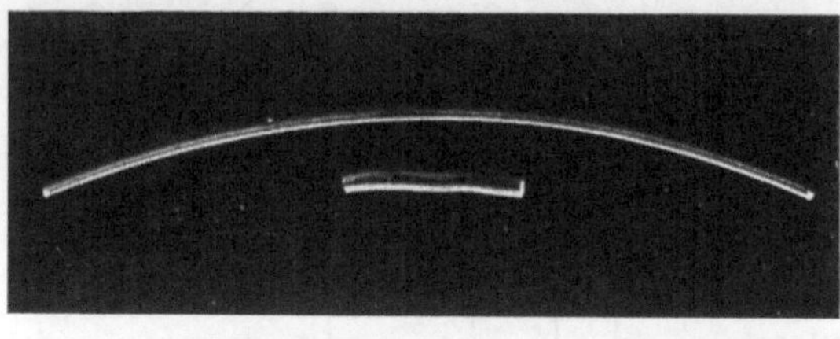

Abb. 248. Thermorückfederung beim hochgereckten Polystyrol („Styroflex"): Oben vor Erwärmung; unten Rückgang der Länge, ferner Verdickung, durch starke Erwärmung (nach H o u w i n k, Grundriß der Kunststoff-Technologie).

dicker. Hochgerecktes „Styroflex" beginnt bei etwa 70° zu schrumpfen. Die Schrumpfung ist um so geringer, je weniger stark gereckt wurde. Die Abb. 248 zeigt einen Styroflexfaden vor und nach der Erhitzung auf 150°, eine sonst für Polystyrol unmögliche Temperatur.

2. Grundsätzliches zur Warmverformung von Halbfabrikaten.

a) Erweichungs-, Fließ- und Zersetzungstemperatur.

Die Thermorückfederung in Abb. 244 wäre teilweise vermieden bzw. vorweggenommen worden, wäre die Verformungstemperatur der ersten Versuchsetappe höher, mindestens so hoch wie die ab E genommen worden. Legt man beide Teile etwa einer tiefgezogenen Zelluloid- oder Vinidurdose- oder einen gebogenen Winkel aus Vinidur oder einen Plexiglaslöffel in siedendes Wasser, so kann es geschehen, daß die Gegenstände die Gestalt einer ebenen Platte annehmen, das ist nämlich das Halbfabrikat, aus dem sie hergestellt worden waren. Die Teile waren in diesen Fällen unterhalb der Temperatur des siedenden Wassers geformt worden. Sie hätten ihre Gestalt ziemlich gut behalten, wäre der Versuch anstatt mit siedendem Wasser z. B. mit Wasser von etwa 60° vorgenommen worden und hätte die Arbeitstemperatur beträchtlich über dieser Temperatur gelegen.

Liegt die Gebrauchstemperatur des Stückes niedrig, etwa bei 50 bis 60°, so wird dem Hersteller vielleicht eine Arbeitstemperatur von 60 bis 80° als ausreichend erscheinen. Das kann dann falsch sein, wenn die mechanischen Zug- oder Druckspannungen im Gebrauch viel höher liegen als die bei der Verarbeitung aufgetretenen. Nun werden aber auch aus dem Halbfabrikat Platte oder Folie Verpackungsgegenstände wie Hülsen, Dosen usw. k a l t gezogen[1], wobei Werkstoff wie Werkzeug nur Raumtemperatur haben. Bei dickeren Folien, etwa ½ mm, wird allerdings die Folie mäßig angewärmt. Kalt verformt sollten also nur Gegenstände werden, die bei gewöhnlicher Temperatur benutzt werden.

Wäre nur auf die Thermo-Rückfederung allein Rücksicht zu nehmen, so könnte man mit der Verformungstemperatur gar nicht hoch genug gehen. Diese hängt aber noch von anderen Faktoren ab, wie eingehende Untersuchungen von Buchmann[2] gezeigt haben, denen das Wesentliche der folgenden Ausführungen entnommen wurde. Die Untersuchungen betrafen in erster Linie die I g e l i t PCU-Sorte „Vinidur", zum Teil aber haben sie allgemeine Gültigkeit für hochpolymere Kunststoffe überhaupt.

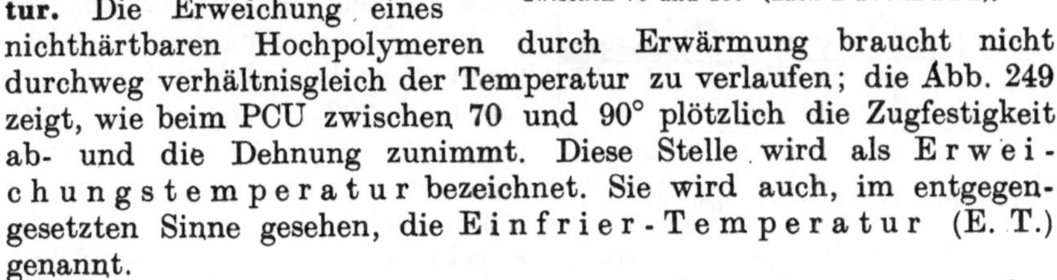

Abb. 249. Zugfestigkeit, Dauerstandfestigkeit und Dehnung des Igelit PCU bei verschiedenen Temperaturen: Hohe Dehnung, also gute Verformbarkeit zwischen 70 und 100° (nach B u c h m a n n).

Die Erweichungstemperatur. Die Erweichung eines nichthärtbaren Hochpolymeren durch Erwärmung braucht nicht durchweg verhältnisgleich der Temperatur zu verlaufen; die Abb. 249 zeigt, wie beim PCU zwischen 70 und 90° plötzlich die Zugfestigkeit ab- und die Dehnung zunimmt. Diese Stelle wird als E r w e i c h u n g s t e m p e r a t u r bezeichnet. Sie wird auch, im entgegengesetzten Sinne gesehen, die E i n f r i e r - T e m p e r a t u r (E. T.) genannt.

Diese wird zwar mit völlig anderen Mitteln festgestellt, fällt aber

---

[1] B e c k : Kunststoff-Folien anstelle von Metallfolien. — Kunststoffe Bd. 31 (1941) S. 260/5.

[2] B u c h m a n n : Festigkeit von Polyvinylchlorid-Kunststoffen. — Z. VDI Bd. 84 (1942) S. 425/31.

einigermaßen mit der Erweichungstemperatur zusammen. Man wird zweckmäßigerweise nur in einem Temperaturbereich oberhalb der E. T. verformen. Dessen obere Grenze ist die F l i e ß t e m p e r a t u r (F. T.), die auf folgende Weise ermittelt wird:

Fließtemperatur und Rückfederung. Beim Warmverformen wird der Gegenstand gereckt (oder gestaucht oder beides wie beim Biegen). Damit er seine neue Gestalt behält, nicht zurückfedert, wird er ab-

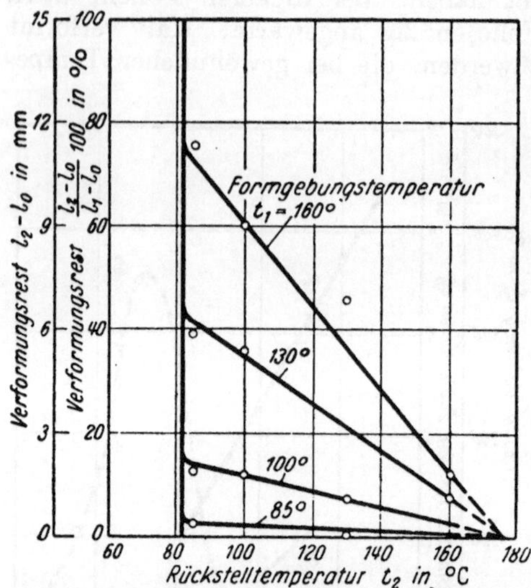

Abb. 250. Ermittlung der Fließtemperatur eines Polymerisates (PCU) aus den Verformungsresten bei verschiedenen Rückstell- und Verformungstemperaturen (nach B u c h m a n n).

gekühlt, wobei die Zug- (oder Druck-) Spannungen in ihm durch „Einfrieren" lahmgelegt werden. Wiedererwärmt, federt er zurück, („Rückstellung") s o w i e d i e E i n - f r i e r - T e m p e r a t u r ü b e r - s c h r i t t e n w i r d, selbst wenn die Warmverformung weit oberhalb der Einfriertemperatur erfolgte. Wenn die Wiedererwärmungstemperatur (Rückstell-Temperatur) nahe an der Verformungs-Temperatur oder nur etwas höher liegt, tritt eine schnelle und fast vollkommene Rückstellung ein. In Abb. 250 sind nun die Verformungs-Reste eingetragen, die bei verschiedenen Rückstell-Temperaturen je nach den bei der

Formgebung angewendeten Temperaturen verbleiben. Danach bleiben von der dem Gegenstand bei z. B. 130° Verformungs-Temperatur auf-

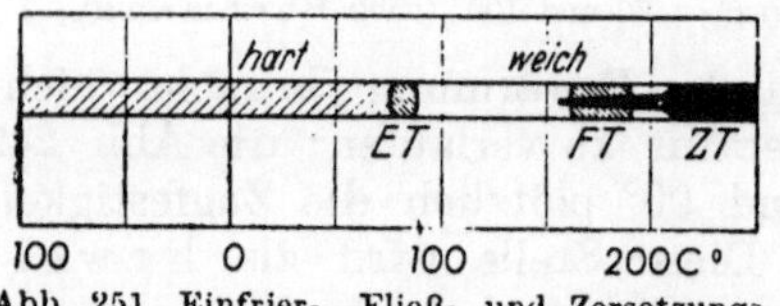

Abb. 251. Einfrier-, Fließ- und Zersetzungstemperatur des PCU (nach B u c h m a n n).

gezwungenen Gestalt noch erhalten (siehe „Verformungsrest") 40 %, wenn er nachträglich auf 85°, und nur noch 20%, wenn er auf 130° erwärmt wird. Von der aufgezwungenen Gestalt bleibt immer um so mehr erhalten, je höher die

Verformungs-Temperatur war; sie geht jedoch bei geringer Überschreitung der Einfrier-Temperatur nach einiger Zeit um mindestens 20 % zurück. Wie aus der Abb. 250 ersichtlich ist, ist bei einer Rückstell-Temperatur von 175° jedwede Verformung wieder aufgehoben. Diese Temperatur nennt man die F l i e ß t e m p e r a t u r (F. T.) des Igelit PCU. V e r f o r m u n g e n o b e r h a l b d e r F l i e ß - T e mperatur sind bei jeder beliebigen Rückstell-Temperatur gestaltbeständig.

Die Zersetzungstemperatur. Die Abb. 251 zeigt nun, daß von der Fließ-Temperatur ab schon die Zersetzung bzw. Zerstörung des Werkstoffes beginnt, siehe die Zersetzungstemperatur Z. T. In diesem Gefahrenbereich darf Wärme nur kurzzeitig zugeführt werden, um so kürzer, je mehr man in den Zersetzungsbereich hineingerät. Verformungen sind hier nur mit Vorsicht ohne Schaden für den Stoff ausführbar. Die den Kunststoff erzeugenden Werke arbeiten allerdings trotzdem innerhalb dieses Bereiches, aber nur kurzzeitig, nämlich beim Walzen von Platten und Folien, und, ebenfalls nur kurzzeitig, bekommt der die Schneckenpresse verlassende Strang eine hohe Temperatur von etwa 200° nur einige Sekunden lang durch das Mundstück der Presse aufgedrückt, während er mit der Schnecke bei niedrigerer Temperatur plastiziert wurde.

Aus Abb. 249 war ersichtlich, daß die Dehnung oberhalb der Einfrier-Temperatur bis zu etwa 110° zunimmt. Verformungen mit besonders großen Verformungsbeträgen sind also bei rd. 110° vorzunehmen, Rißgefahr ist hier praktisch ausgeschaltet. Allerdings tritt bei einer so niedrigen Verformungstemperatur bei Wiedererwärmung eine erhebliche Rückstellung ein. Über 110° nimmt die Dehnung wieder rasch ab. Immerhin ist sie bei 130° doch noch 100%, ein Betrag, der wohl für die meisten Verformungsarbeiten ausreicht, so daß man im allgemeinen mit dieser Temperatur arbeiten wird.

Nahe der Fließ-Temperatur wird der Werkstoff warmbrüchig. Die Rißgefahr ist groß, die Rückstellung aber gleich Null.

b) Die mögliche Verformung bei verschiedenen Temperaturen.

Die Werte der Abb. 249 wurden bei einer — genormten — Belastungsdauer von 3 Minuten gewonnen. Bei jeder anderen Belastungszeit erhält man andere Werte, denn der Zeiteinfluß spielt, wie die Abb. 252 dies zeigt und, wie schon auf Seite 303 ausgeführt wurde, eine große Rolle, auch bei Kaltbelastung. Das Diagramm 253 lehrt, daß die Zugfestigkeit dieser (und wahrscheinlich aller) hochpolymeren Kunststoffe bei

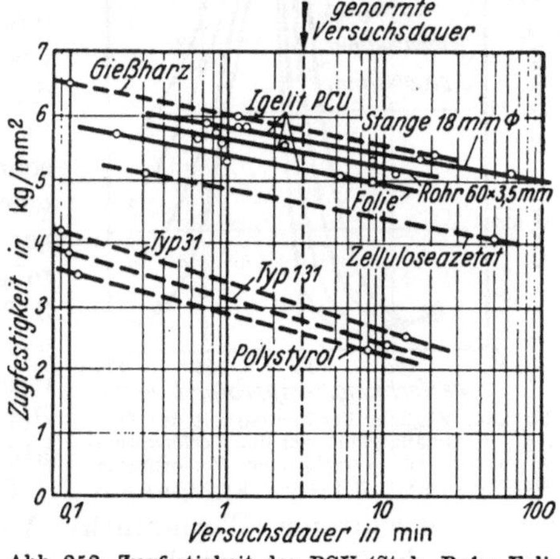

Abb. 252. Zugfestigkeit des PCU (Stab, Rohr, Folie) und anderer Kunststoffe in Abhängigkeit von der Belastungsdauer (nach Buchmann).

kurzzeitiger Beanspruchung größer als bei langdauernder ist. Die Abb. 253 stellt diese Zeitabhängigkeit für die D e h n u n g dar, für PCU allein, aber bei verschiedenen Temperaturen. R a s c h d u r c h - g e f ü h r t e V e r f o r m u n g e n e r l a u b e n v i e l g r ö ß e r e V e r f o r m u n g s b e t r ä g e a l s l a n g s a m e. D i e s g i l t f ü r h ö h e r e T. i m v e r s t ä r k - t e n M a ß e, wie die stärkere Neigung dieser Zeit-Dehnungslinien zeigt[1]. Wird PCU z. B. innerhalb 3 Minuten bei 130° gebogen, so kann die äußere Schicht um 130% (auf das 2,3fache) gereckt werden; wird das Verbiegen erst binnen 20 Min. beendet, stehen nur 50% Reckung zur Verfügung. Verformt man aber binnen 6 Sek., darf man um 220% dehnen.

In Abb. 254 ist die maximale Verformbarkeit in Prozenten, in Abhängigkeit von der Temperatur, für verschiedene Verformungsgeschwindigkeiten wiedergegeben.

Der Zeiteinfluß wird deutlicher, wenn er nicht durch die Verformungsgeschwindigkeit, sondern durch die bei bestimmten Bedingungen (Temperatur und Reckungsgrad) zulässige V e r f o r m u n g s - d a u e r ausgedrückt wird. Dazu kann die Abb. 253 dienen. Bei der schon im obigen Beispiel zugrunde gelegten Arbeitstemperatur 130° waren bei 6 Sek. max. 220% Reckung möglich. (= Verf.-Geschw. = rd. 35%/Sek.) Man geht also ganz sicher, wenn man bei der gleichen Verformung nur 110% Reckung anwendet. Würde man aber nicht sofort abkühlen, sondern diese 110% bei 130° festhalten, so würde nach 3 Min.

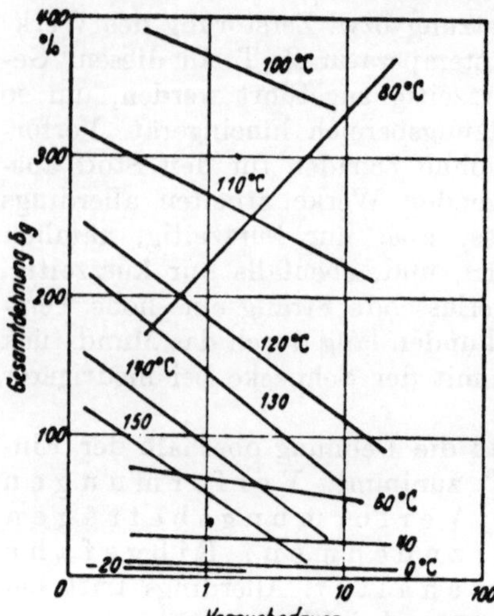

Abb. 253. Dehnung des PCU in Abhängigkeit von der Belastungsdauer, für verschiedene Temperaturen (nach Buchmann).

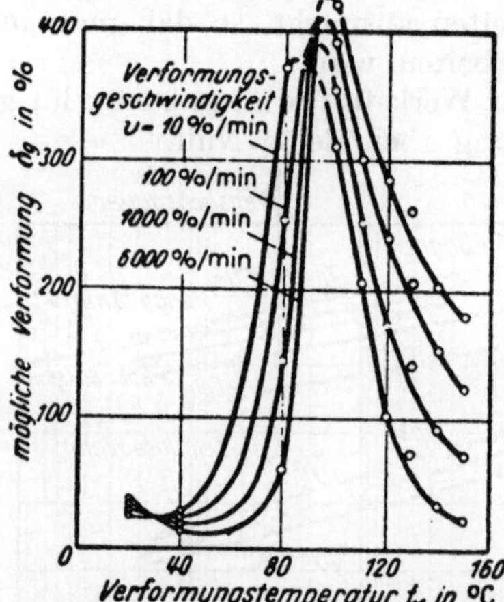

Abb. 254. Mögliche Verformbarkeit des PCU, in %, in Abhängigkeit von der Verformungstemperatur; für verschiedene Verformungs-Geschwindigkeiten (nach Buchmann).

der Bruch eintreten (Warmbruch). Wird nur 50% Reckung angewendet, darf die Temperatur längere Zeit nach Beendigung der schnell

[1] Entgegengesetzt liegende 80°-Linie: siehe Abb. 249!

vollzogenen Verformung auf 130° gehalten werden; ein Bruch träte erst nach 20 Min. ein. Es ist also sehr wichtig, nach Erreichen der gewünschten Verformung sofort abzukühlen, damit die für die Verformung gültige Zeit-Dehnungslinie nicht überschritten wird. Würden gereckte Teile, z. B. aufgeweitete Rohrenden, abgekantete Platten, einige Zeit warm liegen bleiben, so können sie aufreißen. So gelingt z. B. das Umkleiden von Walzen mit Vinidur durch Aufschrumpfen nur dann, wenn der erwärmte vorgeweitete Mantel sofort, nachdem er sich an die Walze anschmiegte, abgekühlt wird.

Nun wurde hier immer die Gesamtdehnung, die zum Bruch führt, als „mögliche Verformung" bezeichnet. Tatsächlich aber wird so gearbeitet, daß nicht bis zum Bruch verformt wird, sondern daß die Verformung bereits beim Erreichen des gewünschten Verformungsgrades durch Abkühlen unter die E. T. zum Einfrieren gebracht wird. Dieser Grad kann also für jede Verformungs-Geschwindigkeit im Höchstfalle die in Abb. 253 eingetragene Gesamtdehnung (Bruch-Dehnung) sein, wenn sofort beim Erreichen dieses Reckgrades abgekühlt wird. Man wird aber immer einen Sicherheitsbetrag zwischen Verformungsgrad und Gesamtdehnung einschalten.

Allgemeine Arbeitsregeln für die Warmanformung der Hartigelite PCU und MP bringen die angeführten Schriften[1], desgleichen für Rohre[2].

Weichigelite[3]. Nach Saechtling liegt die Einfrier-Temperatur der Weichigelite PCU mit Weichmacher bei etwa 0°. Das bedeutet, daß Rückstellungen schon rd. 80° früher als beim PCU eintreten. Es bleiben nach S. bei Raumtemperatur nur solche Verformungen bestehen, die bei der Fließtemperatur vorgenommen werden. Ob diese identisch mit der von PCU ist, bleibt offen. S. gibt 140 bis 170° für das Ziehen der Weichigelite an. Nach den Erfahrungen des Verfassers sind 140° zu niedrig; 160° sollten keinesfalls unterschritten werden.

3. Verformungsbedingungen anderer Halbfabrikate.

Gründliche Forschungen wie die eben besprochenen von Buchmann liegen über andere Werkstoffe nicht vor. Es fehlen für diese die exakte Feststellung der Erweichungs-, Fließ- und Zersetzungstemperatur, unter Berücksichtigung der Einwirkungsdauer der letzteren. Die Praxis hat mit folgenden Daten gearbeitet:

---

[1] VDI 2008: Spanloses Formen von Halbzeug aus Vinylpolymerisat-Kunststoffen. Ferner: Buchmann: Regeln für die Warmverformung von Polyvinylchlorid-Kunststoff. — Kunststoffe Bd. 33 (1943) S. 132.

[2] VDI 2010: Gestaltung u. Verarbeitung v. Kunststoff-Rohrleitungen aus Polyvinylchlorid (Rohrtyp). — Henning: Vinidur-Rohrleitungen und ihre Verlegung. — Kunststoffe Bd. 34 (1944) S. 161/68.

[3] Saechtling, Troisdorf: Erzeugung von Formstücken aus weichen Kunststoffmassen. — Kunststoffe Bd. 39 (1943) S. 291.

Z e l l u l o i d. Die Erweichung beginnt bei 80 bis 90°, je nach Sorte, hier wird der Werkstoff weichlappig. In der Regel wird im kochenden Wasser erhitzt. Geblasen und gezogen wird mit heißer Luft oder Dampf von 110 bis 130°, je nach Plattendicke und Tiefungsgrad. Die Zersetzungstemperatur liegt sehr niedrig. Dauererwärmung von 100 bis 110° zerstört allmählich den Werkstoff. Etwa 130° wird kurze Zeit ertragen, bei 140° setzt der Zerfall rasch ein.

C e l l o n. Die Erweichungstemperatur liegt etwas niedriger als beim Zelluloid. Übliche Verformungstemperaturen sind 90 bis 100° Cellon nimmt erheblich mehr Wasser auf als Zelluloid, die Platten dehnen sich etwas; einseitige Benetzung führt leicht zum Werfen, so daß heiße Luft u. U. zweckmäßiger ist. Die Zersetzungsgefahr ist kleiner als beim Zelluloid. Es verträgt ohne Schaden dauernd 110°, stundenlang 120°, kurzzeitig kann es noch auf 140° erhitzt werden.

P l e x i g l a s. Auch bei ihm ist die Dehnung nicht verhältnisgleich der Temperatur, wie Uhlemann[1] nachwies, s. das Diagramm Abb. 255.

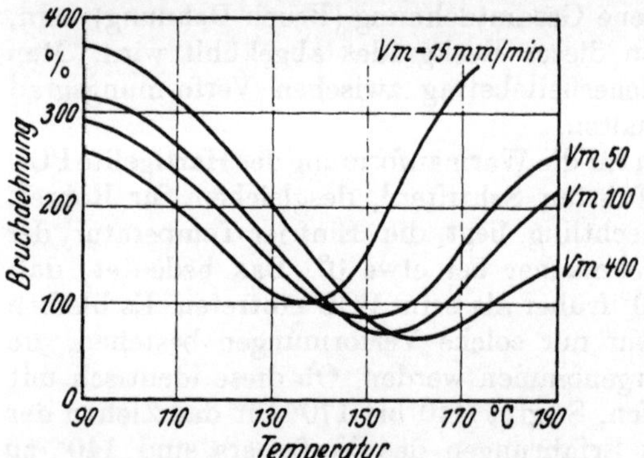

Abb. 255. Die Dehnung des Plexiglases in Abhängigkeit von der Temperatur; für verschiedene Verformungsgeschwindigkeiten (nach U h l e m a n n).

Wenn h o h e Reckungen beim Biegen, Tiefziehen und Blasen vorgenommen werden müssen, kann man also bei einer raschen Verformung von z. B. 400 mm/Min. nur zwischen 70 und 110°, und bei langsamer Verformung von z. B. 15 mm/Min. nur über etwa 160° arbeiten. Überwiegend arbeitet man auf die letztere Art. Plexiglas erträgt auch noch etwas höhere Temperaturen. Ab etwa 200° beginnt bei längerer Wärmeeinwirkung der Werkstoff in den monomeren Zustand zurückzufallen, kurzzeitig erträgt er etwa 240°.

Bei der Erwärmung in heißem Wasser können blaue Flecke auftreten. Am zweckmäßigsten ist heiße Luft, der Umluftofen; am schonendsten, um Kratzer zu vermeiden, ist es, Platten zu hängen. Bei einer Erwärmung auf Heizplatten ist weiches Papier unterzulegen. Es wird so lange erwärmt, bis die Platten weichlappig sind.

A s t r a l o n. Als günstige Verformungstemperatur gilt 80 bis 85°, und bei dem ihm ähnlichen leichter erweichbaren Rohrmaterial Vinidur MP transparent 55°. Die Zersetzungstemperatur liegt etwas niedriger als die des Vinidur PCU.

---

[1] U h l e m a n n : Vierjahresplan Bd. 4 (1940) S. 544/8.

4. Erwärmung und Durchwärmung.

Am einfachsten, billigsten und raschesten geschieht die Erwärmung in kochendem Wasser. Für höhere Temperaturen wird Dampf oder Heißluft verwendet. Für kleinere Mengen oder für große Platten geeignet ist auch die dampf- oder elektrisch beheizte Heizplatte; das Gut wird dabei mit einem Tuch bedeckt. Für die Serienfertigung kleiner und mittelgroßer Teile ist der Umluftofen oder ein Wanderofen das Gegebene. Ein Umluftofen erwärmt rascher als ein gewöhnlicher Ofen bzw. Wärmeschrank, da dauernd zwangläufig neue Wärmemengen an das Gut herangebracht werden. Er ist so gebaut, daß alle Werkstoff-Aufnahmeschalen gleichmäßig Wärme zugeführt bekommen, vorn wie hinten, die oberen wie die unteren. Einfacher und billiger ist der Wanderofen, auch in der Bedienung. Die Aufnahmeschalen sitzen wie die Becher eines Elevators an einer in sich geschlossenen Kette, die zwangläufig kontinuierlich den Ofen durchwandert. Dieser braucht also nicht in sich überall gleiche Temperatur zu haben. Der Ofen kann senkrecht, oben geschlossen, oder auch waagerecht gebaut sein. Wichtig ist eine gute D u r c h w ä r m u n g dicker Platten. Polymerisat-Kunststoffe haben eine etwa 250mal so schlechte Wärmeleitfähigkeit wie Stahl. Dickere Platten dürfen deshalb nicht gestapelt, sondern müssen einzeln liegen; auf der Heizplatte sind sie nach Halbzeit zu wenden. Der Zersetzungsgefahr wegen darf nie „auf Vorrat" erwärmt werden. Wärmt man zu hoch vor, d. h. im Zersetzungsbereich, so besteht trotz der eben empfohlenen Maßnahmen die Gefahr, daß den Außenschichten schon zuviel Wärme zugeführt wurde, bevor das Innere die gewünschte Temperatur überhaupt erst erreicht hat.

Die H o c h f r e q u e n z - H e i z u n g (s. S. 117), die sich in den nächsten Jahren auch bei uns durchsetzen wird, vermeidet diesen Nachteil, sie bringt gleichzeitig Inneres wie Äußeres auf die gleiche Temperatur.

Über die Erwärmung pulvriger Werkstoffe s. S. 324.

5. Das Ziehen und Blasen.

D a s Z i e h e n. Zellhorn, Plexiglas und andere Kunststoffe werden in großem Umfange durch Ziehen verformt. Die Platte wird in heißem Wasser oder auf heißen Platten vorgewärmt. Die Ziehform gleicht dem bekannten Ziehwerkzeug der Metalltechnik; wie beim Metall ist auch bei den Kunststoffen ein Faltenhalter notwendig. Nach dem Ziehen wird das noch geschlossene Ziehwerkzeug in kaltem Wasser gekühlt, bis der Gegenstand völlig erstarrt ist.

Zellhorn hat schon in kaltem Zustande eine Dehnung bis zu 45%, in Wärme vergrößert seine plastische Dehnung noch die Formbarkeit. Sind tiefe Teile zu ziehen, so führt man den Ziehvorgang im heißen Wasser durch. Gute Verrundung der Kanten, gute Politur der bean-

spruchten Flächen des Werkzeuges und vor allem gutes Arbeiten des
Niederhalters sind wichtig, ebenso wie frischer Werkstoff von richtigem
Weichheitsgrad. Außer Zellhorn sind gut ziehbar noch die Igamide, Cellon,
Plexiglas, Igelit PCU und MP.

Bemerkenswert ist die „Flexiformmaschine[1]" zum Ziehen von größeren
Hauben, Schalen und Dosen, soweit es sich dabei vornehmlich um Rota-
tionskörper in geometrischem Sinne handelt. Abb. 256 stellt im Schnitt das Werkzeug für die Herstellung eines Lampenschirmes dar. Als Formunterteil dient eine ebene Platte, die ein Scharnier trägt, um welches das Oberteil klappbar ist; durch einen Vorreiber kann

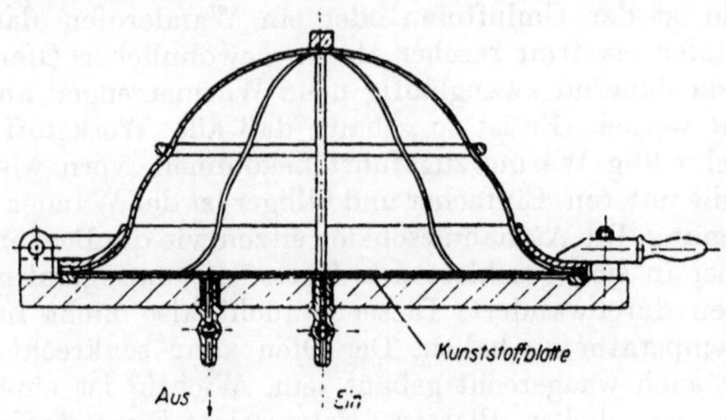

Abb. 256. Ziehform für nichthärtbare Kunststoffe
Hersteller: Moroni G.m. b. H., Köln.

es mit dem Unterteil verriegelt werden. Das zu ziehende kreisrunde
Blatt wird zwischen die Formhälften gelegt; danach wird verriegelt.
Der Blattaußenrand wird hierbei luftdicht abgeschlossen. Nun wird
das Blatt durch heiße Luft oder Dampf von weniger als 1 atü erwärmt
und gegen das Formoberteil getrieben. Nach dem Verformen wird unter
Aufrechterhaltung des inneren Druckes kalte Preßluft eingeblasen. Der
Arbeitsverlauf geht bei der hier gezeigten Bauweise besonders rasch,
da das Formoberteil, abgesehen von seinem umlaufenden unteren
Spannring, als D r a h t k o r b gebaut ist, also nicht nennenswert
Wärme aufnimmt. Auf ähnliche Weise werden z. B. auch Plexiglas-
verglasungen für Fahrzeuge durch Druck oder Vacuum geblasen. Das
Verfahren ist im Grunde ein Blasen, siehe folgenden Abschnitt.

D a s   B l a s e n. Hohlkörper aus „Zelluloid" oder „Cellon" — wie Puppen, Schwimmtiere, Bälle und anderes Kinderspielzeug werden in der Blasform gefertigt, und zwar meist auf einer einfachen Handspindelpresse, die zum Zuhalten der zwei Formhälften dient. Die Formen sind in der Regel Vielfachformen, da es sich fast

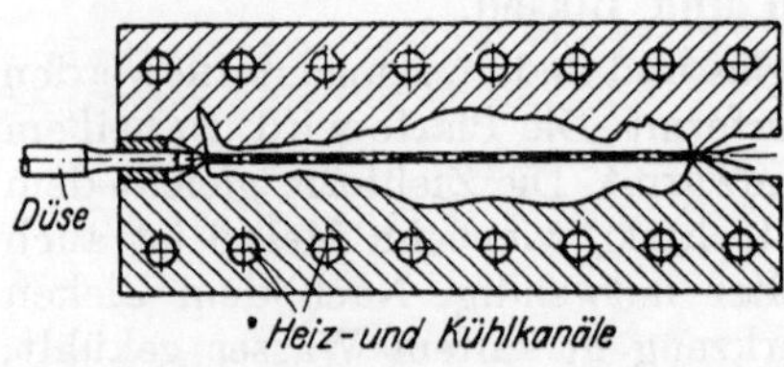

Abb. 257. Blasform für Zelluloid-Puppen. In der
Teilungsebene der Form liegen aufeinander die zwei
Folien, zwischen die der Dampfstrom eintritt.

immer um billige Massenware handelt. Abb. 257 bringt eine Blasform

---

[1] Hersteller: Moroni G. m. b. H., Köln.

für Puppen im Schnitt. Man legt zwei meistens schon vorgewärmte
Blätter zwischen die beheizten Formhälften, stellt die Formheizung
ab und schließt die Form, wodurch die Folienränder miteinander verschweißen. Dann läßt man mittels eingelegter Düsen Dampf oder heiße
Luft von etwa 2 atü zwischen den Folien durchströmen, der sie gegen
die Formwände drückt und kühlt dann die Form. Damit das Stück die
Gestalt behält, wird der Innendruck noch kurze Zeit beibehalten. Die
außerhalb der Blätter vorhandene Luft entweicht durch feine Löcher
der Form. Bei hoher Tiefung wird anstatt von Blättern von einem
vorgezogenen Hohlkörper oder Rohr ausgegangen. Wie beim Ziehen
muß der Werkstoff sehr homogen sein und den richtigen Weichheitsgrad
besitzen.

Voraussetzung für eine gute Nahtbindung ist, daß der Werkstoff sich
sicher mit sich selbst verschweißt. Dies ist der Fall mit Zelluloid, Cellon,
Plexiglas und Trolitul.

Über das Warmverformen (Biegen und Ziehen) der bereits „gehärteten" Formschichtstoffe Hartpapier und Hartgewebe siehe S. 241.

6. Das Preßspritzen und das Pressen.
Vergleiche zwischen Spritzen — Preßspritzen —
Pressen.

Die warmplastischen Kunststoffe müssen heiß geformt und kalt
entformt werden. Diese zwiefache Anforderung erfüllt das Spritzgießen
(Spritzguß) — das erst später eingehender behandelt wird — in idealer
Weise, dank der Trennung der Funktionen, heiße Massekammer / kühle
Form. Der Spritzguß ist die wirtschaftlichste Formung nicht nur in
wärmewirtschaftlicher Hinsicht, sondern auch mechanisch gesehen, da
sowohl gut durchgebildete Hand- als auch halb- und vollautomatisch
arbeitende Maschinen zur Verfügung stehen. Dies gilt für größte und
mittelgroße Stückzahlen. Aus Spitzguß besteht der größte Teil der Anwendungsfälle nicht härtbarer Kunststoffe. Bei Teilen mit dicken Querschnitten kommt man zwar zu langen Stehzeiten der Form, dies gilt
aber gleicherweise für alle anderen Herstellverfahren dieser Kunststoffgruppe. Der teure Automat wird hier u. U. unwirtschaftlich, geeigneter
sind dann die billigere Hand-Maschine oder, für größere Teile, eine hand-
gesteuerte hydraulisch arbeitende Spritzgußmaschine, wie sie Eckert &
Ziegler baut.

An die Grenze der Anwendbarkeit des Spritzgießens kommt man mit
Massen wie Hartigelit PCU, die so hoch erhitzt werden müssen, daß man
in den Zersetzungsbereich der Masse gerät. Bei größeren Stückgewichten
besteht die Gefahr, daß die Masse im Heizzylinder Schaden leidet. Das
Zelluloid, so ausgezeichnet warm verarbeitbar es sonst ist, ist aus diesem
Grunde überhaupt nicht nach dem Spritzgußverfahren verarbeitbar.
Andere Fälle, wo dieses Verfahren nicht mehr anwendbar ist, sind Teile

mit kleinen Stückzahlen, mit viel Hantierungen beim Formen (mehrere Metalleinbettungen oder Kerne) und besonders tief gezogene und dünnwandige große Teile. Hier kommen dann das Pressen und Preßspritzen zur Anwendung. Musterungen und Maserungen sind fast immer dem Pressen allein vorbehalten, denn beim Preßspritzen und Spritzgießen würde beim Lauf durch die Düse viel von der Maserung verlorengehen.

Die Formungsverfahren für warmplastische Stoffe werden am zweckmäßigsten nach zwei grundsätzlich ganz verschiedenen Verfahrensarten unterschieden:

A. Das Formen mit dauernd kühler Form
B. Das Formen mit abwechselnd heißer und kühler Form.

Die Formungs-Verfahren für warmplastische Kunststoffe.
A. Das Kühl-Formen.

A 0	Das Spritzen (Spritzguß)	heiße Massekammer, getrennt von kühler Form
A 1	Das Preßspritzen mit kühler Form (Schlagpreßspritzen)	die Massekammer sitzt in der Form
A 2	Das Pressen mit kühler Form (Schlagpressen)	gewöhnliche Preßformen, unbeheizt

B. Das Heiß-Kühl-Formen.

B 1	Das Preßspritzen mit heiß-kühler Form	die Massekammer sitzt in der Form
B 2	Das Pressen mit heiß-kühler Form	gewöhnliche Preßformen, aber für Kühlung eingerichtet

Ausgenommen den Spritzguß, wird bei allen diesen Verfahren die Masse schon vor dem Einbringen in die Form erhitzt, „vorgewärmt". Bei den größeren Spritzgußmaschinen wird zuweilen ebenfalls vorgewärmt.

Kühl-Formung oder Heiß-kühl-Verfahren?

Bei beiden Gruppen wird der Werkstoff vorher, außerhalb der Form, auf die Verformungstemperatur gebracht, der Spritzguß ausgenommen. Diese soll grundsätzlich so hoch wie möglich liegen (Zersetzungsgefahr!), um spannungsfreie Teile zu bekommen, d. h. solche, die bei den für die wieder erweichbare Kunststoffe möglichen Gebrauchstemperaturen (bis etwa 70°) noch keine Gestaltsveränderung durch Thermorückfederung erleiden.

Rascher und alles in allem wirtschaftlicher arbeiten die Kühlformungs-Verfahren, denn die Temperaturumstellung bei den Heißkühl-Verfahren nach B kostet Zeit und Geld. Das Kühlformen hat den weiteren Vorteil, daß es auch von denjenigen Betrieben angewendet werden kann, die nur mit elektrischer Beheizung arbeiten, und dies sind fast alle. Ihnen ist die Heißkühl-Formung verschlossen, weil eine kalte Form wohl durch Dampf oder heißes Druckwasser, nicht aber durch elektrische Energie in wenigen Minuten wieder auf etwa 170° zu bringen ist.

Beim Preßspritzen und Pressen mit der kühlen Form ist man gezwungen, so rasch als nur möglich zu verformen, um die Masse so heiß als möglich, mit höchster Fließbarkeit, zu verpressen; daher die Namen „Schlagpressen" und „Schlagspritzpressen". Bei dünnwandigen Teilen sind sehr hohe Mengenleistungen möglich, denn die Stehzeit darf bei diesen sehr kurz sein.

Beim Heiß-kühl-Formen hat man die Freiheit, das Schließtempo der Eigenart des Stückes anzupassen und empfindliche Form-Einzelheiten zu schonen. Hier wird mit heißer Form geformt, die Bildsamkeit der Masse nicht im geringsten herabgesetzt. Es ist bemerkenswert, daß die Schallplattenindustrie, die zwar auf kürzeste Herstellzeiten den größten Wert legt, für die aber eine fast absolute Gestalttreue der Schallrillen das erste Gebot ist, mit dem langsamen Heiß-kühl-Verfahren arbeitet. Die h e i ß e Form ermöglicht die Ausformung allerfeinster Einzelheiten und das anschließende Kühlen b e w a h r t diesen Einzelheiten die gegebene Gestalt.

Die beiden Heiß-kühl-Verfahren ermöglichen, im Gegensatz zu den drei Kühl-Formungsverfahren, die Herstellung von Teilen mit sehr langem Weg des Massestromes, also langgestreckte Teile und tiefgezogene große, sehr dünnwandige „Töpfe". Sie haben den breitesten Anwendungsbereich. Es werden aber immer nur diese wenigen Fälle sein, wo das wirtschaftlichere Kühlformen nicht anwendbar ist. Ein anderer Fall, wo die Heiß-Kühl-Verfahren den Kühl-Verfahren überlegen sind, sind große und mechanisch hochbeanspruchte Teile mit langen schlitzartigen Durchbrüchen, siehe Abb. 341, bei denen eine Schwächung der Festigkeit durch solche Kaltschweißstellen nicht tragbar wäre.

Bei sämtlichen Verfahren, Spritzguß einbegriffen, muß der volle Verformungsdruck solange wirken, als die Masse noch bildsam ist („Nachdruck"). Beim Spritzguß drückt auch nach der Formausfüllung der Kolben weiter nach (Luftkissen oder Federn), für das Preßspritzen gilt das gleiche. Beim Pressen darf daher der Oberstempel nicht auf dem Unterteil zum Aufsitzen kommen, er muß auf dem Preßstück ruhen und nachdrücken können; ferner darf kein zu großes Passungsspiel zwischen beiden Teilen sein, damit nicht zuviel Masse entweicht, also Druckmangel eintritt. Fehlt der Nachdruck, so hat zwar die Oberfläche den Glanz der Form bekommen, es treten aber infolge des Schwindens der Masse, an der Oberfläche Einsenkungen (Schwindstellen, Einfallstellen) auf und in örtlichen Verdickungen des Stückes Lunker, die sich ebenfalls als Einsenkungen der Oberfläche bemerkbar machen.

Beim Spritzguß und beim Preßspritzen ist der Nachdruck um so wirksamer, je dicker die Einlaufkanäle sind und je mehr deren Querschnittsform dem Kreis oder Quadrat nahekommt, von der Anbindestelle abgesehen, die aus Entgratgründen immer eng und flach gehalten wird.

Auch wenn diese Vorbedingungen erfüllt sind, können Maßgenauigkeit und Gestalttreue in gleichem Maße bei den Kühl- wie bei den Heiß-kühl-Verfahren leiden, wenn das Stück zu früh entformt wird.

Preßspritzen oder Pressen?

Mehrere Gründe sprechen dafür, das Preßspritzen, gleichgültig ob mit kühler oder heiß-kühler Formung, dem Pressen vorzuziehen. Im Bereich der h ä r t b a r e n Kunststoffe hat sich gezeigt, daß man alles preßspritzen, aber manches nicht pressen kann. Dasselbe wird sich auch bei den wieder erweichbaren Kunststoffen zeigen, sobald man auch sie öfter preßspritzen wird. Das ist klar erwiesen dadurch, daß die dem Kühl-Preßspritzen gleiche Spritzgußtechnik (von der Massekammer abgesehen), so gut wie alles zu spritzen vermag. Der Einwand, daß das Kühl-Pressen die Fließbarkeit der Masse weniger beeinträchtigt, als das Kühl-Preßspritzen mit den langen Wegen der Masse in den Einlauf-kanälen, ist nicht stichhaltig, denn solche langen Wege durchläuft die Masse auch beim Spritzguß. Dieser erlaubt aber die Herstellung überaus dünnwandiger Teile! Wenn s e h r g r o ß e Teile mit dieser Gestalt bisher noch nicht gespritzt werden, so liegt das nur daran, daß in Deutschland große Spritzguß-Maschinen noch kaum gebaut werden, weil die Nachfrage nach großen Teilen überhaupt sehr klein ist. In den USA sind diese großen Maschinen vorhanden, sogar in mehreren Fabrikaten. Teile von etwa ½ kg Gewicht aus Thermoplasten, die dort relativ viel angewendet werden, sind dort etwas alltägliches.

Vergleicht man Heiß-kühl-Preßspritzen mit dem Heiß-kühl-Pressen, so zeigt sich ein großer Vorteil des Preßspritzens, daß nämlich dem gesamten Massevolumen des Stückes beim Passieren der Düse bzw. des Einlaufkanales dessen mehr oder minder hohe Temperatur aufgedrückt wird. Beim Pressen wird dem Massevolumen die Wärme nur von der Formwandung her zugeführt, im Innern des Stückes ist die Temperatur stets niedriger. Dagegen hilft zwar hochgradiges Vorwärmen, wärmt man aber auch beim Preßspritzen ebenso hoch vor — was ja bei allen Verfahren zu empfehlen ist — so ist das Preßspritzen wiederum im Vorteil.

Man wird bei den wieder erweichbaren Massen das Preßspritzen auch deshalb dem Pressen vorziehen, weil, anders als bei den härtbaren Massen, der Masserest der Kammer und der Einlaufkanäle wieder verwendbar ist.

a) Das Kühl-Preßspritzen.

Die Formen sind die gleichen wie die für die härtbaren Massen, siehe dort Abb. 85 bis 94, S. 158 bis 162. Sie müssen wie die Spritzgußformen Kühlkanäle besitzen, um die gewünschte niedrige Entformtemperatur gegebenenfalls zu erzwingen. Die geteilte Massekamer der Formen nach Abb. 85, 86 und 94 ist bei den dünnflüssigen Igamidmassen nicht nachteiliger als sie für die härtbaren Massen ist; alle übrigen viskoseren warmplastischen Massen fließen in Fugen (der kühlen Form!) unter etwa 0,06 mm nicht mehr hinein, ein großer Vorteil gegenüber den härtbaren Massen mit ihrer hohen Formtemperatur.

Wichtiger noch als beim Verspritzen der härtbaren Massen ist beim Kühlverformen der warmplastischen eine Entlüftmöglichkeit der Form. Man wird hier die Form rascher ausfüllen als dort, um die Fließbarkeit der Masse möglichst zu erhalten, die Luft in der Form hat also weniger Zeit zu entweichen. Entlüften hilft Ausschuß vermeiden, zumindesten bei verwickelten Stücken. Die Luftaustritts-Möglichkeit — feine Luftkanäle, lose Passung eingesetzter Formteile — ist in der Regel am Ende des Massestromes vorzusehen und dort, wo zwei Teilströme zusammenfließen.

Die Preßspritzformen für die härtbaren Massen wurden eingeteilt in Spritzvorrichtungen für gewöhnliche Pressen und in eigentliche Spritzformen für den Gebrauch auf der Spritzpresse. Die letztere Bauweise ist hier wie dort die technisch bessere. Eine Preßspritzform nach Abb. 92 oder 94, auf einer wirklichen Spritzpresse wie die nach Abb. 91 und 95 ermöglicht beim Kühl-Verfahren ein rasches und wirtschaftliches Verarbeiten aller Massen. Der Spritzkolben muß so stark sein, daß die Form in wenigen Sekunden, bei großen und dünnwandigen Teilen in höchstens 20 Sekunden ausgefüllt ist, damit die Masse also die abkühlende Kammer und desgleichen Kanäle rasch durchflossen hat.

b) Das Pressen mit kühler Form.

Das Schlagpressen mit festgespannter Einzelform ist eines der ältesten Preßverfahren, nach dem früher ein großer Teil des Bedarfes der Elektrotechnik erzeugt wurde, z. B. auch Drehschalterkappen, und zwar aus den jetzigen Typen 916 bis 918. Seit dem Aufkommen der härtbaren Kunstharzpreßstoffe und des Spritzgußverfahrens wurde das Schlagpressen nur noch wenig angewendet.

Die Herstellung der Masse im Kneter, die der Tablette und das Pressen sind dabei zeitlich und räumlich miteinander verkoppelt. Die vom Kneter kommende Masse geht in eine langsam laufende Strangpresse, die direkt zwischen den Pressen, rasch fahrende hydraulische Pressen oder Handkurbelpressen, steht. Von dem austretenden etwa 180° heißen, dampfenden Strang schneidet ein Hilfsarbeiter Scheiben von erforderlicher Dicke ab; der Presser wirft die Scheibe in die unbeheizte Form, die während der Arbeit etwa 60 bis 80° annimmt, verformt und stößt sofort wieder aus. Um den bei dem nur sekundenlangen Verbleiben in der Form noch warmen Preßling nicht zu deformieren, dient in der Regel die volle Unterstempelfläche als Auswerfer. Reichlich bemessene Austriebsspalten am Oberstempel erlauben diese ziemlich rohe Dosierweise. Der Preßling verläßt die Form mit annähernd dem Hochglanz, den diese selbst besitzt. Bei den zuvor erwähnten Drehschalterkappen von 2 ½ mm Wanddicke betrug die Leistung je Minute 4 bis 6 Stück. Mit wachsender Wanddicke sinkt diese stark ab. Die oben geschilderte Arbeitsweise läßt sich grundsätzlich bei allen möglichen nicht härtbaren Massen anwenden.

Wieck und Kittler[1] haben jetzt das Verfahren auf das Verpressen von Igelit PCU übertragen. Sie empfehlen die Verwendung von aus PCU-Pulver gepreßten Tabletten. Deren Dicke soll zwecks guter Durchheizung 8 mm nicht überschreiten; sie sind, bei Erwärmung in ruhender heißer Luft, etwa 25 Min. lang auf 205 bis 210° zu erwärmen. Der Preßdruck ist der übliche, etwa 300 bis 1000 kg/cm^2, je nach Gestalt und Tiefe. Die Formenbauweise ist auch für PCU grundsätzlich keine andere als sonst. Wie schon bei den Schalterkappen erwähnt wurde, ist bei der Ausstoßerausbildung auf ein möglichst rasches Arbeitstempo Rücksicht zu nehmen; für haubenartige Teile sind Abstreifer, die den Haubenrand angreifen, am zweckmäßigsten.

Das Schlagpressen mit losen Handformen. Das Verfahren ist eine Fließfertigung für große Stückzahlen. Es werden mehrere Formen für den zu fertigenden Gegenstand gebaut, und zwar frei bewegliche, Handformen, ohne eigene Beheizung.

Die Form mit dem eingelegten Werkstoff wird in einem Heizschrank auf die Verformungstemperatur gebracht. Sie geht dann zur Kühlpresse, wo sie sofort verformt und auf die Entformtemperatur, etwa 40 bis 70°, herunter gekühlt wird. Danach wandert sie zur Aufspreiz- und Ausstoßvorrichtung und schließlich zu einem Tisch für Handarbeiten. Dort wird sie frisch beschickt und geht zum Heizschrank zurück.

Die Fertigung ist als Fließreihe, als Fließring mit kürzesten Wegen eingerichtet. Sie erfordert einen Presser und einen oder mehrere Hilfsarbeiter, je nach dem jeweiligen Umfang der Handzeiten (Kerne, Metalleinbettungen) und je nach dem Grad der Abgleichung der Zeiten der einzelnen Arbeiten aufeinander.

Auf diese Weise werden in leichten flachen Vielfach-Abquetschformen einfarbige oder farbig-gemusterte Kleiderknöpfe, Schnallen, Schließen, flache Dosen, Schalen, Hörmuscheln für Kopfhörer u. a. m., vor allem aus Azetylzellulose oder aus dem Typ 400 gefertigt.

Die Zerlegung der Arbeit in Einzelvorgänge erlaubt im Gegensatz zum Schlagpressen mit der festgespannten Form, bei der Verwendung von Füllraumformen auch die Herstellung dickwandiger Teile, selbst mit etwa 20 mm Wandung, da man dadurch organisatorisch einem dickwandigen Stück genügend Zeit zum Durchkühlen lassen kann. Die Wirtschaftlichkeit bleibt durch die Abstimmung der Einzelzeiten zu-

---

[1] Wieck und Kittler: Herstellung v. Formteilen aus tablettiertem Igelit PCU. — Kunststoffe Bd. 34 (1944) S. 155.

einander gewahrt. Auf diese Weise werden z. B. Klemmenleisten aus dem Bitumentyp 918 gefertigt. Die Masse wird im Ofen in dicken Brocken erhitzt und Stücke davon abgetrennt für die Beschickung, oder aber es wird, wie dies zuvor beim „Schlagpressen mit festgespannter Einzelform" beschrieben wurde, eine Schneckenpresse verwendet.

Bei anderen Thermoplasten und bei Abquetschformen wird mit einer Platte für die ganze Form oder mit einzelnen Rundlingen beschickt.

c) Das Heiß-kühl-Pressen.

Das Pressen mit festgespannter Form. Das Heiß-kühl-Pressen mit der festen Form mit Eigenbeheizung ist das unwirtschaftlichste aller Preßverfahren. Es ist aber universell, für jeden beliebigen Fall anwendbar. Sein eigentliches Anwendungsgebiet sind kleine Stückzahlen, dickwandige Teile und sehr verwickelte. Das eher noch vielseitigere Preßspritzen aber, das bei den härtbaren Massen in den letzten Jahren zu großer Vollkommenheit entwickelt worden ist, wird sich sehr bald und mit gleicher Berechtigung auch bei den nicht härtbaren Massen durchsetzen. Schließlich wird das Heiß-kühl-Pressen nur noch auf seltene Fälle beschränkt bleiben, wie z. B. Schallplatten.

Obwohl die beheizte Form es erlaubt, den Werkstoff allein zu erwärmen, ist es doch zweckmäßiger, um die an sich lange Herstellzeit kürzer zu halten, den Werkstoff schon vorher vorzuwärmen, und zwar fast oder gänzlich auf die Verformungstemperatur.

Grundsätzlich können die beim Vorpressen der härtbaren Massen üblichen Form-Bauweisen auch hier angewendet werden. In erster Linie kommen die Füllraumformen nach Abb. 64 und 65 in Betracht, in manchen Fällen, bei flachen Teilen, auch ebensogut die Abquetschform. Als Presse kann jede Presse mit guter Regelbarkeit des Pressenbärs verwendet werden. Die Zelluloidindustrie arbeitet oft und die Schallplattenindustrie ganz allgemein mit Klappformen, die buchartig aufklappbar sind, und zwar Abquetschformen. Im ersten Falle ist das Presenhaupt hierfür wegschwenkbar; im zweiten Falle ist es hochklappbar und mit einer rasch arbeitenden Querverriegelung versehen. Der Arbeitszyklus einer Schallplatte ist daher kürzer als eine Minute.

Um den beim Pressen mit Wechseltemperatur großen Energieverlust einigermaßen niedrig zu halten, ferner, um möglichst rasch arbeiten zu können, muß dafür gesorgt werden, daß nicht noch die Presse mit beheizt und gekühlt wird; die Form ist daher äußerst gut gegen die Presse zu isolieren, was nur mit guten Dämmplatten von mindestens 20 mm Dicke einigermaßen gut möglich ist. Aus den gleichen Gründen müssen die Heizkanäle so dicht als die gleichmäßige Beheizung der Forminnenfläche es erlaubt, an das Preßteil herangebracht werden, und weiterhin muß die Masse der Form möglichst klein sein. Auch die Wärmekapazität großer dicker Kerne und Einlagen ist nicht zu vernachlässigen, auch diese sind u. U. mit zu beheizen.

Um das beim Entformen immerhin noch etwas warme Stück gegen Deformation zu schützen, sind genügend Auswerfer vorzusehen; deren Lage ist sorgfältig zu erwägen.

Das Pressen mit losen Handformen. Das Verfahren gleicht stark dem Kühl-Pressen mit losen Formen. Hier aber durchwandert die Form zwei Pressen. Werkstoff und Form werden auch hier im Heizschrank auf die Verformungstemperatur gebracht; es wird aber in einer Heißpresse verformt und in einer zweiten Presse, der Kühlpresse, abgekühlt. Das Verfahren ist weniger wirtschaftlich und weniger in Gebrauch als das Kühl-Verfahren.

d) Das Vorwärmen beim Preßspritzen und Pressen.

Nur selten, wie beim „Igelit PCU", geht man von Halbfabrikat-Zuschnitten aus; über deren Erwärmung und die Mittel dafür ist auf Seite 315 gesprochen worden. In der Regel wird Preßmasse, die gekörnt oder pulvrig ist, verwendet. Der schlechte Wärmeleiter Luft verlangsamt das Vorwärmen der Masse außerordentlich stark, beonders wenn diese sehr fein gemahlen ist. Zur Vorwärmung benutzt man am besten den Umluft-Wärmeschrank oder die Vorwärmwalze nach Abb. 46 auf Seite 116. Im Schrank wird die Masse in flachen Schalen untergebracht, bei einer Schichthöhe von nur etwa 1 ½ cm, um sie einigermaßen rasch und gleichmäßig durchwärmen zu können.

Feine Pulver lassen sich leichter erwärmen, wenn die eingeschlossene Luft durch Rütteln verdrängt wird. Bei der Verarbeitung in der Preß-form geht man dabei so vor, daß man die dosierte Menge in einem Behälter von der Gestalt des Preßteiles erwärmt, z. B. im Falle einer Haube in einem Ausschußpreßteil. Durch mehrmaliges Aufstampfen des Behälters auf einer festen Unterlage wird die Luft weitgehend verdrängt, und das Pulver sintert allmählich zu einem festen Kuchen zusammen, der sich als Ganzes in die Form legen läßt. Bei kleinen Teilen mit großen Mengen wird billiger mit Tabletten gearbeitet; durch hohe Verdichtung wird hier die Luft ziemlich weitgehend verdrängt. Für die fast immer hellen Farben der nichthärtbaren Kunststoffe bedeutet der Gebrauch von Tabletten aber trotz aller Vorsicht eine zusätzliche Verschmutzungs-möglichkeit.

Wird nicht gleichmäßig erwärmt, so können bei Stücken mit dickeren oder unregelmäßigen Querschnitten innere Spannungen auftreten, vor allem aber fällt die Oberfläche nicht gleichmäßig glatt aus. Bei den glas-klaren Kunststoffen zeigen sich bei schlechter Durchwärmung sehr leicht eingeschlossene Luftblasen oder aber Schlieren, welche eine schlechte, ungleichmäßige Durchsicht des Stückes ergeben.

7. Das Spritzen (Der Spritzguß).

Allgemeines. Das Spritzen der thermoplastischen Kunststoffe hat eine hohe wirtschaftliche Bedeutung erlangt. Von Hand bediente oder auch selbsttätig arbeitende Maschinen liefern gratfreie Teile rasch und billig, oft aus Vielfachformen. Die Maßgenauigkeit ist hoch, sie bleibt auch bei größten Mengen erhalten, da diese Kunststoffe anders als die meisten Kunstharz-Preßstoffe die Form durch Abrieb kaum angreifen, siehe die Verschleißzahlen Seite 28. In noch größerem Umfang als für die Technik werden Gegenstände des täglichen Bedarfs — für Haus, Bekleidung, für Schmuck und anderes mehr — erzeugt dank der großen Farbenskala, die zur Verfügung steht; dies ist in den USA in noch größerem Maße der Fall.

Solange nur die Azetylzellulose-Spritzgußmasse „Trolit" allein bestand, ging die Entwicklung der Spritztechnik nur langsam voran. Das Aufkommen der Polystyrol-Spritzgußmasse („Trolitul") aber gab ihr einen kräftigen Auftrieb und führte sofort zur Schaffung der ersten vollautomatischen Spritzmaschinen, der bald weitere Arten und später auch größere Typen folgten. Jetzt steht ein halbes Dutzend ganz verschiedenartiger Massen zur Verfügung und Maschinen für Stücke bis zu 400 cm³. So gewaltig aber die Erzeugung von Kleinteilen bis rd. 50 cm³ zugenommen hat, ist doch in Deutschland noch immer kein Bedarf an großen Teilen, ganz im Gegensatz zu den USA. Dort stehen in mehreren Pressereien ganze Reihen der größten Maschinen. Stückgewichte von 500 g sind etwas ganz normales. Die schwerste Maschine (Watson-Stilman) spritzt Teile bis zu 80 oz = 2260 Gramm. Dort ist der Anteil der nichthärtbaren an der Gesamterzeugung von Kunststoffen viel größer als bei uns. Man wendet dort neben Polystyrol in größerem Maße als bei uns Azetylzellulose an und schätzt, mehr als wir, die bunten Farben der Thermoplaste, ungeachtet der niedrigen Wärmebeständigkeit.

Nach dem Spritzgußverfahren verarbeitbar sind nur diejenigen Kunststoffe, die ein längeres Verweilen unter der hohen Verarbeitungstemperatur ertragen, ohne sich zu verändern; der Zersetzungspunkt muß über der oberen Grenze des Erweichungsbereiches liegen.

Das Spritzgußverfahren[1]. Diese Arbeitsweise ist, wärmetechnisch gesehen, sehr wirtschaftlich, während beim Preßverfahren durch Temperaturumstellung dauernd Energie vernichtet wird. Die Form bleibt

---

[1] W a l t e r : Erfahrungen im Verspritzen v. thermoplastischen Massen. — Z. Kunstharze u. plast. Massen Bd. 8 (1938) S. 154/156. — H e m m e r s b a c h : Zur Spritzgußtechnik nichthärtb. Kunststoffe. — Kunststoff-Technik Bd. 12 1942) S. 47/52. — W e p r e k : Werkzeuggestaltung f. d. Verarbeitung v. Spritzstoffen. — Kunststoff-Technik Bd. 11 (1941) S. 39/44. Auch grundsätzliche Fragen der Spritztechnik behandelnd. — J. H e m m e r s b a c h : Einfluß der Spritztemperatur auf die Wirtschaftlichkeit des Spritzgußverfahrens. — Kunststoffe Bd. 36 (1946) S. 81/84. — G a s t r o w : Warum automatisch spritzen? — Kunstharze u. a. plast. Massen Bd. 8 (1938) S. 330/4.

dauernd auf gleicher, und zwar niedriger Temperatur. Eine gewisse Werkstoffmenge wird in einem beheizten Heizzylinder auf Verarbeitungstemperatur gehalten. Auch sie hat stets gleichbleibende, aber hohe Temperatur. Diese Massekammer liegt, soweit nicht gerade eben eingespritzt wird, stets ö r t l i c h g e t r e n n t von der kälteren Form, siehe Abb. 258 und 264. Nur im Augenblick des Einspritzens berührt während weniger Sekunden der heiße Heizzylinder mit der Düse die kalte Form mit einer Anlagefläche von nur etwa 1 cm². Ein unerwünschter Wärmeausgleich zwischen Form und Heizzylinder kann also nur in geringem Maße eintreten.

Ein grundsätzlicher Unterschied zwischen dem Preß- und dem Spritzverfahren besteht in der Art des Schließens der Form. Beim Pressen wird in eine Formhälfte Masse eingelegt und darauf die Form geschlossen, wobei der Stempel mit geringem Spiel in den Mantel eintaucht. Beim Spritzen legen sich zuerst die zwei Formhälften mit ihren Schließflächen aneinander und erst dann wird durch einen Eingußkanal der Werkstoff eingespritzt. Die Spritzform arbeitet praktisch gratfrei; das setzt voraus, daß der Schließdruck für die Formhälften groß genug ist.

Zwar spritzt man auch härtbare Kunstharz-Preßmassen mit Formen fast gleicher Bauart, wenn auch mit anderen Pressen (vgl. Seite 154 ff.), das sog. Preßspritz-Verfahren. Trotz hohen Schließdruckes ist hier aber ein völlig gratloses Preßteil praktisch nicht zu erreichen. Das Kunstharz in der Preßmasse wird, wenn auch nur während weniger Sekunden, sehr dünnflüssig und schließt schon in Fugen von nur 0,02 mm der heißen Form hinein. Die nichthärtbaren Spritzgußmassen dagegen werden in die ziemlich kalte Form eingespritzt, die kalte Fuge der Form verhindert, falls sie noch unter etwa 0,05 mm bleibt, ein Eindringen des Massestromes. Eine Ausnahme bilden die „Igamide", die so dünnflüssig werden wie ein Phenolharz. Daher werden Spritzgußteile aus nicht härtbaren

Tabelle 52. V e r h ä l t n i s w e r t e d e r

| | Vergleichspreise je Volumeneinheit | | | | | |
| | „Trolit W" normal, 1001 b schwarz | Benzyl-zellulose B. Z. schwarz | Äthyl-zellulose A. T. schwarz | „Trolitul" | | |
				III farblos	EF farblos	EN u. EH farblos
a) „Trolitul III" = 1 (1939 Standard-ausführung)	1,26	1,60	1,83	= 1	1,38	1,50
b) Typ 31 = 1 . .	2,8	3,6	4,1	2,3	3,1	3,4
Wichte des gespritz-ten Teiles [g/cm³]	1,35	1,22	1,14	1,05	1,05	1,09

Kunststoffen in den meisten Fällen gratfrei gewonnen, was bei den härtbaren Kunststoffen nicht möglich ist.

Ein Vorteil des Spritzgußverfahrens ist — dies gilt für die härtbaren wie für die nichthärtbaren Kunststoffe —, daß die Spritzgußform sehr geschont wird, da sich die beiden Formhälften lediglich aneinander legen. Bei den meisten Preßformen dagegen gleiten die eintauchenden und zugleich abdichtenden Flächen des Stempels unter Druck an denen des Mantels entlang Vor allem aber kann man nach dem Spritzverfahren verwickeltere Teile herstellen und dünne Metalleinlagen leichter und gefahrloser einbetten. Die Werkstoffdurchwärmung ist beim Spritzen eine weit gleichmäßigere und bessere. Beim Pressen wird der Werkstoff zwar manchmal schon vorgewärmt in die Form gegeben; er hat aber doch immer noch eine geringere Temperatur als die Form, und erst während des Verformens nimmt der Werkstoff die Formtemperatur völlig an. Anfangs aber werden durch die noch kältere und daher steifere Masse sehr leicht etwa hervorstehende Teile der Preßform gefährdet. Beim Spritzen dagegen tritt nur hocherwärmter, gut plastischer Werkstoff in die Form ein.

Schließlich bleibt noch ein großer Vorsprung der Spritzgußmassen vor den härtbaren Massen zu erwähnen. Für jede dieser Massen gibt es, trotz meist vielseitiger chemischer Beständigkeit, ein Mittel, das ihn löst, so daß man dann zwei Teile miteinander sicher verkleben kann, also z. B. auf einfachste Weise H o h l k ö r p e r bilden kann. So werden in den USA z. B. große Spielzeugeisenbahnen, -Kraftwagen, -Schiffe u. a. m. gespritzt, meistens aus Zelluloseacetat (= Typ 400). Im Gegensatz zum Blechspielzeug lassen sich alle Einzelheiten des Urbildes dank der Form wiedergeben. Das Verkleben erlaubt ein ebenso billiges Zusammenfügen zum Ganzen wie es bei Blech möglich ist. (Kraftwagen, Größe bis zu 400 mm!)

P r e i s e   v o n   S p r i t z m a s s e n.

Vergleichspreis je Volumeneinheit						
„Trolitul Si 4" naturfarb.	„Luvican (Trolitul LU)" M 100—150 grau	Hartigelit MP Marke S naturfarb.	„Plexigum" M 272 farblos	„Igamid A" farblos	Typ 31 (50 % Phenol) schwarz	
0,98	1,29	1,28	1,63	2,4	0,44	a) wenn „Trolitul III" = 1 und b) wenn Typ 31 = 1 gesetzt wird.
2,2	2,9	2,9	4,3	5,3	= 1	R e i n e W e r k s t o f f p r e i s e, ohne irgendwelche Verarbeitungskosten; der Literinhalt ist aber auf das Fertigstück bezogen.
1,18	1,2	1,34	1,18	1,13	1,38	(Stand 1939)

Tabelle 53. Eigenschaften nichthärtbarer

1	2	3	4	5	6	7	8
	Handelsübliche Spritzgußmassen	Wichte	Wasser-aufnahme[2]	Formbeständigkeit		Dielektrizitätskonstante[4] ε	
				nach Martens[3] bis	nach Vicat[3] bis	800 Hz	10⁶ Hz
		kg/dm³	$\dfrac{\text{mg}}{100 \text{ cm}^2 \text{ 7 Tage}}$	°C	°C	—	—
1		„Polystyrol III" „Trolitul III"	1,05	0	65	90	2,4	2,3
2		„Polystyrol IV" „Trolitul IV"	1,05	0	70 bis 75	100	—	2,3
3	Polystyrol-Spritzgußmassen	„Trolitul EF"	1,05	20	70 bis 75	105	2,4	2,3
4		„Trolitul EN"	1,08	—	80 bis 85	110	—	2,8
5		„Trolitul EH"	1,09	70	90 bis 95	115	2,8	2,8
6		„Trolitul Si 4"	1,2	8	70 bis 75	90	3,2	3,2
7	Polyakrylat-Spritzgußmassen	„Plexigum M 272"	1,18	75	70	95	3,5	—
8	Polyvinylchlorid-Spritzgußmassen	„Igelit MP, Marke S"	1,35	30	55	80	—	—
9	Polyamid-Spritzgußmassen	„Igamid A"	1,1	500	60 bis 65	220 bis 230	4	3,2
10	Typ 400-Spritzgußmassen	„Trolit W" „Ecaron"	1,35	1000	40⁸	—	4,3	4,3

[1] Da bis auf Nr. 10, Typ 400, diese Werkstoffe weder typisiert noch genormt sind, sind die vom Hersteller festgestellten Mittelwerte angegeben.
[2] Vgl. auch P. Pinten, Wasserbeständigkeit der Kunststoffe, Kunststoffe Bd. 28(1938) S. 233/235.
[3] Vgl. VDE 0302.
[4] Vgl. VDE 0303.

Kunststoffe aus Spritzgußmassen[1] (Aus VDI-Richtlinien 2006).

9	10	11	12	13	14	15	16	17	18	19	20
Dielektrischer Verlustfaktor[4] $tg\ \delta$		Isolations-widerstand[4]	Ober-flä-chen-wider-stand[4]			Mechanisches Verhalten					
					Biegefestigkeit				Schlagzähigkeit		
				Norm-stab[5]	Klein-stab[5]	Dynstat-probe, Bruch[6] parallel zur Fließrichtung	senkr. zur Fließrichtung	Norm-stab[5]	Klein-stab[5]	Dynstat-probe, Bruch[6] parallel zur Fließrichtung	senkr. zur Fließrichtung
800 Hz	10^6 Hz										
—	—	Ohm. cm	Ver-gleichs-zahl VDE	kg/cm²	kg/cm²	kg/cm²	kg/cm²	cmkg/cm²	cmkg/cm²	cmkg/cm²	cmkg/cm²
0,0002	0,0002	$>10^{16}$	12	900	900 bis 1000	500	900	25	20	10	25
—	0,0002	$>10^{16}$	12	—	900 bis 1000	700	1100	—	25	12	25
0,0003	0,0002	$>10^{16}$	12	1000	1000 bis 1100	600	1200	40	30	14	30
—	0,001	$>10^{16}$	12	—	1200 bis 1300	—	—	—	30	—	—
0,007	0,01	$>10^{16}$	12	—	1400 bis 1500	700	1400	—	30	14	25
0,006	0,001	$>10^{16}$	12	950	—	—	—	10	—	—	—
0,02 bis 0,06	—	—	12	—	1000	700	1400	—	25 bis 30	12	30 bis 40
—	—	—	—	1000	1000	—	—	—	40	—	—
0,04	0,03	$>10^{14}$	9	1100[7]	1200[7]	—	—	>150[7]	—	—	—
0,023	0,038	—	8	300[8]	—	—	—	15[8]	—	—	—

[5] Vgl. DIN 53 432.
[6] Vgl. Schob, Nitsche, Salewski: Die Prüfung von Fertigstücken aus Isolierpreßstoffen auf Werkstoffeigenschaften. Plast. Mass. Bd. 5 (1935) S. 333/38 und Bd. 6 (1936) S. 1/5.
[7] Durch Biege- und Schlagbiegefestigkeit nicht genügend gekennzeichneter, zähfester Werkstoff. Ausgezeichnet durch hohe Dehnfähigkeit.
[8] Mindestwerte.

Beim Preßspritzen der härtbaren Kunstharz-Preßmassen verbleibt ein Anguß in der Massekammer, welcher aushärtet und Abfall ist. Dieser Verlust entfällt beim Spritzen von nichthärtbaren Kunststoffen! Wie schon erwähnt, können die bei der Fertigung entstehenden Abfälle und Ausschußteile sowie auch Altware wieder verwendet werden. Das muß aber mit Vorsicht geschehen. „Trolit" verliert beim Erwärmen infolge von Verdampfung einen kleinen Anteil seiner Plastifizierungsmittel und wird dadurch härter. Trolitulabfälle sind in der Regel ebenfalls härter als frische Masse, da jede Wärmebehandlung wohl eine Erhöhung des Polymerisationsgrades zur Folge hat. Daher gibt man in beiden Fällen der frischen Masse nur etwa 10 bis 20% Fertigungsabfälle oder Altware zu. Die Spritzdrücke liegen im Heizzylinder bei etwa 1000 kg/cm².

Die Spritzgußmassen. Sie sind in Tab. 53 = DVI 2006[1] aufgeführt, während Tab. 52 relative Preise bringt. Der am meisten verwendete Spritzstoff ist das „Trolitul". Seine Anwendung ist sehr vielseitig, und sein Preis ist niedriger als der des „Trolit". Dieses hat vor dem „Trolitul" den Vorzug der weit höheren Dehnung; dünnwandige Teile sind gummiartig elastisch. Die noch neuen überaus schlagfesten „Igamide" (s. S. 296) bieten zahllose Anwendungsmöglichkeiten. Sie werden sich sehr rasch einführen, sobald der noch sehr hohe Anfangspreis gesenkt werden kann.

Die Weichigelite (Igelit PCU und MP mit Weichmachern) finden starke Anwendung für viele technische Gegenstände und für Haushaltgegenstände, z. B. Flaschenstopfen, elastische Dichtungsmanschetten und andere Dichtungen und sonstige Gegenstände von weichgummiartiger Beschaffenheit. Etwas schwierig verspritzbar infolge seiner Härte ist das — nicht weichgemachte — Igelit PCU, es erfordert höchsten Preßdruck. „Trolitul Lu" („Luvican") hat sich bisher nur für Sonderfälle eingeführt. „Plexigum M" läßt sich ausgezeichnet verspritzen; sein hoher Preis steht aber einer umfassenden Anwendung im Wege. In England wird es bereits in ziemlichen Umfange angewendet. Auch die Benzylzellulose ist sehr gut verspritzbar, aber ebenfalls teuer.

Spritztemperatur, Spritzdruck, Spritzzeit und Schwindung. Alle diese Kunststoffe, einige „Igamide" ausgenommen, haben keinen scharf ausgeprägten Schmelzpunkt wie die Metalle, sondern einen Erweichungsbereich. Dieser ist ziemlich groß; von einer bestimmten Spritztemperatur eines Werkstoffes kann man also nicht sprechen. Je höher die Temperatur der Masse im Spritzzylinder ist, desto weicher und leichtfließender ist sie und desto geringer ist der erforderliche Spritzdruck. Richtiger aber ist es, im allgemeinen mit niedrigerer Temperatur und demzufolge höherem Druck zu spritzen, um die Massen zu schonen, die sämtlich durch hohe Temperatur oder längere Wärmezufuhr in ihren mechanischen und physikalischen Eigenschaften leiden.

---

[1] VDI-Richtlinien 2006, Gestaltung v. Spritzgußteilen aus nichthärtb. Kunststoffen. 1942, Beuth-Verlag. Inhalt: Die Massen; Gestaltungsregeln; Toleranzen.

Bei den üblichen Spritzgußmaschinen verbleibt die Masse längstens etwa 3/4 Stunden im Heizzylinder, im Mittel etwa 1/4 Stunde. In diesem herrscht aber ein starkes Temperaturgefälle; von der Spritzdüse her, in der die Masse sehr heiß und weich ist, fällt die Temperatur nach dem Spritzkolben hin ab; hier hat die eben eingetretene Masse meistens nur Raumtemperatur; nur bei großen Maschinentypen wird die Masse in der Dosiervorrichtung vorgewärmt.

Auch aus Gründen, die durch die S p r i t z g u ß m a s c h i n e gegeben sind, kann von einer bestimmten Verarbeitungstemperatur eines Spritzstoffes nicht die Rede sein. Die Temperatur, mit der gearbeitet werden muß, wird durch die je Spritzung verbrauchte Werkstoffmenge und die Zeit für diese Spritzung bestimmt. Je weniger Werkstoff in der Zeiteinheit verbraucht wird, desto länger ruht er im Spritzzylinder, dessen Größe gegeben ist, und desto niedriger muß seine Temperatur sein! Gastrow[1] gibt hierzu folgende Beispiele: Eine Zahlenrolle kann aus formtechnischen Gründen nur in einer Einfachform gespritzt werden. Sie wiegt rd. 1 g, so daß bei einer stündlichen Leistung von 360 Stück 360 g Masse verbraucht werden. Der Heizzylinder, z. B. der Isoma-Spritzgußmaschine, faßt rd. 250 g Masse, so daß die kalt eintretende Masse bei der vorgesehenen Leistung erst nach rd. 42 Min. in die Form gespritzt wird. Soll die Masse mit rd. 130° verspritzt werden, so genügt schon eine Einstellung des Kontaktthermometers im Heizzylinder auf 140°. Ganz anders liegt der Fall beispielsweise bei einer Zweifachform für rd. 180 mm lange Kämme. Das Spritzstück wiegt hier mit Anguß 24,5 g. Eine Spritzung dauert 28 s, der Masseverbrauch ist also rd. 3,2 kg/h und die Durchgangszeit der Masse durch den Heizzylinder nur 4,7 Min. Daß hier wegen der kürzeren Heizzeit eine höhere Temperatur des Heizzylinders erforderlich ist, um die Masse von 25 auf 130° zu bringen, ist einleuchtend. Das Kontaktthermometer an der Massekammer muß deshalb in diesem Fall auf 195° eingestellt werden. Versucht man die Fertigungszeit von 28 s je Spritzung auch nur um eine Sekunde zu verkürzen, ohne die Temperatur zu erhöhen, so sind schon nicht mehr alle Zähne an den Kämmen voll ausgespritzt. Die g e n a u e E i n h a l t u n g der Spritzzeiten ist daher eine Vorbedingung für gleichmäßigen Ausfall der Spritzteile und hohe Stückleistungen. Spritzgußautomaten können dies und können daher Leistungen erzielen, die auf Handmaschinen nicht möglich sind.

Bliebe durch Stillstand der Maschine die Masse längere Zeit im beheizten Zylinder, so würde unweigerlich eine Änderung der physikalischen und chemischen Eigenschaften eintreten, die Masse ist dann überhitzt oder verbrannt. Man muß also die Heizung des Heizzylinders abstellen.

---

[1] G a s t r o w: Warum automatisch spritzen? — Kunstharze u. a. plastische Massen, Bd. 8 (1938) S. 330/4.

Bei längerer Einwirkung von höherer Temperatur ist natürlich die Masse erheblich leichtfließender geworden als bei normalem Arbeiten, bei dem je Zeiteinheit eine bestimmte Menge kalte Masse in den Zylinder gedrückt wird. Während bei normalem Arbeiten der Druck auf den Kolben so hoch gewählt wird, daß außer den Fließwiderständen innerhalb der Form die sehr großen Reibungswiderstände, die die kalte Masse im Zylinder findet, überwunden werden, hat sich bei Stillstand der Maschine die Verflüssigungszone nach kurzer Zeit fast über die ganze Länge des heißen Zylinders ausgedehnt. Die Reibungswiderstände durch die kalte Masse fallen dann mehr oder weniger weg. Wenn jetzt der Kolben mit gleicher Kraft wie vorher den Zylinder drückt, so überträgt sich dieser Druck in ganz anderem Maße durch die fast flüssige Masse auf die Form als beim normalen Arbeiten, bei dem der Inhalt des Zylinders nur zähplastisch ist. Der wesentlich höhere Druck bewirkt, daß die Spritzteile sehr fest in der Form sitzen und daß besonders bei größeren Formflächen eine Gratbildung eintritt. Kämme bekommen dann zwischen den Zähnen sogenannte Schwimmhäute, weil die Formhälften auseinandergetrieben werden. Zusammenfassend kann also gesagt werden: Zu hoher Druck auf den Kolben, zu hohe Temperatur und zu lange Einwirkungszeit derselben im Heizzylinder wirken sich in der gleichen Richtung aus, und zwar derart, daß der Druck in der Form zu hoch wird. Die Einwirkungszeit auf die Masse spielt dabei die größte Rolle. Hieraus ergibt sich, daß diese durch die Gesamtherstellungszeit bedingte Zeit bei jedem Spritzvorgang genau eingehalten werden muß.

Tabelle 54. Übliche Masse-Temperaturen beim Spritzgießen.

	Typ 40	Trolitul					Plexigum M 272	Igamid	
		III	IV	EF	EN	EH		A, B	U
Masse-Temperatur	120 bis 160	140 bis 170	150 bis 180	160 bis 190	180 bis 210	190 bis 220	150 bis 200	190 bis 220	150 bis 180

Die Tab. 54 zeigt die Spritztemperaturen, die Tab. 55 die Schwindung der Massen. Die angegebenen Temperaturen beziehen sich auf die Masse selbst, nicht auf den in der Wand des Heizzylinders sitzenden Thermostaten. Sie gelten für den heißesten Teil der Masse, nahe der Düse. (Der Thermostat ist auf höhere Temperatur einzustellen, um so mehr, je mehr Masse je Zeiteinheit den Zylinder durchläuft, in Abhängigkeit vom Stückvolumen und Schußleistung.) Im allgemeinen ist es richtiger, mehr im unteren Teil des angegebenen Temperaturbereichs zu arbeiten. Die Festigkeitswerte des Stückes werden besser, weil man mehr von der Zersetzungstemperatur entfernt ist. Man erhält ferner weniger Einfallstellen, und bei Stücken mit örtlichen Verdickungen oder bei massiveren Stücken wird die Stehzeit kürzer. Andererseits

erfordern Teile, bei denen Zusammenflußnähte hinter Kernen und
Schlitzen Schwierigkeiten machen, eine höhere Temperatur. Typ 400
leidet hierbei leicht Schaden, Plexigum und noch mehr das Trolitul
sind weniger empfindlich.

Die Sonderstellung der Igamide.

Der natürliche Feuchtigkeitsgehalt der Igamide stört beim Verspritzen. Die Feuchtigkeit verdampft im Heizzylinder, Schlieren an der
Oberfläche, trübe wolkige Stellen und Blasen im Stück sind die Folge.
Daher sind die Sorten A, B und 6 A vorher kräftig zu trocknen. Erst
bei nicht mehr als etwa ½ % Wassergehalt der Masse wird das Spritzteil
einwandfrei. Igamid U braucht gewöhnlich nicht vorgetrocknet werden,
weil sein Wassergehalt kaum über der genannten Grenze liegt.

Die Trocknung geschieht am besten im Vacuumschrank bei rd. 80°
3 bis 4 Stunden lang, wobei die Masseschicht nicht höher als 3 cm liegen
soll. Im gewöhnlichen Trockenschrank ist die 2- bis 3fache Zeit zu nehmen.
Hierbei wird aber die Masse durch Sauerstoffaufnahme leicht bräunlich,
ohne sonst Schaden zu nehmen.

Die Igamide haben, wie schon auf Seite 297 erwähnt, einen engen Erweichungsbereich, gehen also ziemlich unvermittelt in einen dünnflüssigen Zustand über. Die Form muß also wirklich dicht schließen und
die Düse sehr fest zum Anliegen gebracht werden. Weiterhin ist eine
D ü s e m i t V e r s c h l u ß und mit eigener Heizung, die gut regelbar
ist, notwendig. Das Ventil wird bei jedem Hub betätigt. Die Anlagefläche
der Düse an der Form darf nur klein sein, und die Nachdrückzeit des
Spritzkolbens muß kurz gehalten werden, beides, damit die Düse recht
heiß bleibt, die Masse in ihr also nicht einfriert.

Die hohe Arbeitstemperatur von etwa 190 bis 220° macht, mehr noch
als bei anderen Massen, einen Heizzylinder erforderlich, der außer der

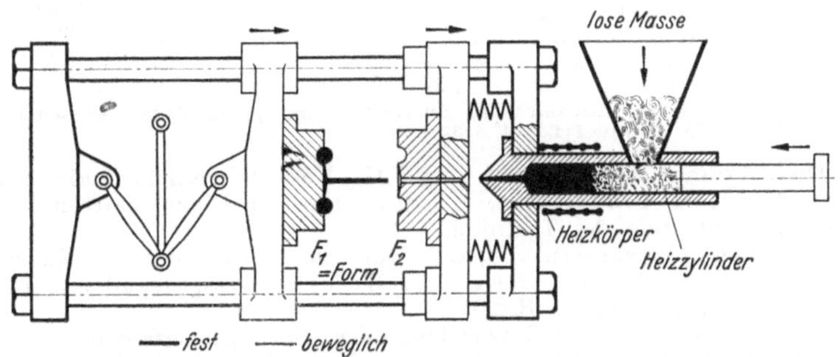

Abb. 258. Spritzgußmaschine für warmplastische Massen; schematisch.
F₁ Formhälfte mit anhaftendem Spritzling, F₂ Form-„Deckel".

Außen- noch eine Innenheizung aufweist. Die Temperatur ist so zu
regeln, daß die Masse gerade eben flüssig wird. Da sie beim Übergang

vom flüssigen zum festen Zustand eine ganz erhebliche Volumenverkleinerung erfährt, ist für ein recht kräftiges Nachdrücken des Kolbens zu sorgen. Die Düse darf nicht zu eng sein. Über weitere Einzelheiten unterrichtet das Merkblatt Nr. 25 (Igamid U[1]).

Die Spritzgußmaschine[2]. In Abb. 258 ist eine Spritzgußmaschine schematisch in Ruhestellung dargestellt. Der Kniehebel schließt dann die Form, dabei deren Einspritzöffnung dicht gegen die feststehende Düse drückend. (Der Anpreßdruck ist einstellbar.) Nach dem Spritzen wird die Form geöffnet, der „Formdeckel F 2" tritt sofort wieder von der Düse zurück und bleibt so also möglichst kühl. Den Schluß der Form besorgen üblicherweise entweder Kniehebel wie skizziert oder ein hydraulischer Kolben. Der Spritzkolben wird durch Preßluft oder mechanisch oder durch hydraulische Kolben bewegt, je nach Größe der Maschine.

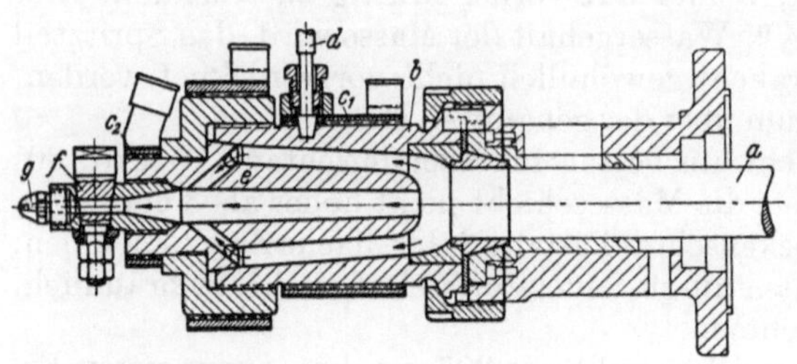

Abb. 259. Spritzzylinder des „Isoma"-Spritzautomaten.

a Spritzkolben	*e* Einsatz
b Spritzzylinder	*f* Gesteuerter Abschlußhahn
c_1, c_2 Elektrische Heizung	*g* Spritzdüse
d Temperaturfühler	

Hersteller: Franz Braun A.G., Zerbst (Anhalt).

Die Abb. 259 und 260 zeigen den Heizzylinder zweier bekannter deutscher Spritzguß-

Tabelle 55. Schwindung verschiedener Spritzgußmassen.

	Typ 400 (Azetyl-Zell.	„Trolitul"[1]				,Igelit'[1] MP	Plexigum M 272	„Igamide"[1] A, B, U, 6A	
		III	IV	EF	EH			Wanddicke $\leqq$ 2 mm	> 2 mm
%	0,4 (0,3...0,5)	0,61 (0,46... 0,71)	0,67 (0,57... 0,78)	0,61 (0,50... 0,72)	0,67 (0,58... 0.77)	0,42	?	1,2±0,5%	2,1±0,5%

[1] Nach Hemmersbach, Toleranzen und Schwindung von Spritzgußteilen; Kunststoffe 1942 (Bd. 32) S. 359...64, 1944 (Bd. 34, S. 32...36).

[1] Die „Igamid-Merkblätter" der I.G. Verkaufsgemeinschaft Chemikalien, Abtlg. K, Frankfurt a. M. 20, enthalten Eigenschaften u. Verarbeitungsrichtlinien der Igamide.

Gastrow: Verspritzen v. Igamid auf dem Isomaautomat — Kunststoffe Bd. 32 (1942) S. 210/11. — Beck u. Schaupp; Spritzguß von Igamid. — Kunststoffe Bd. 32 (1942) S. 205/9.

[2] Gastrow: Histor. Entwicklung des Spritzgußverfahrens. — Kunststoffe Bd. 30 (1940) S. 203/06. — Laeis: Die Spritzgußtechnik f. nichthärtb. Kunststoffe, S. 321/43 in Buch Röhrs, Staudinger u. Vieweg: Fortschritte der Chemie, Physik u. Technik d. makrom. Stoffe. Curt Hanser Verlag 1942. (Histor. Entwicklg.). — Hempel: Neue automat. Spritzgußmaschinen (IS 100 und IS 200). — Kunststoffe Bd. 29 (1939) S. 70/1. — Weprek: Behelfsmäßige Spritzeinrichtungen. — Kunststoffe Bd. 31 (1941) S. 57/8.

maschinen. Da alle Kunststoffe schlechte Wärmeleiter sind und deshalb bei einem nichtunterteilten kreisförmigen Querschnitt der Massesäule eine ungleichmäßige Durchwärmung der inneren und äußeren Zonen eintreten würde, gibt man der Massesäule einen Kreisring-

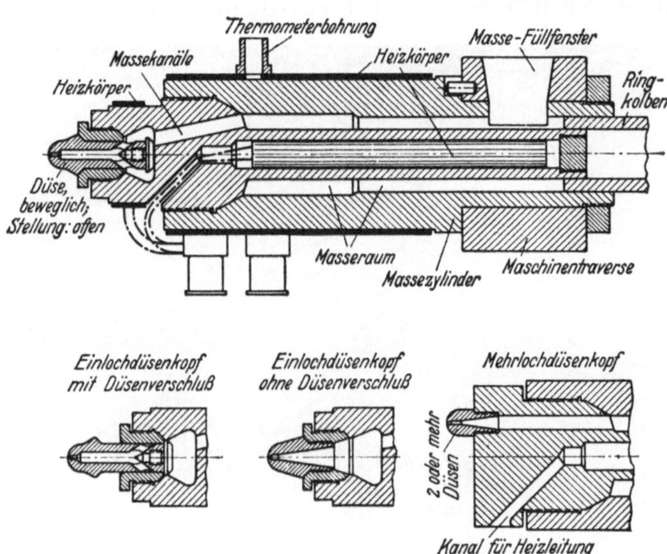

Abb. 260. Spritzzylinder mit Außen- und Innenheizkörpern. Der Spritzstempel hat Rohrquerschnitt. Hersteller: Eckert & Ziegler, G.m.b.H., Weißenburg i. Bay.

querschnitt. Entweder geschieht dies nur gegen die Düse hin wie in Abb. 259 für kleinere Maschinen, oder aber, für große Verflüssigungsleistungen, fast durchweg wie in Abb. 260 sichtbar. Der Spritzdorn hat also Rohrquerschnitt. Der Zylindereinsatz hat eine eigene Beheizung.

Abb. 261 zeigt den „Isoma"-Automaten. Zum Öffnen der Form zieht ein Kniehebel den linken Schlitten in die Ruhestellung nach links, wobei der am Maschinengestell befestigte Auswerferbolzen die Auswerferbrücke der Form betätigt und das Spritzteil auswirft. Gleichzeitig drücken Federn den rechten Schlitten der den Formdeckel trägt, etwas nach links in seine Ruhestellung. Der Spritzkolben fährt in seine Ausgangsstellung nach rechts zurück, worauf aus dem Fülltrichter frischer Werkstoff vor den Kolben fällt. Die Werkstoffmenge wird dem Stück entsprechend eingestellt. Der Kolben geht beim Spritzen mit gleichbleibender Geschwindigkeit voraus; aber ein Satz starker Federn, der im Vorschub eingebaut sitzt (siehe rechts das Federngehäuse unter dem Elektromotor) drückt ständig elastisch nach, auch nachdem die Form endgültig gefüllt ist. Das ist nötig, um die Masse so lange unter Druck zu halten, bis sie völlig erstarrt ist. Damit werden Fehlstellen im

Stück vermieden, die sonst beim Abkühlen infolge der dabei eintretenden
Verkleinerung des Rauminhaltes möglich wären. Der Kniehebel und
der Spritzkolben werden durch je einen Elektromotor angetrieben. Die
Druckkraft des Kolbens ist regelbar. Die Schließstellung des Hebels
wird durch einen Anschlagbock begrenzt, in welchem die elektrischen

Abb. 261. Spritzgußautomat (Spritzmenge 30 bis 35 g je Hub).
Hersteller: Franz Braun AG., Zerbst (Anhalt).

Schaltuhren (links) untergebracht sind, die den Arbeitsgang steuern. Die
eine Schaltuhr steuert die Zeit, während der Stempel noch auf den Werkstoff nachdrückt (Nachdrück- und Abkühlzeit), die zweite dient zum
Schalten der Pause, sie paßt die Gesamtfertigungszeit der stündlichen
Verflüssigungsleistung des Zylinders an.

Die Wärme (elektrische Heizung) wird nicht gleichmäßig zugeführt,
sondern in Abhängigkeit von der umgesetzten Werkstoffmenge, sie
sinkt mit dieser. Die Form wird zuweilen durch eine Kühlwasserpumpe
gekühlt. Beim Spritzen von Massen mit hoher Verarbeitungstemperatur
muß sie u. U. geheizt werden.

Der Automat macht 2 bis 8 Hübe je Min. Die größte Spritzmenge
je Hub ist 30 bis 35 g, also bis zu 26 cm³ beim „Trolit“ und bis zu 33 cm³
beim „Trolitul“.

Später schuf die gleiche Firma noch zwei große Automaten für je
100 bzw. 200 g Spritzleistung je Hub.

Abb. 262 bringt einen Spritzgußautomaten von Eckert & Ziegler für
30 cm³. Hier besorgt e i n Motor sowohl Kolbenvorschub als auch For-
menschluß. Auch hier bewirkten Schaltuhren den selbsttätigen Ablauf.

Beide 30 cm³-Maschinen (Abb. 261 und 262) können auch als Halbautomaten arbeiten, wobei der Arbeiter den Arbeitshub durch Druck auf einen Knopf einleitet, worauf die Maschine das übrige tut. Diese Arbeitsweise ist lediglich dann nötig, wenn Metalleinlagen oder Kerne von Hand einzulegen sind.

Abb. 262. Spritzgußautomat EK IV/30 (Spritzmenge 30—35 g je Hub).
Hersteller: Eckert & Ziegler, G.m.b.H., Weißenburg i. Bay.

Kein Automat ist die zur Zeit größte deutsche Spritzgußmaschine der eben genannten Firma, auf der Stücke bis zu 400 cm³ herstellbar sind, siehe Abb. 263. Kolben wie auch Form werden hydraulisch bewegt. In der Mitte sind die beiden Steuerhebel sichtbar. Zur Maschine gehören noch eine hydraulische Pumpe nebst Akkumulator, falls der Betrieb kein Druckwassernetz besitzt. Der gewaltige Formhub von 800 mm erlaubt die Herstellung hoher Akkukästen, der Schließdruck Teile von 700 cm² Fläche. Über größere Maschinen in USA s. S. 325.

Der Rockford-Halbautomat. Diese auf S. 163 beschriebene Maschine soll nach den Angaben des Herstellers allerdings h ä r t b a r e Massen verarbeiten. Hierbei können auch Spritzgußformen für warmplastische Stoffe benutzt werden, nach mäßiger Änderung der Form. Man sollte aber meinen, daß dieser Halbautomat, der wahrscheinlich nicht mit Heizzylinder und Düse, sondern mit einer Form nach Abb. 92 arbeitet, auch warmplastische Massen verspritzen könne. Mit dieser 450-g-Maschine ist die Aufgabe der Erhitzung eines größeren Volumens Masse ohne jede Beeinträchtigung der Werkstoffeigenschaften, bisher ein Problem, um das mit vielen Patenten auf Heizzylinder gerungen wurde, technisch einwandfrei gelöst, besser als mit den bisherigen Heizzylindern mit Widerstandsbeheizung.

Abb. 263. Spritzmaschine EH 400 für Stücke bis zu 400 cm³ mit hydraulischem Spritzstempel und Formschluß. Hersteller: Eckert & Ziegler, G. m. b. H., Weißenburg i. Bay.

Ein Spritzgußverfahren mit extrem hoher Düsentemperatur, das Yet molding der USA. Mit Düsentemperaturen von 200 bis 600° arbeitet das auf S. 165 beschriebene Verfahren für härtbare und Spritzgußmassen.

Kleine Tischpressen. Erwähnt sei noch, daß die Spritzgußtechnik anfangs, ungefähr ab 1920, sofort nach dem Aufkommen der ersten Spritzgußmasse „Trolit", ausschließlich mit auf dem Tische stehenden kleinen handbetätigten zweisäuligen Schlagradpressen wie die alten Kopierpressen gearbeitet hat. Sie sind auch heute noch in Gebrauch. Grundsätzlich ist die Arbeitsweise damals schon die gleiche gewesen wie heute. Abb. 264 zeigt eine solche Spritzvorrichtung. Die Form ist eine Spulenkörper-Form, hat also zwei Seitenschieber. Diese werden (siehe rechtes Bild) durch das Oberteil geschlossen. Der Spritzstempel 2 setzt beim Niedergehen auf die Masse auf, drückt den Heizzylinder 5 nieder und dieser das Formoberteil, so daß die Form geschlossen wird, worauf dann das Einspritzen erfolgt. Diese Vorrichtung hat also, im Gegensatz zu fast allen Spritzgußmaschinen, kein besonderes Form-Schließorgan. Das linke Bild zeigt die geöffnete Form.

Spritztechnisches. Der Spritzkolben drückt die heiße Masse als einen weichen plastischen Strang durch die Düse in die Form hinein. Die Ausfüllung der Form muß so schnell wie möglich geschehen, damit der Werkstoff möglichst wenig Wärme an die kälteren Formwände abgibt und plastisch bleibt, solange die Form nicht ausgefüllt ist. Die Düsenweite und ebenso der Eingußkanal müssen genügend weit sein und dieser darf auch nicht übermäßig lang sein. Außerdem muß auch dafür gesorgt werden, daß der Anschnitt, das ist die Einmündung des Eingußkanales in das Stück, nicht zu eng gehalten wird, was oft getan wird, um die Entgratkosten gering zu halten und zugleich die Anbindung recht unauffällig zu machen.

Es muß reichlich Kolbendruck zur Verfügung stehen. Es ist immer richtiger, mit hohem Spritzdruck und dafür niedriger Temperatur zu arbeiten, als umgekehrt. Man bewahrt den Werkstoff vor Zersetzung und erhält ihm seine Festigkeitswerte, man vermeidet ferner Ausschluß

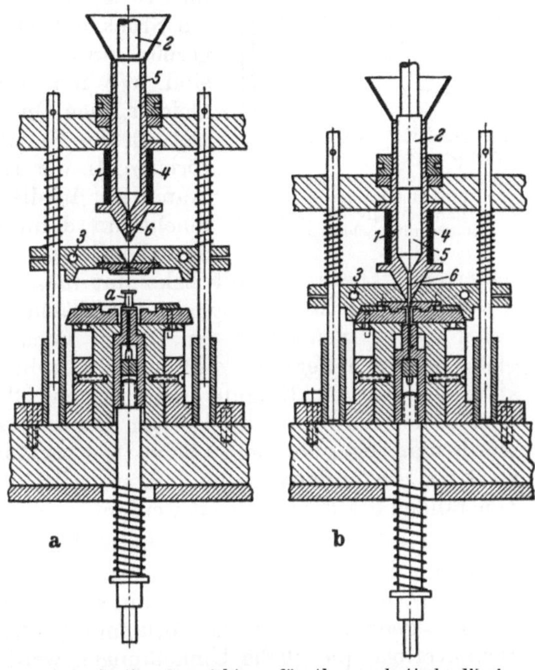

Abb. 264. Spritzgußvorrichtung für thermoplastische Werkstoffe. Die obere, in Säulen bewegliche Platte trägt den Werkstoffbehälter *1*, die gleichfalls bewegliche Platte darunter das Spritzformoberteil. Das Formunterteil sitzt fest auf dem Tisch.

2 Spritzkolben
3 Kanäle für Kühlwasser
4 Elektrisches Heizelement
5 Werkstoff
6 Spritzdüse
a Spritzteil, ein Spulenkörper

a) Form geöffnet, Werkstück *a* ist vom Ausstoßer hochbefördert worden
b) Form in geschlossenem Zustand.

durch Blasenbildung oder durch schlechte Schweißnähte. Dem hohen Kolbendruck muß eine möglichst starke Schließkraft der Form entgegenwirken, andernfalls bekommt man zu dicken Grat und Druckverlust im Stück.

Zur Erreichung einer hohen Stückleistung sucht man die Formtemperatur recht niedrig zu halten, damit das Werkstück möglichst schnell erstarrt. Im Eingußkanal dagegen muß der Werkstoff etwas

wärmer bleiben, damit der Kolbendruck so lange wie möglich auf das
Stück einwirken kann und der Massefluß nicht zu früh erstarrt. Damit
erreicht man eine völlige Ausfüllung der Form und vermeidet so Einfallstellen, d. h. ein Einsinken der Oberfläche dort, wo dicke Querschnitte
im Stück vorhanden sind. In Abb. 265a ist
ein Stück mit starker örtlicher Verdickung
gezeigt, an der Einsackstellen unvermeidlich
sind. Wo nur irgend möglich, strebe man
gleichmäßige Querschnitte an, s. Abb. 265b.
Der ideale Kanalquerschnitt ist der kreis-
förmige. In der Regel aber arbeitet man den
Kanal nur in die eine Formhälfte ein. Man
macht ihn dann halbkreisförmig oder gibt
ihm die Gestalt eines dem Halbkreis ange-

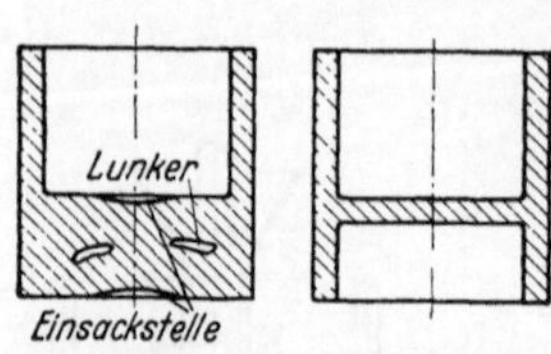

Abb. 265 a und b. An dicken Querschnitten entstehen leicht Lunker,
s. *a*, daher möglichst schwache
Querschnitte schaffen, s. *b*.

näherten Trapezes. Damit bekommt man bei gegebenem Querschnitt
des Kanals die kleinstmögliche Oberfläche desselben und der Masse-
faden bleibt wenigstens im Innern noch einige Zeit plastisch. Im
gleichen Sinne liegt es, daß man bestrebt ist, die Kühlkanäle nicht
allzu dicht an den Eingußkanal zu legen. Übrigens bleibt die Form oft
auch ohne Kühlwasser kühl genug. Beim Verspritzen von „Trolitul Lu“
würde man sogar ein viel zu hohes Temperaturgefälle von Spritzkammer
zu Form bekommen, wenn letztere gekühlt würde. Hier muß unter
Umständen die Form geheizt werden.

Allzu lange Kanäle und scharfe Umlenkungen des Massestrahles
schon im Eingußkanal müssen vermieden werden, damit das Stück,
das bei verwickelter Gestalt ohnhin schon genug Umlenkungen mit sich
bringt, genügend Druck bekommt. Jede Umlenkung bedeutet
Druckverlust, plötzliche Umlenkungen werden daher verrundet.

Wichtig ist, daß bei Mehrfachformen alle Teile der Form gleichzeitig gefüllt werden. Legt man aus räumlichen Gründen, z. B. bei
einem Mehrfach-Spritzling mit einer sternförmigen Anordnung der
Teile, die Hälfte der Stücke weiter von der Düse ab als die übrigen,
so sollten deren Eingußkanäle entsprechend weiter sein. Gefährlich ist
es, Teile sehr verschiedener Wanddicke in ein und derselben Form
spritzen zu wollen. Die Masse würde zuerst die Hohlräume für die Teile
mit dicken Wandungen ausfüllen, in die der Teile mit schwachen Wänden
aber nur wenig eindringen. Hier würde sie bereits erstarrt sein, wenn
der hohe Enddruck einsetzt, so daß diese Teile, auch trotz hoher Ar-
beitsdrücke, nicht richtig ausgespritzt sein würden.

Macht die gute Ausspritzung eines Stückes trotz der Anwendung
des höchsten zur Verfügung stehenden Kolbendruckes Schwierigkeiten,
so hilft man sich, indem man an einer oder an mehreren in der Regel
dem Eingußkanal entgegengesetzt liegenden Stellen Entlüftungskanäle
anbringt. Sehr häufig verhindert Luft, die nicht entweichen kann, die

völlige Ausfüllung der Form. Nach Gastrow[1] kann das Fehlen einer
Entlüftungsmöglichkeit bei langen Sachlöchern bei dem hohen Druck
des eingeschlossenen Gas-Luftgemisches (insbesondere bei „Trolit", aus
dem Benzoldämpfe frei werden), zu Explosionserscheinungen und zu
örtlichen Verbrennungen des Spritz-
teiles innerhalb der Form führen. Unter
Umständen genügt schon allein der hohe
Druck von rd. 500 atü der eingeschlossenen Luft, um Verbrennungserschei-
nungen herbeizuführen.

Oft entstehen feine, eben noch sichtbare „Schweißnähte" auf dem Stück.
Sie sind die Folge der Vereinigung zweier
Masseströme, die um lochbildende Stifte
oder um schlitzerzeugende Rippen der
Form herumlaufen; die Festigkeit an
der Schweißstelle ist zuweilen geringer.
Man spricht dann von einer Kalt-
schweißnaht.

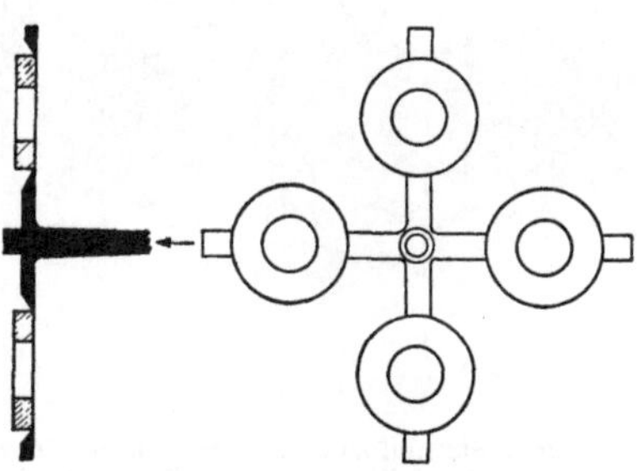

Abb. 266. Lange, schlitzerzeugende Formrippen können „Kaltschweißnähte" her-
vorrufen.

Abb. 266 stellt ein bezeichnendes
Stück dieser Art dar, bei dem die langen
Formrippen für die Durchbrüche der Spritzmasse während des Entlang-
gleitens Wärme entziehen und die Bindung der acht Teilströme gefährden.

Die Verschweißung wird um so fester und um so weniger sichtbar,
je höher man die Formtemperatur hält, und je höher der Spritzdruck
und damit die Geschwindigkeit der
Formausfüllung ist. Sie wird auch
oft durch einen Kunstgriff noch verbessert: Man läßt nämlich den Werkstoff noch über das Stück hinaus
eine Strecke weiterlaufen, siehe die
stiftartigen Ansätze entgegengesetzt
den Eingußkanälen in Abb. 267.

Selbst bei glatten, plattenartigen
Stücken ohne oder mit Loch können Kaltschweißnähte auftreten,
weil infolge ungleichen Querschnittes des Stückes das Spritzgut im

Abb. 267. Zusätzliche Ansätze am Spritzteil
sollen die Entstehung von „Schweißfugen"
verhindern.

dicken Querschnitt vorauseilt, und im dünnen nachhinkt. Ist ein
Stück wie in Abb. 268 gegeben, so versuche man in Übereinkunft
mit dem Besteller durch Umgestaltung die Querschnitte möglichst
gering zu bekommen, siehe *b*.

---

[1] G a s t r o w : Das Spritzverfahren f. thermoplast. Massen. — Kunstharze
u. Plast. Massen Bd. 5 (1935) S. 193.

Kennzeichen falscher Arbeitstemperatur: War sie viel zu hoch, so zeigt die Bruchfläche des Stückes bei „Trolit" ein rauhes koksartiges Aussehen; glasklar-farbloses „Trolitul" verfärbt sich gelb. Bei beiden, vor allem beim Trolit, zeigen sich bei selbst nur mäßiger Überhitzung winzige Höcker an der Oberfläche, hervorgerufen durch kleine Bläschen dicht unter der Oberfläche, oder aber Hohlräume im Innern, ebenfalls infolge von Gasbildung. Ursache ist die eintretende Zersetzung des Werkstoffes unter Abspaltung von Essigsäure, bzw. von monomerem Styrol, begleitet von einer Verfärbung und von entsprechendem Geruch. Ist die Werkstoff-Temperatur zu niedrig, bekommt man keine glatte glänzende,

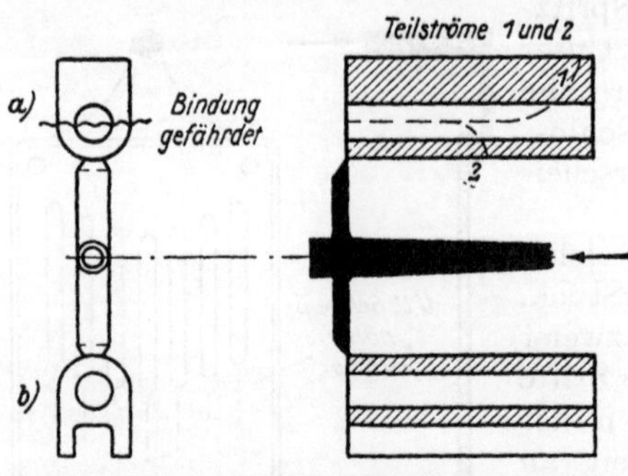

Abb. 268. Gleichmäßig dicker Querschnitt im Stück bei b) im Gegensatz zu a) mindert das Entstehen von Fugen infolge von Teilströmen verschiedener Geschwindigkeit.

sondern eine matte Oberfläche, oft sogar gröbere rauhe örtliche Fehlstellen; eine Betrachtung mit der Lupe zeigt Rauhigkeit oder kleine Falten. Die Masse war nicht plastisch genug. Auch Druckmangel bewirkt die gleiche Erscheinung. Er kann die Folge sein einer zu engen Düse, eines zu engen oder zu langen Eingußkanals oder auch bei richtigen Kanalabmessungen eines zu engen Abschnittes. Matte Oberflächen erhält man andererseits auch dann, wenn die Temperatur der Form

Abb. 269. Stammform, in ihre Einzelteile zerlegt. (Werkphoto Eckert & Ziegler, G.m.b.H., Weißenburg i. Bay.)

zu niedrig gehalten worden ist, um rasch zu arbeiten.

Die Spritzformen[1]. In den Abb. 270 bis 272 sind drei Spritzformen dargestellt:

Soweit es technisch möglich ist, baut man für ein Spritzteil nur

---

[1] W e p r e k : Werkzeuggestaltung f. d. Verarbeitung v. Spritzstoffen. — Kunststoff-Technik Bd. 11 (1941) S. 39/44. — G a s t r o w : 13 Aufsätze über die bestimmte Formkonstruktionen in Kunststoffe 1942 bis 1944.

einen **E i n s a t z**, die eigentliche Form. Diese setzt man in die genormte **S t a m m f o r m**, den Formhalter, ein, der also für eine Reihe von Einsätzen einander ähnlicher Spritzteile verwendbar ist. Die Stammform enthält die stets notwendigen Führungssäulen, zuweilen auch die Kühlkanäle und eine Auswerferbrücke — also das sich bei allen Spritzteilen Wiederholende —, der Einsatz nur die dem jeweiligen Spritzstück eigentümliche Ausarbeitung der Form. Abb. 269 zeigt die Einzelteile des Stammkörpers und Abb. 270

Abb. 270. Stammform mit Einsatz, zusammengebaut. (Werkphoto Eckert & Ziegler, G.m.b.H., Weißenburg i. Bay.)

Abb. 271. Spritzgußform mit neun radial zu ziehenden Kernschiebern, für allseitig gelochten Siebbecher, vorn. (Werkphoto Eckert & Ziegler, G.m.b.H., Weißenburg i. Bay.)

das Ganze zusammengebaut, samt dem ebenfalls eingebauten 16fachen Einsatz für den Trolitulpreßling (Preßlinge davorliegend). Abb. 271 ist eine Einfachform für einen Siebbecher mit zahllosen fertig gepreßten Löchern im Boden und im Mantel aus Trolitul. Im mittleren der 3 Formteile sind die radial beweglichen 9 Schieber eingebettet, in denen die Loch-Nadeln sitzen, die durch den im linken Teil sichtbaren Drehring gesteuert werden. Abb. 272 bringt eine 20 fach-Form für Tubenverschraubungen im Eckert - & - Ziegler-Automaten.

Die Abb. 273 und 274 bringen Spritzteile verschiedener Anwendungsgebiete.

Die Baustoffe für Spritzformen. Im allgemeinen gilt das für Preßformen, S. 136 Gesagte. Die mechanische Beanspruchung einer Spritzform für nichthärtbare Kunststoffe ist aber geringer als die einer Preßform.

Abb. 272. 16fache Spritzgußform für Tuben-Schraubverschlüsse. (Werkphoto Eckert & Ziegler G. m. b. H.,Weißenburg i. Bay)

Abb. 273. Trolit-Spritzgußteile (Typ 400) mit eingebetteten Metallteilen. (Werkphoto Rheinisches Spritzgußwerk, G.m.b.H., Köln-Braunsfeld.)

Ferner ist der verschleißende Angriff dieser Spritzstoffe gering; er ist
bei den Polymerisaten, verglichen mit dem Typ 31, fast gleich Null
und selbst beim Typ 400 sehr klein[1]. Aus diesen Gründen kommt man
hier oft recht gut mit unlegierten Einsatzstählen aus. Ihren Verzug
kann man sehr stark dadurch vermindern, daß man sie, anstatt in
Wasser, in Öl härtet. Die infolgedessen erheblich geringere Oberflächen-

Abb. 274. Spritzgußteile aus Trolitul, daneben die frühere Metallausführung.
(Werkphoto Rheinisches Spritzgußwerk, G.m.b.H., Köln-Braunsfeld.)

härte stört hier kaum. Bei dem Verspritzen von Mipolam, das die Form
angreift, empfiehlt sich die Verwendung eines korrosionsfesten Stahles.

Spritzen oder Pressen? Es gibt viele Gegenstände, vor allem des
täglichen Bedarfs, bei denen es gleichgültig ist, ob man einen wärmeempfindlichen oder einen wärmefesteren Kunststoff verwendet und bei
denen nur der Stückpreis entscheidet.

Die Spritzstoffe sind je kg mehrfach teurer als der Typ 31, mit dem
sie oft im Wettbewerb stehen. Andererseits sind sie leichter, daher muß
ein Werkstoffvergleich auf der Grundlage der Raumeinheit erfolgen,
und zwar auf den fertig verdichteten Werkstoff bezogen. Dann zeigt
sich, daß die Preise von 1 Liter unverarbeiteter Masse Trolit zu Trolitul
zu Typ 31 sich verhalten wie fast 3 zu $2\frac{1}{4}$ zu 1. Andererseits ist die
Ausbringung der Form beim Spritzen mehrfach größer. Das zeigt sich
am Beispiel des bekannten Tubenschraubverschlusses, ein von beiden

---

[1] Siehe Tabelle 2.

Techniken hart umkämpfter Gegenstand von rd. $^1/_3$ g Gewicht bei etwa ein mm Wanddicke. Die Spritztechnik leistet mit einer Zwölffachform 5 Hübe gleich 60 Teile je Min.; eine hundertfache Preßform dagegen schafft nur einen Hub je Min. gleich 100 Teilen. Die Leistung je Stunde ist im Wettbewerb aber allein nicht ausschlaggebend, sondern der Stückpreis. Der Spritzautomat hat ein Mindestmaß an Löhnen. Dafür ruhen auf ihm hohe Unkostenzuschläge, da er erheblich verwickelter ist als eine gewöhnliche Kunstharzpresse. Wenig ins Gewicht fällt bei einem Gegenstand wie dem Tubenverschluß, auf den Aufträge von mehreren 100 000 Stück erteilt werden, der Werkzeugpreis. Die Preßtechnik ist in der Regel nur mit teureren Formen von höherer Einsätzezahl wettbewerbsfähig. Einen extremen Fall, eine 120-fache Form, zeigte die Abb. 81 auf S. 154. Ein Nachteil derart vielfacher Formen allerdings ist, daß sie öfter Störungen mit sich bringt als eine 12-fach-Form. Bei der Fertigung auf dem Preßautomaten benutzt man meist nur 24-fache Formen mit selbsttätiger Kernschraubvorrichtung.

Im allgemeinen aber werden kleine Teile bis zu etwa 50 g Gewicht auf dem Automaten billiger gespritzt als aus Typ 31 gepreßt. Das gilt um so mehr, je verwickelter sie sind, weil die Entgratungskosten beim Spritzteil praktisch entfallen. Von erheblichem Einfluß ist hierbei übrigens, daß gerade bei Kleinteilen aus Kunstharz-Preßstoffen der Werkstoffverlust durch Grat und Austrieb und durch andere Umstände verhältnismäßig groß ist; er beträgt bei dünnwandigen Stücken unter etwa 10 g oft bis zu 10% des Stückgewichtes. Beim Spritzgußteil dagegen werden die Angüsse wieder eingeschmolzen. Mit zunehmender Größe aber entscheidet der billigere Werkstoffpreis des Typ 31 sehr bald zu dessen Gunsten.

Kompakte, sehr dickwandige Stücke werden aus härtbaren Massen stets billiger. Die Technik des Preßspritzens ergibt bei m a s s i v e n Stücken, das sind solche, bei denen der Quotient Volumen zu Oberfläche groß ist, relativ kurze Härtezeiten. Ein gleiches Thermoplast-Spritzgußteil aber benötigt eine sehr lange Stehzeit, bis endlich der Körper auch innen einigermaßen kalt geworden ist.

Neuerdings hat sich das Bild zugunsten der härtbaren Massen verschoben, nämlich seit, kurz vor Beginn des zweiten Weltkrieges, auch für diese die soeben erwähnten selbsttätig arbeitenden Pressen geschaffen wurden, s. S. 178.

(Die Tab. 52 auf Seite 326 brachte einen Vergleich der Preise von Spritzstoffen untereinander und mit Typ 31).

Auf die Entscheidung, ob Spritzen oder Pressen, ob nichthärtbare oder härtbare Kunststoffe, ist die Lebensdauer der Form nur selten von Einfluß. Zuweilen wird darauf hingewiesen, daß infolge der gegenüber den wieder erweichbaren Kunststoffen stärker verschleißenden Wirkung des Typ 31 die Lebensdauer einer Preßform für diesen kleiner ist. Sie ist aber derart hoch (etwa 50 000 bis 100 000 je Form bzw. Formeinsatz), daß sie in vielen Fällen gar nicht ausgenutzt wird.

Gestaltung von Spritzteilen. Was die Gestaltung von Spritzteilen anbetrifft, so kann gesagt werden, daß die Konstruktionsrichtlinien, die auf Seite 179 für die härtbaren Preßstoffe gebracht wurden, im großen und ganzen auch für Spritzgußteile maßgebend sind. Vor allem gilt auch hier, daß man örtliche Verdickungen möglichst vermeiden soll. Das ist erstens deswegen nötig, weil hier die Oberfläche starke Neigung zum Einsinken hat, und zweitens deswegen, weil die nichthärtbaren Kunststoffe teuer sind. Schwierige Metalleinbettungen sind beim Spritzen der nichthärtbaren Kunststoffe leichter als beim Pressen, jedoch nicht leichter als beim Spritzen der härtbaren Kunstharz-Preßstoffe anwendbar. Im Verhältnis zum Preßstück große Metalleinbettungen sind ungefähr ebenso gefährlich wie bei jenen, ausgenommen die sehr zähen „Igamid" und Typ 400. Scharfe Übergänge und Kerbwirkungen sind auch bei „Trolitul" falsch; „Trolit" aber ist sehr zähe und wenig kerbempfindlich. Weiteres über die Gestaltung, ferner auch über T o l e - r a n z e n, siehe VDI 2006[1].

8. Das Schweißen[2].

Organische Kunststoffe sind auch schweißbar. Man kann zwei Teile miteinander verbinden, „verschweißen", indem die gemeinsame Verbindungsnaht erhitzt und diese mit heißem, gleichem Zusatzwerkstoff ausgefüllt wird, siehe Abb. 275 und 276. Die Handhabung ist also die gleiche wie bei den Metallen. Während man hier aber Naht und Zusatzwerkstoff zu einer gemeinsamen f l ü s s i g e n Schmelze bringt, werden bei den Kunststoffen beide durch Wärme nur e r w e i c h t, so hoch, bis eine ausreichende

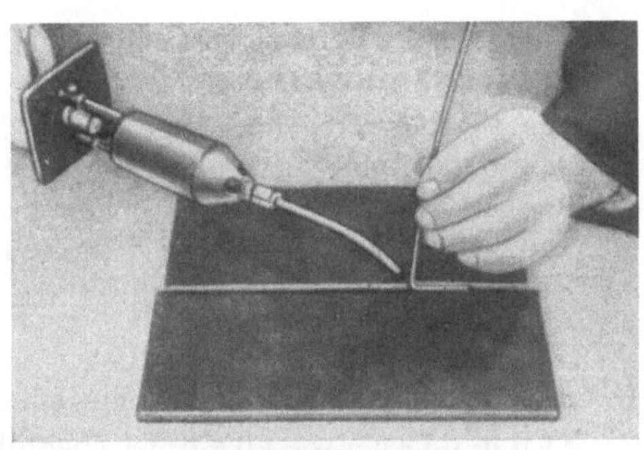

Abb. 275. Das Schweißen von Kunststoffen mit dem Heißluftbrenner.

---

[1] VDI-Richtlinien 2006, Gestaltung von Spritzgußteilen aus nichthärtb. Kunststoffen. 1942, Beuth-Verlag. Inhalt: Die Massen; Gestaltungsregeln; Toleranzen.

[2] VDI-Richtlinien 2007, Schweißen v. Kunststoffen. Beuth-Verlag 1943. — H e n n i n g : Das Schweißen thermopl. Kunststoffe. — Kunststoffe Bd. 32 (1942). I. Teil: Entwicklung des Schweißverfahrens; Schweißen von Igelit PCU-Platten. S. 103/09. II. Teil: Schweißen von Vinidur-Rohren; Anwendungsbeispiele. S. 183/9. — V o i g t : Das Schweißen v. hartem Polyvinylchlorid (Vinidur). — Kunststoffe Bd. 37 (1947) S. 190/3. — V o i g t : Schweißen von Weichigeliten. — Kunststoffe Bd. 37 (1947) S. 210/12.

Klebefähigkeit erreicht wird. Flüssig werden diese Stoffe nicht, Igamid ausgenommen. Eine gute Schweißbarkeit ist bisher von „Igelit PCU" und MP („Vinidur", „Astralon"), beide auch in der weichen Ausführung mittels Weichmacher, ferner vom gefüllten Polyisobutylen („Oppanol ORG"), vom „Igamid", vom „Plexiglas", „Polyäthylen" und vom „Trolitul" bekannt. Die Festigkeit der Naht beträgt beim PCU bei sachgemäßer Arbeit unbearbeitet rd. 0,8 und bei abgearbeiteter Naht rd. 0,6 der Werkstoffestigkeit.

Der „Schweißbrenner[1]" arbeitet mit einem Heißluftstrom; die Luft wird mit Leuchtgas oder anderen Brenngasen oder auch elektrisch durch eine Heizwendel erhitzt. Der Luftstrom soll bei „Igelit PCU" („Vinidur", „Mipolam") etwa 250° haben, der Werkstoff etwa 190°. Nach Kollek und Sirot sind Kunststoffe erst oberhalb ihres Fließpunktes gut schweißbar. Die Abb. 251 zeigt diesen für das Hartigelit PCU, sie zeigt auch, daß der

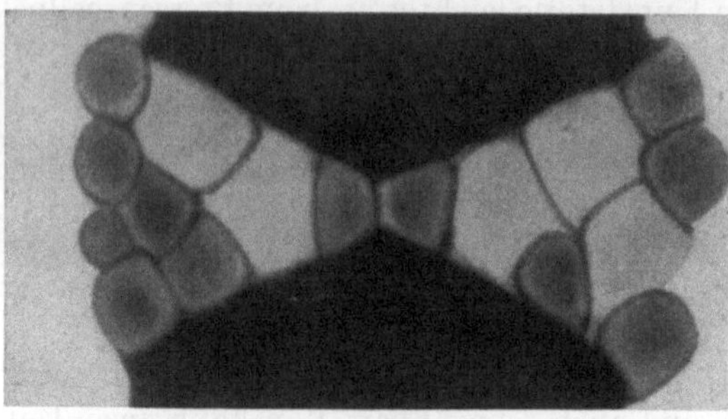

Abb. 276. Aufbau der Schweißnaht aus einzelnen gut verklebten Drähten.

Fließpunkt nahe dem Zersetzungsbereich liegt. Man muß sich also vor zu hoher Temperatur hüten.

Das Verfahren findet ausgedehnte Anwendung bei Leitungen, im Apparate- und Behälterbau und bei der Konfektionierung von Schürzen, Mänteln u. ä.

Von den das Halbfabrikat (Platten, Stäbe und Rohre) liefernden Firmen sind auch die „Schweißdrähte", bis zu 1,5 mm Dmr. herunter, zu bekommen.

Die mitteldeutsche Schweißlehr- und -versuchsanstalt in Halle (Saale) 10, Schließfach 6, bildet Schweißer aus und berät auf Wunsch.

S t u m p f s c h w e i ß e n ist ebenfalls möglich. Die zu verschweissenden Flächen werden auf die Fließtemperatur des betreffenden Werkstoffes (PCU etwa 175 bis 190°) erhitzt und unter Druck vereinigt, ohne Zusatzmaterial.

Für das Verschweißen dünner Kunststoffbahnen wurde eine N a h t - s c h w e i ß m a s c h i n e[2] entwickelt. Ihr äußerer Aufbau gleicht dem einer Nähmaschine. Die zwei miteinander zu verschweißenden Bahnen

---

[1] Lieferant: Griesheimer Autogen-Verkaufs-G. m. b. H., Frankfurt-(Main) Griesheim.

[2] Hersteller: Pfaff, Kaiserslautern.

werden mit Saum oder Überlappung in den elektrisch beheizten Kopf der Maschine (Widerstandsheizung) eingeführt und warm unter Rollendruck verschweißt. Der keilförmige Heizkopf erwärmt direkt die beiden — inneren — Flächen, die miteinander vereinigt werden sollen.

Gut ist auch das Schweißen mittels H o c h f r e q u e n z - E r - h i t z u n g , über die auf S. 116 berichtet wurde. Nach englischen und amerikanischen Quellen[1] werden bereits hochfrequenzbeheizte Säum-Maschinen verwendet. Es geht auch hierbei um eine S t u m p f - schweißung. Bei der Verbindung durch Überlappung wird bei Hochfrequenz auch bei dicken Folien bzw. Platten die innere Nahtebene ebenso rasch wie die äußeren Schichten der Platten erhitzt!

---

[1] „Sewing Machine" — Engineering, Ldn. Bd. 16 (1943) Nr. 188, S. 184. — „The electronic seamer" - Modern Plastics, April 1943, S. 242.

Literaturverzeichnis.

a) Mehr technischer Richtung.

B r a n d e n b u r g e r : Herstellung und Verarbeitung von Kunstharz-
preßmassen. 2. Aufl. München: Carl Hanser-Verlag, 1938.

K r a n n i c h : Kunststoffe im technischen Korrosionsschutz (Vinidur
und Oppanol). München: Carl Hanser-Verlag 1948.

P a b s t : Kunststoff-Taschenbuch. 5. Aufl. Berlin-Dahlem: Verlag
Physik 1940.

P a b s t - V i e w e g : Kunststoffe. Ein Leitfaden für Schule und
Praxis. Berlin: VDI-Verlag 1938.

b) Physikalischer, chemischer oder chem.-phys. Richtung.

D r e h e r : Zur Chemie der Kunststoffe. (Gesammelte Aufsätze.)
2. Aufl. München: Carl Hanser-Verlag 1941.

H o u w i n k : Grundriß der Kunststoff-Technologie. Leipzig: Akad.
Verlagsges. 1944.

H o u w i n k : Chemie und Technologie der Kunststoffe. 2 Bände. 2.
Aufl. Leipzig: Akad. Verlagsges. 1942.

M e y e r : Die hochpolymeren Verbindungen. Band II M e y e r u.
M a r k : Hochpolymere Chemie.

R ö h r s , S t a u d i n g e r u. V i e w e g : Fortschritte der Chemie,
Physik und Technik der makromolekularen Stoffe. 2 Bände.
München: Carl Hanser-Verlag 1942.

S c h e i b e r : Chemie und Technologie der künstlichen Harze. Stuttgart: Wissenschaftl. Verlagsges. 1943.

c) Werkstoffprüfung.

N i t s c h e u. P f e s t o r f : Prüfung und Bewertung elektrischer
Isolierstoffe. Berlin: Springer 1940.

Sachverzeichnis.

Abnutzung der Formflächen 141.
Abriebfestigkeit 74.
Abquetschform 147.
Äthylzellulose 274.
Akkumulator 169.
Akrylpolymerisate 293.
Alkalibeständigkeit 40, 102.
„Alkathene" 281.
Alkydharze 2, 22.
Allylharze 2, 23, 258.
„Amenit" 280.
Aminoplaste 21.
Ammoniakfreie Massen 42.
Anfärbung der Massen 27.
Anilinharze 258.
Anilinharz - Hartpapier 249.
Anorganische Massen 35, 40.
Anwendungsbeispiele 210.
Asbest 24.
Asbest - Schichtpreßstoffe 247, 249.
Asphaltmassen 49, 50.
„Astralon" 289.
A. T.-Zellulose 274.
Aufbau, allg. der Preßstoffe 15, 27.
Ausdehnungskoeffizient 53, 54.
Aushärtung 197.
Auskleidung von Behältern.
Automaten 179, 163.
Azetobutyrat 273.
Azetylzellulose 270.
Azetopropionat 273.

Backzeit 107.
Baekeland 17.
„Bakelite" 18.
Baustoffe, Typentafel 36.
Baustoffe und DIN 7705, 36.
Benzylzellulose 274.
Berylliumbronze 144.
Beschleuniger 27.
Beschriftung 195.
Beschriftung, gepreßte 195.

Beständigkeit, chem. 100.
Beständigkeit, thermische 82, 86, 87.
Biegefestigkeit 66.
Bitumenmassen 49, 50.
Blasautomat 7.
Blasen, das 315.
Blockpolymerisation 11.
Bluteiweißstoffe 261.
„Borron" 294.
Brennbarkeit 86.
Brinellhärte 74.
Bruchdehnung 68.
B. Z.-Zellulose 274.

Carbamidharz 20.
Carbamidharzmassen 20, 47.
Carbazol 280.
„Carta" 240.
Celloid 269.
Cellon 270.
Celluloid 269.
Chemische Beständigkeit 100, 286.
„Cibanit" 258.

Dauererwärmung 82.
Dauerfestigkeit 70.
Dehnung von Preßstoff 68.
„Dekorit" 257.
„Dezelith" 290.
Dicyandiamidharze 22.
„Didi" Preßmasse 49.
Dielektrischer Verlustfaktor 94.
Dielektrizitätskonstante 94.
Druckfestigkeit 68.
Durchschlagfestigkeit 99.
„Durcoton" 241.
Dynstatgerät 74.

„Ecarit" 270.
Edelkunstharz 255.
Einfriertemperatur 309.
Einpreßmuttern 201.
Eiweiß-Kunststoffe 260.
Elastische Durchbiegung 67.
Elastizitätsmodul 68, 37.
Elektrische Eigenschaften 89.

Emulsionspolymerisation 11.
Entstehung der Kunststoffe, Schema: Klapptafel, hinten.

Fadenmoleküle 12, 307.
Farbbeständigkeit 103.
Farbstoffe in Massen 27.
Faserstoffe in Massen 16, 23.
Festigkeit, mech. 61.
— bei Feuchtbeanspr. 75.
— in Wärme 76.
— nach Dauererwärmung 82.
Feuchtigkeitsaufnahme 55, 56.
Flexiform-Maschine 316.
Fließbarkeit 119.
Fließen (Kaltfluß) 69, 303.
Fließtemperatur 310.
Folien
Formaldehyd 18.
Formbeständigkeit nach Martens 76.
Formkonstruktionen 137, 144.
Formkosten 232.
Formpreßstoffe, die. 15.
Formpreßstoffe, Typentafel 32.
Furnierschnitzelmasse 44.
Füllraumform 145.
Füllstoffe 16.

„Galalith" 260.
Galvan. Formen 144.
Galvan. Überzug 208.
Gereckte Polymerisate 298.
Geruch 104.
Geschichtete Formpreßstoffe 39, 44, 129, 132.
Geschmack 104.
Gesinterte Formen 144.
Gespritzte Formen 144.
Gespritzte Überzüge (Schoop) 208.
Gestaltung, ansprechende 203.

Gestaltung, preßgerechte 179.
Gewinde in Preßstoffteilen 195.
Gießharze 255.
Glasfaser 24.
Glasfaser - Schichtpreßstoffe 248.
Gleitmittel 27.
Glühstab-Gerät 86.
Glühstab-Prüfer 87.
Glutfestigkeit 86.
Glyptalharz 23.
Glyzerin - Phtalsäureharz 23.
Gratlage 147.
Griffestigkeit 74.
Großmoleküle 10.
„Guttasyn" 290.

Haften 123.
Handpressen 174.
Härte (Druckhärte) 74.
Härtezeit 107.
Härtung, Aushärtung 107.
Härtungsbeschleuniger 27.
Handformen 137.
Harnstoffharz 20.
Harnstoff-Preßstoffe 20, 47, 127.
Hartgewebe 237, 241.
„Hartigelit" 282.
Hartpapier 237, 240.
Hartverchromung 171.
Harzträger, Die 16, 23.
„Herolith" 257.
Herstellgenauigkeit 181.
Herstellung der Form 140.
— der Kunstharze 17.
— der Massen 28.
Hexamethylentetramin 19.
Hochfrequenz - Vorwärmung 117.
Hochmolekulare Kunststoffe 10.
Hohlgefäße 195, 276.
„Holoplast" - Verbundplatten 250.
Holzmehl 23.
Holzzellstoff 25.
„Honeycombcore"Platten 251.
Hydratzellulose

Hydraulische Anlage 167, 169.
— Pressen 167, 172.
Hygienische Anforderungen 104.
Hygroskopizität 55.

Igamide 296, 333.
„Iganil" 258.
„Igelit MP" 289.
„Igelith PC" 283, 289.
„Igelit PCU" 282.
Igelitrohre 284.
Intarsien 207, 208.
Isolationswiderstand 81.
Isoma-Automat 335.

Kämme 8, 277.
Kaltfluß 69, 303.
Kalthärtendes Harz 20.
Kaltpressen, Das 39.
Kaltpreßmassen 39, 49.
Karbamidharze 20.
Karbamidharzmassen 20, 47.
Karbazol 280.
Karosserieteile 216.
Kaseinkunststoffe 260.
Katalysatoren 256.
„Kauritleim" 22.
Kerbschlagzähigkeit 64.
Kleben i. d. Form, Das 123.
Kneter 29.
Kochprüfung 107.
Kondensation 11, 12, 13.
Kondensationsharze 17.
Konstruktionsrichtlinien 179.
Kopalpreßstoff 50.
Kordeln, gepreßte 196.
Kresolharz 18.
Kriechstromfestigkeit 95.
Kühlen, das 125.
Kunstharze 17.
Kunsthorn 260.
Kunststoffe Werdegang, der (Schema): Klapptafel, hinten

Lack-Ornamente 207.
Lagenhölzer 251.
Lagerschalen 218.
Langsamhärter 19, 38.
Leichtbau - Verbundplatten 250.
„Leukorit" 257.

Lichtbeständigkeit 103.
Lichtbogenfestigkeit 87.
„Lignidur" - Preßmasse 25, 45.
„Lignofol" 254.
„Lignostone" 255.
Lineare Polykondensate 296.
Linsen, opt. 8, 295.
Löcher, gepreßte 189.
Low pressure molding 46, 132.
Lüften, Das 118, 177.
„Lupamid" 298.
„Lupolen H" 281.
„Luvikan" 280.
„Luvitherm" 284.
„Lyafol"-Folie 298.

Makromoleküle 10.
Martensprüfung 76.
Maßabweichungen 181.
Maßeintragung 180.
Maße und Gestalt 179.
Maßveränderung, nachträglich 184.
Mattierte Flächen 206.
Mechan. Festigkeit 60.
— im feuchten Zustand 75.
— im warmen Zustand 76.
— nach Dauerwärmung 82.
Mechan. Festigkeitswerte 61.
— Pressen 168, 174.
Mehrschichtenplatten 248.
Mengenleistung d. Form 235.
Melaminharz 22.
Melamin-Masse 22, 48.
„Melopas" 22, 48.
Metall, Verstärkung durch 197.
Metalleinbettungen 197.
Metallintarsien 207, 208.
Methakrylate 293.
„Mikalex" 50.
„Mipolam MP" 289.
„Mipolam"-Rohre 284.
Mischester 273.
Mischkondensate 297.
Mischpolymerisate 11, 289.
Mischwalzwerk 29.
Molekülaufbau 10.

Molekularstruktur 303.
Motorpressen 168, 174.
Muttergewinde 195.
Muttern, eingepreßte 201.

Nachschwindung 184.
Nachträgl.Aushärten 107.
Narbung 206.
Naturharze 17.
Naturharzpreßstoffe 38, 49, 50.
Neigung der Steilwände 181.
Nichthärtbare Kunststoffe 262.
Niederdruck - Preßverfahren 46, 132.
Nietfestigkeit 202.
Nitrozellulose 269.
Normblatt der Schichtpreßstoffe 236, 238.
Normblätter der Formpreßstoffe 32, 36.
Normformen 138, 343.
Novolak 19.
„Novotext” 241.
„Nylon”-Faser 8, 298.

Oberflächengüte 125.
Oberflächenschmuck 205.
Oberflächen-Widerstand 93.
Oeserfolie 208.
„Oppanol” 263.
Organische Kunststoffe, Übers.-Tafel: Schluß des Buches
Organische Massen 35, 41.
Ozonbeständigkeit 104.
„Paladon” 295.
„Palapont” 295.

Panzerholz 252.
Parallelorientierung 297, 306.
Paste PCU 293.
„PCU” 282.
PCU-Paste 293.
„Perfol” Folie 298.
„Perlon”-Faser 298.
„Pertinax” 240.
Phenol - Formaldehydharze 17.
Phenolharz 17.
Phenolpaste 21.
Phtalsäure - Glyzerinharz 23.

Physikalische Eigenschaften, Allgem. 52, 54.
„Plexiglas” 293.
„Plexigum” 293.
„Pollopas” 47.
Polyäthylen 281.
Polyamide 296, 333.
Polyesterharze 2, 23.
Polyisobutylen 263.
Polykondensate 9, 10.
Polykondensation, Die 11, 12, 13.
Polymerisate 9, 10, 262, 275.
Polymerisation, Die 10.
Polystyrol 275.
Polytetrafluoräthylen 282.
„Polythene” 281.
Polyurethan 297.
Polyvinylbenzol 276.
Polyvinylchlorid 282.
Polyvinylkarbazol 280.
Prägen der Form 142.
Preise, relative, von Preßmassen 234.
— v. Preßstoffteilen, 234.
— von Spritzgußmassen 326.
Preise v. Preßformen 232.
Preßautomaten 178.
Preßdruck 121.
Pressen, Das (härtbare Massen) 106.
— Das (Thermopl.) 317.
— Die 167.
Preßformen 136.
Preßformherstellung 140.
Preßformkonstruktionen 137, 144.
Preßgerechte Gestaltung 185.
Preßharz 46, 126.
— Verarbeitung 126.
Preßhaut, Die 90.
Preßholz 254.
Preßlagenholz 254.
Preßmasse / Preßstoffe 17.
Preßspritzen, härtbare M. 154.
— thermopl. M. 317.
Preßstoffgewinde 195.
Preßstoffherstellung 28.
Preßstofflager 218.
Preßstoffsortenübersicht 32, 36, 40.

Preßstofftypen 32.
Preßstoffzusammensetzung 15.
Preßtechnik, Die 106.
Preßtemperatur 110.
„Preßzell” 240.
Punzung 206.

Quarzmehl 26, 40.
Quellung 58.

Rändel, gepreßte 196.
Recken, Das 298, 306.
Relative Preßstückpreise 234.
Relative Werkstoffpreise 234, 326.
Reliefschmuck 209.
Resol, Resitol, Resit 18.
Resopalplatten 248.
Resorcinharz 18.
Richtlinien für die Konstruktion 179.
Richtvorrichtungen 165.
Rißbildung 58, 63, 65, 156.
Rohrleitungen 284.
„Ronilla” 276.
Rückfederung 303, 305, 308, 310.
Rundläufer 178.

Säurefestigkeit 42, 100.
Sandstrahlen 206.
Schallplatten 8.
Schellackmassen 8.
Schichthölzer 251.
Schichtholzverband 254.
Schichtpreßstoffe 237, 303.
Schlagpreßverfahren 321.
Schlagzähigkeit 64.
Schließzeit 119.
Schnellpreßmassen 19, 38.
Schräge steiler Flächen 181.
Schrift, gepreßte 195.
Schriftzeichen (Gravur) 195.
Schrumpfung 198, 308.
Schuhwerk 8, 293.
Schweißen von Kunststoffen 347.
Schwindung von Preßstoffen 124.
— v. Thermoplasten 334.
Sicherheitsglas 295.

Silikone 301.
— Schichtpreßstoffe 249.
Sonderanforderungen, elektr. 30, 94.
Spannungen, innere 58, 63, 324.
Sperrholz 253.
Spezifisches Gewicht 54.
Spezifische Wärme 54, 56.
Spritzen (Schoopieren)208.
Spritzgußformen 342.
Spritzgußmaschinen 334.
Spritzgußmassen 326,328, 330.
Spritzgußtechnik (thermopl.) 325.
Spritzmaschine 334.
Spritzpressen, Das 154.
Stammformen 138, 343.
Stauchung 68.
Sternholz 253, 254.
Stoßfestigkeit 64.
Strahlspritzen (Yet molding) 165.
Strangpreßverfahren 166.
Stückleistung 235.
Stückpreise 235.
„Styroflex" 277.
Styrol 275.
Superpolyamide 296.

Tabletten 111.
Teerpechmassen 49.
„Teflon" 282.
Tegofilm 251.
Thermoplaste 262.
Thermorückfederung 305, 308.
Toleranzen 182.
Tri-dyne-process 163.
Trikresylphosphat 290.
„Trolit" 270, 271, 274.
„Trolit B. Z." 274.
„Trolitul" 275.
„Trolitul Si" 280.
„Trolon" 257.
Tropen, Einfluß der 58.
Tropenfeste Massen 42.
Tropenfestes Hartpapier 240.
„Turbax" 241.
„Turbonit" 240.
Typ 400 (Seite) 271.
Typisierte Schichtpreßstoffe 237.

Typisierung der Preßstoffe 30.
Typ X 50.
Typ Y 50.

Überwachung, amtliche 30.
„Ultrapas" 22.
Unterdruckplatten 248.

Verarbeitungs - Temp. v. härtb. Massen 110.
Verarbeitungs - Temp. v. Spritzgußmassen 332.
Verbundpreßstoffe 51.
Verbund - Schichtpreßstoffe 249.
Verchromung von Formen 141.
Verdichtetes Holz 254, 255.
Verdichtungsgrad 113.
Verformungs - Temp. v. Halbfabr. 308, 314.
Vergleichszahlen, Die elektr. 93.
Vergütetes Holz 251.
Verkehrtpressen 146.
Verlustarme Isolierstoffe 94.
Verlustfaktor 94.
Verschleiß (Abrieb) 74.
Verschleißfestigkeit von Stählen 141.
Verschleißwirkung der Massen 25.
Verzug v. Preßteilen 165.
Vicatprüfung 77.
„Vinidur" 282.
„Vinidur"-Rohre 284.
„Vinidur-Rohre MP transparent" 290.
„Vinifol" 289.
Vinylpolymerisate 275.
Vorwärmen (härtb. Massen) 113.
— (Thermoplaste) 315, 324.
Vulkanfiber 267.

Wärme, Einfluß dauernder 82.
— spezifische 54, 56.

Wärmebeständigkeit n. Martens 76.
Wärmedehnzahl 53, 54.
Wärmeleitfähigkeit 56,54.
„Wahnerit" 240.
Warmfeste (gehärtete) Kunststoffe 15.
Warmplastische Kunststoffe 262.
Warmverarbeitung von Preßstoffen 106.
— v. Thermoplasten 303.
Wasseraufnahme 55, 56.
— Zahlentafel 55.
„Weichigelit" 290.
Weichmacher 290, 12.
„Weichmipolam" 290.
Werkstoffpreise, relative 234, 326.
Werkstoffwahl, Die 35 40.
Werkzeugkosten 232.
Wetterbeständigkeit 104.
Wichte 54.
Wirtschaftliches 232.

Yet molding (Strahlspritzen) 165.

Zahnräder 229.
Zellhorn 269.
Zellstoffmassen 25.
Zelluloid 269.
Zellulose - Acetopropionat 273.
Zelluloseäther 274.
Zelluloseäther und Zelluloseester 268.
Zelluloseazetat 270.
Zelluloseazetobutyrat 273.
Zellulosederivate 266.
Zelluloseester 269.
Zellulosekunststoffe 266.
Zellulose-Mischester 273.
Zellulosenitrat 269.
Zersetzung des Werkstoffes 82, 103, 311.
Ziehen von Schichtpreßstoffplatten 241.
Ziehen von Thermoplasten 315.
Zugfestigkeit 67.
Zusammensetzung der Preßstoffe 15, 27.
Zweifarbenwirkungen 207.

Additional material from *Kunstharzpreßstoffe und andere Kunststoffe,*
ISBN 978-3-662-12206-8, is available at http://extras.springer.com